丝绸之路研究丛书

丝绸之路

古代种族研究

韩康信 著

新疆人民出版社

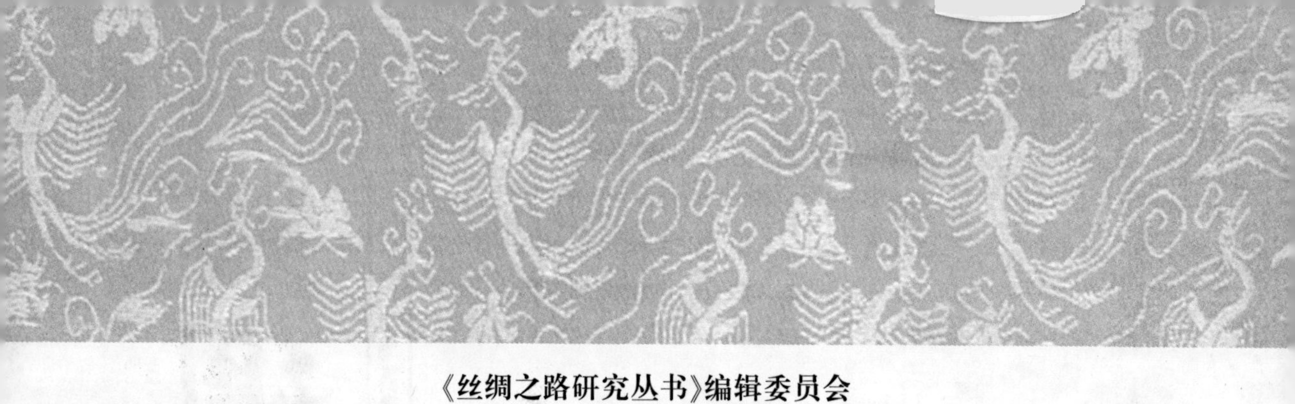

出版说明

形成于中国历史上两汉时期的丝绸之路，是一条“古代和中世纪从黄河流域和长江流域，经印度、中亚、西亚连接北非和欧洲，以丝绸贸易为主要媒介的文化交流之路”[①]。丝绸之路的形成与发展，为我们揭示出东西方文明源远流长的历史，描绘出栩栩如生的中西文化交流的历史画卷。纵观五千年灿烂的中华文明，它不仅凝结了中国人民的勤劳、勇敢和智慧，而且汲取了西方先进的科学技术和优秀的精神文化成果。可以说，“没有丝绸之路，就没有高度发展的丰富多彩的古代中华文明”[②]。

20世纪90年代，新疆人民出版社曾经出版过联合国教科文组织丝绸之路考察合作项目——《丝绸之路研究丛书》(第一版)，共计13卷。这是一项开拓性的工作。在当时出版经费短缺、学术著作出版难的情况下，如果没有自治区有关部门的支持和主编周菁葆、陈重秋先生的不懈努力，出版社要出版这套丛书是不可能的。实践证明，《丝绸之路研究丛书》(第一版)的出版，不仅为国内中西文化交流史研究的学者提供了一个平台，而且也推动了国内丝绸之路研究的开展，受到国内外学术界的关注。

10年过去了，伴随着丝绸之路考古的新发现和丝绸之路研究的不断深入，新的研究成果也陆续问世。为了集中反映改革开放以来特别是近20年来我国在丝

① 林梅村著：《丝绸之路考古十五讲》，4页，北京：北京大学出版社，2006年。
② 何芳川主编：《中外文化交流史》，32页，北京：国际文化出版公司，2008年。

绸之路研究方面所取得的进展，2008年年初，新疆人民出版社决定编辑出版《丝绸之路研究丛书》(第二版)。丛书编委会在第二版中除了保留第一版已出版的8种选题之外，又从全国已出版或待出版的研究成果中，遴选了20余种有代表性的选题列入丛书，计划分批推出，陆续出版。这批研究成果，以传统的草原丝绸之路和绿洲丝绸之路为主线，注重突出学术观点的创新性和理论研究的系统性，内容涉及考古、历史、民族、宗教、文化、艺术等多学科领域。由于入选的已出版研究成果在出版时间上跨度较大，此次再版前均由作者对书稿内容做了全面修订，有的甚至做了重大修改，补充了新的资料，借鉴了新的研究成果和观点。

为了使读者了解国内丝绸之路研究的进展情况，我们特邀请中西文化交流史著名学者、苏州大学教授沈福伟先生和清华大学教授张国刚先生为丛书撰写了序言。文中的精辟论述和真知灼见，是读者开启《丝绸之路研究丛书》(第二版)的一把钥匙。

最后需要说明的是，《丝绸之路研究丛书》(第二版)的编辑出版，自始至终得到自治区党委宣传部和自治区新闻出版局的关心和支持。新疆社会科学院的专家学者对丛书选题的书稿进行了学术评审并提出了修改意见，从而保证了丛书的学术质量。由于编者学术水平所限，丛书在编辑中难免挂一漏万，有所不足，敬请读者批评指正。

《丝绸之路研究丛书》编辑委员会

2009年6月6日

丝绸之路与丝路学研究

（总序一）

丝路学是一门20世纪才问世的新学问，也是一门涵盖了文化、历史、宗教、民族、考古等人文科学，以及地理、气象、地质、生物等自然科学的，汇聚了众多学科、综合研究多元文化的学问。

丝路学来自丝绸之路这一历史性的文化概念的提出，并且最终得到了国际社会与学术界人士的共同认可。丝绸之路最早是19世纪到中国进行地理考察的欧洲探险家提出来的，在当时这一命题的提出，是对中国西部地区在古代曾经呈现过的多元文化的一种重新发现，也可以说是历史上这些由多民族创造的文化第一次在国际上获得的认同。它之所以产生在中国社会处于大转折的时期，是具有深层次原因的。19世纪中叶，经历了第二次鸦片战争之后的中国，被迫对外开放，从此进入了丧权辱国、危机四伏的国难时期。英、俄等欧洲列强首先对中国西部边疆实行蚕食政策，掀起了一股以地理考察为名的探险热。当时走在这股热潮前列的是德国巴登—符腾堡人李希霍芬（Ferdinandvon Richthofen）。1868年李希霍芬接受了美国加利福尼亚银行的资助，第二次到中国考察，到达上海后，受英国商会委托，对中国地貌和地理首次进行了规模宏大的综合考察，足迹遍及当时18个省中的15个省，还到了东北（满洲），摸清了中国的资源和开发的前景。1872年返回德国后，出任柏林大学校长，当选为国际地理学会会长，致力于写作5卷本的《中国，亲身旅行和研究成果》（China，Ergebnisse Eigener Reisenunddasauf Gegrundeter Studien，1877—1912年，5vols.），到去世前出版了1、2两卷。他从亲身的考察和得到的历史资料中发现,古代在中国的北方曾经有过一条称得上是丝绸之路的横贯亚洲大陆的交通大动脉,由此在沿途留下了许多足以令后世赞叹和瞻仰的遗迹和文物。

李希霍芬的偶然发现,在以后半个世纪中竟演变成一场对中国历史遗迹和珍贵文物的浩劫。这和中国领土受到西方列强的蚕食同样是史无前例的。受到李希霍芬的影响,他的学生瑞典人斯文·赫定(Sven Hedin)追踪他的足迹,先后7次到中亚和中国西部进行地理考察和考古发掘。差不多同时,俄国人尼古拉·普尔热瓦尔斯基(Nicholas Przwevalsky)和奥勃鲁契夫(Obrochev)、英籍匈牙利人斯坦因(M.A. Stein)、法国人伯希和(Paul Pelliot)、德国人格伦威德尔(Albert Gr ü nwedel)和勒·柯克(Le Coq),先后率领探险队,在世纪之交进入中国新疆和西部地区。他们在楼兰古址进行田野发掘,堂而皇之拿走了新疆石窟寺院中的彩塑佛像,将尘封已久的吐鲁番盆地的古物成箱运出中国国境。他们还设法进入了敦煌石窟的藏经洞,攫取了前所未闻的精美壁画、塑像、铭记、经卷和丝织品。原先保存在石窟寺和遗址中数以万计的堪称国宝的珍贵文物,从此流失海外,成了伦敦、巴黎、柏林、新德里和美国、日本等许多国家博物馆的藏品。与此同时,丝绸之路经过历史学、民族学、考古学、宗教学等多学科的考察和研究,也从中国黄河流域和长江流域的文明中心向西延展到了地中海东部利凡特海岸一些具有古老文明的城市。德国历史学家赫尔曼在1910年发表的《中国和叙利亚之间的古丝路》(莱比锡)完成了对丝绸之路的学术论证。后来由赫尔曼在他编著的《中国历史商业地图》(哈佛燕京学社,1935)一书中加以宣扬,从而使丝绸之路为世人所熟知。

平心而论,丝绸之路原本只是对亚洲东部和中部的历史毫无所知的欧洲人,在经过实地考察之后从大量的历史遗存中了解到的,当时已经人烟稀少的中国西部地区在千百年前曾有过辉煌的历史,并且在古代亚洲东部地区和地中海之间,由于频繁的使节往来、商品交换、宗教传播和文化交流形成的必不可少的交通要道,也有过足以令人刮目相看的繁荣历史。东方曾经有过的这种文明,本来足以使进入环球航行时代以来欧洲列强所标榜的"欧洲中心论"发生动摇。然而自从欧洲学术界提出丝绸之路之后,接下来就有"古巴比伦移民中国"、"腓尼基人航抵山东"、"中国人种西来"、"仰韶彩陶文化西来"、"中国青铜工艺西来"的学说接踵而来,似乎无论哪一样新发现、新材料都在显示中国文明的根在西方。足见丝绸之路的提出更深层次的问题是,欧洲人或者说欧洲的学术界想要指明东方文明源自西方。当时欧洲人设计的西方文明框架,是以地中海世界为主体的一大文化圈,将两河流域和伊朗高原的古文明一一囊括入内,并称其为"中东",剩下的东亚(欧洲人称为"远东")和中亚(欧洲人称为"突厥斯坦"),无非是西方文明东扩的支脉而已。可见在国家丧失主权以后,学术无法自主的情况下,文化的研究、历史的阐释要取得具有科学价值的结论是无法实现的。

其实丝绸之路在更深的层次上提出的是一个中国文明如何起源、从何而来的大问题。在中国文明的起源和发展的研究中,自丝绸之路提出以后,到现在为止的一个多世纪中，前50年走的正是在“欧洲中心论”框架下对历史潮流的歪曲和误解，所以在阐释东亚文明的形成过程时出现了以上各种各样的，从人种到文化全都来自西方的说法。尔后50年，不仅仅是由于丝路学自身的研究取得了令人刮目相看的成果，更多的或更深层次的原因，则是得力于中外学者对中国文明的起源，从它的发端、演进到成熟的全过程的考察，有了极其巨大的进展。由于进行了规模空前的田野考古，对现今尚在的遗址、遗存的文物给予了充分的保存、修复和研究，终于弄清了以中国为主体的东亚文明，是一个至少在一两万年前甚至一二百万年前，就已独立形成的生态环境。

这样的研究，是在中国学术界取得自主权的同时才开始的；这样的研究一旦启动，在当时便具有了国际合作的特点，迎来了丝路学研究的高潮。第一次高潮，是先前已五次来华进行地理考察与探险活动，在国际上声名显赫的斯文·赫定，会同在中国政府部门工作的丁文江、翁文灏、李四光、德日进等中外科学家共同发起的。由于这样的共识，1927年经过南京政府核准，在北京由中国和瑞典双方合作组成了中瑞西北科学考察团，到中国西部地区进行综合考察。科学考察团由徐炳昶任中方团长，斯文·赫定担任瑞典团长，从北京出发沿着丝绸之路，经过河套、宁夏，奔赴新疆哈密、吐鲁番，抵达乌鲁木齐。1930年10月科学考察团调整阵容后，扩大到调查楼兰古道和罗布泊，测绘塔里木盆地，考察甘肃古迹和戈壁沙漠，还到内蒙古进行民族学调查，去川藏边境考察动植物。考察工作在1935年告一段落，作为总结，斯文·赫定在同一年用英文出版了《丝绸之路》一书。科学考察团搜集到大批的资料、标本、简牍、石刻、壁画和各种古文字的文书以及丝织品，第一次实现了在中国政府监管下对丝绸之路沿线埋藏的珍贵文物进行发掘、搜集并善加保管，为中国学术界建立丝路学，给今后以中国为主体进行国际合作、开展多元文化研究，构筑了中外科学家相互交流的平台。

丝路学研究在上个世纪的七八十年代进入第二个高潮。在1959～1975年间，由新疆博物馆和吐鲁番文管所牵头，对吐鲁番县的阿斯塔那和哈拉和卓古墓群进行系统的发掘，获得了上万件极具社会与文化价值的文书，在1992年出版了10卷本《吐鲁番文书》的释文。在这段时间里，卷帙浩繁的敦煌学已从丝路学的分支脱颖而出，成为一门独立的学问。1983年8月成立的敦煌吐鲁番学会，标志着自提出丝绸之路到丝路学研究取得丰硕成果，已经走过了最初的一百年。其中最后的50年，经过中国学术界的努力奋进，终于扭转了“丝绸之路在中国，丝路学中心在西方”的那种令中国人陷于丧失民族自尊的窘境。新疆人民出版社出版的这套《丝绸之路研究丛书》，就是中国学者在丝路学这一研究领域所推出的部分成果。

丝绸生产技术是6000年前人类文明史中极具工艺价值的一项伟大发明，它诞生在东亚文明中心的中国。以丝绸贸易为主要媒介的丝绸之路所反映的不仅仅是东西方的经济交流，更重要的是东西方文明之间的联系与交流，这种关系才是丝绸之路的文化价值所在。根据考古发现，在世界范围内这样的交流大约进行了2000年之后，像波斯、拜占庭这样的文明古国，才从中国学到了从养蚕、缫丝到纺纱、织锦的全部工艺流程。因此丝绸之路提出的是一个在世界范围内文明传播的重大命题。丝路学的研究，也必然是一项需要国际合作才能取得丰硕成果的研究。这算是我在这套丛书出版时的一点感想，写出来供各位专家学者探讨。

沈福伟

2009年3月10日于苏州大学

丝绸之路与中西文化交流

（总序二）

欧亚大陆上不同区域的人群在史前时期就有往来迁徙活动，高加索人种至中国西部地区活动的历史至少可以追溯到公元前3000年以前。中国文明在其诞生之始就不是一个封闭体系，而是在当时条件的许可之下参与各种文明的交换与交流。中国境内不同地区文明的融合以及华夏文明与异域文明的交流，对于塑造中国文明的基本面貌都有重要作用。

文献记载表明，先秦时期的黄河流域就与葱岭以西地区有较牢固的联系，而遥远的古希腊也具有对远东地区的模糊认识。昆仑山玉石的东输对于中原玉文化的兴盛有非凡作用，斯基泰人的东迁南下对于中亚和南亚的人种与文明有着深刻影响，两者更表明中原与西方的交通道路在远古时期便实际存在。西汉武帝时期张骞“凿空”，就在今天阿富汗市场上发现了绕道印度而来的中国四川地区的纺织品和竹木制品，可见，汉代中国政府开辟丝绸之路和经营西域在某种意义上是对远古交通道路的重新认识和拓展，但更重要的意义是中原地区开始有意识地关注外部世界并延伸本土文化的活动空间。此后各朝政府都延续了这种对外交往的传统，并于唐代达到顶峰，从而形成了地中海地区、阿拉伯地区以及波斯、中亚、南亚、东亚往来互通的交流格局。西方各地区的文化汇入中国，成为中国文化更新的重要动力，中国的特产渐次西传，在很多方面影响了西方诸地的生活习惯。元代的欧亚大陆交通达到空前畅通，为中国和伊斯兰世界的交往创造了良好条件。

丝织品名副其实为中国的独特创造。考古工作者在浙江湖州钱山漾良渚文化遗址和河南荥阳青台村仰韶文化遗址都发现了丝织物，意味着中国黄河流域与长江流域都在新石器时代晚期开始蚕丝织物的生产。古代西方人对中国的了解则与丝绸有密切的关系，以致后世将中国与周边世界的交流通道通称为丝绸之路，而作为中西方文化交流的一条实际通道，丝绸之路的产生有着非常悠久的历史。

春秋战国之际，东西方之间已经沿着如今被称为丝绸之路的欧亚大陆交通路线开展丝绸贸易。被认为写于公元前5世纪阿契门尼德王朝统治下的波斯（the Achaemenid Empire of Persia）的《旧约·以西结书》（Ezekiel，16:10；16:13）有一段提到耶和华要为耶路撒冷城（Jerusalem）披上最美丽最豪华的衣裳。耶和华在形容世间最美丽的织物时两次提到“丝绸”。这意味着此时的波斯帝国境内已有中国丝绸。公元前5世纪的希罗多德（Herodotus）和色诺芬（Xenophon）也说波斯人喜爱米底亚（Medea）式的宽大上衣，而此种衣物的材料正是后来被希腊人称为“赛里斯”（Seres）的中国丝绸。这种轻薄衣料的来历令希腊人浮想联翩，如猜疑出产于羊毛树上，或推测得之于蜘蛛腹中。有些历史学家认为同一时期丝绸也已传至欧洲，因为所发现的这一时期的希腊雕刻和彩绘人像所穿衣服都极为稀薄透明，似为丝绸面料。汉唐时期，丝绸不仅是北方陆路交通线上的主要贸易品，也是中国政府赐赠西方国家的主要礼品。

需要指出的是，中西方文化交流在丝绸还未成为主要贸易商品之前的远古时期就已存在。草原之路与绿洲之路的出现正是这种交流存在的具体表现，它们可谓丝绸之路的前身。草原之路通常是指始于中国北方，经蒙古高原逾阿尔泰山脉（Altay）、准噶尔盆地进入中亚北部哈萨克草原，再经里海北岸、黑海北岸到达多瑙河流域的通道。这是古代游牧民族经常迁徙往来的通道，来自东欧的印欧语系民族斯基泰人在公元前3000~前2000年就是沿此通道由西而东并南下印度或东南行至阿勒泰地区。绿洲之路是指位于草原之路南部，由分布于大片沙漠、戈壁之中的绿洲城邦国家开拓出的连接各个绿洲的一段段道路和可以通过高山峻岭的一个个山口，这条通道逐渐成为欧亚大陆间东西往来的交通干线。据说周穆王西巡就是沿着这条道路，虽说穆天子的故事未必真实，但考古发现已将这条道路的出现时间追溯到远早于周穆王的时期。尽管自中原通往中亚以及西亚、南亚、欧洲的陆上丝绸之路，作为中西方的贸易通道在很早以前就已自然地存在，但其真正的辉煌与繁荣及其世界历史意义的体现，则始于汉唐时期。从此，中国逐步走向世界，同时，中国也以海纳百川的胸怀接纳了世界。中西文化交流的序幕正式拉开。

说道中西文化交流，还不能不强调西域。

西域是一个与丝绸之路息息相关的历史地理概念。所谓西域，通常是对阳关、玉门关以西广大地区的统称，但这一概念的内涵有狭义和广义之分，并且不同历史时期的西域所指的地理范围也不尽相同。

汉代的西域，狭义上是指天山南北、葱岭以东，即后来西域都护府统领之地，按《汉书·西域传》所载，大致相当于今天新疆天山以南，塔里木盆地及其周边地区。广义上的西域则除以上地区外，还包括中亚细亚、印度、伊朗高原、阿拉伯半岛、小亚细亚乃至更西的地区，事实上指当时人们所知的整个西方世界。与唐代的西域概念相比，可以更清楚地看出，西域是一个范围不断变动的地理区间。随着唐王朝势力向中亚、西亚的扩展，从前汉代的西域变成安西、北庭两大都护府辖控之地，并因推行郡县制度、采取同中原一致的管理政策而几乎已成为唐王朝的"内地"。西域则被用来指安西和北庭以远的、唐王朝设立羁縻府州的地区，具体而言就是中亚的河中地区及阿姆河以南的西亚、南亚地区。但西域的政治军事功能与汉朝相同，都是作为"内地"的屏藩，并且在两汉与匈奴的斗争、唐朝与阿拉伯人的斗争过程中，各自的西域地区也确实起到了政治缓冲作用。唐朝广义的西域概念也比汉朝有所扩大，随着当时对西方世界的进一步认识而在汉朝广义西域概念的基础上继续扩展至地中海沿岸地区。

丝绸之路研究所讲的西域，指的就是两汉时期狭义上的西域概念。该地区在两汉时期是多种族、多语言的不同部族聚居之地，两汉政府并未改变该地区的政治结构，其主要的目的就是让其作为中原地区的政治和军事屏障。从地理位置看，狭义的西域即塔里木盆地正处于亚洲中部，英国学者斯坦因（M.A. Stein）将其称为"亚洲腹地"（Innermost Asia），可以说是非常形象。它四面环山，地球上几大文明区域在此发生碰撞。不过这种独特的地理环境并未使其与周围世界隔离，一些翻越高山的通道使它既保持与周围世界的联系，又得以利用自然的优势免遭彻底同化。上述地理特征也造就了西域地区作为世界文明交汇点的文化特征，波斯文明、古希腊罗马文明、印度文明和中国文明都在这里汇聚。而在充分吸收这些文明的同时，西域并没有被这些文化的洪流所吞没，而是经过自己的消化吸收，形成适合本地区的多元文化。在这里可以找到众多古代文化的影子，同时也可以感受到西域文化的个性张扬，这正是西域文化的魅力所在。

在中国历史上，西域并不同于西方。西方在中国人的观念世界中是一个特别具有异国情调的概念，它不仅是一个方位名词，也是一种文化符号。就地域而言，中国人对西方的认识随着历史步伐的演进而转移，大致在明中叶以前指中亚、印度、西亚，略及非洲，晚明前清时期指欧洲。近代以来西方的地理概念淡出，政治文化内涵加重并且比较明显地定格为欧美文化。然而中国人观念中的西方在文化上始终具有一个共同特征——异域文化。对于西方世界（绝域），中国人自古以来就有一种异域外邦的意识，西方从来都是一块代表非我族类之外来文化的神秘地方。

用现代概念简单地说，中国古代有一个东亚世界和西方世界（绝域）的观念。东亚世界笼罩在中国文化圈之内，是中国人"天下"观的主要内容。在东亚世界里,古代中国的国家政策以追求一种文化上的统治地位为满足。对于东亚世界的成员,只要接受中华礼仪文化,就可以被纳入朝贡国的地位,否则就有可能兵戎相见。因为古代国家的安全观,乃是以文化和价值观念上的同与异来确定,文化上的认同是界定国家安全与否的关键因素。这样看来,西域在古代中国的政治、文化观念中既可视为"天下"的边缘地区,又可视为"天下"与"绝域"的中间地带。这也正是西域的独特性所在。

新疆人民出版社推出《丝绸之路研究丛书》(第二版),我看了丛书选题目录及其作者,大都是能体现丝绸之路研究学术特色的上乘之作。丝绸之路是中西文化关系史研究的重要领域,能够看到即将有如此众多的成果问世,由衷感到高兴,应约写下如上文字,权当为序。

张国刚

2009年3月23日于北京清华园

前　　言

在古代丝绸之路新疆路段上，曾经分布过许多大小不等的城郭之国。《汉书·西域传》说："西域以孝武时始通，本三十六国，其后稍分至五十余，皆在匈奴之西，乌孙之南。"从汉武时的三十六国到分裂为五十余国，显示了西域纷杂的族组合和族分裂。许多学者对此有大量的研究，特别是对丝绸之路诸国的族源史有相当多的考证。其中也往往伴随古代族史的讨论，对西域诸国人民的种族（人种）属性给予种种推测。其依据不外靠文献、语言乃至考古文化。例如日本学者羽田亨在其《西域文明史概论》中，以为从新疆地下发现之古代语言文字具有印欧语系特点，推论西域古代居民为雅利安种或伊朗人种。又据王国维的《西胡考》，"前汉人谓葱岭以东之国为西胡，后汉人于葱岭东、西诸国皆谓之西胡，南北朝人亦并谓葱岭东、西之国为西胡"，提出了大的地理分布的族或模糊的东、西人群之分布。又如安作璋在其《两汉与西域关系史》中称："在大沙漠以南，自楼兰至莎车，约有十余国，总称南道诸国，居民大约都属于氐羌系；在大沙漠以北，自疏勒至狐胡，亦有十余国，总称北道诸国，其居民多系原始的蒙古种。"这儿的"氐羌"是文献上的古族名，"原始的蒙古种"是人种名，两者并用，容易造成学科称谓的混淆。在林惠祥的《中国民族史》里，把前人对西域诸国人种的研究归为三说，即吕思勉的塞种即闪米特族（Semites）说；王日蔚的伊兰种说；张星烺的印度日尔曼说。他自己主张西域人种两系说，即按《汉书·西域传》之注，判断乌孙为白种之诺的克（Nordic）系，与北欧之条顿人、西亚之波斯人、阿富汗人相近；塞种即闪米特系，与古巴比伦、古亚述人、阿拉伯人、犹太人等同类。因此他判定，至少两千年前，越葱岭而直至新疆境内是"白种人之天下"。在这个判断里，虽持西域白种说，但仍是以族为种的一种说法。美国的 W.M.麦高文在《中亚古国史》里论及土耳其斯坦太古居民时，也大致如是，以为大约在公元前两千年或更晚时，中亚的雅利安人的一部分向东迁徙至喀什噶尔（即中国新疆境内）。这儿的雅利安人实系语族，常被用来作西方人种的代称。这样的例子还可举出更多。大致来说，上述民族史学者的研究虽以族论种，但都取西域白种说。

然而也还存在相反的说法。如吕思勉在其《中国民族史》里以葱岭为界，主张“葱岭以东，以黄人为主。葱岭以西，以白人为主”。又说“其东，非无白人，其西，非无黄人”，也有黄、白人“混合者”。这儿的黄、白人大概系指蒙古人种和欧洲人种的俗称。他对中国史之汉代西域诸国之种族的判断又有“塞种、氐羌、汉族三种”之说。显然这还是以族论种的说法，但大致持西域黄种说。黄文弼在他的《汉西域诸国之分布及种族问题》一文里也提出与白种说大致相悖的议论：“虽吾人不能说西域无雅利安人掺杂其间，但在汉代西域人从其体质及分布区域，主要不是雅利安人，而为东方种族。”据黄氏之考证，在西域这个地盘自古“即有汉人、羌藏人、突厥人、蒙古人、阿利安人、印度人迭居其地”。并按地区，“羌藏人居于昆仑山脉一带，而塔里木盆地南部诸国即杂羌藏人；突厥人居于天山西北吉里吉斯原野，故塔里木盆地北部诸国杂突厥种；蒙古人居于天山东北阿尔泰一带，故天山东部山谷诸族杂蒙古种；葱岭山谷邻于印度，故杂印欧种；吐鲁番盆地则汉人较多”。但他在《楼兰土著民族之推测及其文化》里，依生活及服饰之比较，又说楼兰之土著“与塞种人不无关系”，“楼兰土人必有一部或全部为羌戎即塞种人之裔胄也”。

应该说，从民族史料的研究论民族之人种就如知道一个人的姓名而推其籍贯，看似有关，但又非必然。这种推论方法的限制性是显而易见的。首先，史料记述的不完全，常常是有此无彼，不可能对古代族的方方面面有完整的认识。其次，历史上的族特别像丝绸之路新疆段上的族类不仅十分多样，而且更迭频繁。另一个最普通的常识是族和种的分类，一个是文化人类学的，一个是生物人类学的，两者不是相同范畴的。何况史料记载人种特征寥寥无几，无法精确判断。因此以族量种的史料考证，对西域的种族（人种）不可能作出精确判断。又如有些学者用遗存的文字和语言推论种族，把语族和人种联系起来，似乎是很有说服力的，但它们各自的分类依据毕竟不同。谁都容易理解，操同一语系的可能是单一人种，也可能不是，反之亦然。两者虽不无关系，但不能混同。特别是对西域种族繁复杂错地区，以语言文字推定种族更应该谨慎。因此，很难根据史料或语言文字资料的考证，对西域的居民整理出比较科学的合乎现代人种分类的系统来。从这个意义上，民族史学的研究如果缺了族起源和形成的生物学（人种学）背景，使人有“见物不见人”之感。像丝绸之路这样在东西方文化交流中起了重大历史作用的古代通道，了解这个通道的开拓和通达者的人种生物学特点，无疑是丝绸之路研究上的重大课题，也是多少年来，多少人想说清楚又很难说明白的问题。因此，直接对丝绸之路新疆路段上古代居民遗骸进行体质人类学的调查研究显得十分重要。但一般来说，像对待现生族类那样进行人种形态学调查，由于这些古代族的居民已经不保存软组织而难以考察。一个补救的办法是对保存下来的古人骨骼进行形态学的观察与研究。尤其是头骨部分,常能观察到一些重要的与活体头、面部特征相关的形态学特点。对这些特点,用专门的测量、观察和统计分类方法,提供充分的数据进行生物统计学的比较,也就是用人类学的所谓“民族人类学”(Ethnic AnthroPology)方法,对具体的人群或属于一定地域和一定历史时代的人类遗骨(特别是头骨)进行再研究,即可得出较为科学的结论。这些彼此有联系的地域群体在人类学和生物学上一般称之为“种群”(Populations)。人类学家研究古代和现代人类种群,区别这些种群所特有的体质特点的组合。这种组合特点称为“人类学类型”。如果这些组合特点现在或过去与一定地域相联系,那么这种组合特点便称为“种族(人种)类型”。英国的A.斯坦因据西域古文字(康居、龟兹和于阗语)之印欧语结合死者形貌特征(如双颊不宽,鼻高而鹰钩、目直、头发弯曲如波状、须短黑及长头型等),断定新疆古代居民为西方阿尔宾人种(Homo Alpinus),与现代的兴都库什山和帕米尔人相近。这是早期学者试图利用形态学特征的组合求证新疆人种属性的一个例子。但这仅是孤例干尸的观察鉴定,缺乏群(组)的概念。英国人类学家A.基思也报导过A.斯坦因第三次中亚探险时从塔克拉玛干沙漠东北的四个地点采集的5具古代头骨。他认为这些头骨具有自然演化形成的介于蒙古人种和高加索人种之间的过渡特征。德人C.H.约尔特吉和A.沃兰特则对瑞典探险家斯文·赫定在新疆调查时采集的四个地点11具头骨进行了观察和测量。他们把这些头骨分成三个形态组,即第一组为长颅型,与诺的克(Nordic)人有许多相似,同时与A.基思的楼兰型(Lou-lan-type)也有很大相似;第二组是具有中国人(汉人)特征占优势的中间类型;第三组具有阿尔宾(Alpinus)性质的短颅型,属伊朗人类型。俄国的A.H.优素维福奇也报告过从罗布泊附近掘走的4具所谓古突厥头骨,认为它们属于蒙古人种系统,但未能判定是哪种蒙古人种类型。从这些并不多的骨骼形态学资料来看,新疆古代居民的人种形态很可能是多型的。

除了骨骼的鉴定,英国学者T.A.乔伊斯还发表过A.斯坦因在中亚探险时收集的新疆及其邻区的活体形态调查资料,共25组,每组调查人数9~72人不等。据他的分析,新疆及其邻接地区存在5个人类学类型,即阿尔宾、土耳其、印度—阿富汗、藏、蒙种族类型。这种多人种类型与新疆周围地区分布的种族环境大致符合:在新疆东面,直接和狭面的东亚蒙古人种占优势地区相连;其南是藏族占优势地区;向北同准噶尔相接的是北亚蒙古人种广布地区;向西和向南,与暗肤色欧洲人种(印度—阿富汗人种)和帕米尔—费尔干人种类型分布地区相交错。因此,从现有不多的一些现代人体质调查资料和古代人骨鉴定资料来看,西域的种族环境显然属于人种学上典型的接触地带,从这个意义上,丝绸之路最初的开辟和通达很可能与这种多人种的复杂交错环境密切相关。但究竟是怎样的种族(人种)环境导致丝绸之路的开通?这个问题如果只用民族史学研究的以族量种的讨论是很难得出可信的结果。而过去少数几个外国学者发表的体质人类学资料还非常有限，特别是每个地点能提供的人骨数量过少，因而难以估计遗址人口的种族形态的变异价值。再如这些资料所用的观察和测量方法上和后来学者的资料难以统一比较。在个体的人种鉴定上还存在某种夸张，如从一个头骨上有的竟能判别出三四个人种类型的混合特点来，令人难以置信。还应该特别指出，这些人骨多系采集品，缺乏系统考古发掘资料和精确的时代证据，所以也不能根据这些有限的资料对丝绸之路上的种族问题作出可靠的解释。

为此，我从20世纪70年代开始借介入新疆鉴定古代人骨的机会，对出自不同墓地古人骨进行了人类学的观察和测量。同时也开始了收集前苏联境内特别是中亚、哈萨克斯坦、南西伯利亚和伏尔加河地区的古人骨资料。这个资料的准备工作花了好几年的时间，虽然资料的收集难度很大且不完全，但大致了解了苏联几代人类学家的主要研究成果和这些周围地区从新石器时代到铁器时代的多源种族出现和形成的时空背景，然后才将新疆古人骨的观察测量资料加以整理和开始拟写报告。从80年代中期起，这些报告以单篇形式相继在《考古学报》、《人类学学报》、《考古与文物》、《西域研究》等刊物上发表。人骨出土地点包括孔雀河下游的古墓沟、托克逊阿拉沟、洛浦山普拉、楼兰城郊、昭苏波马—夏台、哈密焉布拉克、塔什库尔干香宝宝及后来的和静察吾呼沟三号和四号等九个墓地。这些墓地的考古年代大致从公元前18世纪到公元初，相当于中原的夏商—秦汉时代，涉及了总共274具完整和比较完整的头骨材料。而这些人骨出土的墓地基本上都位于新疆境内的“丝绸之路”路段上。这些报告（除了和静察吾呼沟的报告之外）后来集中成册，于1993年12月由新疆人民出版社出了第一版，1995年8月作了第二次印刷。

这次应出版社要求修版之机会，商定将和静察吾呼沟三、四号墓地人骨鉴定报告增补其中。此外增补了甘肃的玉门火烧沟、青海的大通上孙家寨两处古墓地的两批人骨资料（由于这两批人骨数量比较大——火烧沟头骨120具、上孙家寨384具，将报告内容缩成概报形式但仍附上主要的统计表及插图）。这些人骨所代表的时代大致在公元前16世纪到公元纪年之始，与新疆人骨的时段大致相当。特别是这些材料的出土地理位置位于紧接新疆丝绸之路向黄河流域延伸的河西走廊地区，在人群的种族背景上又代表了欧亚大陆的东部类群，并与新疆境内的基本人群表现出明显的反差而有代表性。除此之外，本修订版中又增加了宁夏固原九龙山—南塬墓地中发现的西方种族的人类学材料以及西安北周时期的安伽墓和山西太原的隋代虞弘墓的个案材料，前者无论考古和人类学材料都清楚显示了墓主的中亚因素，后者遗骨保存不良但其雕刻石画的人物的形象也非常清晰地表达了墓主对中、西亚故土的情结。这些人类学材料证明，至少在南北朝至隋唐时期，在我国西北地区已经有西方种族成分进入黄河流域并定居下来，并且与当地的汉人文化相融。

其实对“丝绸之路古代种族研究”的命题，还应该包括至少整个黄河流域的古人类学材料作为其向东延伸部分,而且有更多的研究可供本专集的内容。但由于篇幅所限,这个专集只能以反映新疆地区为重点,并且主要追踪西方种族涉入黄河流域的时空关系为线索。

尽管我自己的水平有限,整个研究还待继续扩大和深入,但作为一个阶段的成果,这个论集的促成毕竟凝结了我多年的心血,是我一生从事人类学研究最重要的一部分。在它即将出版的时刻,我首先要感谢新疆的考古学家们,是他们亲手从各个发掘工地细心收集了这些人骨材料,并毫无保留地交给我研究。我还要感谢新疆考古所、博物馆和新疆人民出版社的先生们,特别是王炳华、李恺、陈重秋、林丽等先生,没有他们的积极支持和帮助,这个论集的出版注定是不可能的。还应该指出,新疆维吾尔自治区党委和新闻出版局的领导也热心支持这个论集的出版,也是我十分感谢的。如果这个论集最终能为研究古代丝绸之路的学者们接受和有所裨益的话,那将是我的莫大欣慰。但我自感这个论集是这个研究领域的初作,有很多不足和错误,所得初步结论可能在以后更多新材料的研究和引进新的研究方法之后,必定会有新的认识和改造。从这个意义上,论集的资料价值长于论著的结论,给后继的人类学研究留下一分参考引用的比较资料。这也是为什么采取专业性很强的论集形式出版的主要原因。

这部论集的材料来自新疆,现在把这个论集奉献给热情支持和帮助过我的新疆的朋友们。论集中的不足和错误,请学者们批评指正。

作者　1992 年 2 月于北京

增补　2008 年 3 月修改

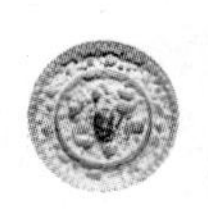

目　录

Contents

Appendix

新疆古代居民种族研究

中亚地区自古以来就如一座民族和文化的大熔炉。来自古代希腊、伊朗、印度和中国内地的贸易、宗教和各种文化潮流，顺沿纵横交错的通道，从四面八方汇集这里，犹如群芳争艳。在种族人类学（人种）关系上，中亚也是东、西方人种的接触交汇地带，欧洲人种和蒙古人种，短颅型和长颅型，宽面或狭面等不同体质类型在这里彼此接触和互相影响。不难设想，这种人类学过程和该地区的文化历史必然是紧密联系在一起的。从地理上讲，位于我国西北边陲的新疆维吾尔自治区和中亚紧邻（也是广义中亚的一个组成部分），其间并无不可逾越的自然屏障，中亚的许多重要历史文化、民族学和种族人类学现象，在我国新疆境内都有强烈反映。因此，研究新疆的古代民族文化史，除了其他学科和民族学、宗教学、语言学和考古学领域的研究之外，从体质人类学阐明该地区古代和现代居民的种系特征和人类学类型，无疑十分重要，也是追溯新疆乃至整个中亚现代各民族人民的起源和相互关系的重要方面。

新疆的种族人类学调查和研究开始得比较早。但这种研究是和来自国外的探险活动联系在一起的。从19世纪末到20世纪初，俄、英、法、日、德等国的探险家、考察队纷至沓来，频繁活动。其间，从新疆掠走了大量古代文物珍品，有的还取走了一部分古代居民的遗骸，进行种族人类学的鉴定和研究。所以，对新疆境内的古人类学调查从一开始便被外籍学者操持，但由于探险本身的掠夺性质而缺乏系统的发掘。他们所收集的人类学材料不仅数量有限，而且地点分散，基本上没有一定数量的成组材料；而后来的若干年里，则更无从事这方面的研究。直到最近的几年，随着我国对新疆考古力量的加强和重视，才陆续从各个发掘点收集了相当数量的古人类学材料，为进一步系统调查研究新疆境内古代居民的种族人类学问题提供了重要条件。

本文拟就过去和近期对新疆境内古代居民的体质人类学资料和研究做一综

述，在这个基础上，对该地区古代居民的种族组成、种族来源和彼此间的可能关系进行初步讨论。但毕竟而言，现有的资料还有许多空白。例如新疆境内的旧、新石器时代文化面貌仍不很清楚，更无可以确信的石器时代古人类学材料，已有的材料从时代层次上也并非特别明确，有些地点的材料还比较零碎，在地区分布上，如北疆的广大地区还几无材料可供研究。在这种情况下讨论新疆境内古代居民的种系成分之间的关系必定不是完整和充分的，还需要后人做更多的努力。

一、早期的研究

据笔者所查，从 1929 ~ 1949 年间共发表过三个新疆古代居民的人类学研究报告。其中的人类学材料皆系外国探险家或考察队从新疆掠走的。所收集到的这三个研究报告分别是英国的人类学家 A.基思（A·Keith，1929）（《塔里木盆地古墓地出土的头骨》）、德国的 C.H.约尔特吉和 A.沃兰特（C·H·Hjortsjö and A·Walander，1942）（《东突厥斯坦考古考察发现的人类头骨和体骨》）及苏联的 A.H.优素福维奇（A·N·Iuzefovich，1949）（《罗布泊湖附近出土的古代人头骨》）完成的。下边分别撮要介绍。

（一）A.基思的研究 ①

报告中的材料多得自 A.斯坦因作第三次中亚探险时（1913 ~ 1915），从新疆塔克拉玛干沙漠东北的古墓中取走的，共 5 具头骨，其时代被认定在公元初几个世纪之内。在这些头骨中，有 1 具是男性干尸的头，出自吐鲁番阿斯塔那大约公元 7 ~ 8 世纪的汉人墓。A.斯坦因曾认为吐鲁番位于匈奴故土范围，这具干尸头可能是一个匈奴人的。A.基思在考察了头上保存的软组织和颜面形态以后，认为这是一个蒙古人种的成员，与汉人相似，但在一些细节上，又不同于典型的汉人或蒙古人，特征趋向欧洲人或高加索人种。

其余 4 具头骨来自另外的地点，其中 1 具男性头骨（Ying、Ⅲ.1.01）采自鄯善县境内的营盘，墓葬时代可能在公元 4~5 世纪。A.基思在考察了这具头骨的整个特征后，认为是蒙古人种支系的某种成员，他指出，从测量值上看，这具头骨虽是中颅型，但在本质上是短颅类型。他特别强调这具头骨的圆锥形颅顶，这种形式在奥斯曼族土耳其人中有时也能发现。

在距离巴音郭楞蒙古自治州境内的营盘不远的楼兰遗址（即 A. 斯坦因的 Loulan site 1），采集了另外 2 具男性头骨（L. T. 03 和 L. S. 2.07），其时代可能为公元 2 ~ 3 世纪。A.基思指出这 2 具头骨很相似，具有明显的非蒙古人种特征。

最后一具头骨则出自距楼兰遗址西南约 280 公里的尼雅遗址风蚀地，其时代约公元3世纪。A.基思认为它与上边头骨属于相同的人种。

A.基思对这些头骨进行了描述和测量比较之后,认为所有头骨代表单一的民族,具有蒙古人种和高加索人种两个大人种特征,是一种中间类型,他称之为“楼兰型”(Loulan type)。而且认为这种类型的形成并非由于混杂,而是自然进化的过程,它处在吉尔吉斯类型的蒙古人种和帕米尔及波斯的伊朗类型之间的联系地位。

(二)C.H.约尔特吉、A.沃兰特的研究[②]

这两位德国人研究的人骨材料是斯文·赫定于1928和1934年在新疆考察时采集的。一共有11具头骨,其中3具采自米兰,时代为公元前末一个世纪和公元3世纪之间,1具采自且末,时代不确定。5具出自罗布泊地区,时代较早的1具为公元1~3世纪,较晚的为公元2世纪以后。另2具头骨出自叙格特布拉克,时代未明。据C.H.约尔特吉和A.沃兰特鉴定,这些头骨的性别年龄和人种特点如下:

头骨1(米兰,Grave 1):25~30岁的女性,显示诺的克(Nordic)人种特征,似乎还有印度人和蒙古人的色彩。

头骨2(米兰,Grave 2):约20多岁的女性,有汉族人特点。

头骨3(米兰,Grave 3):约25岁的男性,推测可能是藏族人,但带有诺的克人特征。

头骨4(且末,Grave 6):约20岁的女性,虽有些印度人和蒙古人特征,但诺的克人的形态占优势。

头骨5(罗布泊,Grave 6A):50~60岁的女性,具有印度人特性,又显示汉人血统的气质。

头骨6(罗布泊,Grave 7B):约45岁的男性,具有蒙古人种特征。

头骨7(罗布泊,Mass-grave 1):约35岁的男性,既有诺的克人的特征,又有蒙古人和阿尔宾人特征。

头骨8(罗布泊,Mass-grave 1):约20岁的女性,特征很杂乱,诺的克人和蒙古人特征占优势,也有地中海和印度人特征。

头骨9(罗布泊,Mass-grave 1):约50岁的男性,似有诺的克和轻微蒙古人气质的印度人。

头骨10(叙格特布拉克):约20岁的女性,有明显蒙古人特征。

头骨11(叙格特布拉克):约20个月的婴儿,性别和种族特征难以确定。

C.H.约尔特吉和A.沃兰特最后将这些头骨按形态特点归纳成三个组:第一组(头骨1、3、4、5、8、9)6具长颅型头骨一般具有许多同诺的克人种相似的形态,与A.基思的“楼兰型”头骨有很大的共同性;第二组(头骨2和6)2具头骨为汉人种特征占优势的中间型；第三组（头骨 7 和 10）2 具头骨为短颅型，具有许多阿尔宾人种的性质，在其面部侧面形态上，是伊朗人类型。最后他们指出，与 A.基思的"楼兰型"相比，这批头骨中的第一组与他们有很多特征符合。按 A.基思的楼兰型，应该意味着由阿利安人种和蒙古人种的基本成分所混合，同时，第一组头骨有许多可靠的印度人特征。

（三）A.H.优素福维奇的研究[③]

一共只有 4 具头骨（3 男 1 女）。据 A.H.优素福维奇指出，这几具头骨是俄国人马洛夫于 1915 年从新疆罗布泊周围的古代定居突厥人墓葬中掘走的。如果这几具头骨果真属突厥人，那么其时代当晚于公元 6 世纪。

A.H. 优素福维奇认为这一组头骨的面部测量及其类型具有蒙古人种性质。如果根据颅长和面部主要直径测量，额角和面角、眶高和眶宽、额指数、眶指数和面指数等，这些头骨与中央亚洲人种的概念相符合。但是，在额宽、突额度指数、颅长指数和颞部水平有些缩狭等特征上，使这组头骨又同汉族人的头骨接近，而很小的最小额宽又使这些头骨与通古斯和雅库特Ⅱ组头骨接近。对于这些不同倾向，A.H.优素福维奇认为他们是蒙古人种的不同类型深刻混杂的结果；或者这组头骨所表现出的某种长颅蒙古人特征可能与西藏的长颅居民有关；但也可以将这一类型看成是某种早期蒙古人种的一般化类型的残遗，并兼有后来在北亚、中央亚洲和东亚不同民族集团中分化和强化因素。最后，A.H.优素福维奇声明，这些头骨在上述几种可能中，还不能肯定与哪一种情况更符合实际。换句话说，他未能确定这组头骨属于何种蒙古人种类型。

二、近期的发现与研究

自 20 世纪 60 年代以后到最近的几年里，随着新疆维吾尔自治区考古发掘工作的加强和对出土人类学材料的重视，在新疆境内的一系列古墓地，如伊犁河上游土墩墓、天山东段的阿拉沟、罗布泊楼兰遗址、孔雀河下游北岸的古墓沟、洛浦的山普拉、和静的察吾呼沟、哈密焉布拉克和五堡及东北的巴里坤等地相继采集了相当丰富的人骨材料。这些材料对开展更大范围的不同时代居民的种系成分之调查研究，无疑具有重大的科学价值。其中相当部分的材料已经进行了研究，并且已经获得一些重要结果。现继早期学者研究之后，分述如下。

（一）楼兰城郊古墓人骨的研究[④]

这组人骨材料是 1979~1980 年，从著名楼兰城址东郊两个高台地上，时代相当东汉的古墓中采集的。共由6具头骨(3男、2女、一未成年)组成。随葬有来自中原的锦绢、丝棉、铜镜、漆器、五铢钱等。据 C_{14} 年代测定,这些墓葬的绝对年代距今约2000年,可以代表楼兰国居民的墓葬,且反映出与汉文化有密切的关系。

据笔者观测和研究,这6具头骨中,可确认为欧洲人种的有5具,以男性头骨为代表,其眉弓和眉间强烈突出,鼻骨强烈突起,颜面在水平方向上也强烈突出,但在矢状方向上为平额型(图版Ⅰ,3)。余下的一具头骨则有明显的蒙古人种特点,其一般形态与青海湖北岸刚察卡约文化墓葬出土的头骨很相似。因此,仅就这6具头骨的组成来推测,楼兰城郊古墓地代表的居民中,以欧洲人种成分占多数。

此外,从这些头骨所示的体质类型来看,在5具欧洲人种头骨中,有4具(包括一小孩头骨)基本上代表了具有狭长颅型结合高狭面型的类型,眶型中等高,其形态与南帕米尔出土的古代塞人头骨相近。这样的头骨很明显与现代长颅型欧洲人种的地中海东支或叫印度—阿富汗类型比较符合。另外一具欧洲人种头骨的颅形比上述4具相对短一些,为中颅型,其面部也较宽一些,但总的形态与其他长颅欧洲人种头骨仍很相似。因此,可以认为这些形态上的偏离可能是属于个体变异性质。

1具蒙古人种女性头骨的面部扁平度很大,颧骨相对宽而突出,有很宽而高的面,鼻根突度低平,鼻骨突起弱,颅形为偏短的中颅型,颅高在正颅—高颅型之间。总的外形略有些与苏联学者所指称的南西伯利亚类型相近。

(二)孔雀河下游古墓沟人骨的研究[⑥]

这个墓地位于孔雀河下游北岸第二台地的沙丘上，东边距离已经干涸了的罗布泊约70公里。1979年在这个墓地共挖掘了42座墓葬,从中收集了18具头骨(男11,女7)。墓地建立时代,最初根据一个可疑的 C_{14} 测定和随葬品中缺乏陶器等特点,估计为6000余年前的新石器时代[⑦],后来用该墓地22号墓毛布测定的年代只有2000余年,但同一墓的棺木测定的年代超过了3000年[⑧]。以后又补测了几个数据,多数在3800年左右。因此,该墓地的时代有争议[⑨]。

据笔者研究，这组头骨的主要特点是多长狭颅，颅高中—高之间，额倾斜中—斜,颜面相对比较低宽。男性头骨的眉弓和眉间突度比较强烈,鼻根多深陷,鼻突度强—中等,多阔鼻型。犬齿窝浅—中,普遍低眶。面部水平方向较明显突出,侧面方向突出弱—中。颅顶多圆突,后枕部一般不突出而成圆形。顶孔至人字点之间常有些平。整个来看,这组头骨的欧洲人种特征很明显。如果考虑到低而宽的面,眉间和眉弓强烈突出,鼻突起明显,颅形较长,颅高较高,额较后斜等特征的组合,使它们具有同原始欧洲人种头骨相近的气质,可以将它们归入苏联学者中指称的古欧洲人类型。与周围地区古人类学资料比较，古墓沟头骨与南西伯利亚、哈萨克斯坦、中亚甚至与伏尔加河下游草原地区的铜器时代居民的头骨特征比较相近,但与南帕米尔塞人头骨(印度—阿富汗类型)的差异很明显。在一般的形态下,可以说古墓沟头骨与现代长颅欧洲人种的诺的克(或北欧)人头骨较为相似(图版Ⅰ,1)。

按照一些次级形态差别,古墓沟头骨还可以分成两个形态亚组。其间的主要区别是第一组的头骨比第二组更短,颅指数更大(中颅型),而第二组为长颅型;第一组的额倾斜坡度比第二组更小;第一组的颜面比第二组更低宽一些,可能与此有关,第一组的鼻指数也比第二组明显增大。这些差异大体上来说与南西伯利亚、哈萨克斯坦和中亚地区的安德洛诺沃文化和阿凡纳羡沃文化居民头骨类型之间的差异及差异的变异方向基本一致。这情况可能意味着古墓沟的第一组头骨的形态有些更接近安德洛诺沃变种类型,第二组头骨则可能有些更接近阿凡纳羡沃类型。有趣的是这种形态学的差异与这个墓地中存在的两种不同形制的墓葬之间存在对应关系:即第一组头骨均出自该墓地的第Ⅱ型墓(此种类型墓葬的外表一般有七个比较规整的同心圆排列木桩,在最外层木桩之外,还埋有向四面展开的放射状排列的列木),第二组头骨则均出自这个墓地的第Ⅰ型墓(地表无圆圈状排列木桩,只在墓室的东西两端各有一根列木露出地表),这种情况可以证明,古墓沟墓地的两种形制墓葬表明形态上略有差别的欧洲人种居民移殖到了罗布泊地区。而且根据第Ⅱ型墓晚于第Ⅰ型墓的墓葬叠压资料,表明这两种形态亚组的居民是先后来到这个地区的。

(三)昭苏土墩墓人骨的研究[⑩]

这批材料是20世纪60年代初从中苏边境地区的昭苏夏台、波马等地的古代土墩墓中采集到的。根据出土陶、铁制品及墓葬形制、C_{14}年代测定和墓地所在地理位置,这些墓葬被判定为公元前后几个世纪占据该地区的塞人、乌孙人的遗存[⑪]。在提供笔者研究的13具成年头骨(男7、女6)中,大多数出自乌孙墓,只有2具可能出自塞人墓。就总的形态特征来说,这2具塞人头骨(有1具不完整)与其他乌孙头骨没有明显的差别。这可以表明,该地区塞人和乌孙人在体质上是相近的。

据测量观察,这些头骨除1具是中颅型外,其余都是短颅型。有11具约占85%的头骨可归入欧洲人种支系。以男性组为代表,除短颅型外,多数头骨比较粗大,额倾斜中等,眉间突度强烈,眉弓粗壮,鼻根深陷,有较高和中等宽的面,面部在水平方向突出中等到大的居多,犬齿窝中—深的较多,多数低眶型。鼻骨强烈突出,鼻棘大于中等,梨状孔下缘以锐利的人型较多,中—阔鼻型。有些头骨在人字点到顶孔区间较平坦,少数枕部扁平或不对称扁平,但不像是有意造成的人工畸形。女性头骨的性别异形明显,其中,属于欧洲人种头骨的主要形态与男性相似，可能齿槽突颌和面部扁平度比男性大。有2具女性头骨似有更多蒙古人种特征的混合。

还可以按某些特征将这批头骨区别为下述类型：1具男性头骨的欧洲人种特征特别强烈，总的形态与前亚类型头骨很相似；有6具欧洲人种特征不特别强的短颅型头骨接近帕米尔—费尔干（或中亚两河）类型，2具塞人头骨又接近这个类型，1具中颅型头骨也可能是同一类型的变异；1具颅型很短的女性头骨，其面部形态与欧洲人种安德洛诺沃类型有些相似，另2具女性头骨的蒙古人种特征比较明显，可能是蒙古人种和欧洲人种的混合型，其中1具似与南西伯利亚类型（欧洲人种和蒙古人种间的过渡类型）比较相似。总之，昭苏土墩墓头骨的主要成分是短颅型为特点的欧洲人种帕米尔—费尔干类型（图版Ⅰ，2），个别前亚类型，少数欧洲人种和蒙古人种的混杂型。

与中亚其他地区塞人、乌孙时期的人类学材料相比（以成组而论），昭苏的形态类型与他们基本相近，其间的差别不大，尤其与天山乌孙、卡拉科尔乌孙、天山塞人—早期乌孙及七河乌孙都比较接近，但与帕米尔塞人头骨有明显的类型学差别，后者是长狭颅配合高狭面的印度—阿富汗类型。

（四）洛浦山普拉古代丛葬墓人骨的研究[12][13]

近年，新疆维吾尔自治区博物馆考古队在挖掘洛浦县山普拉古代丛葬墓时，采集了一批骨质保存相当好的头骨（据告，No1墓中即有133具头骨，No2墓有146具，他们只收集了其中的59具）。从这个墓地里，出土有大量的毛丝织品，毛织品中有多色平纹、斜纹、拉绒、缂毛等多种；还有衣帽、编织绑带、花边、印花棉布、刺绣、拉绒地毯、毛褐、毡衣、皮革制品。此外，还出土花押、珠饰、手杖、摇扇、镜袋、铜镜、漆篦、木梳、香袋、陶器、木器以及弓箭、铁镳、纺轮、纺杆、冶炼鼓风风囊、狩猎工具袋、全套鞍鞯、鞍毯等生活用具和生产工具。在出土丝织品中，有"飞凤纹"锦、"蔷薇纹"（古代的"宝相花"）双面提花锦、"群猴对象纹"锦以及有汉文款识的镜带、"常宜富贵"铜镜、色彩斑斓的漆篦等，说明早在公元前1世纪到南北朝时期，当地民族文化与中原文化有密切的交往和影响。然而，这个墓地的葬式多样，有单体槽形木棺葬、船形木盆、母子合葬、百人以上大型墓室丛葬墓及多人合棺葬等。前述几十具头骨可能是从百人以上的大型丛葬墓中采集的。初步报道这个墓地的时代大约从汉代至南北朝（约公元前2世纪至公元6世纪）[14]，而据博物馆同志相告的两个百人以上大型丛葬墓的 C_{14} 年代大概在距今2200年左右。因此，这批人骨的时代可能相当于西汉时期。

1984年夏，笔者曾有机会在新疆维吾尔自治区博物馆观察这批头骨，并应沙比提馆长的要求，笔者和左崇新同志协助他进行从头骨复原面像的工作。当时我们从这批头骨中选取了2具典型的男女头骨，带回进行鉴定研究，我在鉴定报告中强调指出这一男性头骨的人种特点是眉弓、眉间及鼻骨突起强烈，鼻根深陷，狭鼻型，面部水平方向强烈突出，矢状方向属正颌，具有典型的角形和“闭锁式”眼眶。这些综合特征无疑显示了欧洲人种性质。再从这具头骨的长狭颅型配合较高狭面形及后枕部较后突等次级特征来看，他们又更接近长颅欧洲人种的地中海东支(印度—阿富汗)类型(图版Ⅰ,4)。女性头骨除性别差异外，基本上重复了男性头骨的主要特点。颅骨测量学特征的分析也说明，这两个头骨与其西邻的南帕米尔塞人(公元前6世纪至前4世纪)和东部罗布泊地区古楼兰墓地的欧洲人种头骨具有更接近的体质类型[12]。

然而，邵兴周等多人署名的报告把山普拉头骨资料和现代蒙古人种测量的组间变异范围进行了一般比较之后，认为山普拉的头骨具有“大蒙古人种大部分特征，但也有欧罗巴人种一些较明显特征[15]；换句话说，这些头骨本质上是一组以蒙古人种为其基础的材料。这样的结论显然与我的初步研究结果相悖。为此，我又重新检查了邵兴周等同志发表的形态和测量资料，在专文中首先肯定了山普拉头骨的大人种性质——欧洲人种之后，认为它们仍然是属于长狭颅、狭面、水平方向面部突度明显而且又结合了狭鼻和中眶型等综合特征的一组头骨[13]。因此，无论从个体头骨上分析还是从成组资料上分析，山普拉古代丛葬墓人骨的体质形态都体现了地中海东支类型的风格，应该将它们归入长颅欧洲人种的印度—阿富汗类型。

顺便指出，邵兴周等同志的报告中，之所以将山普拉头骨的一级人种基础定为蒙古人种，是由于研究方法与资料的引用不当。如他们偏重于某些孤立的可能和蒙古人种相对重叠的形态而看轻了更为重要的、欧洲人种的综合特点(如前倾的眶口、角形眶、鼻突度强烈、梨状孔下缘锐型居多、鼻孔狭、颧骨转角处欠陡直，面部扁平度小等一系列特征)。在测量特征的分析上只注重了用蒙古人种的宽大变异范围来进行比较、却缺乏同周邻地区欧洲人种支系类型资料的比较，这样做的结果是加强了这组头骨具有蒙古人种组成基础的印象。总之，根据山普拉古代丛葬墓头骨的体质形态资料，其种族来源很难与蒙古人种联系起来。

(五)塔什库尔干塔吉克自治县香宝宝古墓人骨的研究[16]

1976～1977年，在帕米尔高原塔什库尔干塔吉克自治县境内香宝宝古墓的发掘中，采集了一具部分破损的人头骨。据报告，该墓地存在土葬和火葬两种类型的墓葬。这具头骨采自其中的一座土葬墓。在这个墓地中，出土有小件铁器；塔什库尔干西边帕米尔河和阿克苏河流域也发现过形制和随葬器物相近的公元前5世纪至前4世纪的塞人墓葬；用墓葬盖木测定的C_{14}年代是距今约2900～2500年(树轮校正)。据据这几个理由，香宝宝古墓的时代可定为春秋战国时期。对此墓地的族属，发掘报告提出了不很肯定的意见，即根据存在火葬风俗，报告认为此墓主人可能与古代羌族有联系；但因出土物又与苏联境内帕米尔塞人墓的相近，所以报告又认为可能属塞人的遗存[17]。

这具头骨尽管不完整，然而其强烈突出的鼻骨、小颧骨及面部水平方向强烈突出等特点，都明显显示出了它的欧洲人种性质。从其他一些特征来看，如头骨的额倾斜度小、眉弓和眉间突度不特别强烈、眼眶为中眶型、强烈突起的鼻骨结合狭鼻、狭面和面部在水平方向强烈突出等，这具头骨与苏联境内东南帕米尔的塞人头骨接近，可能归属欧洲人种支系接近地中海类型[16]。

（六）哈密焉布拉克古墓地人骨种系组成之研究[18]

这一批人骨材料共收集了比较完整的29具头骨（男19，女10，）是1986年春在哈密柳树泉不远处的焉布拉克土岗上发掘采集的。土岗上的墓葬分布相当密集，墓葬结构比较简单，大多用戈壁沙土制的砖形土坯垒围成方形。墓中随葬品和人骨十分零乱，似曾被严重扰乱过。出土器品有彩陶器、骨器、少量铜制品如铜镜、铜片铜饰物及金耳环等。墓地时代，黄文弼最初推测为铜石时代[19]。但据1986年的发掘，该墓地的时代比原先推测的更晚，大概在公元前12世纪至前11世纪，相当于西周至战国时期。

据头骨形态特征的分类和测量特征的分析，这29具头骨中，具有明显东方蒙古人种支系特点的约21具（占72%），可以归属于西方欧洲人种支系的约8具（占28%），依此可以说，该墓地所代表的古代居民种族组成是“二元”的，即以蒙古人种为主成分的同时，还有相当数量的欧洲人种支系成分混居其间。

详细的分析和比较进一步证明，焉布拉克墓地的蒙古人种头骨在其体质形态上，一方面表示出同东亚蒙古人种接近，另一方面又带有和大陆蒙古人种的某些相似特征，因而表现出不特别分化的性质。而正是这样的性质（图版Ⅱ，7右），才使焉布拉克的蒙古人种头骨呈现出与西藏东部居民的颅骨学之间有相同种族性质，我们有理由将它们归于同样的体质类型。其余的欧洲人种支系头骨的一般体质形态与邻近孔雀河下游的古墓沟铜器时代墓地头骨相对接近一些（图版Ⅱ，7左）[18]。

（七）阿拉沟古代丛葬墓人骨的研究[20]

这是1976～1977年从位于吐鲁番盆地边缘的阿拉沟古代墓地的发掘中采集的一组人骨。据初步报导，在这片墓地上分布有三种不同形制的墓葬，即时代较早的“群葬石室墓”，墓室为深约2米、直径2～3米的卵形砾石围砌而成的圆穴，墓穴中埋葬人数从十几人到二三十人不等。随葬有彩陶和木器用具，取火用的钻孔木片及少量铜、铁器类，如圆铜牌、小铁刀等。还有许多羊骨和马骨。第二种墓葬与第一种类型基本相同，但出现了“棚架式”葬具，似将死者置于木棚架上，随葬物中彩陶较少，由灰红陶代替，并出土有陶豆、漆耳环、绡、丝绣等。第三种类型是竖穴木椁墓，埋葬 1～2 人，墓的规模也比较大，出土有大量虎纹圆金牌、对虎纹金箔带、狮形金箔及兽纹圆金牌、双狮铜方座及漆器、陶器、各种饰物和丝织品等。据 C_{14} 年代测定，建立该墓地的年代距今约 2600～2100 年，大致相当中原的春秋晚期到汉代，前后延续了大约五个世纪。墓地的族属，发掘报告推测为文献记载的车师[21]。

从这个墓地共采集集到 58 具(男 33，女 25)头骨，其中的大部分系采自时代较早的第一种类型的丛葬墓。按形态分类，在全部头骨中，可以归属于欧洲人种支系的明显占优势(约 49 具，占 84.5%)，可以归入蒙古人种支系或可以归入两个人种混合类型的占少数(约 7 具，占 12.0%)。

阿拉沟丛葬墓中代表的欧洲人种支系的头骨中，根据形态和测量特征分析，大致又可将它们分成三个体质倾向不同的形态亚组。其中，第一组大致代表长狭颅、高狭面、面部在水平方向上的突度强烈而在一般形态上又较接近地中海支系类型，这样的头骨约占 16.3%；第三组的颅形更短，面型更低宽，面部水平突度不如一组强烈(中等)，同时伴随增宽的鼻形和趋向低眶，这样的综合特点使这个亚组的头骨在形态上具有某种趋近原始欧洲人的倾向或具有原始欧洲人类型向中亚两河类型过渡的性质，这样的头骨约占 40.8%。第二组头骨的形态则有些介于一至三组之间，即颅形比一组变短，但比三组更长一些；与三组相比，二组仍保持类似一组的高狭面特点，但在面部水平突度上与三组不存在明显区别，但又保持了比三组更高的眶形，这样的头骨约占 32.7%。由此，我们估计阿拉沟古墓地欧洲人种人骨中，除了数量上更多的头骨接近安德洛诺沃—中亚两河类型成分外，还有长颅欧洲人种的地中海成分参加。在这两种欧洲人种组成的接触和影响下，很可能就形成了中介的形态类型。

除了以上作为主成分的欧洲人种支系的头骨外，阿拉沟墓地的人骨中还存在数量上相对少得多的蒙古人种支系成分或人种混杂的类型。值得注意的是在这些数量不多的非欧洲人种成分中，个别头骨之间呈现出明显的形态分歧现象，如个别头骨具有明显的中央亚洲类型特点，而另一个头骨则有些趋向于东亚类型。这可能暗示这些非欧洲人种成分的来源也不尽相同。总之，阿拉沟的古代头骨，在其种族或人种的组成上表现出了相当的复杂性[20]。

(八)察吾呼沟三号、四号墓地人骨研究[36]

四号墓地位于和静哈尔莫墩的察吾呼沟戈壁台地上，是一处大型墓地，于 1986～1989 年发掘。墓地时代据 C_{14} 测定，距今的 3000～2500 年。墓葬为大砾石围成的竖穴石室墓，常见多人丛葬，有的有儿童附葬坑或马头坑。较完整头骨 77 具(50 男，27 女)。头骨的种族形态较接近原始欧洲人类型，但面部高度因子增大、狭鼻、具有某些“现代人”的特点(图版 Ⅰ，5)。在一部分头骨上发现有不止一个小型穿孔(圆形和方形、直径约1~2厘米不等)(图版Ⅱ,9)。

三号墓地距四号墓地仅1~2公里,位于平坦的戈壁滩上。时代较晚约距今1800年。墓表为小块戈壁石堆积,其下为长方形竖穴坑,一侧挖有偏洞。有的学者认为是匈奴遗存。收集到11具头骨(9男,2女)。代表性特点是短颅型,多数属高加索人种但同时有某些蒙古人种的混血。有趣的其中有3具头骨属于"环状"变形颅,与中亚的其他墓地发现的变形颅非常相似(图版Ⅱ,8)。

三、对新疆古人类学材料研究的初步讨论

到目前为止,经过正式考察研究的新疆古人类学材料已如前述。材料的出土地点大多集中在南疆和东疆的一些地方,除伊犁河流域以外的广大北疆地区的人类学材料还几乎是空白。就已经发现的材料,其所处的时代都比较晚,即大约处在铜器时代晚期到公元以后几个世纪之内。尽管有些考古材料被认定是新石器时代甚至旧石器时代的遗存,但总的来看,这样的结论还需要进一步充实。至于石器时代的人类学材料更是一无所获。在这种情况下,要系统全面地阐明新疆境内古代居民的种族人类学关系无疑还有许多不足和困难之处,所以要讨论的问题,有些还需要以后更充实的资料来补充或修正。某些推测也可能有失误,有待学者们批评指正。

(一)关于A.基思的"楼兰型"

如前所述,A.基思的"楼兰型"是指介乎蒙古人种和高加索人种(即欧洲人种)的中间类型。他认为这种类型出现在罗布泊地区,并非是两个人种混杂繁育的结果,而是自然演变的产物。据基思自述,他的结论与斯坦因原来的看法有区别。斯坦因根据T.A.乔伊斯(T·A·Joyce)的意见,把楼兰遗址出土的2具头骨和木乃伊归之为阿尔宾人种(Homo Alpinus)。专门研究过新疆考古材料的F.贝尔格曼(F·Bergman)也引用过这个意见[②]。A.基思承认,当他首次看到A.斯坦因为这些遗骸拍摄的照片时,也同意他们是非蒙古人种的。然而,当他测量和对照了照片上所示特征之后,便改变了原来的看法,认为他们全都代表相同的民族,存在同蒙古人种的亲缘性质,是吉尔吉斯类型蒙古人种和帕米尔、波斯的伊朗类型之间的连接类型[①]。但是,C.H.约尔特吉和A.沃兰特的结论又和A.基思的看法不同,他们认为斯文·赫定材料中的6具长颅型头骨(即他归纳的第一组头骨)有许多形态特点与诺的克(Nordic)人种相似,与A.基思的"楼兰型"也非常相似[②]。换句话说,A.基思的"楼兰型"欧洲人种因素应该与诺的克人种而非阿尔宾人种相似。然而,笔者研究过的楼兰城郊墓葬人骨的人类学特征,是以长颅型欧洲人种

的地中海东支类型或印度—阿富汗类型为主要成分。这一研究结果显然与A.基思“楼兰型”的过渡类型说和C.H.约尔特吉、A.沃兰特的诺的克人种说都不相同，也和A.斯坦因和T.A.乔伊斯的阿尔宾人种说不一致[④]。

在这里首先做一些说明：所谓阿尔宾人种，按现在通常的欧洲人种分类，应该属于高度短颅化的中欧人种类型。巴尔干、西亚和中亚高原都有分布[㉓]。在中亚，他们实际上就是帕米尔—费尔干类型[㉔]。所谓诺的克人种是指浅色素或中间色素类型集团，属于北欧人种类型，一般为长颅型，主要分布在不列颠岛、斯堪的那维亚半岛和德国北部等地区，与同是长颅欧洲人种的印度—阿富汗类型（属南欧人种）有明显的区别，即后者是长面、高头、钩形鼻类型[㉓]。按照这样的欧洲人种分类，笔者认为A.斯坦因采集的楼兰头骨属于长颅型，因而不大可能归入短颅为特征的阿尔宾或帕米尔—费尔干人种类型，而与长颅型欧洲人种类型更为接近。如果仔细考察C.H.约尔特吉和A.沃兰特发表的头骨测量资料和头骨图版，还可以发现在他们划分的第一组的6具长颅型头骨中，有的同笔者研究的楼兰城郊墓地的长颅欧洲人种头骨比较相似（这样的头骨约有4具）。一般来说，这几个头骨的颅形长而狭，面部也高而狭，眶形中等偏高，特点似与印度—阿富汗类型比较接近。相反，在C.H.约尔特吉第一组中的另2具头骨是长狭颅型配合低而宽的面和低眶等特点，可能与诺的克类型的头骨更接近一些。据此分析，笔者认为至少在斯文·赫定采集的人骨中，实际上包含了两种倾向不同的长颅型欧洲人种成分，即接近印度—阿富汗类型的成分和接近诺的克类型的成分，而前一种类型无论在斯文·赫定的材料中还是在笔者研究过的楼兰城郊的材料中都占多数。因此可以推测：在楼兰国的居民中种族组成可能以欧洲人种的印度—阿富汗类型占较大优势。A.基思研究过的A.斯坦因从楼兰第一地点获得的2具男性头骨，大概也属于上述两种欧洲人种类型，但由于发表的测量资料不完整，所以我对这2具头骨的进一步判断难以进行。

（二）罗布泊突厥墓的人类学类型问题

A.H.优素福维奇的人骨材料据称是在苏联科学院民族研究所的藏品中发现的。4具头骨均出自罗布泊附近的、他所称的古代突厥墓葬。如前所述，A.H.优素福维奇认为这些头骨具有蒙古人种特点，但最后未能确定是哪一种类型[③]。

我曾经将A.H.优素福维奇发表的测量数值和邻近地区出土的古代人颅骨进行过测量比较，试图讨论这批材料的类型学意义。结果是：罗布泊突厥组与甘肃玉门火烧沟墓、甘肃铜石时代墓、安阳殷墟中小墓及阿尔泰山前突厥墓出土头骨之间只有较小的形态距离，而与其他各种突厥组之间的距离却很大，特别是与外贝加尔湖的两个突厥组距离最大[㉕]。这些比较组在人类学类型上并不完全相同。

据金兹布尔格的论述，外贝加尔湖地区的突厥人具有明显的蒙古人种特点，看不出有欧洲人种的混杂；南西伯利亚米努辛斯克和南阿尔泰（阿尔泰山地）的突厥人主要是混血的南西伯利亚或者图兰类型；北阿尔泰（阿尔泰山前）、天山和东哈萨克斯坦的突厥人表现出程度不同的蒙古人种与欧洲人种的混杂[26]；而甘肃乃至中原地区的青铜时代头骨组主要代表东亚蒙古人种类型[27][28]。从 A.H.优素福维奇的形态描述和测量资料来看，罗布泊突厥人头骨主要为蒙古人种类型；与外贝加尔湖地区蒙古人种类型的突厥有较明显的形态距离，这些都无大的疑问。另外，相比而言，这些头骨与我国甘肃、中原的蒙古人种类型也有某种接近的倾向。但是，他们和甘肃乃至中原的蒙古人种是否属于相同的地区类型，他们之中是否混入了某些欧洲人种特点的混杂类型？对此，仅依靠发表的有限测量数据进行比较是难以得到回答的。

（三）孔雀河古墓沟墓地居民的人类学类型、墓葬形制及时代早晚关系

古墓沟墓地人类学材料的研究表明，这一组头骨中存在形态上略有区别的两个亚形态组。有意义的是这种形态学资料与该墓地的两种形制的墓葬及他们的早晚关系之间有相应的联系。这三方面的关系可表达如下：

晚——古墓沟第一组头骨——古墓沟第Ⅱ型墓——安德洛诺沃文化
（与安德洛诺沃变种接近）（有环形列木结构）（安德洛诺沃变种）
| | |
早——古墓沟第二组头骨——古墓沟第Ⅰ型墓——阿凡纳羡沃文化
（与阿凡纳羡沃变种接近）（无环形列木结构）（阿凡纳羡沃变种）

以上关系表明，古墓沟墓地两种不同形制的墓葬代表了时间上有先后、体质形态略有差异的原始欧洲人种类型曾移殖到罗布泊地区[6]。

按苏联考古学文化编年，叶尼塞河上游和阿尔泰的铜石并用时代阿凡纳羡沃文化大致在公元前第 3000 年至第 2000 年之初，安德洛诺沃文化则约为公元前第 2000 年至第 1000 年初。这类文化不但分布于叶尼塞河流域，而且分布于西西伯利亚全境和哈萨克斯坦境内，直至乌拉尔河，甚至在吉尔吉斯、帕米尔南麓都有发现[29]。如果依照这样的文化编年，并假定古墓沟墓地人骨的种族体质类型与这些地区的人种类型有联系，或者，就是他们之中的某些人口迁移到罗布泊地区，那么，我们就有可能判定古墓沟第Ⅰ型墓葬的时代与阿凡纳羡沃文化的编年应当相去不远或者稍晚一些；第Ⅱ型墓葬的时代也可能与安德洛诺沃文化编年相去不远或者稍晚。又据报告，在古墓沟墓葬的随葬物中，发现有铜饰物，而且在

晚期的第Ⅱ型墓中,铜制品的出现比例比早期的第Ⅰ型墓还要大一些(36座Ⅰ型墓中只有1座出了小铜卷;6座Ⅱ型墓中则有2座出了小件铜饰物),但没有报告铁制品出土。文化内涵的另一个特点是在全部42座墓葬中,未发现有任何汉文化的影响,相比之下,在地处同一地区楼兰东郊的两处相当汉代的墓地出土有许多汉式器物,如汉代漆器、铜镜、锦、绢等,并与显示本地特点的陶、木器和毛织品共出。两相对照,这两个墓地随葬物之间的这种差异很可能表明两者的时代区别,即古墓沟墓地的时代要早于楼兰东郊的墓地,或可以说,古墓沟墓地的建立时代早于汉代。

在这里应该提到F.贝尔格曼(F·Bergman,1939)对罗布泊地区考古资料的研究。他详细分析和比较了该地区古代墓葬材料之后,将这些墓葬分成三类:第一类包括第五号墓地和单个的36号和37号墓,认为他们是当地土著居民的;第二类是两个群墓和单个的35号墓,贝尔格曼认为是"汉人"的;第三类是孔雀河支流"小河"地区的小墓地6和7,认为可能是印度人或"汉人"的。F.贝尔格曼对后两类墓葬时代的判断与他们同汉文化的联系,看法是明确的。但他对他所说的属于土著人的第一类墓葬的时代,是这样说的:"第五号墓地墓葬的同种性质和该墓地缺乏丝织品,可以用来证明这个墓地是汉人统治楼兰王国时代以前的。"[㉒]实际的情形是贝氏所说的第一类墓中出土文物,与古墓沟墓地出土文物有很大的一致性(这还有待考古学者进一步研究)。由此我们有理由推测,古墓沟墓地的时代,也如贝氏判定的第一类墓葬的时代一样,即早于汉代。

此外,前文已经说过,最早测定的三个C_{14}年代数据由于彼此差别太大,所以学术界对古墓沟墓地时代的认识产生了很大分歧。以后又陆续测定了四个墓葬的六个数据,未经树轮校正的年代在4300~3400年之间,其中除一个数据超过4000年以外,其余五个数据都在3700~3400年范围内。应该指出,在这些数据中,除铁板河古尸的一个数据外,其余的数据是用古墓沟墓地的早期第Ⅰ型墓棺木、毛布、毛毯或羊皮测定的,因此,所测得的年代相应代表了该基地第Ⅰ型墓葬的年代。第Ⅱ型墓葬的年代测定未见公布,估计比第Ⅰ型墓晚一些才是合理的[⑨]。

还应该指出,和古墓沟墓葬中缺乏陶器随葬一样,在贝尔格曼所报告的第一类土著居民的墓葬中,也几乎没有发现陶器,唯一的一小块陶片是在第五号墓地发现的。因此,极为缺乏陶器是罗布泊地区当地居民墓葬中的普遍现象,这是否能成为古墓沟文化是新石器时代文化的一个证据,值得考虑。

综合上述讨论,本文对古墓沟墓地的时代做如下推测,即该墓地不像是早到6000余年前的新石器时代性质的遗迹,但也不可能晚到汉代或者更晚,他们有可能是罗布泊地区尚未超脱当地青铜时代文化的一支,最晚在汉朝控制楼兰王国以前。1985年,王炳华先生在讨论新疆境内铜器时代文化的文章中指出,古墓沟墓地出土的木质品上,存在锋利金属器加工的痕迹,这是明显使用青铜制砍削工具的一个证据,因而将古墓沟墓地遗存改归青铜时代文化[㉚],这一观点和本文的看法基本一致。

(四)新疆古代居民的人类学类型及其起源和分布问题

要全面阐明新疆境内的古人类学问题,现有的资料显然是不够充分的。下边提出的一些认识主要依靠罗布泊地区、天山东段南麓,哈密地区、和田和伊犁河地区的材料(见图1)。

新疆的旧石器时代和新石器时代古人类学材料尚未发现和研究,因此,新疆石器时代的居民属于何种种系来源,至今并不清楚。从晚期材料来看,新疆境内古代居民中存在东西方两个大人种支系成分是没有疑问的,他们在人种起源上具有不同的人种祖裔关系。我们不妨从邻接新疆的中亚地区的资料来考虑新疆境内古代欧洲人种成分的来源问题。

迄今为止,在中亚地区发现的石器时代人类学材料也并不多,仅在乌兹别克斯坦的切舍克—塔施洞穴中发现过旧石器时代(莫斯特时期)的尼安德特人类型化石。中亚的新石器时代人类学材料有四个地区,即沿阿莱南部地带、土库曼南部地区,塔吉克斯坦西部和哈萨克斯坦东部地区。从东哈萨克斯坦出土的2具头

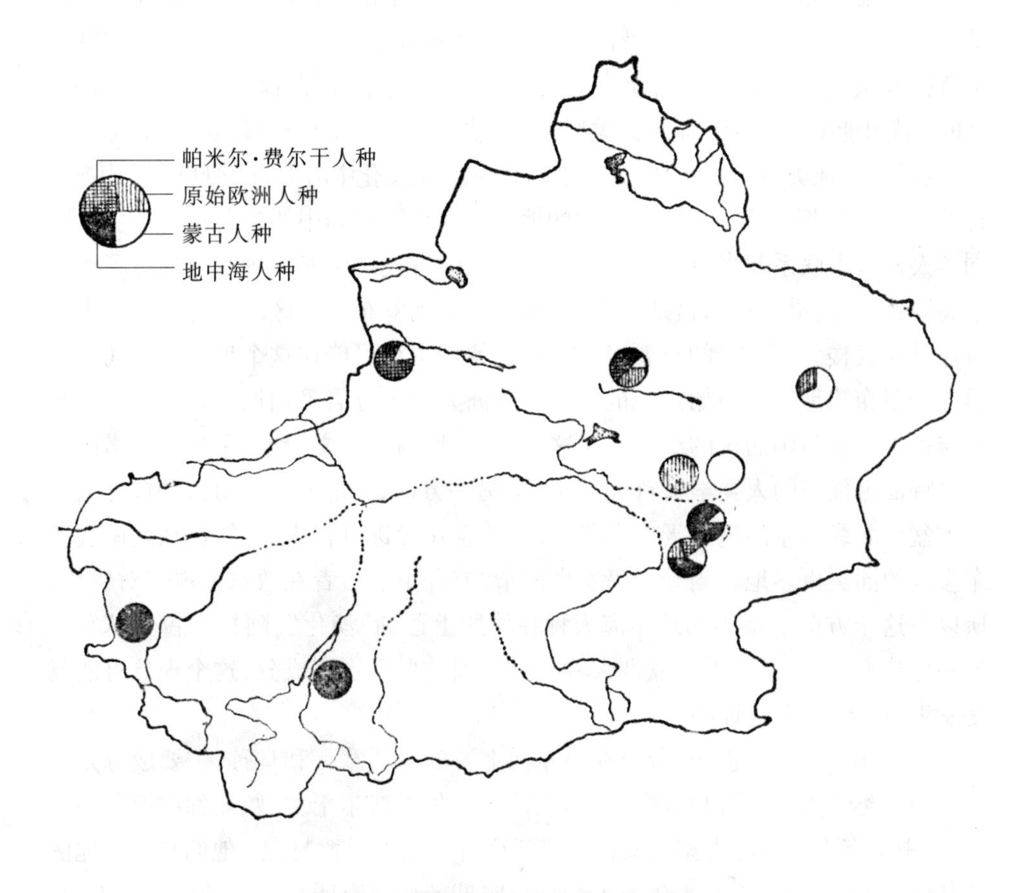

图1 新疆古代人类学成分的分布

骨(1具属新石器时代,另1具属铜石并用时代)被认为是具有克罗马农人特点的原始形态欧洲人种。其他几个地区出土的新石器时代头骨,一般都有极狭的面,与地中海新石器时代墓地的头骨存在很多共同点[31]。可以设想,如果今后在新疆境内发现石器时代欧洲人种人类学材料的话,他们很可能与中亚石器时代的上述两种形态的欧洲人种类型有密切联系。而实际上,这两种类型的欧洲人种成分在新疆境内铜器时代以后的古人类学材料中已经发现,如古墓沟墓地的头骨具有相当明显的原始欧洲人种形态,洛浦山普拉和楼兰古墓地的人类学材料则属狭面长颅的地中海人种类型。

如果孔雀河下游古墓沟墓地的时代如本文所分析,那么这个墓地的人类学材料就是新疆境内目前唯一的铜器时代材料。换句话说,至少在铜器时代末期,具有原始形态类型的欧洲人种已经分布在罗布泊地区,而且也是迄今所知的分布欧亚大陆的时代较早、分布到最东的之一。目前还无法具体确定他们是从什么地方、通过什么途径来到新疆腹地的。然而,古墓沟文化居民的人类学特征表明,他们与分布在南西伯利亚、哈萨克斯坦、中亚甚至伏尔加河下游的铜器时代居民都有密切的种系联系。

具有地中海东支形态类型的欧洲人种成分似乎出现得较晚,在洛浦山普拉丛葬墓、罗布泊楼兰城郊墓地及阿拉沟古代丛葬墓已经发现了这样类型。其中,山普拉和楼兰两处的基本成分就是这种类型,时代稍晚(西汉—东汉);阿拉沟墓地的时代可能稍早到春秋,地中海类型成分只占其中的一部分,这种成分与南帕米尔古代塞人的体质类型一致[32]。中亚安诺遗址第一、二期文化中出土的人骨也是地中海人种类型[33]。如果把新疆境内三个墓地的地中海人种因素和中亚的时代可能更早的同类人种因素联系起来,那就不难推测,中亚的古代地中海人种成分越过了帕米尔高原,一方面沿塔里木盆地的南缘,向东推进到罗布泊地区。而这种类型也很可能是汉代楼兰国居民的重要组成部分,他们也很可能在这个地区与时间上更早占据罗布泊地区的原始形态的另一个欧洲人种成分居民相遇,并与后者一起参与了古代楼兰国居民的组成。对这一点,斯坦因和斯文·赫定采集的以诺的克人种特征占优势的人类学材料也可证明。另一方面,一部分地中海人种成分沿塔里木盆地北线向东渗进到天山东段地区,并且在渗进过程中,可能比从其南线向东渗进的同类更多地与当地居民发生混杂,或许由于后者在数量上占相对优势,所以在这个方向上渗入的地中海人种在体质上逐渐“淡化”,阿拉沟古代丛葬墓的一部分人骨中,存在不同欧洲人种类型之间的居间形态成分,这个现象可能就是发生过这种混杂的证明。

在公元前后几个世纪,分布在伊犁河上游的古代塞人和乌孙,主要成分是另外一种人类学类型,即以短颅型为基础的帕米尔—费尔干类型,或称中亚两河类型,其中也有中亚两河类型与安德洛诺沃变种类型的过渡特点。他们与中亚地区的其他塞人(不包括南帕米尔塞人)、乌孙时期的居民有明显相近的体质特点,与前述原始形态欧洲人种类型和地中海人种类型有明显的形态差异。

关于中亚两河类型的起源或形成，目前研究得仍不很清楚。在中亚和哈萨克斯坦古人类学材料还很不充分时，苏联人类学家中有人提出和赞同过中亚两河类型是由长颅地中海人种短颅化的假设。但后来的许多证据证明，中亚两河类型在系统关系上，同具有原始形态的安德洛诺沃欧洲人种类型的关系比同地中海人种类型的关系更为密切，而地中海类型对中亚两河类型的发生和影响很小。但阿拉沟古代丛葬墓人类学材料的研究证明，新疆境内天山地区的古代中亚两河类型具有明显的地中海人种因素的混血。这和苏联境内中亚和特别是哈萨克斯坦的中亚两河类型是以安德洛诺沃变种为基础的、兼有某些轻度蒙古人种特征的混杂是有区别的。目前假设，中亚两河类型是在铁器时代初开始形成的。在其发展过程中，欧洲人种安德洛诺沃变种类型弱化是其基本因素。并且可以推测，中亚地区的这种弱化同青铜时代和铁器时代交替的社会条件朝改善方向的变化有联系。大概在接近公元初，随着民族大迁徙开始，蒙古人种类型特点程度不等地向正在形成的中亚两河类型“沉积”，但究竟什么样的蒙古人种类型参与了中亚两河类型的形成过程，这还很不清楚。有人推测可能是具有更为直额的蒙古人种类型参加了这个过程[34]。

关于新疆境内古代居民中，蒙古人种因素的来源和分布问题，目前的材料还很零碎。因此，比讨论欧洲人种成分更为困难。为了便于说明，笔者将新疆境内古代墓地人类学材料中的与蒙古人种成分有关的材料简列于表1。尽管此表所列的数据仍然不是具有足够统计学意义的成组资料，但它仍然为我们指出了某些值得注意的事实。

首先，以蒙古人种为主成分的材料好像只有哈密焉布拉克墓地。罗布泊突厥墓的材料也可能是蒙古人种，但只有4具头骨，例数过少。大致与焉布拉克墓地时代接近的阿拉沟丛葬墓中，蒙古人种因素显然只占次要成分。相反，比这两个墓地时代更早的孔雀河古墓沟墓地的人类学材料则呈现出较单一的原始欧洲人种形态，而这样的接近成分甚至在哈密的焉布拉克墓地中出现。这种情况说明，可能至少在汉代以前，东西方人种在新疆境内存在反向渗入，但相比之下，蒙古人种向西的渗入比较零碎，不如西方人种成分的东进活跃。据《汉书·西域传》注，西方人种成分(如乌孙)甚至进入到河西走廊地区，这个记载有待人类学材料的发现。

此外，新疆境内已知蒙古人种成分中，其体质类型并不完全单一。如在阿拉沟丛葬墓里发现有个别与大陆蒙古人种短颅型(如现代的布里亚特人或蒙古人)头骨相近的头骨，同时也有趋近东亚蒙古人种体质类型和可能是混杂类型的头骨。这种形态上的多种倾向，可能反映了他们的不同来源。又如在哈密焉布拉克古墓中出现的蒙古人种头骨在形态学上具有某些不特别分化的性质，总的来说，他们与现代西藏东部颅骨类型很接近，因此，这样的体质类型早在汉代以前的我

表1　新疆境内古墓地中蒙古人种成分出现情况一览表

地　点	数量(%)	体 质 特 点	时　代	材料来源
吐鲁番阿斯塔那 营盘	1 1 >(40.0)	与汉人有些相似，细节上又与典型汉人或蒙古人不同，有些趋向高加索人种蒙古人种支系成员	公元7~8世纪(唐代) 公元4~5世纪(东晋—南北朝)	A.基思(1929)
米　兰 罗布泊	1 1 >(18.2)	有汉人特点的中间型	公元前末1世纪～公元3世纪(西汉—西晋) 公元1~3世纪(东汉—西晋)	C.H. 约尔特吉、A.沃兰特(1942)
罗布泊突厥墓	4(100.0)	蒙古人种，可能较近东亚类型(？)	晚于公元6世纪？(隋唐)	A.H.优素福维奇(1949)
楼兰城郊	1(16.7)	蒙古人种，有些趋向南西伯利亚类型	公元前后(汉代)	韩康信(1986)
阿拉沟丛葬墓	7(12.1)	蒙古人种和可能是混杂类型，其中一具为大陆蒙古人种类型,一具似近东亚类型	公元前6世纪至前2世纪(春秋战国)	韩康信(1993)
昭苏土墩　墓	2(15.4)	蒙古人种特征较明显，也可能是混杂型	公元前后几个世纪(汉代)	韩康信等(1987)
哈密焉布拉克	21(72.4)	蒙古人种具有不特别分化性质,与西藏东部类型近	公元前10世纪至前5世纪(西周—春秋)	韩康信(1990)
洛浦山普拉丛葬墓	0(0.0)	地中海东支类型	公元1世纪(汉代)	韩康信(1988)
孔雀河古墓沟墓地	0(0.0)	具有原始欧洲人形态	公元前18世纪左右(夏—商)	韩康信(1986)

国西北地区(包括新疆东部)便有分布。如果今后对青海境内古代居民人类学材料深入研究的话,很可能把这种体质类型与藏族的体质特点联系起来,这对藏族种族起源的研究无疑是一个十分重要的线索。比上述两个墓地更晚的墓地(如楼兰城郊、昭苏土墩墓)中,蒙古人种因素似乎表现得不特别强烈或可能具有某些混合形态,而且出现的数量也不多,对他们可能的起源目前还难作出较明白的解释。

还应该指出，在已经研究的新疆境内古墓地的人类学材料中，无论在较早的阿拉沟、哈密焉布拉克还是较晚的楼兰、昭苏的古墓地中，东西方人种成分共存也是比较普遍的现象。而且有的甚至在同一墓穴中埋葬有不同起源的人种成分，如阿拉沟墓地的1号丛葬墓中，属于欧洲人种支系的有5人，属蒙古人种支系的有2人；21号墓中，欧洲人种支系的15人，蒙古人种支系的2人。类似的例子在焉布拉克墓地中也可能存在。在这些同穴埋葬者之间，特别是同穴埋入的不同种族成分者之间，是否存在种族奴属关系还难以认定，他们或许更可能是允许同穴埋葬的家族成员。这种情况提醒我们，在新疆这个不同支系文化和不同人种支系成分互相接触的地区，考古和民族关系的研究，一定要注意种族人类学的研究和分析，以免在文化和族系性质之间仅靠简单的类比和分类而引起误解。

（五）古代和现代新疆居民的种族人类学关系

这里不准备详细讨论新疆古代居民人类学材料和现代新疆各民族之间的关系，因为现有的古代和现代人类学资料还不足以具体说明这个复杂问题。下边是以有限的古人类学资料，与现代的某些也是很不充分的体质调查资料，对新疆的古代种族类型和现代体质类型之间作一般的比较。

据英国学者T.A.乔伊思（T·A·Joyce，1903，1912，1928）对新疆、西藏及邻近地区居民的体质资料进行研究，认为可能存在如下几个人类学类型[35]：

1.颅形很短的白一粉肤色人种，其身材低于中等，鼻细而突起，脸形长而椭圆，头发褐色，有时黑色，波形发，再生毛浓密，眼色素中等，这是阿尔宾人种。

2.也是白肤色人种，但色素有些趋向褐色，颅形很短，身高低于中等，鼻较宽而呈直形，颧骨宽，深色发欠浓密，眼浅褐色。这是土耳其人种。

3.褐肤色，中颅形和高身材型，有细长而成鹰嘴形鼻，脸形长而椭圆，黑色波形发，浅褐色眼。这个类型称为印度—阿富汗人种。

4.褐肤色，短颅型人种，身高低于中等，直形鼻，且粗而宽大，黑色波形发，面毛弱，浅褐色眼。此为西藏人。

5.黄肤色，短颅型，低身材人种，具有短而扁平和直形或凸形鼻，“扩大的”（即横向分布的）鼻孔，短宽的面，黑色直形发，体毛发育弱，深色而倾斜的眼，有复盖泪结节的眼褶皱。此为蒙古利亚人种。

苏联学者切博克萨罗夫在分析T.A.乔伊思的调查资料时指出，上述第Ⅰ类型（即T.A.乔伊思的阿尔宾人种）相当于欧洲人种的帕米尔—费尔干类型（或叫中亚两河类型）。这个类型在萨尔科尔人（塔吉克族）和叶尔羌河的巴楚人以及和田和于田、塔克拉玛干沙漠南部邻近地的维吾尔族中，表现得最为明显。T.A.乔伊思的第Ⅱ类型（土耳其人种）则相当南西伯利亚人种，这个类型沿叶尔羌河中游，在古尔吉斯人、多兰人，柯坪、阿克苏和法扎巴德的维吾尔族中占优势，在新疆东部(哈密、吐鲁番和库尔勒)也可能追踪到南西伯利亚人种因素的混杂。第Ⅲ类型即印度—阿富汗人种可以包括到欧洲人种的中—长颅型地中海人种集团，这个类型主要分布在中亚的西南地区。至于T.A.乔伊思的最后两个类型(西藏人种和蒙古利亚人种),他没有提供明确的地理范围。实际上,在新疆,蒙古人种特征最明显者,表现在来自甘肃的移民中,与其他所有新疆各民族相比,这些甘肃人中更常见直形发,再生毛弱,肤色更黄,在大量个体中存在蒙古褶。这些蒙古人种特点同狭长的中—长颅与狭面特征相配合表明,在甘肃人种中,华北人种类型占优势,也可以推测,在罗布泊和七克里克地区操突厥语的维吾尔人中,存在华北人的渗透[24]。

T.A.乔伊斯的体质调查资料只提供了新疆南部民族的人类学类型分布情况,没有涉及北疆地区的体质资料。即便如此,已经可以看出,上述几个主要的现代体质类型(帕米尔—费尔干类型、印度—阿富汗类型、南西伯利亚类型和蒙古利亚类型)都可以在新疆境内已经发现的古人类学材料中追溯到。例如昭苏土墩墓的短颅帕米尔—费尔干类型,洛浦山普拉和楼兰的长颅地中海(印度—阿富汗)类型，及在不同地点墓地中存在的某种人种混杂类型和哈密焉布拉克的接近现代西藏人及罗布泊突厥墓的有些接近甘肃古代人的蒙古人种类型，都可能是现代相应体质类型的较早代表。唯有像古墓沟墓地代表的具有原始形态的欧洲人种类型没有反映在T.A.乔伊斯的现代分类中,这或许暗示他们已经融合在数量上占优势的其他欧洲人种类型之间而趋向消失或呈零散分布。

从以上古代和现代体质人类学资料最简单的类比不难看出，现代新疆境内各民族体质形态类型的形成,具有复杂的种族人类学背景,要完全弄清他们之间的关系,还需要做大量的调查研究。

最后,对种族(人种)体质人类学资料的研究与民族识别之间的关系做一简要说明。经常碰到这种情况:有的学者在研究古代和现代民族历史关系时,常希望从体质人类学的研究中得到识别族属的可靠证据。还有的考古或历史学者在判定某一考古文化为某一历史族别时,也希望体质人类学的研究提供族属证据。这种认识其实是一种误解或至少是部分的误解。民族族称,不是用人体体质特征来区分的,它是由历史上形成的语言、经济文化、地域和生活习俗为特征的共同体,而人种或种族是具有区别于其他人群的共同遗传体质特征的人群。因此,人种或种族的区分本质上是生物学的分类。可以想见,一个种族可以包含一个或多于一个的民族成分,例如东亚蒙古人种中可以有汉族、藏族、朝鲜族等不同民族;而一个民族也可能包含不同的种族体质类型。因而不要把种族或人种学上的分类概念和民族族属的识别相混淆。在试图利用体质人类学资料解释历史上族的更迭、迁徙、融合等复杂的历史事件时,把两者作简单的类比是没有多少意义的。因为在生物学的现象和历史事件之间,尽管不无关系,但很难说明两者之间必定存在那样简单机械的同步关系,这应该是不言自明的。

参考文献

1. A. 基思. 塔里木盆地古墓地出土的头骨. 英国人类学研究所杂志，1929，59：149~180（英文）.

2. C.H.约尔特吉，A.沃兰特.东土耳其斯坦考古考察发现的人类头骨和体骨.西北科学考察团报告，1942，7（3）（德文）.

3. A.H.优素福维奇.罗布泊湖附近出土的古代人头骨.人类学和民族学博物馆论集，1949（10）：303~311（俄）.

4.韩康信.新疆楼兰城郊古墓人骨人类学特征的研究.人类学学报，1986.5（3）：227~242.

5. 吐尔逊·艾沙.罗布淖尔地区东汉墓发掘及初步研究.新疆社会科学，1983（1）：128~133.

6. 韩康信.新疆孔雀河古墓沟墓地人骨研究.考古学报，1986（3）：361~384.

7. 新疆发现六千四百七十年前女尸.人民日报，1981-02-17（1）.

8. 考古研究所测定搂兰女尸距今只有两千多年.人民日报，1981-04-17（4）.

9. 王炳华.孔雀河古墓沟发掘及其初步研究.新疆社会科学，1983（1）：117~127.

10. 韩康信，潘其风.新疆昭苏土墩墓古人类学材料的研究.考古学报，1987（4）：503~523.

11. 文物编辑委员会编. 文物考古工作三十五年. 北京：文物出版社，1979.174~175.

12. 韩康信，左崇新.新疆洛浦山普拉古代丛葬墓头骨的研究与复原.考古与文物，1987（5）91~99.

13. 韩康信.新疆洛浦山普拉古代丛葬墓人骨的种系问题.人类学学报，1988（3）：239~248.

14. 中国考古学会编.中国考古学年鉴.1985.260.

15. 邵兴周等.洛浦县山普拉出土颅骨的初步研究.人类学学报，1988（1）：26~38.

16. 韩康信.塔什库尔干县香宝宝古墓出土人头骨.新疆文物，1988（1）：32~35.

17. 新疆社会科学院考古研究所.帕米尔高原古墓.考古学报，1981（2）：199~212.

18. 韩康信.新疆哈密焉布拉克古墓人骨种系成分之研究（见本论集）.考古学报，1990（3）：371 ~ 390.

19. 黄文弼.新疆考古发掘报告（1987~1958）.北京：文物出版社，1983.

20. 韩康信.新疆阿拉沟古代丛葬墓人骨的研究(见本论集).

21. 新疆社会科学院考古研究所编.新疆考古三十年.乌鲁木齐:新疆人民出版社,1983.1~172.

22. F.贝尔格曼.新疆考古学研究.西北科学考察团报告,1939.7(1)(英文).

23. 孔恩.欧洲种族.1939 纽约(英文).

24. 切博克萨罗夫.中国的民族人类学.莫斯科:科学出版社,1982(俄文).

25. 韩康信. 新疆古代居民种族人类学的初步研究. 新疆社会科学,1985(6)61~171.

26. 金兹布尔格.北哈萨克斯坦古代居民的人类学材料.人类学和民族学博物馆论集,1963.21:297~337(俄文).

27. 韩康信,潘其风.古代中国人种成分研究.考古学报,1984(2):245~263.

28. 韩康信,潘其风.安阳殷墟中小墓人骨的研究.安阳殷墟头骨研究.北京:文物出版社,1984.

29. 蒙盖特.苏联考古学.1955.莫斯科.

30. 王炳华.新疆地区青铜时代考古文化试析.新疆社会科学,1985.(4):50~59.

31. 阿历克谢夫·高赫曼.苏联亚洲部分的人类学.莫斯科:科学出版社,1984(俄文).

32. 金兹布尔格. 南帕米尔塞克人类学特征. 物质文化研究所简报,1960(80):26~39.

33. 捷别茨.苏联古人类学.民族学研究所集刊,1948.4:10(俄文).

34. 金兹布尔格.与中亚各族人民起源有关的中亚古人类学基本问题.民族学研究所简报,1959(31):27~35(俄文).

35. T.A.乔伊斯.和田和克里雅绿洲的体质人类学.人类学研究所杂志,1903.33(英文).

36. 韩康信等.察吾呼三号、四号墓地人骨的体质人类学研究.新疆察吾呼——大型氏族墓地发掘报告.上海:东方出版社,1999.10:299~337.

孔雀河古墓沟墓地人骨研究

与我国其他地区相比，新疆不仅在文化和民族关系上而且在种族人类学上是典型的“接触”地带。在这个地带，各种不同的种族（人种）类型集团（欧洲人种和蒙古人种，短颅型和长颅型，宽面型和狭面型等）彼此接触、混杂和相互影响，使中亚的许多重要历史文化、民族和种族现象，包括来自古代希腊、伊朗、印度和中国内地文化的影响在这里汇聚。而这种汇聚引起的结果和影响，显然和起源不同的人类学集团有密切关系。因此，要追溯这个过程的历史，除了其他领域的研究之外，从体质人类学立场，调查研究这一地区古代居民的人类学特征十分必要，也是追踪新疆现代各族人民与其周邻地区居民相互关系的重要方面。由于新疆在欧亚大陆的这种特殊地位，研究和确定这个地区各种古代文化居民的种系特点，对明确这一地区古代文化的性质和建立以考古材料为基础的文化系列，也可能提供重要线索。但是，长期以来，这方面的调查和研究很少，只有少数外国“探险家”采集的古代人骨被研究过。由于这种采集本身带有殖民者掠夺色彩，系统发掘和收集的人骨数量不多。有的材料所代表的时代也不够明确，报导的资料不够完整，而且早期研究与后期研究所选择的测量、观察项目及分析方法不很一致。因此仅依靠这些资料，还不可能对新疆古代居民的人类学关系提供系统的知识。要解决新疆境内各种古代文化居民的种族人类学历史，还需要对各地方不同时代古墓中出土的人类遗骸进行新的研究。近年来，由于新疆维吾尔自治区考古所和博物馆文物队的努力，在一系列古墓发掘中，越来越注意骨骼材料的收集，如从昭苏的乌孙墓、天山东段阿拉沟、哈密五堡、罗布淖尔地区的古楼兰遗址、孔雀河下游古墓沟及和田地区古墓的发掘中，相继采集了相当丰富的人类学材料。这些材料对开展新疆地区古人类学的调查研究，无疑具有重要的科学价值。

此报告发表的人类学材料，是新疆维吾尔自治区社会科学院考古研究所于1979年在东边距离已经干涸了的罗布淖尔约70公里的孔雀河下游北岸第二台地沙丘上，发掘42座古墓时从中采集起来的人骨①。共计18个头骨，其中男性头骨11个，女性头骨7个。墓葬代表的时代最初可能因C_{14}测定的年代偏高，报纸上报导为距今约6000余年的新石器时代②。以后由中国社会科学院考古研究所实验室用23号墓棺木和毛布测定年代分别为距今3650±60、3545±60年和2185±105、2120±105年。由于这两种数据差距过大，认为前一种数据是测自用千年古树作成的棺木，用毛布测定的年代可能接近实际③。后来，王炳华同志又根据更多的C_{14}测定年代数据和文化内涵的分析，估计这批墓葬的年代大概距今约3800年的新石器时代④。因此，遗址的时代上，存在很大的争议。

本文依每具头骨的形态观察和测量特征的比较，讨论古墓沟文化居民的人类学特征和可能归属的种系类型，最后讨论其可能代表的文化时代。每具头骨测量见表1。

这批重要的人类学材料是由新疆维吾尔自治区社会科学院考古研究所提供的，对此谨致谢意。

一、古墓沟头骨的形态观察

现对每个头骨的性别、年龄、主要形态特征及可能归属的人类学类型扼要记述如下。文中No.1~18是笔者的编号，括弧里是自治区考古所的编号。

No.1（79LQ$_2$，M1） 完整头骨，25~30岁男性个体。头骨硕大，中等长，极高，狭颅，额后斜坡度中等。眉弓粗壮，眉间强烈突起（6级），鼻根凹陷深。面高中—低之间，面宽大，在阔—中面型之间。上下面部水平方向强烈突出，侧面方向突出中—小之间。颧骨很宽，阔鼻，低眶，鼻突起显著，犬齿窝浅。颅顶高拱形，后枕部圆而不突出。鼻背显著弯曲，鼻骨很短。上门齿呈弱铲形。人类学类型接近原始欧洲人种，与旧石器时代晚期的克罗马农人头骨也有些相似（图版Ⅲ，1~2；图1，1~3）。

No.2（79LQ$_2$M6） 完整头骨（缺下颌），50~60岁老年男性。颅形长而狭，颅高绝对值大，为正颅型。额倾斜弱，眉弓（3.5级）和眉间突起中等。鼻骨短，鼻背明显弯曲，鼻突起中等。阔鼻，低眶。上面部水平方向突出小，下面部突出明显，侧面方向突出弱。颧骨狭，犬齿窝很深。颅顶明显拱起，后枕部圆。顶孔—人字点区较平坦。人类学类型接近原始欧洲人种安德洛诺沃型（图1，4~6）。

No.3（79LQ$_2$M7） 较完整头骨，大于55岁老年男性。颅形为较长的中颅型和狭颅型，颅高很高，为高颅型。额倾斜弱，眉弓和眉间（5级）强烈突出，鼻根凹陷较深。鼻骨宽而很短，鼻背明显弯曲，鼻突起中—弱。面低而很宽，上面部水平方向突出强烈—中等之间，下面部突出也大，侧面方向突出弱。犬齿窝中等深，低眶，阔鼻型。颅顶较拱起，后枕部较圆。人类学类型较接近原始欧洲人种安德洛诺沃型(图版Ⅲ,3~4;图1,7~9)。

No.4（79LQ$_2$M8） 完整头骨,45~55岁男性。颅较短宽,在中—短颅型之间。颅高很低,为正颅型。额明显低斜,眉弓和眉间(5.5级)强烈突起,鼻根凹陷深。阔鼻型,鼻背明显弯曲,鼻突起中等。面低而中等宽,额面水平方向突出弱,颧上颌面突出中等,侧面方向突出中等弱。犬齿窝深度弱—中,中高眶。颅顶高拱,后枕部不突出,顶孔—人字点区较平。人类学类型与欧洲人种安德洛沃型接近,低颅,倾斜额又似阿凡纳羡沃型特点。

No.5（79LQ$_2$M9） 残破不完整头骨(颅底、枕骨下半部及左颧骨缺残),大于55岁老年男性。中长颅,中斜额,眉间(3级)和眉弓发育中等,鼻根凹陷中等。鼻骨中矢长很短,上半部狭,鼻背弯曲。鼻突起小,阔鼻。面低而较宽,上面部水平方向突出弱,眶较低。颧骨较狭,颅顶较拱起,后枕部较圆。人类学类型为欧洲人种,可能接近安德洛诺沃型。

No.6（79LQ$_2$M10） 较完整头骨(鼻骨下部和左侧眶下孔以下一小块残失),大于55岁男性。长—中颅型之间,颅高中—高之间,为正颅型。中斜额,眉弓粗壮,眉间(5级)显著突出,鼻根凹陷较深。鼻骨宽而强烈突出,鼻背明显弯曲,鼻形中—阔鼻型之间。面高和宽中—大之间,上面部水平方向突出中—弱,下面部突出大—中之间,侧面方向突出弱。犬齿窝浅—中,低眶型。颅顶较圆拱,后枕部圆形。人类学类型为欧洲人种,接近安德洛诺沃型(图版Ⅳ,3~4)。

No.7（79LQ$_2$M25） 完整头骨,大于55岁老年男性。中长颅型,颅宽中颅型,颅高较低,为正颅型。额倾斜大于中等,眉间(3级)和眉弓突起弱,鼻根凹陷中等。鼻梁在近鼻根段明显弯曲,鼻突起大于中等,阔鼻型。面相对低而宽,为阔上面型。面部上、下水平方向突出弱,侧面方向突出小—中等。犬齿窝浅—中,眶低。颅顶较圆拱,后枕部中等突出。人种学类型为欧洲人种,与阿凡纳羡沃型比较接近(图版Ⅲ,5~6)。

No.8（79LQ$_2$M28） 完整头骨,约35~55岁男性。颅形长而狭,颅高中等,为正颅型。额倾斜大于中等,眉间突起(3级)小于中等,眉弓显著。面较低,中等宽,上面部水平方向突出中等,下面部突出大于中等,侧面方向突出中等。鼻根凹陷中等,鼻突出明显,凹形鼻梁,阔鼻型。颧骨宽,犬齿窝弱,低眶。颅顶部较拱起,后枕部中等突出。人类学类型为欧洲人种近阿凡纳羡沃型（图版Ⅴ,3~4,图2,1~3)。

No.9（79LQ$_2$M29） 完整头骨,大于55岁男性。颅形为长狭型,颅高中等,为正颅型。前额强烈后斜。眉间(5.5级)和眉弓强烈突出,鼻根凹陷深。鼻骨明显突起,鼻背显著弯曲。面宽和面高中等,为中面型。上下面部水平方向突出强烈,侧面方向突出中等。犬齿窝很弱,眶形很低,鼻形狭。颅顶圆拱,后枕部圆形,顶孔—人字点区平坦。人类学类型为欧洲人种，与阿凡纳羡沃型接近（图版Ⅳ,1~2;图2,4~6)。

No.10（79LQ$_2$M30：B） 残破头骨，45~50 岁男性。颅形较短，中斜额，眉弓和眉间（3 级强）突起发达，鼻根凹陷深。人类学类型为欧洲人种。

No.11（79LQ$_2$M31） 完整头骨，35~40 岁男性。长狭颅型和高颅型。中斜额，眉弓和眉间（4.5 级）明显突出，鼻根凹陷较深。鼻骨强烈突起，鼻梁明显凹形，狭鼻形。面较高，面宽中等强，为中面型。上下面部水平方向突出强烈，侧面方向突出中等。犬齿窝不显，低眶。颅顶圆拱，后枕部圆而有些突出。顶孔—人字点间较平。人类学类型为欧洲人种近阿凡纳羡沃型（图 2，7~9）。

No.12（79LQ$_2$M3） 完整头骨，25~30 岁女性。中—长颅型之间（中颅型下限），颅高中等，为正颅型。中斜额，眉弓和眉间（2 级）突起弱，鼻根凹陷浅。鼻突起显著，凹形鼻梁，中等宽鼻型。面高和面宽中等，为中上面型。上下面部水平方向突出强烈，侧面方向中等突出。颧骨宽，犬齿窝浅—中等深，低眶型。颅顶圆拱，后枕部轻度向右扁斜。人类学类型为欧洲人种，介乎安德洛诺沃型和阿凡纳羡沃型之间的形态。

No.13（79LQ$_2$M？） 较完整头骨（鼻骨下段残缺），35~40 岁女性。长狭颅型，颅高大。额倾斜中—大，眉间和眉弓突起弱，鼻根凹陷浅。鼻突起中等，鼻背在鼻根部成凹形，鼻形为阔鼻型。面较低和中等宽，为较宽的中面型。面部水平和侧面方向突出中—大之间。颧骨宽而突出，犬齿窝弱，低眶。颅顶较圆拱，后枕部较圆突。人类学类型为欧洲人种，可能与阿凡纳羡沃型有些相近。

No.14（79LQ$_2$M11） 完整头骨，35~55 岁间的女性。头骨小，长颅型，颅高低，为低颅型。直形额，眉间和眉弓突起很弱，无鼻根凹陷。鼻骨很宽，鼻突起小于中等，凹形鼻梁，阔鼻型。面低而狭，水平方向突度在中—小之间，侧面方向突度小。颧骨狭，犬齿窝较深，低眶型。颅顶较圆拱，后枕部明显圆突，顶孔—人字点间略平。人类学类型为欧洲人种可能接近阿凡纳羡沃型。

No.15（79LQ$_2$M12） 完整头骨，约 55 岁女性。颅形长而狭，颅高中—高之间，为正颅型。中斜额，眉间和眉弓突起弱，鼻根凹陷浅。鼻突起显著，中—阔鼻型之间，凹形鼻梁。面高和面宽中等，上面部水平方向突出弱，下面部突出中—大之间，侧面方向突出小—中之间。中—低眶型（左高右低），犬齿窝弱—中。颅顶中等拱起，后枕部较突出。人类学类型为欧洲人种，可能接近阿凡纳羡沃型（图版Ⅴ，5~6）。

No.16（79LQ$_2$M17） 完整头骨，大于 55 岁老年女性。颅长狭，颅高大，为高颅型。中斜额，眉弓和眉间突起弱，鼻根凹陷中等，鼻突起中等，鼻骨短，鼻背成凹形，阔鼻型。面低而中等宽，上下面部水平方向强烈突出，侧面方向突出弱。犬齿窝大于中等深，颧骨狭，低眶型。颅顶特别拱起，后枕部圆形，顶孔—人字点间平。人类学类型为欧洲人种，可能接近阿凡纳羡沃型（图版Ⅴ，1~2）。

No.17（79LQ$_2$M26） 不完整头骨（枕后部和颅底残缺），40~50 岁女性。颅小，狭长颅形，颅高小。直形额，眉弓和眉间突起不显。鼻根平，鼻突度小，凹形鼻

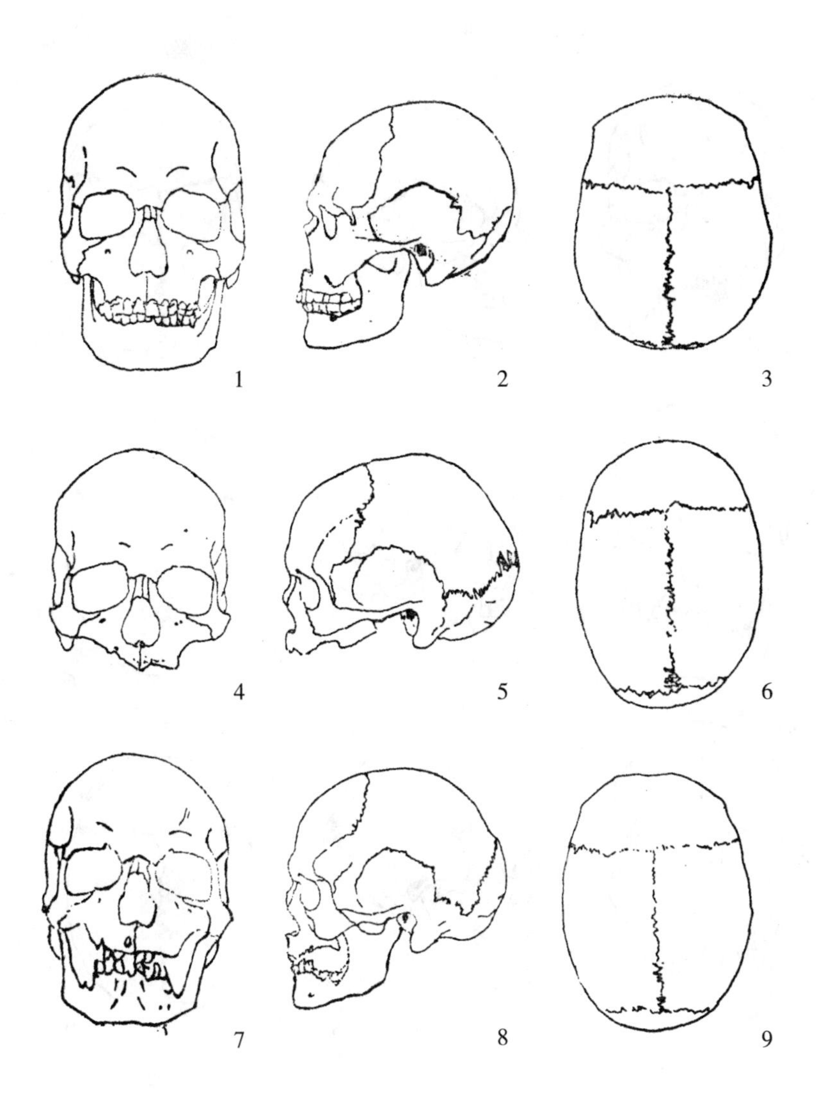

图 1　古墓沟头骨轮廓图（正、侧、顶面）

1~3.No.1；4~6.No.2；7~9.No.3.

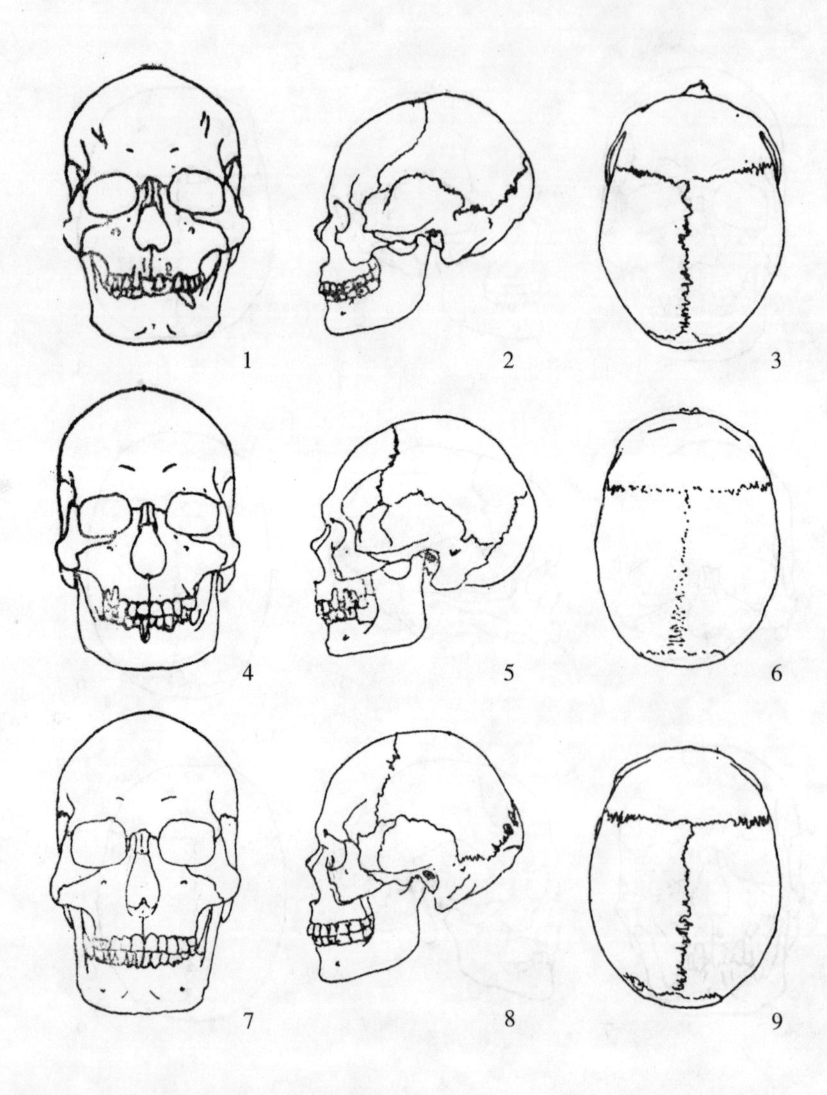

图2 古墓沟头骨轮廓图(正、侧、顶面)

1~3.No.8；4~6.No.9；7~9.No.11.

梁。面低，小于中等宽，中—阔面型之间。上面部水平方向中等突出，下面部突度小于中等，侧面方向突出弱。颧骨狭，犬齿窝中—深，高眶型。颅顶欠圆拱。头骨前额保存少量头发，为浅褐色间杂少量白色发。人类学类型为欧洲人种。

No.18（79LQ$_2$M34） 较完整头骨（鼻骨和下颌左支残破），20~25岁女性。长狭颅型，颅高较高，为正—高颅型之间。中斜额，眉弓弱，眉间突起小于中等，鼻根凹陷中等。面高中等，面宽较大，为中—阔面型之间。面部水平方向突度明显，侧面方向突度中等，上齿槽突颌较明显。中等高眶型，犬齿窝中等深。颅顶部较拱起，后枕部较圆突。顶孔—人字点间平。人类学类型为欧洲人种，可能与阿凡纳羡沃型接近（图版Ⅳ，5~6）。

根据以上每个头骨的形态观察，这一组头骨的两性异型很明显，男性头骨较女性头骨具有更明显的人种特点。以男性头骨而论，主要特征是长狭颅型较普遍，颅高中—高之间，额坡度中—倾斜，面部相对较低宽，眉弓和眉间突起发达，多深陷鼻根，鼻突度强—中，多阔鼻型。犬齿窝弱—中，普遍低眶。面部水平方向突度明显，侧面方向突出弱—中。颅顶多圆突形，后枕部一般不突出而多成圆形。顶孔—人字点区常见平坦类型。整组来看，这组头骨的欧洲人种特点很明显。如果考虑到这组头骨具有低宽的面，眉间和眉弓强烈突出，鼻突度明显大，颅形较长，颅高较高，额较后斜等综合特征带有古老性质的话，那么这组头骨与原始欧洲人种类型头骨有很多相似之处[④]。与现代欧洲人种头骨的形态相比，他们与长颅型欧洲人种的北欧（Nordic）型头骨似有更多相似性。

从形态观察，尽管这一组头骨代表了欧洲人种类型，但其中有些头骨的颅型更短宽一些而接近中颅类型，在其他一些形态细节上，也似乎与欧洲人种的安德洛诺沃变种比较接近（大概说是No.1~6头骨）。而多数更长狭的头骨（No.7以后的头骨），似乎有些接近以阿凡纳羡沃文化为名的欧洲人种变种类型。这一点将在测量项目的比较中进一步讨论。

二、古墓沟头骨测量特征的比较和种系类型

为了确定古墓沟组头骨的种系类型，笔者选测了有人种鉴别意义的若干测量特征，并与周邻地区的一些古代头骨组进行了组间比较。用来对照比较的有如下13个组（皆取男组为代表）。

1. 时代相当于东汉的古楼兰城郊组（据笔者测量的资料）[⑤]。

2. 伊犁河流域昭苏地区土墩墓中出土的时代约公元前5世纪至1世纪的乌孙头骨组（据笔者测量的资料）[⑥]。

3. 时代为公元前6世纪至前4世纪的南帕米尔塞克组（金兹布尔格，1960）[⑦]。

4. 时代为公元前6世纪至前1世纪的天山—阿莱地区的乌孙时代组（金兹

布尔格,1954)[⑧]。

5. 铜器时代早期(公元前 30 世纪至前 20 世纪初)的南西伯利亚米努辛斯克盆地出土的阿凡纳羡沃文化头骨组(阿历克谢夫,1961)[⑨]。

6. 铜器时代早期(约公元前 30 世纪至前 20 世纪初)的阿尔泰地区出土的阿凡纳羡沃文化头骨组(阿历克谢夫,1961)[⑨]。

7. 铜器时代中期(约公元前 20 世纪至前 10 世纪)的米努辛斯克盆地的安德洛诺沃文化头骨组(阿历克谢夫,1961)[⑨]。

8. 铜器时代中期(约公元前 20 世纪至前 10 世纪)的哈萨克斯坦、阿尔泰的安德洛诺沃文化头骨组(科马罗娃,1927[⑩];捷别茨, 1948[④];金兹布尔格,1962[⑪])。

9. 公元前 40 世纪至前 30 世纪的中亚卡拉—捷彼, 格尔克修勒彩陶文化头骨组(特罗菲莫娃,金兹布尔格,1961[⑫])。

10. 伏尔加河下游公元前 20 世纪 ~ 前 10 世纪铜器时代木椁墓文化头骨组(金兹布尔格,1959[⑬];格拉兹科娃,切捷措娃,1969[⑭];捷别茨,1948[④];菲罗施泰因,1961[⑮])。

11. 伏尔加河下游公元前 20 世纪的洞室墓铜器时代文化头骨组 (金兹布尔格,1959[⑬];格拉兹科娃,切捷措娃,1960[⑭];捷别茨,1948[④];菲罗施泰因,1961[⑮])。

12. 伏尔加河下游公元前 30 世纪至前 20 世纪红铜时代古竖穴墓文化头骨组(金兹布尔格,1959[⑬];格拉兹科娃,切捷措娃, 1960[⑭];捷别茨,1948[④];菲罗施泰因,1961[⑮])。

13. 阿姆河下游公元前 20 世纪至前 10 世纪科克察 3 的塔扎巴格亚布青铜时代文化头骨组(特罗菲莫娃,1961[⑯])。

据笔者的研究, 新疆古楼兰城郊墓中出土的 2 具男性头骨与南帕米尔塞克头骨很相似,后者据金兹布尔格的意见,属欧洲人种的地中海类型[⑦]。卡拉—捷彼和格尔克修勒彩陶文化组也是地中海人种类型(特罗菲莫娃,金兹布尔格,1961[⑫]。昭苏乌孙组与天山乌孙组相近(据笔者研究[⑥]),而天山乌孙组主要接近欧洲人种的中亚两河类型(帕米尔—费尔干人种类型),具有轻度蒙古人种混合性质(金兹布尔格,1954[⑧])。南西伯利亚铜器时代阿凡纳羡沃文化和安德洛诺沃文化组则代表原始欧洲人种的古欧洲人类型, 而这两个组在体质形态上的一致性远大于他们之间的差异(捷别茨,1948[④];阿历克谢夫;1961[⑨];伊斯马戈洛夫,1963[⑰])。

按颅、面骨测量特征的比较(见表 1),古墓沟组头骨比帕米尔塞克头骨短而宽,面低而宽,眶形更低,鼻形更宽,鼻突度不如帕米尔塞克组强烈。由于这些人种鉴别特征的差异十分明显, 因此可以确定这两组头骨代表不同的欧洲人种类型:帕米尔塞克代表长颅型欧洲人种的地中海东支(或印度—阿富汗)类型,古墓沟头骨则代表另一个欧洲人种类型。

古墓沟组头骨与古楼兰组,中亚的卡拉—捷彼、格尔克修勒各组之间的差别,基本上同帕米尔塞克组,因此他们之间的人种类型差别也应该相同(已如上述)。

古墓沟组与天山乌孙组之间的区别是前者具有比后者更长狭的颅，眶形更低，额更倾斜，可能面部也相对更低宽一些。两组差别的明显程度表明，古墓沟组不可能与天山乌孙组属相同的体质类型。古墓沟组与昭苏乌孙组之间的差异内容，与天山乌孙组基本相同。

比较之下，古墓沟组头骨在颅形长狭、面相对低宽、低眶、额倾斜程度、面部水平方向突度、鼻形等特征的结合上，与代表原始欧洲人种类型的阿凡纳羡沃和安德洛诺沃铜器时代组之间，存在更多的相似性。主要的差别仅在古墓沟组的鼻突起比后两组弱。

同伏尔加河下游草原的三个铜器时代组（木椁墓组、洞室墓组和古竖穴墓组）比较，古墓沟组与木椁墓、洞室墓组的主要区别是面突度指数为中颌型，齿槽突颌程度在平颌—中颌型之间，鼻型稍宽，眶形更低和额更狭一些，鼻突起程度也弱一些。与古竖穴墓组的区别也基本相同，但鼻形和眶形上的差别更小，面宽狭一些。总的来说，这些差异的内容没有明确的类型学性质。而大多数头骨的颅、面骨特征表明，他们之间的接近仍明显大于差异。这种情况表明，古墓沟文化居民同伏尔加河草原地带的铜器时代居民之间也存在比较接近的系统学关系。

与中亚的塔扎巴格亚布组相比，古墓沟组的颅高低一些，但面更宽，额更狭，面侧面突度特别是上齿槽突颌程度不如后者明显，鼻形更宽，鼻突度更弱，上面也似乎略平一些。但在其他许多重要的颅、面骨特征上，仍存在相当接近的性质，因而也可以认为他们在系统学上有比较接近的关系。

从以上组间比较，基本上可以确定，古墓沟文化居民同南西伯利亚、哈萨克斯坦、伏尔加河下游草原和咸海沿岸的铜器时代居民，都具有一般相近的原始欧洲人特征，因此，他们在系统学上的联系比较明显。与此相反，他们与帕米尔塞克和古楼兰居民之间，在系统关系上，属于不同的欧洲人种类型，这说明他们各自的种族起源历史不同。因此可以设想，古楼兰居民的主要成分与帕米尔塞克有共同的种系起源联系⑤，而时代可能更早的古墓沟文化居民与组成周围地区铜器时代居民主要成分的原始欧洲人种古欧洲人类型有更为密切的种系发生关系。所以，就新疆罗布淖尔地区而言，古墓沟文化居民代表了比古楼兰时代更早的另一种人类学类型。

以上的类型学差异也反映在笔者绘制的古墓沟组与其他对照各组的《组合多边形图》上（图 3、4）。每个组的多边形图是选择有种族鉴别意义的 12 个测量项目绘制的。这些项目按顺时针方向次序，分别代表：1.颅长；2.颅宽；3.颅指数；4.颅高；5.颧宽；6.面指数；7.上面高；8.鼻骨角；9.面角；10.眶指数（d~ek）；11.鼻指数；12.额倾角。制图原理，参照罗京斯基和列文的《人类学基础》㉓。绘制的各组图形，1~11 组基本上属于同一类型，12~14 组为另一个类型，15~16 组与前两个类型又不相同。显然，他们各自代表不同的人种类型。

在这里需要提到前人对罗布淖尔地区古人类学材料的研究。A.基思（1929）

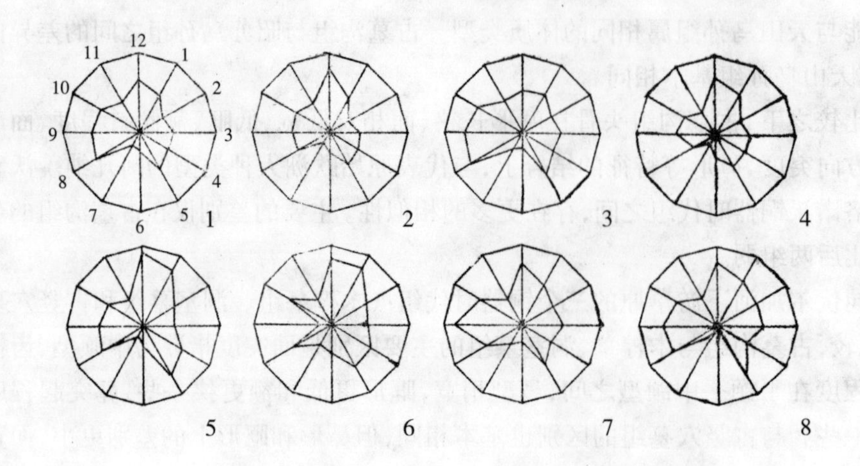

图3　颅、面形态《组合多边形图》

1.新疆古墓沟组(金组);2.新疆古墓沟一组;3.新疆古墓沟二组; 4.中亚塔扎巴格亚布组;5.阿尔泰阿凡纳羡沃组;6.米努辛斯克阿凡纳羡沃组;7.哈萨克斯坦安德洛诺沃组;8.米努辛斯克安德洛诺沃组。

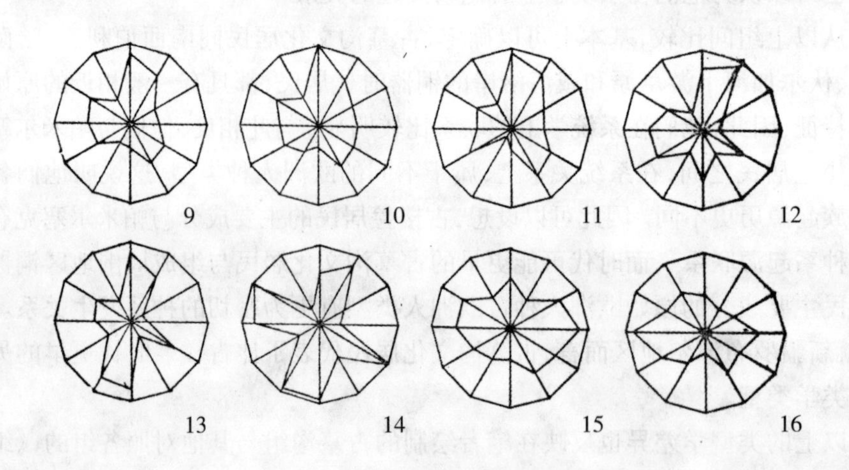

图4　颅、面形态《组合多边形图》

9.伏尔加河木椁墓组;10.伏尔加河洞室墓组;11.伏尔加河古竖穴墓组;12.中亚卡拉捷彼·格尔克修勒组;13.南帕米尔塞克组;14.新疆古楼兰组;15.新疆昭苏组;16.阿莱塞克·乌孙组。

曾将A.斯坦因第三次(1913~1915年)中亚探险时,从新疆塔克拉玛干沙漠东北地区古墓中掘走的5具头骨进行了研究。这些头骨的时代被认定在公元最初几个世纪,而且出自四个地点。尽管如此,他在总结了这些头骨的形态和测量特征之后,仍然认为所有5具头骨代表单一的民族,他们表现出蒙古人种和高加索人种两个人种特征,是一种中间类型,称为"楼兰型"。他还认为,这种类型不是由于混杂,而是自然进化的过程形成的,是吉尔吉斯类型蒙古人种和帕米尔及波斯的伊朗类型之间的过渡[18]。1942年,C.H.约尔特吉和A.沃兰特也报告了斯文·赫定在新疆考察时(1928年和1934年),从罗布淖尔地区采集的时代约为公元前3世纪到公元3世纪的11个古代人头骨(分别出自四个地点)。他们最后将这些头骨分成三个形态类型:第一组6个长颅型头骨,一般有许多与诺的克(Nordic)种族相似的形态特征,与A.基思的"楼兰型"有很大的相似性;第二组2具头骨为中国人种特征占优势的中间类型;第三组2具头骨为短颅型,有许多阿尔卑斯人的性质,按其面部侧面形态,他们属伊朗人类型[19]。在此,暂且撇开第二、三组头骨不谈,仅依C.H.约尔特吉等的第一组,便与A.基思的"楼兰型"含义不同,即将蒙古人种和欧洲人种之间的中间型修正为诺的克特征占优势的类型。

所谓诺的克(Nordic),按通常欧洲人种分类,是指浅色素或色素为中间的类型集团,或北欧类型集团,主要分布在不列颠岛、斯堪的纳维亚半岛、德国北部等地区,与地中海东支的印度—阿富汗人种类型不同,后者是长面、高头、钩形鼻类型[20]。根据这种区分,如果仔细考察C.H.约尔特吉发表的头骨测量数据和照片[19],便可发现,在长颅型诺的克特征占优势的第一组中,有的头骨(如头骨3、4、6、8)的颅形长而狭,面部高而狭,眶形中等偏高,这些特征与帕米尔塞克(地中海人种类型)头骨比较一致,因此他们可能更接近地中海东支类型的头骨。此外,在C.H.约尔特吉的第一组头骨中,有的(如头骨1和9)虽是长狭颅,但结合低宽的面和低眶等特点,他们可能与诺的克类型的头骨更接近。所以,在斯文·赫定收集的人骨中,可能包含有两种长颅型欧洲人种成分,即长狭颅、高狭面、中等高眶形的印度—阿富汗类型和长狭颅、低宽面、低眶型的与诺的克类型接近的成分。而后一个类型,由于孔雀河古墓沟人类学材料的发现(如前边报告,古墓沟文化居民的头骨具有许多古欧洲人类型特点,形态上与诺的克即北欧类型有许多相似),证明在更早的时期已迁徙到罗布淖尔地区。

三、古墓沟头骨的形态分组

在前节中,笔者按照古墓沟头骨的基本形态和主要测量特征,将他们归于原始欧洲人种的古欧洲人类型。但对每具头骨的多次反复观察比较(特别是在男性头骨中),认为还有必要按某些形态特征的不同,将这些头骨再分为两个更小的形态组。其中,第一组可能包括1、6~10号墓的6具头骨;第二组包括25、28、29、31号墓的4具头骨。分组的主要理由是这些头骨在颅形、额形、面宽、鼻形、眶形上存在不同的倾向,因而在这些细节特点上,可能找到某些确定的差别。这种差别表现在分组后测量项目的比较上(见表2)。第一组的颅宽明显更宽,相应的颅指数也更大,表现为中颅型,而第二组的颅形更长,为长颅形;第一组的颅高比第二组更高,属高颅型下限,第二组则为更低的正颅型;第一组的最小额宽比第二组更宽;两组的上面高差别虽不大,但第一组的面宽比第二组更宽;第一组的眶间宽大于第二组,眶间鼻梁突度和鼻根突度则比第二组低;第一组鼻宽比第二组更宽,属阔鼻型,第二组为狭鼻型;第一组的眶宽和眶高较第二组大,额倾斜则第二组更强烈;在面部侧面方向突度上,第一组为平颌型,第二组则比较突出,属中颌型;第一组的鼻骨突度角比第二组更小。

产生上述差异的原因可能有两个:一是比较的头骨数量很少,各自代表的组值不稳定;另一个原因是这些差异项目的组合(其中的一部分)具有形态学的意义。为了确定两组差异中哪些可能有形态学的意义,苏联人类学者对阿凡纳羡沃和安德洛诺沃文化居民的颅骨学研究,可能很有帮助。

捷别茨(1948)在研究了安德洛诺沃文化的头骨之后,曾归纳出他们的代表性特征是:中颅型,额陡直,眉间突度和眉弓很发达,面低而很宽,犬齿窝中等深,低眶,鼻很突出,面部水平方向突度中等。他指出,安德洛诺沃组头骨总的来说,具有接近阿凡纳羡沃组的特点,但也存在一些不同的特点将他们划分为特别的“安德洛诺沃”变种。这些特点是:(1)比其他组的头骨面更低,与此相联系鼻指数增大,眶指数降低;(2)头骨更短宽一些,即颅指数更大,平均为中颅型;(3)具有更直的额,可能与颅指数的增大有关。总之,安德洛诺沃组头骨同阿凡纳羡沃组的差别虽不大,但这些差别也是比较明确的④。

根据捷别茨的分析,再对照古墓沟两个组的差异项目,也是第一组比第二组的颅形更短,额倾斜度更小,面形相对更短宽,鼻指数明显更大。因此,这些差异与安德洛诺沃组和阿凡纳羡沃组之间的差异具有基本相似的内容和变异趋势。从这个角度来看,古墓沟第一组头骨具有比第二组头骨更接近安德洛诺沃组的倾向。而在这些差异的项目上,实际上也是第一组比第二组的测量值更接近安德洛诺沃组。

阿历克谢夫(1961)也详细分析过阿凡纳羡沃文化居民的头骨资料。他指出,米努辛斯克的阿凡纳羡沃组头骨很长,相当宽而中等高的长颅型,额宽而特别倾斜,具有强烈发育的眉弓和粗壮的乳突,中等高而宽的面,平颌型。面部水平方向明显突出,颧骨强烈向前突出,犬齿窝中等深,眶宽,多数长方形,无论绝对值还是相对值的测定都是低眶。眶间距也相当大,鼻高,梨状孔相当大,梨状孔下缘人型占优势。腭长而中等宽,为中腭型。阿尔泰的阿凡纳羡沃头骨组也是很长、相当宽和很高的长颅型,额宽而倾斜,眉弓强烈,乳突很粗壮,中等高而很宽的面,平颌型，面部水平方向突出强烈，颧骨也强烈向前突出，犬齿窝较深，眶宽，多数也是长方形，眶很低，眶间距比较大。鼻高而比较宽，梨状孔下缘多数鼻前窝型，腭长而宽，为阔腭型。根据这两个组颅形长，面宽，头骨表面骨性突出、结构发达等特征，可以将他们归入原始欧洲人种的古欧洲人类型，或"广义克罗马农"类型。米努辛斯克和阿尔泰的阿凡纳羡沃组之间的主要差别是在颅高、额倾斜度、鼻突度和腭的比例上。但这些差异基本上是统一的古欧洲人类型内的变异，他们之间的共性远大过他们的差异[9]。

阿历克谢夫在归纳米努辛斯克的阿凡纳羡沃组与安德洛诺沃文化组之间的区别时则指出，前者颅高和颅指数更小，额更倾斜，面部不如安德洛诺沃组的低而宽，上面扁平度可能略小一些，额更狭一些。而在这两组的差异项目上，安德洛诺沃组与阿尔泰的阿凡纳羡沃组又显得更接近一些[9]。

如果将古墓沟第一组和第二组之间的主要差异（即颅宽和颅指数，颅高、额宽、面部高宽比例，额倾斜，上面扁平度等项目的差异）也与上述安德洛诺沃组同米努辛斯克阿凡纳羡沃组之间的差异项目相比，也不难发现两者之间的差异内容与变异方向具有基本相同的性质。这种差异内容与变异趋势的一致，当非纯属偶然。因此，从阿历克谢夫的研究结果来比较，也可能说明古墓沟第二组头骨比第一组头骨更接近阿凡纳羡沃组，而第一组头骨与安德洛诺沃组接近一些。

总之，笔者认为与新疆邻近的苏联境内阿凡纳羡沃文化头骨和安德洛诺沃文化头骨之间的主要形态差异在古墓沟文化的两组头骨上也反映出来，这是古墓沟组人骨分成两个组的主要形态学根据。但应该指出，古墓沟两个组与安德洛诺沃组和阿凡纳羡沃组之间，还存在一些显而易见的差别。如古墓沟第一组的上面扁平度比后两个组稍大，尤其在估计鼻部突度的三项测量（鼻根指数、眶间鼻梁高指数和鼻骨角）上，比后两个组明显更小，而鼻形更宽。古墓沟第二组在上面扁平度和鼻部形态方面，也有如上相似的情况，只在差异的程度上小一些。此外，古墓沟头骨的主要直径测量值，尤其是第二组，比阿凡纳羡沃甚至安德洛诺沃组更小。这些差异是否意味着古墓沟头骨有某种原始欧洲人种特征弱化的趋势或者表现为一个类型的地区变异，有待更多材料的研究。尽管如此，古墓沟头骨与南西伯利亚、阿尔泰、哈萨克斯坦和中亚的铜器时代居民的头骨之间接近程度明显胜过他们之间的差别，和以后的塞克—乌孙时期的主要成分则有明显的区别。在这种情况下，古墓沟第一组头骨与安德洛诺沃文化居民类型的头骨更相似一些，第二组头骨则与阿凡纳羡沃文化居民的头骨类型较为接近。

最后指出，上述头骨分组的比较是在男性头骨中进行的。从形态的观察，在7具女性头骨中，还难以像男性头骨那样划分成不同的形态组，也就是他们的形态一致性较为明显。按测量特征，他们具有长狭而中等高的颅型，中面型，在垂直颅面指数，中等上面扁平度，面部侧面方向突度为中颌型等特征上，与男性第二组头骨的形态类型更接近一些。但与男组头骨的主要区别是鼻形更宽，眶形更高，额比男性更直，鼻突度更弱。这些差异显然具有性别的意义而无人种类型的不同。

四、古墓沟头骨的形态分类与墓葬形制的关系

上述古墓沟头骨的分组是笔者多次观察这批头骨时逐渐形成的纯形态学分类，是在全然不了解墓葬发掘资料的情况下进行的。其依据仅凭头骨上某些次级特征的差异而定。后来，从王炳华同志的简报中，得知在古墓沟墓地存在两种不同形制的墓葬，便联想到头骨形态的分组与两组不同形制墓葬之间有什么关系？

在说明这个问题前，首先摘引王炳华同志对两种形制墓葬特点和互相关系的记述。

据报告，在孔雀河下游古墓沟遗址共发掘42座墓葬。这些墓葬从地表特征、葬俗、出土物的异同，可以分为两种类型："第Ⅰ型墓的地表无环形列木，只部分墓葬墓室东西两端各有一根立木露出地表。墓室为竖穴沙室。木质葬具结构十分简单，无底，两块稍具弧度的长木板相向而立，两端各竖立一块小板，以为'档木'，盖板同样是无规则的多块小板，上覆羊皮或簸箕状韧皮纤维草编织物。除个别墓葬中合葬两男性、三男性外，均葬一人。男女老少均见。死者全部仰身直肢，头东脚西，裸体包覆毛织物，平卧于沙土上。出土文物大多是随身衣物或装饰品。这类墓葬共见36座。第Ⅱ型墓地表有七圈比较规整的环列木桩，木桩由内向外，粗细有序。环圈外，有呈放射状四向展开的列木，井然不乱，蔚为壮观。墓穴在环列木圈内。木质葬具均已朽烂成灰，可看出盖板和矩形边板的灰痕，但具体形制已难明了。死者均男性，同样仰身直肢，头东脚西，基本都是正东方向，相差不出五度。由于深埋朽烂，出土物较少。这类墓葬共见6座。"对这两种类型墓出现在同一片墓地的相互关系，提出两点看法："①墓葬形制，葬俗虽有差别，从有关出土文物分析，应属同一考古文化类型，其差别，主要原因可能在于时代早晚的不同；②有2座第Ⅰ类型墓葬叠压于第Ⅱ类型墓葬放射列木之下。这种地层叠压关系明确无误地表示，其相对年代，后者要肯定较前者为晚。当然，早晚相去多少，那是需要研究的另一个问题。"[①]但是，在简报中，没有提到两种类型墓葬各自的墓号，因此，笔者虽先将头骨分成两组，但无从检查两组头骨各自从何种形制的墓中出土的，这个问题，直到王炳华同志来京与笔者的一次交换意见时，才发现两个头骨形态组与两种墓葬形制类型之间的关系，即按形态划分的第一组6具头骨（出自M1、6~10）均出自该墓地的第Ⅱ型墓葬，第二组4具头骨（出自M25、28、29、31）则出自第Ⅰ型墓葬。更有趣的是两种类型墓葬所代表时代早晚关系（据地层叠压关系，第Ⅰ型墓早于第Ⅱ型墓）与两组头骨可能代表的时代早晚人类学关系也是符合的，即第一组头骨与南西伯利亚和哈萨克斯坦的安德洛诺沃

文化的头骨比较接近，第二组头骨与阿凡纳羡沃文化的头骨比较相近，而按苏联考古界对该地区铜器时代文化的一般分期，阿凡纳羡沃文化早于安德洛诺沃文化[21]。因此，古墓沟第一组头骨(即与时代较晚的安德洛诺沃变种相近的头骨)便是出自时代相对也晚的第Ⅱ型墓葬；第二组头骨(即与时代较早的阿凡纳羡沃变种相近的头骨)则出自时代也相对早的第Ⅰ型墓葬。他们之间可能存在的相对关系简列如下：

晚：古墓沟第Ⅱ型墓	—古墓沟第一组头骨	—安德洛诺沃文化期
(有放射状列木)	(与安德洛诺沃类型近)	(安德洛诺沃类型)
早：古墓沟第Ⅰ型墓	—古墓沟第二组头骨	—阿凡纳羡沃文化期
(无放射状列木)	(与阿凡纳羡沃类型近)	(阿凡纳羡沃类型)

笔者认为，古墓沟两个头骨形态组与该墓地两种形制墓葬之间存在的这种相应关系及这两个头骨组可能代表的早晚人类学特点与墓葬形制早晚叠压关系互相吻合，并非出于偶然巧合。而这种吻合本身反过来支持了古墓沟头骨的形态分类。由于这种关系，便可能对有争议的古墓沟文化的时代做某些推测。

按照苏联考古学的文化编年，叶尼塞河上游和阿尔泰铜石并用时代的阿凡纳羡沃文化属公元前30世纪至前20世纪之初；安德洛诺沃文化为公元前20世纪至前10世纪年初，它不但分布于叶尼塞河流域，而且也分布于西部西伯利亚全境和哈萨克斯坦境内，直到乌拉尔河甚至在吉尔古斯，帕米尔南麓都有发现[21]。根据这样的文化编年和这两种文化的地理分布，假定古墓沟文化的人类学类型是从其中的某个方向移殖到罗布淖尔地区。从出土文物来讲，古墓沟墓葬中虽未发现陶器，但无论在第Ⅰ型还是第Ⅱ型墓中，都发现有铜饰物(据王炳华报告，在第Ⅰ型的一座墓中出小铜卷一件。在第Ⅱ型的两座墓中也出有铜饰物)，在整个文化内涵上，未见任何汉代文化影响[1]，与邻近的楼兰遗址出土许多汉代文物成了鲜明的对照[22]。如果再去掉许多C_{14}测定年代中个别偏高和偏低的数据，大多数年代测定在3000年以上。综合这些资料，特别是随葬品中已存在铜制品和人类学类型与新疆周邻地区铜器时代人类学特点的相似，笔者认为古墓沟文化不会早到新石器时代，但可能早于汉代而代表罗布淖尔地区的铜器时代文化。尽管时代问题尚有进一步研究的必要，但可以说，古墓沟文化居民是迄今所知分布欧亚大陆上时代最早，分布最东的古欧洲人类型之一，两种不同形制墓葬出土物虽然有许多共同点，但仍可能代表两批时间上有先后的移民来到了罗布淖尔地区，两者时间间隔多长则是有待研究的另一个问题。笼统推测，这两批居民到达孔雀河流域可能发生在公元前20世纪至前10世纪间、时代相差不会很久的两个时间里。根据目前的材料，还无法具体确定他们深入新疆腹地的可能途径和原因。由于古墓沟文化居民的人类学类型与南西伯利亚、伏尔加河下游草原，中亚和哈萨克斯坦的铜器时代居民都比较接近。因此，单依靠人类学的资料还难以确定古墓沟文化居民溯源于其中的某一地区，这个问题还有待更多考古和人类学的发现与研究。

五、主要结论

经过上述的研究，对古墓沟文化居民的人类学特点和种系类型可归纳如下几点。

1. 从古墓沟墓地出土的人类头骨属于人类种族中的欧洲人种（即高加索人种）。以男性头骨为代表，全组有较宽而低的面，眉弓和眉间突度强烈，鼻突起明显，长—中颅型，颅高较高，额较倾斜，低眶。测量特征的比较表明，这些头骨与南西伯利亚、哈萨克斯坦、伏尔加河草原和咸海沿岸地带分布的铜器时代居民的头骨同属原始欧洲人种的古欧洲人类型，而他们与帕米尔塞克和时代可能更晚的乌孙时期居民的头骨属于不同的欧洲人种类型，即帕米尔塞克主要属长狭颅欧洲人种的地中海（印度—阿富汗）类型，乌孙时期居民则大多短颅欧洲人种的帕米尔—费尔干（中亚两河）类型。

2. 按一些次级形态特征的差别，将古墓沟头骨分成两个亚形态组。第一组包括M1、6~10，6具头骨，第二组包括M25、28、29、31，4具头骨。两组的差别表现在第一组的颅宽明显更宽，相应的颅指数也更大，表现为中颅型，而第二组为长颅型；第一组的颅高比第二组更高，属高颅型下限，第二组则为更低的正颅型；第一组的额宽比第二组更宽；两组的上面高虽差别不大，但第一组的面宽比第二组更宽；第一组的眶间宽大于第二组，眶间鼻梁突度和鼻根突度则比第二组低；第一组鼻宽比第二组更宽，属阔鼻型，后者为狭鼻型；第一组的眶宽和眶高较第二组大，额倾斜则第二组更强烈；在面部侧面方向突度上，第一组为平颌型，第二组中等突出，为中颌型；第一组的鼻骨突度角比第二组更小。其中，在颅型，额倾斜度，面形和鼻形等的差异内容的结合上，与南西伯利亚、哈萨克斯坦、中亚地区的安德洛诺沃文化和阿凡纳羡沃文化居民的头骨类型之间的差异基本相同。在这些方面，古墓沟第一组头骨又表现出与安德洛诺沃变种较为接近，第二组则与阿凡纳羡沃变种比较接近。

3. 经过墓葬资料和头骨分组墓号的核对，古墓沟头骨的两个亚形态组与墓地的两种不同形制墓葬类型有明显的联系，即第一组头骨均出自第Ⅱ型墓（地表有七圈比较规整的环列木桩，环圈外有呈放射状四面展开的列木），第二组头骨则均出自第Ⅰ型墓（地表无环形列木）。据墓葬叠压关系，第Ⅰ型墓早于第Ⅱ型墓，这种墓葬的早晚关系与头骨形态分类可能反映的早晚特点也是符合的，即第二组头骨（出自Ⅰ型墓）与时代较早的阿凡纳羡沃文化居民的头骨比较接近，第一组头骨（出自Ⅱ型墓）则与时代较晚的安德洛诺沃文化居民的头骨比较接近。

4. 根据以上几点，对古墓沟墓葬的时代做如下初步推测：(1)由于古墓沟文化居民的体质特征与其周邻地区的铜器时代居民有密切关系，墓葬出土物中发现铜制品，C_{14}测定年代数据大多数在3000年以上，文化内涵中又未见汉代文化影响。这些特点很可能表明古墓沟文化不会早到新石器时代，也不会晚于汉代，而可能代表该地区铜器时代某个时期的文化。古墓沟文化和人类学特点与楼兰遗址的明显区别，也可能说明，在罗布淖尔地区，古墓沟文化居民是早于楼兰文化时期的居民。(2)由于古墓沟头骨两个亚形态组与两种早晚不同形制墓葬之间存在相应关系，因此他们代表了两批时间上有先后的居民移殖到罗布淖尔地区，这个过程大概发生在公元前20世纪至前10世纪间时代相差不很久的两个时间里。但目前材料还无法确定这些居民深入新疆的具体时间和途径。

5. 鉴于古墓沟文化居民的人类学特征，可以说，他们是迄今所知欧亚大陆上时代最早，分布位置最东的古欧洲人类型之一。. 他们和古楼兰居民的主体(欧洲人种印度—阿富汗类型)具有不同的种族起源关系。这一点对继续调查研究罗布淖尔地区乃至整个新疆的古代文化溯源可能是很重要的。

表 1　　古墓沟头骨组与周围其他古代头骨组测量平均值

（长度:毫米,角度:度,指数:百分比）

测量代号	测量项目	新　疆					帕米尔塞克
		古墓沟（全组）	古墓沟（一组）	古墓沟（二组）	古楼兰城郊	昭苏乌苏	
1	颅长(g-op)	84.3(10)	185.3(6)	182.6(4)	193.8(2)	179.9(6)	187.8(14)
8	颅宽(eu-eu)	138.0(10)	140.0(6)	134.9(4)	138.0(2)	150.5(7)	131.8(14)
17	颅高(ba-b)	137.5(9)	139.6(5)	134.6(4)	145.3(2)	135.1(6)	136.4(12)
9	最小额宽(ft-ft)	93.1(10)	94.0(6)	91.6(4)	94.5(2)	98.7(7)	92.8(13)
5	颅基底长(ba-n)	101.0(9)	102.2(5)	99.5(4)	107.8(2)	102.4(6)	104.5(11)
40	面基底长(ba-pr)	101.4(8)	101.4(4)	101.4(4)	95.9(2)	101.2(6)	98.5(11)
48	上面高(n-sd)	68.7(9)	68.9(5)	68.4(4)	79.7(2)	73.4(7)	73.6(14)
45	颧宽(zy-zy)	136.2(9)	137.9(5)	134.1(4)	134.4(2)	139.2(6)	126.1(12)
DC	眶内缘点间宽(d-d)	23.6(10)	24.7(6)	22.1(4)	24.2(2)	24.5(5)	21.3(13)
DS	鼻梁眶内缘小宽	12.3(10)	12.4(6)	12.3(4)	14.0(2)	14.1(4)	13.6(12)
SC	鼻骨最小宽	8.5(9)	9.3(6)	7.3(4)	9.5(2)	9.2(6)	8.4(14)
SS	鼻骨最小宽高	3.7(10)	3.7(6)	3.7(4)	6.2(2)	4.7(6)	4.7(13)
54	鼻宽	26.2(10)	27.4(6)	24.3(4)	25.5(2)	27.2(7)	24.5(14)
55	鼻高(n-ns)	50.9(10)	51.0(6)	50.7(4)	56.2(2)	55.2(7)	53.5(14)
51	眶宽(mf-ek)　左	43.3(9)	44.3(5)	42.1(1)	41.7(2)	44.7(6)	41.6(13)
51a	眶宽(d-ek)　左	40.4(9)	40.9(5)	39.8(4)	38.7(2)	41.3(5)	38.5(13)
52	眶高　左	31.5(10)	32.2(5)	30.4(4)	34.8(2)	33.8(7)	33.8(13)
32	额倾角(n-m-FH)	82.2(9)	84.0(5)	80.0(4)	85.5(2)	83.1(6)	80.2(12)
72	全面角(n-pr-FH)	85.3(9)	86.6(5)	83.8(4)	92.5(2)	87.3(6)	84.4(12)
73	鼻面角(n-ns-FH)	85.6(9)	87.2(5)	83.5(5)	94.0(2)	87.6(6)	88.6(11)
74	齿槽面角(ns-pr-FH)	85.1(9)	84.8(5)	85.5(4)	89.0(2)	84.7(6)	71.3(11)
75(1)	鼻骨角(rhi-n-fmo)	29.0(8)	25.8(4)	32.3(4)	28.5(5)	28.0(4)	34.2(12)
77	鼻颧角(fmo-nfmo)	141.1(01)	141.7(6)	140.1(4)	132.3(2)	140.8(7)	135.9(12)
	颧上颌角(zm1-ss-zm1)	127.8(9)	127.8(5)	127.9(4)	131.8(2)	129.7(7)	124.6(13)
8∶1	颅指数	75.0(10)	75.6(6)	73.9(4)	71.1(2)	83.8(6)	70.2(14)
17∶1	颅长高指数	74.5(9)	75.0(5)	73.9(4)	74.9(2)	75.2(6)	72.9(12)
17∶8	颅宽高指数	99.7(9)	99.4(5)	100.1(4)	105.4(2)	89.8(6)	104.0(12)
40∶5	面突度指数	100.9(8)	99.9(4)	102.0(4)	89.0(2)	98.8(6)	94.2(11)
9∶8	额宽指数	67.5(10)	67.2(6)	67.9(4)	68.6(2)	65.7(7)	70.7(13)
9∶45	额颧宽指数	68.2(9)	68.0(5)	68.4(4)	70.4(2)	71.3(6)	73.4(12)
48∶17	垂直颅面指数	50.3(8)	49.9(4)	50.6(4)	55.0(2)	54.3(6)	53.8(12)
48∶45	上面指数	50.6(8)	50.2(4)	51.0(4)	59.5(2)	52.7(6)	58.2(12)
DS∶DC	眶间宽高指数	52.2(10)	49.9(6)	55.8(4)	57.8(2)	58.1(4)	64.4(12)
54∶55	鼻指数	51.5(10)	53.7(6)	48.2(4)	45.2(2)	49.4(7)	46.0(14)
SS∶SC	鼻根指数	43.7(10)	39.2(3)	50.3(4)	64.4(2)	54.7(6)	54.9(13)
52∶1a	眶指数	76.6(9)	78.6(5)	77.3(4)	88.8(2)	82.7(5)	87.9(13)

的比较(男性)

天山－阿莱乌孙	中亚卡拉－捷彼,格尔克修勒彩陶文化	阿凡纳羡沃文化		安德洛诺沃文化		伏尔加河下游			中亚塔扎巴格亚布文化
		米努辛斯克盆地	阿尔泰	米努辛斯克盆地	哈萨克斯坦	木椁墓文化	洞室墓文化	古竖穴墓文化	
178.0(6)	195.6(16)	192.1(18)	191.7(16)	187.2(22)	185.0(16)	188.6(41)	188.2(16)	191.6(21)	186.1(13)
139.9(7)	135.8(16)	144.1(16)	142.4(16)	145.0(22)	141.5(16)	138.4(48)	143.5(16)	142.2(21)	138.1(13)
136.8(5)	143.2(8)	132.6(13)	140.2(13)	138.7(21)	136.8(9)	136.2(21)	138.0(9)	136.2(11)	141.1(10)
94.6(9)	95.7(17)	99.7(21)	100.7(19)	100.9(23)	97.6(16)	97.8(40)	97.3(17)	98.5(21)	98.4(13)
101.2(6)	106.7(7)	104.2(11)	107.7(13)	106.3(21)	104.9(8)	107.1(21)	104.8(10)	107.2(10)	105.4(11)
95.0(5)	101.4(7)	99.8(9)	104.1(11)	101.4(19)	100.8(8)	102.0(17)	99.5(10)	102.1(7)	99.4(10)
69.9(7)	72.1(18)	71.8(12)	71.7(17)	68.3(20)	68.3(15)	70.3(32)	70.5(16)	71.6(18)	68.4(14)
137.0(8)	129.8(18)	138.4(10)	141.6(16)	141.5(20)	137.4(13)	136.6(33)	137.5(13)	140.2(16)	133.4(13)
20.6(6)	22.2(8)	22.2(7)	20.6(7)	22.3(17)	21.8(9)	21.5(15)	22.7(9)	22.5(5)	22.1(4)
11.9(6)	13.6(8)	14.0(7)	13.2(7)	13.4(17)	13.5(9)	14.2(15)	15.3(9)	14.2(5)	14.2(4)
8.1(7)	10.5(7)	9.2(9)	7.5(7)	9.1(18)	9.6(10)	8.6(19)	9.4(14)	8.5(12)	9.6(6)
4.2(7)	5.7(7)	5.5(9)	4.5(7)	4.7(18)	5.5(10)	5.0(19)	5.5(14)	4.9(12)	5.8(9)
26.0(9)	26.6(17)	26.1(13)	27.1(15)	26.1(20)	24.4(15)	25.4(30)	25.7(17)	25.6(19)	23.5(13)
51.3(8)	51.3(17)	52.1(12)	53.1(15)	50.5(20)	51.9(15)	51.9(30)	52.7(16)	53.1(19)	51.5(13)
42.9(7)	42.8(16)	44.9(9)	43.7(7)	44.8(17)	43.1(15)	43.2(33)	43.9(16)	43.5(18)	43.2(15)
40.1(7)	40.2(13)	41.8(11)	41.7(15)	42.2(20)	40.3(14)	39.1(9)*	38.7(3)*	40.9(7)*	40.1(8)
32.8(8)	32.2(16)	32.9(13)	32.3(15)	31.7(19)	32.0(14)	32.0(33)	32.3(13)	31.8(18)	30.9(15)
86.8(4)	83.2(13)	75.1(10)	81.6(13)	83.3(16)	86.1(12)	81.4(26)	80.2(13)	79.5(15)	80.3(11)
85.0(4)	83.9(13)	86.1(10)	84.4(12)	85.5(17)	86.1(12)	85.9(25)	85.9(12)	84.4(13)	82.9(11)
90.0(3)	83.9(13)	87.7(8)	85.0(12)	86.4(16)	87.9(10)	85.0(25)	85.9(12)	84.4(13)	85.6(9)
73.3(3)	72.2(13)	82.9(8)	83.2(5)	82.6(16)		–	–	–	73.0(9)
24.0(3)	31.3(9)	32.7(10)	34.7(11)	31.9(16)	31.4(13)	33.9(23)	37.4(11)	35.6(13)	30.7(8)
145.3(7)	134.1(17)	137.6(10)	138.3(10)	139.2(18)	138.1(11)	137.(27)	139.0(17)	137.8(11)	137.2(11)
130.1(7)	125.9(17)	128.7(10)	128.0(10)	128.1(18)	127.4(12)	128.3(19)	125.9(13)	126.4(10)	129.6(8)
79.3(6)	69.6(16)	75.3(16)	74.4(16)	77.8(22)	76.4(16)	73.5	76.2	74.2	74.4(13)
77.8(4)	74.6(8)	69.3(12)	73.2(13)	74.1(20)	75.8(9)	72.3	73.3	71.1	76.2(10)
97.8(5)	104.8(8)	91.5(12)	98.6(16)	95.7(20)	108.1(8)	97.5	96.1	95.8	102.1(10)
94.1(5)	95.1(16)	96.5(9)	96.6(11)	96.3(19)	96.1(8)	95.3	95.0	95.2	95.6(10)
67.6(7)	70.3(16)	69.5(16)	70.9(16)	69.7(22)	[69.0]	70.9	67.8	69.3	71.7(12)
69.3(8)	[73.9]	[72.0]	[71.1]	[71.3]	[71.0]	71.6	70.8	70.3	73.9(13)
50.2(6)	50.8(8)	55.3(10)	52.0(13)	49.3(20)	50.0(9)	51.6	51.3	52.6	47.7(10)
51.2(7)	55.6(18)	52.3(10)	50.9(19)	48.1(19)	50.5(12)	51.5	51.2	51.1	51.4(13)
57.5(6)	61.7(8)	63.3(7)	64.4(7)	62.1(17)	62.4(9)	65.8	67.3	62.8	65.7(4)
51.3(8)	51.9(17)	50.3(12)	51.1(15)	51.7(20)	49.3(15)	49.0	48.7	51.0	45.7(12)
52.8(7)	54.8(7)	39.5(9)	59.3(7)	53.7(18)	60.2(10)	57.9	58.5	57.5	61.7(9)
81.9(7)	80.0(13)	78.6(11)	77.7(15)	75.4(20)	[79.4]	79.2(9)*	81.3(7)*	76.3(7)*	75.3(8)

表2　新疆孔雀河古墓沟古代居民头骨测量表及平均值一览表

（长度：毫米，角度：度，指数：百分比）

测量代号	测量项目	No.1 男	No.2 男	No.3 男	No.4 男	No.5 男
1	颅　长	185.0	194.5	188.5	176.5	181.5
8	颅　宽	143.5	137.0	142.5	140.0	138.0
17	颅　高	148.5	142.0	145.0	125.5	—
20	耳门前囟高	125.6	122.1	124.0	115.2	—
21	耳上颅高	129.0	124.2	123.1	118.0	—
9	最小额宽	95.5	96.9	101.0	89.8	95.0
10	最大额宽	123.7	120.5	126.1	121.7	123.7
25	颅矢状弧	388.0	395.5	385.0	355.0	—
26	额　弧	135.0	130.0	129.0	123.0	124.0
27	顶　弧	132.0	145.0	135.0	122.0	138.5
28	枕　弧	121.0	121.0	121.0	110.0	—
29	额　弦	120.4	113.4	114.6	111.2	111.9
30	顶　弦	16.9	127.8	120.9	107.1	121.0
31	枕　弦	106.4	102.3	90.7	94.8	—
23	颅周长(眉弓上方)	514.0	534.0	530.0	494.0	515.0
24	颅横弧	342.0	327.5	329.0	323.9	326.0?
5	颅基底长	103.7	104.9	107.9	93.4	—
40	面基底长	104.0	—	103.1	97.3	—
48	上面高(Pr)	65.3	—	65.7	62.5	65.4
	上面高(sd)	69.0	—	69.0	64.7	67.8
47	全面高	115.0		—	105.3	—
45	颧　宽	138.2	138.0	142.4	133.5	—
46	中面宽	108.7	96.3	97.6	97.3	—
SSS	颧颌点间高	34.0	16.5	31.5	24.5	—
43(1)	两眶外缘宽	105.2	103.1	105.6	101.8	104.1
SN	眶外缘点间高	22.8	19.9	19.9	14.0	16.0
O_3	眶中宽	67.0	60.7	62.1	60.0	—
SR	鼻尖高	22.3	19.0	20.5	23.5	—
50	眶间高	21.7	22.2	22.4	20.0	19.5
49a	眶内缘点间宽	25.3	25.3	27.9	23.0	22.8?
DN	眶内缘点鼻根突度	14.4	12.1	18.5	12.7	13.2

续表 2

测量代号	测量项目	No.6 男	No.7 男	No.8 男	No.9 男	No.10 男
1	颅　长	186.0	177.0	184.0	184.0	171.0?
8	颅　宽	139.0	134.5	132.5	135.0	137.0?
17	颅　高	137.0	128.3	135.0	135.5	—
20	耳门前囟高	118.5	107.0	114.8	115.3	—
21	耳上颅高	120.5	109.5	116.0	117.2	—
9	最小额宽	86.0	92.2	93.0	87.0	—
10	最大额宽	119.5	113.3	116.0	116.3	—
25	颅矢状弧	378.0	360.0	372.5	369.0	—
26	额　弧	126.0	113.5	123.0	121.0	121.0?
27	顶　弧	135.0	118.5	131.5	129.0	119.0?
28	枕　弧	117.0	128.0	117.5	119.0	105.0?
29	额　弦	113.7	102.9	112.4	110.7	107.0?
30	顶　弦	121.5	108.0	117.6	116.0	105.3?
31	枕　弦	99.5	103.0	102.8	101.3	88.0?
23	颅周长(眉弓上方)	514.0	495.0	495.0	501.0	—
24	颅横弧	322.0	295.0	307.0	312.0	—
5	颅基底长	101.3	94.3	99.0	103.0	—
40	面基底长	101.0	94.2?	103.5	106.0	—
48	上面高(Pr)	70.6	6.01?	65.3	65.5	—
	上面高(sd)	74.0	61.8?	67.4	70.9	—
47	全面高	120.0	—	107.3	110.0	—
45	颧　宽	137.4	129.6	136.0	133.5	—
46	中面宽	105.4	103.0	107.7	97.3	—
SSS	颧颌点间高	27.5	26.2	34.0	33.7	—
43(1)	两眶外缘宽	103.7	99.8	98.1	99.4	—
SN	眶外缘点间高	16.4	14.9	17.5	19.1	—
O3	眶中宽	53.6	63.1	53.3	54.0	—
SR	鼻尖高	—	21.9	21.5	22.0	—
50	眶间高	20.2	17.1	21.7	22.0	—
49a	眶内缘点间宽	23.7	20.5	22.6	23.9	—
DN	眶内缘点鼻根突度	14.5	12.7	11.9	15.0	—

续表 2

测量代号	测量项目	No.11 男	男组平均值	No.12 女	No.13 女	No.14 女
1	颅 长	185.5	184.25(10)	173.5	180.5	180.5
8	颅 宽	137.5	137.95(10)	131.0	133.0	132.0
17	颅 高	141.0	137.54(9)	126.5	135.0	124.0
20	耳门前囟高	120.5	118.12(9)	112.3	112.2	111.3
21	耳上颅高	120.8	119.81(9)	114.0	113.7	112.5
9	最小额宽	94.3	93.07(10)	93.9	86.5	92.3
10	最大额宽	115.3	119.61(10)	117.7	113.5	113.5
25	颅矢状弧	378.0	375.67(9)	351.5	365.0	366.0
26	额 弧	130.0	125.45(10)	117.5	118.0	116.5
27	顶 弧	132.0	131.85(10)	113.5	128.0	130.0
28	枕 弧	115.0	118.84(9)	102.0	118.5	119.0
29	额 弦	116.1	112.73(10)	107.4	105.8	104.3
30	顶 弦	119.0	117.58(10)	116.8	116.5	118.9
31	枕 弦	97.0	99.76(9)	87.5	95.9	97.5
23	颅周长(眉弓上方)	506.0	509.80(10)	487.0	497.0	498.0
24	颅横弧	323.0	320.65(10)	302.0	302.0	304.0
5	颅基底长	101.5	101.00(9)	95.1	99.7	91.0
40	面基底长	102.0	101.39(8)	101.9	98.0	—
48	上面高(Pr)	70.9	65.70(9)	62.4	62.3	—
	上面高(sd)	73.5	68.68(9)	64.9	64.8	—
47	全面高	122.8	113.40(6)	105.5	105.4	—
45	颧 宽	137.2	136.20(9)	127.6	127.0	116.5
46	中面宽	106.6	101.74(9)	98.3	102.0	87.8
SSS	颧颌点间高	32.4	28.93(9)	32.0	22.0	20.4
43(1)	两眶外缘宽	102.1	102.29(10)	103.5	98.4	94.0
SN	眶外缘点间高	21.5	18.23(10)	19.8	16.6	15.0
O3	眶中宽	53.1	58.54(9)	67.8	55.0	48.0
SR	鼻尖高	20.6	21.39(8)	21.4	—	14.5
50	眶间高	19.7	20.65(10)	19.3	18.5	19.3
49a	眶内缘点间宽	21.3	23.63(10)	23.3	21.4	22.0
DN	眶内缘点鼻根突度	15.6	14.06(10)	12.5	14.9	15.5

续表 2

测量代号	测量项目	No.15 女	No.16 女	No.17 女	No.18 女	女组平均值
1	颅　长	183.0	171.0	—	180.0	178.08(6)
8	颅　宽	124.5	125.0	125.0	131.0	128.79(7)
17	颅　高	131.5	133.5	123.0	134.0	129.64(7)
20	耳门前囟高	108.3	111.5	109.9	115.0	111.5(7)
21	耳上颅高	109.5	115.3	111.3	117.0	113.33(7)
9	最小额宽	84.3	81.3	87.4	93.8	88.50(7)
10	最大额宽	109.6	105.8	—	112.0	112.02(6)
25	颅矢状弧	367.0	353.0	—	360.0	360.42(6)
26	额　弧	120.0	112.0	124.0	120.0	118.29(7)
27	顶　弧	133.0	135.0	—	118.5	129.33(6)
28	枕　弧	115.0	106.0	—	121.0	113.58(6)
29	额　弦	107.2	101.9	108.1	107.9	106.09(7)
30	顶　弦	120.3	115.9	—	107.7	116.02(6)
31	枕　弦	95.8	91.5	—	101.5	94.95(6)
23	颅周长(眉弓上方)	495.0	473.0	—	490.0	490.00(6)
24	颅横弧	287.0	303.0	288.0	306.5	298.93(7)
5	颅基底长	95.5	97.2	88.9	96.8	94.89(7)
40	面基底长	94.0?	—	89.7?	99.0	96.52(5)
48	上面高(Pr)	65.0?	—	59.4	60.6	61.94(5)
	上面高(sd)	67.4?	—	61.3	64.3	64.54(5)
47	全面高	103.7?	—	92.2	107.8	102.92(5)
45	颧　宽	126.4	123.9	122.5	131.0	124.99(7)
46	中面宽	100.4	88.9	99.1	94.2	95.81(7)
SSS	颧颌点间高	26.4	30.5	25.8	30.3	26.77(7)
43(1)	两眶外缘宽	96.6	92.4	93.2	98.6	96.67(7)
SN	眶外缘点间高	14.5	17.8	16.1	18.9	16.96(7)
O3	眶中宽	54.0	49.6	56.6	51.0	54.57(7)
SR	鼻尖高	16.4	16.5	21.5	—	18.06(5)
50	眶间高	16.9	16.8	18.8	22.2	18.83(7)
49a	眶内缘点间宽	20.1	19.4	20.9	24.2	21.61(7)
DN	眶内缘点鼻根突度	14.2	11.4	13.5	12.4	13.49(7)

续表 2

测量代号	测量项目		No.1 男	No.2 男	No.3 男	No.4 男	No.5 男
DS	鼻梁眶内缘宽高		13.5	11.6	16.6	9.6	12.2
MH	颧骨高	左	49.0	46.3	47.1	48.1	—
		右	48.7	44.7	46.6	49.7	44.6
MB′	颧骨宽	左	31.0	22.7	25.5	25.9	—
		右	30.5	22.3	25.1	26.4	23.1
54	鼻　宽		28.8	27.7	27.0	26.8	27.5
55	鼻　高		50.5	51.0	51.0	48.7	52.6
SC	鼻骨最小宽		10.0	9.4	11.0	8.2	5.8
SS	鼻骨最小宽高		5.08	2.97	3.50	3.05	2.05
51	眶　宽	左	45.3	44.4	45.4	42.6	—
		右	45.4	45.3	45.9	43.0	44.9
51a	眶　宽	左	41.3	41.5	40.5	40.3	—
		右	42.2	42.7	41.0	40.7	41.5
52	眶　高	左	32.9	31.7	30.3	34.6	—
		右	32.3	31.9	30.7	34.3	33.8
NL′	鼻骨长		13.7	16.0	15.5	21.6	15.4?
RP	鼻尖齿槽间长		53.5	—	52.3	44.0	51.3?
60	齿槽弓长		60.0	—	54.4	—	—
61	齿槽弓宽		69.0	—	68.0?	—	—
62	腭　长		50.5	—	47.8	44.1	49.9
63	腭　宽		43.1	—	—	—	—
7	枕大孔长		36.7	45.9	37.2	37.5	—
16	枕大孔宽		33.3	34.6	31.6	29.4	—
CM	颅粗状度		159.00	157.83	158.67	147.33	—
FM	面粗状度		119.07	—	—	112.03	—
F∠	额　角		58.0	56.0	57.0	52.0	—
32	额倾角		84.0	89.0	86.0	79.0	—
F″∠	额倾角		74.0	82.0	80.0	69.0	—
	前囟角		52.0	52.0	53.0	50.0	—
72	面　角		84.0	88.0?	88.0	85.0	—
73	鼻面角		86.0	87.0	89.0	86.0	—
74	齿槽面角		82.0	87.0	85.0	85.0	—

续表 2

测量代号	测量项目		No.6 男	No.7 男	No.8 男	No.9 男	No.10 男
DS	鼻梁眶内缘宽高		10.7	11.6	11.1	13.5	—
MH	颧骨高	左	41.1	44.9	42.1	45.6	—
		右	41.8	44.7	41.0	44.8	46.6
MB′	颧骨宽	左	26.1	25.6	29.0	28.0	—
		右	24.1	25.2	28.4	26.4	28.6
54	鼻　宽		26.5	24.9	26.3	23.3	—
55	鼻　高		52.2	47.6	50.1	50.4	—
SC	鼻骨最小宽		11.15	6.5	8.0	7.6	—
SS	鼻骨最小宽高		5.42	3.11	3.98	3.66	—
51	眶　宽	左	43.6	42.9	40.2	41.0	—
		右	43.6	42.5	40.4	41.7	—
51a	眶　宽	左	41.1	40.2	39.3	38.3	—
		右	41.1	40.7	39.4	40.2	—
52	眶　高	左	31.3	32.0	29.1	28.1	—
		右	32.1	32.7	28.3	27.1	—
NL′	鼻骨长		—	21.0	24.1	20.0	—
RP	鼻尖齿槽间长		—	44.8	46.5	49.2	—
60	齿槽弓长		55.5	—	55.6	56.3	55.0
61	齿槽弓宽		70.0	—	65.0	66.8?	67.1
62	腭　长		48.0	41.8	49.0	50.7	47.1
63	腭　宽		46.1	—	39.5	—	44.5
7	枕大孔长		38.6	35.5	33.7	38.8	—
16	枕大孔宽		30.1	31.4	34.7	34.5	—
CM	颅粗状度		154.00	146.60	150.50	151.5	—
FM	面粗状度		119.47	—	115.60	116.50	—
F∠	额　角		56.0	54.0	54.0	57.0	—
32	额倾角		82.0	80.0	79.0	78.0	—
F″∠	额倾角		76.0	74.0	75.0	69.0	—
	前囟角		52.0	50.0	51.0	52.0	—
72	面　角		88.0	84.0	82.0	84.0	—
73	鼻面角		88.0	84.0	82.0	83.0	—
74	齿槽面角		85.0	84.0	83.0	90.0	—

续表 2

测量代号	测量项目		No.11 男	男组平均值	No.12 女	No.13 女	No.14 女
DS	鼻梁眶内缘宽高		13.0	12.34(10)	10.9	10.5	11.6
MH	颧骨高	左	46.5	45.64(9)	44.0	43.3	42.7
		右	45.0	45.16(10)	45.2	42.6	39.5
MB′	颧骨宽	左	29.8	27.06(9)	27.1	26.2	21.8
		右	30.1	26.16(10)	26.9	25.8	21.5
54	鼻　宽		22.8	26.16(10)	25.0	25.6	22.5
55	鼻　高		54.6	50.87(10)	51.7	49.9	42.9
SC	鼻骨最小宽		7.2	8.49(9)	8.6	9.9	11.1
SS	鼻骨最小宽高		3.99	3.68(10)	4.37	3.42	3.40
51	眶　宽	左	44.1	43.28(9)	44.5	41.4	39.0
		右	43.1	43.58(10)	44.8	41.6	40.2
51a	眶　宽	左	41.4	40.43(9)	41.1	39.1	36.3
		右	41.6	41.11(10)	41.1	39.7	38.0
52	眶　高	左	32.3	31.36(9)	32.8	32.2	29.5
		右	31.8	31.50(10)	32.5	31.0	29.6
NL′	鼻骨长		21.0	18.70(9)	22.2	—	19.2
RP	鼻尖齿槽间长		53.4	49.37(8)	43.6	—	—
60	齿槽弓长		56.8	56.43(6)	53.0	49.3	—
61	齿槽弓宽		72.3	68.52(6)	65.2	63.3	—
62	腭　长		46.3	47.57(9)	46.2	41.9	—
63	腭　宽		45.8	43.63(4)	41.2	41.0	—
7	枕大孔长		38.8	38.08(9)	38.0	35.8	36.0
16	枕大孔宽		30.5	32.27(9)	29.4	30.3	32.0
CM	颅粗状度		154.67	153.29(9)	143.67	149.50	145.50
FM	面粗状度		120.67	117.22(6)	111.67	110.13	—
F∠	额　角		56.0	55.56(9)	57.0	53.0	55.0
32	额倾角		83.0	82.23(9)	84.0	36.0	88.0
F″∠	额倾角		76.0	75.00(9)	78.0	82.0	79.0
	前囟角		52.0	51.56(9)	53.0	56.0	51.0
72	面　角		85.0	85.34(9)	84.0	84.0	89.0?
73	鼻面角		85.0	85.56(9)	82.0	85.0	89.0
74	齿槽面角		85.0	85.12(9)	87.5	80.0	90.0?

续表 2

测量代号	测量项目		No.15 女	No.16 女	No.17 女	No.18 女	女组平均值
DS	鼻梁眶内缘宽高		12.5	9.0	11.5	—	11.00(6)
MH	颧骨高	左	41.6	43.2	43.2	44.5	43.21(7)
		右	42.8	40.5	43.8	41.8	42.31(7)
MB′	颧骨宽	左	20.7	21.8	22.1	22.8	23.21(7)
		右	22.7	21.2	20.6	23.0	23.10(7)
54	鼻　宽		25.5	25.6	23.7	23.8	24.53(7)
55	鼻　高		50.3	46.8	46.3	44.1	47.43(7)
SC	鼻骨最小宽		6.7	8.3	8.4	9.9?	8.99(7)
SS	鼻骨最小宽高		2.98	3.00	2.13	—	3.22(6)
51	眶　宽	左	41.9	41.4	40.2	40.3	41.24(7)
		右	43.4	42.1	40.3	41.6	42.00(7)
51a	眶　宽	左	39.1	39.2	38.4	38.9	38.87(7)
		右	40.3	40.0	37.9	39.9	39.56(7)
52	眶　高	左	33.3	30.1	36.0	32.3	32.31(7)
		右	31.5	30.0	35.1	31.9	31.66(7)
NL′	鼻骨长		21.9	17.6	21.0	—	20.38(5)
RP	鼻尖齿槽间长		45.1?	—	41.4	—	43.37(3)
60	齿槽弓长		—	—	51.6	35.7	51.90(4)
61	齿槽弓宽		—	—	—	64.0	64.17(3)
62	腭　长		—	—	42.6	47.1	44.45(4)
63	腭　宽		—	—	—	40.0	40.73(3)
7	枕大孔长		38.5	36.7	—	36.5	36.92(6)
16	枕大孔宽		29.8	32.2	—	31.0	30.78(6)
CM	颅粗状度		146.33?	143.17	—	148.33	146.08(6)
FM	面粗状度		108.03?	—	101.47?	112.60	108.78(5)
F∠	额　角		53.0	58.0	52.0	56.0	54.86(7)
32	额倾角		84.0	86.0	89.0	85.0	86.00(7)
F″∠	额倾角		78.0	78.0	86.0	79.0	80.00(7)
	前囟角		48.0	53.0	47.0	53.0	51.57(7)
72	面　角		85.0?	—	86.0	82.0	85.00(6)
73	鼻面角		85.0	84.0	87.5	84.0	85.21(7)
74	齿槽面角		82.0?	—	83.0	79.0	83.58(6)

续表 2

测量代号	测量项目	No.1 男	No.2 男	No.3 男	No.4 男	No.5 男
77	鼻颧角	133.5	138.0	139.0	149.5	146.0
SSA∠	颧上颌角	116.0	119.5	114.5	126.0	—
zm1∠	颧上颌角	125.0	125.0	126.0	133.5	—
75	鼻尖角	57.0	69.0	64.0	60.0	—
75(1)	鼻骨角	28.0	—	28.0	27.0	20.0?
N∠	鼻根角	72.0	—	68.0	74.0	—
A∠	上齿槽角	71.0	—	76.0	68.0	—
B∠	颅底角	37.0	—	36.0	38.0	—
8：1	颅指数	77.57	70.44	75.60	79.32	76.03
17：1	颅长高指数	80.27	73.01	76.92	71.10	—
21：1	颅长耳高指数	69.73	63.86	65.31	66.86	—
17：8	颅宽高指数	103.84	103.65	101.75	89.64	—
FM：CM	颅面指数	74.89	—	—	76.04	—
54：55	鼻指数	57.03	54.31	52.94	55.03	52.28
SS：SC	鼻根指数	50.80	31.60	31.82	37.20	35.34
52：51	眶指数左	72.63	71.40	66.74	81.22	—
	右	71.15	70.42	66.88	79.77	75.28
52：51a	眶指数左	79.66	76.39	74.81	85.86	—
	右	76.54	74.71	74.88	84.26	81.45
48：17	垂直颅面指数	46.46	—	47.59	51.55	—
48：45	上面指数	49.93	—	48.46	48.46	—
47：45	全面指数	83.21	—	—	78.88	—
48：46	中面指数	63.48	—	70.70	66.50	—
9：8	额宽指数	66.55	70.73	70.88	64.14	68.84
40：5	面突度指数	100.29	—	95.55	104.18	—
9：45	颧额宽指数	69.10	70.22	70.93	67.27	—
43(1)：46	额颧宽指数	96.78	107.06	108.20	104.62	—
45：8	颅面宽指数	96.31	100.73	99.93	95.36	—
DS：DC	眶间宽高指数	53.36	45.85	59.50	41.74	53.51?
SR：O_3	鼻面扁平度指数	33.28	31.30	33.01	39.17	—
SN：OB	额面扁平度指数	21.67	19.30	18.84	13.75	15.37
63：62	腭指数	85.35	—	—	—	—
61：60	齿槽弓指数	115.00	—	125.00?	—	—

续表 2

测量代号	测量项目	No.6 男	No.7 男	No.8 男	No.9 男	No.10 男
77	鼻颧角	144.0	147.5	141.0	137.5	—
SSA∠	颧上颌角	125.0	126.0	115.5	111.0	—
zm1∠	颧上颌角	129.5	137.0	126.5	120.5	—
75	鼻尖角	—	50.0	53.0	51.0	—
75(1)	鼻骨角	—	35.5	32.0	31.5	—
N∠	鼻根角	69.0	71.0?	75.0	74.0	—
A∠	上齿槽角	70.0	72.0?	67.0	69.0	—
B∠	颅底角	41.0	37.0?	38.0	37.0	—
8：1	颅指数	74.73	75.99	72.01	73.37	80.12?
17：1	颅长高指数	73.66	72.49	73.37	73.64	—
21：1	颅长耳高指数	64.78	61.86	63.04	63.70	—
17：8	颅宽高指数	98.56	95.39	101.89	100.37	—
FM：CM	颅面指数	77.58	—	76.81	76.90	—
54：55	鼻指数	50.67	52.31	52.30	46.23	—
SS：SC	鼻根指数	48.61	47.85	49.75	48.13	—
52：51	眶指数左	71.79	74.59	72.39	68.54	—
	右	73.62	76.94	70.05	64.99	—
52：51a	眶指数左	76.16	79.60	74.05	77.37	—
	右	78.10	80.34	71.83	67.41	—
48：17	垂直颅面指数	54.01	48.17?	49.93	52.32	—
48：45	上面指数	53.82	47.69?	49.56	53.11	—
47：45	全面指数	87.34	—	78.90	82.40	—
48：46	中面指数	70.21	60.00?	62.58	71.83	—
9：8	额宽指数	61.87	68.55	70.19	64.44	—
40：5	面突度指数	99.70	99.89?	104.55	102.91	—
9：45	颧额宽指数	62.59	71.14	68.38	65.17	—
43(1)：46	额颧宽指数	98.39	96.89	91.09	102.16	—
45：8	颅面宽指数	98.85	96.36	102.64	98.89	—
DS：DC	眶间宽高指数	45.15	56.59	49.12	56.49	—
SR：O_3	鼻面扁平度指数	—	34.71	40.34	40.74	—
SN：OB	额面扁平度指数	16.10	14.93	17.84	19.22	—
63：62	腭指数	96.04	—	80.61	—	94.48
61：60	齿槽弓指数	126.13	—	116.91	118.65?	122.00

续表 2

测量代号	测量项目	No.11 男	男组平均值	No.12 女	No.13 女	No.14 女
77	鼻颧角	134.5	141.05(10)	138.5	143.0	144.5
SSA∠	颧上颌角	117.5	119.00(9)	114.0	133.5	130.5
zm1∠	颧上颌角	127.5	127.83(9)	122.0	137.5	135.0
75	鼻尖角	55.0	57.38(8)	55.0	—	71.0
75(1)	鼻骨角	30.0	29.00(8)	28.0	—	—
N∠	鼻根角	70.0	71.63(8)	77.0	70.0	—
A∠	上齿槽角	69.0	70.25(8)	66.0	73.0	—
B∠	颅底角	41.0	38.38(8)	37.0	37.0	—
8：1	颅指数	74.12	74.96(10)	75.50	73.68	73.13
17：1	颅长高指数	76.01	74.50(9)	72.91	74.79	68.70
21：1	颅长耳高指数	65.12	64.92(9)	65.71	62.99	62.33
17：8	颅宽高指数	102.55	99.70(9)	96.56	101.50	93.94
FM：CM	颅面指数	78.02	76.71(6)	77.72	73.67	—
54：55	鼻指数	41.76	51.48(10)	48.36	51.30	52.45
SS：SC	鼻根指数	55.42	43.66(10)	50.81	34.55	30.63
52：51	眶指数左	73.24	72.51(9)	73.71	77.78	75.64
	右	73.78	72.29(10)	72.54	74.52	73.63
52：51a	眶指数左	78.02	77.99(9)	79.81	82.35	81.27
	右	76.44	76.59(10)	79.08	78.09	77.89
48：17	垂直颅面指数	52.13	50.27(8)	51.30	48.00	—
48：45	上面指数	53.57	50.58(8)	50.86	51.02	—
47：45	全面指数	89.50	83.37(6)	82.68	82.99	—
48：46	中面指数	68.95	66.78(8)	66.02	63.53	—
9：8	额宽指数	68.58	67.48(10)	71.68	65.04	69.92
40：5	面突度指数	100.49	100.94(8)	107.15	98.29	—
9：45	颧额宽指数	68.73	68.17(9)	73.59	68.11	79.23
43(1)：46	额颧宽指数	95.78	100.10(9)	105.29	96.47	107.06
45：8	颅面宽指数	99.78	98.76(9)	97.40	95.49	88.26
DS：DC	眶间宽高指数	61.03	52.23(10)	46.78	49.07	52.73
SR：O_3	鼻面扁平度指数	38.79	36.41(8)	31.56	—	30.21
SN：OB	额面扁平度指数	21.06	17.81(10)	19.13	16.87	15.96
63：62	腭指数	98.92	90.23(4)	89.18	97.85	—
61：60	齿槽弓指数	127.29	121.50(6)	123.02	128.40	—

续表 2

测量代号	测量项目	No.15 女	No.16 女	No.17 女	No.18 女	女组平均值
77	鼻颧角	146.5	138.0	142.0	138.0	141.50(7)
SSA∠	颧上颌角	124.3	111.0	125.0	115.0	121.93(7)
zm1∠	颧上颌角	130.0	115.0	129.0	124.5	127.57(7)
75	鼻尖角	65.0	66.0	63.0	—	64.00(5)
75(1)	鼻骨角	21.0	—	26.5	—	25.17(3)
N∠	鼻根角	69.0?	—	71.0?	74.0	72.20(5)
A∠	上齿槽角	71.0?	—	70.0?	70.0	70.00(5)
B∠	颅底角	40.0?	—	39.0?	36.0	37.80(5)
8：1	颅指数	68.03	73.10	—	72.78	72.70(6)
17：1	颅长高指数	71.86	78.07	—	74.44	73.46(6)
21：1	颅长耳高指数	59.84	67.43	—	65.00	63.88(6)
17：8	颅宽高指数	105.62	106.80	98.40	102.29	100.73(7)
FM：CM	颅面指数	73.83?	—	—	75.91	75.28(4)
54：55	鼻指数	50.70	54.70	51.19	53.97	51.81(7)
SS：SC	鼻根指数	44.48	36.14	25.36	—	37.00(6)
52：51	眶指数左	79.47	72.71	89.55	80.15	78.43(7)
	右	72.58	71.26	87.10	76.68	75.47(7)
52：51a	眶指数左	85.17	76.79	93.75	83.03	83.17(7)
	右	78.16	75.00	92.61	79.95	80.11(7)
48：17	垂直颅面指数	51.25?	—	49.84	47.99	49.68(5)
48：45	上面指数	53.32?	—	50.04	49.08	50.86(5)
47：45	全面指数	82.04?	—	75.27	82.29	81.05(5)
48：46	中面指数	67.13?	—	61.86	68.26	65.36(5)
9：8	额宽指数	67.71	65.04	69.92	71.60	68.73(7)
40：5	面突度指数	98.43?	—	100.90?	102.27	101.41(5)
9：45	颧额宽指数	66.69	65.62	71.35	71.60	70.88(7)
43(1)：46	额颧宽指数	96.22	103.94	94.05	104.67	101.10(7)
45：8	颅面宽指数	101.53	99.12	98.00	100.00	97.11(7)
DS：DC	眶间宽高指数	62.19	46.39	55.02	—	52.03(6)
SR：O_3	鼻面扁平度指数	30.37	33.27	37.99	—	32.68(5)
SN：OB	额面扁平度指数	15.01	19.26	17.27	19.17	17.52(7)
63：62	腭指数	—	—	—	84.93	90.66(3)
61：60	齿槽弓指数	—	—	—	119.18	123.53(3)

参考文献

1. 王炳华.孔雀河古墓沟发掘及其初步研究.新疆社会科学,1983(1):117~127.

2. 新疆发现六千四百七十年前女尸.人民日报,1981-02-17(1).

3. 考古研究所测定楼兰女尸距今只有两千多年.人民日报,1981-04-17(4).

4. 捷别茨.苏联古人类学.民族研究所集刊,1948.4:311~318(俄文).

5. 韩康信. 新疆楼兰城郊古墓人骨人类学特征的研究. 人类学学报,1986(3):227~242.

6. 韩康信, 潘其风. 新疆昭苏土墩墓古人类学材料的研究. 考古学报,1987(4):503~523.

7. 金兹布尔格.南帕米尔塞克人类学特征.物质文化研究所简报,1960(80):26~29(俄文).

8. 金兹布尔格. 中部天山和阿莱古代居民的人类学资料. 民族研究所集刊,1954.21:354~412(俄文).

9. 阿历克谢夫.新石器时代和铜器时代阿尔泰—萨彦高原的古人类学.人类学选集Ⅲ,1961.106~206(俄文).

10. 科马罗娃.乌拉尔河左支流沿岸出土铜器时代头骨.哈萨克.1927(1)(俄文).

11. 金兹布尔格.铜器时代西哈萨克斯坦居民的人类学材料.苏联考古学材料和研究,1962(120):186~198(俄文).

12. 特罗菲莫娃,金兹布尔格.铜石时代南土库曼居民的人类学成分.南土库曼综合考古考察集,1961.10.阿什哈巴德(俄文).

13. 金兹布尔格.斯大林格勒外伏尔加古代居民的民族系统学联系.苏联考古学材料和研究,1959(60):524~594(俄文).

14. 格拉兹科娃,切捷措娃.伏尔加考察队下伏尔加支队之古人类学材料.苏联考古学材料和研究,1960(38):285~292(俄文).

15. 菲罗施泰因. 伏尔加河下游沿岸的萨尔马特人. 人类学选集Ⅲ,1961.53~81(俄文).

16. 特罗菲莫娃.科克察3塔扎巴格亚布文化墓葬之头骨.花刺子模考察队材料,1961(5):917~145(俄文).

17. 伊斯马戈洛夫.铜器时代哈萨克斯坦古人类学材料.考古和民族学历史研究所集刊,1961.18:153~173(俄文).

18. A. 基思. 塔里木盆地古墓地出土的头骨. 英国人类学研究所杂志,1929.59:149~180(英文).

19. C.H.约尔特吉,A.沃兰特.东土耳其斯坦考古考察发现的人类头骨和体骨.西北科学考察团报告,1942.7(3)(德文).

20. 孔恩.欧洲人种.纽约:麦克米伦出版社,1939(英文).

21. 蒙盖特.苏联考古学.莫斯科:苏联科学院出版社,1955.

22. 吐尔孙·艾沙.罗布淖尔地区东汉墓发掘及初步研究.新疆社会科学,1983(1):128~133.

23. 罗京斯基,列文.人类学基础.莫斯科:莫斯科大学出版社,1955(俄文).

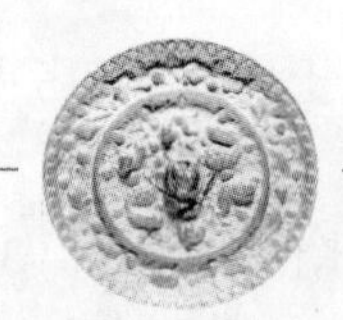

阿拉沟古代丛葬墓人骨研究

1976~1977年,新疆维吾尔自治区博物馆考古队在吐鲁番盆地西缘的阿拉沟挖掘了一处古代民族墓地。据初步报道,在这片墓地上分布有三种不同形制的墓葬:即早期的“群葬石室墓”,其墓室为深约2米、直径2~3米的卵形砾石围成的圆穴,墓中埋葬人数往往从十几个到二三十个不等,随葬品有各种彩陶和木器用具、取火用的钻孔木片及少量的铜、铁器类,如圆铜牌、小铁刀等,还出有许多羊骨和马骨。第二种墓葬与第一种类型基本相同,但出现了“棚架式”葬具,将死者置于棚架上,随葬器物中彩陶较少,由灰红陶代替,并出有陶豆、漆耳杯、绢、丝、绣等。第三种类型是竖穴木椁墓,葬一至两人,墓的规模比较大,随葬器物中有大量虎纹圆金牌,对虎纹金箔带、狮形金箔及兽纹银牌、双狮铜方座及漆器、陶器、各种饰物和丝织品等。据C_{14}年代测定,该墓地营建时代距今约2600~2100年之间,大概相当于中原的春秋晚期至汉代,整个墓地前后可能延续了大约五个世纪。由于阿拉沟古代墓地位于吐鲁番盆地西缘,据文献记载,该地区在西汉时期为车师国辖地,因此估计在汉代以前,车师人已经在此定居,推测此墓地为古代车师人所建[①-③]。

自治区博物馆考古队在挖掘该墓地遗存时,从中采集了一批人类头骨,供种族人类学的观察与研究。其中较完整可供观察和测量的共58具头骨(男性33具,女性25具),头骨共出自八个墓号的墓葬,即M1、3、4、5、17、18、21、25。其中采自M1者为9具,M3者为8具,M4者为12具,M5为5具,M17为1具,M18为2具,M21最多,共17具,M23为3具,还包括1具墓号佚失的头骨。这些头骨中的大部分(45具)出自该墓地时代较早的第Ⅰ型墓葬(卵石丛葬墓),只有11~12具出自第Ⅲ型墓葬(土坑竖穴墓)。需要说明的是以上头骨数并不代表每个墓穴中的实际埋葬人数,因为某些过于残碎不整的头骨可能没有全数采集,因而实际埋葬人数要比采集头骨数更多一些。尽管如此,这批人骨是迄今从新疆境内一个墓地收集提供研究的数量最多的人类学材料之一。对于他们的观察研究，特别是考察分析这些人骨所代表的种族人类学特点，对了解新疆境内特别是天山东段地区古代居民的种族人类学历史无疑具有重要的科学价值。

下面，首先对每具头骨的主要形态特点作扼要的记述，并对每具头骨可能的种族类型进行估计，最后对头骨测量特征作种族分析和讨论。

一、头骨形态特点和种族类型观察

对每具头骨的性别、年龄、主要观察特征及可能估计的种族类型分别扼要记述如下。文中No.1~58是本文的编号，圆括弧中（如76WYM1①）为新疆考古所的发掘编号。

No.1（76WYM1①） 除鼻骨下部残断外，头骨基本完整（缺下颌）。中年男性个体。短颅、高颅和中等宽颅。前额坡度陡直、狭额。颅顶较圆突，后枕部较圆。眉弓粗壮，鼻根凹陷深，眉间突度强烈（Ⅳ~Ⅴ级）。鼻棘发达（Ⅳ~Ⅴ级），鼻突出强烈，梨状孔下缘钝型（婴儿型）。鼻形中等宽，低眶。颧骨很宽，乳突大。中长面型，面部水平方向中等突出，侧面方向突出小，为平颌型，上齿槽也是平颌型。犬齿窝显著深。欧洲人种形态特点很明显，有些像古欧洲型或有欧洲人种安德洛诺沃变种向中亚两河类型过渡的形态（图3，1~3；图版Ⅵ，7~8）。

No.2（76WYM1②） 完整中年男性头骨（缺下颌）。头骨很大，长狭而中等高颅型。前额倾斜中等，狭额。颅顶较圆，后枕部突出。眉弓突显，眉间突度较强烈（Ⅳ级），鼻根凹陷深。鼻突度较弱，梨状孔下缘人型（锐型），阔鼻。颧骨中等宽，犬齿窝几不显示，乳突较大。中面和中眶型，鼻颧水平方向面部突度中等，中面水平突度小，侧面方向突度弱（平颌型），上齿槽突度也是平颌。一般形态可能趋近欧洲人种中亚两河类型（图3，4~6；图版Ⅵ，9~10）。

No.3（76WYM1③） 老年男性完整头骨（缺下颌）。长颅型和中等高的正颅型，狭颅。前额坡度较直，中额型接近阔额。颅顶较圆，后枕部突出。眉弓显著强，眉间突度强烈（Ⅳ级），鼻根凹陷深。鼻突度较弱，鼻棘Ⅱ~Ⅲ级，梨状孔下缘鼻前窝型。颧骨很宽，犬齿窝浅—中等深，乳突大小中等强。中面型接近狭面，鼻颧水平方向面部突度强烈，中面水平方向突度较小，侧面方向突度为平颌型。中鼻型，中—低眶型。一般形态似较接近中亚两河类型兼有某种地中海支系特点。

No.4（76WYM1④） 男性中—老年头骨（缺下颌）。头骨较大，中颅型和正—低颅型，中等宽颅接近阔颅型。额坡度倾斜较明显，狭额型。颅顶较圆，后枕部稍圆突。眉弓突度较显著，眉间突度中等强（Ⅲ~Ⅳ级），鼻根凹陷浅，鼻突度弱，鼻棘小（Ⅱ级），梨状孔下缘人型。颧骨较宽，犬齿窝左浅右较深，乳突中—小。左眶近方形（高眶），右眶近长方形（中眶）中面型，鼻颧水平方向面部突度较小，中面水

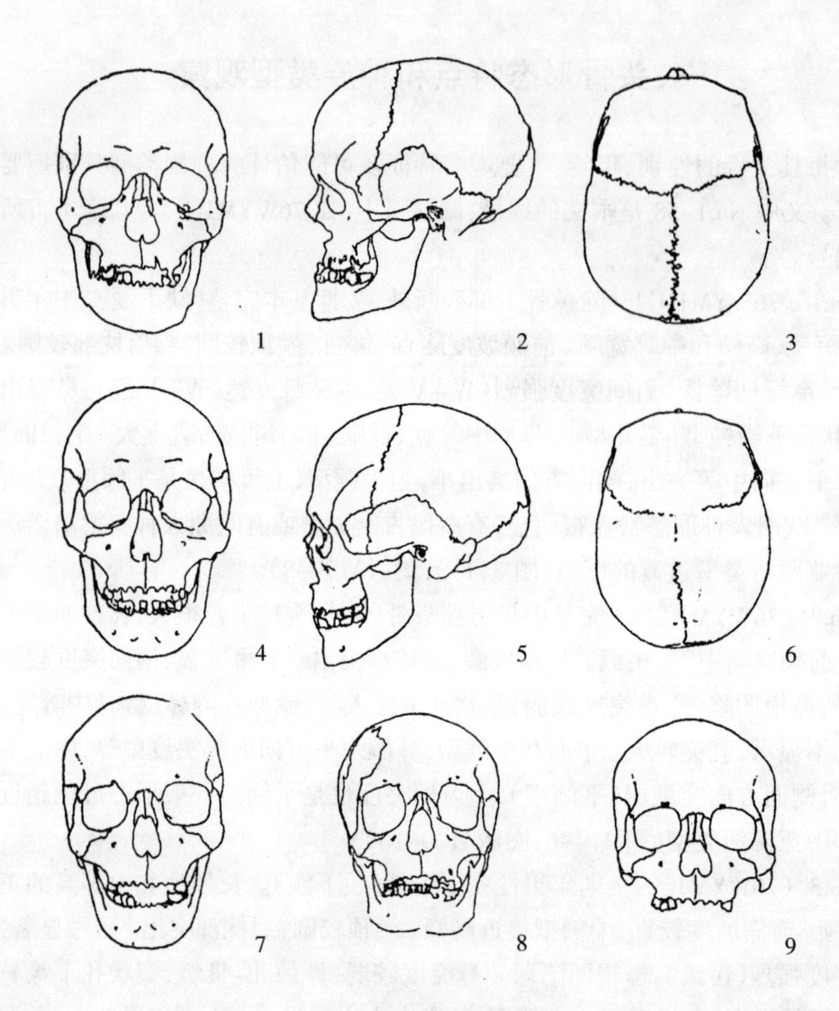

图 1　阿拉沟头骨轮廓图

1~3.No.20；4~6.No.24；7.No.52；8.No.56；9.No.44；

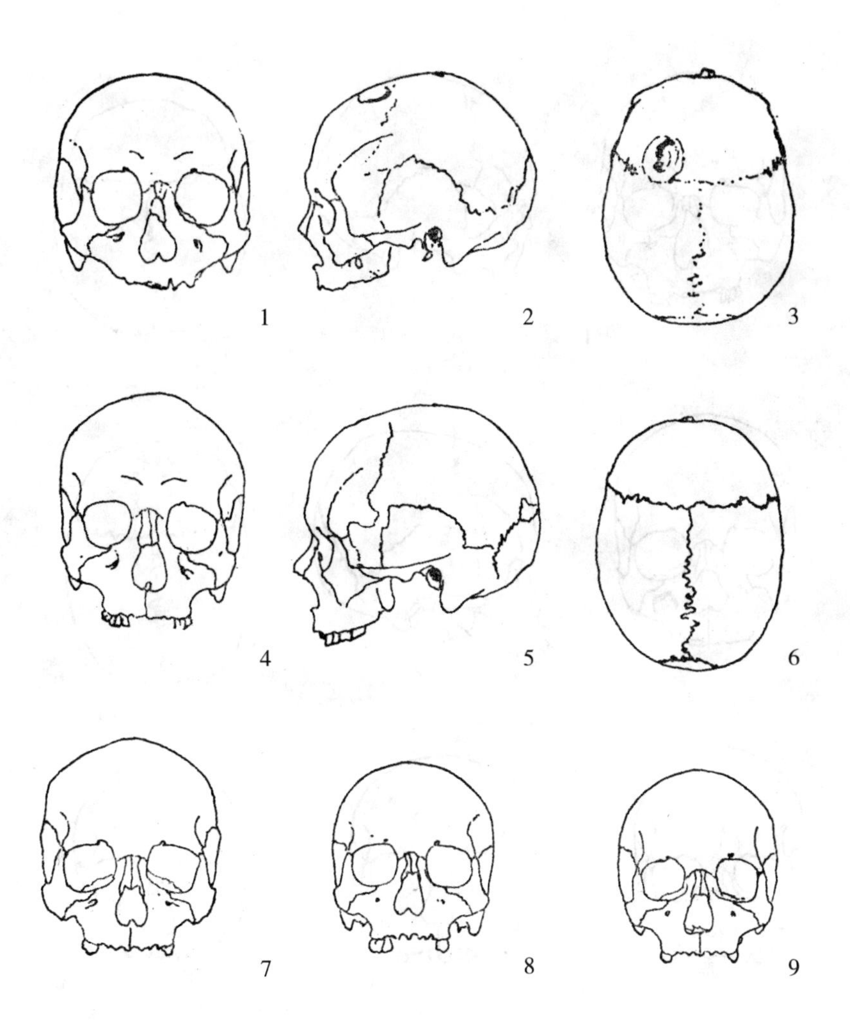

图 2　阿拉沟头骨轮廓图

1~3.No.12；4~6.No.16；7.No.50；8.No.49；9.No.53；

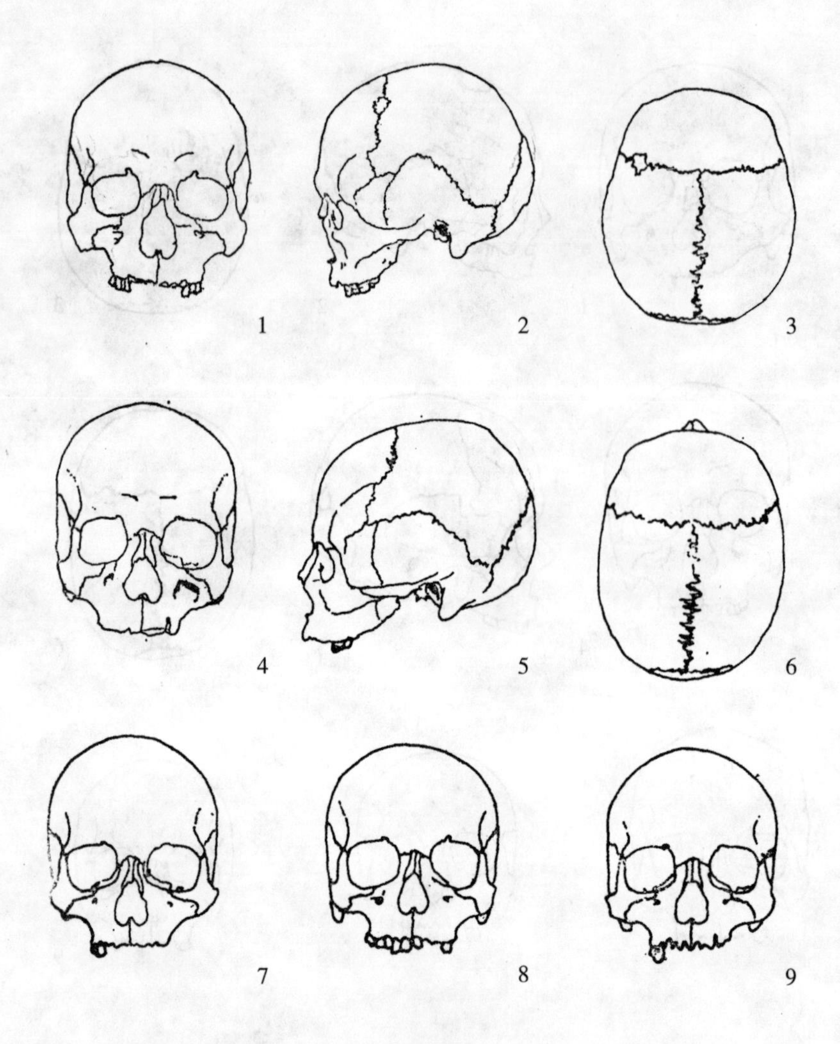

图3　阿拉沟头骨轮廓图

1~3.No.1；4~6.No.2；7.No.34；8.No.38；9.No.40；

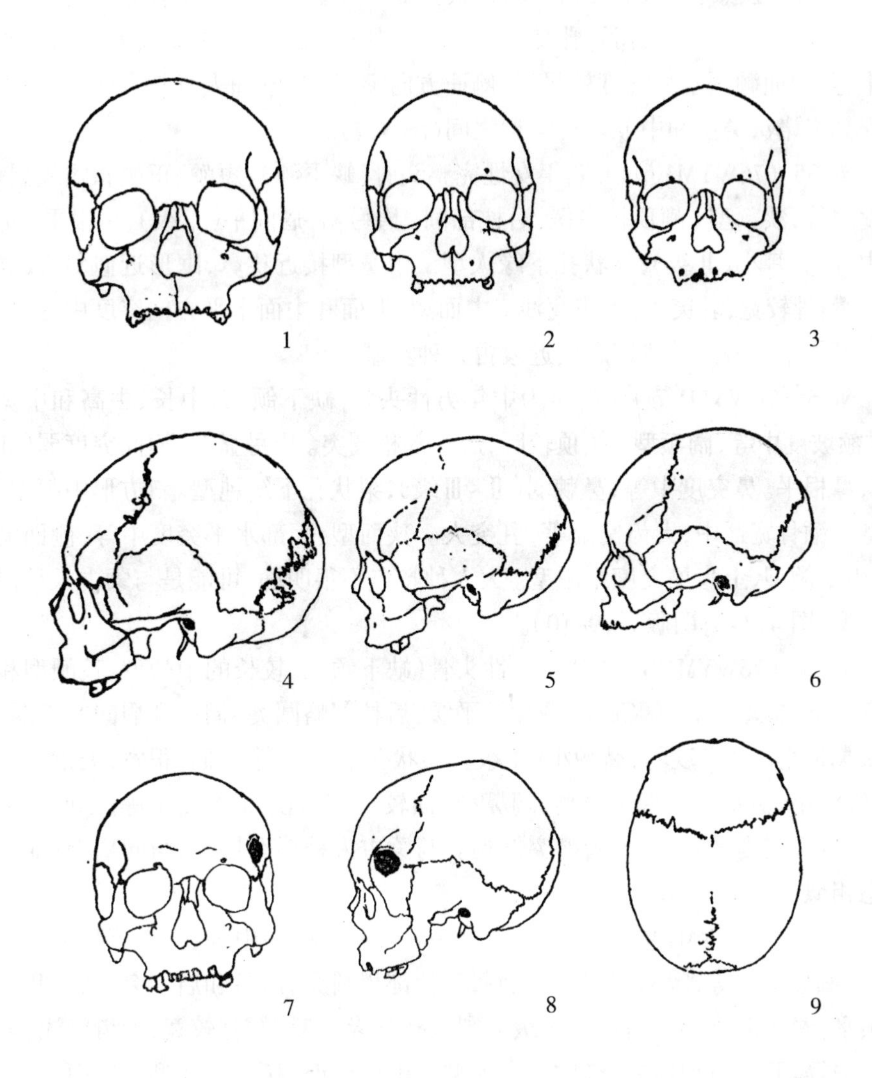

图4 阿拉沟头骨轮廓图

1~2.No.22；3~4.No.5；5~6.No.25；7~9.No.13.

平突度中等强，侧面方向突度中—突颌之间，上齿槽为突颌型。形态似介于中亚两河类型和地中海支系类型之间。

No.34（76WYM1⑤） 女性壮年头骨（缺下颌），短颅、高颅和狭颅型。前额坡度较直，中额型近阔额。颅顶显著圆突，后枕部圆、眉弓突度中等，眉间突度弱（Ⅱ级）。鼻突起强烈，鼻棘中等（Ⅲ级）梨状孔下缘人型。眶形近似长方形（低眶型），中鼻型。颧骨狭，犬齿窝弱，乳突小。可能在中—阔面型之间，面部在鼻颧水平突度中等，中面颧颌水平突度较强烈，侧面方向突度小。欧洲人种特点明显，形态似在安德洛诺沃类型和中亚两河类型之间（图3，7）。

No.35（76WYM1⑥） 老年女性完整头骨（缺下颌）。短颅、正颅和阔颅型。额坡度中等，狭额型。颅顶较平缓，后枕部圆。眉弓弱，眉间平（Ⅰ级），鼻根平。鼻突度中等，鼻棘小（Ⅱ级），梨状孔下缘人型。中鼻型接近狭鼻，眶形近似斜方（高眶型）。颧骨较宽，乳突小，犬齿窝浅。中面型，上面和中面水平方向突度中等，侧面突度可能平颌型。一般形态接近蒙古人种类型。

No.5（76WYM1⑦） 可能为中年男性头骨（缺下颌）。中长、中高和中宽颅型。额坡度中等，阔额型。颅顶较圆，后枕部稍圆突。眉弓显著，眉间突度弱（Ⅱ级强），鼻根平。鼻突度中等，鼻棘弱（Ⅱ~Ⅲ级），梨状孔下缘钝型。斜方形中眶型，狭鼻型。颧骨宽适中，犬齿窝显著，乳突大。狭面型，面部水平突度中等，侧面突度弱，为平颌型，上齿槽突度中颌型。大人种特点不很明确，可能是与蒙古人种混杂的类型（图4，3~4；图版Ⅶ，9~10）。

No.36（76WYM1⑧） 壮年女性头骨（缺下颌）。较长的中颅型、正颅型和中等宽颅型。额坡度直，阔额型。颅顶较平缓，后枕部略圆突。眉弓和眉间突度弱（Ⅰ级），鼻根平。鼻突度弱，鼻棘小（Ⅰ级），梨状孔下缘人型。颧骨很宽，犬齿窝中等深，乳突小。近似斜方形中眶型，阔鼻型。面较狭，上面水平突度中等，中面水平突度小，侧面突度平颌型，上齿槽突颌型。与蒙古人种形态接近，与同墓M1⑥头骨形态相似。

No.37（76WYM1⑨） 青少年女性头骨（缺下颌）。中等长、中等高和中等宽颅型。额坡度中等，阔额型。颅顶较圆，后枕部稍圆突。眉弓和眉间突度弱（Ⅱ级），鼻根平。鼻突起强烈，鼻棘大（Ⅳ级），梨状孔下缘人型。颧骨较宽，犬齿窝浅，乳突大小中等。眶形近似斜方形（中—高眶型），中鼻型近阔鼻。中面型近狭面，上面部水平突度极强烈，侧面突度平颌型，上齿槽突度中颌型。一般形态可能介于中亚两河—地中海型之间。

No.6（79WYM3①） 壮年男性头骨（缺下颌）。中颅、高颅和中等宽颅型。额坡度较直，中额型。颅顶较平缓，后枕部圆形。眉弓显著，眉间突度弱（Ⅱ级），鼻根平。鼻骨宽而中等突起，鼻背直，鼻棘大（Ⅳ级），梨状孔下缘人型。近似长方形低眶，中鼻型接近阔鼻。颧骨较宽，犬齿窝几不显，乳突大。中面型，面部水平突度强烈，侧面突度中颌型，上齿槽突度中颌型。一般形态近似古欧洲人类型同时趋近中亚两河类型(图版Ⅵ,11~12)。

No.7 (76WYM3②) 壮年男性头骨(缺下颌),鼻骨下部残。颅形短、高而狭型。额坡度中等,狭额。颅顶较突,在前囟段有些压平,后枕部稍扁平。眉弓粗壮,眉间突度较强烈(Ⅳ级强),鼻根凹陷深。鼻强烈突出,鼻棘残,梨状孔下缘钝型。狭鼻型,眶形成短椭圆形(中眶型)。颧骨宽大,犬齿窝几不显示,乳突大。狭面型,面部水平突度强烈,侧面突度中颌型,上齿槽突度为突颌型。短颅型欧洲人种,可能接近中亚两河类型,与前亚头骨略有些相似。

No.38 (76WYM3③) 中年女性头骨(缺下颌)。中颅型接近短颅,中等高和中等宽颅型。额坡度中等,阔额型。颅顶较圆,后枕部较圆。眉弓和眉间突度中等(Ⅲ级)。鼻突度强烈,鼻骨成脊形突出,鼻棘弱(Ⅱ级),梨状孔下缘人型。近似矩形中眶型,中鼻型。颧骨宽适中,犬齿窝左浅右深,乳突较大。中面型,面部水平突度中等,侧面突度在正颌—中颌型之间,上齿槽为突颌型。与同墓M3①男性头骨形态相近,似有古欧洲人和中亚两河型之间的特点(图3,8)。

No.39 (76WYM3④) 壮年女性头骨(缺下颌)。短颅型接近中颅,正颅型和阔颅型。额坡度较直,阔额型。颅顶较突,后枕部圆形。眉弓和眉间突度弱(Ⅰ~Ⅱ级),鼻根平。鼻突起中等,鼻棘较大(Ⅳ级),梨状孔下缘人型。颧骨较狭,犬齿窝浅,乳突小。近似长方形低眶,阔鼻型。中—阔面型之间,上齿槽为突颌型。形态似介于中亚两河型与安德洛诺沃变种之间。

No.40 (76WYM3⑤) 壮年女性头骨(缺下颌)。长颅型接近中颅,高颅型接近正颅,狭颅型。额坡度中等,中额型。颅顶适度圆,后枕部较圆。眉弓中等,眉间突度弱(Ⅱ级),鼻根部几平。鼻突度小,鼻棘弱(Ⅱ级弱),梨状孔下缘钝型。中鼻型和高眶型。颧骨宽适中,犬齿窝浅,乳突小。中面型,面部水平突度中等,侧面突度平颌型,上齿槽突度平颌型。接近欧洲人种中亚两河类型。与M3②头骨形态相近(图3,9)。

No.41 (76WYM3⑥) 可能属于中年女性头骨(缺下颌)。中颅型、正颅型和中等宽颅型。额坡度较明显,中额型近狭额。颅顶较突,后枕部圆形。眉弓较弱,眉间突度(Ⅱ级),鼻根平。鼻突起中等,鼻棘很小(Ⅰ级),颧骨较宽,乳突小。近似斜方形低眶,中鼻型。狭面型,面部水平突度较强烈,侧面突度平颌型。欧洲人种特点很不清楚,可能归属蒙古人种。

No.42 (76WYM3⑦) 壮年女性头骨(有下颌)。颅形极短,高颅型和中等近阔颅型。额坡度中等,狭额型近中额。颅顶较圆突,后枕部圆形。眉弓较弱,眉间突度(Ⅱ级),鼻根凹陷浅。鼻突起中等,梨状孔下缘婴儿型。颧骨较狭,犬齿窝较深,乳突小。鼻形很狭,眶形近圆形中眶型。中面型,面部水平突度较强烈,侧面突度平颌—中颌型之间,上齿槽为突颌型近中颌。欧洲人种接近中亚两河类型。

No.43 (76WYM3⑧) 青年女性头骨(缺下颌)。特短颅型、高颅型和中等宽颅型。额坡度直形,狭额型。眉弓和眉间突度弱,鼻根凹陷浅,鼻突起中等,鼻棘小

(Ⅱ级),颧骨较狭,犬齿窝较深,乳突小。中鼻型近阔鼻,接近方形的中—高眶型。上面部水平突度中等,侧面突度平颌型,上齿槽为中颌型。与 M3⑦头骨形态相似,接近中亚两河类型。

No.8（76WYM4①） 老年男性头骨。中颅型、高颅型近正颅型、中等宽颅型。额坡度中等,狭额型。颅顶较圆,后枕部较突。眉弓特别显著,眉间突度(Ⅲ~Ⅳ级),鼻根凹陷浅。鼻突度中等,鼻棘大(Ⅴ级),梨状孔下缘鼻前窝型。颧骨较宽,犬齿窝较深,乳突大小中等。狭鼻型接近中鼻,方形中—高眶型。中—狭面型之间,面部水平突度较小,侧面突度平颌型,上齿槽为突颌型。可能介于中亚两河型和地中海型之间,与 M4③、M4⑥M4⑪头骨的形态较接近。

No.9（76WYM4②） 壮年男性头骨(缺下颌)短颅、正颅和阔颅型。额坡度中等,中额型。颅顶较圆突,后枕部圆。眉弓显著,眉间突度中等(Ⅲ~Ⅳ级),鼻根凹陷较深。鼻突起强烈,鼻棘小(Ⅱ~Ⅲ级),梨状孔下缘人型。颧骨很宽,犬齿窝浅,乳突大小中等。狭鼻型接近中鼻,长方形低眶型。面部水平突度中等,侧面突度平颌型,上齿槽突度为平颇型。与中亚两河类型接近。

No.10（76WYM4③） 老年男性头骨(缺下颌)。短颅型、正颅型和阔颅型。额坡度中等,狭额型。颅顶较圆,后枕部略圆突。眉弓特别显著接近粗壮,眉间突度中等(Ⅲ~Ⅳ级),鼻根凹陷浅。鼻突度中等,鼻棘大(Ⅳ级),梨状孔下缘人型。颧骨宽大,犬齿窝极深,乳突中—大。中鼻型,接近方形的中—高眶型。介于中亚两河型与地中海型之间的形态。与 M4①、M4⑥、M4⑪头骨接近。

No.11（76WYM4④） 壮—中年男性头骨(缺下颌)。长颅型接近中颅,正颅型和狭颅型。额坡度中等,中额型 颅顶适度圆,后枕部圆形。眉弓显著,眉间突度较强烈(Ⅳ级),鼻根凹陷较深。鼻骨窄而中等突起,鼻棘发达(约Ⅳ级),梨状孔下缘鼻前窝型。颧骨较宽,犬齿窝不显,乳突中—大之间。狭鼻型,眶形近似长方形(中眶型)。狭面,面部水平突度中等,侧面突度中颌型,上齿槽为突颌型。似介于中亚两河型与地中海型之间的形态。

No.12（76WYM4⑤） 老年男性头骨(缺下颌)。中颅型,正—低颅型之间和阔颅型。额坡度中等,中—狭额型之间。颅顶适度圆。后枕部较圆。眉弓较粗壮,眉间突度Ⅲ~Ⅳ级之间。鼻根部成脊形强烈突出,鼻棘较大(Ⅳ级),梨状孔下缘人型。颧骨宽适中,犬齿窝深—极深,乳突大。中鼻型,近似方形的中眶型。可能为中面型,面部水平突度中等,侧面突度小。此头骨形态与中亚两河型及地中海型皆有些相似(图 2,1~3;图版Ⅶ,1~2)。

No.13（76WYM4⑥） 中年男性头骨(缺下颌),中颅型和正颅型近高颅型,结合狭颅型。额坡度直形,狭额—中额型之间。颅顶高,后枕部圆。眉弓较粗壮,眉间突度(Ⅲ~Ⅳ级),鼻根凹陷浅—深之间。鼻突度较强烈,鼻棘小(Ⅱ级),梨状孔下缘鼻前窝型。颧骨很宽,犬齿窝左侧不显,右侧深。狭面型,上面水平突度小,中面部水平突度中等,上齿槽为中颌型。与 M4①、M4③、M4⑪等头骨很相似,形态介于中亚两河型与地中海型之间(图4,7~9;图版Ⅶ,3~4)。

No.14 (76WYM4⑦) 老年男性头骨(缺下颌)。长颅型接近中颅,高颅型接近正颅结合狭颅型。额坡度较倾斜,阔额型。颅顶高突。眉弓粗壮,鼻根凹陷深。鼻突起强烈,鼻棘小(Ⅱ级),梨状孔下缘鼻前窝型。颧骨宽适中,犬齿窝弱,乳突小—中。近似长方形低—中眶型。中面型,上面部水平突度较小,中面部水平突度极强烈,侧面突度突颌型,上齿槽突颌型。欧洲人种类型。

No.15 (76WYM4⑧) 壮年男性头骨(缺下颌)。中颅型,高颅型和中等宽颅型。额坡度中等,阔额型接近中额。颅顶较圆突,后枕部圆形。眉弓特显,眉间突度较强烈(Ⅳ级),鼻根凹陷较深。鼻突起弱,鼻棘小(Ⅱ级),梨状孔下缘人型。颧骨中等宽,犬齿窝弱,乳突中—大。近似斜方形中眶型,阔鼻型。中面型,上面部水平突度中等,中面水平突度强烈,侧面突度中颌型,上齿槽突颌型。可能接近中亚两河类型。

No.44 (76WYM4⑨) 壮年女性头骨(缺下颌)。长颅型接近中颅型,正颅型结合狭颅型(接近中颅)。眉弓突度中等,眉间突度弱(Ⅱ级),鼻根部平。鼻突起很强烈,鼻棘小(Ⅱ级强),梨状孔下缘婴儿型。颧骨中等宽,犬齿窝不显。阔鼻型,接近椭圆形低眶型。中面型,上面部水平突度较大,中面水平突度较小,侧面突度平颌型,上齿槽中颌型。与M2①头骨较相似,接近地中海类型(图1,9)。

No.45 (76WYM4⑪) 老年女性头骨(缺下颌)。中颅型近长颅,中等高和宽的颅型。额坡度中等,中额型。颅顶较平缓,后枕部稍圆突。眉弓突度中等,眉间突度弱(Ⅱ级),鼻根凹陷浅。鼻突起极强烈,鼻棘弱,梨状孔下缘鼻前窝型。颧骨较宽,犬齿窝深,乳突小。中鼻型,近似斜方形中眶型。面部水平突度中等,侧面突度可能平颌,上齿槽也可能平颌。与M4①、M4③、M4⑥等头骨同型,介于地中海型—中亚两河型之间。

No.46 (76WYM4⑫) 中年女性头骨(缺下颌)。中颅型,高颅型和中宽颅型。额坡度较斜,阔额型。眉弓弱,鼻根平。鼻突起较弱,鼻棘小(Ⅱ级),梨状孔下缘婴儿型。颧骨较小,犬齿窝深,乳突小。中鼻型,近似斜方形中眶型。高狭面型,上面部水平突度中等,中面部水平突度较强烈,侧面突度中颌,上齿槽突颌。可能属于长狭面欧洲人种类型。

No.16 (76WYM4⑬) 中年男性头骨(缺下颌)。中颅型,高颅型和狭颅型。额坡度直形,阔额型。颅顶较圆突,后枕部圆形。眉弓特显,眉间突度中等(Ⅲ级),鼻根凹陷浅—深。鼻突起强烈,鼻棘中等(Ⅱ级),梨状孔下缘人型。近似方形或圆形眶型(中或高眶型),狭鼻型。颧骨宽大,犬齿窝中—深,乳突大。长狭面型,面部水平突度中等,侧面突度平颌型,上齿槽平颌型。与M4④、M4⑤头骨形态相近,也与M4①、M4③、M4⑥、M4⑪等头骨相似,介于中亚两河型—地中海型之间的形态(图2,4~6;图版Ⅶ,5~6)。

No.17 (76WYM5①) 中年男性头骨(缺下颌)。中颅型,额坡度中等,中额型。颅顶明显圆突，后枕部稍圆突。眉弓较粗壮，眉间突度（Ⅱ~Ⅳ级），鼻根凹陷深。鼻突起强烈，鼻棘发达（Ⅴ级），梨状孔下缘介于人型和婴儿型之间。颧骨宽，犬齿窝右浅左极深，乳突中等。狭鼻型和近似长方形中眶型。上面部水平突度小，中面水平突度强烈，侧面突度大概不明显。上齿槽突度不明显。形态介于安德洛诺沃变种—中亚两河型之间。

No.47（76WYM5③） 壮年女性头骨（有下颌），长颅型、正颅型和中宽颅型。额坡度直形，阔额型。颅顶较高突。后枕部突出。眉弓和眉间突度弱（Ⅱ级），鼻根平。鼻突起很弱，鼻棘小（Ⅱ级），梨状孔下缘鼻前窝型。颧骨宽大，犬齿窝中—深，乳突小。中鼻型，斜方形中—低眶型。中面型，面部水平突度中等，侧面突度平颌，上齿槽中颌。欧洲人种特征很不明显，可能属于同蒙古人种的混合类型。

No.48（76WYM5④） 中年女性头骨（缺下颌）。中颅型和高颅型兼狭颅型。额坡度直，中额型。颅顶高。眉弓和眉间突度弱（Ⅱ级），鼻根平。鼻突起较强烈，呈狭脊状突出。鼻棘中等（Ⅲ级），梨状孔下缘婴儿型。颧骨较狭，犬齿窝深，乳突小。阔鼻型，中眶型。上面部水平突度很小，中面水平突度小，侧面突度中颌，上齿槽中颌。形态介于中亚两河型与地中海型之间。

No.49（76WYM5⑥） 青年女性头骨（缺下颌）。中颅型，高颅型和狭颅型。额坡度直，中额型近阔额。颅顶平，后枕部稍圆突。眉弓和眉间突度中等（Ⅲ级弱），鼻根凹陷浅。鼻强烈突出，鼻棘大（Ⅴ级弱），梨状孔下缘人型。颧骨较宽，犬齿窝右浅左深，乳突极小。狭鼻型近中鼻，近似长方形中眶型。狭面，上面部水平突度很小，中面水平突度较强烈，侧面突度平颌，上齿槽平颌。介于中亚两河型—地中海型之间的形态（图2,8）。

No.50（76WYM5⑦） 壮年女性头骨（缺下颌）。中颅型、正颅型和中宽颅型。额坡度中等，狭额型。颅顶较圆，后枕部稍突。眉弓中等，眉间突度弱（Ⅱ级），鼻根平。鼻突起中等，鼻棘发达（Ⅳ级），梨状孔下缘人型。颧骨较宽，犬齿窝浅，乳突中。狭鼻型，眶形长方形（低眶型接近中眶）。中面型，上面水平突度较小，中面水平突度中等，侧面突度和上齿槽突度平颌。介于地中海型—中亚两河型之间的形态（图2,7）。

No.18（76WYM17） 壮年男性头骨（缺下颌），颅底部分残。长颅型，额坡度直，中额型。颅顶圆突，后枕部稍突。眉弓显著，眉间突度中等（Ⅲ级），鼻根凹陷较深。鼻突起强烈，鼻棘（Ⅱ~Ⅲ级），梨状孔下缘婴儿型。颧骨宽，犬齿窝浅，乳突中—大。狭鼻型，近似方形中眶型。狭面型，面水平突度中等，上中面水平突度强烈，侧面突度和上齿槽突度平颌。与长颅地中海型头骨形态较近。

No.19（76WYM18①） 壮年男性残破头骨（有下颌）。头骨很大，估计颅形较长。额坡度倾斜。颅顶较平缓，后枕部稍圆突。眉弓特显，眉间突度（Ⅲ~Ⅳ级），鼻根凹陷浅—深之间。鼻突起较强烈，鼻棘很发达（Ⅴ级），梨状孔下缘人型。颧骨较宽，犬齿窝不显，乳突中等。狭鼻型，斜方形中眶型。狭面，上面水平突度很强烈，中面水平突度强烈，侧面突度不显著。可能与地中海型形态相近。

No.51（76WYM18②） 不完整青年女性头骨（缺下颌）。估计为短颅和高颅，中宽颅。额坡度中等，狭额型。眉弓中等，鼻根凹陷较深。鼻突起极强烈，鼻棘大（Ⅳ级），梨状孔下缘婴儿型。颧骨适度宽，犬齿窝较深，乳突小。阔鼻型，近似斜方形中眶型。面部水平突度中等。可能接近短颅中亚两河型。

No.20（77WYM21①） 中年男性头骨（有下颌。）长颅、低颅和中等宽颅型。额坡度较直，中额型。颅顶较平缓，后枕部较突出。眉弓显著，眉间突度强烈Ⅴ~Ⅵ级之间，鼻根凹陷很深。鼻强烈突出，鼻棘很大（Ⅴ级），梨状孔下缘锐型（人型）。颧骨中等宽，犬齿窝几不显，乳突较大。中鼻型，近似椭圆形低眶型。中面型，上面水平突度中等，中面水平突度较大，侧面突度平颌，上齿槽中颌型。与长颅地中海型较接近（图1，1~3；图版Ⅵ，1~2）。

No.21（77WYM21②） 壮年男性头骨（有下颌）。长颅型、正颅型近高颅及狭颅型。额坡度中等，阔额型。颅顶适度圆，后枕部稍突。眉弓中—显著之间，眉间突度中等（Ⅲ级），鼻根凹陷较深。鼻突起强烈，鼻棘Ⅳ级，梨状孔下缘人型。颧骨较狭，犬齿窝几不显，乳突较小。近似斜方形中眶型，阔鼻。狭面型，面部水平突度极强烈，侧面突度平颌—中颌型之间，上齿槽为中颌型。下颌颏突明显。与长颅地中海型形态接近（图版Ⅵ，5~6）。

No.22（77WYM21③） 壮年男性头骨（缺下颌），右颧弓残。短颅型、正颅型结合阔颅型。额坡度明显倾斜，狭额型。颅顶较圆突，人字区平，后枕部圆突。眉弓弱，眉间突度Ⅰ级强，鼻根平。鼻突度很弱，鼻棘小（Ⅱ级），梨状孔下缘人型。颧骨较宽，犬齿窝弱—中，乳突中等。中眶型和阔鼻型。中面型，上面部水平突度小，中面部水平突度近中等，侧面方向突度中—平颌型之间，上齿槽突度中颌型。呈现大陆短颅蒙古人种形态，与现代布里雅特人或蒙古人头骨比较相近（图4，1~2；图版Ⅶ，7~8）。

No.52（77WYM21④） 壮年女性头骨（有下颌）。长颅、正颅和中等宽颅型。额坡度中等，中额型近阔额。颅顶适度圆，后枕部较圆突。眉弓和眉间突度弱（Ⅱ级），鼻根平，鼻突起中等，鼻棘较大（Ⅳ级），梨状孔下缘人型。颧骨中等宽，犬齿窝不显，乳突小。近似长方形中眶型，狭鼻型。狭面型，面部水平突度中等，侧面突度中颌，上齿槽突颌型。下颌颏突较明显。与长颅欧洲人种地中海型头骨形态较相似（图1，7）。

No.23（77WYM21⑤） 壮—中年男性头骨（有下颌），鼻骨下段和右颧弓残。中颅型，正颅型接近高颅和中等宽颅型。额坡度较直，中额型。颅顶适度圆，后枕部圆形。眉弓和眉间突度弱（Ⅱ级强），鼻根凹陷浅。鼻骨呈锐角形强烈突起，鼻棘小，梨状孔下缘人型。颧骨中等宽，犬齿窝深—极深，乳突中—大。中—阔鼻型之间，低眶型。阔面型接近中面，上面部水平突度很小，中面水平突度较大，侧面突度中颌型，上齿槽也是中颌型。颏突较明显，有弱的下颌圆枕和发达成棱形的上腭圆枕。形态近似于古欧洲型或介于安德洛诺沃变种与中亚两河型之间。

No.53（77WYM21⑥）　青年女性头骨（缺下颌）。中颅型近短颅，高颅和中等宽颅型。额坡度中等，狭额型。颅顶较圆突，后枕部圆形。眉弓和眉间突度弱（Ⅱ级），鼻突起较小，鼻根凹陷平—浅，鼻棘发达（Ⅴ级弱），梨状孔下缘婴儿型。颧骨中等宽，犬齿窝不显，乳突小。中眶型和中鼻型。狭面，面部水平突度较强烈，侧面突度平颌型，上齿槽突度中颌型。介于中亚两河型与地中海型之间的形态（图2,9）。

No.24（77WYM21⑦）　壮年男性头骨（有下颌），鼻骨下段残。长颅、正颅和中宽颅型近狭颅。额坡度中等，中额型。颅顶平缓，后枕部较突。眉弓特显，眉间突度中等（Ⅲ~Ⅳ级），鼻根凹陷较深。鼻强烈突出，鼻棘大（Ⅳ~Ⅴ级），梨状孔下缘人型。颧骨较宽，犬齿窝浅，乳突较大，狭鼻，中眶型近高眶。狭面型，上面部水平突度中等，中面水平突度强烈，侧面突度中—平颌之间，上齿槽突颌型。较近于长颅地中海型（图1,4~6；图版Ⅵ,1~2）

No.54（77WYM21⑧）　中年女性头骨（有下颌）。中颅，高颅和狭颅型。额坡度中等，中额型。颅顶较圆，后枕部较圆。眉弓和眉间突度弱（Ⅱ级强），鼻根平。鼻强烈突出，鼻棘中等（Ⅲ级），梨状孔下缘婴儿型。颧骨较狭，犬齿窝浅，乳突小。近似斜方形中眶型，狭鼻型。狭面型，面部水平突度中等，侧面突度平颌型，上齿槽中颌型。颏突较明显。与M5⑥头骨较相似，形态介于中亚两河型与地中海型之间。

No.25（77WYM21⑨）　壮年男性头骨（缺下颌）。长颅型、正颅型近高颅和狭颅型。额坡度直形，阔额型。颅顶适度圆，后枕部稍圆突。眉弓和眉间突度弱（Ⅱ级强），鼻根平。鼻突起中等弱，鼻棘中等（Ⅲ级），梨状孔下缘婴儿型。颧骨较宽，犬齿窝中—深，乳突大。近斜方形中眶型，阔鼻型。狭面，上面水平突度中等，中面水平突度特别强烈，侧面突度和上齿槽突度为突颌型。这具头骨既无明确的欧洲人种特点，也缺乏典型大陆蒙古人种特点，一般外形有些接近狭面东亚类型的头骨（图4, 5~6；图版Ⅶ,11~12）。

No.55（77WYM21⑩）　壮年女性头骨（有下颌），鼻骨下端和左颧骨残。中颅、高颅和狭颅型。额坡度直形，阔额型。颅顶适度圆，后枕部稍圆突。眉弓和眉间突度弱（Ⅱ级强），鼻根凹陷浅。鼻强烈突出，鼻棘硕大（Ⅴ级），梨状孔下缘婴儿型。颧骨宽大，犬齿窝浅，乳突较大。中眶型和中鼻型。狭面型，上面部水平突度较小，中面水平突度较大，侧面突度和上齿槽突度中颌型。下颌颏突较明显，有弱的下颌圆枕。形态介于地中海型与中亚两河型之间。

No.56（77WYM21⑪）　中年女性头骨（有下颌），右侧额、顶、颞骨部分残。中颅、正颅和中宽颅型。额坡度近直形，狭额型。颅顶稍圆，后枕部较突。眉弓和眉间突度弱（Ⅱ级强），鼻根凹陷浅。鼻突起较强烈，鼻棘较大（Ⅴ级弱），梨状孔下缘人型。颧骨狭，犬齿窝浅，乳突极小。近似斜方形高眶型，狭鼻型。狭面型，面部水平方向突度特别强烈，侧面突度平颌型，上齿槽中颌型。颏沟、颏突明显，有发达的长圆形下颌圆枕。可能与长颅地中海型形态接近（图1，8）。

No.57（77WYM21⑫） 青年女性头骨（有下颌），鼻骨下段残。中颅型，高颅型近正颅及狭颅型。额坡度中等，阔额型。颅顶适度圆，后枕部稍圆突。眉弓和眉间突度弱（Ⅰ~Ⅱ级），鼻根平。鼻突起较强烈，鼻棘（Ⅳ级），梨状孔下缘人型。颧骨较宽，犬齿窝中等深，乳突小。近斜方形中眶型，阔鼻。中面型，上面水平突度中等，中面水平突度小，侧面突度平颌型，上齿槽突度中颌型。颏突明显。与M21⑬头骨形态相似，接近中亚两河类型。

No.58（77WYM21⑬） 壮年女性头骨（缺下颌），颅左后部分残。颅形似近卵圆，额坡度中等，后枕部圆形。眉弓和眉间突度弱（Ⅰ~Ⅱ级），鼻根平，鼻强烈突出。鼻棘大（Ⅳ~Ⅴ级），梨状孔下缘人型。颧骨较宽，犬齿窝浅，乳突小。近斜方形眶形（低—中眶型），鼻形相对较宽。面部水平突度在中—小之间。与M21⑫头骨形态较相似，可能与中亚两河型接近。

No.26（77WYM21⑭） 老年男性头骨（有下颌）。短颅、正颅和阔颅型。额坡度较直，中额型。颅顶适度圆，人字区稍平，后枕部稍圆突。眉弓较显著，眉间突度中等（Ⅲ~Ⅳ级），鼻根凹陷较深。鼻强烈突出，鼻棘大（Ⅴ级），梨状孔下缘婴儿型。颧骨中等宽，犬齿窝浅，乳突大。近似方形中眶型，中鼻型。面部水平突度中等，侧面突度小。颏突较明显。形态似近中亚两河型或介于中亚两河型与安德洛诺沃型之间。

No.27（77WYM21⑮） 中—老年男性头骨（有下颌），左颧骨和上颌残。额坡度中等，颅顶较平缓，人字区较平，后枕部圆突。眉弓中等，眉间突度弱（Ⅱ级），鼻根几平。鼻骨呈脊状强烈突出。颧骨狭，右侧犬齿窝极深，乳突中等。近斜方形中眶型。上面水平中等突出。见有愈合的额中缝。欧洲人种特点明显，与M21⑭头骨可能同型。

No.28（77WYM21⑯） 壮年男性头骨（缺下颌），左额骨稍残。短颅、正颅和阔颅型。额坡度直形，狭额型。颅顶较平缓，后枕部较圆。眉弓中等，眉间突度弱（Ⅱ级），鼻根凹陷浅。鼻突度弱，鼻棘（Ⅳ级），梨状孔下缘人型。颧骨较狭，犬齿窝浅，乳突中强。近斜方形中眶型。面部水平较明显，侧面突度小，上齿槽突度明显。形态可能近欧洲人种。

No.29（77WYM21⑰） 中年男性头骨（有下颌），右顶—枕部部分残。长颅型、低颅型近正颅，，中宽颅型。额坡度较倾斜，中额型。颅顶较圆，后枕部明显突出。眉弓特显，眉间突度较强烈（Ⅳ级弱），鼻根凹陷较深。鼻突起较强烈，鼻棘大（Ⅳ级），梨状孔下缘人型。颧骨宽而突出，犬齿窝很深，乳突较大。低眶型，中鼻型近狭鼻。中面型，面部水平突度中等，侧面突度平颌，上齿槽突颌。颏沟和颏突较明显，有弱下颌圆枕。形态近于欧洲人种类型。

No.30（77WYM25①） 中年男性头骨（缺下颌）。长颅型近中颅，正颅型和中宽颅型。额坡度中等,中额型。眉弓显著,鼻根凹陷浅。鼻突度中等,鼻棘较大(Ⅳ级),梨状孔下缘人型。颧骨较宽,犬齿窝中等深,乳突中等。近似长方形中眶型。面不宽,上面水平突度较大,中面水平突度中等,侧面突度小。欧洲人种类型。

No.31 (77WYM25②) 壮年男性头骨(有下颌),颅底和左颞骨残。卵圆形颅形,额坡度近直形。眉弓显著,鼻根凹陷浅。鼻突度中等,鼻棘中等(Ⅲ级),梨状孔下缘婴儿型。犬齿窝极深,乳突中。斜方形中眶型,狭鼻型。中面型近狭面,面部水平突度中等。欧洲人种类型。

No.32 (77WYM25③) 老年男性头骨(下颌残)。中颅型近短颅,正颅型近低颅,阔颅型。额坡度中斜,中额型。眉弓显著,鼻根平,鼻突起很弱,鼻棘中等(Ⅲ级),梨状孔下缘人型。颧骨很宽,犬齿窝极深,乳突小—中。近斜方形中眶型,阔鼻型。面狭,面部水平突度中等,侧面突度小。人种类型未明确。

No.33 (缺原编号) 中年男性头骨(缺下颌)。中颅型近短颅,正颅型近高颅,中宽颅型。额坡度较直,中额型。颅顶圆突,后枕部圆形。眉弓特显,眉间突度较强烈(Ⅳ级弱),鼻根凹陷深。鼻骨短而强烈突出,鼻棘中等(Ⅲ级),梨状孔下缘鼻前沟型。颧骨较宽,犬齿窝深,乳突大。较低的中眶型和阔鼻型。中面型,面部水平突度较小,侧面突度中颌型,齿槽突度平颌型。形态与M1①、M1⑤等头骨接近,具有较明显的安德洛诺沃型特点,也可能接近中亚两河型。

在以上个体头骨的形态观察中,其中一部分头骨的种族形态特点可以较明确的估计,有些则只能作大人种的估计。但更多的头骨在形态上表现出某种类型学上居间的性质,因而难以将他们逐一归属某一确定的类型。在经过多次反复的观察比较之后,这批头骨的种族特点大致可归纳为如下几种:

1. 可以归入欧洲人种支系的头骨约有49具,其中除5具只估定为“欧洲人种”以外,其余44具可能区分为三个形态偏离组:即第Ⅰ组在一般体态上较接近长颅地中海类型;第Ⅱ组可能在形态上介于地中海型—中亚两河类型之间;第Ⅲ组是由一些在形态上较趋近欧洲人种安德洛诺沃变种,或较近中亚两河类型,或介于这两个类型之间的头骨组成。

2. 在余下的头骨中,可能估计为蒙古人种支系类型的只有5具。

3. 一级人种特点不很明显、但可看作是欧洲人种和蒙古人种混杂类型的头骨2具。

4. 本文未定人种和人种类型的头骨2具。

以上形态观察分类列于表1。据表列统计,在这一大组头骨中,可归入欧洲人种支系的显然占大多数,即共49具约占可分类总数的87.5%;可归入蒙古人种支系的5具约占8.9%,如将混杂类型的2具加在一起也只占12.5%。由此可见,阿拉沟墓地所代表的古代人口群主要是由具有异型倾向的欧洲人种支系成分组成,而蒙古人种支系成分只占少数。

表 1　　阿拉沟墓地头骨形态分类表

形态分类		男性			女性			男女性合计	
		墓号	例数	%	墓号	例数	%	例数	%
欧洲人种支系	Ⅰ组（地中海型）	M17、M18①、M21①、M21②、M21⑦	5	17.2	M4⑨、M21④、M21⑪	3	15.0	8	16.3
	Ⅱ组（介于地中海型—中亚两河型）	M1③、M1④、M4①、M4③、M4④、M4⑤、M4⑥、M4⑬	8	27.6	M1⑨、M4⑪、M5④、M5⑥、M5⑦、M21⑥、M21⑧、M21⑩	8	40.0	16	32.7
	Ⅲ组（介于安德洛诺沃—中亚两河型）	M1①、M1②、M3①、M3②、M4②、M4⑧、M5①、M21⑤、M21⑭、M21⑮、M?（佚号）	11	37.9	M1⑤、M3③、M3④、M3⑤、M3⑦、M3⑧、M18②、M21⑫、M21⑬	9	45.0	20	40.8
	只定为欧洲人种支系	M4⑦、M21⑯、M21⑰、M25①、M25②	5	17.2		—	—	5	10.2
全部欧洲人种支系类型			29	87.9		20	80.0	49	84.5
蒙古人种支系类型		M21③、M21⑨	2	6.1	M1⑥、M1⑧、M3⑥	3	12.0	5	8.6
混杂人种类型		M1⑦	1	3.0	M5③	1	4.0	2	3.4
未定人种		M25③	1	3.0	M4⑫	1	4.0	2	3.4
合计			33	100.0		25	100.0	58	100.0

二、头骨测量特征的种族分析

从头骨形态观察决定个体头骨种族类型是体质人类学鉴定工作中的难题之一，但它又是必要的程序，需要依靠丰富和熟练的种族形态学知识和经验。即便如此，要做到对每具头骨作出精确的人种分类，尤其是小的种族分类，是一件十分困难的工作。例如有的人类学家在大量有种族记录可查的美国白人和黑人头骨上，用形态观察和测量方法区别人种的可信程度才 86%~90%④。对白人和黑人两个大人种支系头骨的鉴别如此，对那些无案可查头骨作小种族类型的检查自然困难更大。本文对阿拉沟墓地头骨的形态分类也不例外，在这些头骨分类中，难免存在观察误差。然而对这些头骨所作的形态分类是否基本可信，还可借助测量特征的比较分析进一步考察。换句话说，根据形态观察获得的形态分类可以对测量特征的分析作出比较合理的种族形态学解释。

首先讨论阿拉沟头骨中，属于欧洲人种支系成分的形态分组问题。在表 2 中列出了按形态观察分组（Ⅰ~Ⅲ组）头骨的脑颅和面颅的各项测量特征，根据这些特征，试作如下几点分析：

1. Ⅰ组的颅指数比Ⅱ、Ⅲ组明显变小，而面高最高，颧宽则变得最狭，表明Ⅰ组有比Ⅱ、Ⅲ组特别是比Ⅲ组更为长狭的颅型和更高狭的面型。此外，无论在颧上颌角还是鼻颧角上，Ⅰ组比Ⅱ、Ⅲ组更小，表明Ⅰ组具有很强烈的面部水平方向突度。在眶形的测量上，Ⅰ组的眶指数虽不如Ⅱ组高，但比Ⅲ组仍然更高，因而至少有比Ⅲ组更高的眶型，可归入眶形分类中的中眶型，而Ⅲ组属低眶型。在鼻形指数上，Ⅰ~Ⅲ组呈逐渐增大趋势，即由Ⅰ组的狭鼻型到Ⅲ组的某种阔鼻倾向。在估计鼻部突度的两个测量项目上［75(1)和 DS∶DC］，则没有表现出规律性，即Ⅰ组的鼻骨突度角比Ⅱ、Ⅲ组更小，然而在眶间宽高指数上，Ⅰ组反比Ⅱ、Ⅲ组更高。这种矛盾的现象，一种可能是各组能够测得鼻骨突度角的头骨多少表现出偶然的差异，另一种可能是在鼻突起上，在这些测量组之间反映不出明确的变差方向。在额部倾斜程度（额倾角）和面部矢状突度（面角）的测量上，Ⅰ~Ⅲ组之间没有表现出特别的偏离。最后指出，由于Ⅰ组的颅指数最小，似应该相应配有比Ⅱ、Ⅲ组更长的颅基底长才较为合理，但实际Ⅰ组的颅基底长是最短的，这或许是Ⅰ组测量例数过少之故。如果除去这些偏离性质不定的测量特征，总的来说，Ⅰ组具有比Ⅱ、Ⅲ组更狭长的颅型和更高狭的面型，其面部水平突度也更强烈。此外，Ⅰ组的眶形比Ⅲ组更高，但在鼻型上比Ⅲ组更狭，也就是更高的眶形与更狭的鼻形相结合。

2. 由上述组间偏离分析还不难看出，Ⅰ组和Ⅲ组的差异好似处在两个极端位置，即与Ⅰ组相反，Ⅲ组具有更短宽的颅型和更低宽的面型，面部水平突度也更小(中等),眼眶趋向低眶,鼻形则反显增阔,这些自然与低宽面性质存在相关性。

3. 与Ⅰ、Ⅲ组相比,Ⅱ组的测量特征表现有些特别,即颅型比Ⅰ组明显变短,但又比Ⅲ组更长一些;在面部测量上,Ⅱ组比Ⅰ组虽然稍低宽(两者偏离不太大),但比Ⅲ组仍然明显更高更狭(属狭面型);在面部水平突度上,Ⅱ组比Ⅰ组更扁平,与Ⅲ组没有明确的差别。此外,Ⅱ组还保持着比Ⅲ组明显增高的眶型,在鼻形上则介于Ⅰ、Ⅲ组之间。这些组间偏离趋势表明,在Ⅱ组头骨上一方面呈现出颅形变短和面部水平方向突出减弱,另一方面又保持高狭面和眶形偏高等特点。这样的形态测量特征的配合,好像使Ⅱ组处在Ⅰ、Ⅲ组之间的某种"嵌合"形式,即颅形变短和面部水平突度减弱使它与Ⅲ组接近,高狭面和眶形偏高等则使它与Ⅰ组接近。

以上是男性分组之间的比较,由此获得的组间偏离现象是否在女性头骨各组之间也同样存在?从表2女性各组测量特征比较不难看出,Ⅰ组的颅型也是比Ⅱ、Ⅲ组的更狭长,面型比Ⅱ、Ⅲ组特别是比Ⅲ组更高狭,面部水平突度也比Ⅱ、Ⅲ组更突出(特别在鼻颧水平上)。同时,Ⅰ组的眶形也更高(特别是比Ⅲ组)鼻形最狭。女性Ⅰ组的这一系列组间偏离方向显然与男性Ⅰ组几乎雷同。此外,Ⅰ组的颅基底长比Ⅱ、Ⅲ组更长,这与Ⅰ组有比Ⅱ、Ⅲ组更长狭的颅形(或更小的颅指数)是一致的,在这一点上,女组比男组表现得更为规律。在面部矢状方向突度上,Ⅰ组与Ⅱ、Ⅲ之间同样没有出现明确的差异,额部倾斜程度上,Ⅰ、Ⅱ组之间差别很小(也与男组情况相似),仅略比Ⅲ组稍欠陡直(与男组相似)。在鼻突度两项测量上,Ⅰ组虽有最小的鼻骨突度角,但与Ⅲ组的差别不大,比Ⅱ组更小;在眶间宽高指数上,Ⅰ组最大(与男组相似),Ⅲ组最小(男Ⅲ组比Ⅱ组大)。这两项测量的组间差异似乎也表现出某种如同男组那样的不明确性。

与Ⅰ组相对,女Ⅲ组的颅型也最短(短颅型)。在面部测量上,无论上面高、颧宽还是上面指数等也具有明显趋向低阔型特征。面部水平突度也略小于Ⅰ组,特别在鼻颧水平上表现得更明显。Ⅲ组眶形也比Ⅰ组更低,鼻形同样具有阔鼻倾向。

Ⅱ组与Ⅰ、Ⅲ组相比,其颅型亦如男性组,介于后两组之间。Ⅱ组面型虽比Ⅰ组降低,但仍保持高狭面特点而同Ⅲ组的低阔面型存在明显区别。同样,在面部水平突度测量上,也是Ⅱ组突度比Ⅰ组更小而与Ⅲ组较为接近。Ⅱ组眶形也比Ⅲ组更高一些,鼻形比Ⅰ组更宽,比Ⅲ组更狭而介于两者之间。

根据以上女性分组头骨测量特征的组间偏离分析,我们几乎可以说,女性测量特征的组间差异与变异方向,同相应男性组的组间差异和变异方向基本符合。概括来说,无论男性还是女性,Ⅰ、Ⅲ组形态特征好像居于两端性质。而Ⅱ组则在部分重要特征上与Ⅰ组相近,在某些其他特征上与Ⅲ组靠近,表现出Ⅱ组的某种明显居间性质或"嵌合"特点。值得注意的是在各分组测定的头骨都属小例数的情况下,这种居间特点无论在其变差的内容和变异方向上,男女性之间表现出如此一致,是难用偶然巧合来说明的。比较合理的解释是阿拉沟墓地的欧洲人种成

表2 阿拉沟墓地欧洲人种支系头骨分组测量特征比较一览表

（长度单位：毫米； 角度：度； 指数：%）

测量代号	测量比较项目	男性		
		Ⅰ组	Ⅱ组	Ⅲ组
48	上面高	72.7± 4.67(5)	72.5± 2.32(6)	70.9± 2.89(9)
45	颧宽	128.8± 6.86(5)	132.6± 4.02(8)	132.8± 4.57(8)
48：45	上面指数	56.41± 1.67(5)	55.58± 1.79(6)	53.26± 1.64(6)
zm1∠	颧上颌角	124.1± 2.51(4)	135.3± 3.54(8)	132.6± 5.80(10)
77	鼻颧角	138.5± 4.86(5)	143.4± 4.01(8)	143.2± 4.32(10)
75(1)	鼻骨突度角	29.5± 2.50(2)	31.0± 1.00(2)	34.5± 3.74(3)
DS：DC	眶间宽高指数	58.43± 7.51(3)	46.83± 11.09(4)	54.46± 11.16(8)
52：51a	眶指数(右)	85.42± 2.56(5)	87.38± 2.84(8)	82.41± 4.94(11)
54：55	鼻指数	46.09± 3.38(5)	47.77± 2.21(8)	49.11± 3.16(10)
32	额倾角	83.7± 1.64(4)	83.3± 3.92(8)	84.3± 1.70(11)
72	面角	86.0± 1.00(4)	86.9± 3.67(7)	85.5± 3.07(8)
5	颅基底长	99.2± 1.08(3)	102.1± 1.54(7)	100.5± 3.47(9)
8：1	颅指数	73.06± 1.20(4)	76.88± 3.41(8)	78.80± 2.55(11)
48	上面高	70.0± 1.99(3)	66.9± 2.17(8)	63.6± 2.10(9)
		女性		
45	颧宽	122.2± 3.28(3)	122.5± 4.48(7)	126.8± 3.27(6)
48：45	上面指数	57.29± 2.36(3)	55.09± 1.77(7)	50.84± 1.48(6)
zm1∠	颧上颌角	131.2± 6.36(3)	132.5± 4.70(7)	132.4± 4.41(8)
77	鼻颧角	137.5± 3.08(3)	143.7± 5.81(8)	141.8± 2.77(9)
75(1)	鼻骨突度角	21.2± 3.47(3)	29.0± 3.92(4)	23.0± 5.89(3)
DS：DC	眶间宽高指数	58.99± 7.97(3)	53.41± 14.44(5)	48.07± 8.32(4)
52：51a	眶指数(右)	88.70± 6.47(3)	85.41± 2.51(8)	83.31± 8.56(8)
54：55	鼻指数	46.76± 4.87(3)	48.17± 2.36(8)	50.03± 3.22(8)
32	额倾角	86.3± 0.47(3)	87.2± 4.23(8)	88.6± 4.49(7)
72	面角	86.9± 2.10(3)	87.9± 2.88(8)	86.7± 2.11(6)
5	颅基底长	98.8± 2.66(3)	97.4± 3.22(8)	96.1± 4.87(8)
8：1	颅指数	74.89± 1.18(3)	76.29± 1.19(8)	81.28± 4.79(8)
48	上面高	70.0± 1.99(3)	66.9± 2.17(8)	63.6± 2.10(9)

注：表中数值自左向右依次为平均值、标准差和例数。

分中存在类型学的偏离。

为了进一步检查这个问题，在表3中列出了与阿拉沟墓地时代比较接近的帕米尔塞克[5]和天山塞克—早期乌孙[6]的两组测量资料做对照，分析阿拉沟各分组之间变异方向的种族类型意义。

在前面的头骨形态观察部分中已经指出，阿拉沟Ⅰ组所含头骨在形态上可能与地中海类型比较相近，而阿拉沟Ⅲ组所含头骨形态大致在中亚两河型和安德洛诺沃型之间。表中所列帕米尔塞克和天山塞克—早期乌孙两组则据苏联人类学家的研究，前者是同质性很强的一组地中海东支或印度—阿富汗类型的头骨[5]，而后者则代表了中亚两河型或安德洛诺沃型向中亚两河型过渡的一组头骨[6]。由此可以设想，如果说前面根据形态观察对阿拉沟头骨所作的分组与种族类型的估计是符合实际的话(即Ⅰ组与地中海型接近，Ⅲ组介于中亚两河型和安德洛诺沃型)，那么，Ⅰ组与Ⅲ组之间颅、面测量特征的偏离性质和方向，与其具有相应种族类型的帕米尔塞克和天山塞克—早期乌孙两组之间的组间偏离性质和方向也应当一致，或基本一致。在表3中，两对对比组之间各项测量特征的组间偏离增大方向用矢状线表示。可以看出，在男性阿拉沟Ⅰ~Ⅲ组之间为一方，帕米尔塞克、天山塞克—早期乌孙组之间为另一方，各自的组间偏离仅鼻骨突度角、面角和颅基底长三项的增值方向不一致。如果考虑阿拉沟Ⅰ、Ⅲ组鼻骨突度的测量仅有两三个标本，这个项目的增值趋势可能未反映实际的统计学意义。面角的增值方向虽不尽相符，但无论阿拉沟Ⅰ、Ⅲ组之间还是帕米尔塞克、天山塞克—乌孙组之间在这个测量上的组差都很小，因而其偏离方向可能是没有意义的。相反，倒显出了他们在这项特征上的接近。颅基底长的测值，阿拉沟Ⅰ组比Ⅲ组略小而很接近。这已经说过，可能与Ⅰ组计测这个项目的标本过少有关。如果除去这三项偏离方向不确定的项目，其余大多数颅、面特征的增值方向都表现出明显的一致性，特别是在代表颅型、面型、眶型及鼻型等一系列有种族鉴别意义的测量特征上，其增值方向的一致性更为明确。有意义的是，这种增值方向的一致性也见之于女性头骨的比较上(见表3右部分)：其增值方向不相符的也是鼻骨突度角和颅基底长、面角的变差方向不明确。但颅基底长的偏离方向与男性帕米尔塞克、天山塞克—乌孙组之间的相同。除这三项外。女性阿拉沟Ⅰ、Ⅲ组之间在眶型上的增值趋势也和帕米尔塞克、天山塞克—乌孙组之间的不一致，但和后两个男性组之间的方向相同。由此可见，阿拉沟女性Ⅰ~Ⅲ组之间的变差趋势比其男性组更与帕米尔塞克、天山塞克—乌孙之间的偏离方向一致一些。假如考虑到阿拉沟女性Ⅰ组头骨只有3例，材料比较单薄。那么其余的大多数颅、面部测量特征Ⅰ~Ⅲ组之间的增值方向仍然与苏联学者研究的两个组之间的增值方向表现出强烈一致。这一情况同样说明了组间偏离的种族类型学意义。

除了从计测特征的组间增值方向考察以外，还可以直接比较各项测量特征的组值(见表3)。不难看出，阿拉沟男性Ⅰ组在面形(上面高、颧宽和面指数)、眶

表 3　阿拉沟Ⅰ、Ⅲ组与帕米尔塞克、天山塞克—早期乌孙组颅面测量特征变异方向比较一览表

比较项目和代号	男性				
	阿拉沟Ⅰ	变异方向	阿拉沟Ⅲ	帕米尔塞克	变异方向	天山塞克—早期乌孙
上面高(48)	72.7(5)	←	70.9(9)	73.6(14)	←	70.9(8)
颧　宽(45)	128.8(5)	→	132.8(8)	126.1(12)	→	136.0(8)
上面指数(48：45)	56.4(5)	←	53.3(6)	58.2(12)	←	52.1(8)
颧上颌角(zm1∠)	124.1(4)	→	132.6(10)	124.6(13)	→	130.9(8)
鼻颧角(77)	138.5(5)	→	143.2(10)	135.9(12)	→	143.6(6)
鼻骨突度角〔75(1)〕	29.5(2)	→	34.5(3)	34.2(12)	←	31.0(4)
眶间宽高指数(DS：DC)	58.4(3)	←	54.5(8)	64.4(12)	←	56.1(5)
眶数指(52：51a)左	86.3(5)	←	82.4(10)	87.9(13)	←	83.7(7)
鼻指数(54：55)	46.1(5)	→	49.1(10)	46.0(14)	→	49.9(8)
额倾角(32)	83.5(4)	→	84.4(11)	80.2(12)	→	82.6(5)
面　角(72)	86.0(4)	←	85.5(8)	84.4(12)	→	85.8(5)
颅基底长(5)	99.2(3)	→	100.5(9)	104.5(11)	←	103.0(6)
颅指数(8：1)	73.1(4)	→	78.8(11)	70.2(14)	→	82.2(9)

续表 3

比较项目和代号	女性					
	阿拉沟Ⅰ	变异方向	阿拉沟Ⅲ	帕米尔塞克	变异方向	天山塞克—早期乌孙
上面高(48)	70.3(3)	←	63.6(9)	70.0(9)	←	69.2(6)
颧　宽(45)	122.2(3)	→	126.8(6)	124.0(10)	→	125.3(6)
上面指数(48∶45)	57.3(3)	←	50.8(6)	56.6(9)	←	55.2(6)
颧上颌角(zm1∠)	131.2(3)	→	132.4(8)	127.6(7)	→	129.5(4)
鼻颧角(77)	137.5(3)	→	141.8(9)	140.3(7)	→	150.2(6)
鼻骨突度角〔75(1)〕	21.2(3)	→	23.0(3)	33.1(7)	←	23.0(3)
眶间宽高指数(DS∶DC)	59.0(3)	←	48.1(4)	60.8(7)	←	51.8(3)
眶数指(52∶51a)左	88.7(3)	←	83.3(8)	89.5(9)	→	90.8(4)
鼻指数(54∶55)	46.8(3)	→	50.0(8)	47.8(9)	→	48.6(6)
额倾角(32)	86.3(3)	→	88.6(7)	80.0(6)	→	87.6(5)
面　角(72)	86.9(3)	←	86.7(6)	83.2(6)	＝	83.2(4)
颅基底长(5)	98.8(3)	←	96.1(8)	94.6(7)	→	95.4(5)
颅指数(8∶1)	74.9(3)	→	81.3(8)	73.5(10)	→	80.1(4)

注：箭头方向代表数值由小到大；帕米尔塞克组值取自文献⑤，天山塞克—早期乌孙组值取自文献⑥。

形（眶指数）、鼻形（鼻指数）及颅形（颅指数）等基本测量项目上，与帕米尔塞克组更为接近。而阿拉沟Ⅲ组在这些特征上，与天山塞克—早期乌孙组接近。在女性组中，这类组值的近似关系似乎不如男性组强烈，例如在中面部水平突度的测值上，阿拉沟Ⅰ组与帕米尔塞克组之间，不如与天山塞克—早期乌孙组之间的接近，但在上面部水平突度上却比天山塞克—早期乌孙组更为接近帕米尔塞克组。在面形、鼻梁突度、眶形、鼻形和颅形等测量特征上，阿拉沟Ⅰ组与帕米尔塞克组的测值也都很接近。阿拉沟女性Ⅲ组与天山塞克—早期乌孙组之间则不如前两个组那样理想，他们之间主要在颅形、额坡度、鼻形、鼻突度及也可能在中面部水平突度等测量特征上彼此比较接近，但阿拉沟Ⅲ组的面形显然属于更低的类型，与天山塞克—早期乌孙组较高狭面特点不同。然而在这方面，阿拉沟女性Ⅱ组比女性天山塞克—早期乌孙组更接近男性天山塞克—早期乌孙组的较低面特点。

总之，根据以上组间偏离的性质和偏离方向及实际测值的组间比较和分析，可以说，阿拉沟Ⅰ~Ⅲ组之间在体质上的差异常与帕米尔塞克、早期乌孙组之间的差异具有基本相同的偏离性质。概括起来讲，阿拉沟Ⅰ组具有和帕米尔塞克组同样的长狭颅、高狭面、面部水平突度强烈、更偏高的眶型和狭鼻等特征，是与欧洲人种的地中海东支类型头骨接近的一组综合特征。相反，阿拉沟Ⅲ组则具有明显的更短的短颅化颅型、更低宽的面、面部水平突度更小、眶形趋低和鼻形更阔等一组与天山塞克—早期乌孙组基本相似的组合特征，显示了与欧洲人种的中亚两河类型或安德洛诺沃型向中亚两河型过渡的性质。

在明确了阿拉沟Ⅰ、Ⅲ组各自代表的种族形态学意义之后，对阿拉沟Ⅱ组的居间特点就有可能作出合理的理解。正如在分析表2时指出，阿拉沟Ⅱ组在形态特点上，一方面表现出颅型变短和面部水平突度减弱（与Ⅰ组相比），另一方面又保持高狭面和眶形偏高等特点（与Ⅲ组相比）。而正是这种兼有的混合特点，表明他们在体质上具有地中海型与中亚两河类型之间的混杂形态。

以上对阿拉沟Ⅰ、Ⅱ、Ⅲ组头骨的种族分析也可以从图5、图6上大致反映出来。这些图是以颅指数和面指数为纵、横坐标轴来检查每具头骨在这两个特征上的坐标位置的。可以看出，属于Ⅰ组的个体和Ⅲ组的个体基本上无例外地分布在各自不相重合的坐标区，而Ⅱ组个体分布位置则大体上处在Ⅰ、Ⅲ组分布区之间，并分别与Ⅰ、Ⅲ组有某些重合，表明Ⅱ组个体在颅型和面型上的居间性质。

阿拉沟三个分组在图7、图8的坐标系中分布的位置也表现出类似的特点：坐标平面上Ⅰ区的不规则多边形是由中亚和新疆5个颅骨测量组的颅型和面型坐标围成，他们代表长狭颅结合高狭面的地中海人种类型[⑦~⑨⑤⑩⑪]；Ⅱ区多边形是由中亚、哈萨克斯坦及新疆境内出土的共十个组的坐标围成，它们大体上代表这些地区塞克到乌孙的时代或文化，种族特点主要为短颅化的中亚两河型[⑫~⑭⑥⑮⑰]；Ⅲ区多边形则由各中亚、哈萨克斯坦、南西伯利亚、东欧及新疆的基本上属于铜器时代的各组坐标围成，这些组在形态上主要代表具有某些原始特点的古欧洲

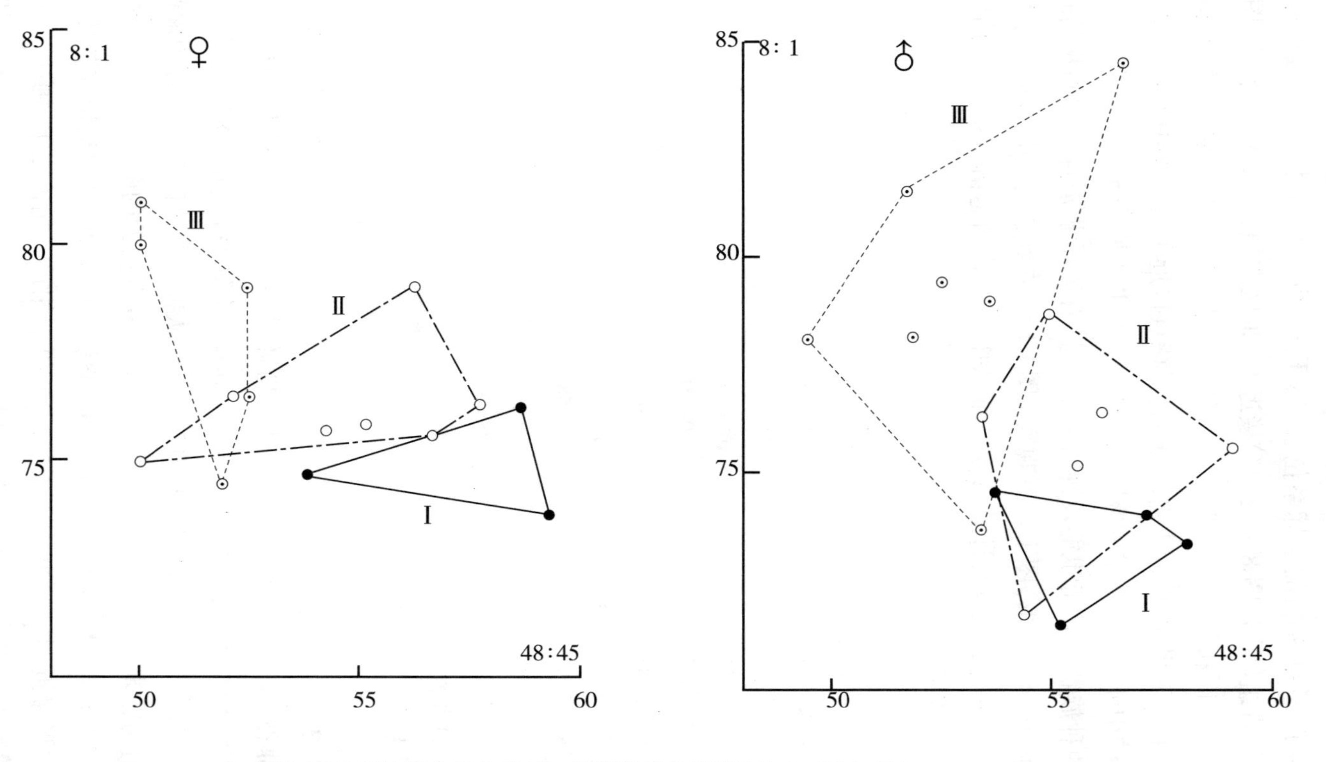

图5、图6 阿拉沟个体头骨颅—面指数坐标图（图5、女；图6、男）

“●”代表Ⅰ组个体；“○”代表Ⅱ组个体；“⊙”代表Ⅲ组个体。

人类型[18][13][19~21][15][22][23]。可以看出，这三个多边形坐标区的分布基本上彼此不重叠，但Ⅱ，Ⅲ区彼此分布更接近，Ⅰ区则相对更疏远于Ⅱ、Ⅲ区。这种分布现象无论在男组还是女组都是共同的，说明Ⅰ区各组的颅面类型与Ⅱ、Ⅲ组的明显偏离。以此为据，阿拉沟三个组所占的坐标系位置是：Ⅰ组（图7、图8中之25）接近上述的Ⅰ区多边形，Ⅲ组（图7、图8中之27）接近Ⅱ、Ⅲ区多边形，而Ⅱ组（图7、图8中之26）则介于Ⅰ区和Ⅱ、Ⅲ区之间。这样的分布特点在男女两性坐标图上也是基本相似的。由此说明，阿拉沟Ⅰ组的颅、面型特点接近Ⅰ区的地中海类型，Ⅲ组接近Ⅱ、Ⅲ区的中亚两河型—古欧洲型之间的类型，Ⅱ组则介于这两者之间。

这样的种族特性是否也能反映在更多项具有体质鉴别意义的测量特征上，还可从制作《组合多边形》图上进行观察（图9）[24]。在绘制这种图形时，我们选用了12项测量特征（见表4），计算每项特征从中心点到测定值所占距离使用的组间变异按图上数字顺序是：

1.颅　长（1）	168~198
2.颅　宽（8）	126~160
3.颅指数（8：1）	66~86
4.上面高（48）	60~80
5.颧　宽（45）	120~150
6.上面指数（48：45）	48~60
7.眶指数（52：51a）	75~93
8.鼻指数（54：55）	40~58
9.额倾角（32）	76~88
10.面角（72）	75~95
11.鼻颧角（77）	126~160
12.颧上颌角（zm1∠）	113~155

图9:1~3分别代表阿拉沟Ⅰ~Ⅲ组。作为对照，选取了帕米尔塞克（图9:5）、中亚卡拉捷彼（图9:6）、天山塞克—早期乌孙（图9:8）、阿莱塞克—乌孙（图9:9）、卡拉索克（图9:10）、楼兰（图8:4）、昭苏乌孙（图9:7）、孔雀河古墓沟（图9:11）和米努辛斯克安德洛诺沃（图9: 12）等组。从各项测值围成的组合图形来看，阿拉沟Ⅰ组与帕米尔塞克、卡拉捷彼、楼兰三组具有接近的图形。而阿拉沟Ⅲ组则与Ⅰ组迥然不同，大致同天山塞克—早期乌孙、阿莱塞克—乌孙、卡拉索克、昭苏乌孙的图形接近，其中尤与卡拉索克组的更为相近。相比之下，阿拉沟Ⅱ组的图形具有某些混合形态，即4~10项之间围成的下一半与阿拉沟Ⅰ组相应部分的图形比较相近，另一半（11~3）则与阿拉沟Ⅲ组的相应部分组合图比较接近。这又说明，阿拉沟Ⅱ组形态特点介于Ⅰ~Ⅲ组之间的性质。

除了以上Ⅰ~Ⅲ组44具头骨外，尚有5具倾向于欧洲人种支系的头骨没有

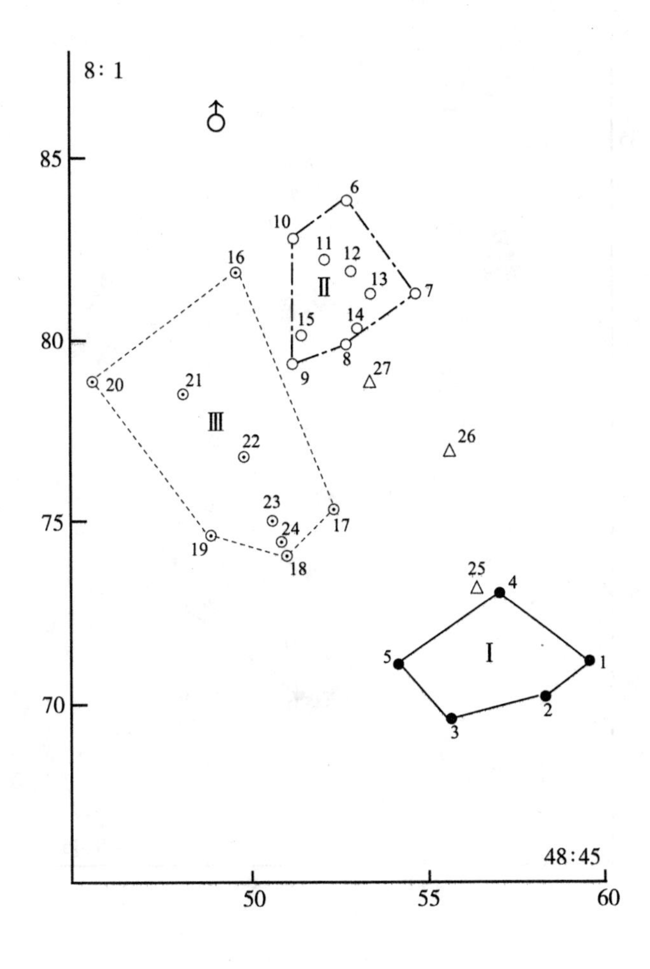

图 7　颅—面指数坐标图(男性)

1.楼兰;2.帕米尔塞克;3.中亚卡拉捷彼·格尔克修勒;4.洛浦山普拉;5.费尔干达维尔辛;6.昭苏乌孙;7.天山乌孙·月氏;8.七河乌孙;9.阿莱塞克乌孙;10.东哈萨克斯坦乌孙;11.天山塞克·乌孙;12.天山乌孙;13.卡拉科尔·切利白克乌孙;14.卡拉索克文化;15.东哈萨克斯坦乌切斯·布考尼塞克;16.东欧洞室墓;17.米努辛斯克阿凡纳羡沃;18.东欧木椁墓;19.东欧古竖穴墓;20.哈萨克斯坦·阿尔泰安德洛诺沃;21.米努辛斯克安德洛诺沃;22.哈萨克斯坦安德洛诺沃;23.孔雀河古墓沟;24.阿尔泰阿凡纳羡沃;25.阿拉沟Ⅰ组;26.阿拉沟Ⅱ组;27.阿拉沟Ⅲ组。

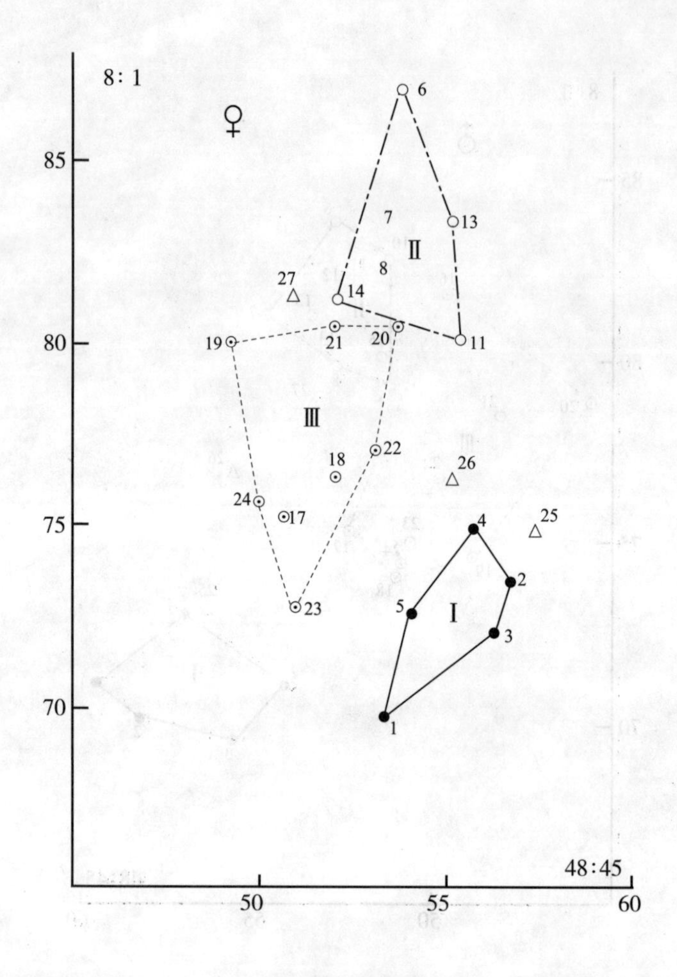

图 8　颅、面指数坐标图(女性)

1.楼兰;2.帕米尔塞克;3.中亚卡拉捷彼·格尔克修勒;4.洛浦山普拉;5.费尔干达维尔辛;6.昭苏乌孙;7.天山乌孙·月氏;8.七河乌孙;11.天山塞克·乌孙;13.卡拉科尔·切利白克乌孙;14.卡拉索克文化;17.米努辛斯克阿凡纳羡沃;18.东欧木椁墓;19.东欧古竖穴墓;20.哈萨克斯坦·阿尔泰安德洛诺沃;21.米努辛斯克安德洛诺沃;22.哈萨克斯坦安德洛诺沃;23.孔雀河古墓沟;24.阿尔泰阿凡纳羡沃;25.阿拉沟Ⅰ组,26.阿拉沟Ⅱ组;27.阿拉沟Ⅲ组。

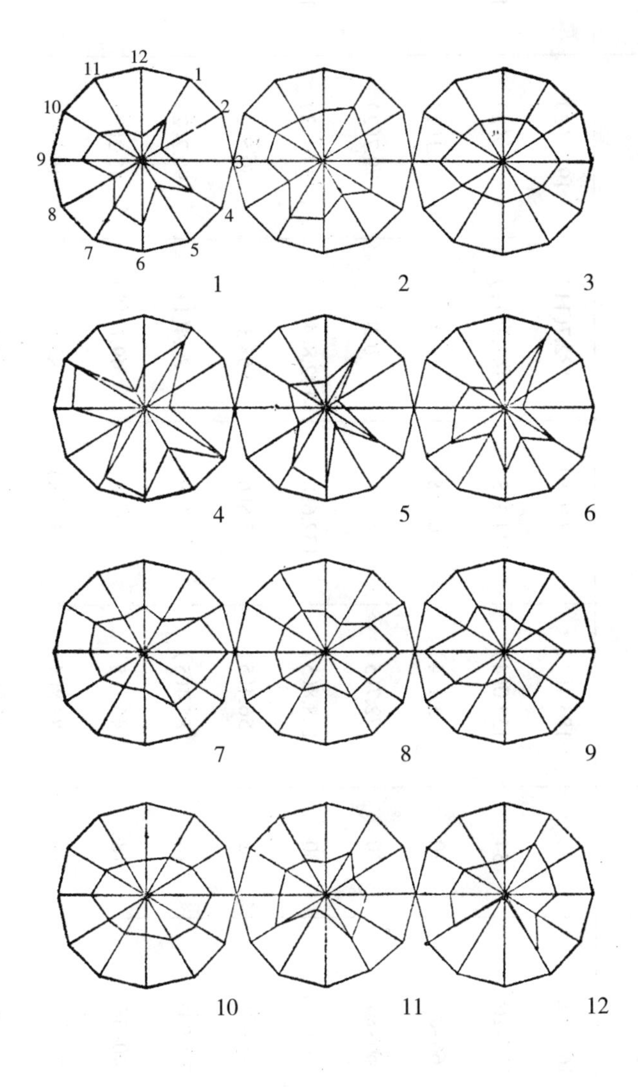

图 9　颅、面形态(组合多边形图)

1.阿拉沟Ⅰ组;2.阿拉构Ⅱ组;3.阿拉构Ⅲ组;4.楼兰组;5.帕米尔塞克组;6.卡拉捷彼组;7。昭苏乌孙组;8.天山塞克·早期乌孙;9.阿莱塞克·乌孙组;10.卡拉索克文化组;11.孔雀河古墓沟组;12.米努辛斯克安德洛诺沃文化组。

表 4　　阿拉沟组及其周邻地区各古代组十二项颅面特征之比较一览表

测量项目和代号	组间变异范围	组间差	阿拉沟Ⅰ	阿拉沟Ⅱ	阿拉沟Ⅲ	楼兰	昭苏乌孙
颅　长(1)	168~198	30	183.4(4)	187.9(8)	182.7(11)	193.8(2)	179.9(6)
颅　宽(8)	126~160	34	134.0(4)	144.3(8)	143.9(11)	138.0(2)	150.5(7)
颅指数(8：1)	66~86	20	73.1(4)	76.9(8)	78.8(7)	71.1(2)	83.8(6)
上面高(48)	60~80	20	72.7(5)	72.5(6)	70.2(5)	79.7(2)	73.4(7)
颧　宽(45)	120~150	30	128.8(5)	132.6(8)	132.8(4)	134.4(2)	139.2(6)
面指数(48：45)	48~60	12	56.4(5)	55.6(6)	53.3(6)	59.5(2)	52.7(6)
眶指数(52：51a)	75~93*	18	85.4(5)	87.4(8)	82.4(11)	90.2(2)	82.1(5)
鼻指数(54：55)	40~58	18	46.1(5)	47.8(8)	49.1(10)	45.2(2)	49.4(7)
额倾角(32)	76~88	12	83.8(4)	83.3(8)	84.4(7)	85.5(2)	83.1(6)
面　角(72)	75~95*	20	86.0(4)	86.9(7)	85.5(8)	92.5(2)	87.3(6)
鼻颧角(77)	126~160	34	138.5(5)	143.4(8)	143.2(10)	132.3(2)	140.8(7)
颧上颌角(zm1∠)	113~155	42	124.1(4)	135.3(8)	132.6(10)	131.8(2)	134.0(8)

续表 4

测量项目和代号	古墓沟	帕米尔塞克	天山塞克·早期乌孙	卡拉捷彼	阿莱塞克·乌孙	卡拉索克	米努辛斯克安德洛诺沃
颅　长(1)	184.3(10)	187.8(14)	177.8(9)	194.8(14)	178.0(6)	182.1(37)	187.2(22)
颅　宽(8)	138.0(10)	131.8(14)	145.7(9)	134.9(14)	139.9(7)	145.4(38)	145.0(22)
颅指数(8:1)	75.0(10)	70.2(14)	82.2(9)	69.4(14)	79.3(6)	80.2(36)	77.5(22)
上面高(48)	68.7(9)	73.6(14)	70.9(8)	72.6(15)	69.9(7)	72.7(37)	68.3(20)
颧　宽(45)	136.2(9)	126.1(12)	136.0(8)	129.9(15)	137.0(8)	136.6(32)	141.5(20)
面指数(48:45)	50.6(8)	58.2(12)	52.1(8)	56.0(15)	51.2(7)	53.5(32)	48.1(19)
眶指数(52:51a)	78.0(9)	87.9(13)	83.7(7)	80.1(15)	81.9(7)	83.6(34)	〔75.1〕
鼻指数(54:55)	51.5(10)	46.0(14)	49.9(8)	52.1(15)	51.3(8)	48.9(35)	51.7(20)
额倾角(32)	82.2(9)	80.2(12)	82.6(5)	82.5(12)	86.8(4)	83.5(32)	83.3(16)
面　角(72)	85.3(9)	84.4(12)	85.8(5)	83.9(15)	85.0(4)	85.5(31)	85.5(17)
鼻颧角(77)	141.1(10)	135.9(12)	143.0(6)	134.2(15)	145.3(7)	140.0(26)	139.2(18)
颧上颌角(zm1∠)	127.8(9)	124.6(13)	130.9(8)	126.0(14)	130.1(7)	128.4(23)	128.1(18)

注:1.楼兰组取自参考书目⑦,昭苏乌孙取自⑫,古墓沟取自⑱,帕米尔塞克取自⑤,天山塞克·早期乌孙取自⑥,卡拉捷彼取自⑪,阿莱塞克·乌孙取自⑥,卡拉索克取自⑬,米努辛斯克安德洛诺沃取自⑮;

2.组间变异范围取自㉔,但有星号(*)者是本文据实际比较资料适当增大的上限值。

作小种族特点的分析。在这些头骨中,包括或只有测量记录而缺乏形态观察的头骨（M4⑦、M25①、②），或有的限于作者能力，尚无把握作出类型分析的头骨(M21⑯、⑰)。为慎重计,没有硬行将他们归入哪个分组之中。现将这些头骨的测量特征分别记述如下:

M4⑦　颅指数(8∶1)74.9,长颅型接近中颅下界;颅长高指数(17∶1)75.4,属高颅型接近正颅上界;颅宽高指数(17∶8)100.7,属狭颅型。额宽指数(9∶8)72.0,属阔额型,面指数(48∶45)53.8,属中面型;鼻指数(54∶55)48.8,中鼻型;眶指数(52∶51a,左)80.5,属低眶型。鼻根指数(SS∶SC)极高,为63.8;颧上颌角(zm1∠)123.5,即中面部水平突度极强烈,鼻颧角(77)145.0,即上面部水平突度中等弱。面角(72) 78.0,即侧面突度为突颌型;上齿槽面角(74)74.0,也属突颌型。从这些颅、面部测量数据似乎可以推测,这具头骨可能较接近中—短颅的欧洲人种而不接近长颅类型,或介于两者之间的形态。

M21⑯　颅指数82.5,短颅型;长高指数72.2,正颅型;宽高指数87.6,阔颅型。鼻颧角和颧上颌角分别为138.0和126.5，即面部水平突度强烈。鼻指数53.6,阔鼻型;眶指数左82.2,右85.8,中—低眶型;鼻根指数小,为28.2,这和有很大的鼻骨最小宽(11.35)有关。这具头骨鼻突度虽有些弱化,但有强烈突出的面和弱的颧骨,因而归入短颅欧洲人种支系没有大的疑问。

M21⑰　颅指数73.0,长颅型;长高指数69.6,低颅型接近正颅下界;宽高指数95.3,中颅型。额宽指数67.6,中额型;面指数54.0,中面型。鼻根指数49.9,属鼻突起强烈类型。鼻指数47.4,中鼻型接近狭鼻上界;眶指数81.4,低眶型。鼻颧角和颧上颌角分别为140.5和136.0,属中等突出的面。面角91.0,平颌型。这具头骨可能是欧洲人种特征不特别强烈的长颅类型。

M25①　颅指数74.7,长颅型接近中颅下界;长高指数71.2,正颅型;宽高指数95.2,中颅型。额宽指数66.9,中额型。鼻根指数40.3,鼻突度中等;鼻指数48.5,中鼻型;眶指数83.6,中眶型。面宽130.5,较狭;鼻颧角138.0,鼻颧水平面部突出强烈,颧上颌角135.5,中等突出;鼻面角91.0,平颌型。

M25②　面指数54.1,中面型接近狭面下界;鼻根指数39.9,鼻突起中等;鼻指数44.1，狭鼻型；眶指数86.8，中眶型。鼻颧角和颧上颌角分别为144.5和131.5,面水平突出中等。此头骨也许接近高狭面欧洲人种类型。

在阿拉沟墓地头骨中,从形态观察指定属于蒙古人种支系的可能有5具,其中还可能具有不同体质类型。由于这些头骨少,按性别难以成组。因此对他们的测量特征也做个别记述和讨论:

M21③　颅指数81.6,短颅型;长高指数73.1,正颅型;宽高指数89.6,阔颅型。额指数62.6,狭额型;面指数53.6,中面型,鼻根指数21.4,属极低鼻类型。鼻指数51.8,阔鼻型接近下界限;眶指数86.6,中眶型;鼻颧角145.5,上面扁平度大;颧上颌角130.5,中面突度中等;齿槽面角82.0,中颌型。垂直颅面指数53.2。

在形态观察中已经指出，这具短宽而低的颅在形态上可能与布里亚特人和蒙古人类型比较相似。从表5列出的各项测量特征来看,除了面部和鼻部的某些测量如上面高、颧宽、鼻高、鼻宽绝对测值偏小、鼻指数更大以外,在其余大多数项目上则与布里亚特人和蒙古人的数据相当接近,特别是在短颅,偏下低颅,额坡度明显后斜,面部水平扁平度较大及相对面高较高等组合特点,更与上述大陆蒙古人种类型头骨近似。

M21⑨　这具男性头骨的形态特点与M21③头骨明显不同：它的颅指数小(73.6),属长颅型;有更高的颅,其长高指数74.2,近高颅型;宽高指数100.8,数值明显大,属狭颅型。额宽指数72.1,阔额型;面指数56.0,狭面型。眶指数80.6,中眶型;鼻指数51.2,有阔鼻倾向。这样一些颅、面测量特征的配合表明,M21⑨头骨与具有短宽颅型配合低颅的大陆蒙古人种类型明显不同，与M21③头骨的区别也大致如此,因此他们可能是异型的。如果与东邻地区的史前甘肃头骨类型相比(表5),M21⑨头骨的偏长颅型和近高颅性质及配合狭长的面型等,与后者同类组合特点比较相似，如M21⑨颅指数73.63，与史前甘肃组的74.96相差不大;在长高指数上两者分别为74.17和75.65;宽高指数分别为100.75和100.45;面指数分别为56.01和57.23。可见他们在颅形和面形指数上的差别小或不明显。就这些指数而言，M21⑨头骨则比M21③或其他大陆蒙古人种类型头骨更接近古代甘肃的头骨类型。但是在这两者之间，仍具有某些测值的明显差异（见表5)。对此,只根据单个头骨的测量资料,还难作出比较可信的说明。

另外可能归入蒙古人种支系的还有M1⑥、M1⑧和M3⑥3具头骨。他们的主要测量特征如下：

M1⑥　颅指数81.3,短颅型;长高指数72.7,正颅型;宽高指数89.4,阔颅型。额宽指数62.9,狭额型;鼻指数47.2,中鼻型近狭鼻上界;眶指数96.0,高眶型。估计面指数53.8,中面型;鼻颧角和颧上颌角为139.5和130.5,具有中等突出的面;鼻面角87.0,平颌型。鼻根指数32.8,按女性标准,鼻突度中等。根据前述几项颅部形态指数,这具头骨属于短颅和颅高不高的蒙古人种类型,但好像与中央亚洲类型的头骨有些相似。究竟应该归入蒙古人种支系的何种类型为宜,还期待积累更多的材料才能进行研究。

M1⑧　这具女性头骨的颅形比M1⑥头骨更长和相对较狭,颅指数75.1,中颅型;宽高指数96.3,中等宽颅型;相对颅高不高,长宽指数72.4,正颅型。额宽指数73.9,阔额型;鼻指数很大,为55.8,阔鼻型;眶形不如M1⑥头骨高,其左侧眶指数86.1,属中眶型。但其面形更高,面指数55.3,狭面型;鼻颧角139.5,中等突出;颧上颌角则更大,为142.0,表示中面部水平突度小或中面水平的扁平度大;面角89.0,平颌型。与M1⑥头骨相比,鼻根指数更小,只达26.1,表明鼻突起弱。这具头骨的小种族类型特点不很清楚,也可能是M1⑥类型的变异。

M3⑥　颅指数76.1,中颅型;长高指数72.8,正颅型;宽高指数95.6,中等宽

表 5　阿拉沟蒙古人种头骨与布里亚特、蒙古、史前甘肃头骨测量比较一览表

比较项目和代号	阿拉沟 M21③	阿拉沟 M21⑨	布里亚特（西部）	布里亚特（东干）
颅　长(1)	182.0	182.0	183.6	181.7
颅　宽(8)	148.5	134.0	147.5	150.3
颅　高(17)	133.0	135.0	135.4	132.6
颅指数(8：1)	81.6	73.6	80.5	82.7
颅长高指数(17：1)	73.1	74.2	[73.8]	[73.0]
颅宽高指数(17：8)	89.6	100.8	[91.8]	[88.2]
最小额宽(9)	93.0	96.6	96.5	94.9
额宽指数(9：8)	62.6	72.1	[65.4]	[63.1]
上面高(48)	70.7	69.0	79.1	76.9
颧　宽(45)	132.0?	123.2	143.0	142.6
面指数(48：45)	53.6?	56.0	55.3	53.9
眶　宽(51)右	43.0	42.2	42.9	42.3
眶　高(52)右	35.3	34.0	35.7	35.3
眶指数(52：51)右	82.1	80.6	83.3	83.3
鼻　高(55)	48.3	50.8	56.4	55.5
鼻　宽(54)	25.0	26.0	26.8	26.6
鼻指数(54：55)	51.8	51.2	47.6	48.2
额倾角(32)	79.5	85.0	80.8	80.5
鼻颧角(77)	145.5	142.0	145.8	146.2
面　角(72)	85.0	79.0	86.9	88.0

续表 5

比较项目和代号	布里亚特（外贝加尔）	蒙古	史前甘肃
颅　长(1)	181.9	182.2	181.6
颅　宽(8)	154.6	149.0	137.0
颅　高(17)	131.9	131.4	136.8
颅指数(8∶1)	85.1	82.0	75.0
颅长高指数(17∶1)	〔75.5〕	〔72.1〕	75.7
颅宽高指数(17∶8)	〔85.3〕	〔88.2〕	100.5
最小额宽(9)	95.6	94.3	92.3
额宽指数(9∶8)	〔61.8〕	〔63.3〕	〔67.4〕
上面高(48)	77.2	78.0	74.8
颧　宽(45)	143.5	141.8	130.7
面指数(48∶45)	53.8	〔55.0〕	〔57.2〕
眶　宽(51)右	42.2	43.2	45.0
眶　高(52)右	36.2	35.8	33.8
眶指数(52∶51)右	86.0	82.9	75.0
鼻　高(55)	56.1	56.5	55.0
鼻　宽(54)	27.3	27.4	25.6
鼻指数(54∶55)	48.7	48.6	47.3
额倾角(32)	79.8	80.5	—
鼻颧角(77)	145.5	146.4	—
面　角(72)	87.7	87.5	85.0

注:1.布里亚特和蒙古各组数值引自参考书目㉕;
2.史前甘肃组数值引自参考书目㉖;
3.方括号中数值是由平均值计算的估计值。

表6　　阿拉沟丛葬墓男性头骨测量表

测量符号	马丁号	测量项目		No.1 男	No.2 男	No.3 男	No.4 男	No.5 男
L	1	颅　长		181.0	192.0	203.0	192.0	176.0
B	8	颅　宽		147.0	141.0	145.0	146.0	134.2
H′	17	颅　高		137.5	143.0	143.0?	134.7	128.0
OH	21	耳上颅高		120.4	120.3	119.0	115.0	111.5
B′	9	最小额宽		95.1	92.6	99.7	94.2	94.2
S	25	颅矢状弧		370.0	390.0	401.5	387.5?	361.0
S_1	26	额　弧		126.5	126.5	132.0	126.0	131.0
S_2	27	顶　弧		132.0	143.5	134.0	136.5	119.0
S_3	28	枕　弧		111.5	120.0	135.5	125.0	111.0
S_1'	29	额　弦		111.0	111.0	114.0	113.7	113.0
S_2'	30	顶　弦		116.3	124.8	120.7	123.0	106.5
S_3'	31	枕　弦		92.3	100.6	100.4	102.7	93.0
U	23	颅周长		520.0	530.0	561.0	530.0	494.0
Q′	24	颅横弧		323.0	323.0	323.0	312.0	306.0
BL	5	颅基底长		102.0	108.7	—	100.4	94.0
GL	40	面基底长		97.2	102.0?	—	103.8	89.0
G′H	48	上面高	(pr)	69.0	70.0?	68.5?	68.0	69.0
			(sd)	71.4	71.0?	70.7?	71.0	72.0
GH	47	全面高		—	—	—	—	—
J	45	颧　宽		138.1	133.0	130.0	133.0	124.5
GB	46	中面宽		91.6	100.0	101.5	98.6	89.0
		颧颌前点宽		95.4	100.7	100.0	96.8	87.2
SSS		颧颌点间高		22.0	25.0	22.9	26.5	20.2

续表 6

测量符号	马丁号	测量项目		No.6 男	No.7 男	No.8 男	No.9 男	No.10 男
L	1	颅长		181.0	173.0	183.0	181.0	180.0
B	8	颅宽		142.5	143.0	143.5	147.0	151.0
H′	17	颅高		138.5	143.5	137.5	134.0	132.5
OH	21	耳上颅高		121.0	119.7	113.7	113.0	112.0
B′	9	最小额宽		98.0	94.0	89.2	98.2	98.7
S	25	颅矢状弧		372.0	360.0	368.0	365.5	364.0
S_1	26	额弧		123.0	122.0	130.0	126.5	124.5
S_2	27	顶弧		131.5	121.0	121.0	124.0	126.0
S_3	28	枕弧		117.5	117.0	118.0	115.0	113.5
S_1'	29	额弦		111.6	110.7	115.0	110.3	110.0
S_2'	30	顶弦		116.0	107.0?	109.2	111.2	111.4
S_3'	31	枕弦		99.6	101.9?	100.0	97.8	92.1
U	23	颅周长		514.0	500.0	509.0	515.0	526.0
Q′	24	颅横弧		319.0	319.0	311.0	315.0	313.0
BL	5	颅基底长		102.2	102.0	102.8	99.2	101.0
GL	40	面基底长		104.0	98.5	95.5	94.3	—
G′ H	48	上面高	(pr)	71.0	70.2	67.0	70.8	—
			(sd)	73.4	74.6	71.0	72.7	—
GH	47	全面高		—	—	—	—	—
J	45	颧宽		137.0	131.9	129.4	—	139.3
GB	46	中面宽		97.4	98.0	97.8	97.8	102.3
		颧颌前点宽		101.0	99.6	95.4	99.0?	101.8
SSS		颧颌点间高		27.5	26.3	19.5	25.6	20.8

续表 6

测量符号	马丁号	测量项目		No.11 男	No.12 男	No.13 男	No.14 男	No.15 男
L	1	颅　长		181.5	190.0	186.0	187.0	185.0
B	8	颅　宽		136.0	150.0	141.5	140.0	144.0
H′	17	颅　高		136.0	133.0	139.0	141.0	141.0
OH	21	耳上颅高		108.0	119.3	117.0	115.2	120.5
B′	9	最小额宽		91.4	99.0	93.3	100.8	99.7
S	25	颅矢状弧		369.0	382.0	375.0	384.0	387.0
S_1	26	额　弧		127.5	130.0	136.0	130.0	128.0
S_2	27	顶　弧		123.5	128.0	120.0	133.0	143.0
S_3	28	枕　弧		118.0	124.0	119.0	121.0	116.0
S_1'	29	额　弦		110.0	115.0	118.5	116.0	114.0
S_2'	30	顶　弦		110.0	114.7	107.4	116.7	122.2
S_3'	31	枕　弦		101.7	102.2	102.0	104.1	101.0
U	23	颅周长		504.0	533.0	533.0	520.0	519.0
Q′	24	颅横弧		303.0	322.0	315.0	315.0	321.5
BL	5	颅基底长		100.3	102.0	103.5	100.0	97.1
GL	40	面基底长		95.1	—	100.5?	102.7	99.0
G′H	48	上面高	(pr)	69.0	—	67.6?	70.0	66.8
			(sd)	71.2	—	74.1?	73.0	69.0
GH	47	全面高		—	—	—	—	—
J	45	颧　宽		128.0	139.0	132.0?	135.8	133.1
GB	46	中面宽		102.3	98.0	98.1	96.0	92.0
		颧颌前点宽		100.7	96.0	99.0	98.0	94.3
SSS		颧颌点间高		26.9	24.1	24.2	30.1	27.1

续表 6

测量符号	马丁号	测量项目		No.16 男	No.17 男	No.18 男	No.19 男	No.20 男
L	1	颅　长		188.0	184.0	178.5	—	187.0
B	8	颅　宽		141.5	144.0	130.5	—	139.0
H′	17	颅　高		144.0	—	—	—	130.5
OH	21	耳上颅高		122.0	120.7	111.2	—	110.5
B′	9	最小额宽		99.6	97.4	88.6	105.0	94.6
S	25	颅矢状弧		390.5	—	—	—	378.5
S_1	26	额　弧		133.5	126.0	129.0	—	135.5
S_2	27	顶　弧		134.0	135.0	120.0	—	130.0
S_3	28	枕　弧		123.0	—	—	—	113.0
S_1'	29	额　弦		116.0	112.7	113.2	—	115.0
S_2'	30	顶　弦		120.1	120.7	107.1	—	118.0
S_3'	31	枕　弦		104.1	—	—	—	93.3
U	23	颅周长		530.0	529.0	491.0	—	528.0
Q′	24	颅横弧		326.0	321.0?	295.0	—	306.0
BL	5	颅基底长		104.7	—	—	—	97.8
GL	40	面基底长		97.0	—	—	—	94.0
G′H	48	上面高	(pr)	74.2	70.1?	67.3	78.0	67.6
			(sd)	77.0	72.0?	69.2	81.4	70.1
GH	47	全面高		—	—	—	—	116.0
J	45	颧　宽		130.4	—	119.4	140.2?	130.4
GB	46	中面宽		101.1	97.7	96.0	95.7	105.5
		颧颌前点宽		98.0	99.0	95.0	97.0	106.0
SSS		颧颌点间高		23.5	28.8	28.2	27.5	26.0

续表 6

测量符号	马丁号	测量项目		No.21 男	No.22 男	No.23 男	No.24 男
L	1	颅　长		180.0	182.0	180.0	188.0
B	8	颅　宽		128.0	148.5	140.0	138.5
H′	17	颅　高		135.0	133.0	134.0	135.5
OH	21	耳上颅高		112.7	119.6	112.2	115.0
B′	9	最小额宽		93.0	93.0	91.1	94.4
S	25	颅矢状弧		361.5	374.0	365.0	379.0
S_1	26	额　弧		114.0	126.0	122.0	133.0
S_2	27	顶　弧		123.5	126.0	131.0	134.0
S_3	28	枕　弧		124.0	122.0	112.0	112.0
S_1'	29	额　弦		104.5	114.0	107.4	116.7
S_2'	30	顶　弦		111.6	113.0	116.0	122.2
S_3'	31	枕　弦		111.0	99.0	95.0	91.6
U	23	颅周长		493.0	523.0	515.0	519.0
Q′	24	颅横弧		295.0	326.0	303.0	301.5
BL	5	颅基底长		100.4	98.5	101.5	99.5
GL	40	面基底长		94.9	101.0	100.8	95.5
G′ H	48	上面高	(pr)	66.8	68.4	63.0	69.9
			(sd)	69.0	70.7	64.1	73.6
GH	47	全面高		114.8	—	105.0	120.0
J	45	颧　宽		125.0	132.0?	—	129.0
GB	46	中面宽		89.4	95.7	96.2	96.0
		颧颌前点宽		89.4	98.6	94.2	96.0
SSS		颧颌点间高		25.0	27.0	27.0	28.0

续表 6

测量符号	马丁号	测量项目	No.25 男	No.26 男	No.27 男	No.28 男
L	1	颅长	182.0	188.0	185.0	187.0
B	8	颅宽	134.0	152.0	140.0	154.2
H′	17	颅高	135.0	137.2	133.0	135.0
OH	21	耳上颅高	116.0	121.7	113.2	—
B′	9	最小额宽	96.6	102.0	92.1	97.0
S	25	颅矢状弧	365.0	388.5	384.5	400.0
S_1	26	额弧	123.5	132.5	128.0	134.0
S_2	27	顶弧	125.5	138.0	133.0	148.0
S_3	28	枕弧	116.0	118.0	113.5	118.0
S_1'	29	额弦	109.7	116.7	112.2	116.5
S_2'	30	顶弦	112.0	124.0	120.1	127.9
S_3'	31	枕弦	99.2	101.0	103.0	98.6
U	23	颅周长	504.0	542.0	521.0	532.0
Q′	24	颅横弧	305.0	330.5	308.0	341.0
BL	5	颅基底长	101.2	99.0	97.1	93.5
GL	40	面基底长	106.0	—	—	95.5
G′ H	48	上面高 (pr)	67.7	—	—	—
		(sd)	69.0	—	—	—
GH	47	全面高	—	—	—	—
J	45	颧宽	123.2	134.0	121.9	122.9
GB	46	中面宽	94.0	—	—	89.8
		颧颌前点宽	98.0	99.8	—	90.1
SSS		颧颌点间高	32.1	—	—	27.5

续表 6

测量符号	马丁号	测量项目		No.29 男	No.30 男	No.31 男	No.32 男	No.33 男
L	1	颅长		190.5	182.0	—	177.0	179.5
B	8	颅宽		139.0	136.0	—	140.0	142.0
H′	17	颅高		132.5	129.5	—	124.0	133.0
OH	21	耳上颅高		111.7	114.0	—	114.5	117.0
B′	9	最小额宽		94.0	91.0	93.2	94.2	95.0
S	25	颅矢状弧		363.5	360.5	370.5	357.0	367.5
S_1	26	额弧		127.5	123.0	127.5	124.5	132.0
S_2	27	顶弧		117.0	123.5	119.0	119.5	126.0
S_3	28	枕弧		119.0	114.0	124.0	113.0	109.5
S_1'	29	额弦		113.0	110.0	111.0	111.0	114.9
S_2'	30	顶弦		108.0	115.0	107.0	107.4	112.0
S_3'	31	枕弦		95.0	97.0	101.5	93.2	94.4
U	23	颅周长		—	501.0	—	504.0	509.0
Q′	24	颅横弧		303.0	303.5	—	309.0	316.0
BL	5	颅基底长		105.6	98.0	—	96.8	97.7
GL	40	面基底长		97.8	—	—	—	100.9
G′ H	48	上面高	(pr)	70.2	—	69.6	—	67.5
			(sd)	73.4	—	73.1	—	70.0
GH	47	全面高		118.7	—	118.2	—	—
J	45	颧宽		136.0	130.5	135.1	126.0	133.4
GB	46	中面宽		93.0	97.5	105.1	100.5	104.3
		颧颌前点宽		94.1	97.2	104.7	101.3	104.0
SSS		颧颌点间高		21.5	22.0	25.9	22.9	23.5

续表 6

测量符号	马丁号	测量项目		No.1 男	No.2 男	No.3 男	No.4 男	No.5 男
		颧颌前点间高		19.2	17.9	20.0	22.4	19.0
OB	43(1)	两眶外缘宽		99.4	100.5	102.7	99.4	98.5
SN		眶外缘点间高		16.5	17.1	21.0	15.8	17.0
O_3		眶中宽		55.8	61.0	—	—	46.3
SR		鼻尖高		—	23.8	—	—	16.0
	50	眶间宽		17.4	21.0	22.2	20.6	19.5
DC	49a	眶内缘点间宽		22.7	22.4	25.4	23.1	21.2
DN		眶内缘点鼻根突度		14.0	15.0	—	—	14.4
DS		鼻梁眶内缘宽高		12.5	13.5	—	—	10.2
MH		颧骨高	左	44.9	46.8	42.8	42.9	43.0
			右	45.7	43.0	42.4	44.8	44.0
MB′		颧骨宽	左	30.6	27.0	30.0	27.0	22.0
			右	32.2	27.0	27.9	27.7	24.5
NB	54	鼻　宽		27.0	27.0	26.1	26.0	23.5
NH	55	鼻　高		55.0	51.8	52.3	50.4	53.0
SC		鼻骨最小宽		9.2	7.0	9.0	7.9	9.5
SS		鼻骨最小宽高		4.80	1.98	2.75	2.28	3.69
O_1	51	眶　宽	左	42.2	44.1	44.1	40.7	42.0
			右	43.1	43.0	42.0	42.0	42.0
O_1'	51a	眶　宽	左	41.0	42.2	41.2	38.2	39.5
			右	39.3	42.8	39.0	40.0?	40.5
O_2	52	眶　高	左	30.4	34.5	32.8	35.0	33.1
			右	30.3	33.0	33.0	34.0	33.2
NL′		鼻骨长		—	25.5	—	—	23.5

续表 6

测量符号	马丁号	测量项目	No.6 男	No.7 男	No.8 男	No.9 男	No.10 男
		颧颌前点间高	23.9	24.8	17.0	21.7	18.6
OB	43(1)	两眶外缘宽	100.0	91.1	95.8	98.3	102.5
SN		眶外缘点间高	20.9	17.6	14.4	16.4	15.9
O_3		眶中宽	59.6	51.7			
SR		鼻尖高	—	—			
	50	眶间宽	20.3	17.7	20.7	18.8	20.2
DC	49a	眶内缘点间宽	24.5	20.2	24.2	24.5	24.5
DN		眶内缘点鼻根突度	15.0	15.7			
DS		鼻梁眶内缘宽高	13.0	14.6			
MH		颧骨高 左	44.8	47.3	46.3	46.0	47.5
		右	47.0	48.4	45.8	45.3	46.2
MB′		颧骨宽 左	30.0	32.8	28.0?	30.2	29.0
		右	30.8	33.0	26.8	—	—
NB	54	鼻　宽	27.3	23.0	23.8	24.3	26.6
NH	55	鼻　高	54.4	52.7	51.0	52.0	54.0
SC		鼻骨最小宽	11.4	8.1	9.2	9.1	11.6
SS		鼻骨最小宽高	4.58	5.20	3.46	5.28	4.51
O_1	51	眶　宽 左	42.0	41.0	39.4	41.0	43.2
		右	43.7	40.0	40.9	42.1	45.0
O_1'	51a	眶　宽 左	39.0	37.7	37.2	37.7	40.5
		右	40.0	37.0	38.3	38.0	41.0
O_2	52	眶　高 左	31.0	32.0	34.4	31.5	36.2
		右	31.2	32.7	33.7	30.2	37.0
NL′		鼻骨长					

续表 6

测量符号	马丁号	测量项目		No.11 男	No.12 男	No.13 男	No.14 男	No.15 男
		颧颌前点间高		22.5	20.7	20.6	26.4	24.9
OB	43(1)	两眶外缘宽		95.9	100.0	95.0	103.4	102.0
SN		眶外缘点间高		16.3	17.8	13.1	16.4	18.3
O_3		眶中宽		43.2	58.0	53.1	—	55.3
SR		鼻尖高		25.0	22.1	—	—	21.7
	50	眶间宽		16.5	16.8	19.0	20.8	22.4
DC	49a	眶内缘点间宽		20.4	22.0	21.0	25.0	25.2
DN		眶内缘点鼻根突度		12.7	15.5	9.6	—	11.0
DS		鼻梁眶内缘宽高		10.6	13.6	6.8	—	9.6
MH		颧骨高	左	43.9	45.0	48.5	43.6	41.4
			右	45.9	46.0	48.8	42.0	42.5
MB′		颧骨宽	左	29.0	28.2	32.3	25.0	27.2
			右	30.0	27.3	33.0	25.0	26.0
NB	54	鼻　宽		22.9	26.9	24.5	25.4	26.3
NH	55	鼻　高		51.0	56.3	52.0	52.0	50.0
SC		鼻骨最小宽		5.0	6.0	10.4	8.0	11.2
SS		鼻骨最小宽高		2.1	4.0	5.1	5.1	3.42
O_1	51	眶　宽	左	42.0	44.4	39.3	43.5	42.0
			右	43.0	44.0	41.0	43.4	40.2
O_1'	51a	眶　宽	左	39.0	40.7	38.1	41.0	40.0
			右	40.1	40.5	39.0	41.2	38.1
O_2	52	眶　高	左	33.2	36.0	34.0	33.0	34.3
			右	33.0	36.4	34.6	33.0	33.2
NL′		鼻骨长		21.7	—	—	—	23.7

续表 6

测量符号	马丁号	测量项目		No.16 男	No.17 男	No.18 男	No.19 男	No.20 男
		颧颌前点间高		21.0	24.1	25.8	—	25.9
OB	43(1)	两眶外缘宽		96.0	98.0	88.8	106.3	97.7
SN		眶外缘点间高		17.2	14.5	15.9	22.5	16.9
O_3		眶中宽		49.9	—	—	—	55.6
SR		鼻尖高		22.4	—	—	—	21.7
	50	眶间宽		20.0	18.6	14.9	22.0	17.8
DC	49a	眶内缘点间宽		24.3	22.2	18.4?	26.0	25.0
DN		眶内缘点鼻根突度		13.1	—	—	—	17.8
DS		鼻梁眶内缘宽高		10.0	—	—	—	16.2
MH		颧骨高	左	47.2	43.0	44.0	49.0	41.9
			右	46.0	45.9	42.1	51.0	41.1
MB′		颧骨宽	左	32.0	27.5	29.5	27.1	29.0
			右	31.0	29.2	30.1	28.0	28.5
NB	54	鼻　宽		26.2	24.4	22.8	24.7	25.0
NH	55	鼻　高		58.3	54.2	53.8	56.1	52.1
SC		鼻骨最小宽		9.1	8.3	5.1	7.1	8.2
SS		鼻骨最小宽高		4.7	4.4	2.7	3.5	5.4
O_1	51	眶　宽	左	40.1	43.0	39.1	48.1	43.0
			右	40.0	41.0	39.4	48.6	43.1
O_1'	51a	眶　宽	左	35.9	40.0	36.9	44.2	38.0
			右	37.2	38.8	38.1?	44.2	37.5
O_2	52	眶　高	左	33.1	33.0	32.0	37.3	31.3
			右	33.6	33.2	32.6	37.2	31.1
NL′		鼻骨长		30.6	—	—	—	23.4?

续表 6

测量符号	马丁号	测量项目		No.21 男	No.22 男	No.23 男	No.24 男
		颧颌前点间高		23.7	23.0	22.7	25.6
OB	43(1)	两眶外缘宽		99.0	101.2	93.6	94.0
SN		眶外缘点间高		22.3	15.9	12.1	15.4
O_3		眶中宽		51.4	60.4	51.8	48.5
SR		鼻尖高		18.5	20.7	—	—
	50	眶间宽		20.0	21.4	15.4	18.0
DC	49a	眶内缘点间宽		23.6	26.0	19.2	22.2
DN		眶内缘点鼻根突度		13.5	9.0	10.8	15.7
DS		鼻梁眶内缘宽高		11.3	7.9	9.9	13.9
MH		颧骨高	左	41.6	45.7	39.3	44.1
			右	41.6	45.0	39.0	43.3
MB′		颧骨宽	左	23.2	26.2	26.0	30.1
			右	25.4	29.6	—	28.4
NB	54	鼻　宽		24.9	25.0	26.5	23.7
NH	55	鼻　高		48.1	48.3	52.0	53.5
SC		鼻骨最小宽		7.0	8.3	5.3	7.0
SS		鼻骨最小宽高		3.9	1.8	3.9	3.9
O_1	51	眶　宽	左	43.0	43.3	40.0	39.3
			右	43.0	43.0	41.0	40.2
O_1'	51a	眶　宽	左	39.3	39.4	39.0	36.0
			右	39.2	40.0	38.0	37.0
O_2	52	眶　高	左	33.5	34.1	29.0	33.4
			右	33.0	35.3	29.2	33.4
NL′		鼻骨长		20.0	21.3	—	—

续表 6

测量符号	马丁号	测量项目		No.25 男	No.26 男	No.27 男	No.28 男
		颧颌前点间高		27.5	20.6	—	22.9
OB	43(1)	两眶外缘宽		97.0	98.0	—	94.1
SN		眶外缘点间高		16.5	16.0	—	18.2
O_3		眶中宽		60.0	51.8	—	56.4
SR		鼻尖高		19.9	21.4	—	46.0
	50	眶间宽		21.0	17.2	19.0	18.1
DC	49a	眶内缘点间宽		25.3	23.3	—	23.0
DN		眶内缘点鼻根突度		12.0	17.3	—	12.9
DS		鼻梁眶内缘宽高		10.4	15.4	—	10.7
MH		颧骨高	左	44.5	—	—	43.0
			右	46.5	—	41.0	41.0
MB′		颧骨宽	左	28.7	28.4	—	24.0
			右	29.2	27.9	25.0	23.2
NB	54	鼻　宽		26.0	24.9	—	23.1
NH	55	鼻　高		50.8	52.6	—	—
SC		鼻骨最小宽		8.5	8.0	11.3	—
SS		鼻骨最小宽高		3.0	4.9	5.0	—
O_1	51	眶　宽	左	41.1	42.0	—	41.0
			右	42.2	42.0	40.4	41.1
O_1'	51a	眶　宽	左	38.3	38.0	—	38.2
			右	38.0	37.1	38.0	37.3
O_2	52	眶　高	左	33.2	35.6	—	31.4
			右	34.0	34.0	31.5	32.0
NL′		鼻骨长		25.9	20.2?	21.8	15.2

续表 6

测量符号	马丁号	测量项目		No.29 男	No.30 男	No.31 男	No.32 男	No.33 男
		颧颌前点间高		18.9	19.8	23.5	22.0	17.8
OB	43(1)	两眶外缘宽		97.1	94.4	97.0	97.0	99.9
SN		眶外缘点间高		17.6	18.0	15.5	16.0	15.5
O_3		眶中宽		53.9	—	—	—	53.0
SR		鼻尖高		20.5	—	—	—	19.6
	50	眶间宽		18.0	17.4	20.0	21.0	20.8
DC	49a	眶内缘点间宽		23.2	22.0	22.1	25.0	24.2
DN		眶内缘点鼻根突度		13.5				10.0
DS		鼻梁眶内缘宽高		11.0				9.5
MH		颧骨高	左	42.8	40.0	44.0	44.0	44.4
			右	44.0	41.0	44.5	44.6	44.0
MB′		颧骨宽	左	30.2	25.0	31.4	28.2	31.0
			右	31.3	28.0	32.0	28.7	31.0
NB	54	鼻　宽		25.2	22.3	22.8	26.5	26.2
NH	55	鼻　高		53.2	46.0	51.7	50.6	49.0
SC		鼻骨最小宽		8.5	6.7	8.0	11.1	8.0
SS		鼻骨最小宽高		4.2	2.7	3.2	2.2	4.3
O_1	51	眶　宽	左	41.4	41.0	39.4	41.0	41.2
			右	43.0	42.0	42.0	41.2	41.7
O_1'	51a	眶　宽	左	38.1	38.8	38.0	38.4	39.4
			右	38.4	38.9	38.0	39.1	39.2
O_2	52	眶　高	左	31.0	32.4	33.0	32.4	32.9
			右	31.0	32.5	32.0	32.6	32.3
NL′		鼻骨长		31.8	—	—	—	17.0

续表 6

测量符号	马丁号	测量项目	No.1 男	No.2 男	No.3 男	No.4 男	No.5 男
RP		鼻尖齿槽间长	—	50.5	—	—	47.4
AL″	60	齿槽弓长	53.0	—	—	58.0	48.2
AB	61	齿槽弓宽	69.5	—	—	—	57.2
G_1'	62	腭　长	46.0	47.0?	—	50.0	43.2
G_2	63	腭　宽	47.0	—	—	—	37.2
FML	7	枕大孔长	38.0	37.1	35.7	33.1	31.0
FMB	16	枕大孔宽	31.0	34.0	—	33.7	29.0
CM		颅粗壮度	155.2	158.7	—	157.6	146.1
FM		面粗壮度	—	—	—	—	—
F′∠	32	额倾角	86.0	83.5	88.0	78.5	84.0
F″∠		额倾角	79.0	76.0	81.5	73.0	81.0
		前囟角	52.0	48.0	48.5	45.5	44.5
P∠	72	面　角	92.0	87.0	87.0	80.0	88.0
NP∠	73	鼻面角	92.5	85.5	85.5	82.0	89.5
AP∠	74	齿槽面角	87.0	90.0	89.0	79.0	84.0
NFA∠	77	鼻颧角	144.0	142.0	135.5	145.0	142.0
SSA∠		颧上颌角 I	129.0	127.0	131.5	123.0	131.5
		颧上颌角 II	136.5	141.0	137.0	130.5	133.0
NR∠	75	鼻尖角	—	55.0	56.0	62.0	68.0?
	75(1)	鼻骨角	—	33.5	—	—	19.0
N∠		鼻根角	66.0	65.5	—	73.0	64.0
A∠		上齿槽角	73.5	86.0	—	68.5	72.0

续表 6

测量符号	马丁号	测量项目	No.6 男	No.7 男	No.8 男	No.9 男	No.10 男
RP		鼻尖齿槽间长	—	—	—	—	—
AL″	60	齿槽弓长	61.3	60.0	55.2	55.2	—
AB	61	齿槽弓宽	69.0	68.0	66.7?	65.3	—
G_1'	62	腭　长	54.5	52.0	47.3	48.3	—
G_2	63	腭　宽	45.3	38.3	—	42.1	—
FML	7	枕大孔长	39.0	39.0	37.4	37.0	37.2
FMB	16	枕大孔宽	29.0	31.0	32.0	31.3	32.0
CM		颅粗壮度	154.0	153.2	154.7	154.0	154.5
FM		面粗壮度	—	—	—	—	—
F′∠	32	额倾角	85.0	81.0	80.0	84.5	81.0
F″∠		额倾角	82.5	76.0	72.5	79.0	76.0
		前囟角	52.0	51.0	44.5	47.7	45.0
P∠	72	面　角	83.5	84.0	88.5	88.0	92.0?
NP∠	73	鼻面角	84.5	87.5	91.0	88.0	92.8
AP∠	74	齿槽面角	82.0	75.0	79.0	87.0	—
NFA∠	77	鼻颧角	135.0	138.0	147.0	143.5	146.0
SSA∠		颧上颌角 I	121.0	123.5	136.5	124.5	136.0
		颧上颌角 II	119.5	127.0	141.0	133.0	140.0
NR∠	75	鼻尖角	—	—	60.5?	—	63.0
	75(1)	鼻骨角	—	—	—	—	—
N∠		鼻根角	71.0	67.0	64.5	65.0	—
A∠		上齿槽角	69.0	72.0	76.0	72.0	—

续表 6

测量符号	马丁号	测量项目	No.11 男	No.12 男	No.13 男	No.14 男	No.15 男
RP		鼻尖齿槽间长	51.6	—	—	—	47.8
AL″	60	齿槽弓长	57.5	—	55.0?	62.0	59.0
AB	61	齿槽弓宽	63.0	—	65.3	69.0	63.1
G_1'	62	腭　长	48.0	—	48.8	51.2	48.2
G_2	63	腭　宽	40.1	—	43.0	—	—
FML	7	枕大孔长	39.0	38.0	40.0	39.4	38.0
FMB	16	枕大孔宽	32.5	32.2	34.0	29.8	30.0
CM		颅粗壮度	151.2	157.7	155.5	156.0	156.7
FM		面粗壮度	—	—	—	—	—
F′∠	32	额倾角	80.5	82.0	86.0	87.0	82.5
F″∠		额倾角	73.5	75.5	80.0	69.0	76.0
		前囟角	44.0	46.0	46.0	45.5	50.0
P∠	72	面　角	84.0	—	86.5	78.0	82.0
NP∠	73	鼻面角	87.0	91.5	87.0	80.5	83.0
AP∠	74	齿槽面角	78.0	—	80.5	74.0	74.0
NFA∠	77	鼻颧角	142.5	141.0	149.0	145.0	141.0
SSA∠		颧上颌角Ⅰ	125.0	127.5	128.0	115.5	119.0
		颧上颌角Ⅱ	132.0	133.0	135.0	123.5	124.5
NR∠	75	鼻尖角	55.0	—	—	—	53.0
	75(1)	鼻骨角	32.0	—	—	—	30.5
N∠		鼻根角	65.5	—	68.5?	72.0	71.5
A∠		上齿槽角	73.5	—	73.0?	67.5	68.5

续表 6

测量符号	马丁号	测量项目	No.16 男	No.17 男	No.18 男	No.19 男	No.20 男
RP		鼻尖齿槽间长	50.1	—	—	—	49.3?
AL″	60	齿槽弓长	52.5	50.2?	53.0	57.0	54.7
AB	61	齿槽弓宽	64.4	63.0	59.8	62.0	62.0
G_1'	62	腭　长	45.0	45.0	45.0	48.8	46.6
G_2	63	腭　宽	45.2	—	—	37.8	—
FML	7	枕大孔长	35.4	—	—	—	36.3
FMB	16	枕大孔宽	29.0	—	—	—	29.6
CM		颅粗壮度	157.8	—	—	—	152.2
FM		面粗壮度	—	—	—	—	113.5
F′∠	32	额倾角	90.0	83.0	85.0	—	85.0
F″∠		额倾角	82.5	78.0	78.0	—	80.0
		前囟角	49.0	49.0	45.5	—	46.0
P∠	72	面　角	90.0	—	87.0	—	87.0
NP∠	73	鼻面角	89.5	87.0	86.0	—	89.0
AP∠	74	齿槽面角	89.5	—	94.0	—	79.0
NFA∠	77	鼻颧角	141.0	147.5	141.0	134.0	142.0
SSA∠		颧上颌角 I	130.0	119.5	119.0	120.0	127.5
		颧上颌角 II	133.5	128.0	123.5	—	128.0
NR∠	75	鼻尖角	61.0?	51.0	—	—	57.0
	75(1)	鼻骨角	30.0	—	—	—	32.0
N∠		鼻根角	63.0	—	—	—	66.5
A∠		上齿槽角	74.0	—	—	—	72.5

续表 6

测量符号	马丁号	测量项目	No.21 男	No.22 男	No.23 男	No.24 男
RP		鼻尖齿槽间长	49.8	51.0	—	—
AL″	60	齿槽弓长	52.4	57.9	—	57.1
AB	61	齿槽弓宽	60.7	64.0	—	60.2
G_1'	62	腭　长	47.0	49.0	49.1	48.0
G_2	63	腭　宽	43.0	45.6	—	39.5
FML	7	枕大孔长	39.5	36.6	35.7	36.2
FMB	16	枕大孔宽	29.0	31.2	31.6	29.0
CM		颅粗壮度	147.7	154.5	151.3	154.0
FM		面粗壮度	111.6	—	—	114.8
F′∠	32	额倾角	84.0	79.5	87.0	81.0
F″∠		额倾角	78.0	75.5	81.0	76.0
		前囟角	50.0	50.0	50.5	46.0
P∠	72	面　角	85.0	85.0	83.5	85.0
NP∠	73	鼻面角	87.5	87.0	84.0	87.0
AP∠	74	齿槽面角	81.0	82.0	84.0	77.0
NFA∠	77	鼻颧角	131.5	145.5	151.0	144.0
SSA∠		颧上颌角Ⅰ	124.5	121.5	121.5	119.5
		颧上颌角Ⅱ	121.0	130.5	128.5	124.0
NR∠	75	鼻尖角	63.0	57.0	—	—
	75(1)	鼻骨角	27.0	29.5	—	—
N∠		鼻根角	65.5	72.0	73.0	66.0
A∠		上齿槽角	74.5	68.0	71.0	72.0

续表 6

测量符号	马丁号	测量项目	No.25 男	No.26 男	No.27 男	No.28 男
RP		鼻尖齿槽间长	44.9	—	—	44.3
AL″	60	齿槽弓长	—	—	—	54.2
AB	61	齿槽弓宽	—	—	—	58.4
G_1'	62	腭　长	52.7	—	—	48.0
G_2	63	腭　宽	—	—	—	—
FML	7	枕大孔长	38.0	36.2	35.9	32.8
FMB	16	枕大孔宽	32.3	28.8	32.8	25.3?
CM		颅粗壮度	150.3	159.1	152.7	158.7
FM		面粗壮度	—	—	—	—
F′∠	32	额倾角	85.0	85.5	83.8	—
F″∠		额倾角	79.0	82.5	80.5	—
		前囟角	49.0	51.0	49.0	—
P∠	72	面　角	79.0	—	—	—
NP∠	73	鼻面角	80.0	91.0	—	—
AP∠	74	齿槽面角	79.0	—	—	—
NFA∠	77	鼻颧角	142.0	144.0	—	138.0
SSA∠		颧上颌角 I	111.5	—	—	117.0
		颧上颌角 II	121.0	135.5?	—	126.0
NR∠	75	鼻尖角	60.0	61.0	68.0	—
	75(1)	鼻骨角	23.0	—	—	—
N∠		鼻根角	75.0	—	—	—
A∠		上齿槽角	67.5	—	—	—

续表 6

测量符号	马丁号	测量项目	No.29 男	No.30 男	No.31 男	No.32 男	No.33 男
RP		鼻尖齿槽间长	44.4	—	—	—	55.3
AL″	60	齿槽弓长	52.4	—	54.0	—	53.6
AB	61	齿槽弓宽	63.0	—	70.0	—	66.1
G_1'	62	腭　长	45.8	—	47.4	—	48.1
G_2	63	腭　宽	42.8	—	44.1	—	43.0
FML	7	枕大孔长	38.0	37.8	—	37.0	41.0
FMB	16	枕大孔宽	30.4	31.4	—	28.0	31.9
CM		颅粗壮度	154.0	149.2	—	147.0	151.5
FM		面粗壮度	—	—	—	—	—
F′∠	32	额倾角	79.5	81.0	—	83.0	86.0
F″∠		额倾角	74.5	75.0	—	81.0	78.5
		前囟角	47.0	47.0	—	47.0	47.0
P∠	72	面　角	91.0	—	—	—	84.0
NP∠	73	鼻面角	96.0	91.0	—	92.5	83.0
AP∠	74	齿槽面角	77.5	—	—	—	86.0
NFA∠	77	鼻颧角	140.5	138.0	144.5	143.5	145.5
SSA∠		颧上颌角Ⅰ	130.0	131.0	127.5	131.5	132.0
		颧上颌角Ⅱ	136.0	135.5	131.5	133.0	142.5
NR∠	75	鼻尖角	68.0	58.0	—	67.0	47.5
	75(1)	鼻骨角	27.5	—	—	—	39.5
N∠		鼻根角	64.0	—	—	—	72.5
A∠		上齿槽角	76.0	—	—	—	67.5

续表 6

测量符号	马丁号	测量项目		No.1 男	No.2 男	No.3 男	No.4 男	No.5 男
B∠		颅底角		40.5	38.5	—	38.5	44.0
B/L	8/1	颅指数		81.22	73.44	71.43	76.04	76.25
H′/L	17/1	颅长高指数		75.97	74.48	70.44	70.05	72.73
OH/L	21/1	颅长耳高指数		66.52	62.66	58.62	59.90	63.35
H′/B	17/8	颅宽高指数		93.54	101.42	98.62?	92.12	95.38
NB/NH	54/55	鼻指数		49.09	52.12	49.90	51.59	44.34
SS/SC		鼻根指数		52.17	28.29	30.56	28.86	38.84
O_2/O_1	52/51	眶指数	左	72.04	78.23	74.38	86.00	78.81
			右	70.30	76.74	78.57	80.95	79.05
O_2/O_1'	52/51a	眶指数	左	74.15	81.75	79.61	91.62	83.80
			右	77.10	77.10	84.62	85.00	81.98
G′H/H′	48/17	垂直颅面指数		51.93	49.65	49.44?	52.79	56.25
G′H/J	48/45	上面指数		51.70	53.38	54.38?	53.38	57.83
GH/J	47/45	全面指数		—	—	—	—	—
G′H/GB	48/46	中面指数		77.95	71.00?	69.66?	72.01	80.90
B′/B	9/8	额宽指数		64.69	65.67	68.76	64.52	70.19
GL/BL	40/5	面突度指数		95.29	93.84?	—	103.39	94.68
B′/J	9/45	颧额宽指数		68.86	69.62	76.69	70.83	75.66
OB/GB	43①/46	额颧宽指数		108.52	100.50	101.18	100.81	110.67
J/B	45/8	颅面宽指数		93.95	94.33	89.66	91.10	92.77
DS/DC		眶间宽高指数		55.07	60.27	—	—	48.11
SR/O_3		鼻面扁平度指数		—	39.02	—	—	34.56

续表 6

测量符号	马丁号	测量项目		No.6 男	No.7 男	No.8 男	No.9 男	No.10 男
B∠		颅底角		40.0	41.0	39.5	43.0	—
B/L	8/1	颅指数		78.73	82.66	78.42	81.22	83.89
H′/L	17/1	颅长高指数		76.52	82.95	75.14	74.03	73.61
OH/L	21/1	颅长耳高指数		66.85	69.19	62.13	62.43	62.22
H′/B	17/8	颅宽高指数		97.19	100.35	95.82	91.16	87.75
NB/NH	54/55	鼻指数		50.09	43.64	46.67	46.73	49.26
SS/SC		鼻根指数		40.18	64.20	37.61	58.02	38.88
O_2/O_1	52/51	眶指数	左	73.81	78.05	87.31	76.83	83.80
			右	71.40	81.75	82.40	71.73	82.22
O_2/O_1'	52/51a	眶指数	左	79.49	84.88	92.47	83.55	89.38
			右	78.00	88.38	87.99	79.47	90.24
G′H/H′	48/17	垂直颅面指数		53.00	51.99	51.64	54.25	—
G′H/J	48/45	上面指数		53.58	56.56	54.87		—
GH/J	47/45	全面指数		—	—	—	—	—
G′H/GB	48/46	中面指数		75.36	76.12	72.60	74.34	—
B′/B	9/8	额宽指数		68.77	65.73	62.16	66.80	65.36
GL/BL	40/5	面突度指数		101.76	96.57	92.90	95.06	—
B′/J	9/45	颧额宽指数		71.53	71.27	68.93	—	70.85
OB/GB	43①/46	额颧宽指数		102.67	92.96	97.96	100.51	100.20
J/B	45/8	颅面宽指数		96.14	92.24	90.17	—	92.25
DS/DC		眶间宽高指数		53.06	72.28	—	—	—
SR/O_3		鼻面扁平度指数		—		—	—	

续表 6

测量符号	马丁号	测量项目		No.11 男	No.12 男	No.13 男	No.14 男	No.15 男
B∠		颅底角		41.0	—	38.5?	40.5	40.0
B/L	8/1	颅指数		74.93	78.95	76.08	74.87	77.84
H′/L	17/1	颅长高指数		74.93	70.00	74.73	75.40	76.22
OH/L	21/1	颅长耳高指数		59.50	62.79	62.90	61.60	65.14
H′/B	17/8	颅宽高指数		100.00	88.67	98.23	100.71	97.92
NB/NH	54/55	鼻指数		44.90	47.78	47.12	48.85	52.60
SS/SC		鼻根指数		41.80	66.83	48.75	63.75	30.54
O_2/O_1	52/51	眶指数	左	79.05	81.08	86.51	75.86	81.67
			右	76.74	82.73	84.39	76.04	82.59
O_2/O_1'	52/51a	眶指数	左	85.13	88.45	89.24	80.49	85.75
			右	82.29	89.88	88.72	80.10	87.14
G′H/H′	48/17	垂直颅面指数		52.35	—	53.31	51.77	48.94
G′H/J	48/45	上面指数		55.63	—	56.14	53.76	51.84
GH/J	47/45	全面指数		—	—	—	—	—
G′H/GB	48/46	中面指数		69.60	—	75.54?	76.04	75.00
B′/B	9/8	额宽指数		67.21	66.00	65.94	72.00	69.24
GL/BL	40/5	面突度指数		94.82	—	97.10	102.70	101.96
B′/J	9/45	颧额宽指数		71.41	71.22	70.68	74.23	74.91
OB/GB	43①/46	额颧宽指数		93.74	102.04	96.84	107.71	110.87
J/B	45/8	颅面宽指数		94.12	92.67	93.29?	97.00	92.43
DS/DC		眶间宽高指数		51.96	61.82	32.38	—	38.10
SR/O_3		鼻面扁平度指数		57.87	38.10	—	—	39.24

续表 6

测量符号	马丁号	测量项目		No.16 男	No.17 男	No.18 男	No.19 男	No.20 男
B∠		颅底角		43.0	—	—	—	41.0
B/L	8/1	颅指数		75.27	78.26	73.11	—	74.33
H′/L	17/1	颅长高指数		76.60	—	—	—	69.79
OH/L	21/1	颅长耳高指数		64.89	65.60	62.30	—	59.09
H′/B	17/8	颅宽高指数		101.77	—	—	—	93.88
NB/NH	54/55	鼻指数		44.94	45.02	42.38	44.03	47.98
SS/SC		鼻根指数		51.10	52.41	51.96	49.86	65.61
O_2/O_1	52/51	眶指数	左	82.54	76.74	81.84	77.55	72.79
			右	84.00	80.98	82.74	76.54	72.16
O_2/O_1'	52/51a	眶指数	左	92.20	82.50	86.72	84.39	82.37
			右	90.32	85.57	85.56	84.16	82.93
G′H/H′	48/17	垂直颅面指数		53.47	—	—	—	53.72
G′H/J	48/45	上面指数		59.05	—	57.96	58.06?	53.76
GH/J	47/45	全面指数		—	—	—	—	88.96
G′H/GB	48/46	中面指数		76.16	73.69?	72.08	85.06	66.45
B′/B	9/8	额宽指数		70.39	67.64	67.89	—	68.06
GL/BL	40/5	面突度指数		92.65	—	—	—	96.11
B′/J	9/45	颧额宽指数		76.38	—	74.20	74.89	72.55
OB/GB	43①/46	额颧宽指数		94.96	100.31	92.50	111.08	92.61
J/B	45/8	颅面宽指数		92.16	—	91.49	—	93.81
DS/DC		眶间宽高指数		41.15	—	—	—	64.80
SR/O_3		鼻面扁平度指数		44.89	—	—	—	39.03

续表 6

测量符号	马丁号	测量项目		No.21 男	No.22 男	No.23 男	No.24 男
B∠		颅底角		40.0	40.0	36.0	42.0
B/L	8/1	颅指数		71.11	81.59	77.78	73.67
H′/L	17/1	颅长高指数		75.00	73.08	74.44	72.07
OH/L	21/1	颅长耳高指数		62.61	65.71	62.33	61.17
H′/B	17/8	颅宽高指数		105.47	89.56	95.71	97.83
NB/NH	54/55	鼻指数		51.77	51.76	50.96	44.30
SS/SC		鼻根指数		55.14	21.45	73.58	56.29
O_2/O_1	52/51	眶指数	左	77.91	78.75	72.50	84.99
			右	76.74	82.09	71.22	83.08
O_2/O_1'	52/51a	眶指数	左	85.24	86.55	74.36	92.78
			右	84.18	88.25	76.84	90.27
G′H/H′	48/17	垂直颅面指数		51.11	53.16	47.84	54.32
G′H/J	48/45	上面指数		55.20	53.56	—	57.05
GH/J	47/45	全面指数		91.84	—	—	93.02
G′H/GB	48/46	中面指数		77.18	73.88	66.63	76.67
B′/B	9/8	额宽指数		72.66	62.63	65.07	68.16
GL/BL	40/5	面突度指数		94.52	102.54	99.31	95.98
B′/J	9/45	颧额宽指数		74.40	70.45?	—	73.18
OB/GB	43①/46	额颧宽指数		110.74	105.75	97.30	97.92
J/B	45/8	颅面宽指数		97.66	88.89	—	93.14
DS/DC		眶间宽高指数		47.88	30.38	51.56	62.61
SR/O_3		鼻面扁平度指数		35.99	34.27	—	—

续表 6

测量符号	马丁号	测量项目		No.25 男	No.26 男	No.27 男	No.28 男
B∠		颅底角		37.5	—	—	—
B/L	8/1	颅指数		73.63	80.85	75.68	82.46
H′/L	17/1	颅长高指数		74.18	72.98	71.89	72.19
OH/L	21/1	颅长耳高指数		63.74	64.73	61.19	—
H′/B	17/8	颅宽高指数		100.75	90.26	95.00	87.55
NB/NH	54/55	鼻指数		51.18	47.34	—	—
SS/SC		鼻根指数		35.41	61.38	43.89	—
O_2/O_1	52/51	眶指数	左	80.78	84.76	—	76.59
			右	80.57	80.95	77.97	77.86
O_2/O_1'	52/51a	眶指数	左	86.68	93.68	—	82.20
			右	89.47	91.64	82.89	85.79
G′H/H′	48/17	垂直颅面指数		51.11	—	—	—
G′H/J	48/45	上面指数		56.01	—	—	—
GH/J	47/45	全面指数		—	—	—	—
G′H/GB	48/46	中面指数		73.40	—	—	—
B′/B	9/8	额宽指数		72.09	67.11	65.79	62.91
GL/BL	40/5	面突度指数		104.74	—	—	102.14
B′/J	9/45	颧额宽指数		78.41	76.12	75.55	78.93
OB/GB	43①/46	额颧宽指数		103.19	—	—	104.79
J/B	45/8	颅面宽指数		91.94	88.16	87.07	79.70
DS/DC		眶间宽高指数		41.11	66.09	—	46.52
SR/O_3		鼻面扁平度指数		33.17	41.31	—	31.56

续表 6

测量符号	马丁号	测量项目		No.29 男	No.30 男	No.31 男	No.32 男	No.33 男
B∠		颅底角		40.0	—	—	—	40.0
B/L	8/1	颅指数		72.97	74.73	—	79.10	79.11
H′/L	17/1	颅长高指数		69.55	71.15	—	70.06	74.09
OH/L	21/1	颅长耳高指数		58.64	62.64	—	64.69	65.18
H′/B	17/8	颅宽高指数		95.32	95.22	—	88.57	93.66
NB/NH	54/55	鼻指数		47.37	48.48	44.10	52.37	53.47
SS/SC		鼻根指数		49.88	40.30	39.88	19.46	54.25
O_2/O_1	52/51	眶指数	左	74.88	79.02	83.76	79.02	79.85
			右	72.09	77.38	76.19	79.13	77.46
O_2/O_1'	52/51a	眶指数	左	81.36	83.51	86.84	84.38	83.50
			右	80.73	83.55	84.21	83.38	82.40
G′H/H′	48/17	垂直颅面指数		55.40	—	—	—	52.63
G′H/J	48/45	上面指数		53.97	—	54.11	—	52.47
GH/J	47/45	全面指数		87.28	—	87.49	—	—
G′H/GB	48/46	中面指数		78.92	—	69.55	—	67.11
B′/B	9/8	额宽指数		67.63	69.11	—	67.29	66.90
GL/BL	40/5	面突度指数		92.61	—	—	—	103.28
B′/J	9/45	颧额宽指数		69.12	69.73	68.99	74.76	71.21
OB/GB	43①/46	额颧宽指数		104.41	96.82	92.29	96.52	95.78
J/B	45/8	颅面宽指数		97.84	95.96	—	90.00	93.04
DS/DC		眶间宽高指数		47.41	—	—	—	39.26
SR/O_3		鼻面扁平度指数		38.03	—	—	—	36.98

续表 6

测量符号	马丁号	测量项目	No.1 男	No.2 男	No.3 男	No.4 男	No.5 男
SN/OB		额面扁平度指数	16.60	17.01	20.45	15.90	17.26
G_2/G_1'	63/62	腭指数	102.17	—	—	—	86.11
AB/AL″	61/60	齿槽弓指数	131.13	—	—	—	118.97

续表 6

测量符号	马丁号	测量项目	No.6 男	No.7 男	No.8 男	No.9 男	No.10 男
SN/OB		额面扁平度指数	20.90	19.32	15.03	16.68	15.51
G_2/G_1'	63/62	腭指数	83.12	73.65	—	87.16	—
AB/AL″	61/60	齿槽弓指数	112.56	113.33	120.83?	118.30	—

续表 6

测量符号	马丁号	测量项目	No.11 男	No.12 男	No.13 男	No.14 男	No.15 男
SN/OB		额面扁平度指数	17.00	17.80	13.79	15.86	17.94
G_2/G_1'	63/62	腭指数	83.54	—	88.11	—	—
AB/AL″	61/60	齿槽弓指数	109.57	—	118.73?	111.29	106.95

续表 6

测量符号	马丁号	测量项目	No.16 男	No.17 男	No.18 男	No.19 男	No.20 男
SN/OB		额面扁平度指数	17.92	14.80	17.91	21.17	17.30
G_2/G_1'	63/62	腭指数	100.44	—	—	77.46	—
AB/AL″	61/60	齿槽弓指数	122.67	125.50?	112.83	108.77	113.35

续表 6

测量符号	马丁号	测量项目	No.21 男	No.22 男	No.23 男	No.24 男
SN/OB		额面扁平度指数	22.53	15.71	12.93	16.38
G_2/G_1'	63/62	腭指数	91.49	93.06	—	82.29
AB/AL″	61/60	齿槽弓指数	115.84	110.54	—	105.43

续表 6

测量符号	马丁号	测量项目	No.25 男	No.26 男	No.27 男	No.28 男
SN/OB		额面扁平度指数	17.01	16.33	—	19.34
G_2/G_1'	63/62	腭指数	—	—	—	—
AB/AL″	61/60	齿槽弓指数	—	—	—	107.75

续表 6

测量符号	马丁号	测量项目	No.29 男	No.30 男	No.31 男	No.32 男	No.33 男
SN/OB		额面扁平度指数	18.31	19.07	15.98	16.49	15.52
G_2/G_1'	63/62	腭指数	93.45	—	93.04	—	89.40
AB/AL″	61/60	齿槽弓指数	120.23	—	129.63	—	123.32

表 7　　阿拉沟丛葬墓女性头骨测量表

测量符号	马丁号	测量项目	No.34 女	No.35 女	No.36 女	No.37 女	No.38 女
L	1	颅　长	166.5	174.0	181.0	179.2	172.0
B	8	颅　宽	135.0	141.5	136.0	136.0	136.0
H′	17	颅　高	139.0	126.5	131.0	132.0	126.0
OH	21	耳上颅高	116.6	107.7	115.5	111.8	109.4
B′	9	最小额宽	93.0	89.0	100.5	96.1	96.0
S	25	颅矢状弧	348.0	343.0	371.0	351.5	354.0
S_1	26	额　弧	115.0	118.0	125.0	126.0	119.0
S_2	27	顶　弧	125.0	117.0	131.0	115.0	123.0
S_3	28	枕　弧	108.0	108.0	115.0	110.5	112.0
S_1'	29	额　弦	104.0	106.0	106.0	111.0	104.0
S_2'	30	顶　弦	111.0	106.0	116.0	104.2	109.0
S_3'	31	枕　弦	92.0	89.2	93.0	97.2	98.0
U	23	颅周长	464.0	498.0	507.0	503.0	493.0
Q′	24	颅横弧	318.0	310.0	312.0	303.0	304.0
BL	5	颅基底长	100.0	102.0	99.0	101.3	93.0
GL	40	面基底长	94.0	94.0	94.5	95.6	93.0
G′ H	48	上面高　(pr)	62.0	69.0?	64.0	67.7	61.8
		(sd)	62.0?	71.0?	68.0	70.0	64.7
GH	47	全面高	—	—	—	—	—
J	45	颧　宽	129.0	132.0	123.0	129.1	124.5
GB	46	中面宽	95.0	97.5	101.5	97.0	96.5
		颧颌前点宽	93.5	96.2	100.2	—	94.5
SSS		颧颌点间高	24.7	23.9	22.4	25.6	22.7

续表 7

测量符号	马丁号	测量项目	No.39 女	No.40 女	No.41 女	No.42 女	No.43 女
L	1	颅　长	178.5	173.0	180.0	156.0	158.5
B	8	颅　宽	143.0	129.0	137.0	141.0	137.0
H′	17	颅　高	130.0	130.0	131.0	130.0	130.5
OH	21	耳上颅高	114.5	113.0	112.9	111.6	116.2
B′	9	最小额宽	100.0	87.0	94.0	92.0	87.0
S	25	颅矢状弧	371.0	359.0	366.0	321.0	351.0
S_1	26	额　弧	122.0	120.0	116.0	115.0	120.0
S_2	27	顶　弧	133.0	133.0	136.0	115.0	118.0
S_3	28	枕　弧	116.0	106.0	114.0	96.0	113.0
S_1'	29	额　弦	108.0	106.0	104.0	102.5	103.0
S_2'	30	顶　弦	117.0	116.0	120.0	101.5	104.0
S_3'	31	枕　弦	95.0	91.0	99.0	84.0	95.0
U	23	颅周长	515.0	458.0	506.0	470.0	470.0
Q′	24	颅横弧	321.0	303.0	317.0	312.0	315.0
BL	5	颅基底长	97.5	92.0	98.0	94.5	88.0
GL	40	面基底长	96.5	87.0	90.0?	92.0	86.5
G′ H	48	上面高　(pr)	63.0	60.0	67.5?	64.0	58.5
		(sd)	65.5	63.5	70.5?	66.0	60.5
GH	47	全面高	—	—	—	114.0	—
J	45	颧　宽	131.0	122.5	123.0	130.0	—
GB	46	中面宽	97.5	90.0	91.5	89.0	—
		颧颌前点宽	96.0	90.2	92.5	86.0	—
SSS		颧颌点间高	22.1	19.0	25.0	24.5	—

续表 7

测量符号	马丁号	测量项目	No.44 女	No.45 女	No.46 女	No.47 女	No.48 女
L	1	颅 长	181.0	178.5	166.5	181.5	180.0
B	8	颅 宽	135.5	134.0	131.0	134.0	135.5
H′	17	颅 高	133.0	128.0	126.5	129.0	145.0
OH	21	耳上颅高	111.5	108.5	106.4	111.7	118.5
B′	9	最小额宽	88.5	92.0	92.5	100.0	90.0
S	25	颅矢状弧	362.5	363.0	333.0	372.0	392.0
S_1	26	额 弧	123.5	125.0	121.0	120.0	133.0
S_2	27	顶 弧	122.0	120.0	110.0	139.0	143.0
S_3	28	枕 弧	117.0	117.0	102.0	113.0	116.0
S_1'	29	额 弦	109.0	109.0	107.0	104.0	117.0
S_2'	30	顶 弦	109.1	109.5	99.0	122.0	124.0
S_3'	31	枕 弦	99.7	99.0	86.5	89.0	105.0
U	23	颅周长	501.0	500.0	476.0	515.0	505.0
Q′	24	颅横弧	296.0	307.0	292.0	312.0	321.0
BL	5	颅基底长	101.6	98.5	96.0	96.0	95.0
GL	40	面基底长	94.0	87.0	92.0	89.0	90.0
G′ H	48	上面高 (pr)	64.3	66.0?	79.0	64.0	61.0
		(sd)	68.0	66.0?	73.0	67.5	63.0
GH	47	全面高	—	—	—	107.5?	—
J	45	颧 宽	126.0	123.0	123.0	127.0	—
GB	46	中面宽	94.0	92.0	88.3	97.5	90.0
		颧颌前点宽	94.7	93.5	90.0	98.8	89.2
SSS		颧颌点间高	21.9	19.4	23.5	22.6	17.4

续表 7

测量符号	马丁号	测量项目	No.49 女	No.50 女	No.51 女	No.52 女	No.53 女
L	1	颅　长	169.0	179.5	175.5	179.0	168.0
B	8	颅　宽	128.5	137.5	144.0?	131.5	133.0
H′	17	颅　高	132.0	129.0	134.0	127.0	128.5
OH	21	耳上颅高	110.8	110.5	—	110.8	108.4
B′	9	最小额宽	88.5	87.0	92.0	90.3	86.2
S	25	颅矢状弧	355.0	351.0	—	363.0	340.0
S_1	26	额　弧	121.0	120.0	125.0	122.0	119.0
S_2	27	顶　弧	125.0	108.0	—	118.0	113.0
S_3	28	枕　弧	109.0	123.0	—	123.0	108.0
S_1'	29	额　弦	104.0	108.0	110.0	107.3	105.3
S_2'	30	顶　弦	111.0	100.0	—	108.0	102.0
S_3'	31	枕　弦	94.0	96.5	—	101.8	93.0
U	23	颅周长	483.0	501.0	—	501.0	476.0
Q′	24	颅横弧	309.0	305.0	—	294.0	292.5
BL	5	颅基底长	92.0	102.0	104.0	95.2	95.0
GL	40	面基底长	81.5	96.0	100.0	95.4	91.8
G′ H	48	上面高　（pr）	62.0	64.0	57.5	69.0	64.0
		（sd）	65.0	67.0	60.0	72.7	66.3
GH	47	全面高	—	—	—	117.4	—
J	45	颧　宽	118.0	128.5	—	122.7	118.0
GB	46	中面宽	92.0	96.0	92.0	97.5	92.2
		颧颌前点宽	90.0	94.5	87.0	94.8	93.4
SSS		颧颌点间高	24.0	23.6	24.1	23.5	23.8

续表 7

测量符号	马丁号	测量项目		No.54 女	No.55 女	No.56 女	No.57 女	No.58 女
L	1	颅　长		178.0	169.0	181.0	168.2	—
B	8	颅　宽		135.0	129.2	138.2	129.0	—
H′	17	颅　高		137.5	133.0	133.0	126.5	—
OH	21	耳上颅高		114.3	113.8	116.7	104.3	—
B′	9	最小额宽		90.7	92.0	90.4	91.2	98.0
S	25	颅矢状弧		365.5	349.5	369.0	329.5	—
S_1	26	额　弧		131.0	121.5	128.0	119.5	—
S_2	27	顶　弧		122.0	123.5	125.0	108.0	—
S_3	28	枕　弧		112.5	104.5	116.0	102.0	—
S_1'	29	额　弦		115.0	106.2	111.1	104.1	108.2
S_2'	30	顶　弦		111.0	108.0	111.9	100.0	107.2
S_3'	31	枕　弦		96.0	91.2	96.0	87.0	97.7
U	23	颅周长		496.0	477.0	—	476.0	—
Q′	24	颅横弧		307.0	302.0	310.0?	288.0	—
BL	5	颅基底长		99.1	96.0	99.5	100.0	—
GL	40	面基底长		91.0	94.4	93.7	91.0	—
G′ H	48	上面高	（pr）	68.3	65.0	65.3	63.0	62.0
			（sd）	69.5	68.1	69.2	65.0	65.0
GH	47	全面高		110.7	110.0	108.7	106.0	—
J	45	颧　宽		122.7	118.0	118.0	124.0	—
GB	46	中面宽		91.8	89.0	82.3	90.0	91.1
		颧颌前点宽		90.0	91.1	86.0	88.7	93.0
SSS		颧颌点间高		20.6	27.5	26.7	17.9	22.0

续表 7

测量符号	马丁号	测量项目	No.34 女	No.35 女	No.36 女	No.37 女	No.38 女
		颧颌前点间高	23.5	22.2	17.4	—	21.2
OB	43(1)	两眶外缘宽	98.5	95.0	98.0	97.0	92.5
SN		眶外缘点间高	18.0	17.6	18.0	20.8	14.0
O_3		眶中宽	49.0	—	—	—	56.5
SR		鼻尖高	19.5	—	—	—	14.4
	50	眶间宽	17.0	18.5	20.5	21.0	18.0
DC	49a	眶内缘点间宽	18.0	23.2	27.5	25.4	20.0
DN		眶内缘点鼻根突度	11.0	—	—	—	13.0
DS		鼻梁眶内缘宽高	10.0	—	—	—	11.3
MH		颧骨高　左	39.0	42.1	43.5	42.2	41.0
		右	38.0	41.0	43.0	43.0	40.0
MB′		颧骨宽　左	22.0	22.0	28.0	26.2	24.0
		右	21.5	24.0	28.5	27.4	26.0
NB	54	鼻　宽	24.0	25.5	28.2	26.0	22.0
NH	55	鼻　高	48.8	54.0	50.5	51.5	45.0
SC		鼻骨最小宽	6.5	10.2	12.0	10.4	5.5
SS		鼻骨最小宽高	3.82	3.35	3.13	4.92	3.51
O_1	51	眶　宽　左	43.0	41.2	42.0	42.5	39.5
		右	43.0	41.2	42.0	42.0	39.0
O_1'	51a	眶　宽　左	41.0	37.5	36.0	38.4	38.5
		右	41.0	37.0	36.5	37.4	38.0
O_2	52	眶　高　左	31.5	36.0	31.0	35.1	32.0
		右	30.5	35.0	30.5	33.5	32.0
NL′		鼻骨长	22.5	—	—	—	17.8

续表 7

测量符号	马丁号	测量项目		No.39 女	No.40 女	No.41 女	No.42 女	No.43 女
		颧颌前点间高		21.9	17.9	23.4	21.5	—
OB	43(1)	两眶外缘宽		101.0	96.5	91.5	91.5	91.0
SN		眶外缘点间高		18.0	16.9	18.2	18.0	14.0
O_3		眶中宽		—	45.5	—	—	—
SR		鼻尖高		—	17.3	—	—	—
	50	眶间宽		21.0	19.5	17.5	19.5	17.5
DC	49a	眶内缘点间宽		23.0	24.5	19.0	20.0	—
DN		眶内缘点鼻根突度		—	12.5	—	—	—
DS		鼻梁眶内缘宽高		—	9.0	—	—	—
MH		颧骨高	左	39.5	40.5	45.0	38.0	38.0
			右	39.0	41.0	42.5	37.2	—
MB′		颧骨宽	左	22.5	24.0	26.0	22.0	22.0
			右	22.5	24.5	25.0	22.0	—
NB	54	鼻　宽		27.3	22.2	27.5	22.0	23.5
NH	55	鼻　高		49.0	47.0	56.5	49.5	46.5
SC		鼻骨最小宽		11.0	8.0	9.5	9.0	6.0
SS		鼻骨最小宽高		4.0	2.0	3.7	3.2	1.8
O_1	51	眶　宽	左	43.0	40.0	43.0	39.2	38.0
			右	43.5	41.5	41.0	39.2	—
O_1'	51a	眶　宽	左	40.5	36.0	39.0	37.0	33.2
			右	42.0	36.0	38.0	38.5	—
O_2	52	眶　高	左	30.0	36.0	29.0	30.5	30.0
			右	30.2	36.5	31.0	30.5	—
NL′		鼻骨长		—	18.0	—	—	—

续表 7

测量符号	马丁号	测量项目	No.44 女	No.45 女	No.46 女	No.47 女	No.48 女
		颧颌前点间高	18.0	18.8	22.5	22.1	16.6
OB	43(1)	两眶外缘宽	93.0	93.0	94.1	97.0	97.2
SN		眶外缘点间高	18.5	16.8	17.3	16.2	12.1
O_3		眶中宽	64.1	—	—	—	—
SR		鼻尖高	18.5	—	—	—	—
	50	眶间宽	20.8	17.5	17.0	22.2	15.5
DC	49a	眶内缘点间宽	23.0	20.5	22.0	24.0	—
DN		眶内缘点鼻根突度	23.7	—	—	—	—
DS		鼻梁眶内缘宽高	15.1	—	—	—	—
MH		颧骨高　左	43.0	43.0	40.5	41.0	41.5
		右	43.0	43.0	39.5	45.5	41.0
MB′		颧骨宽　左	27.9	25.5	21.0	26.0	21.0
		右	27.8	24.0	22.0	26.8	22.0
NB	54	鼻　宽	25.3	25.5	25.0	23.0	23.5
NH	55	鼻　高	47.3	51.0	52.5	48.5	45.0
SC		鼻骨最小宽	8.5	10.5	10.0	9.0	5.0
SS		鼻骨最小宽高	4.3	5.4	2.9	1.6	2.6
O_1	51	眶　宽　左	40.2	40.0	41.0	42.0	40.0
		右	40.0	40.5	41.0	42.0	40.8
O_1'	51a	眶　宽　左	38.4	37.5	37.8	38.2	37.0
		右	37.2	38.5	37.8	38.2	38.0
O_2	52	眶　高　左	30.1	32.5	33.5	31.5	32.0
		右	30.0	32.5	33.1	32.2	32.0
NL′		鼻骨长	23.0	—	—	—	—

续表 7

测量符号	马丁号	测量项目	No.49 女	No.50 女	No.51 女	No.52 女	No.53 女
		颧颌前点间高	22.6	21.5	18.9	21.0	21.8
OB	43(1)	两眶外缘宽	88.0	94.5	92.2	98.5	92.0
SN		眶外缘点间高	11.5	14.0	15.7	17.4	17.8
O_3		眶中宽	45.9	54.2	—	55.6	54.0
SR		鼻尖高	20.0	15.9	—	15.4	17.5
	50	眶间宽	15.5	18.0	14.5	22.1	18.0
DC	49a	眶内缘点间宽	16.2	19.5	—	25.0	20.0
DN		眶内缘点鼻根突度	14.0	14.9	—	15.9	11.4
DS		鼻梁眶内缘宽高	12.1	13.0	—	12..0	8.7
MH		颧骨高 左	41.2	47.0	40.0	42.2	40.0
		右	40.5	46.0	41.0	41.7	40.4
MB′		颧骨宽 左	25.0	24.0	24.5	24.6	28.0
		右	27.0	24.5	24.5	27.0	30.5
NB	54	鼻　宽	22.0	23.0	25.0	21.6	23.8
NH	55	鼻　高	47.5	51.0	47.5	51.3	49.6
SC		鼻骨最小宽	7.0	8.2	5.0	10.0	6.2
SS		鼻骨最小宽高	4.3	2.9	3.1	3.7	2.8
O_1	51	眶　宽 左	37.0	41.5	41.0	40.1	40.2
		右	37.5	43.0	43.0	40.1	38.8
O_1'	51a	眶　宽 左	36.0	39.5	36.5	38.0	37.3
		右	36.0	39.5	36.5	37.2	37.0
O_2	52	眶　高 左	30.5	31.5	32.0	33.0	32.5
		右	30.0	32.5	32.0	33.1	32.1
NL′		鼻骨长	22.3	25.6	—	23.5	22.9

续表 7

测量符号	马丁号	测量项目	No.54 女	No.55 女	No.56 女	No.57 女	No.58 女
		颧颌前点间高	18.1	25.7	23.8	15.9	21.5
OB	43(1)	两眶外缘宽	93.4	93.6	93.4	91.2	91.3
SN		眶外缘点间高	16.2	14.1	19.9	16.0	17.0
O_3		眶中宽	56.0	53.0	56.0	52.1	—
SR		鼻尖高	18.7	—	21.2	—	—
	50	眶间宽	19.2	16.0	18.0	20.2	18.0
DC	49a	眶内缘点间宽	23.0	23.0	21.5	23.0	20.2
DN		眶内缘点鼻根突度	13.5	10.8	17.9	14.1	—
DS		鼻梁眶内缘宽高	10.0	8.9	13.4	10.0	—
MH		颧骨高　左	41.3	—	43.0	40.0	45.0
		右	40.2	42.0	42.0	42.0	46.0
MB′		颧骨宽　左	25.2	—	24.8	26.0	26.6
		右	25.0	33.0	25.0	27.9	27.0
NB	54	鼻　宽	23.5	23.9	21.9	25.0?	—
NH	55	鼻　高	51.4	50.3	49.0	48.4	47.0
SC		鼻骨最小宽	9.0	4.5	6.4	9.5	—
SS		鼻骨最小宽高	5.2	3.5	2.7	4.1	—
O_1	51	眶　宽　左	40.0	40.2	40.1	39.5	41.2
		右	40.0	41.6	40.2	40.0	41.0
O_1'	51a	眶　宽　左	36.8	36.3	36.9	36.0	39.2
		右	37.7	37.0	37.0	37.5	39.0
O_2	52	眶　高　左	31.3	33.0	34.9	30.4	31.2
		右	31.6	32.9	35.7	32.4	31.7
NL′		鼻骨长	28.0	—	16.7?	—	—

续表 7

测量符号	马丁号	测量项目	No.34 女	No.35 女	No.36 女	No.37 女	No.38 女
RP		鼻尖齿槽间长	44.1	—	—	—	45.5
AL″	60	齿槽弓长	59.0	47.0	53.0	54.7	51.0
AB	61	齿槽弓宽	50.0	62.5	63.0	65.7	63.0
G_1'	62	腭　长	43.0	40.0	46.5	49.0	45.0
G_2	63	腭　宽	40.0	39.0	40.5	39.3	41.0
FML	7	枕大孔长	35.0	35.2	32.0	41.3	35.0
FMB	16	枕大孔宽	28.0	28.0	26.0	33.0	27.0
CM		颅粗壮度	146.8	147.3	149.3	149.1	144.7
FM		面粗壮度	—	—	—	—	—
F′∠	32	额倾角	89.0	83.0	97.5	82.0	85.0
F″∠		额倾角	84.0	82.0	95.0	79.0	78.0
		前囟角	57.0	44.5	50.0	45.0	46.5
P∠	72	面　角	—	—	89.0	87.0	85.0
NP∠	73	鼻面角	89.0	87.0	92.5	89.5	85.0
AP∠	74	齿槽面角	—	—	78.0	81.0	75.0
NFA∠	77	鼻颧角	140.0	139.5	139.5	133.5	146.0
SSA∠		颧上颌角Ⅰ	125.5	128.0	132.5	124.5	129.5
		颧上颌角Ⅱ	127.0	130.5	142.5	—	132.0
NR∠	75	鼻尖角	62.0	64.0	77.5	—	62.0
	75(1)	鼻骨角	31.0	—	—	—	21.0
N∠		鼻根角	66.0	63.0	66.5	65.5	67.5
A∠		上齿槽角	77.0	76.0	74.5	74.5	67.5

续表 7

测量符号	马丁号	测量项目	No.39 女	No.40 女	No.41 女	No.42 女	No.43 女
RP		鼻尖齿槽间长	—	43.0	—	—	—
AL″	60	齿槽弓长	55.0	46.0?	—	51.5	47.0
AB	61	齿槽弓宽	66.0	56.0?	—	58.5	60.0
G_1'	62	腭　长	48.0	41.5	41.0?	46.0	41.0
G_2	63	腭　宽	42.0	37.5	34.0?	34.0	37.0
FML	7	枕大孔长	35.5	37.0	44.0	35.0	28.0
FMB	16	枕大孔宽	29.0	27.0	31.0	27.2	29.5
CM		颅粗壮度	150.5	144.0	149.3	142.3	142.0
FM		面粗壮度	—	—	—	112.0	—
F′∠	32	额倾角	86.5	87.0	78.0	89.0	99.0
F″∠		额倾角	83.0	83.0	74.0	85.0	95.0
		前囟角	48.5	50.0	50.0	51.5	56.5
P∠	72	面　角	85.0	89.0	89.0?	85.0	86.0
NP∠	73	鼻面角	86.5	89.0	89.5	84.0	86.5
AP∠	74	齿槽面角	78.0	89.0	88.0	79.0	82.0
NFA∠	77	鼻颧角	141.0	142.0	137.0	137.0	146.0
SSA∠		颧上颌角 I	131.5	134.0	123.0	123.0	—
		颧上颌角 II	131.5	137.5	126.5	127.0	—
NR∠	75	鼻尖角	65.0	67.0	68.0	70.0	—
	75(1)	鼻骨角	—	17.0	—	—	—
N∠		鼻根角	70.0	66.0	63.0?	67.5	69.0
A∠		上齿槽角	72.0	75.0	75.5?	72.5	72.0

续表 7

测量符号	马丁号	测量项目	No.44 女	No.45 女	No.46 女	No.47 女	No.48 女
RP		鼻尖齿槽间长	43.8	—	—	—	—
AL″	60	齿槽弓长	53.0	—	50.0	47.5	50.0
AB	61	齿槽弓宽	62.4	—	59.0	61.0	63.0
G_1'	62	腭　长	45.7	38.0	43.0	40.0	—
G_2	63	腭　宽	41.1	40.0	39.0	39.0	—
FML	7	枕大孔长	37.0	35.0	37.5	35.2	36.0
FMB	16	枕大孔宽	28.4	25.0	29.0	29.0	29.0
CM		颅粗壮度	149.8	146.8	141.3	148.2	153.5
FM		面粗壮度	—	—	—	107.8?	—
F′∠	32	额倾角	86.0	84.5	82.0	90.0	92.5
F″∠		额倾角	82.0	79.0	78.5	85.0	89.0
		前囟角	47.5	45.0	42.0	49.0	49.0
P∠	72	面　角	88.0	93.0?	84.0	89.0	84.0
NP∠	73	鼻面角	90.5	92.0	86.0	90.0	84.0
AP∠	74	齿槽面角	82.0	93.0?	76.5	84.0	83.5
NFA∠	77	鼻颧角	137.0	141.0	140.0	143.5	150.5
SSA∠		颧上颌角Ⅰ	130.0	134.5	123.5	130.5	138.0
		颧上颌角Ⅱ	138.5	136.5	127.0	132.0	139.5
NR∠	75	鼻尖角	67.0	65.0	—	67.0	58.0?
	75(1)	鼻骨角	21.0	—	—	—	—
N∠		鼻根角	64.5	60.0?	62.5	64.0	66.5
A∠		上齿槽角	77.5	79.0?	68.0	76.0	75.5

续表 7

测量符号	马丁号	测量项目	No.49 女	No.50 女	No.51 女	No.52 女	No.53 女
RP		鼻尖齿槽间长	43.4	42.2	—	47.0	44.3
AL″	60	齿槽弓长	45.0	66.0	50.0	56.0	48.2
AB	61	齿槽弓宽	58.5	53.5	63.0	61.0	59.8
G_1'	62	腭　长	37.5	45.5	49.8	49.5	42.4
G_2	63	腭　宽	35.0.	40.0	37.0	39.6	37.0
FML	7	枕大孔长	35.0	39.5	38.0	36.0	37.5
FMB	16	枕大孔宽	26.5	29.0	30.2	29.0	31.0
CM		颅粗壮度	143.2	148.7	151.2?	145.8	143.2
FM		面粗壮度	—	—	—	111.8	—
F′ ∠	32	额倾角	95.0	86.0	—	86.0	84.0
F″ ∠		额倾角	89.0	84.0	—	82.0	80.0
		前囟角	50.0	49.0	—	50.0	49.0
P∠	72	面　角	89.5	90.0	—	84.0	87.0
NP∠	73	鼻面角	90.0	90.0	—	88.0	88.8
AP∠	74	齿槽面角	90.0	94.0	—	77.5	81.0
NFA∠	77	鼻颧角	151.5	147.0	143.0	141.5	138.0
SSA∠		颧上颌角 I	125.0	128.0	125.0	128.5	126.0
		颧上颌角 II	127.0	131.5	133.5	132.5	130.0
NR∠	75	鼻尖角	56.0	63.5		68.0	64.0
	75(1)	鼻骨角	28.0	25.0		17.0	35.5
N∠		鼻根角	60.0	66.0	69.5	69.0	67.0
A∠		上齿槽角	79.0	76.5	78.0	69.0	73.0

续表 7

测量符号	马丁号	测量项目	No.54 女	No.55 女	No.56 女	No.57 女	No.58 女
RP		鼻尖齿槽间长	45.2	—	50.5	—	—
AL″	60	齿槽弓长	50.6	53.4	53.2	47.4	—
AB	61	齿槽弓宽	58.0	60.1	57.2	60.3	61.5
G_1'	62	腭　长	43.0	47.1	46.2	42.0	—
G_2	63	腭　宽	37.0	37.4	40.6	40.0	—
FML	7	枕大孔长	33.2	34.2	34.9	32.2	33.2
FMB	16	枕大孔宽	29.0	28.5	30.2	26.6	28.4
CM		颅粗壮度	150.2	143.7	150.7	141.2	—
FM		面粗壮度	108.1	107.5	106.8	107.0	—
F′∠	32	额倾角	85.0	89.0	87.0	85.0	—
F″∠		额倾角	79.5	83.0	82.0	79.5	—
		前囟角	46.5	50.5	48.0	46.0	—
P∠	72	面　角	89.0	84.0	88.8	90.2	—
NP∠	73	鼻面角	91.5	84.0	89.5	94.0	—
AP∠	74	齿槽面角	82.0	81.5	81.5	82.0	—
NFA∠	77	鼻颧角	142.0	146.0	134.0	141.5	139.5
SSA∠		颧上颌角Ⅰ	132.0	117.0	114.0	136.5	128.5
		颧上颌角Ⅱ	136.5	126.5	123.0	140.5	130.5
NR∠	75	鼻尖角	61.0	—	70.0	65.0	—
	75(1)	鼻骨角	27.5		25.5		
N∠		鼻根角	62.5	69.0	65.5	62.5	—
A∠		上齿槽角	75.5	71.5	75.0	79.0	—

续表 7

测量符号	马丁号	测量项目	No.34 女	No.35 女	No.36 女	No.37 女	No.38 女
B∠		颅底角	37.0	41.0	39.0	40.0	45.0
B/L	8/1	颅指数	81.08	81.32	75.14	75.89	79.07
H′/L	17/1	颅长高指数	83.48	72.70	72.38	73.66	73.29
OH/L	21/1	颅长耳高指数	70.03	61.90	63.81	62.39	63.60
H′/B	17/8	颅宽高指数	102.96	89.4	96.32	97.06	92.65
NB/NH	54/55	鼻指数	49.18	47.22	55.84	50.49	48.89
SS/SC		鼻根指数	58.77	32.84	26.08	47.31	63.82
O2/O1	52/51	眶指数 左	73.26	87.38	73.81	82.59	81.01
		右	70.93	84.95	72.62	79.76	82.05
O2/O1′	52/51a	眶指数 左	76.83	96.00	86.11	91.41	83.12
		右	74.39	94.59	83.56	89.57	84.21
G′H/H′	48/17	垂直颅面指数	44.60?	56.13	51.91	52.03	51.35
G′H/J	48/45	上面指数	48.06?	53.79	55.28	54.22	51.97
GH/J	47/45	全面指数	—	—	—	—	—
G′H/GB	48/46	中面指数	65.26?	72.82	67.00	72.16	67.05
B′/B	9/8	额宽指数	68.89	62.90	73.90	70.66	70.59
GL/BL	40/5	面突度指数	94.00	92.16	95.45	94.37	100.00
B′/J	9/45	颧额宽指数	72.09	67.42	81.71	74.44	77.11
OB/GB	43①/46	额颧宽指数	103.68	97.44	96.55	100.00	95.85
J/B	45/8	颅面宽指数	95.56	93.29	90.44	94.93	91.54
DS/DC		眶间宽高指数	55.56	—	—	—	56.5
SR/O_3		鼻面扁平度指数	39.80	—	—	—	25.49

续表 7

测量符号	马丁号	测量项目	No.39 女	No.40 女	No.41 女	No.42 女	No.43 女
B∠		颅底角	38.0	39.0	41.5?	40.0	39.0
B/L	8/1	颅指数	80.11	74.57	76.11	90.38	86.44
H′/L	17/1	颅长高指数	72.83	75.14	72.78	83.33	82.33
OH/L	21/1	颅长耳高指数	64.15	65.32	62.72	71.54	73.31
H′/B	17/8	颅宽高指数	90.91	100.78	95.62	92.20	95.26
NB/NH	54/55	鼻指数	55.71	47.23	48.67	44.44	50.54
SS/SC		鼻根指数	35.91	25.25	38.74	35.56	30.00
O2/O1	52/51	眶指数 左	69.77	90.00	67.44	77.81	78.95
		右	69.43	87.95	75.61	77.81	—
O2/O1′	52/51a	眶指数 左	74.07	100.00	74.36	82.42	90.36
		右	71.90	101.39	81.58	79.22	—
G′H/H′	48/17	垂直颅面指数	50.38	48.85	53.82?	50.77	46.36
G′H/J	48/45	上面指数	50.00	51.84	57.32?	50.77	—
GH/J	47/45	全面指数	—	—	—	87.69	—
G′H/GB	48/46	中面指数	67.18	70.56	77.05?	74.16	—
B′/B	9/8	额宽指数	69.93	67.44	68.61	65.25	63.50
GL/BL	40/5	面突度指数	98.97	94.57	91.84?	97.35	98.30
B′/J	9/45	颧额宽指数	76.34	71.02	76.42	70.77	—
OB/GB	43①/46	额颧宽指数	103.59	107.22	100.00	102.81	—
J/B	45/8	颅面宽指数	91.61	94.96	89.78	92.20	—
DS/DC		眶间宽高指数	—	36.73	—	—	—
SR/O_3		鼻面扁平度指数	—	38.02	—	—	—

续表 7

测量符号	马丁号	测量项目	No.44 女	No.45 女	No.46 女	No.47 女	No.48 女
B∠		颅底角	38.0	41.0?	49.5	40.0	38.0
B/L	8/1	颅指数	74.86	75.07	78.68	73.83	75.28
H′/L	17/1	颅长高指数	73.48	71.71	75.98	71.07	80.56
OH/L	21/1	颅长耳高指数	61.38	60.78	63.90	61.54	65.83
H′/B	17/8	颅宽高指数	98.15	95.52	96.56	96.27	107.01
NB/NH	54/55	鼻指数	53.49	50.00	48.08	47.42	52.22
SS/SC		鼻根指数	50.59	51.43	28.50	17.67	52.00
O2/O1	52/51	眶指数　左	74.88	81.25	81.71	75.00	80.00
		右	75.00	80.25	80.73	76.67	78.43
O2/O1′	52/51a	眶指数　左	78.39	86.67	88.62	82.46	86.49
		右	80.65	84.42	87.57	84.29	84.21
G′H/H′	48/17	垂直颅面指数	51.13	51.56?	57.71	52.33	43.45
G′H/J	48/45	上面指数	53.97	53.66?	59.35	53.15	—
GH/J	47/45	全面指数	—	—	—	84.65?	—
G′H/GB	48/46	中面指数	72.34	71.74?	82.67	69.23	70.00
B′/B	9/8	额宽指数	65.31	68.66	70.61	74.63	66.42
GL/BL	40/5	面突度指数	92.52	88.32	95.83	92.71	94.74
B′/J	9/45	颧额宽指数	70.24	74.80	75.20	78.74	—
OB/GB	43①/46	额颧宽指数	98.94	101.09	106.57	99.49	108.00
J/B	45/8	颅面宽指数	92.99	91.79	93.89	94.78	—
DS/DC		眶间宽高指数	66.65	—	—	—	—
SR/O_3		鼻面扁平度指数	28.86	—	—	—	—

续表 7

测量符号	马丁号	测量项目	No.49 女	No.50 女	No.51 女	No.52 女	No.53 女
B∠		颅底角	41.0	37.5	32.5	42.0	40.0
B/L	8/1	颅指数	76.04	76.60	82.05?	73.46	79.17
H′/L	17/1	颅长高指数	78.11	71.87	76.35	70.95	76.49
OH/L	21/1	颅长耳高指数	65.56	61.56	—	61.90	64.52
H′/B	17/8	颅宽高指数	102.72	93.82	93.06?	96.58	96.62
NB/NH	54/55	鼻指数	46.32	45.10	52.63	42.11	47.98
SS/SC		鼻根指数	60.86	34.76	62.80	36.80	44.52
O2/O1	52/51	眶指数　左	82.43	75.90	78.05	82.29	80.85
		右	80.00	75.58	74.42	82.54	82.73
O2/O1′	52/51a	眶指数　左	84.72	79.75	87.67	86.84	87.13
		右	83.33	82.28	87.67	88.98	86.76
G′H/H′	48/17	垂直颅面指数	49.24	51.94	44.78	57.24	51.60
G′H/J	48/45	上面指数	55.08	52.14	—	59.25	56.19
GH/J	47/45	全面指数	—	—	—	95.68	—
G′H/GB	48/46	中面指数	70.65	69.79	65.22	74.56	71.91
B′/B	9/8	额宽指数	68.87	63.27	63.89?	68.67	64.81
GL/BL	40/5	面突度指数	88.59	94.12	96.15	100.21	96.63
B′/J	9/45	颧额宽指数	75.00	67.70	—	73.59	73.05
OB/GB	43①/46	额颧宽指数	95.65	98.44	100.22	101.03	99.78
J/B	45/8	颅面宽指数	91.83	93.45	—	93.31	88.72
DS/DC		眶间宽高指数	74.69	66.67	—	48.00	43.50
SR/O_3		鼻面扁平度指数	43.57	29.34	—	27.70	32.41

续表 7

测量符号	马丁号	测量项目	No.54 女	No.55 女	No.56 女	No.57 女	No.58 女
B∠		颅底角	42.0	39.5	39.5	38.5	—
B/L	8/1	颅指数	75.84	76.45	76.35	76.56	—
H′/L	17/1	颅长高指数	77.25	78.70	73.48	75.07	—
OH/L	21/1	颅长耳高指数	64.21	67.34	64.48	61.90	—
H′/B	17/8	颅宽高指数	101.85	102.94	96.24	98.06	—
NB/NH	54/55	鼻指数	45.72	47.51	44.69	51.65	—
SS/SC		鼻根指数	57.56	77.56	41.56	43.05	—
O2/O1	52/51	眶指数　左	78.25	82.09	87.03	76.96	75.73
		右	79.00	79.09	88.81	81.00	77.32
O2/O1′	52/51a	眶指数　左	85.05	90.91	94.58	84.44	79.59
		右	83.82	88.92	96.49	86.40	81.28
G′H/H′	48/17	垂直颅面指数	50.55	51.20	52.03	51.38	—
G′H/J	48/45	上面指数	56.64	57.71	58.64	52.42	—
GH/J	47/45	全面指数	90.22	93.22	92.12	85.48	—
G′H/GB	48/46	中面指数	75.71	76.52	84.08	72.22	71.35
B′/B	9/8	额宽指数	67.19	71.21	65.41	70.70	—
GL/BL	40/5	面突度指数	91.83	98.33	94.17	91.00	—
B′/J	9/45	颧额宽指数	73.92	77.97	76.61	73.55	—
OB/GB	43①/46	额颧宽指数	101.74	105.17	113.49	101.33	100.22
J/B	45/8	颅面宽指数	90.89	91.33	85.38	96.12	—
DS/DC		眶间宽高指数	43.48	38.70	62.33	43.48	—
SR/O_3		鼻面扁平度指数	33.39	—	37.86	—	—

续表 7

测量符号	马丁号	测量项目	No.34 女	No.35 女	No.36 女	No.37 女	No.38 女
SN/OB		额面扁平度指数	18.27	18.53	18.37	21.44	15.14
G2/G1′	63/62	腭指数	93.02	97.50	87.10	80.2	91.11
AB/AL″	61/60	齿槽弓指数	84.75	132.98	118.87	120.11	123.35

续表 7

测量符号	马丁号	测量项目	No.39 女	No.40 女	No.41 女	No.42 女	No.43 女
SN/OB		额面扁平度指数	17.82	17.51	19.89	19.67	15.38
G2/G1′	63/62	腭指数	87.50	90.36	82.93?	73.91	90.24
AB/AL″	61/60	齿槽弓指数	120.00	121.74	—	113.59	127.66

续表 7

测量符号	马丁号	测量项目	No.44 女	No.45 女	No.46 女	No.47 女	No.48 女
SN/OB		额面扁平度指数	19.89	18.06	18.38	16.70	12.45
G2/G1′	63/62	腭指数	89.93	10.26	91.16	97.50	—
AB/AL″	61/60	齿槽弓指数	117.74	—	118.00	128.42	126.00

续表 7

测量符号	马丁号	测量项目	No.49 女	No.50 女	No.51 女	No.52 女	No.53 女
SN/OB		额面扁平度指数	13.07	14.81	17.03	17.66	19.35
G2/G1′	63/62	腭指数	93.33	87.91	74.28	80.00	87.26
AB/AL″	61/60	齿槽弓指数	130.00	81.06	126.00	108.93	124.07

续表 7

测量符号	马丁号	测量项目	No.54 女	No.55 女	No.56 女	No.57 女	No.58 女
SN/OB		额面扁平度指数	17.34	15.06	21.31	17.54	18.62
G2/G1′	63/62	腭指数	86.05	79.41	87.88	95.24	—
AB/AL″	61/60	齿槽弓指数	114.62	112.55	107.52	127.22	—

颅型。额宽指数 68.6,中额型近阔额下界;鼻指数 48.7,中鼻型;眶指数 74.4,低眶型。鼻根指数 38.7,中等鼻突度。鼻颧角和颧上颌角为 137.0 和 126.5,面部水平突度较强烈;面角 89.0,平颌型;估计的面指数很大,为 57.3,长狭面型。从一般形态来看,这具头骨与 M21⑨头骨略有些相似,但不排除欧洲人种的某些特性的混合,如有中等突出的鼻,面部水平突度较强烈和平颌等。

根据形态观察,M1⑦与 M5③2 具头骨可能是棍杂类型的头骨。他们的颅面测量特征如下:

M1⑦　颅指数 76.3,中颅型;长高指数 72.7,正颅型;宽高指数 95.4,中颅型。额宽指数 70.2,阔额型;鼻指数 38.8,狭鼻型;眶指数 83.8,中眶型;鼻根指数 38.8,鼻突度中等。面指数很高,为 57.8,高面类型;鼻颧角和颧上颌角为 142.0 和 133.0,面部水平突度中等;面角 88.0,平颌型;齿槽面角 84.0,中颌型。从面部水平突度和鼻突度不强烈及典型狭面型来看,这具头骨似属蒙古人种支系,或与南西伯利亚类型有某些相近。然而这类蒙古人种的特征不强烈,可能与欧洲人种混杂有关。本文暂时归入混杂类型。

M5③　颅指数 73.8,长颅型;长高指数 71.1,正颅型;宽高指数 96.3,中颅型。额宽指数 74.6,阔额型;鼻指数 47.4,中鼻型;左右眶指数 82.5 和 84.8,中—低眶型之间;鼻根指数很小,仅 17.7,鼻突度极弱。鼻颧角与颧上颌角分别为 143.5 和 132.0,面部水平突出中等。面角 89.0,平颌型:齿槽面角 84.0,中颌型。上面指数 53.2,中面型。弱的鼻突起、不很突出的面及不太低的面型等可能具有某些轻度的蒙古人种性质,这样的头骨可能在昭苏土墩墓中(No.17)也有出现[12]。但其面部扁平度不大,总的形态学特点不很明显,与 M1⑦头骨也有某些接近。所以暂将它归入混杂类型。

最后 2 具未定人种头骨为 M4⑫和 M25③,其主要测量特征是:

M4⑫　颅指数 78.7,中颅型;长高指数 76.0,高颅型;宽高指数 96.6,中颅型。额宽指数 70.0,阔额型;鼻指数 48.1,中鼻型;眶指数 88.6,中眶型;鼻根指数 28.5,鼻突度较小。面指数很高,为 59.4,狭面型;鼻颧角 140.0,上面水平突出中等;颧上颌角 127.0,中面水平突出较强烈;面角 84.0,中颌型;齿槽面角 76.5,突颌型。根据这些测量，这具头骨的类型特点也不太明确，故其种系归属存疑。

M25⑧　只有部分测量数据。颅指数79.1，中颅型接近短颅下界；长高指数70.1，正颅型；宽高指数88.6，阔颅型。额宽指数67.8，中额型；鼻指数50.4，阔鼻型；眶指数84.4，中眶型；鼻根指数19.5，属低鼻类型。鼻颧角和颧上颌角为143.5和133.0，面部水平突出中等。此头骨的低鼻特点似近蒙古种性质，但从其他特点上看，却又缺乏强烈的欧洲人种特点，故对其种系未作硬行归类。

三、骨骼创伤

在古代人骨骼上，时常发现各种形态的创伤；尤其是人的头部。这是因为头颅最易成为砍杀和打击的对象，轻则仅受皮肉损伤，重则可以在骨骼上留下砍削、骨折、穿孔、塌陷等伤痕。鉴定者往往根据这些骨伤的形态特点，大致判定出凶器的种类。在阿拉沟古代人头骨中，可以肯定生前造成骨创伤的有两例，即M4⑤和M4⑥。

M4⑤　这具男性头骨上共有两处骨创伤。一处为鼻骨骨折，骨折部位在鼻骨中部，大致作横向断裂。此外，至少在右侧鼻颌缝下半段也曾同时形成折离。从正中视，整个鼻骨的下半部骨折后，明显偏离鼻骨中矢线位置而向右偏斜，表明打击方向来自死者的左前方。所有骨折缘明显圆化和有愈合趋势。这些特点说明，此鼻骨伤是在遭到如拳击和某种钝器猛烈打击下形成的，创伤形成时并未立时致命。另一处是额骨凹陷骨折，此伤口位于额鳞后部左侧稍距中矢线处，其后缘与冠状缝大致相齐。据整个骨折痕迹观察，伤口形态近似圆形，其长短径约为36×33毫米。骨折后向颅腔内塌陷相当深(约7毫米)，塌陷部分呈不太规则的椭圆形槽坑状。所有骨折处骨组织均已伤后修复愈合，仅留下圆形骨折线痕迹，塌陷处骨折痕迹也已模糊呈粗糙的骨痂状，仅在圆形骨折线后部近中处留下尚未完全封闭的细孔向颅腔内穿透。这些创伤形态表示，死者生前遭受了某种圆钝凶器如圆钝石、金属锤类猛烈打击，但在受击后，骨伤曾自愈而存活了一段时间。也可能鼻骨伤与此同时形成(图2,1~3)。

M4⑥　在这具头骨上发现一处穿孔骨折，创口位于左侧翼区略偏上方，成圆形穿孔骨折伤，穿孔长短径约为28×22毫米。穿孔处的骨折片已经断落，骨折缘断面没有任何组织修补痕迹，仅在该穿孔的前上缘留下一小部分未剥落的月牙形骨折片，在创孔的周围骨面上也没有形成辐射状骨折线。这种伤口形态说明，死者在遭到某种硬质圆钝石质或金属质凶器快速打击后，立即毙命(图4,7~9；图版Ⅱ,3~4)。

四、主要结论

根据形态观察和测量资料的分析比较，现对阿拉沟古墓地主要是早期的石室丛葬墓出土人类头骨的种族特点及种族组成提出如下意见。

1. 在本文记录和测量的58具(男33具,女25具)成年头骨中,可归属欧洲人种支系者明显占优势（约占49具），这类头骨占全部可观察头骨的大约84.5%；而可以归属于蒙古人种支系或两个人种支系混杂类型的约占12.0%(7具)。由此可见,即便这些鉴定出现某些误差,我们仍然可以看出以阿拉沟古代石室丛葬墓为代表的古代人口中,其种族的构成还是以欧洲人种为主要成分,同时又存在数量上仅占次要成分的蒙古人种支系因素。这种数量上并不均等的混合种族组成甚至反映在血缘关系可能很近同穴埋葬人口中。如M1里,可归入欧洲人种支系的有5人,可归入蒙古人种支系的2人;在M21中,可为欧洲人种的15人,蒙古人种2人。如果同穴埋葬者间为共同家族成员关系,那么可能推测,这两种异种系成员的家族地位是平等的，而且两者之间存在某种血缘混杂也是可能的。但是从这批材料中,体现这种混杂关系的数量仍然很少,因此并没有从形态学上能够明白感知的稳定遗传群体。所以即便存在两个人种成分的混杂,其规模亦是有限的,时间上也是不很长的。这就使阿拉沟古代人口中的蒙古人种成分的混杂,具有某种“机械混合”的色彩。

2. 阿拉沟墓地人口中的欧洲人种成分,在体质上并非同一类型。因为他们在更小一级种族特点上表现出明显的偏离。根据对阿拉沟人类学材料的分析,在属于欧洲人种支系的头骨中,大致可分为三个形态组:第Ⅰ组是长狭颅,高狭面,面部水平突度强烈结合狭鼻倾向而接近地中海东支类型或印度—阿富汗类型,这样的头骨约占16.3%;第Ⅲ组则明显短颅化,面型趋向低宽(中面型),面部水平突度中等,鼻形呈现阔鼻倾向和低眶倾向,这样一些特征的偏离使这组头骨比较接近中亚两河类型或古欧洲类型向中亚两河类型的过渡形式,约占40.8%;第Ⅱ组头骨的形态特点则介于Ⅰ组和Ⅲ组之间,即颅型比Ⅰ组变短,但比Ⅲ组更长一些;与Ⅲ组相比,Ⅱ组仍不失高狭面特点,但在面部水平突出上与Ⅲ组没有明显的差别,同时又兼有比Ⅲ组更高的眶型。这样的综合特点,使Ⅱ组头骨在种族归属上好似带有Ⅰ组和Ⅲ之间的过渡色彩,他们约占32.7%。有意义的是以上形态类型分组在阿拉沟的男性和女性头骨中都基本重复。由此可见,阿拉沟墓地人口组成中,除了较占优势的中亚两河型—安德洛诺沃型成分外,地中海人种类型之参与在形成过渡形态中起了相当明显的作用。阿拉沟的这种人类学资料如果没有大的疑义,那么可能证明,在我国新疆境内天山中部地区古代居民种族人类学特点的形成中,存在地中海人种因素的“沉积”。这和苏联境内中亚特别是哈萨克斯坦地区的中亚两河类型是以安德洛诺沃人种类型为基础并有某些轻度与蒙古人种特点相似特征的混杂[17]是有区别的。

3. 在阿拉沟墓地人口中占数量不多的蒙古人种支系成分也不像是单一体质类型的。如M21③男性头骨具有短宽而低颅倾向的特点，与现代布里亚特人或蒙古族这一类大陆蒙古人种类型很接近。而同穴埋葬的M21⑨头骨则有些接近甘肃的古代东亚类型。与M1⑥头骨接近的形态类型也可以在甘肃河西走廊西部搜集的青铜时代头骨中找到。因此，他们尽管在阿拉沟墓地人口群中为数不多，但他们的体质形态的偏离暗示他们有不同的来源。同时，由于这些蒙古人种头骨的发现使我们有理由认为，新疆境内天山地区的蒙古人种因素出现时间大概不晚于公元前6世纪。

4. 作者在研究了楼兰城郊[17]和洛浦山普拉古墓地[8][9]人类学材料后，提出他们在种族形态特点上，与地中海东支类型接近的观点。值得注意的是这两个地点的人类学类型与中亚的南帕米尔塞克人的体质类型相似[5]，而且与时代可能更早的安诺遗址第一、二期文化层中出土人骨材料的种族形态类型相符[15]。如果把新疆境内这种类型的发现与中亚的时代可能偏早的同类欧洲人种因素联系起来。就不难设想，中亚古地中海人种成分曾越过帕米尔高原，沿塔里木盆地南缘向东推进到罗布泊地区。另一方面，根据阿拉沟墓地古代人口组成中地中海因素的发现，又可以设想中亚的某些地中海种族成分沿塔里木盆地的北线，渗向天山东段地区，并且在这个方向前进过程中，可能比其南线的同类更多地同当地占优势的居民发生混杂，形成了体质形态上地中海人种因素弱化的某些居间类型。而阿拉沟Ⅱ组的混合形态特点可作两个欧洲人种支系类型曾发生混杂的证明。

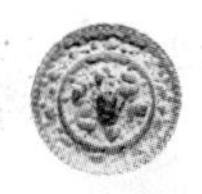

参考文献

1. 文物特刊.1977–12–15(40).

2. 新疆社会科学院考古研究所编.新疆考古三十年.乌鲁木齐:新疆人民出版社,1983.1~172.

3. 新疆维吾尔自治区博物馆、新疆社会科学院考古研究所.建国以来新疆考古的主要收获.文物考古工作三十年(1949~1979).北京:文物出版社,1979.169~183.

4. 克诺格曼.法医学上的人类骨骼.美国托马斯出版社,1978(英文).

5. 金兹布尔格. 南帕米尔塞克人类学特征. 物质文化史研究所简报,1960(80):26~39(俄文).

6. 金兹布尔格. 中部天山和阿莱古代居民的人类学资料. 民族 研究所集刊,1954.21.354~412(俄文).

7. 韩康信. 新疆楼兰城郊古墓人骨人类学特征的研究. 人类学学报,1986(3):227~242.

8. 韩康信.新疆洛浦山普拉古墓人骨的种系问题.人类学学报,1988(3):239 ~ 248.

9. 韩康信，左崇新. 新疆洛浦山普拉古代丛葬头骨的研究与复原. 考古与文物，1987(5):91~99.

10. 金兹布尔格. 铜器时代费尔干盆地居民之人类学. 苏联考古材料与研究.1962(118)(俄文).

11. 特罗菲莫娃,金兹布尔格.铜石时代南土库曼居民的人类学成分.南土库曼综合考古考察集,1961.10.

12. 韩康信,潘其风.新疆昭苏土墩墓古人类学材料的研究.考古学报,1987(4):503~523.

13. 阿历克谢夫.新石器时代和铜器时代阿尔泰—萨彦高原的古人类学.人类学选集Ⅲ,1961.106~206(俄文).

14. 金兹布尔格. 东哈萨克斯坦古代居民的人类学材料. 民族研究所简报,1952(14)(俄文).

15. 捷别茨.苏联古人类学.民族研究所集刊,1948.4(俄文).

16. 伊斯马戈洛夫.七河地乌孙的人类学特征.哈萨克斯坦民族学和人类学问题,1962.168~191(俄文).

17. 米克拉舍夫斯基.吉尔吉斯古人类学研究成果.吉尔吉斯考古—民族学考察集

刊,1959.2(俄文).

18. 韩康信.新疆孔雀河古墓沟墓地人骨研究.考古学报,1986(3):361~383.

19. 格拉兹科娃,切捷措娃.伏尔加考察队下伏尔加支队之古人类学材料.苏联考古学材料和研究,1960(78):285~292(俄文).

20. 金兹布尔格.斯大林格勒外伏尔加古代居民的民族系统学联系.苏联考古学材料和研究,1959(60):524~594(俄文).

21. 金兹布尔格.铜器时代西哈萨克斯坦居民的人类学材料.苏联考古学材料和研究,1962(120):186~198(俄文).

22. 科马罗娃.乌拉尔河左支流沿岸出土铜器时代头骨.哈萨克,1927(1)(俄文).

23. 菲罗施泰因.伏尔加河下游沿岸的萨尔马特人.人类学选集Ⅲ,1961.53~81(俄文).

24. 罗京斯基,列文.人类学基础.莫斯科:莫斯科大学出版社,1955(俄文).

25. 捷别茨.堪察加省之人类学调查.民族学研究所集刊,1951.17:176~221(俄文).

26. 步达生. 甘肃河南晚石器时代及甘肃史前后期之人类头骨与现代华北及其他人种之比较.古生物志,1928.丁种第六号第一册(英文).

27. 金兹布尔格.与中亚各族人民起源有关的中亚古人类学基本问题.民族学研究所简报,1959(31):27~35(俄文).

焉布拉克古墓人骨种系研究

1986年春，新疆维吾尔自治区文化厅文物管理处和新疆大学联合举办的考古大专班学生在距哈密柳树泉不远的焉布拉克村土岗上的一片古墓中进行了田野发掘实习。这片土岗表面是一层沙砾，往下是土沙层，所有墓葬都埋在土沙层里。土岗上墓葬分布相当密集，墓葬结构却比较简单，大多用戈壁沙土制的砖形土坯垒砌成长方形。出土器物有彩陶器、骨器、少量铜制品(如铜镜、铜片及铜饰物)和金耳环等。这些器物连同人骨一起，在墓穴中的位置十分零乱，特别是墓中的人骨分布杂乱无章。据笔者对最后几座墓葬的观察，有的同一个个体，骨块曾散布于墓穴的不同部位，或者散埋在不同深度的层次里。因此可见，分布在土岗上的大多数墓葬被严重扰乱过。墓地建立时代，已故考古学家黄文弼曾据其1958年的发掘，推测为铜石并用时代①。以后也大致依此推测，将焉布拉克墓地归入以彩陶为特征的新石器时代②。但据1986年的发掘，该墓地出有铜制品，彩陶的型制有的与甘肃辛店乃至齐家文化相似。随葬品中没有发现晚期汉文化的影响，因此初步估计墓地的时代可能早到西周—春秋之间，但不晚于战国。

笔者在鉴定焉布拉克墓地人骨的视觉考察中，除了做一般的性别、年龄估计外，发现这些骨骼的体质形态特点并不单一。因此本文的目的是以采集的29具头骨(男性19具，女性10具)来讨论和分析焉布拉克墓地居民的种族人类学特点。

一、颅面形态观察

可供形态观察的全部29具头骨的估计年龄约在15~55岁之间，基本上皆属成年个体。其中，大部分头骨保存较完整，但由于墓中骨骼被严重扰乱和残断、腐

朽等原因,故采集的头骨多数缺少下颌骨。对这批头骨的形态特征观察采用如下常规分布标准:

1. 颅形:分椭圆、卵圆、圆形、五角形、菱形和楔形六型。

2. 眉弓突度:分弱(Ⅰ级)、中等(Ⅱ级)、显著(Ⅲ级)、特显(Ⅳ级)、粗壮(Ⅴ级)五级。

3. 眉间突度:分不显(Ⅰ级)、稍显(Ⅱ级)、中等(Ⅲ级)、显著(Ⅳ级)、极显(Ⅴ级)、粗壮(Ⅵ级)六级。

4. 额坡度:分直形、中等倾斜、倾斜三类。

5. 鼻根凹陷:分平、浅、深三类。

6. 颅顶缝(矢状缝)形式:大致分为简单和复杂两类。具体观察时,将微波、深波到锯齿形归入简单缝形,比一般锯齿形更复杂形式归入复杂缝形。

7. 眶形:分圆形、椭圆形、方形、长方形和斜方形五类。前两类可归入圆钝眶形,后三类接近角形眶。

8. 眶口平面对眼耳标准平面的倾斜度:分前倾、垂直、后斜三种。

9. 梨状孔下缘形态:分人(锐)型、婴儿(钝)型、鼻前窝型和鼻前沟型四类。

10. 鼻棘:分不显(Ⅰ级)、稍显(Ⅱ级)、中等(Ⅲ级)、显著(Ⅳ级)、特显(Ⅴ级)五级。

11. 犬齿窝:分无(0级)、浅(Ⅰ级)、中等(Ⅱ级)、深(Ⅲ级)、极深(Ⅳ级)四类。

12. 腭形:分U形、抛物线形和马蹄形三类。

13. 鼻额缝形式:分凸形、弧线形和直形三类。

以上观察特征的分类等级规定可参照专门的人体测量手册[③④]。其他如额中缝、矢状嵴、下颌圆枕等则简录有或无。鼻形的宽狭、鼻突起程度和颧骨大小等则参考规定的相应测量值。

为了行文方便,本文将此29具头骨另外编号(No.1~29),并在其后括弧内注明采集时的缩写与编号。下边扼要叙述每具头骨的形态特征。

No.1 (86XHYT2M3) 壮年男性头骨,保存较完整(缺下颌),右半蝶骨残。大型头骨,顶面观颅形为长椭圆形,侧视时前额向后上方弯曲的坡度在中—斜之间,无额中缝和矢状嵴结构。矢状缝除在顶段近顶孔区一小部分稍复杂外,其余基本上是简单类型。眉弓突度显著(Ⅲ级),眉间突度中等强(Ⅲ级强),鼻根凹陷浅。梨状孔下缘为鼻前窝型。鼻棘显著(Ⅳ级强),狭鼻型。眶形近似圆形或长圆形,眶口平面为后斜型。鼻骨突起弱,犬齿窝不显(0级)。有特别宽大的颧骨,腭形为短宽的马蹄形。鼻额缝弧线形。此头骨的蒙古人种支系特征很明显。

No.2 (86XHYT30M2) 壮年男性头骨,颅底部分残,无下颌。颅形为长椭圆形,额坡度倾斜,无额中缝,颅顶略呈屋嵴形。矢状缝为简单型。眉弓突度显著—特显(Ⅲ级强),眉间突度中等(Ⅲ级),鼻根凹陷浅。鼻突度弱,鼻形中鼻型。梨状孔下缘为鼻前窝型,鼻棘小(Ⅱ级强)。眶形略近似椭圆形,眶口平面为后斜型。犬齿窝在浅—中之间(Ⅰ级强)。颧骨宽大而外突,腭形近似抛物线形。鼻额缝为凸形。上第一、二门齿呈铲形。头骨的蒙古人种支系特点明显(图1,5~6)。

No.3（86XHYT2M2） 中年男性头骨,颅底残,无下颌。头骨较大,长椭圆形。额坡度中斜,无额中缝和矢状嵴。矢状缝大部隐没,仅在后段隐现复杂。眉弓突度显著(Ⅲ级强),眉间突度中等(Ⅲ级),鼻根凹陷浅。梨状孔下缘略似鼻前沟型。鼻棘不显(Ⅰ级)。鼻突度强烈,鼻形为阔鼻型。眶形近似椭圆形,眶口平面后斜型。犬齿窝浅(Ⅰ级),腭形马蹄形。颧骨较宽而突,鼻额缝为弧线形。此头骨除鼻突度较强烈,一般形态系属蒙古人种支系类型。

No.4（86XHYT30） 壮年或中年男性头骨,颅底和右颞骨残。颅形大,长椭圆形。额坡度中斜,无额中缝,矢状嵴略显。矢状缝除后段复杂外,其余段落为简单型。眉弓显著(Ⅲ级)眉间突度弱(Ⅱ级),鼻根凹平。梨状孔下缘钝型,鼻棘几不显(Ⅰ级强)。鼻突度很弱,犬齿窝深(Ⅲ级强)。眶形较近椭圆形,眶口平面后斜型。鼻形较狭,颧骨较大而明显外突。腭形近似马蹄形。鼻额缝为弧线形。头骨属蒙古人种支系类型。

No.5（86XHYT2M2） 中年男性头骨,除鼻骨下半部残及缺下颌外,其余基本完整。颅形卵圆形,额坡度中斜,无额中缝和矢状嵴。眉弓突度特显(Ⅳ级),眉间突度中等(Ⅲ级),鼻根凹陷浅。矢状缝大多隐没不清(顶段和后段可能较复杂)。梨状孔下缘为鼻前窝型,鼻棘稍显(Ⅱ级)。鼻形很狭,鼻突度在中—弱之间。眶形近似钝角的长方形,眶口平面近垂直型。犬齿窝浅—中(Ⅰ~Ⅱ级)。颧骨宽而突,腭形马蹄形。鼻额缝为凸形。头骨具有蒙古人种支系类型特点(图版Ⅷ,6)。

No.6（86XHY12M7） 中年男性头骨,有下颌,仅乳突和岩部残。颅形大,长卵圆形。额坡度中斜,无额中缝,矢状嵴弱。矢状缝在顶—后段隐没,前段简单型。眉弓突度中等弱(Ⅱ级弱),眉间突度中等(Ⅲ级),鼻根凹陷浅。鼻形很狭,鼻突度极弱,鼻额缝弧线形。梨状孔下缘锐型,鼻棘显著(Ⅳ级)。眶形为斜方形,眶口平面倾斜接近后斜型。犬齿窝中—深(Ⅰ~Ⅱ级)。颧骨较宽,腭形呈抛物线形。下颌颏形尖型，下颌体舌面有较明显的圆形下颌圆枕。蒙古人种支系类型（图1,1~2)。

No.7（86XHYT12） 中年男性头骨,鼻骨下段和颧弓残,缺下颌。颅形为较短之椭圆形,额坡度中等,无额中缝,矢状嵴不显。颅顶缝皆属简单型。眉弓突度显著(Ⅲ级),眉间突度中等(Ⅲ级弱),鼻根凹陷浅,鼻形狭,鼻突起强烈,鼻额缝凸形。梨状孔下缘钝形,鼻棘稍显(Ⅱ级)。眶形略近椭圆形,眶口平面接近后斜型。犬齿窝中等深(Ⅱ级强),颧骨较宽而突出。头骨一般形态更接近蒙古人种特点。

No.8（86XHYT1M3） 壮年男性头骨,右面部及同侧颞骨残,缺下颌。颅形较大,长椭圆形。额坡度中斜,无额中缝和矢状嵴。颅顶缝简单型。眉弓显著(Ⅲ级),眉间突度中等(Ⅲ级),鼻根凹陷浅。鼻突度中等,鼻额缝弧线形。眶形略近椭圆形，眶口平面后斜型。犬齿窝不显（0级），颧骨较宽。蒙古人种支系类型（图版Ⅷ，3~4）。

No.9（86XHYT3M4） 青年男性头骨，脑颅部残碎，面部保存大致完整，缺下颌。颅形近似卵圆或椭圆，额坡度中斜近直形，无额中缝。眉弓突度中等（Ⅱ级），眉间突度弱—稍显（Ⅰ~Ⅱ级），鼻根凹处平。鼻形较狭，鼻突度弱，梨状孔下缘钝型，鼻棘中等（Ⅲ级）。眶形略近椭圆形，眶口平面后斜型。鼻额缝凸形，犬齿窝浅—中（Ⅰ~Ⅱ级）。颧骨较宽，腭形抛物线形。有明显蒙古人种特点。

No.10（86XHYT21） 可能属于男性青年头骨，左颧弓和下颌髁突残，有下颌。颅形为中等长的椭圆形，直形额。无额中缝，矢状嵴弱。颅顶缝简单型。眉弓突度较显（Ⅲ级），眉间突度弱（Ⅱ级），鼻根平。鼻形中等宽，鼻突度很弱。梨状孔下缘钝型，鼻棘弱（Ⅱ级）。眶形略近钝的斜方形，眶口平面后斜型。犬齿窝浅（Ⅰ级），鼻额缝弧线形。颧骨宽而突，腭形为马蹄形。下颌颏形圆，有弱下颌圆枕。属蒙古人种支系头骨（图1，3~4；图版Ⅷ，5）。

No.11（86XHYT3M5） 可能跨入老年的男性头骨，上颌和颧弓残，缺下颌。中长的卵圆形颅，额坡度近直形，无额中缝和矢状嵴。颅顶缝为复杂型。眉弓突度强烈（Ⅳ级），眉间突度中—显著（Ⅲ~Ⅳ级），鼻根凹陷浅。鼻突度中—强烈之间。眶形略近钝斜方或近长方形，眶口平面接近垂直形。从残存的眶下部分看，犬齿窝当不显或浅（Ⅰ~Ⅱ级）。鼻额缝为弧线形，颧骨较宽。此头骨的大人种支系特点不很明显，一般似更近蒙古人种支系（图版Ⅷ，1~2）。

No.12（86XHYT1M2） 壮年女性头骨，左颞鳞残，有下颌。头骨大而光滑，长椭圆形，额坡度近直形。无额中缝和矢状嵴。颅顶缝除后段复杂外，其余段简单型。眉弓弱（Ⅰ级），眉间突度稍显（Ⅱ级），鼻根处平。鼻形中鼻型，鼻突度较强烈。梨状孔下缘略近钝型，鼻棘中等（Ⅲ级）。眶形略近倾斜的椭圆形，眶口平面后斜型。犬齿窝无—浅（Ⅰ~Ⅱ级），颧骨宽，鼻额缝凸形。腭形近似抛物线形。颏形尖，无下颌圆枕。一般形态更接近蒙古人种特点（图3，1~3）。

No.13（86XHYT1M1） 可能为女性壮年头骨，缺下颌。颅形为较长之卵圆，额坡度中斜，无额中缝和矢状嵴。矢状缝在顶段稍复杂外，其余部分皆简单型。眉弓弱（Ⅰ级强），眉间突度也弱（Ⅱ级），鼻根处平。鼻形在中—阔鼻型之间，鼻突度中等。梨状孔下缘钝型，鼻棘不显（Ⅰ级），眶形近似椭圆形，眶口平面后斜型。犬齿窝浅—中（Ⅰ~Ⅱ级），鼻额缝凸形，颧骨较宽，腭形近似抛物线形。属蒙古人种支系类型（图2，5~6）。

No.14（86XHYT11M8） 中年女性头骨，缺下顿。颅形为长卵圆形，额坡度中斜，无额中缝和矢状嵴。颅顶缝简单型。眉弓突度中等（Ⅱ级），眉间突度弱（Ⅱ级），鼻根凹陷浅。阔鼻型，鼻突度中等。梨状孔下缘钝型，鼻棘中等（Ⅲ级）。眶形略近椭圆形，眶口平面后斜型。犬齿窝浅—中（Ⅰ~Ⅱ级），鼻额缝弧线形。颧骨较宽，腭形近似马蹄形。属蒙古人种支系类型。

No.15（86XHYT1M2） 中年女性头骨，左侧颞骨和部分顶枕部残，缺下颌。颅形为长椭圆形，额坡度中斜，无矢状嵴和额中缝。矢状缝顶、后段较复杂。眉弓弱（Ⅰ级），眉间突度微显（Ⅰ~Ⅱ型），鼻根处平。中鼻型，鼻骨突起较强烈。梨状孔下缘钝型，鼻棘弱（Ⅱ级）。眶形略近圆形，眶口平面后斜型。犬齿窝深（Ⅲ级强），颧骨较狭，鼻额缝凸形，腭形接近抛物线形。属蒙古人种支系类型（图2，3~4）。

No.16（86XHYT2） 中年女性头骨，缺下颌。菱形颅，额坡度较倾斜，无额中缝和矢状嵴。矢状缝基本上简单型。眉弓弱（Ⅰ级），眉间突度稍显（Ⅱ级），鼻根处平。鼻突度中等，鼻形趋阔，梨状孔下缘钝型，鼻棘中等（Ⅲ级强）。眶形近圆形，眶口平面后斜型。犬齿窝不显（0级），颧骨较宽，鼻额缝凸形。腭形近似抛物线形。属蒙古人种支系类型。

No.17（86XHYT2M3） 青年女性头骨；右顶骨接颞鳞部分残，有下颌。颅形近似五角形，直形额，无额中缝和矢状嵴。颅顶缝简单型。眉弓几不显（Ⅰ级弱），眉间平（Ⅰ级），鼻根处平。狭鼻型，鼻突度弱—中。梨状孔下缘锐型，鼻棘中等（Ⅲ级）眶形略近似钝的斜方形或斜椭圆形，眶口平面后斜型。犬齿窝浅（Ⅰ级），颧骨宽中等，鼻额缝弧线形，腭形马蹄形。颏形尖形，无下颌圆枕。属蒙古人种支系类型。

No.18（86XHYT1M2） 中年女性头骨，右颧骨残，缺下颌。颅形卵圆形，额坡度较斜，无额中缝和矢状嵴。颅顶缝简单型。眉弓弱（Ⅰ级），眉间突度不显（Ⅰ级），鼻根处平。中鼻型，鼻突度中等。梨状孔下缘锐型，鼻棘发达（Ⅳ级），眶形近钝的斜方形，眶口平面后斜型。犬齿窝无—浅（0~Ⅰ级），颧骨较宽，鼻额缝凸形，腭形马蹄形。蒙古人种支系头骨。

No.19（86XHYT2M3） 壮年或中年女性头骨，右颧骨和下颌髁突残。颅形长卵圆形，额坡度较斜，无额中缝和矢状嵴。矢状缝顶、后段复杂型。眉弓弱（Ⅰ级），眉间突度也很弱（Ⅰ~Ⅱ级），鼻根处平。梨状孔下缘锐型，鼻棘中等（Ⅲ级）。狭鼻形，鼻突度弱。眶形近椭圆形，眶口平面后斜型。犬齿窝浅（Ⅰ级），鼻额缝弧线形。颧骨宽，腭形近似抛物线形。颏形尖圆形，有下颌圆枕。属蒙古人种支系型（图2，1~2）。

No.20（86XHYT3M1） 壮年女性头骨，颅底和左颧弓残，有下颌。颅形长菱形，额坡度直形，无额中缝和矢状嵴。颅顶缝复杂形。眉弓弱（Ⅰ级），眉间突度不显（Ⅰ级），鼻根处平。鼻形狭，鼻突度强烈。梨状孔下缘锐型，鼻棘特显（Ⅴ级）。眶形略近圆形或斜椭圆形，眶口平面为后斜型。犬齿窝浅（Ⅰ级强），鼻额缝为弧线形，颧骨较狭，腭形抛物线形。颏形角形，无下颌圆枕。上第一、二门齿呈铲形。此头骨的大人种特点不强烈，可能接近高狭面蒙古人种支系类型。

No.21（86XHYT32） 青少年女性头骨，颅底和左右颧弓残，缺下颌。菱形颅，额坡度直形，无额中缝和矢状嵴。颅顶缝简单型。眉弓弱（Ⅰ级强），眉间突度稍显或中等（Ⅱ~Ⅲ级）。鼻根凹陷浅。狭—中鼻型，鼻突度中等。梨状孔下缘锐型，鼻棘弱（Ⅰ~Ⅱ级）。眶形略近椭圆形，眶口平面后斜型。犬齿窝浅（0~Ⅰ级），鼻额缝弧线形。颧骨较狭，腭形接近抛物线形。属蒙古人种支系类型。

No.22（86XHYT21） 中年男性头骨，右颧弓略残，缺下颌。颅形较大，呈长五角形。额坡度中斜近直形，无额中缝和矢状嵴。颅顶缝全部愈合隐没。眉弓粗壮（Ⅴ级），眉间突度强烈（Ⅴ~Ⅵ级），鼻根凹陷深。狭—中鼻型，鼻突度强烈—中等。梨状孔下缘呈鼻前窝型，鼻棘显著（Ⅳ级弱）。左侧眶形呈斜方形，右侧略近钝长方形，眶口平面倾斜度近垂直形。犬齿窝较深（Ⅲ级），鼻额缝弧线形。颧骨中等大小，颊面粗糙。此头骨的欧洲人种支系特点很明显（图4，4~5）。

No.23（86XHYT21M5） 中年男性头骨，头骨上有多处骨折伤口（见后文），缺下颌。头骨粗壮，呈长五角形。额倾斜中等，无额中缝，有适度矢状嵴。颅顶缝复杂型。眉弓粗壮（Ⅴ级），眉间突度强烈（Ⅳ~Ⅴ级），鼻根凹陷深。中鼻型，鼻突度强烈。梨状孔下缘钝型，鼻棘显著（Ⅳ级）。眶形近斜方形，眶口平面呈前倾型。犬齿窝中等深（Ⅱ级强），鼻额缝弧线形。颧骨中等宽，颊面粗糙。腭形近似抛物线形。此头骨与No.22和No.24头骨形态更一致，具有明显欧洲人种支系特点（图4，1~3）。

No.24（86XHYT22M1） 中年男性头骨，有下颌，头骨较粗壮，呈长卵圆形。无额中缝和矢状嵴。颅顶缝基本上呈简单型。眉弓粗壮（Ⅴ级弱），眉间突度强烈（Ⅳ~Ⅴ级），鼻根凹陷深。狭鼻型，鼻突度中等强。梨状孔下缘锐型，鼻棘显著（Ⅳ级）。眶形方形，眶口平直垂直—前倾型之间。犬齿窝不显（0级），鼻额缝弧线形。颧骨较宽大，腭形近抛物线形。颏形近尖形，无下颌圆枕。此头骨与上述No.22和No.23这2具头骨在形态上更接近，属欧洲人种支系类型。

No.25（86XHYT2M2） 中年男性头骨，右侧颧颌眶部残，有下颌。头骨较小，接近五角形，在顶孔区到人字区显著平坦。额坡度直形，依然保存全段额中缝，矢状嵴弱。颅顶缝复杂型。眉弓较显著（Ⅲ级弱），眉间突度较显（Ⅳ级弱），鼻根凹陷较深。鼻突度中等，梨状孔下缘钝型，鼻棘中等（Ⅲ级弱）。眶口小，略近似椭圆形，眶口平面垂直型。犬齿窝极深（Ⅳ级），鼻额缝弧形。颧骨宽中等，腭形抛物线形。颏形宽圆，有较明显下颌圆枕。此头骨欧洲人种特征不特别强烈。

No.26（86XHYT22M1） 壮年男性头骨，有下颌。头骨较大，呈长椭圆形。额坡度较斜，无额中缝和矢状嵴。颅顶缝呈复杂型。眉弓粗壮（Ⅴ级弱），眉间突度强烈（Ⅳ~Ⅴ级），鼻根凹陷深。鼻形极狭，鼻突度中等强烈。梨状孔下缘锐型，鼻棘极大（Ⅴ级）。眶形近倾斜椭圆形，眶口平面近垂直型。犬齿窝浅（Ⅰ级），鼻额缝弧线形。颧骨小，腭形抛物线形。尖形颏形，无下颌圆枕。面部水平方向突度强烈。属欧洲人种支系类型。

No.27（86XHYT2M4） 壮年男性头骨，缺下颌。颅形为较长卵圆形，额坡度中斜，无额中缝和矢状嵴。颅顶缝复杂型。眉弓突起强烈（Ⅳ级），眉间突度中等（Ⅲ级强），鼻根凹陷浅。阔鼻型，鼻突度极强烈。梨状孔下缘钝型，鼻棘中等（Ⅲ

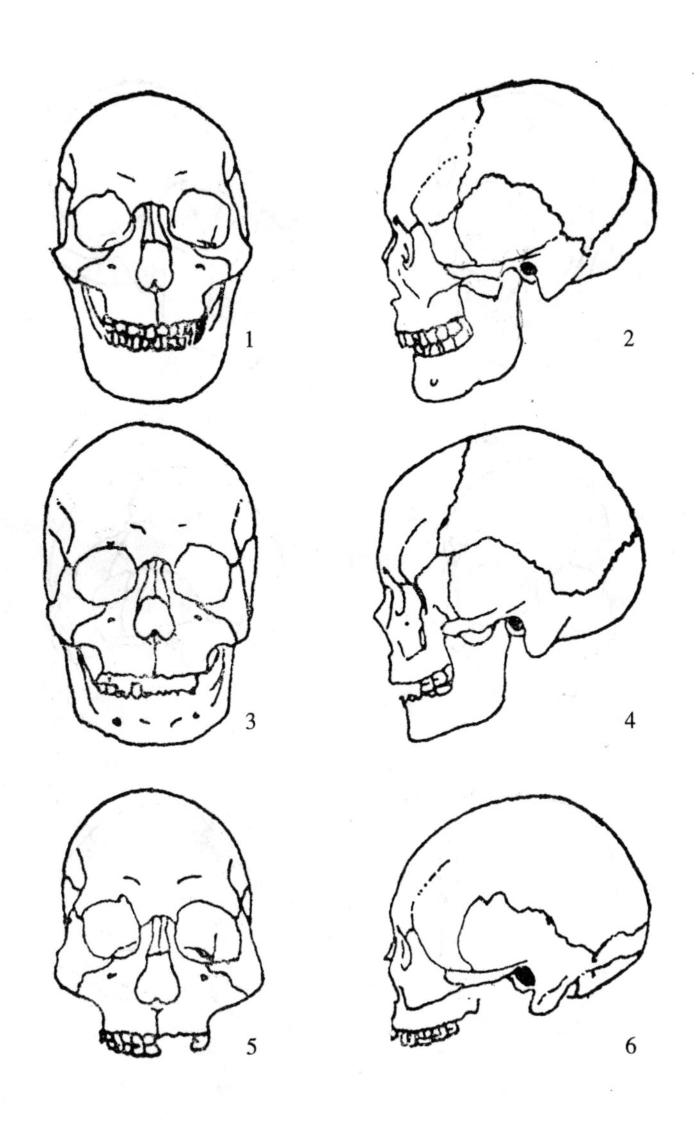

图 1　焉布拉克头骨轮廓图

1~2.No.6；3~4.No.10；5~6.No.2

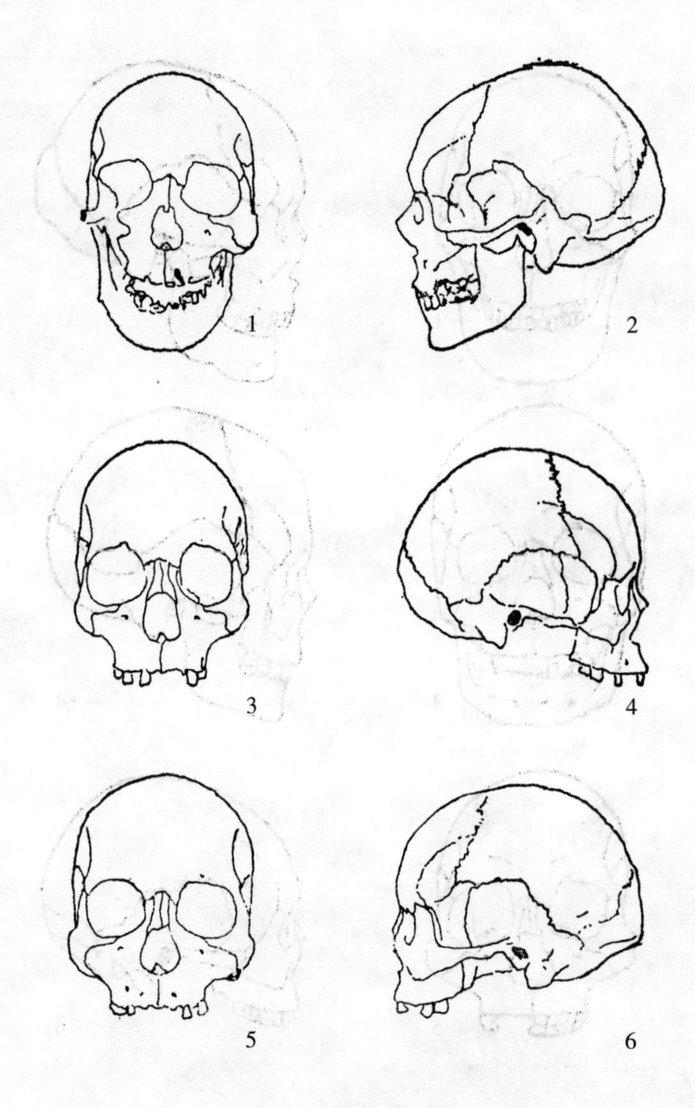

图2　焉布拉克头骨轮廓图

1~2.No.19；3~4.No.15；5~6.No.13

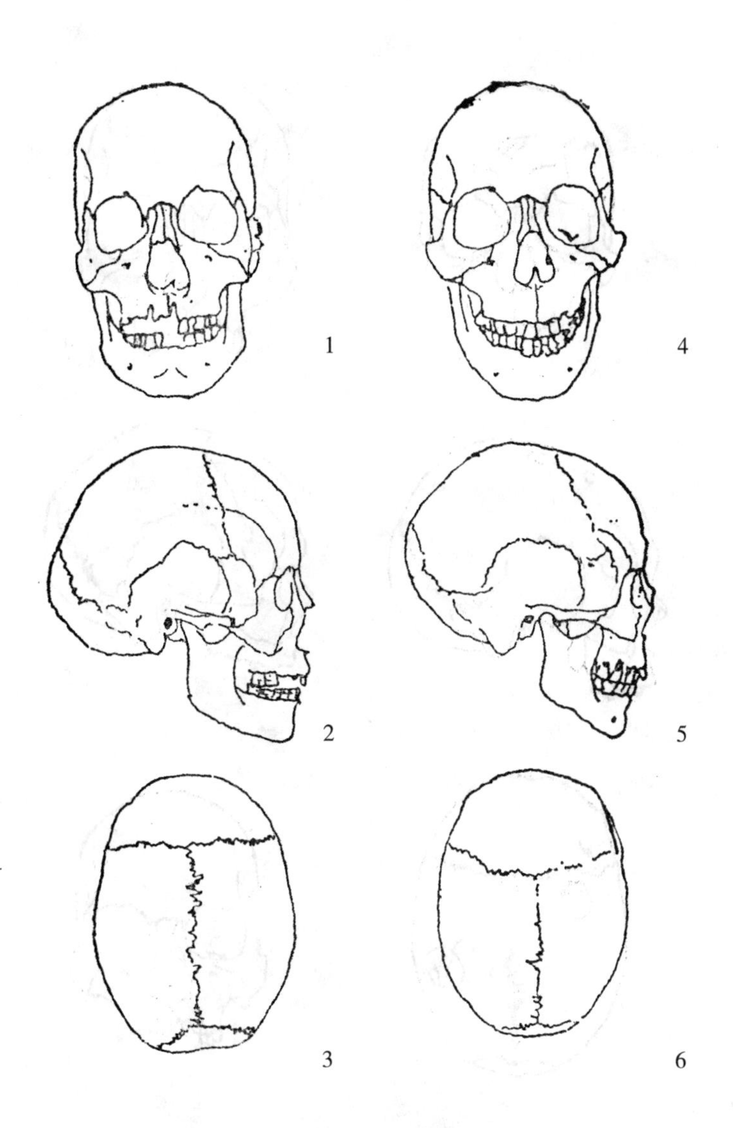

图 3　焉布拉克头骨轮廓图

1~3.No.12；4~6.西藏 B 型

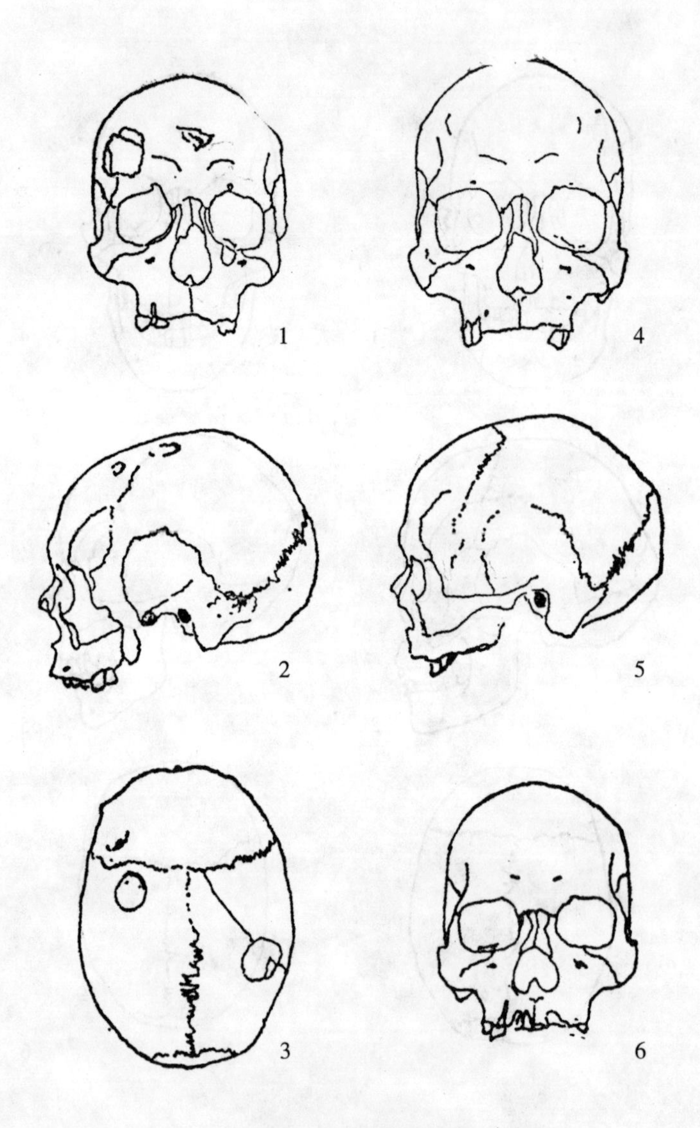

图4　焉布拉克头骨轮廓图

1~3.No.23；4~5.No.22；6.No.27.

级)。眶形近钝的长方形,眶口平面后斜型。犬齿窝中等深(Ⅱ级强),鼻额缝凸形。颧骨中等宽,腭形近椭圆形。此头骨大人种特点不特别强烈,一般形态接近欧洲人种类型(图4,6)。

No.28 (86XHYT11M2) 中年或老年男性头骨,缺下颌。头骨较小,颅形为卵圆形。额坡度较斜,无额中缝和矢状嵴。颅顶缝为简单型。眉弓显著(Ⅲ级强),眉间突度中等(Ⅲ级强),鼻根凹陷浅。阔鼻型,鼻突度中等。梨状孔下缘似在锐—钝型之间,鼻棘小(Ⅱ级)。眶形近钝长方形或椭圆形,眶口平面较近垂直型。犬齿窝深—极深(Ⅲ~Ⅳ级),鼻额缝凸形。颧骨大小中等。形态比较接近欧洲人种支系类型。

No.29 (86XHYT12M3) 壮年男性头骨,脑颅部分和颅底部分残,有下颌。颅形呈长椭圆形,额坡度中斜,无额中缝和矢状嵴。可见顶段矢状缝为复杂型。眉弓较强烈(Ⅳ级弱),眉间突度中—显著(Ⅲ~Ⅳ级),鼻根凹陷较深。鼻形较狭,鼻突度中等,梨状孔下缘钝型,鼻棘中等(Ⅲ级)。眶形较近椭圆形,眶口平面后斜型。犬齿窝中等(Ⅱ级),鼻额缝凸形,颧骨大小中等,腭形近似抛物线形。颏形尖形,无下颌圆枕。上第一、二门齿舌面呈弱铲形。头骨形状接近欧洲人种支系类型。

按以上个体头骨状态观察,在这批头骨中存在东、西方两个人种支系形态类型。初步视觉判断,No.1~21男女性头骨基本上可归属蒙古人种支系;No.22~29男性头骨归向欧洲人种支系类型。如果上述一级人种的观察分类大体上不误,那么在一些具有大人种意义的形态综合特征上也应该反映东、西方人种的分离趋势。为了行文的方便,本文将No.1~11男性头骨简称M组,No.22~29男性头骨简称C组,并将他们各自若干形态特征的出现综合如下:

颅　　形:M组—椭圆形63.6%(7例),卵圆形36.4%(4例)
C组—椭圆形25.6%(2例),卵圆形37.5%(8例),五角形37.5%(3例)

眉弓突度:M组—平均等级3.05(11例)
C组—平均等级4.18(8例)

眉间突度:M组—平均等级2.73(11例)
C组—平均等级4.13(8例)

颅顶缝:M组—简单型75.0%(6例),复杂型25.0%(2例)
C组—简单型28.6%(2例),复杂型71.4%(5例)

眶　　形:M组—角形眶36.4%(4例),圆钝形眶63.6%(7例)
C组—角形眶62.5%(5例),圆钝形眶37.5%(3例)

梨状孔下缘:M组—锐型11.1(1例),钝型44.4%(4例),窝型33.3%(3例),沟型11.1%(1例)
C组—锐型25.0%(2例),钝型50.0%(4例),窝型25.0%(2例)

鼻　　棘:M组—平均等级2.50(9例)
C组—平均等级3.38(8例)

犬齿窝：M组—平均等级 0.71(11例)
C组—平均等级 2.50(8例)
鼻根凹陷：M组—平型 27.7%(8例),浅型 72.7%(8例)
C组—平型 0,浅型 28.6%(2例),深型 71.4%(5例)
腭形：M组—抛物线形 27.3%(3例),马蹄形 72.6,%(5例)
C组—抛物线形 83.3%(5例),马蹄形 16.7%(1例)
眶口平面：M组—后斜型 81.8%(9例),垂直型 18.2%(2例)
C组—后斜型 25.0%(2例),垂直型 50.0%(4例),前倾型 25.0%(2例)
鼻额缝：M组—弧线形 60.0%(6例),凸型 40.0%(4例)
C组—弧线形 62.5%(5例),凸形 37.5%(3例)

应该指出,以上形态特征的出现频率仅依靠很小的随机样品,统计学上典型的小数例,其频率分布与实际分布可能存在相当差异。但即使在这种条件下,对M组与C组某些特征的变异趋势,从人种学意义上做些分析也是必要的。大致来说,M组与C组之间的形态变异趋势可以归纳如下：

1. 颅形上,M组的椭圆形可能比C组的出现更高,后者则出现了部分五角形。

2. M组在眉弓、眉间突度及鼻棘的平均等级上,都明显弱于C组,两者之间在这些观察特征的平均等级上差异大约达一个形态等级。这说明,M组在眉弓、眉间突度及鼻棘的发育比C组更弱,而后者在上述相应特征上更发达。此外,在犬齿窝一项上也是C组的平均等级比M组更强烈。

3. 在其他特征上,C组的颅顶缝以复杂型、眶形的角形眶、鼻根凹陷的深陷型、腭形的抛物线形、眶口平面与眼耳平面位置的垂直型和前倾型见多;相反,M组则分别以简单型、圆钝型、浅平型、马蹄形及后斜型为主。在梨状孔下缘形态和鼻额缝形式上,则M组与C组之间没有表现出明确的偏离趋势。

前已指出,以上的形态偏离是在样品小数例条件下的比较。严格来说,不能排除抽样的偶然性,特别是在个别孤立特征上。但是,从M组和C组形态特征彼此偏离的具体组合来看,又明显表现出他们各自向不同人种支系的偏离。如果不考虑颅形、梨状孔下缘及鼻额缝形态等差异不明确的项目,则在其余多数项目的偏离是,C组倾向于眉弓和眉间突度更为强烈,与此相应,鼻根部更为深陷,鼻棘更为发达,可能犬齿窝也趋向更深,角形眶更明显,眶平面位置更多垂直或前倾,腭形也可能相对更狭长。而M组在这一系列特征上表现出与C组相反的趋势,即眉弓和眉间突度较弱,鼻根部相应浅平,鼻棘发育也欠发达,犬齿窝较浅,多见圆钝眶形,眶口平面后斜型,腭形相对更短宽等。这种形态学上明显相背趋势,其人种学意义在于:C组更强烈的眉弓、眉间突度,更深陷的鼻根等是同一般欧洲人种头骨比蒙古人种头骨具有强烈男性化相平行的一组种族特征。而C组更发达的鼻棘又和更强烈的鼻突起(C组的鼻根指数为45.9,比M组的37.6明显更高)相伴随,这样的骨性鼻特征显然也与类似欧洲人种比蒙古人种具有更发达而高耸的软鼻特点相联系。此外,在眼眶结构特点上也表现出与鼻部结构相似的种族偏离趋势,如C组的角型眶特点更明显,这是欧洲人种中多见的眶型,C组中眶口平面更见垂直和前倾型也具有同样的意义;相反,M组多见圆钝眶形和后斜型眶口平面,显然与蒙古人种的常见眶形特点相符合。换句话说,C组的角形眶和前倾眶特点使人想起与欧洲人种的某种“闭锁型”眼眶有关;而M组的圆钝和后倾眼眶与蒙古人种中常见的“开放型”眶形相符合。腭形的种族偏离方向是欧洲人种相对更狭长一些,蒙古人种则多短阔类型。从C组具有比M组更小的腭指数(C组为80.3,M组为90.0)来看,也符合这项特征的人种偏离方向。在犬齿窝的发达程度上也可能是这种情况, 即C组的犬齿窝平均等级比M组更强烈,这和欧洲人种中一般较多见深的犬齿窝而蒙古人种中多见浅形犬齿窝的人种偏离趋势是一致的。

总之,C组与M组在上述一系列相关特征上表现出的组间差异方向,与两个东西方人种颅骨形态学之间存在的一般偏离方向是相符合的。这无疑说明C组在形态学上更接近欧洲人种性质, M组则与蒙古人种颅骨特点更一致(这一点还要在后面测量特征的分析中进一步讨论)。

以上观察特征的种属分析是在两个男性组之间进行的。除此之外,在个体头骨的形态观察中,还有10具女性头骨(No.12~ 21)也可能属蒙古人种支系类型。从一般形态上讲,他们与男性M组体质类型相近。对此,还需要借助颅、面骨测量特征的形态分类,证明这些男性和女性的体质类型关系(见表1)。

由表1所列各项测量分类特征,不难发现,在男性M组与女性M组之间,几乎所有的基本项目都表现出相同形态等级类型。具体来说, 男女组都是长颅型(8∶1)和正颅型(17∶1,21∶1),狭颅型—中颅型之间(17∶8),中额型(9∶8),平颌型(40∶5),中眶型(52∶51),阔腭型(63∶62)和短齿槽型(61∶60)。面部侧面方向突度为平颌型(72,73);上齿槽突度为中颌型—突颌型之间(74)。垂直方向颅面比例都具有大的等级(48∶17),中面指数为中等(48∶46),鼻突度中等(SS∶SC),额坡度中等(32),上面扁平度中等(77)。如果说男女组之间还可能存在某些差异的话,则仅在于女组的面形比男组稍狭长一些(43∶45),鼻形比男组稍宽一些(54∶55),中面扁平度比男组弱(zm1∠),鼻骨突度角比男组稍大[75(1)]。但从这些项目的绝对或相对测量值来看,彼此差别也不大,其中有些可能归于性别的差异如鼻形。因此从测量特征的分析也证明,男性M组与女性M组之间,在体质类型上表现出强烈的同种系类型性质。

表 1　焉布拉克 M 男、女组颅、面形态类型比较一览表

指数与角度	M 男 组	
颅指数(8：1)	72.77(长颅型)	(很小)
颅长高指数(17：1)	71.83(正颅型)	(小)
颅长耳高指数(21：1)	60.72(正颅型)	(小)
颅宽高指数(17：8)	97.98(狭－中颅型之间)	(大)
额宽指数(9：8)	68.50(中额型)	(中)
垂直颅面指数(48：17)	55.53	(大)
面指数(48：45)	54.69(中面型近狭面)	(中—大)
中面指数(48：46)	71.61	(中)
面突度指数(40：5)	96.04(平颌型)	(中)
眶指数(52：51)左	80.15(中眶型)	(中)
右	78.70(中眶型)	(小—中)
鼻指数(54：55)	46.47(狭鼻型近中鼻)	(小—中)
鼻根指数(SS：SC)	37.62	(中)
腭指数(63：62)	89.59(阔腭型)	(中强)
齿槽弓指数(61：60)	119.85(短齿槽型)	(中强)
额倾角(32)	82.11	(中)
面　角(72)	86.50(平颌型)	(大—很大)
鼻面角(73)	88.79(平颌型)	(大—很大)
齿槽面角(74)	80.83(中颌型近突颌)	(大)
鼻骨角(75(1))	19.86	(小)
鼻颧角(77)	143.78	(中)
颧上颌角(zm1∠)	138.81	(大)

注：1.测量项目(指数与角度)后括弧中数字或西文字母为测量代号；2.测量值后面括弧中的形态类型(如长颅型)据马丁测量分类，右测括弧中的“大”、“中”、“小”等依阿历克谢夫测量手册的分类(见参考书目⑤)。

续表 1

指数与角度	M 女 组	
颅指数(8：1)	72.28(长颅型)	(很小)
颅长高指数(17：1)	71.74(正颅型)	(小)
颅长耳高指数(21：1)	60.61(正颅型)	(小)
颅宽高指数(17：8)	99.32(狭颅型近中颅)	(大)
额宽指数(9：8)	67.99(中额型)	(中)
垂直颅面指数(48：17)	53.87	(大)
面指数(48：45)	56.34(狭面型)	(大)
中面指数(48：46)	72.84	(中)
面突度指数(40：5)	97.01(平颌型)	(中)
眶指数(52：51)左	83.26(中眶型)	(中)
右	81.77(中眶型)	(中—小)
鼻指数(54：55)	48.61(中鼻型)	(中)
鼻根指数(SS：SC)	37.68	(中)
腭指数(63：62)	90.25(阔腭型)	(中强)
齿槽弓指数(61：60)	118.41(短齿槽型)	(中)
额倾角(32)	83.83	(中)
面 角(72)	86.17(平颌型)	(大—很大)
鼻面角(73)	87.78(平颌型)	(大)
齿槽面角(74)	79.67(突颌型—中颌型之间)	(大)
鼻骨角〔75(1)〕	20.46	(中)
鼻颧角(77)	144.04	(中)
颧上颌角(zm1∠)	132.19	(中)

二、头骨测量特征的种系类型分析

定性的形态观察最好用定量的测量分析予以支持。在这里，我们根据颅、面骨测量资料，对焉布拉克墓地人类头骨的种族形态特点做两方面的讨论，即根据观察特征划分的 M 组与 C 组的种族偏离是否也反映在测量特征的偏离上？其次，如果证明存在这种偏离，那么他们各自又与何种次级种族或地方类型接近？

（一）M、C 组测量特征的大人种支系比较

如上所述，从形态特征的观察，焉布拉克墓地人骨中存在东西方人种支系的人类学成分，即蒙古人种支系的 M 组与欧洲人种或高加索人种的 C 组。为此，还需要从测量特征上进一步予以讨论和分析。我们首先从列于表 2 的 M 组与 C 组多项测量特征，考察两组之间的组差变异。这些组间差异是：

1. M 组上面高比 C 组明显更高（48）。

2. M 组面部宽比 C 组更宽（45），然而其面宽上的矢状方向垂高（如 SSS）比 C 组明显低。

3. 与上类似，M 组的眶间宽（49a）与 C 组接近，但其上的矢向高（DS）则比 C 组为低，因而眶间宽高指数（DS：DC）也比 C 组小。

4. M 组眶中宽上的鼻尖高（SR）也是比 C 组低，其鼻尖高指数比 C 组也小。

5. 在颧骨高和宽上，M 组都比 C 组明显增大。

6. 鼻根部和鼻骨突度测值，M 组比 C 组为小，如 M 组的鼻尖角（75）比 C 组增大，鼻骨角〔75（1）〕则比 C 组变小；鼻根指数（SS：SC）也是如此，鼻骨最小宽高（SS）也是比 C 组更低。

7. M 组腭指数和齿槽弓指数都比 C 组明显增大，表明其腭形比 C 组更短宽，而后者相对更狭长。在绝对测值上也是如此，M 组腭长（62）比 C 组短，而腭宽（63）比 C 组稍宽。

8. 在面部侧面方向突度测量上，M 组的鼻面角（73）比 C 组大，齿槽面角则相反（73），表明 M 组面部在侧面方向突出比 C 组弱。

9. 在面部水平方向突度上，两组的差异主要表现在中面水平上，即 M 组的颧上颌角（zm∠和 zm1∠）明显大于 C 组，说明颧颌水平上面部扁平性质比 C 组更强烈，而后者面部更突出。但在鼻颧水平上的面突度（77）在两组之间未显示出明显的差异。

从以上分析可以说明，M 组比 C 组有更高的绝对面高，颧骨明显发达，与这些相反，在鼻部和眶间突度上，M 组比 C 组更弱，其面部无论在侧面方向还是水

表2　　焉布拉克M组与C组测量特征之比较(男性)一览表

比较特征	M组	C组
颅　高(17)	133.76(8)	135.83(8)
上面高(48)	76.40(8)	71.20(8)
颧　宽(45)	135.13(8)	132.49(8)
垂直颅面指数(48：17)	55.53(5)	51.61(8)
面指数(48：45)	54.69(8)	52.85(8)
中面宽(46)	103.26(7)	99.91(7)
颧颌点间高(SSS)	22.01(7)	25.16(7)
眶间宽(DC)	21.22(10)	21.16(7)
鼻梁眶内缘宽高(DS)	9.78(10)	10.91(7)
眶间宽高指数(DS：DC)	46.31(10)	51.56(7)
鼻骨最小宽高(SS)	2.67(10)	3.74(8)
鼻根指数(SS：SC)	37.62(10)	45.92(8)
鼻尖高(SR)	16.35(7)	20.11(7)
鼻尖点高指数(SR：O_3)	30.99(7)	37.08(6)
鼻骨突度角〔75(1)〕	19.86(5)	28.74(7)
鼻尖点角(75)	66.20(5)	58.71(7)
颧骨高(MH)左	46.06(10)	43.31(8)
右	46.11(9)	42.79(7)
颧骨宽(MB')左	27.64(9)	25.13(8)
右	27.99(8)	25.01(7)
腭　长(62)	44.85(4)	47.72(5)
腭　宽(63)	40.25(6)	39.48(4)
腭指数(63：62)	89.59(4)	80.28(4)
齿槽弓指数(61：62)	119.85(4)	110.99(4)
鼻面角(73)	88.79(7)	86.13(8)
齿槽面角(74)	80.83(6)	83.06(8)
鼻颧角(77)	143.80(10)	143.40(8)
颧上颌角(zm1∠)	138.81(8)	132.54(7)
(zm1∠)	133.83(7)	126.67(7)

平方向上的突度也更弱,腭形比C组更短宽。这一系列差异表明。在M组与C组之间,即使在测量上也以成组特征为基础,表现出向东西方人种支系的接近或偏离。这一考察结果,显然从测量资料的定量分析上支持了以形态观察分组的合理性。这种合理性也大致反映在表3数据的比较上,即M组的各项测值大体上在亚美人种(即蒙古人种)组间变异范围内波动,仅鼻颧角和眶高两项略出下界值不多。相反,C组各项中,有更多特征如齿槽面角、鼻颧角、眶高、齿槽弓指数及垂直颅面指数等多项偏离于亚美人种组间变异范围之外,表明与该大人种支系的形态特点明显不一致。与这种比较相反,M组各项特征在欧亚人种(即欧洲人种)组间变异范围内的波动极不规律,在鼻尖点指数、鼻根指数、齿槽面角、上面高、齿槽弓指数及垂直颅面指数等半数具有人种鉴别意义的项目上偏离欧亚人种变异范围;而C组的大多数测项值落在欧亚人种变异之内,只有鼻尖点指数和齿槽弓指数两项超出下界值。这又表明M组与欧亚人种的颅面形态相差明显,而C组与欧亚人种的一般变异趋势更为相符。

表3　焉布拉克M、C组与大人种支系测量变异范围之比较(男性)一览表

比较项目	M组	C组	欧亚人种	亚美人种
鼻指数(54:55)	46.47(9)	48.56(7)	43~49	43~53
鼻尖点指数(SR:O3)	30.99(7)	37.08(6)	40~48	30~39
鼻根指数(SS:SC)	37.62(10)	45.92(8)	46~53	31~49
齿槽面角(74)	80.83(6)	83.06(8)	82~86	73~81
鼻颧角(77)	143.80(10)	143.40(8)	132~145	145~149
上面高(48)	76.40(8)	71.20(8)	66~74	70~80
颧　宽(45)	135.13(8)	132.49(8)	124~139	131~145
眶　高(52)	33.36(10)	33.21(7)	33~34	34~37
齿槽弓指数(61:60)	119.85(4)	110.99(4)	116~118	116~126
垂直颅面指数(48:17)	55.53(5)	52.47(8)	50~54	52~60

注:表中欧亚人种和亚美人种各项数据引自文献⑥,其中欧亚人种鼻颧角一项是本文作者借用中亚、南西伯利亚,东欧及中国新疆等地区的14个古代颅骨组组值构成的变异范围。

(二)M组与蒙古人种支系地区类型比较

以测量特征的比较确定M、C组的大人种支系性质之后,能否进一步明确他们的地区性种族特点,这是要讨论的另一个问题。下面,首先讨论M组与现代蒙古人种的何种地区类型接近。

在表 4 中列出了苏联学者制作的有关亚洲东部蒙古人种各地区类型的主要颅、面测量特征组间的变异范围[7]。下面是焉布拉克 M 组与这些亚洲蒙古人种的比较：

1. M 组与全部亚洲蒙古人种组间变异的比较——很明显，M 组在所有颅、面部测量项目上都没有偏离出亚州蒙古人种组间差异界值之外(见图 5,5)。

2. M 组与北蒙古人种组间差异的观察—在颅形的各项测量上（1、8、8：1、17、17：1、17：8),尽管北蒙古人种的组间界值范围都比较宽,但 M 组与他们的一致性很差。具体表现在某些单个测量如颅长(1)、颅高(17)和颅长高指数(17：1)上虽没有越出各自项目的组间范围之外,但由于颅宽(8)的显著狭窄而使 M 组在颅型上(8：1、17：8)明显偏离了北蒙古人种。从面部各项特征[9、32、45、48、48：17、48：45、77、72、52：51、SS：SC、75(1)]的测值来看,除了面宽(45)明显狭于北蒙古人种最小界值之外，其他绝大部分项目与北蒙古人种的组间差异趋势比较符合(其中 48：17、77、54：55 几项的测值略偏离最小界值)(见图 5,1)。

3. M 组与东北蒙古人种组间差异的观察——M 组颅形各项测量除颅长高指数(17：1)稍偏离最小界值外,其余皆波动在东北蒙古人种组间差范围之内。但在面部测量上，与该蒙古人种类型表现出更明显的偏离趋势，例如在额坡度(32)、面宽(45)、上面水平方向的扁平度(77)及眶形(52：51)等方面都表现出不同程度的偏离,其中以面宽和上面扁平度更为明显(见图 5,2)。

4. M 组与东蒙古人种组间差异的观察——在颅形测量上，M 组与东蒙古人种表现出明显的偏离,除宽高指数(17：8)一项落在后者的组间差范围之内,其他各项都程度不同的表现出偏离。然而在面部各项测量特征上,M 组与东蒙古人种的一致性似比前两个蒙古人种类型更接近,仅在额坡度(32)和垂直颅面指数(48：17)上分别略超出最小和最大界值(见图 5,3)。

5. M 组与南蒙古人种组间差异的观察——很清楚，无论在颅形上还是面部测量上,M 组与南蒙古人种有明显的偏离(见图 5,4)。

从以上观察不难认为,M 组属于亚洲蒙古人种支系,但与其中的南蒙古人种类型的偏离很明显。与东北蒙古人种在颅形上似更一致，但在面形上又诸多偏离,因而难将他们从类型学上联系起来。相比之下,M 组与北蒙古人种和东蒙古人种除在颅形上有偏离外,在面形特征上却表现出更多的一致性,或者说,M 组与他们在体质上有更密切的联系。

然而,M 组头骨在一般形态测量学上究竟与后两个蒙古人种类型中的哪一个可能更接近一些？或者 M 组在形态学上就是具有这两个类型之间的某些居间性质？我们利用表 5 中现代华北人和现代蒙古族组(这两个组分别代表东蒙古人种和北蒙古人种的典型类型)资料[7]讨论这个问题。首先讨论华北人和蒙古族头骨形态测量之间的组差变异趋势。

表 4　焉布拉克 M 组与亚洲蒙古人种地区类型颅、面测量特征组间差之比较(男性)一览表

测量项目和代号	焉布拉克 M 组	北蒙古人种	东北蒙古人种	东蒙古人种	南蒙古人种
颅　长(1)	187.6(10)	176.7~192.7	181.8~192.4	175.0~180.8	168.4~181.3
颅　宽(8)	136.4(10)	142.3~154.6	134.3~142.6	137.6~142.6	135.7~143.6
颅指数(8:1)	72.8(10)	75.4~85.9	69.8~79.0	77.1~81.5	76.6~83.4
颅　高(17)	133.8(7)	125.0~135.8	133.8~141.1	136.4~140.2	134.0~140.9
颅长高指数(17:1)	71.8(8)	67.4~74.8	73.2~75.6	75.3~80.2	75.8~80.2
颅宽高指数(17:8)	97.3(8)	83.5~94.5	92.1~100.0	96.8~100.3	94.4~101.3
最小额宽(9)	93.7(11)	89.0~97.0	94.6~98.2	89.0~93.7	89.7~95.4
额倾角(32)	82.1(9)	77.5~84.2	77.9~80.2	83.3~86.4	82.5~91.7
颧　宽(45)	135.1(8)	139.0~143.7	137.5~142.4	130.6~136.7	131.4~136.2
上面高(48)	76.4(8)	73.3~79.6	74.5~79.2	71.0~76.6	59.8~71.9
垂直颅面指数(48:17)	55.5(5)	56.1~61.2	54.1~58.5	51.7~54.9	43.8~52.5
面指数(48:45)	54.7(8)	51.2~55.4	51.3~56.2	51.7~56.8	45.1~53.7
鼻颧角(77)	143.8(10)	144.3~151.4	146.2~152.0	144.0~147.3	141.0~147.8
面　角(72)	86.5(6)	84.8~89.0	83.1~86.3	80.6~86.5	80.6~86.7
眶指数(52:51)	80.2(11)	79.6~86.0	81.3~84.5	80.7~85.0	78.2~86.8
鼻指数(54:55)	46.5(9)	47.2~50.7	42.7~47.3	45.2~50.3	47.7~55.5
鼻根指数(SS:SC)	37.6(10)	26.7~49.2	34.8~45.8	31.7~37.2	26.1~43.2
鼻骨角〔75(1)〕	19.9(5)	16.9~24.9	14.8~23.9	13.7~19.8	12.0~18.3

注:亚洲蒙古人种各类型组间差异测定值均取自文献⑧。

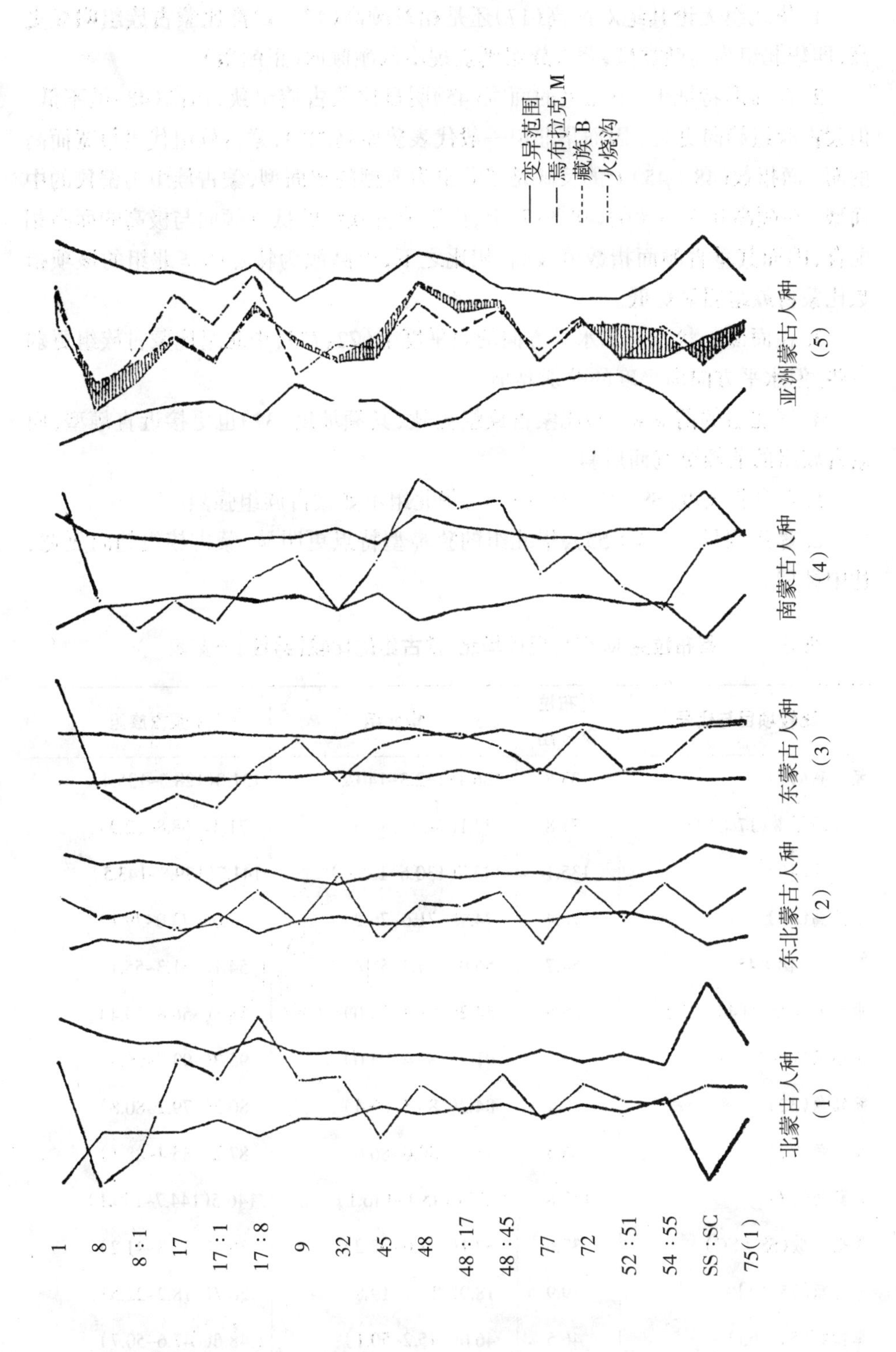

图5　焉布拉克组与蒙古人种变异类型之比较示意图

1. 华北组无论其绝对颅高(17)还是相对颅高(17:1)都比蒙古族组明显更高,即华北组为高颅类型,蒙古族组则表现出低颅倾向(正颅型)。

2. 在面形特征上,华北组的面宽(45)明显比蒙古族组狭,面高(48)虽不低,但蒙古族组趋向更高。因而华北组一般代表狭而高的面,蒙古族组代表很宽而高的面。面指数(48:45)上的反映是华北组为典型的狭面型,蒙古族组为偏狭的中面型。在颅高和面高比例(48:17)上,由于蒙古族组的低颅倾向与极高的面高相配合,因而其垂直颅面指数值极高,相比之下,以高颅为特点的华北组的该项指数比蒙古族组明显更低。

3. 在面部矢状方向和水平方向的扁平度上(72、77),华北组比蒙古族组更弱一些,但水平方向扁平度的差别要小。

4. 华北组的前额宽(9)比蒙古族组更狭,其额坡度(32)也更接近直额型,而蒙古族组的前额更宽而后斜。

5. 在鼻骨突度[SS:SC、75(1)]上,华北组不如蒙古族组强烈。

6. 鼻形测量上(54:55),华北组的狭鼻型特点更明显,蒙古族组趋向更宽,达中鼻型。

表5　焉布拉克M组与现代华北、蒙古组的比较(男性)一览表

比较项目与代号	焉布拉克M组	华北组	蒙古族组
颅　高(17)	133.8	136.1(132.3~140.2)	131.3(128.5~135.4)
颅长高指数(17:1)	71.8	77.1(74.2~78.7)	71.4(68.8~72.9)
颧　宽(45)	135.1	133.7(130.6~135.6)	141.7(139.8~143.5)
上面高(48)	76.4	74.9(71.6~76.2)	77.0(73.0~79.1)
面指数(48:45)	54.7	56.0(54.3~56.8)	54.1(51.3~55.1)
垂直颅面指数(48:17)	55.5	54.2(51.8~56.0)	58.8(56.8~59.4)
最小额宽(9)	93.7	91.2(89.4~95.0)	95.3(93.7~96.5)
额倾角(32)	82.1	84.2(83.3~86.4)	80.2(79.2~80.8)
面　角(72)	86.5	83.6(80.6~86.0)	87.2(85.4~88.1)
鼻颧角(77)	143.8	145.3(145.1~146.1)	146.5(144.7~150.1)
鼻根指数(SS:SC)	37.6	32.1(27.0~37.2)	36.5(32.3~41.2)
鼻骨角[75(1)]	19.9	18.9(17.1~19.8)	20.7(18.2~22.5)
鼻指数(54:55)	46.5	46.0(45.2~50.1)	48.6(47.6~50.7)
眶指数(52:51)	80.2	82.8(80.7~85.0)	83.1(81.1~86.0)

注:华北和蒙古组数据引自文献⑦。

7. 眶形(52∶51)上两组差异不大。

从以上两个地区蒙古人种形态变异方向，焉布拉克组的表现大体可作如下记录：

1. M 组的绝对颅高(17)处在两个地区蒙古人种之间,而其相对颅高(17∶1)与蒙古族组更接近。

2. M 组的面高(48)属于趋高类型,大体上达到华北组的最高界值,与蒙古族组的平均值更接近。面指数(48∶45)也可能与蒙古族组的更接近一些,但同时也在华北组的组间差范围内。然而,M 组的面宽(45)明显小于很阔面的蒙古族组而与更狭面的华北组趋近;在垂直颅面指数(48∶17)上也显出了与华北组的接近。

3. 在面部矢状方向突度上(72),M 组比华北组更弱一些而与蒙古族组较近;在水平方向突度上(77),则 M 组比蒙古族组和华北组似更明显一些,相比之下,与华北组的稍接近。

4. 在鼻骨突度上[SS∶SC、75(1)],M 组大体上与华北组的最高界值相当,和蒙古族组有些更趋高的鼻突度相似。

5. 在额部的两项测值上 (9、32),M 组在华北组与蒙古族组组值之间而似有居间的位置。

6. 鼻形(54∶55)上,M 组的狭鼻倾向与华北组更为一致。

7. 眶形(52∶51)上,M 组比华北组和蒙古族组都偏低,似表现出某种不特别分化的性质。

根据以上的比较分析,总的来说,M 组与华北组或蒙古族组之间,没有对其中的一组表现出特别的接近或偏离,或者说,在有些特征上(如面较狭及垂直颅面比例和狭鼻倾向等),表现出与现代华北人的明显接近;而在有的特征上(如相对颅高趋低,鼻突度有些增高及面部矢状方向突度等),又表现出与蒙古族组的接近;还有的特征如额形介于两者之间,眶形则比两者更偏低而不特别分化。这些情况说明,M 组在体质形态上既表现出与东蒙古人种的某些接近,又具有与某些大陆蒙古人种相近的特点或介于两者之间。而 M 组的长狭颅型特点又与东北蒙古人种颅形类似,似乎更加强了 M 组头骨不特别分化的形态特点。

(三)M 组与邻近地区现代和古代蒙古人种颅骨组之比较

为了更具体了解焉布拉克 M 组与邻近地区古代和现代颅骨测量组之间的可能关系,在表 6 中列出五个现代组(西藏 A、B 组[8][9]、蒙古族组[7]、华北组[7]和楚克奇组[7])和三个古代组(甘肃铜石时代组[10]、甘肃火烧沟青铜时代组[13]及新疆罗布泊的所谓古代突厥组[11])作对照比较。

大体上来说,M 组与楚克奇组(东北蒙古人种的代表类型)之间,在颅形和面形特征的测量上存在较明显的差异,如 M 组的颅型比楚克奇组明显狭长(1、8、8∶1、17∶8),额坡度(32)不如后者倾斜,绝对面宽(45)明显狭,垂直颅面指数

表6　焉布拉克M组与邻近现代和古代组颅、面部测量特征之比较(男性)一览表

测量代号	比较项目	焉布拉克M组	华北组	蒙古族组
1	颅　长	187.6(10)	178.7(38)	182.2(80)
8	颅　宽	136.4(10)	139.1(38)	149.0(80)
8∶1	颅指数	72.8(10)	77.9(38)	82.0(80)
17	颅　宽	133.9(7)	136.4(36)	131.4(80)
17∶1	颅长高指数	71.8(8)	76.5(36)	72.1(80)
17∶8	颅宽高指数	97.3(8)	98.5(36)	88.2(80)
9	最小额宽	93.7(11)	93.1(38)	94.3(80)
9∶8	额宽指数	68.5(10)	67.0(38)	[63.3]
32	额倾角	82.1(9)	84.2(38)	80.5(80)
45	颧　宽	135.1(8)	131.4(38)	141.8(80)
48	上面高	76.4(8)	73.6(38)	78.0(69)
48∶17	垂直颅面指数	55.5(5)	53.9(36)	59.4(68)
48∶45	面指数	54.7(8)	56.0(38)	55.0(80)
77	鼻颧角	143.8(10)	145.8(38)	146.4(80)
zm1∠	颧上颌角	138.8(8)	131.5(37)	138.4(76)
40∶5	面突度指数	96.0(5)	96.5(36)	[98.0]
72	面　角	86.5(6)	85.0(38)	90.4(81)
74	齿槽面角	80.8(6)	78.0(35)	79.4(68)
52	眶　高	33.3(11)	35.3(38)	35.8(81)
52∶51	眶指数	80.2(11)	82.1(38)	82.9(81)
54∶55	鼻指数	46.5(9)	47.5(38)	48.6(81)
DS∶DC	眶间宽高指数	46.3(10)	39.2(37)	45.6(76)
SS∶SC	鼻根指数	37.6(10)	33.5(37)	41.2(81)
75(1)	鼻骨角	19.9(5)	18.4(32)	22.4(41)

注:①华北、蒙古、楚克奇组数值取自文献⑦表13;藏族A、B取自文献⑧⑨表1;甘肃铜石时代组取自文献⑩表20;罗布泊突厥组取自文献⑪表1;甘肃火烧沟组依笔者测量。②方括号中数据依平均值计算;有"*"标志者取自文献⑫表4;有双"*"标志者是依两个眶宽之平均比例(51a∶51)1∶1.067换算出来的近似值,见参考文献⑤。

续表 6

测量代号	比较项目	楚克奇组	藏族 A 组	藏族 B 组
1	颅　长	182.9(28)	174.8(17)	185.5(14)
8	颅　宽	142.3(28)	139.4(17)	139.4(14)
8：1	颅指数	77.9(28)	79.8(17)	75.3(14)
17	颅　宽	133.8(27)	131.2(17)	134.1(15)
17：1	颅长高指数	73.2(28)	75.1(17)	72.1(14)
17：8	颅宽高指数	94.0(28)	94.1(17)	96.3(14)
9	最小额宽	95.7(28)	92.6(17)	94.3(15)
9：8	额宽指数	〔67.3〕	〔66.4〕	〔67.6〕
32	额倾角	77.9(27)	85.5*	82.5*
45	颧　宽	140.8(27)	130.4(17)	137.5(15)
48	上面高	78.0(28)	69.4(15)	76.5(15)
48：17	垂直颅面指数	58.5(27)	〔52.9〕	〔57.0〕
48：45	面指数	55.4(28)	〔53.2〕	〔55.6〕
77	鼻颧角	147.8(28)	144.0*	144.0*
zm1∠	颧上颌角	137.4(27)	—	—
40：5	面突度指数	〔99.5〕	〔95.6〕	〔98.0〕
72	面　角	85.3(27)	87.4(15)	85.7(14)
74	齿槽面角	78.6(26)	—	—
52	眶　高	36.3(28)	35.0(17)	36.7(15)
52：51	眶指数	82.4(28)	84.2(17)	84.6(15)
54：55	鼻指数	44.7(28)	50.4*	49.4*
DS：DC	眶间宽高指数	50.4(25)	37.0(16)	39.1(15)
SS：SC	鼻根指数	45.8(25)	31.5(16)	34.6(15)
75(1)	鼻骨角	23.9(15)	15.7*	18.7*

续表 6

测量代号	比较项目	甘肃铜石时代组	甘肃火烧沟组	罗布泊突厥组
1	颅　长	181.6(25)	182.8(57)	185.7(3)
8	颅　宽	137.0(26)	138.4(50)	136.0(3)
8：1	颅指数	75.0(25)	75.9(49)	73.3(3)
17	颅　宽	136.8(26)	139.3(55)	142.0(3)
17：1	颅长高指数	75.7(23)	76.1(53)	76.5(3)
17：8	颅宽高指数	100.5(25)	100.7(47)	104.3(3)
9	最小额宽	92.3(24)	90.1(60)	88.0(3)
9：8	额宽指数	〔67.4〕	64.9(50)	64.7(3)
32	额倾角	—	84.3(52)	83.5(3)
45	颧　宽	130.7(19)	136.3(52)	139.3(3)
48	上面高	74.8(16)	73.8(53)	75.7(3)
48：17	垂直颅面指数	〔54.7〕	53.1(48)	53.3(3)
48：45	面指数	56.5(15)	54.4(46)	53.7(3)
77	鼻颧角	—	145.1(58)	—
zm1∠	颧上颌角	—	131.1(51)	—
40：5	面突度指数	〔95.3〕	95.3(50)	93.7(3)
72	面　角	85.0(17)	86.7(47)	85.5(3)
74	齿槽面角	—	79.4(46)	—
52	眶　高	33.8(16)	33.8(60)	32.3(3)
52：51	眶指数	75.1(19)	79.7(59)	75.7(3)**
54：55	鼻指数	47.3(18)	49.9(59)	44.8(3)
DS：DC	眶间宽高指数	—	—	—
SS：SC	鼻根指数	—	35.6(54)	40.0(3)
75(1)	鼻骨角	—	—	24.5(1)

(48：17)更低,上面水平扁平度(77)也更小,鼻突度[SS：SC、75(1)]也不如楚克奇组强烈等。

与华北组及蒙古族组的比较大体上如前节之讨论。即在颅型上,M组显然比他们更狭长(8：1),而中等高的颅(17、17：1)则有些接近蒙古族组而与华北组的典型高颅性质有区别。此外在面部测量上,额形(9、32)的绝对测值似在这两个现代组之间,但相对额宽(9：8)明显接近华北组。颧宽和面高(45、48)也大致如此,但与狭面的华北组特点更符合。垂直颅面指数(48：17)也在两组之间,也可能较近华北组。面指数(48：45)虽与蒙古族组接近,但M组绝对面宽较狭,因而未必与蒙古族组的面形更接近。在面部水平扁平度上也表现出某种不确定性质,如M组的上面扁平度（77）不如蒙古族组大而略近华北组，而其中面部扁平度（zm1∠）则比蒙古族组相近而与华北组更扁平一些。在面部矢状方向突度(72、40：5)上,和华北组趋向一致而不如蒙古族组那样有更明显的平颌,其齿槽突度(74)则和这两个组的差别不大而略近蒙古族组。M组的眶形(52：51)也比这两个组稍偏低,而在鼻形(54：55)上,M组似与华北组更接近。鼻突度[SS：SC、75(1)]则比华北组强烈一些,但比蒙古族组较弱而介于两者之间。眶间鼻梁部的相对高(DS：DC)与蒙古族组的测值接近而比华北组的更强烈。总之,M组在其面骨形态测量特征上与华北组或蒙古族组之间的关系，没有表现出对其中的一个组特别明确的接近,而是在若干特征上或近或疏于这两个组,或介于两组之间。这再次说明M组在形态学上某种不特别分化的性质。但如果考虑到现代蒙古族在颅形上强烈的短颅化,很宽的面宽,鼻骨突度有些趋向更强烈等级及低颅化倾向等综合特点而表现出更分化的性质，那么M组恰好在这些特征上相对更接近现代华北类型。因此也可以说,M组在一般体质形态特征的结合上,比较接近大陆蒙古人种而更趋近太平洋蒙古人种的东支类型。

与以上几个现代组相比,M组与西藏B型颅骨组(代表西藏东部包括四川西部来源的藏族头骨）之间在测量特征上的关系是值得注意的。例如M组在颅型(8：1)上与前述几个比较组的不一致性很强烈,然而与藏族B组相比,在颅形上的差异由于后者也趋向长颅化而明显缓和了。在绝对和相对颅高及颅宽上(17、17：1、17：8),M组与藏族B组也明显趋于同型。在其他重要的面部测量特征上(9、9：8、32、45、48、48：17、48:45)更表现出强烈的接近,在面部和鼻突度的测值上[77、72、40：5、SS： SC、75(1)],两者的组间差也不大或很小。如果说他们之间的某种偏离,即在M组眶形(52、52：51)比藏族B组偏低,鼻形(54：55)更趋狭,眶间鼻梁处的相对突度(DS：DC)比藏族B组更强烈。但这些偏离显然不能掩盖M组在总的颅型和面部特征上与西藏东部颅骨形态学的强烈同型性质(图3,1~6)。与此强烈对照的是M组与西藏A组(代表西藏西南部藏族类型的一组头骨,他们与藏族B组属于不同地区类型,这一点将在后文讨论)之间的形态偏离。如藏族A组在颅形上(8：1)比M组更短,相对颅宽(17：8)也更宽,额坡度(32)更直,特别是颧宽和面高(45、48)更狭而低,相对面形指数(48:45、48:17)也同时表现趋低倾向。鼻突度[SS:SC、75(1)]比M组更弱,鼻形趋向阔鼻(54:55),眶间鼻梁突度(DS:DC)明显减弱。这一系列颅、面测量特征的偏离也大体上是藏族A、B组之间偏离的重复。因而证明藏族A组与焉布拉克M组之间,在一般体质形态上的差异尤如两个藏族组之间的异型而可能归属不同的蒙古人种地区类型。

除了与现代居民人类学关系外,需要进一步考察M组与邻近古代居民人类学资料的联系。在续表6中列两个古代甘肃组中,一组代表安特生从甘肃、河南考古收集的材料,其中,来自甘肃的占大多数(约30具头骨),河南的很少(6具),他们被称做铜石时代的头骨[10]。另一组是经笔者测量的甘肃玉门火烧沟青铜时代墓地出土的头骨,其文化时代比安特生的一组头骨更明确。

从颅型(8:1)上来说,甘肃铜石时代组也趋向长颅化,但颅高趋向高颅型(17、17:1),相对颅宽(17:8)不如M组狭。甘肃铜石时代组缺额坡度测量,但就额宽的测定(9、9:8),与M组接近。在面型测量上,甘肃铜石组的面宽和面高(45、48)尺寸比M组小,即属于面狭而较高的类型,其面指数(48:45)比M组稍高一些,为狭面型,而M组则接近狭面型下界。但两者在垂直颅面比例上(48:17)又更接近一些。两组在面部矢状方向突度(72、40:5)上也接近而属于平颌类型。在面部水平方向突度上,甘肃铜石组缺乏相应比较角度的测量,另提供了中面水平的从鼻棘点向左右两侧颧颌点连线的夹角(zm—ns—zm)为139.0度。而焉布拉克M组实测此角的组值为137.4度。可见,这两组在中面水平上的扁平度是接近的。眶形(52:51)上,M组比前述几个现代组都偏低一些,然而甘肃铜石组的眶形更低。从眶形变化方向考虑,焉布拉克M组偏低性质与甘肃铜石组的低眶特点不无联系。在鼻形上,无论M组还是甘肃铜石组都具有狭鼻倾向,其鼻指数(54:55)彼此很接近。可惜的是甘肃铜石组缺乏其他鼻部形态的测量资料,难作更多的比较。尽管如此,依靠以上不十分完整的资料也不难看出,焉布拉克M组与甘肃铜石时代组在一般的颅骨形态学上存在相当的一致性,他们之间彼此接近的程度甚至大过M组与现代华北人之间的程度。而两者之间最重要的偏离是M组没有像甘肃铜石组那样明确的高颅性质,因而使它与东蒙古人种的联系不如甘肃铜石组明确。

与甘肃的另一个组——火烧沟青铜时代组相比,大体上重复了上述的比较。如在颅型上,M组也是比火烧沟组偏低(17、17:1),后者也是高颅类型。相对颅宽(17:8)上,M组的狭颅倾向不如火烧沟组强烈,颅形(8:1)也不比后者更长一些。额形(9、9:8、32)上的差异不特别强烈,火烧沟组有些更狭而直。面形的测量(45、48)偏离也不特别大,特别在面指数上(48:45)几乎相等。垂直颅面指数(48:17)上,M组比火烧沟组更高一些,这与M组颅高偏低和配有相对更高的面有关。在上面扁平度上(77),M组与火烧沟组相差不大,但在中面水平上(zm1

∠)，比火烧沟组扁平度更强烈。在矢状方向面突度上，两组无论总的面部突出(72、40：5)还是上齿槽突度(74)都很一致。眶形上(52：51)，两组也几乎相同，但火烧沟组的鼻形(54：55)有些趋向阔鼻倾向。鼻突度(SS：SC)两组接近同型，但M组比火烧沟组偏高一些。这些补充比较资料表明，焉布拉克M组与甘肃两个古代组之间，在一般的颅形和面形上的偏离并不如同现代组之间的偏离那样强烈，他们之间最值得注意的差异在于甘肃古代组的颅形不如M组长，同时结合明确的高颅特点，因而他们在类型学上与现代东蒙古人种的联系更为明显。相反，焉布拉克M组的低颅倾向和鼻突度较趋强烈，使他们与东蒙古人种的联系有些淡化。

最后是与罗布泊附近的所谓古突厥组的比较。这是一组来源与时代不很明确和数量不多的头骨，报告只指称他们出自罗布泊附近的古代定居突厥人的墓葬，对这些头骨的种族类型进行了多种推测，但最后未能明确他们应该属于蒙古人种的何种类型[11]。作者对这组材料的测量数据做过形态距离的定量考察，曾指出他们与甘肃两个古代组(即甘肃铜石时代组和火烧沟青铜时代组)乃至与河南安阳殷代中小墓组之间表现出比外贝加尔湖地区的古代突厥组之间更小的形态距离[14]。如果将他们与焉布拉克M组相比，可以说在颅形上(1、8、8：1)彼此非常一致，都是明显的长颅类型。但在颅高上(17、17：1)，M组比罗布泊突厥组更低，而后者为典型高颅类型，其相对颅宽(17：8)也比M组更狭，绝对和相对额宽(9、9：8)更小，但额坡度(32)两者接近。在面部测量上，罗布泊突厥组的面宽(45)属于大尺寸的，M组则明显更狭一些，但在绝对和相对面高(48、48：45)及垂直颅面比例(48：17)上，两组表现相当接近，面部在矢状方向突度上(72)也比较接近。面部水平方向突度则缺少比较数据。如果以面部突度指数(40：5)估计面部齿槽突度，则焉布拉克M组比罗布泊突厥组稍大一些，但两者都可归入平颌类型。在鼻形(54：55)上，罗布泊突厥组的狭鼻性质甚至比M组更强烈，眶形(52：51)也比M组更趋向低眶。罗布泊组的鼻突度[SS：SC、75(1)]也可能比M组更强烈一些。

以上根据各项颅面形态特征的测量平均值逐个比较讨论了焉布拉克M组与其他现代与古代组之间的组间关系。为了使这些观察更量值化，下边进一步采用组间差距离的概念估计M组与其他对照组之间可能的接近或疏远程度。在表7中，共选列了12项颅、面部测量特征，他们的组间差变异范围如下[6]：

表 7　焉布拉克 M 组与其他现代和古代颅骨测量组(12 项)之比较(男性)一览表

测量项目和代号	焉布拉克 M	华　北	蒙　古	楚克奇	藏族 A	藏族 B	甘肃铜石时代	甘　肃火烧沟	罗布泊突　厥
颅　长(1)	187.6	178.7	182.2	182.9	174.8	185.5	181.6	182.8	185.7
颅　宽(8)	136.4	139.1	149.0	142.3	139.4	139.4	137.0	138.4	136.0
颅指数(8:1)	72.8	77.9	82.0	77.9	79.8	75.3	75.0	75.9	73.3
颅　高(17)	133.9	136.4	131.4	133.8	131.2	134.1	136.8	139.3	142.0
上面高(48)	76.4	73.6	78.0	78.0	69.4	76.5	74.8	73.8	75.7
颧　宽(45)	135.1	131.4	141.8	140.8	130.4	137.5	130.7	136.3	139.2
面指数(48:45)	54.7	56.0	55.0	55.4	53.2	55.6	56.5	54.4	53.7
眶指数(52:51a)	83.4	88.3	88.8	87.8	88.6	89.6	80.1	85.4	80.8
鼻指数(54:55)	46.5	47.5	48.6	44.7	50.4	49.4	47.3	49.9	44.8
面　角(72)	86.5	85.0	90.4	85.3	87.4	85.7	85.0	86.7	85.5
鼻骨角〔75(1)〕	19.9	18.4	22.4	23.9	15.7	18.7	—	—	24.5
额倾角(32)	82.1	84.2	80.5	77.9	85.5	82.5	—	84.3	83.5

注:表中数值除藏族 A 组取自文献⑨外,其他组来源同表 6 注。

测量项目	组间变异范围	组间距离
颅 长 （1）	168~198	20
颅 宽 （8）	126~158	32
颅指数（8：1）	66~86	20
颅 高 （17）	123~145	22
上面高（48）	60~82	22
颧 宽 （45）	120~145	25
面指数（48：45）	48~58	10
眶指数（52：51a）	76~90	15
鼻指数（54：55）	40~58	18
面 角 （72）	75~90	15
鼻骨角〔75(1)〕	13~37	24
额倾角（32）	74~88	14

计算方法是将每项的两组组差与组间距离的百分比值总和，然后除以项目数 12，其得百分比商值的大小代表对比组间可能的形态距离。计算结果列入表 8。不难看出，焉布拉克 M 组与藏族 B 组的形态距离值最小，其次是与罗布泊突厥和火烧沟两组也有比较小的距离。然而这样的形态距离大致代表什么样的概念？特别是 M 组与藏族 B 组的距离最小，他们是否代表相同的体质类型？作为一种粗略的估计，我们采用同一种方法和相同的测量项目，计算了某些地区同族不同颅骨组之间的组间形态距离。例如在四个现代布里亚特族组（外贝加尔湖组、东干组、西部组和莫兰特组）之间的形态距离范围是 4.48~11.60；四个阿依努族组（两个北海道组和两个库页岛组）之间为 6.58~12.00；三个爱斯基摩族组（两个那俄康组和一个东南部组）之间为 6.47~ 9.80；两个楚克奇族组（驯鹿组与滨海组）之间为 5.50；两个卡尔梅克族组之间为 8.42。由这些计算表明，在这些同族不同组之间一般的形态距离是小的，从 4.48~12.00 不等，反映了他们彼此强烈的同质性质。与此相比，焉布拉克 M 组与藏族 B 组之间的距离（9.84）虽不如两个楚克奇组或两个卡尔梅克组之间的小，但仍在四个布里亚特组或四个阿依努组之间的组间距离范围之内，和三个爱斯基摩组之间距离的上界值也几乎相等。由此估计，焉布拉克 M 组和现代藏族 B 组之间在体质上一致性应该很强烈。特别考虑到，在这两个组之间存在近 3000 年的时代间隔，地理分布方向也不相同，但在形态距离上依然表现出如此接近，因而把他们估计为类似“同族不同组”的体质形态关系也是不过分的。

已经指出，焉布拉克 M 组与甘肃火烧沟组和罗布泊突厥组之间也有较小的形态距离值，他们大致和四个布里亚特组之间或四个阿依努组之间的上界值接近，而其接近程度明显大于同其他现代蒙古人种组之间的距离。因此，他们之间也可能归类于同一个东蒙古人种类型，而且，他们也都共同地表现出同其他蒙古人种类型的明显偏离（见表 8）。

表 8　焉布拉克 M 组与其他现代和古代组组间形态差异距离(男性)一览表

	焉布拉克M	华北	蒙古	楚克奇	藏族A	藏族B	甘肃铜石时代	甘肃火烧沟	罗布泊突厥
焉布拉克M		14.71(12)	20.61(12)	15.89(12)	22.42(12)	9.84(12)	14.37(10)	11.93(11)	11.12(12)
华北	14.71(12)		20.50(12)	15.69(12)	12.74(12)	10.42(12)	10.21(10)	10.79(11)	18.68(12)
蒙古	20.61(12)	20.50(12)		12.49(12)	22.02(12)	15.63(12)	27.42(10)	20.88(11)	26.26(12)
楚克奇	15.89(12)	15.69(12)	12.49(12)		24.96(12)	12.46(12)	18.28(10)	16.86(11)	17.81(12)
藏族A	22.42(12)	12.74(12)	22.02(12)	24.96(12)		17.85(12)	22.83(10)	16.28(11)	28.68(12)
藏族B	9.84(12)	10.42(12)	15.63(12)	12.46(12)	17.85(12)		15.79(10)	10.74(11)	16.91(12)
甘肃铜石时代	14.37(10)	10.21(10)	27.42(10)	18.28(10)	22.83(10)	15.79(10)		13.33(10)	13.69(10)
甘肃火烧沟	11.93(11)	10.79(11)	20.88(11)	16.86(11)	16.28(11)	10.74(11)	13.33(10)		12.94(11)
罗布泊突厥	11.12(12)	18.68(12)	26.26(12)	17.81(12)	28.68(12)	16.91(12)	13.69(10)	12.94(11)	

强调了焉布拉克M组同藏族B组的同质性，还应该指出两者之间存在的某些偏离。如藏族B组颅形比M组有些变短，眶形增高，鼻突度略有弱化等。这种变异趋势实际上也可能在该地区的古代和现代华北人之间存在。例如现代华北组的颅形比两个古代甘肃组也有些偏短，眶高明显增高，鼻突度有些弱化（见表6）。因而这些变异可能具有某种时代偏离意义。

焉布拉克M组与藏族B组在体质上强烈地接近也可表示在（图5,5）上：由于在基本的颅、面部形态测量上彼此接近，两组折线在亚洲蒙古人种变差范围内摆动的方向也彼此一致。

（四）C组与邻近古代欧洲人种头骨组之比较

在形态观察和测量特征的大人种分析中，已经初步指定C组8具男性头骨基本上代表了一组长颅型欧洲人种头骨。然而他们又和何种欧洲人种支系类型有联系或关系可能更密切，这是有待讨论的问题。在下面，利用新疆境内三组代表不同欧洲人种类型的资料进行这种比较（见表9），表列这三个组的材料来源及时代和种族类型交待如下：

古墓沟组——这是1979年从距离罗布泊约70公里的孔雀河下游北岸台地沙丘被命名为古墓沟的古代墓地出土的。该墓地建立时代大概是当地文化发展的青铜时代，多数 C_{14} 年代测定数据距今约3800年左右。骨骼的体质形态特点与原始欧洲人种的古欧洲型比较接近[15]。

楼兰城郊组——这批人骨是1979～1980年从著名古楼兰城址东郊的两个高台地上发现的古墓葬中出土的。墓葬遗存中多见受汉文化影响的器物，C_{14} 年代测定距今约2000年，大致相当东汉时期。这些墓葬被认定代表古楼兰国时期的遗存。骨骼中欧洲人种成分特点与地中海东支类型（印度—阿富汗类型）比较接近[16]。

昭苏土墩墓组——这是20世纪60年代初从昭苏夏台、波马等地古代土墩墓中出土的。据出土器物特点、墓葬分布地理位置和 C_{14} 年代测定，这些墓葬大概代表公元前后几个世纪占居伊犁河流域的古代塞人、乌孙的遗存。在骨骼成分中，欧洲人种因素占优势，大体上与中亚两河类型（帕米尔—费尔干类型）比较接近[17]。

从表9列举一系列测量数据来看，昭苏古代组具有短而宽的颅型，与焉布拉克C组的长颅化特点明显不同（1、8、8：1、17：8）。前额也更宽（9、9：8、9：45），面更高而宽（48、45），垂直颅面高比例（48：17）也更高一些。面部矢状方向突度（72、73、74）比C组稍弱，水平方向突度（77、zm1∠）则更明显一些。两组在鼻形（54：55）上的差异不大，但昭苏组的鼻根突度（SS：SC）更强烈。这些差异可能具有类型学偏离的意义。

表 9　焉布拉克 C 组与其他邻近组头骨测量值比较(男性)一览表

测量项目与代号	焉布拉克 C	古墓沟	楼　兰
颅　长(1)	183.3(8)	184.3(10)	193.8(2)
颅　宽(8)	133.3(8)	138.0(10)	138.0(2)
颅指数(8：1)	72.7(8)	75.0(10)	71.1(2)
颅　高(17)	135.8(8)	137.5(9)	145.3(2)
颅长高指数(17：1)	74.1(7)	74.5(9)	74.9(2)
颅宽高指数(17：8)	101.9(8)	99.7(9)	105.4(2)
最小额宽(9)	90.9(8)	93.1(10)	94.5(2)
额宽指数(9：8)	68.2(8)	67.5(10)	68.6(2)
额颧宽指数(9：45)	68.6(8)	68.2(9)	70.4(2)
额倾角(32)	82.0(8)	82.2(9)	85.5(2)
上面高(48)	71.2(8)	68.7(9)	79.7(2)
颧　宽(45)	132.5(8)	136.2(9)	134.4(2)
面指数(48：45)	53.8(8)	50.6(8)	59.5(2)
垂直颅面指数(48：17)	52.5(8)	50.3(8)	55.0(2)
面　角(72)	85.2(8)	85.3(9)	92.5(2)
鼻面角(73)	86.1(8)	85.6(9)	94.0(2)
齿槽面角(74)	83.1(8)	85.1(9)	89.0(2)
鼻颧角(77)	143.4(8)	141.1(10)	132.3(2)
颧上颌角(zm1∠)	132.5(7)	127.8(9)	131.8(2)
眶指数(52：51)	78.1(8)	72.5(9)	83.4(2)
鼻指数(54：55)	48.7(7)	51.5(10)	45.2(2)
鼻根指数(SS：SC)	45.9(8)	43.7(10)	64.4(2)
鼻骨角〔75(1)〕	27.6(7)	29.0(8)	28.5(2)
鼻尖角(75)	58.7(7)	57.4(8)	62.0(1)
鼻尖点指数(SR：O_3)	37.1(6)	36.4(8)	—
眶间宽高指数(DS：DC)	51.6(7)	52.2(10)	57.8(2)

注:1.古墓沟、楼兰、昭苏三组分别引自文献⑮、⑯、⑰;阿凡纳羡沃和安德洛诺沃各组引自文献⑱。

2.方括弧中数值由平均值计算的估计值。

续表 9

测量项目与代号	昭　苏	焉布拉克 M	米努辛斯克 阿凡纳羡沃
颅　长(1)	179.9(7)	187.6(10)	192.1(18)
颅　宽(8)	150.5(7)	136.4(10)	144.1(16)
颅指数(8：1)	83.8(6)	72.8(10)	75.3(16)
颅　高(17)	135.1(6)	133.8(8)	132.6(13)
颅长高指数(17：1)	75.2(6)	71.8(8)	69.3(12)
颅宽高指数(17：8)	89.8(6)	98.0(8)	91.5(12)
最小额宽(9)	98.7(7)	93.7(11)	99.7(21)
额宽指数(9：8)	65.7(7)	68.5(10)	69.5(16)
额颧宽指数(9：45)	71.3(6)	69.9(8)	〔72.0〕
额倾角(32)	83.1(6)	82.1(9)	75.1(10)
上面高(48)	73.4(7)	76.4(8)	71.8(12)
颧　宽(45)	139.2(6)	135.1(8)	138.4(10)
面指数(48：45)	52.7(6)	54.7(8)	52.3(10)
垂直颅面指数(48：17)	54.3(6)	55.5(5)	55.3(10)
面　角(72)	87.3(6)	86.5(6)	86.1(10)
鼻面角(73)	87.6(6)	88.8(7)	87.7(8)
齿槽面角(74)	84.7(6)	80.8(6)	82.9(8)
鼻颧角(77)	140.8(7)	143.8(10)	137.6(10)
颧上颌角(zm1∠)	129.4(7)	138.8(8)	128.7(10)
眶指数(52：51)	74.5(6)	80.2(11)	73.6(9)
鼻指数(54：55)	49.4(7)	46.5(9)	50.3(12)
鼻根指数(SS：SC)	54.7(6)	37.6(10)	59.5(9)
鼻骨角〔75(1)〕	28.0(4)	19.9(5)	32.7(10)
鼻尖角(75)	58.3(3)	66.2(5)	—
鼻尖点指数(SR：O_3)	—	31.0(7)	—
眶间宽高指数(DS：DC)	58.1(4)	46.3(10)	63.3(7)

续表 9

测量项目与代号	阿尔泰 阿凡纳羡沃	米努辛斯克 安德洛诺沃	哈萨克斯坦 安德洛诺沃
颅　长(1)	191.7(16)	187.2(22)	185.0(16)
颅　宽(8)	142.4(16)	145.0(22)	141.5(16)
颅指数(8：1)	74.4(16)	77.5(22)	76.4(16)
颅　高(17)	140.2(13)	138.7(21)	136.8(9)
颅长高指数(17：1)	73.2(13)	74.1(20)	75.8(9)
颅宽高指数(17：8)	98.6(13)	95.7(20)	108.1(8)
最小额宽(9)	100.7(19)	100.9(23)	97.6(16)
额宽指数(9：8)	70.9(16)	69.7(22)	〔69.0〕
额颧宽指数(9：45)	〔71.1〕	〔71.3〕	〔71.0〕
额倾角(32)	81.6(13)	83.3(16)	86.1(12)
上面高(48)	71.7(17)	68.3(20)	68.3(15)
颧　宽(45)	141.6(16)	141.5(20)	137.4(13)
面指数(48：45)	50.9(15)	48.1(19)	50.5(12)
垂直颅面指数(48：17)	52.0(13)	49.2(20)	50.0(9)
面　角(72)	84.4(12)	85.5(17)	86.1(12)
鼻面角(73)	85.0(5)	86.4(16)	87.9(10)
齿槽面角(74)	83.2(5)	82.6(5)	—
鼻颧角(77)	138.3(10)	139.2(18)	138.1(11)
颧上颌角(zm1∠)	128.0(10)	128.1(18)	127.4(12)
眶指数(52：51)	73.9(7)	71.1(19)	71.9(4)
鼻指数(54：55)	51.1(15)	51.7(20)	49.3(15)
鼻根指数(SS：SC)	59.3(7)	53.7(18)	60.2(10)
鼻骨角〔75(1)〕	34.7(11)	31.9(16)	31.4(13)
鼻尖角(75)	—	—	—
鼻尖点指数(SR：O_3)	—	—	—
眶间宽高指数(DS：DC)	64.4(7)	62.1(17)	62.4(9)

焉布垃克C组与楼兰城郊组在颅形上的差异小，都是长而狭的颅型(1、8、8：1、17：1)，仅后者的相对颅宽(17：8)更狭一些。但楼兰组的绝对和相对面高(48、48：45)比C组更高，垂直颅面指数(48：17)也更高，额形更宽而直一些(9、9：45、32)，矢状方向面突度(72、73、74)更弱，但水平方向面突度(77)更强烈，眶型(52：51)更高，鼻形(54：55)更狭，鼻突度更强烈[SS：SC、75(1)、75、DS：DC]。相对来说，焉布拉克C组则表现出趋向低狭的面型(48、45、48：45、48：17)，额更狭(9、9：45)而欠直(32)。矢状方向面部突度更明显(72、73、74)，水平方向面突度中等(77)，眶型趋低(52：51)，鼻型稍趋宽(54：55)，鼻突度不如楼兰组强烈[SS：SC、75(1)、75、DS：DC]。总之，尽管这两个组都代表长颅型欧洲人种，但在面形基本特征上，彼此存在明显的偏离，换言之，焉布拉克C组应属于同楼兰组不同的另一类长颅化欧洲人种。

比较之下，在许多测量特征上，焉布拉克C组与古墓沟组之间表现出更多的接近。如两组在额形上基本相似(9、32、9：8、9：45)、C组面高仅比古墓沟组稍高狭一些(48、45、48：45、48：17)，其间差异不特别明显。在面部矢状方向和水平方向突度上，两组基本相似(72、73、74、77、zm1∠)，鼻骨和鼻梁突度也基本接近[SS：SC、75(1)、75、SR：O_3、DS：DC]。两组之间的差异仅在C组的颅形比古墓沟组还要狭长一些(8：1)，鼻形稍趋狭(54：55)，眶形有些增高(52：51)。

从以上多项测量特征的组值直接进行的组间差异观察，不难发现，焉布拉克C组与古墓沟组的相似点比它同昭苏或楼兰组的共同点更多而明显。对这个观察结果，我们利用表9各项测量特征，使用欧氏形态距离计算(多元分析方法之一)，进行补充讨论。计算形态距离公式为：

$$dik=\sqrt{\frac{\sum_{j=1}^{m}(Xij-Xkj)}{m}}$$

式中i≒k；i、k代表颅骨组，j代表测量项目；m代表测量项目数；i、k=1、2、3、4；dik代表两个比较组之间的形态距离系数，此系数值越小，两组在总的形态类型上可能越接近，否则反之。具体计算的各项dik值如表10。从获得的系数值来看，焉布拉克C组与古墓沟组之间，无论在颅形的测量项目或面形的测量项目或全部的测量项目上，其dik值都是最小的(分别为2.04、2.68、2.46)；相反，C组与其他两个组之间的相应项目的系数值都明显增大(C组与楼兰组之间的相应系数分别为5.16、6.83、6.22；C组与昭苏组为8.09、3.77、5.89；C组与M组为2.49、4.72、4.01)。这可以补充证明，焉布拉克C组与古墓沟组之间在体质形态学上比较接近，与昭苏、楼兰组之间更多偏离，与M组之间大致也如此。相比之下，焉布拉克C组与昭苏组之间，面部测量项目的dik值较小(3.77)，这可能和昭苏类型的体质形态基础与原始欧洲人种的联系有关，而更强烈地差异表现在颅型上(8.09)。C组与楼兰组之间的偏离在面部测量特征上表现得特别强烈(6.83)，说明两者属于不同的欧洲人种类型，与焉布拉克M组之间，颅形上距离(2.49)很小，但在面形上的距离明显增强(4.72)，这也可说明他们不同的种系类型。

对焉布拉克C组与古墓沟组间的形态距离作何种估计？这是需要讨论的另一个问题。为此，我们补充计算了在时代、文化性质和种族组成基本相同的不同颅骨测量组之间的形态距离系数，即苏联阿尔泰地区和米努辛斯克地区出土的同属阿凡纳羡沃文化的一对头骨组之间和米努辛斯克和哈萨克斯坦出土的同属安德洛诺沃文化的一对头骨组之间的形态距离值(见表9、10)。可以看出，无论在一对阿凡纳羡沃组之间还是一对安德洛诺沃组之间，他们的颅形测量的dik值(分别为4.16和4.45)都比焉布拉克C组与古墓沟组之间的同类值(2.98)更大，这说明后两组在颅部特征上的偏离比一对同名文化头骨之间的更小。在面部测量项目上，C组与古墓沟组之间的形态距离（2.68）则在这两对同名文化组之间(两个阿凡纳羡沃组之间为1.68；两个安德洛诺沃文化组之间为2.77)。而全部项目的距离值，C组与古墓沟组之间居最小(2.46)。如果这种方法不失为一种估计，那么，焉布拉克C组与古墓沟组之间在形态类型上的距离不会超出同种系类型的变异水平。由此可以推测，焉布拉克古墓地的欧洲人种成分与邻近罗布泊地区青铜时代欧洲人种成分具有更直接的种族人类学联系。

表10　焉布拉克C组与其他组之欧氏形态距离系数比较一览表

形态距离(dik)	焉布拉克C—古墓沟	焉布拉克C—楼兰	焉布拉克C—昭苏	焉布拉克C—焉布拉克M	米努辛斯克阿凡纳羡沃—阿尔泰阿凡纳羡沃	米努辛斯克安德洛诺沃—哈萨克斯坦安德洛诺沃
颅部项目dik	2.04(10)	5.16(10)	8.09(10)	2.49(10)	4.16(10)	4.45(10)
面部项目dik	2.68(16)	6.83(15)	3.77(15)	4.72(16)	1.68(14)	2.77(13)
全部项目dik	2.46(26)	6.22(25)	5.89(25)	4.01(26)	2.98(24)	3.45(23)

然而如前文已经指出，焉布拉克C组与具有某些原始形态的古墓沟头骨相比，依然可以感觉到某些形态的变异，如C组颅形比古墓沟组更狭长一些，颅高可能略为降低，上面高度稍升高，但面宽变狭，面部水平突度也可能略有减弱，眶形增高，鼻形趋狭。值得注意的是C组与古墓沟组的这些形态偏离又似乎表现出C组与焉布拉克M组在这些特征上的某种趋近。这种现象如果并非偶然，那么或许这是在相同地理生态环境下形成的某种趋同，但也可能具有两个人种支系成分混杂的意义。不过从焉布拉克人类学材料中，还很难有信心指出其形态学上的

居间类群存在,因此即便存在这种生物学上难以避免的混杂,但更多的可能还是“物理”的混居性质。这至少在本文收集的数量有限的人类学材料上是如此。

三、头骨种系分类与文化分期

在分析了焉布拉克墓地人类头骨的种族形态特点之后，还可以考察这种形态分类与墓葬考古分期之间有什么联系。据发掘报告,焉布拉克的墓葬按其形制和随葬器物特点,分为早晚一至三期。前文已经指出,在本文选测的29具头骨中,No.1 ~ 21的21个个体判定为蒙古人种支系类型,No.22 ~ 29定为欧洲人种支系类型,他们各自所属墓葬分期列于表11。可以看出,在属于蒙古人种支系头骨中能分期的有16具,除了No.2和No.6这2具出自二期墓葬外,其余14具都出自较早的一期墓葬；而在属于欧洲人种支系的7具头骨中，出自二期墓的有4具,一期墓的3具。换句话说,在全部一期墓的17具头骨中,蒙古人种头骨14具约占82%,欧洲人种头骨3具约占18%;而在6具二期墓的头骨中,蒙古人种头骨只有2具占33%,欧洲人种头骨4具占67%。从这些随机抽样获得的统计数

表11　　焉布拉克墓地头骨编号与文化分期对照表

本文编号	原编号	新编号	文化分期	本文编号	原编号	新编号	文化分期
№.1	T2M3	M67	一	№.16	T2		
№.2	T30M2	M23	二	№.17	T2M3	M67	一
№.3	T2M2	M66	一	№.18	T1M2	M71	一
№.4	T30			№.19	T3M3	M69	一
№.5	T2M2	M66	一	№.20	T3M1	M75	一
№.6	T12M7	M43	二	№.21	T32		
№.7	T12			№.22	T21		
№.8	T1M3	M64	一	№.23	T21M5	M30	二
№.9	T3M4	M63	一	№.24	T22M1	M27	二
№.10	T21			№.25	T2M2	M66	一
№.11	T3M5	M70	一	№.26	T22M1	M27	二
№.12	T1M2	M71	一	№.27	T2M4	M74	一
№.13	T1M1	M72	一	№.28	T11M2	M55	一
№.14	T11M8	M41	一	№.29	T12M3	M49	二
№.15	T1M2	M71	一				

据可能表明，早期墓（一期）基本上由蒙古人种支系成分所代表，属于欧洲人种成分者为少数；到较晚期墓（二期），则欧洲人种成分所代表的墓似乎有相对明显的增加。如果这种分析不失为一种根据，那么可以设想，在形成焉布拉克古墓地的年代跨度里，曾经发生过种族人类学关系上的某种变化，即在种族构成上，有更多的欧洲人种系统的居民参加进来，表明在焉布拉克墓地的较晚时期，西方支系居民向东迁居更为活跃。

四、头骨创伤和颊齿异常磨损

在对搜集的人骨做性别年龄观察时，记录了几例颅骨创伤。同时，在这批头骨上呈现出普遍的颊齿异常磨蚀现象。这些资料可能反映焉布拉克古墓地居民昔日社会生活的某些侧面。

（一）颅骨创伤

在 No.23（86XHYT21M5） 头骨上可辨别到五处骨折伤（图版Ⅳ，9）：第一处在左顶骨前部中间紧靠同侧冠状缝后沿，是为圆形塌陷骨折或称凹陷骨折，其伤口直径约 2.5 厘米，周围环状骨折线已经愈合但未完全隐没，塌陷最深处约 0.8 厘米。颅腔内相应内骨板之环形骨折直径更大，骨折线亦愈合但未全然隐没。此骨折向颅腔内塌陷较轻，大概没有超过 0.5 厘米，因此伤后没有严重压迫脑组织而致死。第二处伤紧靠右顶结节上方，呈一长约 3.4 厘米之椭圆形穿孔骨折，骨折区内的骨片完全断离脱落，并从穿孔的前缘和外后缘各形成一支辐射状骨折线，前者一直延伸到前囟部，后者向下后方延伸约 2.5 厘米分叉，其中一支折向后方，另一支续延至枕乳缝。第三处在右侧前外侧眶上部分，为一较大型略近长圆的穿孔骨折，其长径约 4.5 厘米，骨折区内骨片也完全断落，此穿孔还与同侧翼区的不规则形较小穿孔相连续（后者也可能是死后人为破裂）。第四处在额眉间上方，为小型穿孔骨折，创口直径约 0.5 厘米，穿孔周围外骨板折裂剥落，呈不规则四边形，创口开口方向朝前外侧，表示凶器力线方向与骨面成一锐角。第五处在左额后部靠近冠状缝，成一细小的戳穿骨折孔，其外骨板骨折区仍保持部分骨折片。从以上几处骨创伤的情况来看，此个体在遭到第一处骨创伤后，创口骨组织修补愈合痕迹表明存活了一些时间。以后几处创伤未发生任何修补痕迹，表明这个个体死于这些创伤形成之时。

在 No26（86XHYT22M1） 头骨靠近左侧顶骨上外角处，存在直径约 0.6 厘米的圆形穿孔骨折，骨折区骨片已断裂脱落，创孔骨外板呈圆形，其边缘整齐，未出现骨折线。骨内板呈喇叭形剥落，其损伤面积较外骨板穿孔为大。

此外，据现场鉴定记录，在编号为 86XHYT2M2 表层中部偏西壁处出土的 1 具约 40～50 岁的女性破碎头骨，其右侧眶上部、左侧眶上缘、左顶结节下到颞鳞之间和右侧颞鳞上方也分别有穿孔骨折。在 86XHYT10M5 中的 1 具少年男性头骨的左侧顶结节处也发现穿孔骨折。86XHYT12 西北处出的一成年女性残颅片右前额也有一穿孔骨折。

从以上骨折伤的形态特点来看，致伤凶器可能有两类：一类是钝器，其中 No.23 头骨的第一处骨折伤呈圆形凹陷骨折，可能是接触面不太大的圆钝金、石凶器猛烈打击所致。而穿孔面积大而形状不甚规则并出现辐射骨折线者，可能是用接触面大的石、木质凶器打击所致。另一类凶器是尖形器类，如 No.26 头骨的小型圆形穿孔骨折，可能是被穿透力极强的金属箭头类器物击中所致。此外，没有发现刀斧类的砍割伤。

（二）颊齿异常磨损

这里所指异常磨损是指在两侧颊齿（前臼齿到臼齿列）上，常可注意到的一种倾斜度很大的牙齿磨蚀现象，即上下颊齿咬合面由内向外表现出强烈倾斜的磨耗。这种磨耗多集中于臼齿，磨蚀程度轻者限于齿冠，重者从齿冠波及齿根。据观察，在焉布拉克材料中，这种异常咬合磨损形式可在同一个体同时出现于左右侧，而且在男女性中皆有发现。在本文可观察的 24 具成年男性头骨中，可以明显指出有此种磨蚀者即占 50%。导致这种特型磨蚀的原因，可能与焉布拉克古代居民在其日常劳作中，经常将坚韧兽皮或某种条状纤维物咬紧于上下颊齿间，用力下拉的动作有关。

五、结论和讨论

现将哈密焉布拉克土岗古墓地人骨材料的种族人类学研究的主要结果讨论如下：

1. 从头骨形态和测量特征的观察分析上证明，焉布拉克古墓人类学材料中存在东西方不同支系的人种成分。在本文中提到的 29 具头骨中，可归属东方蒙古人种支系的约占 21 具（男 11、女 10），可归入西方高加索人种（欧洲人种）支系的约 8 具（皆男性）。这说明以该墓地所代表的古代居民的种族组成以蒙古人种为主成分（约占 72%），同时还有相当数量（约占 28%）的欧洲人种成分。因此推测，焉布拉克墓地所代表的古代居民是包含两个人种支系成分的人口群。

2. 形态和测量资料的分析还证明，焉布拉克墓地的蒙古人种成分（即文中 M 组头骨），在体质形态上一方面表现与现代蒙古人种东亚类型的接近，同时在某些特征上，表示与大陆蒙古人种类型的趋近。这种情况说明，他们在体质形态学上呈某种居间或不特别分化的性质。这种性质还进一步表现在更小种族类型的比较上，即焉布拉克蒙古人种头骨在形态学上几乎重复着我国西藏东部地区居民的一般特征（即本文的藏族B组头骨）。据英国学者G.M.莫兰特指出，这种B组头骨大多来自与云南和四川直接毗连的西藏东部卡姆（昌都）地区，头骨一般粗壮，绝对尺寸较大，颅形中—长颅型，面部高而相当宽，面部较扁平，眼眶高而圆，鼻突起弱，具有相对狭的鼻形和明显的突颌倾向。根据面部水平突度，这些头骨同其他东亚和南亚蒙古人种头骨相似[8]。以后，他和吴定良在另一篇以统计学方法对亚洲人种进行分类的论文中，着重指出藏族B型头骨同华北人颅骨形态相接近，同时指出了他们在其他东亚各组头骨中相对隔离的状态，以及还与克楚奇人比较接近的结论[19]。苏联学者H.H.切薄克萨罗夫也指出过西藏东部卡姆类型（B型）在亚洲人种中的特殊地位，认为在许多测量和指数特征上，东藏人处在华北人和类似贝加尔湖埃文克族人那样的典型大陆蒙古人种之间的过渡地位[7]。但埃文克人和东藏居民之间地域隔离，不能说明在他们之中存在相同的人种成分，同时也未必能够将卡姆类型同华北人完全等量齐观，而可以把卡姆类型看成同华北类型有区别的（例如趋向接近粗壮的北亚低颅蒙古人种类型）特殊东亚人种变种。布克斯通则认为，卡姆藏族人代表了形态学上更纯的人类学类型，这种类型在华北占优势，并可能同中央亚洲的原始居民有联系[7]。这样的类型大致也和W.特纳早期研究西藏居民时指出的身材较高、长头型及有纤细面部特点的所谓"武士型"相当[7]。苏联学者捷拜茨则曾不止一次假设卡姆藏人像爱斯基摩人那样，保存了太平洋蒙古人种古老的综合形态特点[20][21]。阿历克塞夫也认为藏族人多少呈现出原始蒙古人种的综合特征，如大而适度扁平的面，富有表现的雕塑型鼻，其鼻梁通常低，内眦褶皮发育弱或全然缺乏，毛发覆盖弱，直而黑色发，皮肤黝黑甚至相当光亮。阿历克塞夫和特罗布尼科夫最近在使用多变数分析法研究亚洲蒙古人种颅骨学资料的分类和系统关系问题时也支持卡姆藏人的特殊地位和保存着未分化的综合特征观点[12]。由此可见，尽管在许多学者中，对藏族B型或卡姆类型在蒙古人种支系中的性质和地位的提法上存在某些术语上或认识上的偏差，然而对他们在体质上的某种居间或不特别分化的性质之认识应该是相当一致的。有趣的是本文对焉布拉克墓地蒙古人种成分的研究也获得了与前述学者对东藏居民人类学特点很相近的看法，即焉布拉克M组头骨在形态和测量学上，一方面表现出与东亚蒙古人种的接近，一方面又具有和大陆蒙古人种某些相近的特点而表现出不特别分化的性质。而正是这样的综合特点，使焉布拉克蒙古人种成分的头骨和藏族B型头骨之间，在总的形态学上呈现出明显的同质性。因而本文建议将他们归属同一体质类型。

3. 人类学上，将东疆地区焉布拉克古代居民的体质类型与东藏地区B型体质类型联系起来，这对讨论现代藏种族起源问题是一个重要的线索。据汉代史籍，古代藏族居民与我国西北地区古代先民之间很早就有密切的联系。如《史记·五帝本纪》中说："黄帝二十五子，其得姓者十四人。……其一曰玄嚣，是为青阳，青阳降居江水；其二曰昌意，降居若水。"，即意指在很早的时候，西北的氐羌系居民中便有向西藏高原东的雅砻江、岷江流域迁徙。在《新唐书·吐蕃传》中也说："吐蕃本西羌属，盖百有五十种，散处河、湟、江岷间；有发羌，唐旄等，然未始与中国通。"由这个记载推测，西藏的古代居民中，与分布在今甘肃、青海及川西高原一带的古代居民可能有更接近的共同种族来源。从现有的体质人类学资料来看，现代藏族至少由地理分布和形态学上彼此存在明显偏离的两个类型组成。其一即西藏东部地区的卡姆类型，形态学上是粗壮的中颅—长颅类型，面很高面较宽和扁平，狭鼻，与现代东亚蒙古人种较接近。其二是具有更纤细的中颅型，面低而相对狭，且较扁平，中鼻型，一般形态有些接近南蒙古人种，其中较多分布在西藏西南部，大致和莫兰特研究的藏族 A 型头骨类型相近。还有一些短颅类型或可能介于这两者之间但其地位不很明确。就狭义的藏族而言，在上述两个主要类型中，以卡姆类型占有优势。然而，这种体质类型能否根据人类学材料的研究，与西北地区古代居民的体质类型联系起来？这对研究藏族起源是至关重要的。对此，首先触及的是英国学者步达生的甘肃史前人种研究，他在专论报告中曾不那么引人注意地指出，甘肃铜石时代人类学材料"在某些暗示性特征上与莫兰特记述的藏族 B 组或卡姆类型有些接近相似点"[10]。但在步达生报告的大约 50 具铜石时代人骨材料中，包括了 10 具河南的材料，因此对他考察结果的可信程度难免发生影响。尽管如此，笔者认为步达生的这一早期认识未必值得怀疑。从本文的考察（见表 7、8）也可以看出，莫兰特的藏族 B 型头骨组在总的形态距离上，与笔者整理的另一组在文化时代和采集地点全然单一的甘肃青铜时代头骨（即火烧沟组）之间，存在相应比较接近的联系，其可能接近的程度显然超过了它同代表北蒙古人种的现代蒙古族组和东北蒙古人种的楚克奇组及同名的藏族 A 组之间的联系程度，而大体与现代华北组的接近相当。因此，不能排除西藏卡姆类型与西北地区古代居民之间在体质上的某些可以感知的联系。但毕竟在西藏东部类型与甘肃古代类型之间，还存在一些不可忽视的偏离（见表 6），如火烧沟组和甘肃铜石时代组都是高颅类型，藏族 B 型则倾向低颅，其绝对面高也比前两组更高，鼻形趋于更狭窄。有趣的是正是在这些偏离特征上，本文的焉布拉克 M 组与藏族 B 型之间，表现出更强烈的一致。因此，焉布拉克古代体质人类学材料的发现，比甘肃的材料更能说明，早在西周—春秋时代（公元前 10 世纪至前 5 世纪）或可能比这更早时，我国西北偏远地区已经存在类似现代藏族 B 型体质的居民。这一发现，无疑有利于藏民族的族源与西北古代氐羌系存在密切联系的观点，至少在种族人类学上是如此。但是，藏族族源问题毕竟比体质人类学的单一证据复杂得多，即使从单纯的体质人类学立场考虑，藏族的种族成分也并非全然单独类型的或至少存在两个主要地理偏离类型（A 型和 B 型），这反映了他们的来源也并非

表 12　　　　焉布拉克古墓头骨测量表

测量符号	马丁号	测量项目	No.1 ♂	No.2 ♂	No.3 ♂	No.4 ♂	No.5 ♂
L	1	颅长	190.0	186.0	190.3	194.0	184.0
B	8	颅宽	139.0	130.7	132.5	138.0	135.5
H′	17	颅高	133.0?	138.0	—	—	126.9
OH	21	耳上颅高	113.8	110.3	113.9		107.0
B′	9	最小额宽	95.5	90.8	89.5	98.9	91.9
BL	5	颅基底长	97.6	104.0	—		99.7
GL	40	面基底长	99.3	98.7	—	—	95.5
G′H	48	上面高（sd）	79.7	73.0	69.9?	76.0	70.4
		（pr）	76.4	70.0	67.5	73.0	67.0
J	45	颧宽	142.3	138.0	135.4?	135.3?	134.2
GB	46	中面宽	113.4	101.6	105.2	111.6	96.2
		颧颌前点宽	113.9	97.1	105.5	111.0	96.7
SSS		颧颌点间高	20.52	24.39	20.35	24.27	17.97
OB	43(1)	两眶外缘宽	97.6	99.8	97.9	106.8	94.3
SN		眶外缘点间高	12.09	16.48	21.68	18.15	14.74
O_3		眶中宽	50.5	49.4	54.7	72.5	48.6
SR		鼻尖点高	—	16.3	17.67	15.6	—
	50	眶间宽	17.5	20.7	18.0	21.6	20.7
DC	49a	眶内缘点间宽	18.5	21.2	20.0	—	22.7?
DS		鼻梁眶内缘宽高	8.7	9.8	9.5	—	9.2
MH		颧骨高　左	50.8	47.1	45.3	45.5	47.4
		右	52.2	45.0	47.5	45.0	45.5
MB′		颧骨宽　左	31.6	27.5	28.3	27.5	28.6

续表 12

测量符号	马丁号	测量项目	No.6 ♂	No.7 ♂	No.8 ♂	No.9 ♂	No.10 ♂
L	1	颅　长	200.0	180.4	186.2	—	179.8
B	8	颅　宽	138.0	140.9	131.5	—	135.6
H′	17	颅　高	133.6	136.5	133.8	—	136.6
OH	21	耳上颅高	114.3	115.0	—	—	115.0
B′	9	最小额宽	99.5	93.6	93.5	97.4	91.0
BL	5	颅基底长	107.3	102.0	99.9	—	97.6
GL	40	面基底长	103.3	—	—	—	89.3
G′H	48	上面高　（sd）	79.6	—	—	74.6	68.0
		（pr）	76.1	68.1?	—	70.5	64.7
J	45	颧　宽	141.4	—	—	129.0	125.4
GB	46	中面宽	98.3	—	—	—	96.5
		颧颌前点宽	98.5	92.7	—	—	95.0
SSS		颧颌点间高	26.94	—	—	—	19.65
OB	43(1)	两眶外缘宽	104.8	94.4	—	98.3	91.9
SN		眶外缘点间高	17.98	13.53	—	15.87	17.01
O_3		眶中宽	50.0	43.3	—	47.4	49.5
SR		鼻尖点高	15.2	—	—	15.7	15.9
	50	眶间宽	22.4	16.2	20.2	22.7	18.3
DC	49a	眶内缘点间宽	22.5	18.9	21.8	24.0?	21.0
DS		鼻梁眶内缘宽高	8.4	10.4	12.2	9.0	8.8
MH		颧骨高　左	46.6	45.5	43.9	45.0?	43.5
		右	47.3	46.0	—	45.0	41.5
MB′		颧骨宽　左	25.4	27.2	26.6	—	26.1

续表 12

测量符号	马丁号	测量项目		No.11 ♂	No.1～11 平均值	No.12 ♀	No.13 ♀
L	1	颅长		185.0	187.57(10)	188.0	182.0
B	8	颅宽		142.0	136.37(10)	135.0	131.6
H′	17	颅高		131.7	133.76(8)	140.0?	133.0
OH	21	耳上颅高		114.0	112.91(8)	116.0	110.5
B′	9	最小额宽		89.5	93.74(11)	92.0	93.9
BL	5	颅基底长		98.0	100.76(8)	103.3?	100.5
GL	40	面基底长		—	97.22(5)	96.0?	95.0
G′H	48	上面高	(sd)	—	76.40(8)	75.0?	71.4
			(pr)	—	70.37(9)	71.6	68.2
J	45	颧宽		—	135.13(8)	132.0?	129.0
GB	46	中面宽		—	103.26(7)	102.0	96.5
		颧颌前点宽		—	101.30(8)	101.5	97.1
SSS		颧颌点间高		—	22.01(7)	25.82	24.80
OB	43(1)	两眶外缘宽		96.1	98.19(10)	97.4	99.0
SN		眶外缘点间高		13.83	16.14(10)	16.75	17.79
O_3		眶中宽		52.4	51.83(10)	57.5	55.0
SR		鼻尖点高		18.1	16.35(7)	17.6	16.7
	50	眶间宽		19.4	19.79(11)	19.4	18.9
DC	49a	眶内缘点间宽		21.6	21.22(10)	21.0	20.7
DS		鼻梁眶内缘宽高		11.8	9.78(10)	9.5	7.7
MH		颧骨高	左	—	46.06(10)	48.0	41.9
			右	—	46.11(9)	48.0	42.0
MB′		颧骨宽	左	—	27.64(9)	26.6	24.4

续表 12

测量符号	马丁号	测量项目	No.14 ♀	No.15 ♀	No.16 ♀	No.17 ♀	No.18 ♀
L	1	颅　长	190.8	178.9	181.5	175.3	189.0
B	8	颅　宽	137.7	126.0	135.1	130.0?	135.7
H′	17	颅　高	126.8	132.8	135.0	127.5	131.2
OH	21	耳上颅高	112.0	—	112.0	111.0	108.2
B′	9	最小额宽	96.0	89.8	84.4	87.5	92.3
BL	5	颅基底长	95.4	97.6	96.0	89.5	99.2
GL	40	面基底长	99.8	98.7	—	85.5	93.7
G′H	48	上面高　（sd）	69.5	72.5	67.7?	64.1	72.6
		（pr）	66.4	69.0	65.4?	61.9	69.9
J	45	颧　宽	129.2	—	122.3	120.3	126.9
GB	46	中面宽	104.0	93.5	94.3	95.5	—
		颧颌前点宽	104.0	90.5	92.4	94.9	—
SSS		颧颌点间高	24.89	23.88	24.63	19.02	—
OB	43(1)	两眶外缘宽	95.2	95.6	92.5	90.1	99.5?
SN		眶外缘点间高	12.04	15.49	16.93	12.49	16.61
O_3		眶中宽	52.2	48.7	54.6	51.4	58.3
SR		鼻尖点高	16.2	15.7	18.9	15.4	—
	50	眶间宽	19.1	17.8	19.1	17.0	22.0
DC	49a	眶内缘点间宽	22.0	19.6	20.8	21.2	25.7
DS		鼻梁眶内缘宽高	10.0	4.6	10.2	9.6	8.3
MH		颧骨高　左	43.5	42.0	42.5	44.1	44.4
		右	42.0	42.0	43.6	41.5	—
MB′		颧骨宽　左	24.7	21.1	23.5	24.8	25.5

续表 12

测量符号	马丁号	测量项目	No.19 ♀	No.20 ♀	No.21 ♀	No.12～21 平均值
L	1	颅　长	181.7	179.8	186.0	183.30(10)
B	8	颅　宽	128.7	129.6	135.3	132.47(10)
H′	17	颅　高	125.6	—	—	131.49(8)
OH	21	耳上颅高	106.0	114.1	112.1	111.32(9)
B′	9	最小额宽	88.5	90.0	85.9	90.03(10)
BL	5	颅基底长	97.0	—	—	97.31(8)
GL	40	面基底长	93.0	—	—	94.53(7)
G′H	48	上面高　(sd)	73.6	70.8	67.7	70.49(10)
		(pr)	70.7	68.3	64.0	67.54(10)
J	45	颧　宽	128.0	117.7?	117.5?	124.77(9)
GB	46	中面宽	—	88.0	94.7	96.06(8)
		颧颌前点宽	—	86.0	95.6	95.25(8)
SSS		颧颌点间高	—	24.06	25.44	24.08(8)
OB	43(1)	两眶外缘宽	98.4	94.0	89.5	95.12(10)
SN		眶外缘点间高	15.38	15.04	16.08	15.46(10)
O_3		眶中宽	50.4	49.4	47.5	52.50(10)
SR		鼻尖点高	21.5	22.1	—	18.01(8)
	50	眶间宽	17.4	18.1	15.8	18.46(10)
DC	49a	眶内缘点间宽	20.0	21.3	20.4	21.37(9)
DS		鼻梁眶内缘宽高	8.0	11.9	8.8	8.86(10)
MH		颧骨高　左	45.7	42.4	41.3	43.58(10)
		右	—	41.3	40.0	42.55(8)
MB′		颧骨宽　左	26.0	21.6	22.7	24.09(10)

续表 12

测量符号	马丁号	测量项目	No.22 ♂	No.23 ♂	No.24 ♂	No.25 ♂	No.26 ♂
L	1	颅　长	187.0	188.7	187.0	185.4	190.5
B	8	颅　宽	134.8	138.1	139.7	131.9	134.5
H′	17	颅　高	147.0	141.3	140.8	132.5	138.6
OH	21	耳上颅高	118.0	118.3	117.0	112.0	116.0
B′	9	最小额宽	91.0	94.1	94.7	94.0	89.0
BL	5	颅基底长	108.0	112.0	101.0	95.3	104.1
GL	40	面基底长	95.5?	103.4?	91.9	89.2	100.6
G′H	48	上面高　(sd)	73.5?	74.0?	75.4	69.1	72.0
		(pr)	71.0?	71.5?	71.0	65.7	70.0
J	45	颧　宽	133.0	131.4?	138.8	134.0	137.3
GB	46	中面宽	100.2	99.7	101.1	—	102.5
		颧颌前点宽	101.9	105.6	101.0	—	103.2
SSS		颧颌点间高	23.05	27.12	25.24	—	27.89
OB	43(1)	两眶外缘宽	99.0	96.8	103.0	88.2	99.0
SN		眶外缘点间高	16.41	19.00	17.37	10.14	20.02
O_3		眶中宽	56.0	58.5	59.4	—	56.7
SR		鼻尖点高	20.7	23.3?	24.9?	—	23.7
	50	眶间宽	19.0	19.6	19.2	16.7	17.6
DC	49a	眶内缘点间宽	23.1	22.2	21.4	—	20.7
DS		鼻梁眶内缘宽高	12.7	11.6	9.8	—	11.3
MH		颧骨高　左	44.5	41.4	47.0	41.6	41.6
		右	44.2	40.6	47.3	—	39.3
MB′		颧骨宽　左	24.9	24.2	27.0	24.6	22.0

续表 12

测量符号	马丁号	测量项目	No.27 ♂	No.28 ♂	No.29 ♂	No.22～29 平均值
L	1	颅　长	177.7	174.4	176.0	183.34(8)
B	8	颅　宽	129.5	132.8	124.8	133.30(8)
H′	17	颅　高	129.5	127.4	129.5	135.83(8)
OH	21	耳上颅高	113.0	109.0	108.5	113.98(8)
B′	9	最小额宽	89.5	93.4	81.2	90.86(8)
BL	5	颅基底长	100.1	97.7	99.9	102.26(8)
GL	40	面基底长	104.9	96.0?	107.8	98.66(8)
G′H	48	上面高　(sd)	71.8	64.2?	70.0	71.25(8)
		(pr)	68.5	62.0?	67.1	68.35(8)
J	45	颧　宽	129.5	128.4	127.5	132.49(8)
GB	46	中面宽	99.5	93.4	102.6	99.91(7)
		颧颌前点宽	99.7	94.7	101.6	101.10(7)
SSS		颧颌点间高	22.13	21.11	29.55	25.16(7)
OB	43(1)	两眶外缘宽	97.3	96.0	92.5	96.48(8)
SN		眶外缘点间高	20.03	14.70	13.21	16.36(8)
O_3		眶中宽	55.7	51.7	53.4	55.91(7)
SR		鼻尖点高	15.7?	14.8	17.7	20.11(7)
	50	眶间宽	20.2	16.2	16.1	18.08(8)
DC	49a	眶内缘点间宽	22.2	19.0	19.5	21.61(7)
DS		鼻梁眶内缘宽高	10.4	11.3	9.3	10.91(7)
MH		颧骨高　左	44.9	42.8	42.7	43.31(8)
		右	44.1	41.8	42.2	42.79(7)
MB′		颧骨宽　左	27.1	25.5	25.7	25.13(8)

表 13　　焉布拉克古墓头骨测量表

测量符号	马丁号	测量项目	No.1 ♂	No.2 ♂	No.3 ♂	No.4 ♂	No.5 ♂	No.6 ♂
		右	33.0	28.0	29.0	28.4	28.6	26.0
NB	54	鼻　宽	25.3	27.3	28.0	26.0	22.1	24.5
NH	55	鼻　高	56.4	56.1	52.5	56.3	51.2	58.4
SC		鼻骨最小宽	4.0	7.9	6.5	—	7.2	7.0
SS		鼻骨最小宽高	1.95	2.05	3.80	—	2.53	1.20
O_1	51	眶　宽　左	42.0	41.5	41.0	44.5	38.3	44.4
		右	43.3	43.2	42.8	44.4	40.5	43.6
O_1'	51a	眶　宽　左	41.0	40.5	38.0	—	36.2	43.5
		右	41.1	41.7	40.3	—	37.6	42.0
O_2	52	眶　高　左	36.6	34.5	32.1	35.0	31.0	35.1
		右	35.8	33.4	34.3	34.4	30.5	35.1
NL′		鼻骨长	—	25.8?	19.8?	—	—	26.2
RP		骨尖齿槽间长	—	47.1?	49.7?	—	—	51.5
AL″	60	齿槽弓长	56.7	58.1	—	—	53.4	56.5
AB	61	齿槽弓宽	—	67.8	65.5	—	—	69.2
G_1'	62	腭　长	—	47.0	—	—	45.3	46.4
G_2	63	腭　宽	—	41.4	40.6	—	37.1	42.6
CM		颅粗壮度	151.33?	151.57	—	—	148.80	157.20
FM		面粗壮度	—	—	—	—	—	124.0
	65	下颌髁间宽	—	—	—	—	—	131.9
F∠		额　角	50.0	49.0	52.5	—	51.0	47.5
F′∠	32	额倾角	80.5	76.0	83.5	—	83.0	81.0
F″∠		额倾角	73.5	69.0	76.5	—	73.0	75.0

续表 13

测量符号	马丁号	测量项目	No.7 ♂	No.8 ♂	No.9 ♂	No.10 ♂	No.11 ♂
		右	—	—	25.0	25.9	—
NB	54	鼻　宽	24.1	—	24.7	23.6	—
NH	55	鼻　高	54.1	—	53.1	48.0	—
SC		鼻骨最小宽	7.9	9.3	8.6	7.0	7.0
SS		鼻骨最小宽高	4.04	3.49	2.74	1.60	33.3
O_1	51	眶　宽　左	41.7	41.6	40.9	40.0	41.0
		右	41.6	—	41.3	41.0	42.0
O_1'	51a	眶　宽　左	38.8	40.3	39.0	37.3	38.6
		右	39.3	—	39.4	37.9	39.3
O_2	52	眶　高　左	32.8	33.0	31.1	31.6	33.4
		右	33.0	—	32.9	30.4	33.8
NL′		鼻骨长	—	—	25.3	24.6	22.1
RP		鼻尖齿槽间长	—	—	46.7	43.1	—
AL″	60	齿槽弓长	—	—	53.7	49.0	—
AB	61	齿槽弓宽	—	—	62.7	60.5	—
G_1'	62	腭　长	—	—	—	40.7	—
G_2	63	腭　宽	—	—	40.5	39.3	—
CM		颅粗壮度	152.60	150.50	—	150.67	152.90
FM		面粗壮度	—	—	—	107.40	—
	65	下颌髁间宽	—	—	—	112.4?	—
F∠		额　角	52.5	52.0	—	53.0	53.0
F′∠	32	额倾角	82.0	80.5	—	87.5	85.0
F″∠		额倾角	75.0	76.0	—	82.0	79.0

续表 13

测量符号	马丁号	测量项目	No.1~11 平均值	No.12 ♀	No.13 ♀	No.14 ♀	No.15 ♀
		右	27.99(8)	27.9	25.5	25.1	21.4
NB	54	鼻　宽	25.07(9)	27.5	26.1	30.4	26.0
NH	55	鼻　高	54.01(9)	58.3	51.2	52.8	53.1
SC		鼻骨最小宽	7.24(10)	10.3	8.8	10.1	10.2
SS		鼻骨最小宽高	2.67(10)	4.27	3.22	3.68	4.19
O_1	51	眶　宽　左	41.54(11)	44.0	42.0	39.7	41.0
		右	42.37(10)	43.9	41.8	40.4	41.6
O_1'	51a	眶　宽　左	39.32(10)	41.7	40.3	37.6	39.6
		右	39.84(9)	41.5	40.3	38.6	40.3
O_2	52	眶　高　左	33.29(11)	34.8	33.6	31.0	35.7
		右	33.36(10)	34.1	34.8	30.6	35.0
NL′		鼻骨长	23.97(6)	27.0	24.1	27.2	23.4
RP		鼻尖齿槽间长	47.62(5)	46.8	45.7	42.3	46.5
AL″	60	齿槽弓长	54.57(6)	56.2	52.5	53.9	56.1
AB	61	齿槽弓宽	65.14(5)	67.7	61.5	—	60.1
G_1'	62	腭　长	44.85(4)	45.2	44.5	46.4	49.2
G_2	63	腭　宽	40.25(6)	44.0	41.0	—	36.9
CM		颅粗壮度	151.95(8)	154.33?	148.87	151.77	145.90
FM		面粗壮度	115.70(2)	—	—	—	—
	65	下颌髁间宽	122.15(2)	118.5	—	—	—
F∠		额　角	51.17(9)	51.0	51.0	52.0	—
F′∠	32	额倾角	82.11(9)	84.0	81.5	85.5	—
F″∠		额倾角	75.44(9)	81.0	75.0	78.0	—

续表 13

测量符号	马丁号	测量项目	No.16 ♀	No.17 ♀	No.18 ♀	No.19 ♀	No.20 ♀	No.21 ♀
		右	24.2	22.5	—	—	21.4	24.8
NB	54	鼻 宽	25.7	22.6	25.2	23.0	22.2	23.5
NH	55	鼻 高	50.1	48.8	52.2	50.5	51.5	50.1
SC		鼻骨最小宽	8.9	6.7	11.6	6.0	9.1	5.0
SS		鼻骨最小宽高	3.40	2.61	4.07	1.69	4.19	1.75
O_1	51	眶 宽 左	39.9	39.1	42.6	44.0	39.0	40.0
		右	39.5	39.6	—	—	41.7	38.7
O_1'	51a	眶 宽 左	37.4	35.8	40.0	42.3	35.5	37.0
		右	38.2	36.8	—	—	38.0	36.1
O_2	52	眶 高 左	34.6	33.0	37.1	35.5	34.9	32.0
		右	35.2	32.8	37.1	—	33.9?	31.0
NL′		鼻骨长	20.1?	20.0	—	27.3?	24.0	21.5?
RP		鼻尖齿槽间长	46.5?	45.5	—	46.7?	47.3	44.9?
AL″	60	齿槽弓长	52.5?	46.6	50.9	—	52.1	49.8
AB	61	齿槽弓宽	60.9?	58.0	—	—	61.2	62.8
G_1'	62	腭 长	49.5	40.0	41.5	47.8	45.8	40.7
G_2	63	腭 宽	—	38.4	—	—	41.6	—
CM		颅粗壮度	150.53	144.27?	151.97	145.33	—	—
FM		面粗壮度	—	120.97	—	112.83?	—	—
	65	下颌髁间宽	—	108.8	—	—	109.2	—
F∠		额 角	52.0	55.0	48.5	48.5	53.0	51.5
F′∠	32	额倾角	81.5	92.0	78.0	75.0	89.0	88.0
F″∠		额倾角	77.0	88.5	75.5	68.5	87.0	81.5

续表 13

测量符号	马丁号	测量项目	No.12～21 平均值	No.22 ♂	No.23 ♂	No.24 ♂	No.25 ♂
		右	24.10(8)	24.1	24.0	27.0	—
NB	54	鼻　宽	25.22(10)	26.5	26.1	26.4	—
NH	55	鼻　高	51.68(10)	56.5	53.6	57.3	48.6
SC		鼻骨最小宽	8.67(10)	9.4	11.4	8.2	7.1
SS		鼻骨最小宽高	3.31(10)	4.53	5.89	3.69	2.51
O_1	51	眶　宽　左	41.13(10)	42.9	43.1	44.2	37.4
		右	40.90(8)	44.0	41.3	44.0	—
O_1'	51a	眶　宽　左	38.72(10)	40.0	38.8	41.8	34.0
		右	38.73(8)	41.1	38.9	41.7	—
O_2	52	眶　高　左	34.22(10)	34.4	33.8?	36.3	29.0
		右	33.83(9)	34.1	33.3	36.0	—
NL′		鼻骨长	23.84(9)	25.6	28.0?	21.2?	19.3
RP		鼻尖齿槽间长	45.80(9)	50.2?	46.3?	54.4?	49.0
AL″	60	齿槽弓长	52.29(9)	—	—	53.5	49.8
AB	61	齿槽弓宽	61.74(7)	—	65.6	66.0	—
G_1'	62	腭　长	45.06(10)	—	—	45.4	41.5
G_2	63	腭　宽	40.38(5)	—	—	40.2	—
CM		颅粗壮度	149.12(8)	156.27	156.03	155.83	149.93
FM		面粗壮度	107.90(2)	—	—	115.2	112.33
	65	下颌髁间宽	112.17(3)	—	—	119.5	114.8
F∠		额　角	51.39(9)	51.0	50.0	50.0	53.0
F′∠	32	额倾角	83.83(9)	84.0	80.5	82.5	91.0
F″∠		额倾角	79.11(9)	77.0	73.5	77.0	83.0

续表 13

测量符号	马丁号	测量项目	No.26 ♂	No.27 ♂	No.28 ♂	No.29 ♂	No.22~29 平均值
		右	22.2	26.9	25.0	25.9	25.01(7)
NB	54	鼻宽	24.1	29.4	25.4	24.0	25.99(7)
NH	55	鼻高	56.4	53.2	46.9	52.0	53.06(8)
SC		鼻骨最小宽	5.9	8.4	7.0	6.8	8.03(8)
SS		鼻骨最小宽高	2.62	4.76	2.98	2.95	3.74(8)
O_1	51	眶宽 左	45.4	40.6	41.8	39.3	41.83(8)
		右	45.8	41.6	42.3	39.9	42.70(7)
O_1'	51a	眶宽 左	42.6	37.7	39.3	37.3	38.94(8)
		右	41.4	40.0	40.5	37.4	40.14(7)
O_2	52	眶高 左	34.3	30.5	30.0	33.0	32.66(8)
		右	35.1	30.5	31.0	32.5	33.21(7)
NL′		鼻骨长	21.5	24.4	16.9	21.1	22.25(8)
RP		鼻尖齿槽间长	53.6	46.3	46.9?	48.1	49.35(8)
AL″	60	齿槽弓长	56.2	60.5	—	59.4	55.88(5)
AB	61	齿槽弓宽	60.1	65.5	—	62.6	63.96(5)
G_1'	62	腭长	49.2	53.1	—	49.4	47.72(5)
G_2	63	腭宽	38.5	42.6	—	36.6	39.48(4)
CM		颅粗壮度	154.53	145.57	144.87	143.43	150.81(8)
FM		面粗壮度	119.00	—	—	117.93	116.12(4)
	65	下颌髁间宽	126.2?	—	—	111.0	117.88(4)
F∠		额角	48.0	53.5	54.5	53.5	51.69(8)
F′∠	32	额倾角	77.0	81.0	80.0	80.0	82.00(8)
F″∠		额倾角	71.5	75.0	73.0	75.0	75.63(8)

表 14　　焉布拉克古墓头骨测量表

测量符号	马丁号	测量项目	No.1 ♂	No.2 ♂	No.3 ♂	No.4 ♂	No.5 ♂
		前囟角	45.0	44.0	47.0	—	45.0
P∠	72	面　角	85.0	84.5	85.0	—	87.0
NP∠	73	鼻面角	85.5	86.0	89.5	—	89.5
AP∠	74	齿槽面角	82.0	73.0	75.0	—	77.0
NFA∠	77	鼻颧角	152.2	143.4	132.1	142.5	145.3
SSA∠		颧上颌角Ⅰ	140.2	128.7	137.7	133.0	139.0
		颧上颌角Ⅱ	143.0	136.1	139.6	140.9	141.9
NR∠	75	鼻尖角	—	65.5	66.0?	—	—
	75(1)	鼻骨角	—	22.1	22.0?	—	—
N∠		鼻根角	—	—	—	—	—
A∠		上齿槽角	—	—	—	—	—
B∠		颅底角	—	—	—	—	—
B：L	8：1	颅指数	73.16	70.27	69.63	71.13	73.64
H′：L	17：1	颅长高指数	70.00?	74.19	—	—	68.97
OH：L	21：1	颅长耳高指数	59.89	59.30	61.43	—	58.15
H′：B	17：8	颅宽高指数	95.68?	105.59	—	—	93.65
FM：CM		颅面指数	—	—	—	—	—
NB：NH	54：55	鼻指数	44.86	48.66	53.33	46.18	43.16
SS：SC		鼻根指数	48.74	25.92	58.46	—	35.14
SR：O_3		鼻尖点指数	—	33.01	32.34	21.47	—
O_2：O_1	52：51	眶指数　左	87.14	83.13	78.29	78.65	80.94
		右	82.68	77.31	80.14	77.48	75.31

续表 14

测量符号	马丁号	测量项目	No.6 ♂	No.7 ♂	No.8 ♂	No.9 ♂	No.10 ♂
		前囟角	43.5	47.5	48.0	—	47.5
P∠	72	面角	87.5	—	—	—	90.0
NP∠	73	鼻面角	89.0	92.0	—	—	90.0
AP∠	74	齿槽面角	88.0	—	—	—	90.0
NFA∠	77	鼻颧角	142.9	148.0	—	144.2	139.3
SSA∠		颧上颌角Ⅰ	122.5	—	—	—	135.7
		颧上颌角Ⅱ	127.1	138.6	—	—	143.3
NR∠	75	鼻尖角	69.5	—	—	—	69.0
	75(1)	鼻骨角	16.4	—	—	16.0	22.8
N∠		鼻根角	—	—	—	—	—
A∠		上齿槽角	—	—	—	—	—
B∠		颅底角	—	—	—	—	—
B：L	8：1	颅指数	69.00	78.10	70.62	—	75.42
H′：L	17：1	颅长高指数	66.80	75.67	71.86	—	75.97
OH：L	21：1	颅长耳高指数	57.15	63.75	61.22	—	63.96
H′：B	17：8	颅宽高指数	96.81	96.88	101.75	—	100.74
FM：CM		颅面指数	78.88	—	—	—	71.28
NB：NH	54：55	鼻指数	41.95	44.55	—	46.52	49.17
SS：SC		鼻根指数	17.08	51.10	37.53	31.81	22.89
SR：O_3		鼻尖点指数	30.33	—	—	33.17	32.05
O_2：O_1	52：51	眶指数 左	79.05	78.66	79.33	76.40	79.00
		右	80.50	79.33	—	79.66	74.15

续表 14

测量符号	马丁号	测量项目	No.11 ♂	No.1～11 平均值	No.12 ♀	No.13 ♀
		前囟角	48.0	46.22(9)	46.5	45.0
P∠	72	面　角	—	86.50(6)	86.0	85.5
NP∠	73	鼻面角	—	88.79(7)	88.0	88.0
AP∠	74	齿槽面角	—	80.83(6)	80.0	77.0
NFA∠	77	鼻颧角	147.9	143.78(10)	142.0	140.5
SSA∠		颧上颌角Ⅰ	—	133.83(7)	128.8	125.6
		颧上颌角Ⅱ	—	138.81(8)	131.8	136.3
NR∠	75	鼻尖角	61.0	66.20(5)	66.5	69.0
	75(1)	鼻骨角	—	19.86(5)	18.56	17.0
N∠		鼻根角	—	—	—	—
A∠		上齿槽角	—	—	—	—
B∠		颅底角	—	—	—	—
B：L	8：1	颅指数	76.76	72.77(10)	71.81	72.31
H′：L	17：1	颅长高指数	71.19	71.83(8)	74.47?	73.08
OH：L	21：1	颅长耳高指数	61.62	60.72(9)	61.70	60.71
H′：B	17：8	颅宽高指数	92.75	97.98(8)	103.70?	101.06
FM：CM		颅面指数	—	75.08(2)	—	—
NB：NH	54：55	鼻指数	—	46.47(9)	47.17	50.98
SS：SC		鼻根指数	47.57	37.62(10)	41.48	36.54
SR：O_3		鼻尖点指数	34.53	30.99(7)	30.54	30.28
O_2：O_1	52：51	眶指数　左	81.46	80.15(11)	79.09	80.00
		右	80.48	78.70(10)	77.68	83.25

续表 14

测量符号	马丁号	测量项目	No.14 ♀	No.15 ♀	No.16 ♀	No.17 ♀	No.18 ♀
		前囟角	46.5	—	48.0	50.5	44.0
P∠	72	面　角	83.5	—	85.5?	89.5	87.0
NP∠	73	鼻面角	85.5	—	87.0	90.5	86.5
AP∠	74	齿槽面角	69.5	—	80.5?	86.0	88.0
NFA∠	77	鼻颧角	151.6	144.1	139.8	149.0	143.1
SSA∠		颧上颌角Ⅰ	128.8	125.9	124.8	136.6	—
		颧上颌角Ⅱ	134.4	128.4	131.9	141.9	—
NR∠	75	鼻尖角	61.0		59.0?	63.0	—
	75(1)	鼻骨角	21.6	13.01	16.6?	29.2	—
N∠		鼻根角					
A∠		上齿槽角					
B∠		颅底角					
B：L	8：1	颅指数	72.17	70.43	74.44	74.61?	71.80
H′：L	17：1	颅长高指数	66.46	74.23	74.38	72.73	69.42
OH：L	21：1	颅长耳高指数	58.70	—	61.71	63.32	57.25
H′：B	17：8	颅宽高指数	92.08	105.40	99.93	98.08?	96.68
FM：CM		颅面指数	—	—	—	71.37?	—
NB：NH	54：55	鼻指数	57.58	48.96	51.30	46.31	48.28
SS：SC		鼻根指数	36.46	41.06	38.19	38.93	35.04
SR：O_3		鼻尖点指数	30.96	32.28	34.59?	30.04	—
O_2：O_1	52：51	眶指数　左	78.09	87.07	86.72	84.40	87.09
		右	75.74	84.13	89.11	82.83	—

续表 14

测量符号	马丁号	测量项目	No.19 ♀	No.20 ♀	No.21 ♀	No.12～21 平均值
		前囟角	44.0	49.5	46.5	46.72(9)
P∠	72	面角	87.0	84.5	87.0	86.17(9)
NP∠	73	鼻面角	90.0	85.5	89.0	87.78(9)
AP∠	74	齿槽面角	77.5	77.5	81.0	79.67(9)
NFA∠	77	鼻颧角	145.3	144.5	140.5	144.04(10)
SSA∠		颧上颌角 Ⅰ	—	136.4	123.5	128.80(10)
		颧上颌角 Ⅱ	—	126.0	126.8	132.19(8)
NR∠	75	鼻尖角	64.0	61.0	65.5?	63.63(8)
	75(1)	鼻骨角	22.6?	23.1	22.5?	20.46(9)
N∠		鼻根角	—	—	—	—
A∠		上齿槽角	—	—	—	—
B∠		颅底角	—	—	—	—
B：L	8：1	颅指数	70.83	72.08	72.74	72.28(10)
H′：L	17：1	颅长高指数	69.12	—	—	71.74(8)
OH：L	21：1	颅长耳高指数	58.34	63.46	60.27	60.61(9)
H′：B	17：8	颅宽高指数	97.59	—	—	99.32(8)
FM：CM		颅面指数	77.64	—	—	74.51(2)
NB：NH	54：55	鼻指数	45.54	43.11	46.91	48.61(10)
SS：SC		鼻根指数	28.20	46.00	34.94	37.68(10)
SR：O_3		鼻尖点指数	42.58	44.80	—	34.51(8)
O_2：O_1	52：51	眶指数　左	80.68	89.49	80.00	83.26(10)
		右	—	81.29?	80.10	81.77(8)

续表 14

测量符号	马丁号	测量项目	No.22 ♂	No.23 ♂	No.24 ♂	No.25 ♂	No.26 ♂
		前囟角	46.5	45.5	46.0	48.0	45.0
P∠	72	面　角	89.5?	87.5?	88.0	87.5	82.0
NP∠	73	鼻面角	88.5	88.0	88.0	92.5	81.0
AP∠	74	齿槽面角	93.0?	87.5?	87.0	77.0	84.0
NFA∠	77	鼻颧角	143.3	137.1	142.7	154.1	135.9
SSA∠		颧上颌角Ⅰ	130.6	122.9	126.9	—	122.9
		颧上颌角Ⅱ	133.8	131.3	132.8	—	123.4
NR∠	75	鼻尖角	59.0	57.0?	52.5	70.0	52.5
	75(1)	鼻骨角	35.6	20.4?	32.8?	25.6	34.2
N∠		鼻根角	—	—	—	—	—
A∠		上齿槽角	—	—	—	—	—
B∠		颅底角	—	—	—	—	—
B : L	8 : 1	颅指数	72.09	73.18	74.17	71.14	70.60
H′ : L	17 : 1	颅长高指数	78.61	74.88	75.29	71.47	72.76
OH : L	21 : 1	颅长耳高指数	63.10	62.69	62.57	60.41	60.89
H′ : B	17 : 8	颅宽高指数	109.05	102.32	100.79	100.45	103.05
FM : CM		颅面指数	—	—	73.93	74.92	77.01
NB : NH	54 : 55	鼻指数	46.90	48.69	46.07	—	42.73
SS : SC		鼻根指数	48.20	51.70	45.05	35.40	44.36
SR : O_3		鼻尖点指数	37.0	39.87?	41.89?	—	41.87
O_2 : O_1	52 : 51	眶指数　左	80.17	78.42?	82.13	77.64	75.55
		右	77.50	80.63	81.82	—	76.64

续表 14

测量符号	马丁号	测量项目	No.27 ♂	No.28 ♂	No.29 ♂	No.22～29 平均值
		前囟角	49.5	50.0	49.0	47.44(8)
P∠	72	面角	82.5	87.0?	77.5	85.19(8)
NP∠	73	鼻面角	86.5	87.5	77.0	86.13(8)
AP∠	74	齿槽面角	73.0	86.5?	76.5	83.06(8)
NFA∠	77	鼻颧角	139.8	145.9	148.1	143.36(8)
SSA∠		颧上颌角Ⅰ	132.0	131.3	120.1	126.67(7)
		颧上颌角Ⅱ	141.5	140.6	124.7	132.54(7)
NR∠	75	鼻尖角	—	63.0	57.0	58.71(7)
	75(1)	鼻骨角	—	22.9?	21.5	27.57(7)
N∠		鼻根角	—	—	—	—
A∠		上齿槽角	—	—	—	—
B∠		颅底角	—	—	—	—
B：L	8：1	颅指数	72.88	76.15	70.91	72.71(8)
H′：L	17：1	颅长高指数	72.88	73.05	73.58	74.06(7)
OH：L	21：1	颅长耳高指数	63.59	62.50	61.65	62.18(8)
H′：B	17：8	颅宽高指数	100.00	95.93	103.77	101.92(8)
FM：CM		颅面指数	—	—	82.22	77.02(4)
NB：NH	54：55	鼻指数	55.26	54.12	46.15	48.56(7)
SS：SC		鼻根指数	56.66	42.62	43.33	45.92(8)
SR：O_3		鼻尖点指数	—	28.67	33.20	37.08(6)
O_2：O_1	52：51	眶指数 左	75.12	71.77	83.97	78.10(8)
		右	72.97	73.29	81.45	77.76(7)

表 15　焉布拉克古墓头骨测量表

测量符号	马丁号	测量项目	No.1 ♂	No.2 ♂	No.3 ♂	No.4 ♂	No.5 ♂	No.6 ♂	No.7 ♂
$O_2 : O_1'$	52 : 51a	眶指数　左	89.27	85.19	84.47	—	85.64	80.69	84.54
		右	87.10	80.10	85.11	—	81.12	83.57	83.97
G′H : H′	48 : 17	垂直颅面指数	59.92?	52.90	—	—	55.48	59.58	—
G′H : J	48 : 45	上面指数	56.01?	52.90	51.62	56.17?	52.46	56.29	—
G′H : GB	48 : 46	中面指数	70.28	71.85	66.44	68.10	73.18	80.98	—
B′ : B	9 : 8	额宽指数	68.71	69.47	67.55	71.67?	67.82	72.10	66.43
GL : BL	40 : 5	面突度指数	108.07	94.90	—	—	95.79	96.27	—
B′ : J	9 : 45	颧额宽指数	67.11?	65.80	66.10	73.10	68.48	70.37	—
OB : GB	43(1) : 46	额颧宽指数	86.02	98.23	93.06	95.70	98.02	106.61	—
J : B	45 : 8	颅面宽指数	102.37?	105.59	102.19	98.04?	99.04	102.46	—
DS : DC		眶间宽高指数	46.86	46.14	47.36	—	40.43?	37.40	54.95
SN : OB		额面扁平指数	12.39	16.51	22.15	16.99	15.63	17.16	14.33
$G_2 : G_1'$	63 : 62	腭指数	—	88.09	—	—	81.90	91.81	—
AB : AL″	61 : 60	齿槽弓指数	—	116.70	—	—	—	122.48	—

续表 15

测量符号	马丁号	测量项目	No.8 ♂	No.9 ♂	No.10 ♂	No.11 ♂	No.1～11 平均值	No.12 ♀
$O_2 : O_1'$	52 : 51a	眶指数　左	81.89	79.74	84.72	86.53	84.27(10)	83.45
		右	—	83.50	80.21	86.01	83.41(9)	82.27
G′H : H′	48 : 17	垂直颅面指数	—	—	49.78	—	55.53(5)	53.57?
G′H : J	48 : 45	上面指数	—	57.83	54.23	—	54.69(8)	56.82?
G′H : GB	48 : 46	中面指数	—	—	70.45	—	71.61(7)	73.53?
B′ : B	9 : 8	额宽指数	71.10	—	67.11	63.03	68.50(10)	68.15?
GL : BL	40 : 5	面突度指数	—	—	91.50	—	96.04(5)	92.93?
B′ : J	9 : 45	颧额宽指数	—	75.50	72.57	—	69.88(8)	69.70?
OB : GB	43(1) : 46	额颧宽指数	—	—	95.23	—	96.12(7)	95.49
J : B	45 : 8	颅面宽指数	—	—	92.48	—	100.31(7)	97.78?
DS : DC		眶间宽高指数	56.14	37.50?	41.71	54.59	46.31(10)	45.11
SN : OB		额面扁平指数	—	16.14	18.51	14.39	16.42(10)	17.20
$G_2 : G_1'$	63 : 62	腭指数	—	—	96.56	—	89.59(4)	97.35
AB : AL″	61 : 60	齿槽弓指数	—	116.76	123.47	—	119.85(4)	120.46

续表 15

测量符号	马丁号	测量项目	No.13 ♀	No.14 ♀	No.15 ♀	No.16 ♀	No.17 ♀	No.18 ♀	No.19 ♀
$O_2:O_1'$	52：51a	眶指数 左	83.37	82.45	90.15	92.51	92.18	92.75	83.92
		右	86.35	79.27	86.85	92.15	89.13	—	—
G′H：H′	48：17	垂直颅面指数	53.68	54.81	54.59	50.15?	50.24	55.34	58.60
G′H：J	48：45	上面指数	55.35	53.79	—	55.36?	53.24	57.21	57.50
G′H：GB	48：46	中面指数	73.99	66.83	77.54	71.79?	67.07	—	—
B′：B	9：8	额宽指数	71.35	69.72	71.27	62.47	67.31?	67.98	68.76
GL：BL	40：5	面突度指数	94.53	104.61	101.13	—	95.53	94.46	95.88
B′：J	9：45	颧额宽指数	72.79	74.30	—	69.01	72.73	72.70	69.14
OB：GB	43(1)：46	额颧宽指数	102.59	91.54	102.25	98.08	94.35	—	—
J：B	45：8	颅面宽指数	98.02	93.83	—	90.53	92.54?	93.52	99.46
DS：DC		眶间宽高指数	37.19	45.39	23.65	49.16	45.44	32.21	39.93
SN：OB		额面扁平指数	17.97	12.65	16.20	18.30	13.86	16.69?	15.63
$G_2:G_1'$	63：62	腭指数	92.13	—	75.00	—	96.00	—	—
AB：AL″	61：60	齿槽弓指数	117.14	—	107.13	116.11	124.46	—	—

续表 15

测量符号	马丁号	测量项目	No.20 ♀	No.21 ♀	No.12～21 平均值	No.22 ♀	No.23 ♀	No.24 ♀
$O_2:O_1'$	52 : 51a	眶指数　左	98.31	86.47	88.56(10)	86.00	87.11?	86.84
		右	89.21?	85.87	86.39(8)	82.97	85.60?	86.33
G′H : H′	48 : 17	垂直颅面指数	—	—	53.87(8)	49.99?	52.37	53.55
G′H : J	48 : 45	上面指数	60.15?	57.62?	56.34(9)	55.26?	56.32	54.32
G′H : GB	48 : 46	中面指数	80.45	71.49	72.84(8)	73.34?	74.22	74.58
B′ : B	9 : 8	额宽指数	69.44	63.49	67.99(10)	67.51	68.14	67.79
GL : BL	40 : 5	面突度指数	—	—	97.01(7)	88.42?	—	90.99
B′ : J	9 : 45	颧额宽指数	76.46?	73.11?	72.22(9)	68.42	71.61?	68.23
OB : GB	43(1) : 46	额颧宽指数	106.82	94.51	98.20(8)	98.80	97.09	101.88
J : B	45 : 8	颅面宽指数	90.82?	86.84?	93.70(9)	98.66	95.15?	99.36
DS : DC		眶间宽高指数	55.73	43.30	41.71(10)	54.88	52.15	45.73
SN : OB		额面扁平指数	16.00	17.97	16.25(10)	16.58	19.63	16.86
$G_2:G_1'$	63 : 62	腭指数	90.83	—	90.26(5)	—	—	88.55
AB : AL″	61 : 60	齿槽弓指数	117.47	126.10	118.41(7)	—	—	123.36

续表 15

测量符号	马丁号	测量项目	No.25 ♀	No.26 ♀	No.27 ♀	No.28 ♀	No.29 ♀	No.22～29 平均值
$O_2 : O_1'$	52 : 51a	眶指数 左	85.29	80.52	80.90	76.34	88.47	83.93(8)
		右	—	84.78	76.25	76.54	86.90	82.77(7)
G′H : H′	48 : 17	垂直颅面指数	52.15	51.95	55.44	50.39	54.05	52.47(8)
G′H : J	48 : 45	上面指数	51.57	52.44	55.44	50.00	54.90	53.78(8)
G′H : GB	48 : 46	中面指数	—	70.24	72.16	68.74	68.23	71.64(7)
B′ : B	9 : 8	额宽指数	71.27	66.17	69.11	70.33	65.06	68.17(8)
GL : BL	40 : 5	面突度指数	93.60	96.64	104.80	—	107.91	96.62(8)
B′ : J	9 : 45	颧额宽指数	70.15	64.82	69.11	72.74	63.69	68.60(8)
OB : GB	43(1) : 46	额颧宽指数	—	96.59	97.79	102.78	90.16	97.87(7)
J : B	45 : 8	颅面宽指数	101.59	102.08	100.00	96.69	102.16	99.46(8)
DS : DC		眶间宽高指数	—	54.58	46.78	59.32	47.51	51.56(7)
SN : OB		额面扁平指数	11.79	20.22	20.59	15.31	14.28	16.91(8)
$G_2 : G_1'$	63 : 62	腭指数	—	78.25	80.23	—	74.09	80.28(4)
AB : AL″	61 : 60	齿槽弓指数	—	106.94	108.26	—	105.39	110.99(4)

是单源的，这个问题已经超出了本文讨论范围，本文不再予以讨论，留待民族学去进一步论证。

4. 据本文研究的另一个结果，焉布拉克古墓地中出现的欧洲人种头骨，在一般的体质形态和测量特征上，表现出同邻近的孔雀河下游古墓沟青铜时代头骨类型接近。值得注意的是，这种成分出现在东经大约93°的地区，是我国西北地区已经发现的，最东进的古代欧洲人种成分。这些西方人种的居民与古籍记载中的某些一度活跃在我国河西走廊的古代游牧民族（乌孙、月氏）有什么关系？这是一个引人注目的问题。据苏联人类学家和笔者的研究，中亚地区晚期（西迁后）乌孙时代人类学成分主要是欧洲人种支系，接近帕米尔—费尔干类型（苏联学者术语），这种类型形成的人类学基础可能和原始形态的欧洲人种安德洛诺沃变种有关[22]。而与后者相近的体质类型在距罗布泊不远的古墓沟青铜时代墓地中已经发现。焉布拉克欧洲人种成分的发现，使这类接近的西方成分的分布扩展到更东偏北，接近河西走廊地区。因此可以设想，西迁前的乌孙在体质上是否和焉布拉克、古墓沟的欧洲人种因素接近？这也是有待进一步证明的一些问题。

5. 根据头骨形态特点的人种分类与墓葬分期关系之考察，焉布拉克的早期墓基本上是由蒙古人种支系成分所组成，欧洲人种成分占少数；但到这个墓地的较晚期，西方人种支系居民出现的比例似有明显增加。

6. 还应该指出，焉布拉克墓地的西方支系种族成分以相当比例与东方支系人种居民出现在同一文化层次下，两个全然不同起源的人种拥有共同的文化，死后又共有一个墓地。但据考古报告，出土铜制品及彩陶器形制等与甘肃的辛店乃至齐家文化更为相似。因此，焉布拉克文化无论在其主要内涵及人种基础上，都与其东部古代文化和居民有密切的联系。这一事实说明，在新疆这样不同人种支系接触地带的考古研究中，要重视考察可能出现的复杂种族因素。例如在估价文化的内涵及渊源与种族成分之间的关系时，要注意两者之间既可能存在密切的联系，又可能存在绝然的不同。所以在确定这类古文化的族别时，应该考虑到复杂的人类学背景。

7. 在本文报告的29具头骨中，有5具（约占六分之一）存在不同形态的骨损伤。据伤口形态推测，致伤凶器为钝器和尖锐凶器，没有找到刀斧砍割伤。这些资料从一个侧面反映了焉布拉克古墓时代居民或个人、或社会组织集团间的矛盾冲突。同时发现，在焉布拉克古代人头骨的上下颊齿上，普遍存在与正常水平咬嚼磨面迥异的倾斜磨蚀面，这样的标本约占全部材料的50%，而且在男女性骨骼上都有发现。显然，这种倾斜磨蚀是在利用颊齿作特殊劳作时形成的。例如可以考虑，在这些古代居民的日常生活中，经常将坚韧兽皮或某种条状纤维之类的东西紧咬在上下颊齿间，作向下外方发力撕拉，这种劳作活动似乎不分男女性别。由于这种磨蚀主要发生在臼齿部位（特别是第一、二臼齿），因而在以一般的臼齿磨蚀度估计死者年龄时，给鉴定工作造成了困难。

参考文献

1. 黄文弼.新疆考古发掘报告(1957～1958).北京:文物出版社,1983.

2. 新疆维吾尔自治区博物馆,新疆社会科学院考古研究所.建国以来新疆考古的主要收获.文物与考古工作三十年.北京:文物出版社,1979.169～188.

3. 吴汝康等.人体测量方法.北京:科学出版社,1984.

4. 邵象清.人体测量手册.上海:上海辞书出版社,1985.

5. 阿历克塞夫,捷别茨.颅骨测量—人类学研究方法.莫斯科:科学出版社,1964(俄文).

6. 罗京斯基·列文.人类学基础.莫斯科:苏联科学出版社,1955(俄文).

7. 切薄克萨罗夫.中国民族人类学.莫斯科:科学出版社,1982(俄文).

8. 莫兰特.西藏人头骨的首次研究.生物测量学,1923.14:193～260(英文).

9. 莫兰特.不列颠自然历史博物馆中某些东方头骨组(包括尼泊尔西藏组)的研究.生物测量学,1924.16:1～105(英文).

10. 步达生. 甘肃河南晚石器时代及甘肃史前后期之人类头骨与现代华北及其他人种之比较.古生物志,丁种第六号第一册.1928(英文).

11. 优素福维奇.罗布泊湖附近出土的古代人头骨.人类学和民族学博物馆论集,1949.10:303～311(俄文).

12. 阿历克塞夫,特罗布尼科夫.亚洲蒙古人种的某些分类和系统学问题(颅骨测量学).莫斯科:科学出版社,1984(俄文).

13. 据本文作者测量资料。

14. 韩康信. 新疆古代居民种族人类学的初步研究. 新疆社会科学,1985(6):61～71.

15. 韩康信.新疆孔雀河古墓沟墓地人骨研究.考古学报,1986(3):381～384

16. 韩康信. 新疆楼兰城郊古墓人骨人类学特征的研究. 人类学学报,1986(3)227～242.

17. 韩康信,潘其风.新疆昭苏土墩墓古人类学材料的研究.考古学报,1987(4):503～523.

18. 阿历克塞夫.新石器时代和铜器时代阿尔泰—萨彦高原的古人类学.人类学选集Ⅲ,1961.106～206(俄文).

19. 吴定良、莫兰特.亚洲人种初步分类.国立中央研究院社会科学院.社会科学研究所专刊,1932.7(英文).

20. 捷别茨.堪察加地区的人类学调查.民族学研究所集刊,1951.17(俄文).

21. 捷别茨.现代人种系统分类的图表试验.苏联民族学,1958(4)(俄文).

22. 金兹布尔格.与中亚各族人民起源有关的中亚古人类学基本问题.民族学研究所简报,1959(31):27~35(俄文).

昭苏土墩墓人骨研究

这个报告研究的是一批从伊犁河流域中国境内一侧出土的人类学材料。这些材料是1961~1962和1976年，由新疆维吾尔自治区博物馆考古队的同志在靠近中苏边界的昭苏夏台、波马等地土墩墓的发掘中出土的。正式的考古发掘报告尚未发表,但据新疆考古学者从出土的陶、铁器制品、墓葬形制、墓葬分布的地理位置和C_{14}年代测定判断，这些土墩墓可能与公元前后几个世纪居住伊犁河流域的乌孙人有关(其中个别材料也可能与塞克有关)[③]。

在中国的古文献记载中，乌孙是西汉时期分布在我国西北的民族之一，他们与月氏原居甘肃河西走廊一带,西汉初期(约公元前161年)西迁至伊犁河流域和伊塞克湖一带,建立了强大的乌孙国。其地域分布大体从楚河到天山西南部和从巴尔喀什湖到伊塞克湖南岸一带,而其西部边界曾达到塔拉斯河。乌孙统治的大本营位于伊塞克湖东南岸的赤谷城。西汉时人口达63万，从事游牧畜养。公元1世纪遭匈奴强烈打击,最后于公元4~5世纪为柔然击溃，西徙葱岭。

提供本文研究的新疆昭苏土墩墓人类学材料共计13具头骨，其中男性7具,女性6具,大部分头骨保存比较完整,但有的缺少下颌骨。据新疆维吾尔自治区考古研究所王明哲同志相告,其中,ZPM12和ZPM4⑧两具头骨可能属古代塞克(即塞种)人的,但他们在形态上,与其余乌孙墓的头骨没有重要的区别,而且也只有1具头骨可供详细测量。因此在下文中,不单独列出而和其他头骨合在一起处理。

一、性别年龄

性别年龄的估计是采用头骨表面性别年龄标志的观察方法。18个个体的墓号及每个个体的性别年龄(包括5个残碎未列入测量研究的头骨,有2个头骨墓号原来佚失)列于表1。

表1中成年男性11个,女性6个,不明性别儿童一个。全部成年人的平均年龄约32.6岁,寿命很低。死于老年期的2个,中年期的3个,壮年期的7个,青年期的5个。未成年期的1个。死于青壮年的比较多。

表1　　性别年龄估计表

编号	原墓号	性别	年龄	时期	编号	原墓号	性别	年龄	时期
1	76ZPM4④	男	20~25	塞克	10	76ZXM38③	男	25~30	乌孙
2	76ZPM4⑧	男	35±	塞克	11	76ZXM45	女	20±	乌孙
3	76ZPM12	男	25±	塞克	12	76ZXM49	男	25±	乌孙
4	76ZCM30	女	18~23	乌孙	13	M5南仰殉人	女	25±	乌孙
5	76ZCM35	男	35~40	乌孙	14	M5南俯殉人	男	55~60	乌孙
6	76ZCM38④	男	50±	乌孙	15	M5东仰殉人	女	22~25	乌孙
7	76ZXM36	女	40±	乌孙	16	M5西仰殉人	?	6~7	乌孙
8	76ZXM38：3①	男	35±	乌孙	17	佚号①	女	30±	乌孙
9	76ZXM38：3②	男	55±	乌孙	18	佚号②	男	20±	乌孙

二、头骨的主要形态特征

可用于形态观察的头骨13个(男的7个,女的6个)。下面扼要记述每个头骨的主要形态特征,并指出可能归属的人种类型。

No.8(76ZXM38：3①)　这是一个比较粗壮的中年男性头骨。短颅,前额狭,额后斜中等。眉弓粗壮,眉间突起显著,鼻根凹陷深。鼻骨强烈突起,鼻棘发育中等(Broca氏Ⅲ级)。鼻孔中—阔鼻之间,犬齿窝很深,梨状孔下缘近鼻前窝型。眼眶近似斜四边形,中等高眶。面较高,中等宽,中—狭面之间,面部水平方向强烈突出,齿槽突颌不明显,属平颌型。枕部不向后圆突,主要颅

骨缝极细密复杂。头骨的欧洲人种特点十分明显，为短颅型欧洲人种，可能与前亚类型较近（图 2，1~3），

No.3（76ZPM12） 这是壮年男性头骨，比较大，颅型特别短。额倾斜中等，额很宽，额顶宽指数较高。眉间突度高，眉弓粗壮，鼻根凹陷深。鼻骨显著突起，鼻孔中等宽。中眶接近低眶。鼻棘欠发达（Broca Ⅱ级）。梨状孔下缘婴儿型，犬齿窝不显。颧骨比较宽而突出。面比较高而很宽，面部水平突度小，平颌型。颅后左侧不对称变形。属短颅欧洲人种类型，可能和中亚两河类型比较接近，有较明显的蒙古人种特征的混杂（图 1，1~3）。

No.10（76ZXM38③） 壮年男性，头骨比较大，颅型特别短。额倾斜中等，前额很宽，额顶宽指数比较大。有大部分愈合的额中缝痕迹。眉弓粗壮，眉间突度高，鼻根凹陷深。鼻骨显著突起，鼻棘中等（Broca Ⅲ级）。角形眼眶，眶较低。鼻孔中宽近狭鼻，梨状孔下缘人型。颧骨较宽，犬齿窝浅。中等高和宽的面，中面型，面水平突度较大，面侧面突度和齿槽突度平颌型。短颅型欧洲人种，与中亚两河类型比较接近（图 3，1~3；图版Ⅸ，3~4）。

No.2（76ZPM4⑧） 残破头骨，近中年男性。短颅，额倾斜比较明显，中等额宽。眉弓和眉间突度发达，鼻根凹陷深。中鼻型，鼻棘大于中等（Broca Ⅲ~Ⅳ级间），梨状孔下缘人型。颧骨较宽，犬齿窝中等深。面高较高，面水平突度较大，颅后枕部扁平而不圆突，并稍偏向右侧。短颅型欧洲人种，可能与中亚两河类型接近，有少量蒙古人种特征混杂。

No.12（76ZXM49） 壮年男性，头骨中等大小。短颅型，额倾斜中等，额宽，额顶宽指数很大。颅后人字点以上部分较平，枕部不向后圆突。眉弓发育较显著，眉间突度小，鼻根凹陷浅。鼻骨显著突起，鼻较宽，鼻棘大于中等（Broca Ⅲ~Ⅳ级间），梨状孔下缘近人型。犬齿窝中等，颧骨较突出。面高低，面宽较狭，中面型。面水平突度中等，轻度齿槽突颌。短颅型欧洲人种，与中亚两河类型接近（图 1，7~9；图版Ⅹ，3~4）。

No.9（76ZXM38：3②） 头骨大，老年男性。中—短颅型之间。额倾斜中等，额宽中等，额顶指数较小。顶孔—人字点间较平，上项线以上的枕鳞部分向外显著突出。眉弓粗壮，眉间突度高，鼻根凹陷深。鼻骨很窄但成显著嵴状突起。鼻棘极发达（Broca Ⅴ级），梨状孔下缘人型。狭鼻型。低眶，成长方形。颧骨窄而突出，犬齿窝浅。面较高，中等宽，中面型，面水平突度小，齿槽突颌不显。欧洲人种近中亚两河类型（图 1，4~6；图版Ⅸ，1~2）。

No.14（M5 南俯殉人） 老年男性。头骨大但不粗壮，短颅。中等倾斜额，额很宽，额顶指数大。眉弓粗壮，眉间突度不高，鼻根凹陷浅。鼻突起中等，阔鼻型。鼻棘中等（Broca Ⅲ级），梨状孔下缘鼻前窝型。颧骨中等突出，犬齿窝近中等深。面较高而宽，中面型，面水平突出中等，齿槽突颌不显。欧洲人种短颅型，近中亚两河类型（图 4，6）。

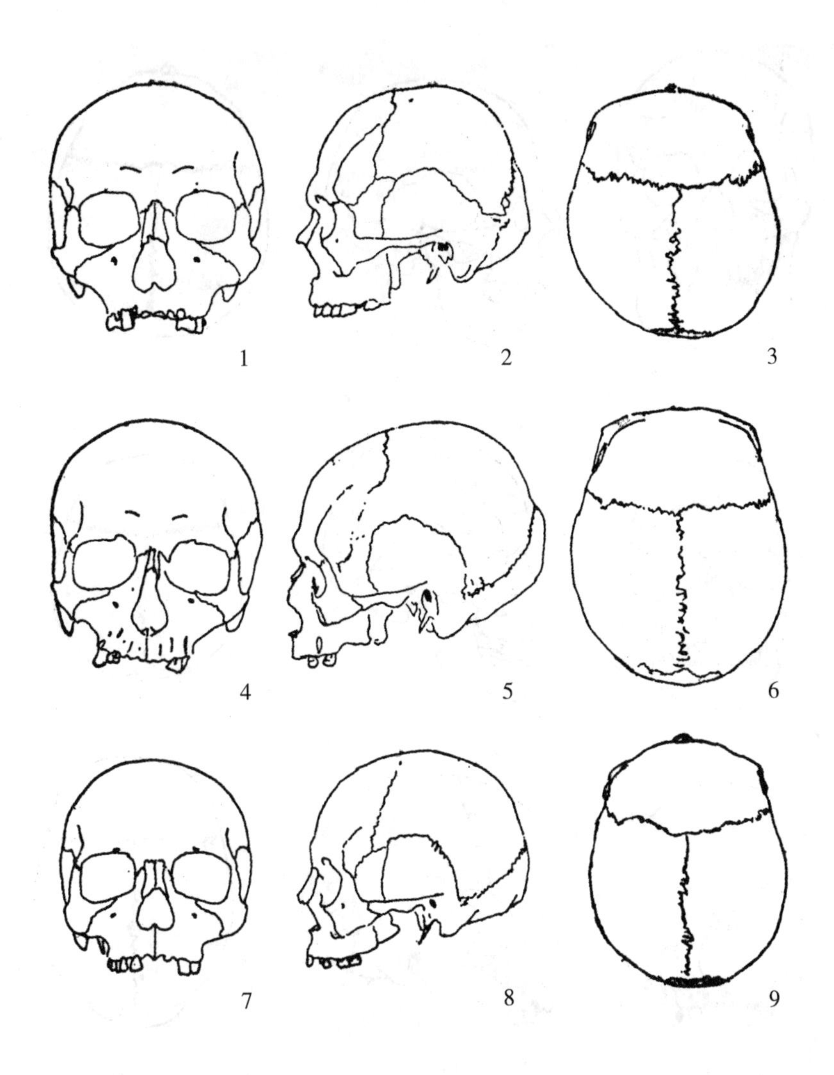

图 1　昭苏头骨轮廓图

1~3.No.3；4~6.No.9；7~9.No.12

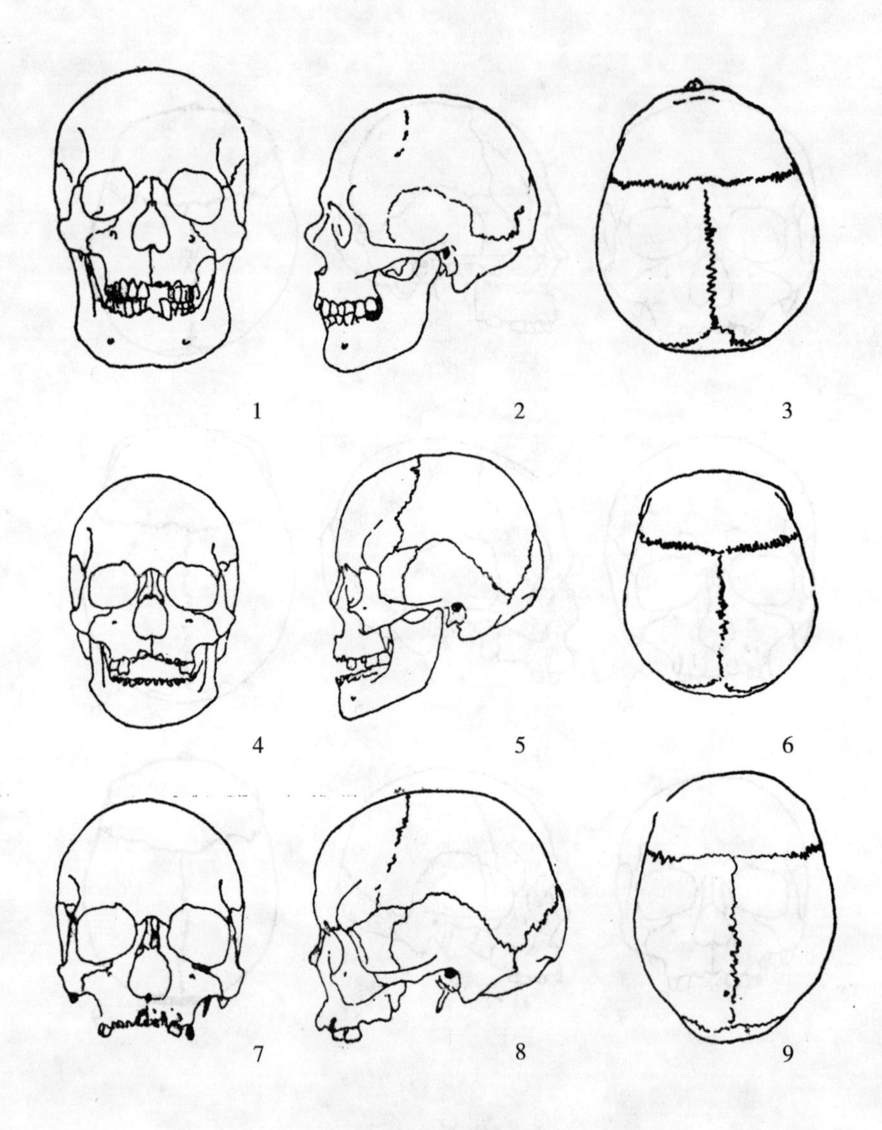

图 2　昭苏头骨轮廓图

1~3.No.8；4~6.No.15；7~9.No.7

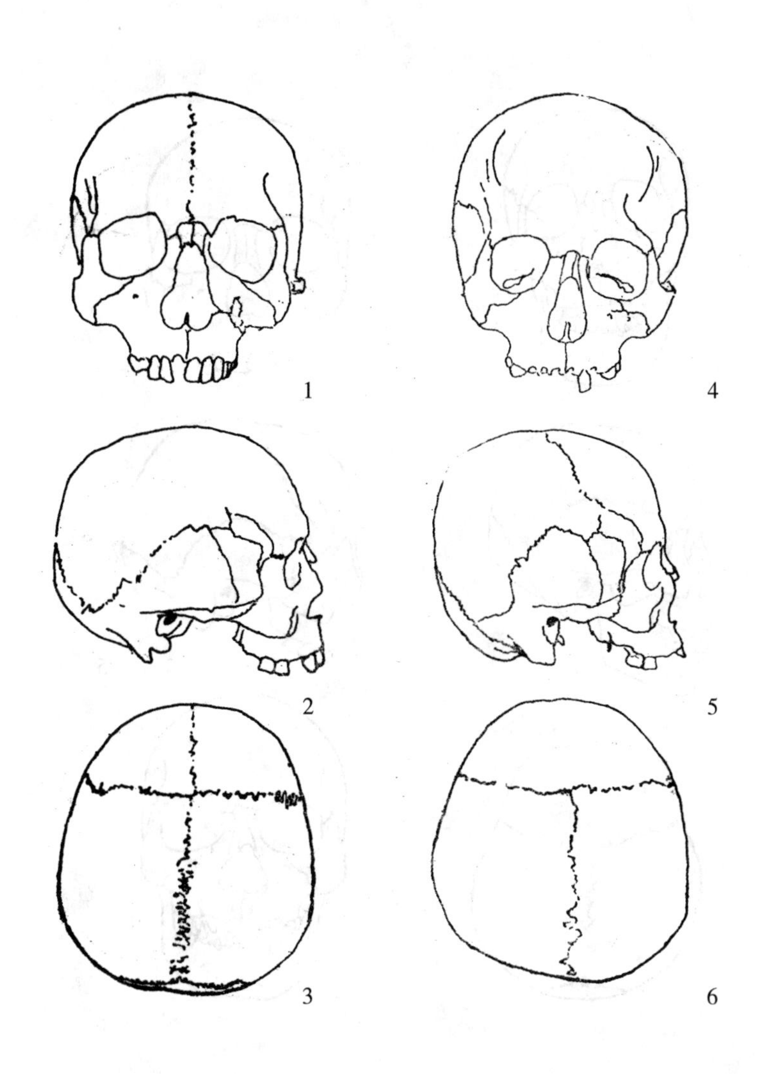

图 3　昭苏头骨轮廓图

1~3.No.10；4~6.No.11

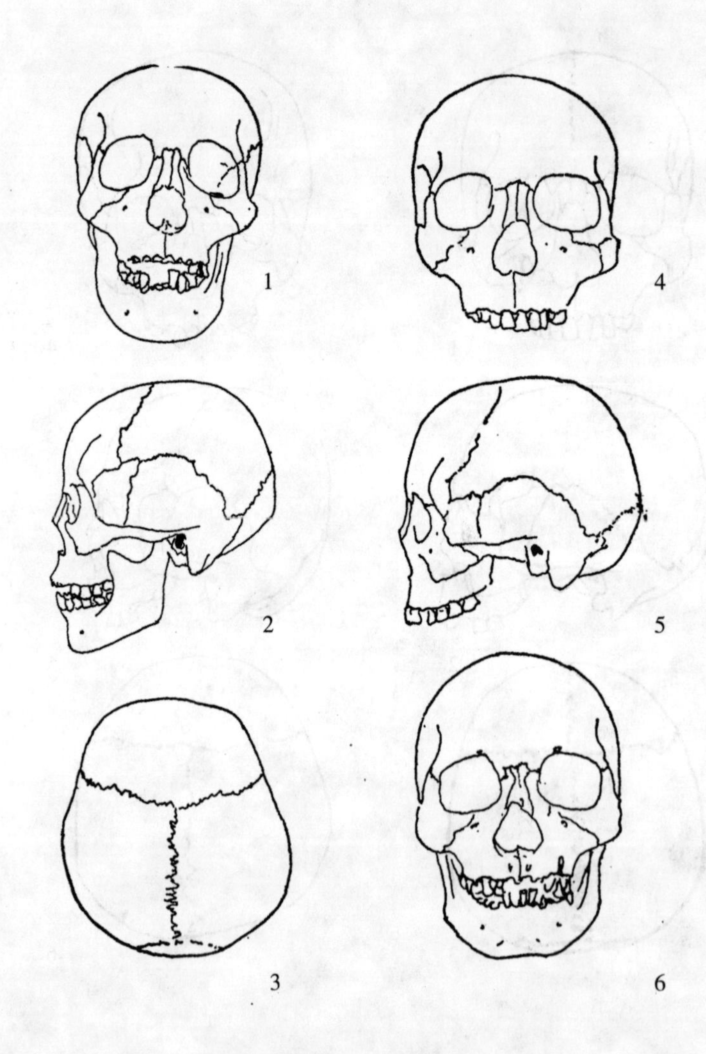

图 4　昭苏头骨轮廓图

1—3.No.17；4—5.No.13；6.No.14

No.15（M5东仰殉人） 青年女性。特短颅型，额中等倾斜，前额较宽，额顶指数较大。眉弓和眉间突起弱，鼻根凹陷浅，鼻骨明显突起，凹形鼻梁，低眶，中鼻型。鼻棘弱小（Broca Ⅱ级），梨状孔下缘近人型。颧骨突出中等，犬齿窝深。面高偏低较狭，面水平突度中等，齿槽突颌较显。短颅型欧洲人种，近中亚两河类型（图2，4~6；图版Ⅹ，1~2）。

No.13（南仰殉人） 青—壮年间女性。短颅，额较陡直。前额宽，额顶宽指数较大。眉弓弱，眉间突度不显。鼻根平，鼻突起小，浅凹形鼻梁，中宽鼻型，梨状孔下缘鼻前窝型。左低眶，右中眶。鼻棘弱小（Broca Ⅱ级）。颧骨较宽而突出，犬齿窝不显。面高面狭，狭面型。面水平突度较大，齿槽突颌小。保存下的上门齿呈铲形。欧洲人种和蒙古人种混杂型（图4，4~5）。

No.17（佚号①） 壮年女性。颅特别短，额较陡直。前额较狭，额顶宽指数小，狭额型。眉弓弱，眉间平。鼻骨突起小，鼻根平，浅凹形鼻梁。颧骨较宽而突，犬齿窝浅。眶较高，中眶上限。鼻形较宽，为阔鼻型。梨状孔下缘近人型。面高而较狭，狭面型。面水平突度很小，齿槽突颌明显。后枕部不圆突。欧洲人种和蒙古人种混杂型，可能与南西伯利亚类型接近（图4，1~3）。

No.11（76ZXM45） 青年女性。颅极短，属超短颅型。额陡直，前额较宽，但颅宽很大，颅顶宽指数小。颅枕部扁平。眉间和眉弓突起弱，鼻突出中等，深凹形鼻梁，鼻根凹陷浅—中之间。中高眶型，狭鼻型。颧骨较宽但不突出，犬齿窝不显。面较低而狭，中面型下限近阔面型。面水平突出较小，齿槽突度中颌型。梨状孔下缘鼻前窝型。短颅型欧洲人种，与安德洛诺沃类型有些相似（图3，4~6；图版Ⅸ，5~6）。

No.7（76ZXM36） 中年女性。中颅型。前额陡直，额较宽，额顶宽指数大，阔额型。眉弓弱—中之间，眉间突起弱，鼻根较平。面中等高而较弱，中面近狭面型。面水平突度小，齿槽突颌明显，鼻明显突出，深凹形鼻梁。中—低眶之间。颧骨较宽而突出，犬齿窝中—深之间。阔鼻型，梨状孔下缘近鼻前窝型。欧洲人种，可能与中亚两河类型较为接近（图2，7~9；图版Ⅹ，5~6）。

No.4（76ZCM30） 青年女性残破颅。短颅，额倾斜中等。眉弓和眉间突起弱，面部水平突度很强烈。属欧洲人种。

根据以上每个头骨的形态特点，13具头骨中有11个（约85%）欧洲人种，其中除一个中颅型外，其余都是短型。因此，这一组头骨基本上是短颅型欧洲人种。如以男性为代表，除短颅外，多数头骨比较粗大，额倾斜中等，眉间突度强烈，眉弓粗壮，鼻根深陷。有较高和中等宽的面，面部水平方向突度中—大的居多。犬齿窝中—深的较多，多数低眶。鼻骨强烈突出，鼻棘大于中等，梨状孔下缘以锐利的人型较多，中—阔鼻型。有些头骨在人字点—顶孔之间较平坦，少数枕部明显扁平或不对称扁平，但不像是人工畸形。女性头骨与男性相比，有明显的性别异形，其中欧洲人种头骨的基本形态与男性相似，可能齿槽突颌和面扁平度比男性大一些。有2具头骨有更多的蒙古人种特征的混合。

在形态观察中，区分欧洲人种的主要依据是面部水平和垂直方向突度，鼻突度，面高，眶形，鼻形等。眉弓和眉间突度，额部形态，头骨的粗壮程度及颅型等则在类型学的区别上有更多的意义[21]。特别是颅型，在确定昭苏头骨的类型上很重要。据苏联学者的调查，在中亚地区出土的古代人骨中，短型是中亚两河类型和前亚类型的主要特征之一。但这两个类型有时不易区别，但总的来说，前亚类型的头骨比中亚两河类型更粗涩，前额后斜程度更明显，面更狭，眉间和鼻骨突起更强烈[11][19]。在这些特征上，No.8头骨更接近前亚类型。相比之下，No.2、9、10、12、14、15几具头骨的欧洲人种特征不那么特别强烈，而比较接近中亚两河类型，可能是塞克的一个头骨（No.3）也是这种类型。No.7虽属中颅型，但也可能接近这个类型。No.11的面部形态与安德洛诺沃型较相似，但颅型很短。No.13和No.17两具头骨的蒙古人种特征的混合比较明显，可能是蒙古人种和欧洲人种的混杂型，其中No.17与南西伯利亚类型（欧洲人种和蒙古人种间的过渡类型）更相似一些。

总之，昭苏乌孙头骨（包括一具塞克头骨）的主要成分是以短颅为特征的欧洲人种中亚两河类型（包括个别前亚类型）和少数欧洲人种和蒙古人种间的混杂型。

三、测量特征的种系比较

在表2中列出现代三个大人种头骨的有种系鉴别意义项目的测量值范围[27]。这些项目的每一项在三个大人种之间都存在相当明显的差异。将昭苏乌孙男组的各项相应值与他们分别比较，与尼格罗人种的一致性很少，与蒙古人种的符合程度则比尼格罗人种多一些，但和欧洲人种的一致性最多。尤其是三项鼻部特征的指数，昭苏组与欧洲人种最为相似。所以，按测量特征的比较将昭苏男组确定为一组欧洲人种头骨与形态观察结果是符合的。

在形态观察一节中已经说过，在短颅型欧洲人种类型中有两种成分，即中亚两河类型和前亚类型。苏联学者金兹布尔格（1933）在研究塔什干塞依汗达乌勒墓地人骨材料的乌兹别克人颅骨学特征时，曾讨论过这两个类型与安德洛诺沃类型之间的差别。他指出，中亚两河类型头骨具有更高而狭的面，更短的颅，不宽的面和更高的面，更高的眶和更直的额可能是铜器时代地中海人种类型的反应。前亚类型的头骨则具有更为强烈的面部突出和鼻突度[19]。他在另一篇论文中也指出，在短颅欧洲人种头骨中可能区分出两种类型，一种是直额、有更宽但在水平方向上不强烈突出的面；另一种类型是较倾斜的

表 2　　昭苏乌孙组与三大人种颅面测量特征的比较一览表

测量代号	比较项目	昭苏乌孙	尼格罗人种	欧洲人种	蒙古人种
54 : 55	鼻指数	49.4	51~60(中或大)	43~49(小)	43~53(小或中)
SR : O_3	鼻尖点指数	41.4	20~35(小和中)	40~48(大)	30~39(中)
SS : SC	鼻根指数	54.7	20~45(小和中)	46~53(大)	31~49(中和大)
74	齿槽面角	84.7	61~72(小)	82~86(大)	73~81(中)
77	鼻颧角	140.8	140~142(中)	约 135(小)	145~149(大)
48	上面高	73.4	62~71(小和中)	66~74(小和中)	70~80(中和大)
45	颧　宽	139.2	121~138(小和中)	124~139(小和中)	131~145(中和大)
52	眶　高	33.7	30~34(小和中)	33~34(中)	34~37(大)
61 : 60	齿槽指数	119.7	109~116(小)	116~118(中)	115~120(中和大)
48 : 17	垂直颅面指数	54.3	47~53(小和中)	50~54(中)	52~60(中和大)

注：表中三大人种各项数值取自文献㉗。

表3　　昭苏乌孙头骨与中亚两河型和前亚型头骨测量比较(男)一览表

比较项目	昭苏可能中亚两河型(n=6)	中亚两河型(n=24)	前亚型(n=23)	昭苏可能前亚型(n=1)
48 上面高	72.25	72.25	70.50	75.4
45 颧　宽	139.48	132.75	133.65	138.0
zm1∠颧上颌角	131.00	130.26	125.60	122.0
75(1)骨鼻角	25.93	26.97	29.07	34.0
DS：DC 眶间宽高指数	57.44	53.90	60.32	60.0
52：51a 眶指数	81.82	87.58	86.72	83.3
32　额　角	83.10	87.98	84.50	83.0
5　颅基底长	102.30	98.32	99.40	103.0
8：1　颅指数	84.31	85.92	84.63	81.5

注:中亚两河型和前亚型数据取自文献⑳。

额,面宽较小,但在水平方向上更突出,鼻突起更强烈,这个类型相当于前亚(亚美尼亚人种)类型。他还指出,虽然这种类型学区分的机械性,有时在确定某一头骨属于何种类型时也会产生困难,但在许多情况下,类型学的鉴定没有引起困难⑲。

下面,试图对昭苏乌孙头骨从测量特征上作类型学的分析。表3中最左边一行是根据形态观察区分出的可能属于中亚两河类型的一组数据,最右一行是可能属于前亚类型的一个头骨的数据。当中两行分别是金兹布尔格的中亚两河类型和前亚类型的数据⑳。比较起来,昭苏乌孙可能系中亚河两类型的一组,无论在有更高的面,面部突度和鼻突度不如前亚类型突出等方面,显得与中亚两河类型更一致些。但这个组的面宽比中亚两河类型组的宽得多,眶形更低,这可能表明,在乌孙头骨上还保留着某些原始欧洲人种的特征。因此,宁可将这组头骨区分为中亚两河类型。昭苏头骨组中可能是前亚类型的一个头骨虽然有高而较宽的面,但它有极强烈的面部突出和鼻突起,因而归入前亚类型比较适宜。

女性头骨在类型上比男性复杂一些。从形态观察区分的四具欧洲人种头骨中,No.11的鼻根指数大,面相对较低而宽,这些使他与欧洲人种的安德洛诺沃变种类型比较相似。No.7和No.15两具头骨则比No.11有更高而狭的面,并结合较陡直的额等,使他们更接近中亚两河类型,而且与男组中的中亚两河类型头骨形态很一致。

No.17　女性头骨的鼻根指数和鼻骨突度角都明显比上边几个女性欧洲人种头骨为小,同时有相当大的鼻颧角,表现出有明显的蒙古人种特点。此外。这个头骨的长、宽度,尤其是颅宽很大,但颅高相对很低,有较宽很高的面,面部水平方向突度很小,这些特征与南西伯利亚类型头骨很符合。这种人类学类型在形态特征上占有欧洲人种和蒙古人种之间的过渡地位,而且在许多有鉴别作用的特征上,南西伯利亚类型比接近欧洲人种的头骨更明显地接近中央亚洲类型。

No.13　女性头骨虽也是鼻部低平,面相当高,颅高不高,表现出相当明显的蒙古人种性质,但还不能明确归属何种类型,他或许仍然是南西伯利亚类型的变异而已。

四、与苏联中亚乌孙和塞克头骨之比较

下面是昭苏乌孙头骨与其他地点乌孙头骨测量项目的比较。在表4中列举的对照组有伊斯马戈洛夫(1962)的七河地乌孙;金兹布尔格(1954,1956)的天山塞克—早期乌孙、乌孙—月氏、阿莱塞克—乌孙、东哈萨克斯坦的乌孙—呼揭及两组塞克;米克拉舍夫斯卡娅(1959)的天山乌孙;特罗菲莫娃和捷别茨(1948)的卡拉考尔乌孙[23]。

总的来看,昭苏乌孙组与米克拉舍夫斯卡娅的天山乌孙组显得最接近,但昭苏乌孙颅宽更宽,因而颅形也更短一些,上面和鼻根突度也更高一些。

与卡拉考尔乌孙组的接近也是明显的。主要差异还是昭苏乌孙组的颅更宽短一些,眶略低,鼻突度可能更大些。尽管卡拉考尔组的比较项目不全,但仍可以看出他们之间没有显著的差异。

同样,七河乌孙的平均颅宽也不及昭苏的短宽,颅高稍高,眶明显更高,鼻骨突度较低一些。此外也没有更明显的差别。

天山塞克—早期乌孙组与昭苏乌孙组的主要区别是前者颅宽更小,面高和面宽更小,因而垂直颅面指数也更小一些。鼻骨突度也比昭苏组低一些。此外的多数特征仍与昭苏组比较接近。总的没有表现出特别重要的差异。

阿莱塞克—乌孙组的颅明显更狭,颅形比昭苏组更长,额宽和面高更小,鼻颧水平的面突度也更小,额更直,鼻和眉间突度小一些。

天山乌孙—月氏与昭苏乌孙的区别比上述几个组要大一些,主要是颅不如昭苏组短宽,颅高特别低,面更狭,鼻颧水平上的面突度更大,眶形很高,鼻孔更狭,鼻梁更高而鼻根更低,额倾斜也更大一些。

东哈萨克斯坦乌孙—呼揭组比昭苏组颅更高,额更窄,鼻颧水平的面突

表4　　昭苏组与其他塞克、乌孙组头骨测量比较(男性)一览表

(长度:毫米,角度:度,指数:%)

项目	组别	昭苏乌孙 本文作者	七河乌孙	天山塞克—早期乌孙	天山乌孙—月氏
1	颅　长	179.9(6)	181.9(25)	177.8(9)	180.5(4)
8	颅　宽	150.5(7)	144.6(23)	145.7(9)	146.7(4)
17	颅　高	135.1(6)	138.1(10)	136.5(6)	125.5(2)
8:1	颅指数	83.8(6)	79.9(23)	82.2(9)	81.3(4)
9	最小额宽	98.7(7)	99.4(30)	96.1(9)	98.6(5)
48	上面高	73.4(7)	73.2(29)	70.9(8)	73.0(4)
45	颧　宽	139.2(6)	139.7(24)	136.0(8)	133.7(4)
48:45	面指数	52.7(6)	52.7(25)	52.1(8)	54.6(4)
48:17	垂直颅面指数	54.3(6)	53.5(10)	51.7(6)	57.8(2)
77	鼻颧角	140.8(7)	143.7(28)	143.6(6)	146.0(4)
zm1∠	颧上颌角	134.0(8)	130.7(27)	130.9(8)	132.0(3)
52	眶　高　(左)	33.7(7)	33.3(29)	33.7(9)	35.4(5)
52:51a	眶指数　(左)	82.1(9)	87.0(24)	83.7(7)	89.3(4)
54	鼻　宽	27.2(7)	25.4(30)	25.9(9)	25.4(5)
54:55	鼻指数	49.4(7)	49.3(29)	49.9(8)	46.3(4)
DS	眶间宽高	14.1(4)	12.2(22)	13.0(5)	12.8(4)
DS:DC	眶间宽高指数	58.1(4)	57.1(22)	56.1(5)	62.4(4)
SS	鼻骨最小宽高	4.7(6)	4.4(25)	4.2(6)	3.4(2)
SS:SC	鼻根指数	54.7(6)	46.9(24)	45.9(6)	41.7(5)
32	额　角	83.1(6)	84.7(22)	82.6(5)	80.7(3)
72	全面角	87.3(6)	87.4(23)	85.8(5)	85.3(3)
75(1)	鼻骨突度角	28.0(4)	29.6(26)	31.0(4)	24.7(4)
	眉间突度	3.5(6)	3.1(30)	3.5(10)	3.2(5)

续表 4

项目	组别	天山乌孙	卡拉考尔乌孙	阿莱塞克—乌孙	东哈萨克斯坦乌孙—呼揭
1	颅　长	178.9(20)	176.9(9)	178.0(6)	176.0(9)
8	颅　宽	146.6(21)	144.7(8)	139.9(7)	147.1(9)
17	颅　高	132.6(14)	135.0(7)	136.8(5)	137.0(8)
8：1	颅指数	81.8(20)	81.3(8)	79.3(6)	83.6(9)
9	最小额宽	97:2(21)	95.7(10)	94.6(9)	95.6(10)
48	上面高	71.2(18)	73.2(9)	69.9(7)	73.3(10)
45	颧　宽	137.1(23)	137.8(8)	137.0(8)	136.9(10)
48：45	面指数	52.8(18)	53.4(7)	51.2(7)	53.6(10)
48：17	垂直颅面指数	53.5(14)	(54.2)	50.2(6)	53.4(8)
77	鼻颧角	143.1(21)	—	145.3(7)	144.3(10)
zm1∠	颧上颌角	131.5(21)	132.4(4)	130.1(7)	130.2(10)
52	眶　高　(左)	33.7(22)	33.6(10)	32.8(8)	32.9(10)
52：51a	眶指数　(右)	82.5(21)	84.5(10)	81.9(7)	81.6(9)
54	鼻　宽	25.9(22)	25.4(10)	26.0(9)	25.7(10)
54：55	鼻指数	50.4(22)	47.4(10)	51.3(8)	49.6(10)
DS	眶间宽高	12.4(21)	—	11.9(6)	12.4(9)
DS：DC	眶间宽高指数	57.4(20)	—	57.5(6)	61.7(9)
SS	鼻骨最小宽高	4.4(21)	—	4.2(7)	3.6(10)
SS：SC	鼻根指数	49.7(21)	—	52.8(7)	48.0(10)
32	额　角	84.0(19)	83.6(8)	86.8(4)	87.2(9)
72	全面角	86.2(18)	85.7(9)	85.0(4)	87.3(9)
75(1)	鼻骨突度角	28.5(15)	26.7(7)	24.0(3)	25.8(10)
	眉间突度	3.0(22)	3.1(10)	2.8(10)	3.1(10)

续表 4

项目		东哈萨克斯坦塞克	东哈萨克斯坦乌斯切—布考塞克	帕米尔塞克
1	颅 长	176.7(4)	178.4(8)	186.8(9)
8	颅 宽	146.2(4)	142.8(8)	132.8(9)
17	颅 高	130.0(3)	130.0(7)	135.7(7)
8：1	颅指数	82.7(4)	80.1(8)	71.1(9)
9	最小额宽	98.0(5)	98.9(8)	91.7(8)
48	上面高	68.4(5)	71.9(9)	73.9(9)
45	颧 宽	133.8(5)	140.1(9)	126.7(7)
48：45	面指数	51.2(5)	51.4(9)	58.0(7)
48：17	垂直颅面指数	51.8(3)	55.5(7)	54.2(7)
77	鼻颧角	150.0(4)	141.0(8)	137.8(7)
zm1∠	颧上颌角	132.0(5)	133.1(8)	123.9(8)
52	眶 高 （左）	31.4(5)	33.7(9)	33.9(8)
52：51a	眶指数 （左）	80.2(5)	81.5(9)	88.9(8)
54	鼻 宽	26.0(5)	25.8(9)	24.4(9)
54：55	鼻指数	52.4(5)	49.7(9)	45.5(9)
DS	眶间宽高	10.4(3)	13.1(7)	14.5(8)
DS：DC	眶间宽高指数	48.2(3)	59.2(7)	70.6(8)
SS	鼻骨最小宽高	3.0(4)	5.2(7)	4.5(9)
SS：SC	鼻根指数	36.2(4)	51.9(7)	55.1(9)
32	额 角	84.3(3)	78.0(8)	80.9(7)
72	全面角	83.0(3)	84.4(8)	83.9(7)
75(1)	鼻骨突度角	25.7(3)	26.4(8)	34.7(8)
	眉间突度	2.8(5)	3.8(9)	3.1(9)

度更小，鼻突度更弱，额明显更直。没有表现出其他更重要的区别。

昭苏乌孙与东哈萨克斯坦塞克组之间的差别是后者颅高明显更低，面高和面宽明显更小，鼻颧水平面突度很小，但矢状面上突度更大，鼻形更宽，鼻突度和眉间突出更小。

乌斯切—布考塞克组与昭苏乌孙的区别也是颅更狭而低，颅形较长，上面略低，额倾斜比昭苏组明显，面部在矢状方向突出更小。此外，没有更明显的差异。总的来讲，乌斯切—布考塞克组与昭苏乌孙之间的共性仍大于他们的差异。

将昭苏乌孙与帕米尔塞克组对比时，则发现另一种很不同的差异组合：帕米尔塞克的头骨很狭长，长颅，前额更狭，特别狭的面，而面部水平突度特别强烈，鼻也更突出，鼻形很狭。这些差异显然比上述各乌孙组之间的差异在内容上极不相同。据金兹布尔格的研究，帕米尔塞克属于长颅欧洲人种地中海类型[28]，与乌孙的差异具有欧洲人种不同变种的性质。

总之，上述的比较证明，昭苏乌孙组与其他地区乌孙之间尽管存在程度不同的差异，但他们之间在总的颅面类型上存在一般的相似性，或者说，他们之间的共性比他们的差异更为重要，尤其是天山乌孙、卡拉考尔乌孙、七河乌孙及天山塞克—早期乌孙与昭苏乌孙更接近一些。因此，他们之间的差别，基本是同一人类学变种范围内性质。与哈萨克斯坦的两个塞克组的差别也大致有类似的性质。相反，与帕米尔塞克的差异内容迥然不同，这说明，不仅是昭苏乌孙，而且其他地点的乌孙甚至哈萨克斯坦的塞克。在人类学组成上，与帕米尔塞克之间存在不同原始欧洲人种基础。

为了直观地比较昭苏乌孙组与其他地点乌孙和塞克组之间的关系，利用12个测量项目绘制了每个组的复合多边形（图5、6）。图上12个项目的顺序是：1.颅长；2.颅宽；3.颅指数；4.颅高；5.颧宽；6.面指数；7.上面高；8.鼻骨角；9.面角；10.眶指数（d-ek）；11.鼻指数；12.额角。绘制图形方法参照罗京斯基和列文（1955）的《人类学基础》[29]。从绘制的图形来比较，所有乌孙组都有基本上同样类型的多边形图形（除天山乌孙—月氏的图形较差以外）。值得注意的是昭苏乌孙组与天山乌孙组具有十分相像的多边形。哈萨克斯坦的两个塞克组之间有很一致的图形，但他们与乌孙各组的图形有一定的区别。而帕米尔塞克的多边形图和乌孙各组的图形属于很不相同的类型，显然他们代表了不同的欧洲人种类型。

五、昭苏乌孙头骨特征的时间变化方向

据金兹布尔格的分析，天山塞克—早期乌孙早晚两组间，存在颅指数、面

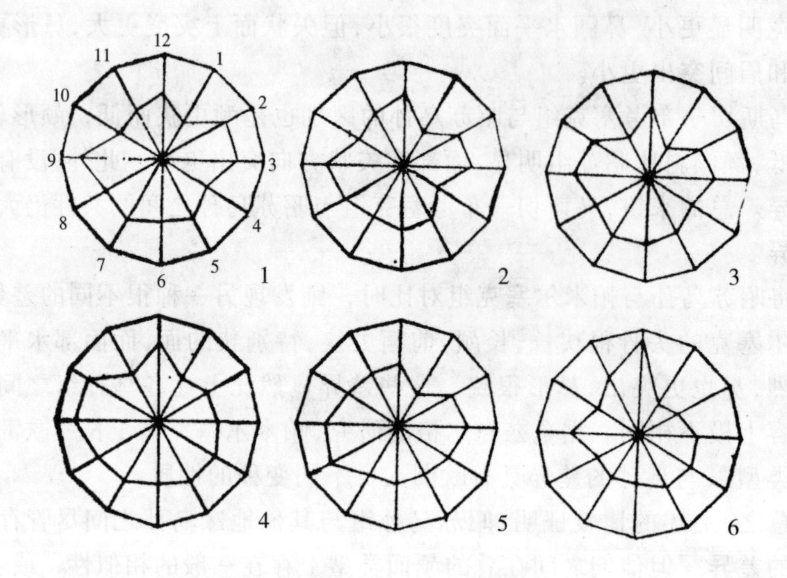

图5 颅、面形态《组合多边形图》

1.昭苏乌孙组;2.天山乌孙组;3.卡拉考尔乌孙组;4.七河乌孙组;5.天山塞克—早期乌孙组;6.阿莱塞克—乌孙组

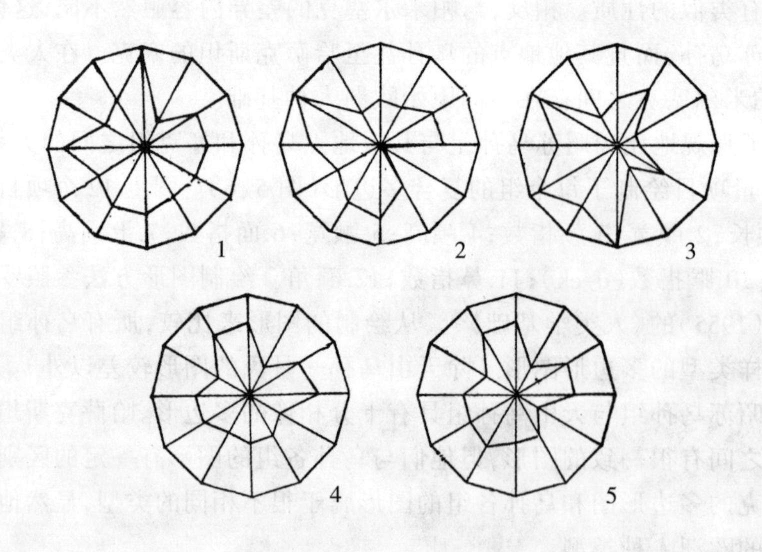

图6 颅、面形态《组合多边形图》

1.东哈萨克斯坦乌孙—呼揭组;2.天山乌孙—月氏组;3.南帕米尔塞克组;4.东哈萨克斯坦塞克组;5.东哈萨克斯坦乌斯切—布考塞克组

高和面宽增大，鼻骨角减小，眉间突度弱化和犬齿窝变浅的趋势（见表5）。因此他指出，这些特征的变异方向是蒙古人种特征的积累[14]。他还在东哈萨克斯坦乌孙—呼揭男组中也指出了同样的情况[15]（表5）。按天山塞克—早期乌孙的时代，这种体质形态特征的变化大概发生在公元前5世纪之后，在随后的乌孙—月氏（公元前2世纪至公元2世纪）中，这种变化似乎没有继续下去（见表5，天山乌孙—月氏数据）。在东哈萨克斯坦的乌孙中，同样的变化似比天山的乌孙要晚一些，大约在公元前3世纪至公元2世纪。换句话说，这种蒙古人种特征的加强，在这两个地方的乌孙中，可能不是同步的。如果在这些特征上，将昭苏乌孙与上两个地区的乌孙相比，总的来讲，与后者各自的晚期组更为接近。这有助于说明，昭苏的乌孙材料是已经经历了蒙古人种特征积累的一组头骨。考虑到昭苏乌孙与天山乌孙在体质上的一致性更多，可以设想，昭苏乌孙头骨上的这种变化特点与天山塞克—早期乌孙的晚期组似更符合。

关于乌孙体质形态的时间变化，伊斯马戈洛夫（1962）也集合七河地的人类学材料，进行过分期观察。他得到的结论是在长达800年的时间里，乌孙的体质没有发生变化[23]。但是，在他的分期中，最早的一组定为公元前4世纪至公元2世纪，从时代来讲，大体上相当于金兹布尔格天山塞克—早期乌孙的晚期（公元前5至公元3世纪），而且从表中所列几项考察特征（表5）的数值来看，除颅指数外，其余都和天山塞克—早期乌孙的晚期数值接近。因此，七河地乌孙的最早一期，似乎也是已经经历了这种蒙古人种特征的结累时期。所以，尽管在随后的几百年里，乌孙的体质好像没有明显的变化，但也不证明在更早一些时候，没有发生过类似天山塞克—早期乌孙中发生过的相似变化。

六、乌孙人类学类型讨论

在中国古代文献中，几乎没有直接涉及乌孙的种族特征。仅见的是颜师古对《汉书·西域传》的一个注，按此注“乌孙于西域诸戎，其形最异，今之胡人青眼赤须状类弥猴者，本其种也”。“青眼赤须”似乎表明乌孙的眼色浅，毛发大概近乎棕红色。据此有人把乌孙定为浅色素的诺的克（Nordic）种族[5]。汉代文献《焦氏易林》则说：“乌孙氏女，深目黑丑，嗜欲不同。”“深目”显然是欧洲人种常见特征，和眼球于“闭锁式”眼眶有关，看起来比蒙古人种眼睛深陷。而“黑丑”则意指乌孙氏女是黑肤色，至少也是深肤色的民族。

乌孙究竟是浅色素的民族还是深色素的民族？史料的记述似乎很不一致。对此，杨希枚曾提出过两种可能性：一是《易林》中的“乌孙氏女”可解释为“乌孙人某氏（也即某家）的女眷或侍妾仆从之属，且是深目黑肤的，而非

表 5　昭苏、天山和东哈萨克斯坦乌孙颅面特征的时代比较一览表

特　征	昭苏乌孙	天山塞克—早期乌孙		天山乌孙—月氏	七河乌孙	东哈萨克斯坦乌孙—呼揭	
	本文作者	金兹布尔格			伊斯马戈洛夫	金兹布尔格	
	公元前 5 世纪至前 1 世纪	公元前 7 世纪至前 5 世纪	公元前 5 世纪至前 3 世纪	公元前 2 世纪至 2 世纪	公元前 4 世纪至前 2 世纪	公元前 3 世纪至前 2 世纪	公元前 1 世纪至 2 世纪
颅指数	83.6(6)	80.0(5)	84.9(4)	81.3(4)	79.5(8)	82.9(5)	84.5(4)
颧　宽	139.2(6)	133.7(4)	138.2(4)	133.7(4)	138.0(10)	135.4(5)	138.0(5)
上面高	73.4(7)	69.7(4)	72.0(4)	73.0(4)	72.2(12)	71.8(5)	74.8(5)
鼻骨角	28.0(4)	30.0(1)	28.0(3)	24.7(4)	28.1(10)	28.0(5)	23.6(5)
眉间突度	3.5(6)	3.67(6)	3.25(4)	3.2(5)	3.0(11)	2.8(5)	3.4(5)
犬齿窝(0~4)	1.9(7)	2.4(5)	1.75(4)	1.7(6)	1.6(12)	2.4(5)	1.8(5)

说明：天山塞克—早期乌孙、天山乌孙—月氏数值取自文献⑭，七河乌孙数值取自㉓，东哈萨克斯坦乌孙—呼揭数值取自⑮。

白种人。这就是说，乌孙虽为白种，但乌孙人的家属中或有非白种的深目黑肤女人（当然，也许还有深目黑肤的男性仆从）"。第二个解释是"乌孙人纵有青眼赤须，也不证其肤色即是白皙"，乌孙或者是白种中肤色较黑的人也是可能的[①]。

看来从历史的记述，可以肯定的仅仅是乌孙的人类学特征与汉人很不相同，或者说，他们可能是欧洲人种。但属于欧洲人种的何种类型，无法确定。

要确定乌孙的种系特征，最可信的莫过于直接观察研究他们的体表组织特征。但乌孙是历史的民族，可能提供的是他们的遗骨。而骨骼的研究，可以提供比史料记述更为明确的人类学特征。对此，以往只有苏联的人类学家做过研究。其中，报告最早的一批和乌孙有关的人类学材料是从伊塞克湖附近发现的 3 具头骨。据伊万诺夫斯基（1890）的见解，这些头骨是属于公元 2~4 世纪，只在中国文献中出现过的赤谷城（乌孙王都）居民的[22]。捷别茨（1948）后来将这些头骨同普尔热瓦尔斯克附近的切利拜克墓地出土的乌孙头骨进行了比较，认为他们之间没有重要的区别[21]。另一批比较早的材料是 1929 年由伏耶伏德斯基和格里亚兹诺夫以及捷普劳霍夫在吉尔吉斯考古发掘中收集到的，包括 5 具男性和两具女性头骨。遗址也位于伊塞克湖东岸普尔热瓦尔斯克，时代大约公元第 1 世纪。特罗菲莫娃（1936）认为，这些头骨中，有两具男性中颅型属于地中海人种类型，其余的短颅型属帕米尔—费尔干类型[27]（有些学者称为中亚两河类型）。捷别茨（1948）则认为特罗菲莫娃所说的地中海类型头骨是属于个体变异性质或特殊的一种类型并不清楚，除了颅指数的差别外，无论中颅型还是短颅型头骨都呈现出"不特别强烈的欧洲人种特征"[21]。

金兹布尔格研究过大量的中亚材料，其中包括不少乌孙的古人类学材料。他在研究格里戈里耶夫（1938）从塔什干附近的扬吉耶尔发掘到的一些人骨材料之后，认为其中的三具乌孙头骨（时代为公元初期）有两具短颅型，一具中颅型，都属于相同的欧洲人种类型，并在这些头骨上观察到少量蒙古人种特征的混合。而且认为这些头骨在类型上有些接近匈奴[12]。1954 年，他发表了天山中部—阿莱地区的古人类学资料，指出天山地区的早期乌孙头骨具有一系列从欧洲人种的安德洛诺沃类型向中亚两河类型过渡的特征，而且早期乌孙头骨与更晚的乌孙—月氏头骨也接近。他确定，不仅天山的早期和晚期乌孙接近，而且也同卡拉科尔和东哈萨克斯坦出土的乌孙头骨相似，证明在公元前 1000 年东哈萨克斯坦居民同天山居民在种系关系上有亲缘性。他还指出，天山乌孙—月氏期的唯一女性头骨是典型的蒙古人种，根据汉代用皇室宗女以公主名义婚嫁乌孙王的历史记载，这具头骨可能是汉族妇女的[14]。除此外，他还研究过伯恩斯坦在 1952 年和 1956 年从阿莱地区收集的材料，计有 10 具男性和 7 具女性头骨，这组头骨总的来讲，还是有少量蒙古人种特征的形态上纤细化的安德洛诺沃类型，同时具有明显中亚两河类型特点，阿莱山谷的塞克和乌孙在人类学关系上，同天山塞克属同一共同体[19]。

1956年金兹布尔格还发表了哈萨克斯坦东部和中部的古人类学材料，其中属于乌孙期的材料较多（男女各10具头骨），时代为公元前3世纪至公元2世纪。这些乌孙墓葬曾经切尔尼考夫研究，同格里亚兹诺夫和伏耶伏德斯基所研究的七河地乌孙墓完全相似。据切尔尼考夫的见解，代表这些墓葬的居民属于中国文献中的呼揭[29]。据金兹布尔格的研究，在东哈萨克斯坦的乌孙头骨中，约有80%的男性是欧洲人种，而其中的大多数具有明显的安德洛诺沃型特点，同时有一些蒙古人种特征的混合，女性头骨也以中亚两河类型占优势。中哈萨克斯坦的塞克—乌孙期居民也属欧洲人种安德洛诺沃型，与东哈萨克斯坦、天山和阿莱的乌孙类型接近[15]。

哈萨克斯坦东南部的人类学材料（一批从伊犁上溯的伊犁河右岸墓葬中出土的乌孙和突厥材料），乌孙墓的时代定为公元前2世纪至公元1世纪，共收集13具成年（4男7女）和两具未成年（1男1女）人的头骨。据金兹布尔格的研究，认为从伊犁河右岸出土的乌孙头骨的形态很特别，整组头骨似乎代表了从欧洲人种的安德洛诺沃型向蒙古人种过渡的类型，根据倾斜的额好似南西伯利亚类型，但又具有特别强烈突起的鼻；他还证明，伊犁河流域乌孙的蒙古人种特征混合程度比大山乌孙要大一些，但蒙古人种因素还没有压过安德洛诺沃型特点，表明混杂开始不很久。金兹布尔格解释这可能是形成南西伯利亚人类学类型的早期地方类型之一[16]。

1959年，米克拉舍夫斯卡娅也发表过一批天山中部的乌孙资料，包括23具男性和11具女性头骨。她指出，这一组头骨属欧洲人种类型，有少量蒙古人种混血，与金兹布尔格研究的天山塞克—早期乌孙接近[26]。

20世纪60年代初期，伊斯马戈洛夫（1962）集合了七河地区的大量乌孙头骨资料进行了综合比较。其中包含31具男性和30具女性成年头骨，时间跨度为公元前4世纪至公元3世纪。他得出的主要结论是七河地乌孙的人类学类型是在当地欧洲人种类型居民的基础上形成的。七河乌孙的人类学类型除主要而明显的欧洲人种特点外，还有少量蒙古人种混血。七河、天山、阿莱和东哈萨克斯坦乌孙的人类学类型彼此具有很接近的亲缘关系。从早期到晚期乌孙体质特征的比较证明，乌孙的体质特征在近800年的时间里没有出现明显的时间变化，据此判断，七河乌孙人种类型的形成当不晚于公元前3世纪。七河乌孙的体质类型是南西伯利亚人种类型成分之一，并有证据表明，七河乌孙与现代哈萨克人之间有系统学联系[23]。

新疆昭苏乌孙人骨的研究结果已如前述，与苏联境内乌孙材料的研究基本相符，大部分是欧洲人种头骨并有少量蒙古人种混血，在女性头骨中有两个混杂的类型，其中一个似与南西伯利亚类型接近。

综合苏联和我国境内可能与乌孙相联系的古人类学材料的研究，提出如下几点看法：

首先，从中亚地区（包括中国新疆境内）出土的古人类学材料证明，各地方乌孙是体质上比较一致的种族人类学集团。这表现在不同地方出土的乌孙材料之间，体质形态的一致性比他们之间的差异明显得多，他们之间的差异，总的来说可能没有类型学的意义。

其次，形成乌孙人类学类型的基础为欧洲人种没有疑义，因为在乌孙的体质形态上保存有时代更早的原始欧洲人种古欧洲人类型（主要为安德洛诺沃型）特点。这也说明，在人类学关系上，乌孙同其前期居民之间存在密切的联系。尽管如此，从每个头骨的类型学来看，乌孙材料中的成分还是复杂的。如以伊斯马戈洛夫对 61 具七河地乌孙头骨的类型统计，在 53 具欧洲人种头骨中就有四种不同类型，即安德洛诺沃型、中亚两河型、北欧型及地中海与北欧型之间的类型[23]。其中以前两个类型为主要成分。此外，还有少量欧洲人种和蒙古人种之间的混杂型和个别蒙古人种头骨。因此，乌孙不是单一类型而是多类型组成的，但又有基本的主要类型。而后一点是各地乌孙有比较接近的体质的主要基础。

此外，无论是苏联还是中国材料的研究都表明，以欧洲人种特征占优势的乌孙头骨具有少量蒙古人特征的混合。这表现在颅形变短，面高和面宽的增大，鼻突度角、眉间突度和犬齿窝的减弱等特征的时间变化上。但这种蒙古人种特征的强弱，在不同地区的乌孙材料中可能不完全一样。例如，在七河地乌孙头骨上，蒙古人种特征的混合可能比天山乌孙更明显一些。还可能存在性别和时间的不同，如天山—阿莱地区乌孙中，蒙古人种特征的混合，女性比男性表现得更清楚一些；在东哈萨克斯坦和天山地区各自的晚期乌孙材料中，蒙古人种特征的积累比早期的更明显一些，但在天山地区乌孙中，混杂的增强比东哈萨克斯坦可能更早一些。而在七河地乌孙中，自公元前 4 世纪至公元 3 世纪以后的几百年时间里，体质上没有产生显著变化。这些情况尽管比较复杂，但总的来说，少量蒙古人种特征的混合是乌孙人类学类型的一个特点。对于这种混合，目前还只能推测与来自东边的时代较晚的蒙古人种成分有关，但他们究竟代表什么样的蒙古人种成分还不清楚。

据苏联学者的研究，认为乌孙是时代更早的欧洲人种安德洛诺沃型同中亚两河类型与南西伯利亚类型的联系环节，因此，乌孙的人类学类型具有重要意义。在现有的中亚人类学材料中，还只有像乌孙这样的类型才能较为合理地解释南西伯利亚类型的开始，因为在乌孙头骨中，随着蒙古人种特征的增强，已经呈现出同南西伯利亚类型接近的特征。有可能设想，乌孙人类学特征是形成南西伯利亚人种类型的重要因素[23]，他们对该地区后来居民体质类型形成的复杂过程想必产生过重大影响。

表6　昭苏乌孙头骨个体测量表

（长度：毫米，角度：度，指数：%）

测量项目与代号		男					
		No.2	No.3	No.8	No.9	No.10	No.12
		35±	25±	35±	55±	25~30	25±
1	颅　长	—	180.0?	182.2	196.2	165.0	172.0
8	颅　宽	150.0?	158.0?	148.5	156.2	147.5	143.0
17	颅　高	—	137.5	138.0	142.2	126.0?	130.5
21	耳上颅高	—	126.6	119.5	121.4	114.1	110.8
9	最小额宽	96.2	106.5	91.0	96.2	100.0	99.1
25	颅矢状弧	—	360.5	369.0	400.0	335.0	349.0
23	颅周长	—	529.0	517.0	550.0	505.0	499.0
24	颅横弧	—	348.0	328.5	332.0	326.0	309.0
5	颅基底长	—	104.0	103.0	102.5	100.0	97.0
40	面基底长	—	103.0	101.4	105.2	98.0	93.6
48	上面高(pr)	70.8	72.8	71.0	73.0	69.0	65.0
	(sd)	73.9	75.2	75.4	74.0	73.0	68.2
43(1)	眶外缘点宽	104.0	108.1	99.0	106.0	99.0	103.2
SN	眶外缘点间高	20.0	17.0	22.4	14.3	18.7	17.8
45	颧　宽	—	148.2	138.0	138.2	136.0	130.0
46	中面宽	108.4	—	99.4	102.3	96.5?	88.8
	颧颌前点宽	105.0	110.4	99.5	99.0	99.0	89.0
SSS	颧颌点间高	23.5	—	29.9	29.2	22.8	22.5
	颧颌前点间高	21.1	25.5	27.4	26.1	21.5	18.0
55	鼻　高	56.1	60.0	52.0	56.1	57.0	49.0

续表 6

测量项目与代号		男		女		
		No.14	平均值	No.4	No.7	No.11
		55~60	37.5	18~23	40±	20±
1	颅　长	184.0	179.90(6)	169.0	177.0	157.0
8	颅　宽	150.2	150.49(7)	140.0	136.5	154.0
17	颅　高	136.5	135.12(6)	130.0	134.0	138.0
21	耳上颅高	123.2	119.27(6)	—	117.5	118.8
9	最小额宽	102.2	98.74(7)	—	95.0	90.0
25	颅矢状弧	375.0	364.75(6)	337.0	368.0	352.5
23	颅周长	531.0	521.83(6)	—	501.0	—
24	颅横弧	336.0	329.92(6)	—	312.0	327.0
5	颅基底长	108.0	102.42(6)	102.0	97.7	91.4
40	面基底长	106.0	101.20(6)	—	97.0?	83.5
48	上面高(pr)	71.0	70.37(7)	—	66.8	62.3
	(sd)	74.0	73.39(7)	—	70.7	65.1
43(1)	眶外缘点宽	106.0	103.61(7)	97.5	102.3	88.0
SN	眶外缘点间高	18.7	18.41(7)	21.0	15.3	13.6
45	颧　宽	145.0	139.20(6)	—	130.5	128.4
46	中面宽	109.5	100.82(6)	—	96.1	95.0
	颧颌前点宽	109.0	101.56(7)		95.5	93.4
SSS	颧颌点间高	27.0	25.82(6)	—	20.0	21.4
	颧颌前点间高	28.6	24.03(7)	—	21.8	17.6
55	鼻　高	26.5	55.24(7)	—	52.0	47.3

续表 6

	测量项目与代号	女			
		No.13	No.15	No.17	平均值
		25±	22~25	30+	26.9
1	颅 长	167.0	157.0	173.5	166.75(6)
8	颅 宽	139.0	135.0	149.5	142.33(6)
17	颅 高	125.0	121.0	123.8	128.63(6)
21	耳上颅高	110.5	109.9	119.7	115.28(5)
9	最小额宽	93.5	89.5	88.5	91.30(5)
25	颅矢状弧	342.0	328.0	354.5	347.00(6)
23	颅周长	488.0	464.0	509.0	490.50(4)
24	颅横弧	311.0	320.0	333.0	320.60(5)
5	颅基底长	95.2	89.5	96.1	95.35(6)
40	面基底长	92.0	92.0	103.0	93.50(5)
48	上面高(pr)	71.0	62.0?	74.0	67.22(5)
	(sd)	74.0	70.0?	76.0	71.16(5)
43(1)	眶外缘点宽	99.2	94.6	94.0	95.93(6)
SN	眶外缘点间高	18.9	16.0	12.9	16.28(6)
45	颧 宽	127.0	125.5	130.0	128.28(5)
46	中面宽	100.5	96.1	104.1	98.36(5)
	颧颌前点宽	102.0	95.5	101.0	97.48(5)
SSS	颧颌点间高	24.5	23.1	18.8	21.56(5)
	颧颌前点间高	22.0	21.6	16.4	19.88(5)
55	鼻 高	53.0	49.5	52.4	50.84(5)

续表 6

测量项目与代号		男					
		No.2	No.3	No.8	No.9	No.10	No.12
54	鼻　宽	28.0	30.5	26.5	24.2	27.0	25.0
SC	鼻骨最小宽	—	9.2	9.7	4.2	11.8	11.2
SS	鼻骨最小宽高	—	5.18	4.94	3.48	5.78	5.28
51	眶　宽　右	48.5	46.2	43.4	46.2	40.0	44.0
	左	—	46.3	43.1	46.0	42.0	45.0
51a	眶　宽　右	—	41.2	39.0	43.0	—	40.5
	左	—	41.2	40.0	42.2	—	42.0
52	眶　高　右	34.0	36.0	33.0	34.0	31.5	32.9
	左	35.3?	35.0	33.3	33.2	31.0	33.4
50	眶间宽	—	20.0	20.0	18.7	20.0	19.4
49a(DC)	眶间宽	—	27.2	24.0	22.0	—	24.3
DS	眶间宽高	—	13.5	14.4	14.5	—	13.8
MH	颧骨高　右	47.0	49.7?	45.0	41.4	45.5	47.2
	左	45.1?	49.7	45.0	42.0	46.5	48.5
MB′	颧骨宽　右	—	29.2?	24.5	21.6	—	26.1
	左	—	31.8	26.1	22.4	—	31.0
47	全面高	—	123.0	125.0	117.0	122.2	—
	耳门上缘点宽	—	126.0	124.9	126.0	123.2	119.1
11	耳点间宽	—	137.4	130.9	130.4	129.0	122.0
60	齿槽弓长	—	59.5	55.1	60.4	50.0	54.0

续表 6

测量项目与代号		男		女		
		No.14	平均值	No.4	No.7	No.11
54	鼻 宽	29.5	27.24(7)	—	28.0	22.0
SC	鼻骨最小宽	9.0	9.18(6)	—	6.7	7.5
SS	鼻骨最小宽高	3.75	4.74(6)	—	2.87	3.10
51	眶 宽 右	46.5	44.97(7)	—	46.1	38.0
	左	46.0	44.73(6)	—	45.0	37.0
51a	眶 宽 右	43.0	41.34(5)	—	42.5	35.0
	左	41.0	41.28(5)	—	41.8	35.0
52	眶 高 右	35.0	33.77(7)	—	35.0	31.0
	左	34.5	33.67(7)	—	36.3	31.1
50	眶间宽	19.5	19.60(6)	—	18.0	19.0
49a(DC)	眶间宽	24.8	24.46(5)	—	22.3	23.0
DS	眶间宽高	—	14.05(4)	—	11.2	—
MH	颧骨高 右	42.2	45.43(7)	—	45.2	43.1
	左	48.5	46.47(7)	—	47.0	44.7
MB′	颧骨宽 右	—	25.35(4)	—	23.3	—
	左	—	27.83(4)	—	22.5	—
47	全面高	118.0	121.04(5)	—	—	—
	耳门上缘点宽	127.5	124.45(6)	—	118.6	123.0
11	耳点间宽	136.5	131.03(6)	—	124.9	127.9
60	齿槽弓长	53.5	55.42(6)	—	55.7	41.0?

续表 6

测量项目与代号		女			
		No.13	No.15	No.17	平均值
54	鼻　宽	25.8	24.2	27.1	25.42(5)
SC	鼻骨最小宽	10.0	7.5	11.3	8.60(5)
SS	鼻骨最小宽高	3.50	3.35	4.13	3.39(5)
51	眶　宽　右	42.0	42.2	41.3	41.92(5)
	左	43.5	41.5	40.4	41.48(5)
51a	眶　宽　右	—	38.5	38.2	38.55(4)
	左	—	38.0	38.0	38.20(4)
52	眶　高　右	33.0	30.5	34.4	32.78(5)
	左	32.5	31.0	33.7	32.92(5)
50	眶间宽	20.0	16.0	20.0	18.60(5)
49a(DC)	眶间宽	—	20.0	23.9	22.30(4)
DS	眶间宽高	—	12.2	—	11.70(2)
MH	颧骨高　右	45.0	39.0	47.3	43.92(5)
	左	44.0	39.5	46.0	44.24(5)
MB′	颧骨宽　右	—	21.7	—	22.50(2)
	左	—	23.5	—	23.00(2)
47	全面高	—	102.0?	125.6	113.80(2)
	耳门上缘点宽	114.2	114.0	118.0	117.56(5)
11	耳点间宽	122.0	119.2	123.4	123.48(5)
60	齿槽弓长	51.5	49.0	57.6	50.96(5)

续表 6

测量项目与代号		男				
		No.2	No.3	No.8	No.9	No.10
61	齿槽弓宽	—	70.6?	64.1	67.1?	61.0
62	腭　长	45.6	50.0	47.7	55.0	41.0
63	腭　宽	—	—	42.2	—	36.5
7	枕大孔长	—	40.2	37.1	42.5	35.0?
16	枕大孔宽	—	34.9	28.0	35.1	29.5
65	下颌髁间径	123.5	124.0	126.0	125.0	120.5
72	面　角	—	90.5	87.0	83.0	90.0
73	鼻面角	—	91.5	87.0	81.5	90.0
74	齿槽面角	—	88.0	85.0	85.0	87.0
F″∠	额　角	—	78.0	74.0	76.0	81.0
32	额　角	—	86.0	83.0	84.0	85.0
	前囟角	—	54.0	48.0	47.0	50.0
77	鼻颧角	136.7	144.9	131.4	149.6	138.9
SSA∠	颧上颌角	132.8	—	118.5	120.5	129.4
zm1∠	颧上颌角	136.0	130.5	122.0	124.5	133.0
A∠	齿槽点角	—	69.9	71.0	73.5	78.0
N∠	鼻根点角	—	68.6	68.5	80.0	59.3
B∠	颅基点角	—	41.4	40.5	26.1	42.5
75	鼻尖点角	—	64.0	52.0	—	—
75(1)	鼻骨突度角	—	26.8	34.0	26.5?	—
8：1	颅指数	—	87.78	81.50	79.61	89.39
17：1	颅长高指数	—	76.39	75.74	72.48	76.36
17：8	颅宽高指数	—	87.03	92.93	91.04	85.42

续表 6

测量项目与代号		男		
		No.12	No.14	平均值
61	齿槽弓宽	65.0	69.5	64.55(6)
62	腭　长	45.6	50.0	47.84(7)
63	腭　宽	43.0	45.0	41.68(4)
7	枕大孔长	37.2	37.5	38.25(6)
16	枕大孔宽	24.2	31.5	30.53(6)
65	下颌髁间径	118.2	128.5	123.67(7)
72	面　角	84.0	89.0	87.25(6)
73	中面角	86.0	89.5	87.58(6)
74	齿槽面角	78.0	85.0	84.67(6)
F″∠	额　角	73.0	79.0	76.83(6)
32	额　角	77.5	83.0	83.08(6)
	前囟角	43.5	—	48.50(5)
77	鼻颧角	142.3	141.1	140.83(7)
SSA∠	颧上颌角	126.0	127.5	125.78(6)
zm1∠	颧上颌角	136.8	125.0	129.69(7)
A∠	齿槽点角	72.6	72.0	72.83(6)
N∠	鼻根点角	67.5	69.2	68.85(6)
B∠	颅基点角	39.9	38.7	38.18(6)
75	鼻尖点角	59.0	—	58.3(3)
75(1)	鼻骨突度角	24.5	—	27.95(4)
8：1	颅指数	83.14	81.63	83.84(6)
17：1	颅长高指数	75.87	74.18	75.17(6)
17：8	颅宽高指数	91.26	90.88	89.76(6)

续表 6

测量项目与代号		女			
		No.4	No.7	No.11	No.13
61	齿槽弓宽	—	63.3	63.9	66.0
62	腭　长	—	49.2	41.1	43.0
63	腭　宽	—	—	44.0	41.0
7	枕大孔长	37.2	35.0	38.0	36.0
16	枕大孔宽	29.0	30.2	30.2	28.5
65	下颌髁间径	—	117.0	—	121.0
72	面　角	—	85.0	90.0	91.0
73	中面角	—	91.0	92.5	93.0
74	齿槽面角	—	61.0	82.0	85.5
F″∠	额　角	—	85.0	90.0	81.0
32	额　角	—	90.0	93.0	87.0
	前囟角	—	48.0	55.0	50.5
77	鼻颧角	133.0	146.9	146.0	138.3
SSA∠	颧上颌角	—	135.0	132.0	127.5
zm1∠	颧上颌角	—	131.7	139.0	133.5
A∠	齿槽点角	—	70.5	75.6	64.4
N∠	鼻根点角	—	69.5	62.5	71.2
B∠	颅基点角	—	40.1	41.8	44.5
75	鼻尖点角	—	64.0	—	—
75(1)	鼻骨突度角	—	22.0	—	—
8：1	颅指数	82.84	77.12	98.09	83.23
17：1	颅长高指数	76.92	75.71	87.90	74.85
17：8	颅宽高指数	92.86	98.17	89.61	89.93

续表 6

测量项目与代号		女		
		No.15	No.17	平均值
61	齿槽弓宽	61.0	63.4	63.52(5)
62	腭　长	43.2	50.0	45.30(5)
63	腭　宽	42.0	39.0	41.50(4)
7	枕大孔长	32.0	35.4	35.60(6)
16	枕大孔宽	28.0	27.0	28.82(6)
65	下颌髁间径	109.0	113.8	115.20(4)
72	面　角	85.0	88.0	87.80(5)
73	中面角	88.0	93.5	91.60(5)
74	齿槽面角	75.0	78.0	76.30(5)
F″∠	额　角	79.0	85.5	84.10(5)
32	额　角	86.0	89.0	89.00(5)
	前囟角	48.0	48.0	49.90(5)
77	鼻颧角	142.5	148.0	142.45(6)
SSA∠	颧上颌角	128.0	140.0	132.50(5)
zm1∠	颧上颌角	131.8	144.0	136.0(5)
A∠	齿槽点角	68.0	62.5	68.20(5)
N∠	鼻根点角	71.9	73.6	69.74(5)
B∠	颅基点角	40.0	44.0	42.08(5)
75	鼻尖点角	70.0	78.5	70.83(3)
75(1)	鼻骨突度角	20.0	—	21.0(2)
8：1	颅指数	85.99	86.17	35.57(6)
17：1	颅长高指数	77.07	71.35	77.30(6)
17：8	颅宽高指数	89.63	82.81	90.50(6)

续表 6

测量项目与代号		男				
		No.2	No.3	No.8	No.9	No.10
21：1	颅长耳高指数	—	70.33	65.59	61.88	69.15
21：8	颅宽耳高指数	—	80.13?	80.47	77.72	77.36
48：17	垂直颅面指数	—	54.69	54.64	52.04	57.94
54：55	鼻指数	49.91	50.83	50.96	43.14	47.37
52：51	眶指数　右	70.10	77.92	76.04	73.59	78.75
	左	—	75.59	77.26	72.17	73.81
52：51a	眶指数　右	—	87.38	84.62	79.07	—
	左	—	84.95	83.25	78.67	—
SS：SC	鼻根指数	—	56.30	50.93	82.86	48.98
DS：SC	眶间宽高指数	—	49.63	60.00	65.91	—
48：45	上面指数	—	50.74	54.64	53.55	53.68
47：45	全面指数	—	83.00	90.58	84.66	89.85
9：8	额指数	64.13	67.41	61.28	61.59	67.80
40：5	面突度指数	—	99.04	98.45	102.63	98.00
SN：43(1)	额面扁平指数	19.23	15.73	22.63	13.49	18.89
45：8	颅面宽指数	—	93.80?	92.93	88.48	92.20
43(1)：46	额颧宽指数	95.94	—	99.60	103.62	102.59
63：62	腭指数	—	—	88.47	—	89.02
61：60	齿槽弓指数	—	118.66	116.33	111.09	122.00
SR：O_3	鼻尖点指数	—	38.67	49.43	41.75?	—
CM	颅粗壮度	—	158.50	156.23	164.87	146.17
FM	面粗壮度	—	124.83	121.47	120.13	118.73
FM：CM	颅面指数	—	78.69	77.75	72.86	81.23

续表 6

测量项目与代号		男			女	
		No.12	No.14	平均值	No.4	No.7
21：1	颅长耳高指数	64.42	66.96	66.39(6)	—	66.38
21：8	颅宽耳高指数	77.48	82.02	79.20(6)	—	86.08
48：17	垂直颅面指数	52.26	54.21	54.30(6)	—	52.76
54：55	鼻指数	51.02	52.21	49.35(7)	—	53.85
52：51	眶指数　右	74.77	75.27	75.21(7)	—	75.92
	左	74.22	75.00	74.68(6)	—	80.67
52：51a	眶指数　右	81.23	81.40	82.74(5)	—	82.35
	左	79.52	84.15	82.11(5)	—	86.84
SS：SC	鼻根指数	47.14	41.67	54.65(6)	—	42.84
DS：SC	眶间宽高指数	56.79	—	58.08(4)	—	50.22
48：45	上面指数	52.46	51.03	52.68(6)	—	54.18
47：45	全面指数	—	81.38	85.89(5)	—	—
9：8	额指数	69.30	68.04	65.65(7)	—	69.60
40：5	面突度指数	96.49	98.15	98.79(6)	—	99.28
SN：43(1)	额面扁平指数	17.25	17.64	17.86(7)	12.54	14.96
45：8	颅面宽指数	90.91	96.54	92.48(6)	—	95.60
43(1)：46	额颧宽指数	116.22	96.80	102.46(6)	—	106.45
63：62	腭指数	94.30	90.00	90.45(4)	—	—
61：60	齿槽弓指数	120.37	129.91	119.73(6)	—	113.64
SR：O_3	鼻尖点指数	35.64	—	41.37(4)	—	31.34
CM	颅粗壮度	148.50	156.90	155.20(6)	—	149.17
FM	面粗壮度	—	123.00	121.61(5)	—	—
FM：CM	颅面指数	—	78.39	77.78(5)	—	—

续表 6

测量项目与代号		女				
		No.11	No.13	No.15	No.17	平均值
21：1	颅长耳高指数	75.67	66.17	70.00	68.99	69.44(5)
21：8	颅宽耳高指数	77.14	79.50	81.41	80.07	80.84(5)
48：17	垂直颅面指数	47.17	59.20	—	61.39	55.13(4)
54：55	鼻指数	46.51	48.68	48.89	51.72	49.93(5)
52：51	眶指数　右	81.58	78.57	72.27	83.29	78.33(5)
	左	84.05	74.71	74.70	83.42	79.51(5)
52：51a	眶指数　右	88.57	—	79.22	90.05	85.05(4)
	左	88.86	—	81.58	88.68	86.49(4)
SS：SC	鼻根指数	41.33	35.00	44.67	36.55	40.08(5)
DS：SC	眶间宽高指数	—	—	61.00	—	55.61(2)
48：45	上面指数	50.70	58.27	55.78?	58.46	55.48(5)
47：45	全面指数	—	—	81.27	96.62	88.95(2)
9：8	额指数	58.44	67.27	66.30	59.20	64.16(5)
40：5	面突度指数	91.36	96.64	102.79	107.18	99.45(5)
SN：43(1)	额面扁平指数	15.45	19.05	16.91	13.72	16.94(6)
45：8	颅面宽指数	83.38	91.37	92.96	86.96	90.05(5)
43(1)：46	额颧宽指数	92.63	98.71	98.44	90.30	97.31(5)
63：62	腭指数	107.06	95.35	97.22	78.00	94.41(4)
61：60	齿槽弓指数	155.85	128.16	124.49	110.70	126.44(5)
SR：O_3	鼻尖点指数	—	—	28.86	—	30.10(2)
CM	颅粗壮度	149.67	143.67	137.67	148.93	145.82(5)
FM	面粗壮度	—	—	106.50	119.53	113.02(2)
FM：CM	颅面指数	—	—	77.36	80.29	78.81(1)

如前述，在乌孙的人类学类型中，主要成分是接近安德洛诺沃型和中亚两河型，还有少量的北欧型。而安德洛诺沃型和北欧型很可能与浅色素特征相联系，与中亚两河型接近的个体，大概有较暗色素。这种情况直到现在的中亚民族中也有反映，例如在现代哈萨克人中，有较浅的色素，乌兹别克人和塔吉克人的色素就比较深。因此，在乌孙中，既可能有“青眼赤须”之民，也可能有“深目黑丑”的成分。不过，关于中亚原始欧洲人种居民与其后裔关系问题是很复杂的，至今在苏联学者中还无一致见解[8]。

最后指出，从骨骼人类学的研究，明确乌孙的人类学特征，对在我国西北地区继续寻找和确定乌孙文化遗存有重要作用。据记载，乌孙西徙前曾居现在甘肃河西走廊的西部张掖、酒泉一带。近年来，在这个地区随着考古发掘材料的不断增加，有些学者开始从文化内涵、遗址的时代和分布位置，推测河西地区发现的四坝（有人认为就是火烧沟类型文化）、沙井、骟马等类型的文化可能就是乌孙、月氏的遗存[2][4]。但到目前为止，从河西走廊地区已经出土先秦时代的人类学材料，还没有发现过具有像中亚地区乌孙人类学特征的人骨。相反，现有的材料证明，他们都属于蒙古人种的支系类型。换句话说，迄今在河西地区出土的秦汉以前的古文化遗存都是与蒙古人种居民联系在一起的。这种情况向我们提出了这样的问题，即在这些文化遗存中，如果像某些学者推测的，确有归属乌孙前期的文化，那么，乌孙其时（至少在公元前2世纪前）应该是蒙古人种类型的居民。以后，仅在他们西迁到伊犁河流域和伊塞克湖地区，与当地居民融合，或在他们向西的运动中，通过我国新疆地区时，获得了欧洲居民人种特征占优势的类型。但无论哪一种情况，从一个大人种类型（蒙古人种支系类型）变为另一个迥然不同人种（以欧洲人种特征为主）的稳定遗传类型，几乎没有时间来完成。而且，这种推测与中亚乌孙类型是从该地区原始欧洲人种基础上形成的体质发展资料不相符合。另一方面，在迄今的河西地区考古材料中，还没有发现同西迁后乌孙文化内涵有密切关系的资料，因而也无法证明河西乌孙为蒙古人种。所以难以设想，西迁前后时期的乌孙文化和种族人类学特点可能发生如此急剧的突变。更合理的考虑是乌孙在西去以前（在河西走廊）便是欧洲人种或欧洲人种特征占优势的类型。或者说，西迁前和西迁后的乌孙，可能具有相同或较为接近的人类学类型。而真正属于乌孙的文化遗存在我国河西地区也尚未发现。但是，要切实在河西走廊地区弄清乌孙文化遗存，无疑是解决乌孙族史的一个重要问题，它的发现，至少可以提供乌孙何时进入河西地区的可靠证据。要最终解决这个悬而未决的问题，除了继续从考古调查发掘证实乌孙文化的性质之外，骨骼人类学的考察与研究也极其重要。如果在以后的河西地区考古发掘中，有一天发现与欧洲人种遗骨共出的文化遗存，那么，他们很可能就是乌孙（也可能是月氏）的遗物或遗址了。

参考文献

1. 杨希枚.论汉简及其他汉文献所载的黑色人问题.中央研究院历史语言研究所集刊,1969.39:309~324.

2. 张光直. 考古学上所见汉代以前的西北. 中央研究院历史语言研究所集刊,1970.42:96.

3. 新疆维吾尔自治区博物馆,新疆社会科学院考古研究所.建国以来新疆考古的主要收获.文物考古工作三十年,北京:文物出版社,1979.169~185.

4. 潘策. 秦汉时期的月氏、乌孙和匈奴及河西四郡的设置. 甘肃师大学报,1981(3):50~55.

5. 林惠祥.中国民族史.北京:商务印书馆,1936.

6. 阿格耶娃.七河地考古学上的一些问题.苏联科学院物质文化历史研究所简报,1960.80.65(俄文).

7. 阿基塞夫.伊犁河考古考察队 1954 年工作报告.哈萨克共和国科学院历史、考古和民族研究所著作集,1956.1,5~32 页(俄文).

8. 阿历克谢夫.中亚古代欧洲人种居民及其后裔.民族人类学和人类形态学问题,1974.11~12.列宁格勒(俄文).

9. 沃耶沃茨基,格里亚兹诺夫.吉尔吉斯苏维埃联邦共和国境内的乌孙墓.古代史通报,1938.3(4):177~178(俄文).

10. 伯恩斯坦. 中部天山和帕米尔—阿莱历史考古学概论. 苏联考古学材料和研究,1952.26.187~190(俄文).

11. 金兹布尔格.与哈扎尔汗国·居民起源问题有关的人类学材料.人类学和民族学博物馆论文集,1951.13.309~416(俄文).

12. 金兹布尔格.中亚的古代和现代人类学类型.民族学研究所集刊,1951.16(俄文).

13. 金兹布尔格. 东哈萨克斯坦古代居民的人类学材料. 民族研究所简报,1952(14)(俄文).

14. 金兹布尔格. 中部天山和阿莱古代居民的人类学资料. 民族研究所集刊,1954.21.354~412(俄文).

15. 金兹布尔格. 哈萨克苏维埃联邦共和国东部和中部地区古代居民之人类学资料.民族研究所集刊,1956.33.238~298(俄文).

16. 金兹布尔格.东南哈萨克斯坦古代居民的人类学材料.哈萨克共和国科学院考古和民族历史研究所集刊,1959.7.266~269(俄文).

17. 金兹布尔格.南吉尔吉斯古代移民的人类学材料.吉尔吉斯苏维埃联邦共和团科学院通报,1960.2(3)(俄文).

18. 金兹布尔格. 南帕米尔塞克人类学特征. 物质文化研究所简报,1960(80):26~39(俄文).

19. 金兹布尔格.萨尔格尔(白堡)居民的人类学成分及其起源.苏联考古学材料和研究,1963(109)260~281(俄文).

20. 金兹布尔格.乌兹别克人的颅骨学特征.人类学选集Ⅳ,1963.96~121(俄文).

21. 捷别茨.苏联古人类学.民族研究所集刊,1948.4.181(俄文).

22. 伊万诺夫斯基.出自伊塞克湖头骨.人类学协会会志,1890(5):178(俄文).

23. 伊斯马戈洛夫.七河地乌孙的人类学特征.哈萨克斯坦民族学和人类学问题,1962.168~191(俄文).

24. 基比罗夫.1953~1955 年中部天山考古工作.吉尔吉斯考古—民族学考察集刊,1959.2.10(俄文).

25. 马克西莫娃.伊犁河左岸乌孙土墩墓.哈萨克苏维埃联邦共和国通报—历史、考古和民族学集丛,1959.1(9)(俄文).

26. 米克拉舍夫斯基.吉尔吉斯古人类学研究成果.吉尔吉斯考古—民族学考察集刊,1959.2.299(俄文).

27. 罗京斯基,列文.人类学基础.莫斯科:莫斯科大学出版社,1965.362(俄文).

28. 特罗菲莫娃.金帐汗国鞑靼的颅骨学概论.人类学杂志,1936(2):183~185(俄文).

29. 切尔尼科夫.1948 年东哈萨克斯坦考察队工作报告.哈萨克苏维埃联邦共和国通报—考古集丛,1951.3(108):79(俄文).

山普拉古代人骨种系问题

1988年第1期《人类学学报》发表了邵兴周等同志的《洛浦县山普拉出土颅骨的初步研究》。这篇论文对出自山普拉古墓地人类学材料的种系特点进行了研究，其结论是代表该墓地的古代居民在体质上具有"大蒙古人种大部分特征，但也有欧罗巴人种一些较明显特征"，因而断定"山普拉人是一个混血的民族"①。

在此以前，笔者曾借协助新疆维吾尔自治区博物馆等展自治区成立30周年塑制山普拉古墓人头骨复原像的机会，对2具山普拉头骨的种系特点进行过研究，并有过机会在选择复原头骨时，对山普拉的大部分头骨作过粗略的视觉观察。当时的感觉，以为这是一组在形态上同种性质相当明显的欧洲人种头骨。在笔者后来撰写的《新疆洛浦山普拉古代丛葬墓两具人头骨的研究与复原》一文中则明确指出，用来塑制复原像的2具头骨（M1—130男性和M1—97女性头骨）均代表欧洲人种地中海东支或印度—阿富汗类型，进而推测距今约2000年的山普拉古代居民的主成分也可能都是这种种族类型②。这样的结论和推论无疑与邵兴周等同志的研究结果相悖。因此在细读了他们的报告以后，觉得有必要在成组资料发表的基础上，对山普拉人骨的种系特点再次进行讨论和研究。

按笔者对邵兴周等同志结论的理解，既然山普拉人骨具有"大蒙古人种大部分特征"，很明显，山普拉人骨的种族基础应该是蒙古人种，并在这个基础上还表现出某些欧洲人种的混血特征。因此，首先要讨论的是山普拉古代居民究竟是蒙古人种还是欧洲人种。

从邵兴周等的研究来看，提出山普拉头骨以蒙古人种特征占优势的最主要依据是利用了17个颅、面骨测量项目的数据与亚洲蒙古人种组群变异范围进行的比较，认为其中的大部分项目与大蒙古人种及新石器时代蒙古人种接近或相似，在形态上还指出鼻前棘小，犬齿窝不发达，证明山普拉人具有大蒙古人种的大部分特征。对邵兴周等报告的这些依据，笔者觉得有个比较方法的问题，特别是有一个如何把握鉴别大人种特征的问题。事实上，邵兴周等的报告中利用了笔者过去在一些文章中使用的比较方法，即将一组蒙古人种头骨的测量数据与亚洲蒙古人种各种地区类型变异范围进行比较观察的方法，其目的在于确定待测一组蒙古人种头骨在形态测量学上可能与哪个现代蒙古人种地区类型接近。但是，对于需要首先确定大人种性质的头骨或一组头骨，在使用这类方法时，最好利用颅骨学上大人种特征差异最明显的计测项目做双向比较，如，要测定山普拉头骨是欧洲人种还是蒙古人种，最好选择引用这两个人种在头骨测量特征上差异明显而有典型意义的项目。否则将一个或一组头骨的若干计测项目与某一个大人种的大的地区类型变异范围做单向比较（如将山普拉头骨的测量数据只与蒙古人种的变异范围比较），总会在许多项目上可能跌落在后者很宽的变异范围之内，这是因为即使在不同大人种之间，在颅、面骨测量的很多项目上，其计测的变异彼此有明显重叠，他们之间的差异只有相对的意义。在这种情况下，引出某个待测人种头骨的种属归属是不安全的，因为可能把原来是欧洲人种（或蒙古人种）的头骨归入蒙古人种（或欧洲人种）。笔者曾作过类似的观察，即将步达生（D. Black）测量的一组欧洲人种头骨的测量数据[3]也与亚洲蒙古人种地区类型变异范围去观察，有许多也落在各地区类型的范围之内，而且几乎所有项目都落在亚洲蒙古人种宽大的变异范围之内。但显然，不能仅此单向比较而引出该组头骨即属于蒙古人种支干，因为它们是步达生在协和医院工作时，特地从欧美购来做教学用的一组毫无亚洲人种性质的头骨。因此在进行这类比较时，最应该重视的是那些在大人种鉴别上最有价值的特征。如山普拉头骨组在鼻突度的测量上（如鼻根指数，鼻尖角等），无论男性头骨还是女性头骨组都代表有强烈突起的鼻而超越了所有亚洲蒙古人种变异的上限。在面部水平方向突度上也是如此，鼻颧角的平均值都小于亚洲蒙古人种的最小值。而在这些特征上，恰好是一般欧亚人种之间存在的明显差异。不仅这些特征，在山普拉头骨组上同时还结合有明显的狭鼻、狭面和长狭颅等性质，这些测量特点的综合出现，已经相当清楚地呈现出这组头骨的非蒙古人种性质。此外，还应该特别重视山普拉头骨的某些形态观察特征。这一点，实际上在邵兴周等的报告中已经指出来了。如前倾的眶口，角型眶，鼻突起强烈，梨状孔下缘锐型居多，鼻孔狭，颧骨转角处欠陡直，面部扁平度小等一系列特点。而由该文认定为蒙古人种特征的只有鼻前棘小，犬齿窝浅等少数特征。由于这些特征是相对孤立出现的，在人种鉴别上也可能只有相对的意义。例如帕米尔塞克人头骨，据苏联学者的研究[4]，他们在体质上是同质性很强的欧洲人种类型，其犬齿窝发育的程度，按 0~4 级计算，有一组的平均等级为 2.0，另一组平均等级只有 1.2。而山普拉男性组犬齿窝等级也按同样等级套算，其左右侧平均为 1.21，与帕米尔塞克的后一组几乎相等。同样，帕米尔塞克头骨的鼻前棘按 1~5 级计算，一组的平均等级为 2.62，另一组高一些，为 3.6。山普拉头骨组的这一特征也按同样观察等级计算，平均 2.21。这个数值虽比帕米尔塞克的两组平均3.0小，与前一组塞克的平均等级相差不大。因此，即便在这两个观察特征上，山普拉头骨表现得有点弱化，但其差别未必有人种鉴别意义。特别是在不考虑其他更多更明显的种族鉴别特征的表现而孤立地把他们作为决定山普拉头骨种系特征的根据，这是不适宜的。

为了对山普拉头骨的大人种形态特点做进一步考察，笔者引用美国学者克诺格曼（W·M·Krogman，1978）的三个现代主要人种支干颅骨形态特点资料[⑤]，与山普拉头骨组的一般表现进行比较（见表1）。表中山普拉头骨各项比较用词是参考"邵文"的形态观察和与这些形态观察特点有关的颅、面骨测量数据的形态分类等级决定的。例如山普拉组的颅长188.5毫米，颅宽137.5毫米，颅指数为73.0，无论从绝对计测值还是相对长宽比较上，都属于长狭颅型。颅高140.1毫米，属于高的平均值，但颅长高指数为74.4，属于中等高的正颅型，因而填为中等高。头骨矢状方向观察的轮廓形式按邵兴周等报告中的统计（即颅顶形状和颅侧壁两项），以圆穹式和弧形外突的占绝大多数（约占95%和88%），因而填为圆形。面宽和面高（n—pr）分别为131.6毫米和72.3毫米，相应的面指数为55.0，属于狭而中等偏高的面型。按该文对眶形分类，在山普拉头骨中属于角形眶的(即正方、长方和斜方三类)男女性分别约占65%和67%，因此主要代表类型填为角形眶。山普拉头骨的男女性鼻指数都小（46.1和45.4），其狭鼻特点很明显。鼻孔下缘也据该文统计，有比较高的锐型出现率(男女分别为54%和55%)填入。面部侧面方向形态是依有大的面角（86.6°），属于平颌型，也就是比较直。腭形一项按腭长宽值（46.3毫米和40.6毫米）属中等长宽类型，按腭指数（近似值87.7）可能归入短（阔）腭形。而腭形观察统计的偏宽的抛物线形最多（约占58%和48%），故以中—宽填入。根据邵兴周等的形态观察资料，笔者对山普拉头骨的总的印象是头骨代表类型有些拉长（长颅化），头骨上的凹突结构（如眉弓、鼻前棘、枕外隆突、乳突及犬齿窝等）都不是很强烈的类型而是有点弱化，因而有相对平滑的骨面可能是合理的。颅形观察，以卵圆最多，其次有部分五角形。故以卵形到五角形填入。从以上形态资料的分析，不难看出，山普拉头骨的代表形态与表列蒙古人种和尼格罗人种典型特点的差别是很明显的。相反，他们与长狭颅的欧洲人种头骨类型具有更多的相似性。

除了从形态特征的观察以外，还可以利用某些三个大人种支干头骨的面部测量变异重叠较小的项目进行比较。表2中列出了苏联学者罗京斯基（1955）等列举的有关这类三大人种头骨的测量资料[⑥]。

由于山普拉头骨与赤道人种（即尼格罗人种）头骨的差异十分明显，可以略去不比。根据鼻指数，欧亚人种（即欧洲人种）的变异范围完全重叠在亚美人种（即蒙古人种）更宽的变异之内，按此个别特征，种族鉴别意义不大。在鼻尖点指数和鼻根指数上，在欧亚人种和亚美人种之间重叠小，相应的具有更大的鉴别价值。山普拉头骨的鼻尖点指数没有计测，无法比较。而山普拉组的鼻根指数则大

表 1　　山普拉头骨与三个主要人种支干 头骨的形态特点比较一览表

形态特点	山普拉	欧洲人种			蒙古人种	尼格罗人种
		诺的克(北欧)	阿尔宾(中欧)	地中海(南欧)		
颅骨长	长	长	短	长	长	长
颅骨宽	狭	狭	宽	狭	宽	狭
颅骨高	中等高	高	高	中等高	中等高	低
矢状观轮廓	圆	圆	拱形	圆	拱形	扁平
面　宽	狭	狭	宽	狭	很宽	狭
面　高	中—高	高	高	中等高	高	低
眶　形	角形多	角形	圆	角形	圆	短形
鼻　形	狭	狭	中等宽	狭	狭	宽
鼻孔下缘	锐型多	锐利	锐利	锐利	税利	沟形
面部侧视	直	直	直	直	直	向下倾斜
腭　形	中—宽	狭	中等宽	狭	中等宽	宽
头骨一般印象	拉长，较光滑，卵形到五角形	粗壮，拉长，卵圆形	大，中等粗壮，圆形	较小，光滑，拉长，五角形到卵圆形	大，光滑，圆形	硕壮，光滑，拉长，收缩的椭圆

注：三个人种支干头骨形态特点引自 W.M.克诺格曼(1978)。

表 2　山普拉组与大人种支干面骨测量比较(男性)一览表

测量特征	山普拉	欧亚人和(欧洲人和)	亚美人种(蒙古人种)	热带人种(尼格罗人种)
鼻指数	46.1	43~49(小)	43~53(小或中)	51~60(中或大)
鼻尖点指数	—	40~48(大)	30~39(中)	20~35(小和中)
鼻根指数	50.9	46~53(大)	31~49(中和大)	20~45(低和中)
齿槽面角	79.6	82~86(大)	73~81(中)	61~72(小)
鼻颧角	140.1	135 左右(小)	145~149(大)	140~142(中)
上面高	75.0	66~74(小和中)	70~80(中和大)	62~71(小和中)
颧宽	131.6	124~139(小和中)	131~145(中和大)	121~138(小和中)
眶高	33.3	33~34(中)	34~37(大)	30~34(低和中)
齿槽弓指数	[119.0]	116~118(中)	115~126(中和大)	109~116(小)
垂直颅面指数	[53.5]	50~54(中)	52~60(中和大)	47~53(小和中)

注:山普拉组上面高取(n-sd)值,方括弧中数据是用平均值计算的估计值。三个人种支干数据引自罗京斯基和列文(1955)。

过亚美人种的最高界值，显然与欧亚人种的更符合。山普拉组的齿槽面角偏小，略小于欧亚人种的最小界值而归入亚美人种范围。但山普拉组的鼻颧角明显比亚美人种的最小值还小，这个特征与欧亚人种更符合。两个大人种的上面高范围有相当的重叠，颧宽也有部分重叠，各自孤立特征的鉴别意义不大，但以有中等面高配合有很狭的颧宽来说，与一般有高的面高结合大的颧宽的亚美人种特点仍有明显的区别。两个人种在眶高幅度上重叠小，山普拉组数值比有高眶的亚美人种更与较低眶的欧亚人种相符合。欧亚人种的齿槽弓指数范围几乎全部落入亚美人种更宽的变异幅度内，因此，其鉴别意义不大。在垂直颅面指数上，欧亚人种和亚美人种的幅度也部分重叠，山普拉组的数值都落在这两个人种范围内。由以上的分析，不难指出，山普拉组在代表鼻突度，面部水平方向突出及面、眶形等欧亚—亚美人种之间变异幅度重叠小的测量特征上，与欧亚人种的头骨更接近，表明山普拉头骨总的形态变异趋势与欧亚人种更一致。总之，无论从观察特征还是测量特征都可以证明，山普拉人头骨的形态具有明显的欧洲人种特点。应该说邵兴周等报告中，在山普拉头骨的观察上也感觉到并指出了一系列非蒙古人种形态特点，但由于在测量特征的分析方法和引用资料上的缺陷，终未能掌握山普拉头骨的基本种族性质，这是很可惜的。

在解决了山普拉头骨大人种性质的基础上，还应该进一步考察他们的次级种族特点。前文已经说过，笔者曾利用制作复原像的2具山普拉古人头骨进行过初步鉴别，并具体指出，在M1~130男性头骨上，除了眉弓和眉间突度和鼻突度强烈，鼻根相应深陷，狭鼻，面部水平方向强烈突出，具有角形的接近关闭式眶形和正颌等欧洲人种的综合特征外，还特别指出山普拉头骨的长狭颅和狭面性质，后枕部比较突出等具有与长颅欧洲人种地中海东支类型（有的学者称为印度—阿富汗类型）接近的特征。M1~97女性头骨也是长狭颅、狭面，具有和男性头骨一致的种族类型。并且从这2具头骨的测量特征上也指出这2具头骨与地中海支系头骨类型接近。因此推测，山普拉墓地代表的古代居民人类学类型可能主要就是欧洲人种地中海东支种族类型②（图1,1~3)。这种推测还基于笔者在新疆博物馆观察过大部分山普拉头骨搜集品而形成的初步印象。当时觉得只有个别头骨的形态特点与另一种古欧洲人类型的头骨相似，其余绝大多数头骨表现了相当明显的同质性。但这毕竟是印象，笔者依据2具头骨的研究所做的推论是否成立，还需要对全部材料的观察研究才能解决。而邵兴周等报告的发表使我们有可能在成组测量资料的基础上，与中亚及其邻近地区的古人类学资料进行比较，进一步讨论这个问题。

对于比较材料，笔者选择了六个毗邻地区的古代人颅骨组测量资料[男、女性组(见表3)]。这些资料的来源，材料的出土地区，时代及主要种族性质简要说明如下：

1. 楼兰组。这是一组由我国新疆罗布泊地区古楼兰城址东郊墓地出土，考

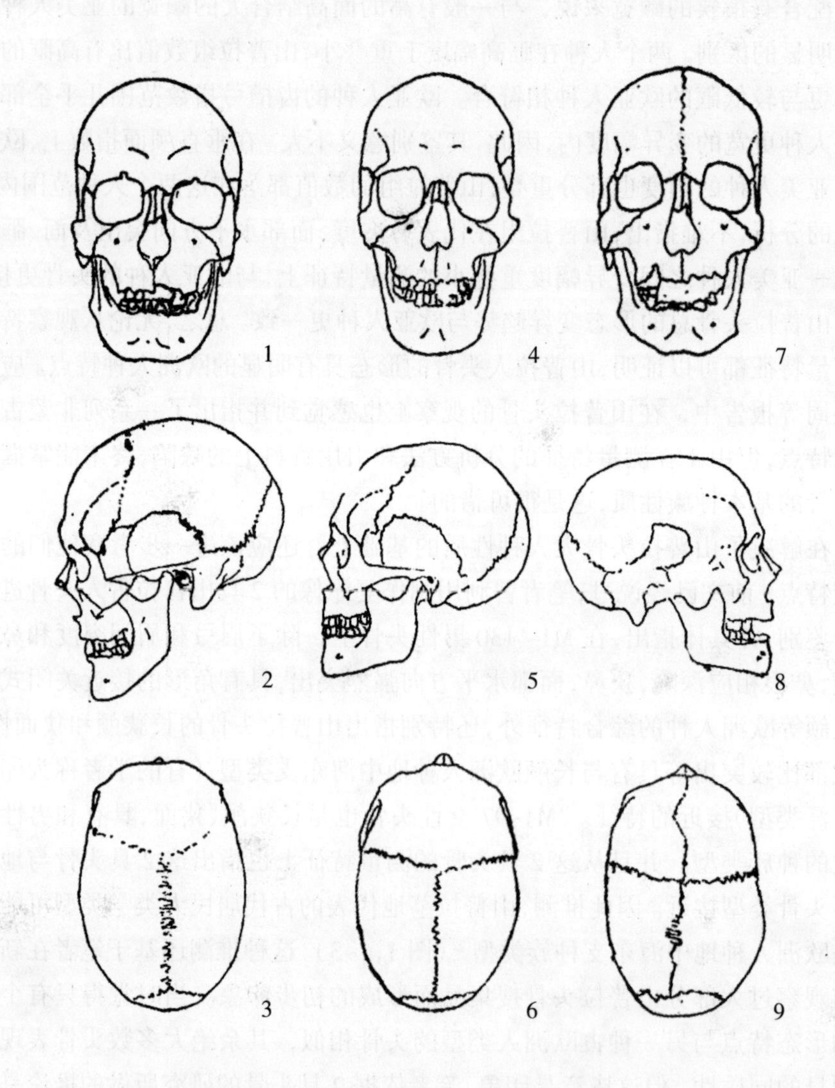

图1　山普拉 M1-130 男性头骨(1-3)和南帕米尔塞克头骨(4-9)

表3　山普拉组与其他相邻地区古代头骨组的测量比较(指数与角度)表

(指数:%;角度:度)

马丁号	比较项目	男性		
		山普拉	楼兰	南帕米尔塞克
8:1	颅指数	73.03(26)	71.14(2)	70.19(14)
17:1	颅长高指数	74.42(26)	74.91(2)	72.90(12)
17:8	颅宽高指数	101.98(26)	105.41(2)	104.00(12)
9:8	额宽指数	69.60(26)	68.56(2)	70.65(13)
48:17	垂直颅面指数	〔53.46〕	54.98(2)	53.83(12)
40:5	面突度指数	93.58(26)	88.99(2)	94.17(11)
48:45	上面指数	〔56.94〕	59.47(2)	58.17(12)
52:51	眶指数Ⅰ	81.54(26)	83.75(2)	81.15(13)
52:51a	眶指数Ⅱ	84.52(24)	90.15(2)	87.87(13)
54:55	鼻指数	46.14(24)	45.23(2)	45.97(14)
	眶间宽高指数(DS:DC)	—	57.82(2)	64.43(12)
	鼻根指数(SS:SC)	50.94(26)	64.42(2)	54.94(13)
	额倾角(过g点)	77.50(26)	79.50(2)	71.60(5)
32	额角	〔85.8〕	85.5(2)	80.17(12)
72	面角	86.63(26)	92.5(2)	84.42(12)
74	齿槽面角	79.58(26)	89.0(2)	71.27(11)
75	鼻尖角	60.16(22)	62.0(2)	50.25(12)
75(1)	鼻骨角	—	28.5(2)	34.17(12)
77	鼻颧角	140.12(26)	132.5(2)	135.91(12)
	颧上颌角(zm_1点)	〔129.0〕	131.8(2)	124.63(13)

注:楼兰和古墓沟组数值引自韩康信(1986),其他对照组引自伊斯马戈洛夫(1963);方括号内数值是用相关测量项目的平均值计算的估计值,其中垂直颅面指数和上面指数采用(n—sd)高,额角利用比较组的两个额角之差的平均值估算的参考值,颧上颌角(zm_1)是用鼻颧角和另一个颧上颌角(zm)之平均差估算的。

续表 3

马丁号	比 较 项 目	男	性	
		卡拉捷彼－格尔克修勒（中亚）	古 墓 沟	哈萨克斯坦安德洛诺沃
8：1	颅指数	69.60(16)	74.96(10)	76.8(10)
17：1	颅长高指数	74.6(8)	74.50(9)	73.4(7)
17：8	颅宽高指数	104.8(8)	99.7(9)	95.8(7)
9：8	额宽指数	70.3(16)	67.48(10)	69.3(9)
48：17	垂直颅面指数	50.8(8)	50.27(8)	51.7(4)
40：5	面突度指数	95.1(7)	100.94(8)	96.4(6)
48：45	上面指数	55.6(18)	50.58(8)	48.8(8)
52：51	眶指数Ⅰ	75.2(16)	72.51(9)	73.4(4)
52：51a	眶指数Ⅱ	80.0(13)	77.99(9)	78.0(8)
54：55	鼻指数	51.9(17)	51.48(10)	52.7(7)
	眶间宽高指数(DS：DC)	61.7(8)	52.23(10)	60.3(5)
	鼻根指数(SS：SC)	54.8(7)	51.48(10)	50.5(5)
	额倾角(过 g 点)	73.9(13)	75.0(9)	75.7(4)
32	额　角	83.2(13)	82.2(9)	85.3(7)
72	面　角	83.9(13)	85.3(9)	85.4(7)
74	齿槽面角	72.2(13)	85.1(9)	70.6(5)
75	鼻尖角	55.6(13)	57.4(8)	54.6(5)
75(1)	鼻骨角	31.3(9)	29.0(8)	29.3(7)
77	鼻颧角	134.1(17)	141.1(10)	141.3(5)
	颧上颌角(zm₁ 点)	125.9(17)	127.8(9)	129.0(5)

续表 3

马丁号	比较项目	男性	女性	
		米努辛斯克安德洛诺沃	山普拉	楼兰
8 : 1	颅指数	77.5(22)	74.94(33)	69.63(1)
17 : 1	颅长高指数	74.1(20)	74.36(33)	67.28(1)
17 : 8	颅宽高指数	95.7(20)	99.24(33)	96.62(1)
9 : 8	额宽指数	69.7(22)	69.61(32)	75.79(1)
48 : 17	垂直颅面指数	49.2(20)	〔51.81〕	53.70(1)
40 : 5	面突度指数	96.3(19)	93.39(31)	94.80(1)
48 : 45	上面指数	48.1(19)	〔55.57〕	53.28(1)
52 : 51	眶指数Ⅰ	70.9(17)	80.55(33)	83.00(1)
52 : 51a	眶指数Ⅱ	75.4(20)	84.26(33)	90.22(1)
54 : 55	鼻指数	51.7(20)	45.40(33)	47.63(1)
	眶间宽高指数(DS∶DC)	62.1(17)	—	57.60(1)
	鼻根指数(SS∶SC)	53.7(18)	41.93(33)	42.36(1)
	额倾角(过 g 点)	74.0(16)	81.50(33)	84.0(1)
32	额角	83.3(16)	〔87.9〕	90.0(1)
72	面角	85.5(17)	86.47(31)	89.0(1)
74	齿槽面角	83.4(16)	78.97(31)	76.0(1)
75	鼻尖角	53.6(16)	62.05(28)	70.0(1)
75(1)	鼻骨角	31.9(16)	—	20.0(1)
77	鼻颧角	139.2(18)	140.73(33)	139.0(1)
	颧上颌角(zm₁ 点)	128.1(18)	〔128.03〕	139.0(1)

续表 3

马丁号	比较项目	女性		
		南帕米尔塞克	卡拉捷彼－格尔克修勒（中亚）	古墓沟
8：1	颅指数	73.45(10)	72.1(18)	72.70(6)
17：1	颅长高指数	72.64(6)	72.6(10)	73.46(6)
17：8	颅宽高指数	98.50(6)	99.3(10)	100.73(7)
9：8	额宽指数	71.86(10)	70.7(16)	68.73(7)
48：17	垂直颅面指数	55.47(5)	52.7(9)	49.68(5)
40：5	面突度指数	95.64(5)	96.0(8)	101.41(5)
48：45	上面指数	56.60(9)	56.2(18)	50.86(5)
52：51	眶指数Ⅰ	82.04(9)	78.4(19)	78.43(7)
52：51a	眶指数Ⅱ	89.50(9)	84.3(18)	83.17(7)
54：55	鼻指数	47.80(9)	50.9(19)	51.81(7)
	眶间宽高指数(DS：DC)	60.80(7)	56.5(15)	52.03(6)
	鼻根指数(SS：SC)	47.77(7)	45.2(15)	37.00(6)
	额倾角(过 g 点)	73.33(3)	72.4(15)	80.0(7)
32	额角	80.00(6)	85.8(15)	86.0(7)
72	面角	83.17(6)	82.9(14)	85.0(6)
74	齿槽面角	72.00(6)	70.9(14)	83.6(6)
75	鼻尖角	51.67(6)	55.6(13)	64.0(5)
75(1)	鼻骨角	33.14(7)	27.0(14)	25.2(3)
77	鼻颧角	140.27(7)	136.8(17)	141.5(7)
	颧上颌角(zm₁ 点)	127.51(7)	125.1(18)	127.6(7)

续表 3

马丁号	比 较 项 目	女 性	
		哈萨克斯坦安德洛诺沃	米努辛斯克安德洛诺沃
8：1	颅指数	77.7(14)	80.5(12)
17：1	颅长高指数	75.9(7)	74.7(13)
17：8	颅宽高指数	95.5(7)	92.6(12)
9：8	额宽指数	69.0(12)	68.4(12)
48：17	垂直颅面指数	50.2(5)	51.2(11)
40：5	面突度指数	96.8(6)	98.9(30)
48：45	上面指数	53.0(8)	51.9(32)
52：51	眶指数Ⅰ	78.2(7)	76.5(25)
52：51a	眶指数Ⅱ	81.6(12)	82.5(35)
54：55	鼻指数	52.9(9)	50.1(36)
	眶间宽高指数(DS：DC)	54.6(6)	56.0(22)
	鼻根指数(SS：SC)	45.7(6)	50.3(23)
	额倾角(过 g 点)	81.4(5)	75.5(22)
32	额 角	86.9(7)	83.1(31)
72	面 角	84.3(6)	86.7(10)
74	齿槽面角	73.8(6)	85.9(9)
75	鼻尖角	59.7(6)	61.0(11)
75(1)	鼻骨角	24.7(6)	25.2(11)
77	鼻颧角	140.0(6)	140.2(10)
	颧上颌角(zm_1 点)	128.5(6)	125.6(8)

古断代相当东汉(距今约2000年)时期的头骨。据笔者计测和研究,这些头骨的主要成分具有长颅欧洲人种地中海类型特点(韩康信,1986)⑦(图版I,1~3)。

2. 帕米尔塞克组。这组头骨采自苏联境内帕米尔东、南部的汤梯和阿克拜特,考古学上被认定是公元前6至前4世纪的古代塞克族的遗存。据苏联人类学家研究(金兹布尔格,1960),这两个地点的头骨同质性很明显,因而合并为一组,代表地中海东支类型的头骨④(图一,4~9)。

3. 卡拉捷彼－格尔克修勒组。这组头骨取自苏联南土库曼地区,其时代约在公元前40世纪至公元前30世纪。种族类型具有欧洲人种地中海类型特点(特罗菲莫娃、金兹布尔格,1961)⑧。

4. 古墓沟组。这是采自新疆孔雀河下游古墓沟墓地的一组头骨,其时代可能早于汉代,也可能在公元前20世纪至前10世纪的青铜时代。据笔者研究,整组头骨与欧洲人种古欧洲类型接近(韩康信,1986)⑨(图版Ⅰ,4~6;图版Ⅱ,1~3)。

5. 哈萨克斯坦安德洛诺沃组。出自苏联哈萨克斯坦铜器时代安德洛诺沃文化中的一组材料。头骨的种族性质主要是原始欧洲人种安德洛诺沃变异类型(古欧洲人类型)(科马罗娃,1927⑩捷别茨,1948⑪；金兹布尔格,1962⑫伊斯马戈洛夫,1963⑬)。

6. 米努辛斯克安德洛诺沃组。材料来源南西伯利亚米努辛斯克边区安德洛诺沃文化墓地,时代约公元前20世纪至前10世纪。头骨为原欧洲人种安德洛诺沃变异类型(古欧洲类型)(阿历克谢夫,1961⑭)。

以上几组头骨的种族特性主要属两个欧洲人种支系类型,即楼兰、帕米尔塞克和卡拉捷彼－格尔克修勒三个组代表长颅地中海支系;古墓沟,哈萨克斯坦和米努辛斯克安德洛诺沃三个组代表另一个欧洲人种支系类型,即古欧洲类型(苏联学者用语)。这两个类型在脑颅和面骨结构上存在显著区别,即地中海类型的头骨一般有明显的长颅型,中颌,狭面和水平面上的面部突度更强烈;而古欧洲人类型的头骨具有比前者更短的颅型,平颌,相对较低宽的面和面部水平方向突度更小一些。加上其他差别,表明这两个类型在其种族起源上存在不同的基础(伊斯马戈洛夫,1963⑬)。笔者根据表3所列各组各项测量资料,大致对这两个类型做如下比较:

1. 三个代表地中海支系组的颅指数小,而颅宽高指数更大,按分类,代表长狭颅型。三个代表原始欧洲人种支系的颅指数更大,宽高指数更小,基本上代表中长和中宽颅型。

2. 地中海支系各组的面指数比古欧洲类型的更大,前者属狭面类型,后者代表中—阔面类型,即面形相对低宽。

3. 在面部水平突度的测量上,地中海支系各组一般有更小的鼻颧角和颧上颌角,也就是面部水平前突程度更强烈。而古欧洲类型的组在相应的角度上一般更大一些,代表了中等突出的面。

4. 地中海类型各组的眶指数一般都较古欧洲型的组更高，即前者以中等高眶型为主,后者则有某种低眶性质。

5. 在鼻形上也可能观察到某些差异,如地中海各组的鼻指数偏小,古欧洲型组的鼻指数普遍大一些,可能前者保持狭鼻性质,后者具有阔鼻倾向。

6. 在鼻突度上,地中海支系的比古欧洲型的可能还要强烈一些,如前者鼻根指数比后者更高一些。但在鼻骨角和鼻尖点角上的规律性不很明确。

7. 在其他一些颅、面骨测量特征上,例如面矢状方向突出上,在表 3 所列数值的比较中,各组之间没有表现出有规律的变异方向,因而这些项目在区别这两个欧洲支系类型的头骨中,可能没有特别重要的意义。

以上的对比分析在主要的内容上,即颅型、面型和面部水平突度上的差异与苏联学者的分析是符合的,仅在面部侧向突度上没有太明确的规律。

若将山普拉男性头骨的各项计测项目与上述两个欧洲人种支系类型的主要变异趋势相比，山普拉组的颅指数仍偏小而宽高指数大，代表了长颅和狭颅特点。面指数高,具有明显狭面性质。根据鼻指数是狭鼻类型,平均眶指数代表中等高眶型,在面部水平突度的测量上,鼻颧角虽比代表地中海支系的各组大而更接近古欧洲型的组,但仍不失有中等突出的面。在鼻突度的表现上,有些不规律,如按鼻根指数不如其他比较组更突出,鼻尖点角也比他们更大。尽管如此,由山普拉头骨的综合特点来看,即长狭颅、狭面、面部水平突度仍相当明显,结合狭鼻、中眶等特点,可以看出他们与代表古欧洲类型的头骨具有明显的不同风格,因此应是一组地中海支系类型的头骨。

在女性各比较组中，基本上也存在和男性一样的两个欧洲人种支系类型的差异,但在有的项目上可能不如男性组那样明确。就山普拉女性组来说,除了颅形比男性组短一些(仍在长颅型上界);鼻根突度不及男性组大以外(这些差别可视为性别差异)，其他大部分测量所代表的形态类型都与男性组具有明显的一致性,也就是说,山普拉女性头骨的基本类型同男性组相同。这一点在图 2~3 上,使用代表地中海支系，古欧洲类型和中亚两河类型若干组的颅指数和面指数组成的坐标平面里表现了出来:属于地中海支系各组(男组图 2,1~6;女组图 3,1~6)的坐标位置，聚在右下方而与古欧洲和中亚两河型为主成分的两个聚集区明显相隔离。这表明后两个类型在种族成分基础上彼此存在密切的联系,而前者则自成一区,代表另一个欧洲种系类型。有意义的是无论山普拉组的男性还是女性,坐标位置都参与代表地中海支系各组的坐标区，反映了他们有共同的颅面形态和种族类型。

为了更形象性表现山普拉头骨的种系特点，我将 12 项颅面形态测量值图形化,制作了所谓《组合多边形图》[⑥]。这 12 项测量值按图上数码顺序,分别代表:1.颅长;2.颅宽;3.颅指数;4.上面高;5.颧宽;6.上面指数;7.眶指数Ⅱ;8.鼻指数;9.额角(32);10.面角;11.鼻颧角;12.颧上颌角(zm1— ss — zm1)。计算每项特征从中

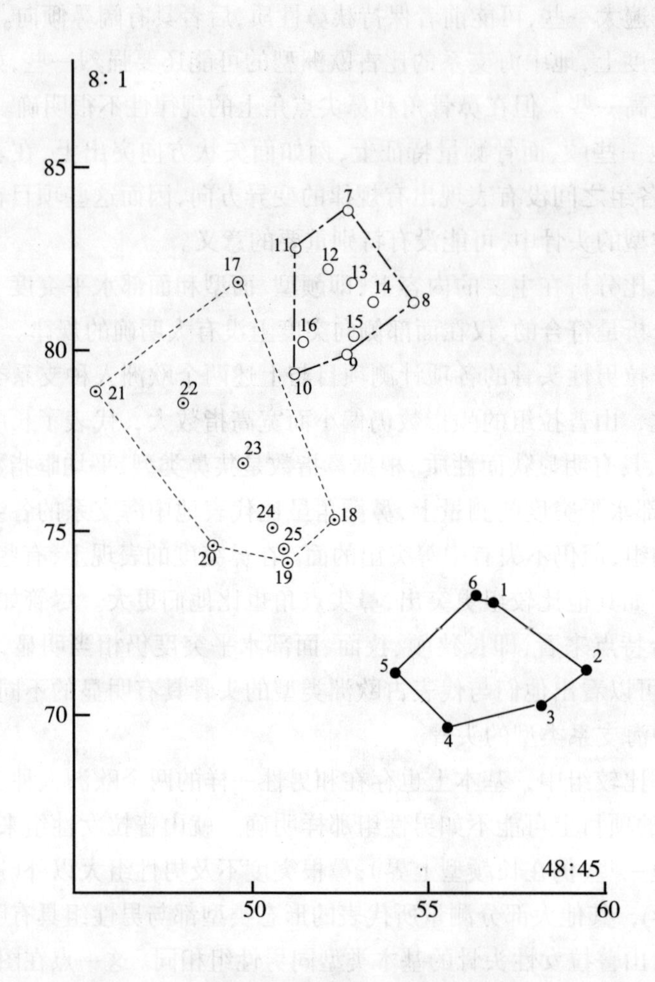

图 2　颅指数和面指数坐标图(男性)

1.新疆山普拉；2.新疆楼兰；3.南帕米尔塞克；4.中亚卡拉捷彼—格尔克修勒；5.费尔干达维尔辛；6.新疆阿拉沟Ⅰ；7.新疆昭苏；8.天山乌孙—月氏；9.七河乌孙；10.阿莱塞克—乌孙；11.东哈萨克斯坦乌孙；12.天山塞克—乌孙；13.天山乌孙；14.卡拉科尔—切利白克乌孙；15.卡拉索克文化；16.东哈萨克斯坦乌切斯—布考尼塞克；17.东欧洞室墓；18.米努辛斯克阿凡纳羡沃；19.东欧木椁墓；20.东欧古竖穴墓；21.哈萨克斯坦—阿尔泰安德洛诺沃；22.米努辛斯克安德洛诺沃；23.哈萨克斯坦安德洛诺沃；24.新疆古墓沟；25.阿尔泰阿凡纳羡沃。

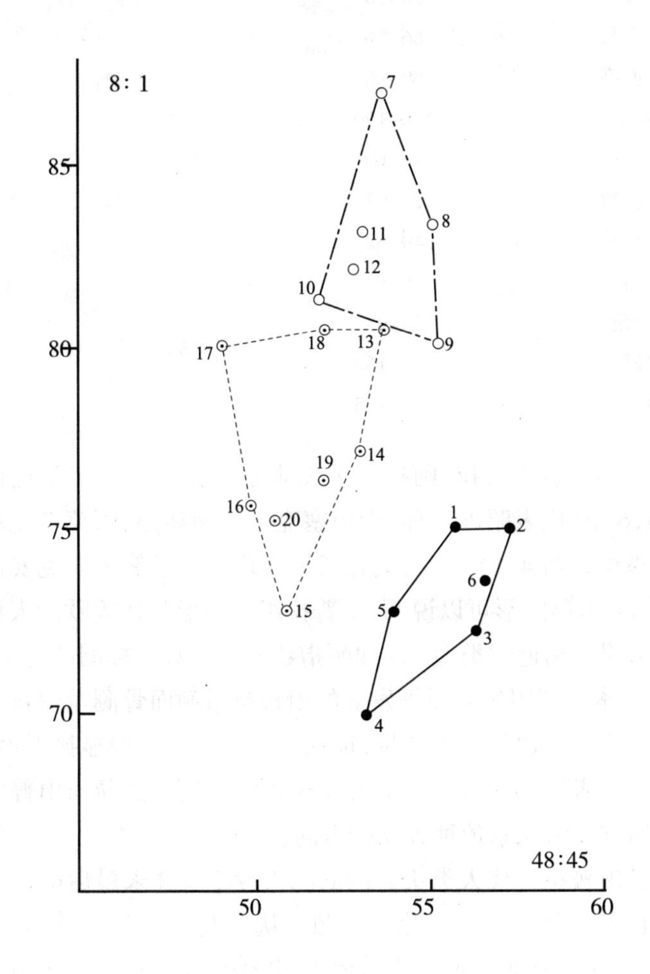

图 3　颅指数和面指数坐标图(女性)

1.新疆山普拉; 2.新疆阿拉沟Ⅰ; 3.中亚卡拉捷彼—格尔克修勒; 4.新疆楼兰; 5.费尔干达维尔辛; 6.南帕米尔塞克; 7.新疆昭苏; 8.卡拉科尔—切利白克; 9.天山塞克—乌孙; 10.卡拉索克文化; 11.天山乌孙—月氏; 12.七河乌孙; 13.哈萨克斯坦—阿尔泰安德洛诺沃; 14.哈萨克斯坦安德洛诺沃; 15.新疆古墓沟; 16.阿尔泰阿凡纳羡沃; 17.东欧古竖穴墓; 18.米努辛斯克安德洛诺沃; 19.东欧木椁墓; 20.米努辛斯克阿凡纳羡沃。

心点到测定值所占比例段时使用的组群变异范围如下：

1. 颅长	168~198
2. 颅宽	126~160
3. 颅指数	66~86
4. 上面高	60~80
5. 颧宽	120~150
6. 上面指数	48~60
7. 眶指数	75~93
8. 鼻指数	40~58
9. 额角	76~88
10. 面角	75~95
11. 鼻颧角	126~160
12. 颧上颌角	113~155

图 4，1~5 分别代表山普拉、阿拉沟Ⅰ、帕米尔塞克、楼兰、卡拉捷彼—格尔克修勒 5 组；图 4，6~10 代表昭苏乌孙、天山塞克—早期乌孙、阿莱塞克乌孙和卡拉索克及阿拉沟Ⅲ组，图 4，11~12 代表孔雀河古墓沟和米努辛斯克安德洛诺沃文化组。从绘制的多边形图形可以说明，山普拉组的图形与代表欧洲人种地中海支系各组的多边形属于相近的类型。这和颅指数—面指数坐标图的结果是符合的。

总的来说，本文利用邵兴周等发表的山普拉组颅面骨测量资料与周邻地区古代欧洲人种支系各组比较分析结果，证明山普拉组头骨明显接近地中海支系。这进一步说明，笔者以前根据 2 具山普拉头骨的研究而推断出山普拉古代居民的主成分可能属地中海支系的种族是合理的。

然而证实了山普拉古代人类头骨的欧洲人种本质并未最后解决这些头骨所代表的古代居民是不是"混血"民族的问题。从一般意义上来讲，人类学家都认为，现代各种种族中不存在真正纯粹的种族，各种族在体质上表现为人种的差异仅有相对的意义。即使像差异最明显的一级人种之间也还有许多过渡人种类型把他们彼此联系起来。从这个意义上讲，山普拉古代居民是不是混血民族的问题便不存在。在这里，需要讨论的是在欧洲人种的山普拉头骨上有没有蒙古人种混合特征？或者他们是不是相对较纯的欧洲人种头骨？根据实际人类学材料的考察，在中亚和哈萨克斯坦的铁器时代晚期，可以追溯到蒙古人种特点已开始混入各种不同支系的欧洲人种之内，因而蒙古人种混血在公元前 3 世纪至前 2 世纪已经开始表现出来（金兹布尔格，1959[15]）。就新疆境内发现的古人类学材料而言，同样存在这样的例子。例如从伊犁河流域昭苏境内土墩墓中采集到的头骨中，便发现有个别蒙古人种或混血类型的头骨存在（韩康信，1985[16]）。在时代相当东汉的楼兰遗址墓葬里，也发现个别蒙古人种形态的头骨（韩康信，1986）[7] 。时代比它们还早的阿拉沟卵石砌古代丛葬墓中，也发现个别体质倾向不同的蒙古

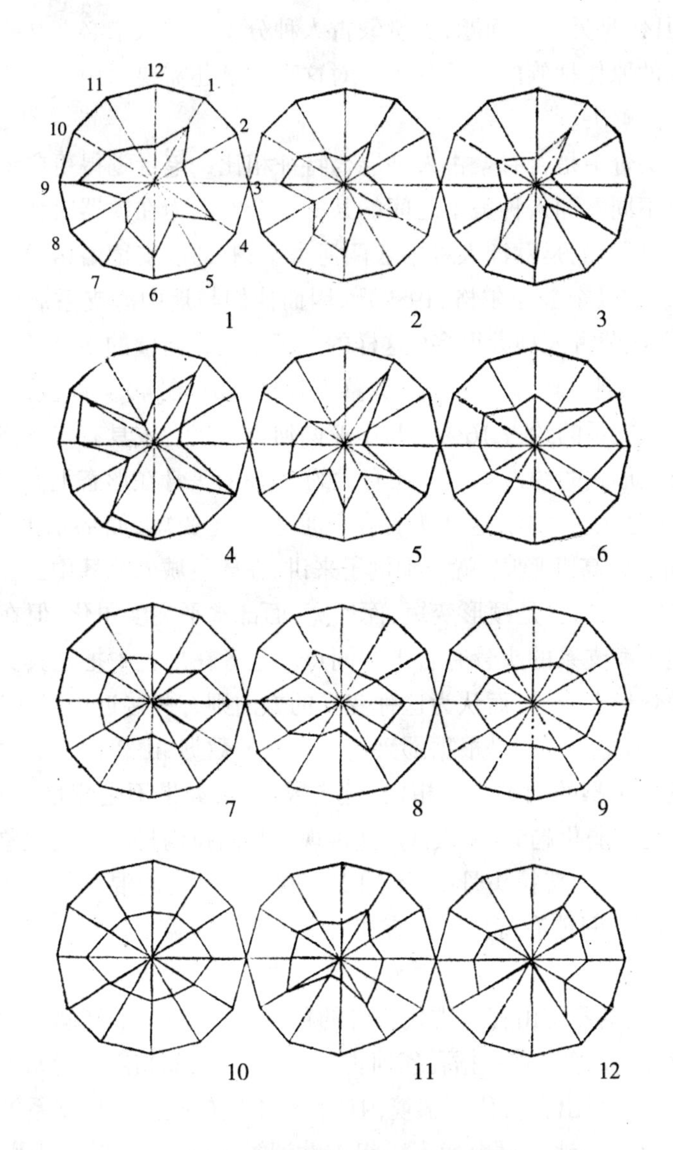

图4 颅、面形态(组合多边形图)

1.新疆山普拉;2.新疆阿拉沟Ⅰ;3.南帕米尔塞克;4.新疆楼兰;5.中亚卡拉捷彼—格尔克修勒;6.新疆昭苏;7.天山塞克—早期乌孙;8.阿莱塞克—乌孙;9.卡拉索克文化;10.新疆阿拉沟Ⅱ;11.新疆古墓沟;12.米努辛斯克安德洛诺沃。

人种支干头骨[17]。但总的来讲,这些材料中蒙古人种成分的比例显然是少量的,而且具有比较明显的"机械混合"性质。因此,蒙古人种对原居欧洲人种居民更明显的混血,在时间上不会比他们更早。由此推测,在公元前后几个世纪,在和田地区不大可能有占优势的蒙古人种成分出现。但是不是会有少量蒙古人种分子也可能进入南疆地区,是另一个问题,少量蒙古人种分子的进入未必能从根本上影响和改造该地区的原住种族的遗传基础。对这个问题还需要对山普拉头骨逐一细致考察分析才能解决。

与山普拉头骨中是否有蒙古人种混合特征相比,笔者觉得更应该注意在他们之中有没有不同欧洲人种类型之间的某种混合?因为在铁器时代的中亚和哈萨克斯坦,分布更宽的是欧洲人种中亚两河类型,有的以安德洛诺沃向中亚两河型过渡的形式存在(金兹布尔格,1959)[15],因而他们与地中海支系居民的混杂和影响,可能性要比蒙古人种大得多。这样的例子最近在新疆的人类学材料中有所发现。如由笔者整理的阿拉沟古代丛葬墓人骨材料中,在49具欧洲人种头骨里,具有接近地中海支系的约占16%。与中亚两河类型接近或具有安德洛诺沃型向中亚两河型过渡形式的约占41%。还有大约33%的头骨在形态上介于这两者之间,与地中海类型头骨相比,这些头骨在颅形上明显变短,面部水平突度减弱,但又保持狭面和较高眶形[17]。就个别例子来讲,在楼兰城郊墓葬中出土的1具头骨(No.3—LBMA7:2)也是颅形变短,面增宽,面部水平突度弱化,但在其他特征上仍与接近地中海支系的头骨有若干共同点。笔者在报告中把这具头骨划归于地中海支系颅骨形态变异,而认为这种变异的方向则有些接近中亚两河类型(韩康信,1986)[7]。值得注意的是根据邵兴周等发表的数据,山普拉组的颅型与其西部的时代比它们更早的同类头骨相比,颅指数增大,如果不是测量误差的话,其面部水平突度也有弱化趋势(见表3)。这种现象与阿拉沟材料中的现象似乎有相近的性质。因此,在山普拉头骨中,不同支系欧洲人种之间混杂的可能性是存在的。实际情况如何,只能有待详细占有和研究山普拉人类学材料才能进一步讨论这个问题。

最后指出,正确鉴定山普拉古代头骨的种系特点,对了解新疆古代人民的种族史是很有意义的。笔者曾根据孔雀河古墓沟、楼兰城郊和伊犁河昭苏县古代墓葬的人类学材料,指出在古代新疆境内便存在不同的欧洲人种支系类型(韩康信,1985[18]):古墓沟墓地的材料代表一组古欧洲类型的头骨;昭苏土墩墓材料的主成分则代表另一种短颅欧洲人种成分(中亚两河型或安德洛诺沃型向中亚两河型的过渡形式);而楼兰城郊古墓材料的主成分接近长颅地中海支系类型。然而,在地处新疆腹地的楼兰地区发现地中海支系种族成分,他们何时和经过什么途径从什么地方而来?由于山普拉人类学材料的发现,便可以把西部中亚帕米尔古代地中海人种成分与深入新疆罗布泊地区同楼兰国相联系的地中海支系成分连接起来。换句话说,早在公元前最后几个世纪甚至更早,地中海支系的一支居民越过帕米尔高原，沿着塔里木盆地的南沿不断迁徙到新疆境内直至罗布泊地区。而历史上具有谜一样色彩的古楼兰国,必然与这样的种族背景相联系;而且可能正是这些古代居民在开拓“丝绸之路”南线上,起了先驱作用。然而,地中海支系的居民还可能途径另一方向深入新疆腹地：阿拉沟古代丛葬墓人类学材料有可能说明，还有一支地中海支系的居民可能沿着塔里木盆地的北沿迁徙到天山东段地区，在他们前进过程中，比其南线的同类更多地与当地居民相遇和混杂。而这些还仅是新疆古代民族和种族史上可能发生过的一部分事件,实际的种族人类学关系可能更为复杂。

参考文献

1. 邵兴周等.洛浦县山普拉出土颅骨的初步研究.人类学学报,1988(1):26~38.

2. 韩康信,左崇新.新疆洛浦桑普拉古代丛葬墓头骨的研究与复原.考古与文物,1987(5):91~99.

3. 步达生.甘肃河南晚石器时代及甘肃史前后期之人类头骨与现代华北及其他人种之比较.古生物志丁种第六号第一册,1928(英文).

4. 金兹布尔格. 南帕米尔塞克人类学特征. 物质文化史研究所简报,1960(80):26~39(俄文).

5. 克诺格曼.法医学上的人类骨骼.第3版.纽约:美国托马斯出版社,1978(英文).

6. 罗京斯基,列文.人类学基础.莫斯科:莫斯科大学出版社,1955(俄文).

7. 韩康信. 新疆楼兰城郊古墓人骨人类学特征的研究. 人类学学报,1986(3):227~242.

8. 特罗菲莫娃,金兹布尔格.铜石时代南土库曼居民的人类学成分.南土库曼综合考古考察队集刊,1961.10(俄文).

9. 韩康信.新疆孔雀河古墓沟墓地人骨研究.考古学报,1986(3):361~384.

10. 科马罗娃.乌拉尔河左支流沿岸出土铜器时代头骨.哈萨克.1627(1)(俄文).

11. 捷别茨.苏联古人类学.民族研究所集刊,第4卷.311~318(俄文).

12. 金兹布尔格.铜器时代西哈萨克斯坦居民的人类学材料.苏联考古学材料和研究,1962(120):186~198(俄文).

13. 伊斯马戈洛夫.铜器时代哈萨克斯坦古人类学材料.考古和民族学历史研究所集刊,1963.18.153~173(俄文).

14. 阿历克谢夫.新石器时代和铜器时代阿尔泰—萨产高原的古人类学.人类学选集Ⅲ,1961.106~206(俄文).

15. 金兹布尔格.与中亚各族人民起源有关的中亚古人类学基本问题.民族学研究所简报,1959(31):27~35(俄文).

16. 韩康信,潘其风.新疆昭苏土墩墓古人类学材料的研究.考古学报,1987(4):503~523.

17. 韩康信.新疆阿拉沟古代丛葬墓人骨的研究(见本论集).

18. 韩康信.新疆古代居民种族人类学的初步研究.新疆社会科学,1985(6):61~71.

山普拉古代丛葬墓头骨的鉴定复原

1983年，新疆维吾尔自治区博物馆考古队在洛浦县山普拉古墓地考古发掘时获得了大量珍贵的文物和一批保存很好的人类遗骨。1984年夏，笔者有机会在博物馆看到了这些材料，并应馆长沙毕提的要求，承担了山普拉古墓人头复原的工作。

从头骨复原死者生前面貌，与一般人像雕塑不同，它必须有1具被塑者完整的头骨作为复原的基础，充分考虑头骨上各部位结构特点与颅外软组织之间的关系，进行容貌的复原。各部位软组织厚度则利用从新鲜尸体上测得的数据做标准。在复原前要考虑性别、年龄、种族、病理、创伤乃至营养等因素对软组织厚度的影响，选择相应的标准。制作复原像的目的则在于尽可能恢复死者生前的容貌，而不特别重视成像表现某种特定的表情。对于史前或历史人物头胸部的饰物和衣著，如有随葬出土品参考则最合理想。如有头发保存，则可按实际的发式塑制。在完全缺乏随葬资料的情况下，可适当参考文献资料或某些接近民族的资料。这部分工作的目的也是为了重现古人的风貌和民族特点。

尽管从头骨复原面貌应遵循一定的客观依据，但目前有关头骨各部分结构与其外复软组织之间的关系还缺乏充分的研究，因此，在复原五官形态（眼、耳、鼻、口）时，一定程度上取决于塑像者的观察能力和丰富的经验。而且这种方法本身的精确性，还缺乏充分的检验。据国外报道，利用这种方法于法医鉴定，也不乏有成功的，因而仍然被作为个体认定的一种方法，加以使用。

在这个报告中，笔者选择了山普拉墓地一号丛墓中出土的2具头骨[M1(130)，M1(97)]作为复原的骨骼基础。在正式塑制复原像前，我们进行了头骨的年龄、性别、种族及其他个性特征的观察与研究，最后写成复原报告。头骨的面像及其服饰的塑造复原是由左崇新进行。在整个工作期间，新疆考古所派来学习复原技术的尼加提协同做了许多工作。

据新疆博物馆同志提供，山普拉一号丛葬墓的 C_{14} 年代测定距今约 2000 年。墓中除出土大量具有民族地区特点的遗存外，同时有许多精美的丝织品。因此估计墓葬代表的时代当不会比汉代更早。

一、头骨的年龄、性别和种族特征的观察

（一）M1（130）头骨（图版Ⅺ，1~3）

这是一具除了部分牙齿生前和死后缺失外，基本上完整的头骨(保存下颌骨)。

年龄特征　颅骨上主要骨缝已全部闭合：冠状缝全部愈合，近翼区段缝迹全部隐没，仅颞线附近的中段尚清晰，其上段部分则已模糊；矢状缝全部愈合，缝迹全部模糊；人字缝亦全部愈合，左右缝上二分之一段已全部隐没，下二分之一段仍表现出复杂细密缝迹。其他如鳞缝，枕乳缝，顶乳缝，蝶颞缝，蝶顶缝，蝶额缝等皆未完成愈合。由上估计的缝龄可能稍大于 50 岁。

牙齿磨耗等级以臼齿估计，但由于牙病和死后脱落，仅保存了左侧上下第一、二臼齿和右下第二臼齿。其中，左上第一臼齿冠已全部磨蚀，齿髓腔明显出露，磨耗度达六级。左上第二臼齿和左下第一臼齿磨蚀达五级强。左下第二臼齿和右下第二臼齿亦五级强。由于生前缺失了部分臼齿，加重了余下臼齿磨蚀负荷，实际标本的磨蚀程度应略重于正常的磨蚀。但可以估计，这个头骨的牙齿磨蚀年龄特点大概不出 50~60 岁。

根据以上骨缝愈合和牙齿磨蚀程度，两者所示年龄特点基本符合。因此 M1（130）头骨的估计年龄以 55 岁左右比较合适。

性别特征　性别特征很明显：头骨粗壮，眉弓特别发达，前额坡度较低斜，鼻根深陷，颊骨宽，眶上缘较圆厚，乳突粗大，盂后突大，枕髁突也大。枕外隆突虽不发达，但两侧枕外嵴粗，并一直延至乳突枕角处。上腭宽大而深，下颌表面嵴线发达，颏隆突左右有发达的结节状突起，使颏形略成较宽的方形。下颌枝高，髁突宽，颏隆突发达，下颌联合很高。整体观，颅骨、面骨骨性凹凸比较发达，各部分骨结构显得强状有力。这些都是明显的男性特征。

种族特点　头骨长而狭，眉弓粗壮（约达Ⅲ级），眉间突度大于中等（Ⅱ级强），额中等倾斜，乳突很大，枕部中等突出，低眶(近似长方形)，梨状孔近似高的三角形（狭鼻型），梨状孔下缘人型，鼻棘中等（Ⅲ级强），犬齿窝中等深（Ⅱ级弱），鼻根凹陷深。侧面观鼻骨背凹凸形，颧骨转角欠陡直，鼻骨突度强烈。面较高而狭，近狭面型，面侧面突度为平颌型，水平方向突出强烈。下颌颏隆突发达，颏沟明显。眶内腔形态属“关闭式”，眶矢角介乎垂直型和倾斜型之间，稍近倾斜型。

在上述形态特点中，特别明显的人种特点是眉弓、眉间及鼻骨突起强烈，鼻

根相应深陷，狭鼻，面部水平突出强烈，角形和“关闭式”眼眶、正颌型等组合，表明这具男性头骨具有明显的欧洲人种特点。如从具备长狭颅形配合较高而狭的面，后枕部比较突出等特点来看，这具头骨又和欧洲人种的地中海东支类型（或印度—阿富汗类型）的头骨很相似。

（二）M1（95）头骨（图版Ⅺ，4~6）

这具头骨除大部分前位齿在采集时丢失外，基本上完整（保存有下颌骨）。仅右泪骨残。

年龄特征　头骨上所有骨缝包括颅底缝均未愈合，这种情况当在25岁以下。根据牙齿萌出和磨蚀程度还可以进一步估计更具体的年龄：按上下齿槽孔形态和保存臼齿的萌出情况，可以确定除上下第二臼齿均在齿槽腔内尚未超出齿槽骨水平外，其余恒齿均已萌出。其中，萌出最晚的上下第二臼齿齿尖几未磨蚀，表明萌出时间不长。如略去牙齿萌发时间小的性别差异，这具头骨的年龄定在13~15岁之间为宜。

性别特征　这具头骨的年龄偏小，头骨上的性别特征不十分明显。但就这种年龄的个体来说，这具头骨显得偏小而纤弱，额顶结节发达，成典型菱形颅。前额也很直，眉弓几不显，颅后枕部特别明显突出，整个骨面特别光滑，下颌角也大。这些特征使这具头骨表现相当明显的“婴儿型”特点。总的来说，这具头骨具有较多女性特征。

种族特点　这具头骨的颅、面形态特点是长颅型（长的菱形），眉弓几不显，眉间突度弱（Ⅱ级），额坡度较陡直，鼻骨狭而鼻背强烈突起。眼眶中等高（中眶型），面高而狭，接近狭面。面部侧面突度小，为平颌型，面部水平方向则强烈突出。梨状孔呈三角形，鼻宽为中鼻型。鼻棘中等（Ⅲ级），梨状孔下缘人型。犬齿窝几未发育，颧骨转角不陡直，眶矢角介乎倾斜和直型之间。鼻背形态近凹型，眼眶内腔形状较近“关闭式”。

从鼻骨狭长而强烈突出、面部在水平方向强烈突出、平颌型、鼻棘也较发达等特点，这具头骨无疑具有欧洲人种特点。而长狭颅、高狭面，眶形偏高（相对于低眶），枕部显著向后突出等相配合，表明这具女性头骨也接近地中海类型。

二、测量特征和种族类型的比较

这2具头骨的详细测量和各种颅、面部形态指数列于表1、表2。以下，利用这些资料，进一步考察头骨的种族类型。

由于M1（130）男性头骨年龄偏大，M1（97）女性头骨年龄偏小，利用单个头骨

表 1　山普拉丛葬墓 2 具头骨测量表(直线测量部分)

长度单位:毫米

马丁号	测量项目	M1(130)男	M1(97)女
1	颅　长	196.0	136.8
8	颅　宽	186.3	135.0
17	颅　高	142.2	134.3
9	最小额宽	97.7	96.2
5	颅基底长	108.0	96.3
40	面基底长	97.4	91.0
48	上面高　(sd)	73.3	64.4
	(pr)	71.7	62.0
45	颧　宽	133.8	117.5
46	中面宽　(zm)	96.0	89.0
	(zm1)	96.2	87.2
43(1)	两眶外缘宽	101.3	93.6
	眶中宽 (O_3)	59.4	51.2
	鼻尖高 (SR)	23.9	20.4
	眶间宽 (DC)	22.0	23.0
	眶间宽高 (DS)	10.5	11.8
54	鼻　宽	23.5	23.8
55	鼻　高	51.8	47.8
	鼻骨最小宽(SC)	8.8	6.0
	鼻骨最小宽高(SS)	3.9	3.5
51	眶　宽　左	43.6	39.7
	右	43.5	39.6
51a	眶　宽　左	42.5	37.4
	右	41.1	37.5
52	眶　高　左	32.6	31.8
	右	32.3	32.4
62	腭　长	41.2?	41.3
63	腭　宽	40.2?	39.6

注:角度和指数项目见表 2。

的直线绝对测量值与成组头骨比较，难以获得某些有意义的类型比较结果。然而，利用指数和角度项目的比较，则往往更能表示头骨的颅面形态类型和种族特点。因此，我们选取这2具头骨的指数和角度值与周围相关地区的头骨各组进行类型学的讨论（见表2）。

在表2中列出的对照组是：

（1）楼兰城郊组　这组从新疆罗布泊古楼兰城址东郊墓地出土，时代相当东汉时期。他们与欧洲人种地中海类型接近[①]。

（2）南帕米尔塞克组　这组头骨出自苏联境内帕米尔东南部汤梯和阿克拜依特塞克人古墓，时代约公元前6世纪至前4世纪，头骨代表欧洲人种地中海类型[②]。

（3）中亚卡拉捷彼—格尔克修勒组出自苏联中亚境内，时代为公元前4世纪至前3世纪。头骨的主要类型是欧洲人种地中海类型[①]。

（4）古墓沟组　这是从新疆孔雀河下游古墓沟墓地出土的一组头骨。时代早于汉代，可能为公元前20世纪至前10世纪间青铜时代末期。头骨代表欧洲人种的古欧洲人类型[④]。

（5）哈萨克斯坦安德洛诺沃组　头骨时代为公元前20世纪至前10世纪，属原始欧洲人种安德洛诺沃变异类型（古欧洲人类型）[⑤]。

（6）米努辛斯克安德洛诺沃组　出自南西伯利亚，时代为公元前20世纪至前10世纪。原始欧洲人种安德洛诺沃变异类型（古欧洲人类型）[⑥]。

由于山普拉2具头骨很清楚代表长颅型欧洲人种成分，与短颅型欧洲人种中亚两河类型（帕米尔—费尔干类型）的区别十分明显，因此在表2中与中亚和新疆境内出土短颅欧洲人种头骨的比较从略。

在表2列出的比较组中，主要代表两个颅形较长的欧洲人种成分：楼兰、南帕米尔塞克和中亚卡拉捷彼—格尔克修勒三个组代表地中海类型，古墓沟、哈萨克斯坦和米努辛斯克三个组代表古欧洲人类型。从表2男性组各项数值的比较，可以归纳这两个欧洲人种类型的主要区别是：

（1）地中海类型具有长狭颅型，古欧洲人类型是中等长和宽的颅型占优势。

（2）地中海类型的面是高而狭的窄面类型，古欧洲人类型是阔—中面型，即后者具有低而宽的面型。

（3）地中海类型眼眶中等高为主，古欧洲人类型的低眶型为主。

（4）地中海类型的鼻型似有些比古欧洲人类型更狭，后者则阔鼻型占优势。

（5）按鼻根指数和鼻骨角，地中海类型的鼻突度比古欧洲人类型更强烈一些。

（6）在面部水平突度上，地中海类型比古欧洲人类型更明显突出，后者则为中等扁平度。

以上几点差别具有明显的类型学意义，相比之下，其他项目的区别缺乏明显

表 2 山普拉组和其他周邻地区古代组形态指数及角度比较一览表

马丁号	比较项目	男性						
		和田山普拉	楼兰城郊	南帕米尔塞克	中亚卡拉捷彼—格尔克修勒	孔雀河古墓沟	哈萨克斯坦安德洛诺沃	米努辛斯克安德洛诺沃
8/1	颅指数	69.80(1)	71.14(2)	70.19(14)	69.16(16)	74.96(10)	76.8(10)	77.5(22)
17/1	颅长高指数	72.55(1)	74.91(2)	72.90(12)	74.6(8)	74.50(9)	73.4(7)	74.1(20)
17/8	颅宽高指数	103.95(1)	105.41(2)	104.00(12)	104.8(8)	99.70(9)	95.8(7)	95.7(20)
9/8	额宽指数	71.42(1)	68.56(2)	70.65(13)	70.3(16)	67.48(10)	69.3(9)	69.7(22)
48/17	垂直颅面指数	51.55(1)	54.98(2)	53.83(12)	50.8(8)	50.27(8)	51.7(4)	49.2(20)
40/5	面突度指数	90.19(1)	88.99(2)	94.17(11)	95.1(7)	100.94(8)	96.4(6)	96.3(19)
48/45	上面指数	54.78(1)	59.47(2)	58.17(12)	55.6(18)	50.58(8)	48.8(8)	48.1(19)
52/51	眶指数Ⅰ	74.77(1)	83.75(2)	81.15(13)	75.2(16)	72.51(9)	73.4(4)	70.9(17)
52/51a	眶指数Ⅱ	76.71(1)	90.15(2)	87.87(13)	80.0(13)	77.99(9)	78.0(8)	75.4(20)
54/55	鼻指数	45.37(1)	45.23(2)	45.97(14)	51.9(17)	51.48(10)	52.7(7)	51.7(20)
	眶间宽高指数(DS/DC)	47.73(1)	57.82(2)	64.43(12)	61.7(8)	52.23(10)	60.3(5)	62.1(17)
	鼻根指数(SS/SC)	44.09(1)	64.42(2)	54.94(13)	54.8(7)	51.48(10)	50.5(5)	53.7(18)
	额角(g-m-FH)	76.5(1)	79.5(2)	71.60(5)	73.9(13)	75.0(9)	75.7(4)	74.0(16)
32	额倾角(n-m-FH)	84.0(1)	85.5(2)	80.17(12)	83.2(13)	82.2(9)	85.3(7)	83.3(16)
72	全面角(n-pr-FH)	92.0(1)	92.5(2)	84.42(12)	83.9(13)	85.3(9)	85.4(7)	85.5(17)
74	齿槽面角(ns-pr-FH)	89.0(1)	89.0(2)	71.27(11)	72.2(13)	85.1(9)	70.6(5)	83.4(16)
75	鼻尖点角(n-rhi-FH)	62.0(1)	62.0(2)	50.25(12)	55.6(13)	57.4(8)	54.6(5)	53.6(16)
75(1)	鼻骨角(pr-n-rhi)	29.0(1)	28.5(2)	34.17(12)	31.3(9)	29.0(8)	29.3(7)	31.9(16)
77	鼻颧角(fmo-n-fmo)	136.0(1)	132.5(2)	135.91(12)	134.1(17)	141.1(10)	141.3(5)	139.2(18)
	颧上颌角(zm1-ss-zm1)	133.5(1)	131.8(2)	124.63(13)	125.9(17)	127.8(9)	129.0(5)	128.1(18)

续表 2

马丁号	比较项目	女性						
		和田山普拉	楼兰城郊	南帕米尔塞克	中亚卡拉捷彼—格尔克修勒	孔雀河古墓沟	哈萨克斯坦安德洛诺沃	米努辛斯克安德洛诺沃
8/1	颅指数	72.39(1)	69.63(1)	73.45(10)	72.1(18)	72.70(6)	77.7(14)	80.5(12)
17/1	颅长高指数	72.09(1)	67.28(1)	72.64(6)	72.6(10)	73.46(6)	75.9(8)	74.7(13)
17/8	颅宽高指数	99.48(1)	96.62(1)	98.50(6)	99.3(10)	100.73(7)	95.5(7)	92.6(12)
9/8	额宽指数	71.26(1)	75.79(1)	71.86(10)	70.7(16)	68.73(7)	69.0(12)	68.4(12)
48/17	垂直颅面指数	47.95(1)	53.70(1)	55.47(5)	52.7(9)	49.68(5)	50.2(5)	51.2(11)
40/5	面突度指数	94.50(1)	94.80(1)	95.64(5)	96.0(8)	101.41(5)	96.8(6)	98.9(30)
48/45	上面指数	54.81(1)	53.28(1)	56.60(9)	56.2(18)	50.86(5)	53.0(8)	51.9(32)
52/51	眶指数 I	80.10(1)	83.00(1)	82.04(9)	78.4(19)	78.43(7)	78.2(7)	76.5(25)
52/51a	眶指数 II	85.03(1)	90.22(1)	89.50(9)	84.3(18)	83.17(7)	81.6(12)	82.5(35)
54/55	鼻指数	49.79(1)	47.63(1)	47.80(18)	50.9(19)	51.8(7)	52.9(9)	50.1(36)
	眶间宽高指数(DS/DC)	51.30(1)	57.60(1)	60.80(7)	56.5(15)	52.03(6)	54.6(6)	56.0(22)
	鼻根指数(SS/SC)	58.17(1)	42.36(1)	47.77(7)	45.2(15)	37.00(6)	45.7(6)	50.3(23)
	额　角(g-m-FH)	81.5(1)	84.0(1)	73.33(3)	72.4(15)	80.0(7)	81.4(5)	75.5(22)
32	额倾角(n-m-FH)	88.5(1)	90.0(1)	80.00(6)	85.8(15)	86.0(7)	86.9(7)	83.1(31)
72	全面角(n-pr-FH)	87.0(1)	89.0(1)	83.17(6)	82.9(14)	85.0(6)	84.3(6)	86.7(10)
74	齿槽面角(ns-pr-FH)	90.0(1)	76.0(1)	72.00(6)	70.9(14)	83.6(6)	73.8(6)	85.9(9)
75	鼻尖点角(n-rhi-FH)	55.0(1)	70.0(1)	51.67(6)	55.6(13)	64.0(5)	59.7(6)	61.0(11)
75(1)	鼻骨角(pr-n-rhi)	31.5(1)	20.0(1)	33.14(7)	27.0(14)	25.2(3)	24.7(6)	25.2(11)
77	鼻颧角(fmo-n-fmo)	132.5(1)	139.0(1)	140.27(7)	136.8(17)	141.5(7)	140.0(6)	140.2(10)
	颧上颌角(zm1-ss-zm1)	123.5(1)	139.0(1)	127.51(7)	125.1(18)	127.6(7)	128.5(6)	125.6(8)

的规律性。

如果将山普拉头骨的各项相应值与上两个类型差别相比，就可以发现，山普拉头骨与地中海类型的三个组更接近，即根据颅型指数分类，山普拉头骨是长狭颅型，面部指数为高狭面型，鼻指数为狭鼻型，面部水平方向也强烈突出。仅眶型有些偏低，鼻根突度不特别强烈。有趣的是山普拉头骨在各项面部角度的测量上，与楼兰组头骨表现得更为一致。这可能说明两者之间存在密切的人类学联系。总的来说，山普拉头骨虽只1具，但测量特征和形态观察的比较结果基本相符。由此可见，这具男性头骨的种族类型特点具有相当的代表性。

根据续表2女性对照组的各项数值，前三组（楼兰，帕米尔塞克，中亚卡拉捷彼一格尔克修勒）与后三者（古墓沟、哈萨克斯坦、米努尔辛斯克）间差异的内容不如男性组明确。但还是可以看出，以地中海类型占优势的组一般比古欧洲人类型占优势的组具有更长狭、更低的颅型，垂直颅面指数更高些，而侧面突出小（正颌型），上面水平方向突出则可能略大一些，眶型稍高（中眶型），鼻型更狭（中鼻型），鼻骨突起相对更突出。山普拉的女性头骨虽然年龄偏小，但从其各种指数和角度的比较，可以归纳它的颅面形态类型是颅型长而狭，接近狭面型和中眶型，所有表示面部侧面方向突度的面部角度都是典型的正颌型，而面部在水平方向强烈突出，鼻突起也很强烈。这些特点互相配合出现，可以认为是地中海类型头骨的一般特点。因此，和上述男性头骨的种族类型显然相同。

从以上2具头骨种族类型的鉴定，可以设想，山普拉墓地为代表的古代山普拉人在人类学类型上，即便不是全部，至少也是大部分属于欧洲人种的地中海东支类型。笔者在挑选复原用头骨时所见的其余大量头骨，总的印象也是如此，当时只见到1具头骨具有明显的古欧洲类型特点。因此，公元前后和田地区的古代居民不仅和罗布泊地区古楼兰居民的主要成分相同，而且和西边的时代更早的帕米尔塞克具有相同的体质类型。而且，由于山普拉墓地在这两者之间的过渡地理位置，这很可以说明，至少在2000年前或可能更早的时候，西居的地中海人种的一部分居民越过帕米尔，沿着塔里木盆地的南路前进到罗布泊地区。这对了解汉代楼兰国的族源组成关系，无疑是十分重要的。

三、从头骨复原面貌

对头骨进行年龄，性别和种族特征的鉴定是复原死者容貌所必须的基本准备的一部分。然而，在某种意义上，头骨又是死者头部的铸型，利用它和其外复组织之间相互关系的知识，还可能做到更多个性特点的恢复。在这里，我们复原的主要技术方法和程序，着重参考了苏联学者 M.M.格拉西莫夫的著作[7]，各部位软组织厚度选择了 J.考尔曼和 W.布怯力的白种人男女性标准[18]（见表3）。具体工

表 3　　　　　　白种人面部软组织厚度一览表

（毫米为单位）

标高顺序号	标高名称	软组织厚度	
		男（45 例）	女（8 例）
1	上额点	3.6	3.6
2	下额点	4.7	4.3
3	鼻根点	4.9	4.6
4	鼻骨中部	3.3	2.8
5	鼻骨尖	2.1	2.1
6	上唇根部	11.6	9.9
7	人中部	9.5	8.2
8	颏沟部	10.1	10.4
9	颏突点	10.2	10.1
10	颏下点	6.1	6.2
11	眉弓中间	5.7	5.3
12	眶下中部	4.3	4.5
13	咬肌前部	8.2	7.1
14	颧弓根部	6.7	6.9
15	颧弓最高部	4.3	5.3
16	颊骨最高部	6.6	7.7
17	咬肌中部	17.5	15.9
18	下颌角点	10.5	9.5

作步骤和内容简列如下：

（1）复原资料和数据的准备，主要包括年龄、性别、种族及其他可能影响面容特点的观察和研究，查找与复原头骨同一种族的软组织厚度标准。收集发式、衣著和装饰品等资料。

（2）翻制头骨复制品，以备复原时替代头骨使用。

（3）在头骨复制品上，按规定的位置树立各部位软组织厚度标高（图 1）。

（4）将各相邻标高按序彼此用油泥均匀地联系成纵向和横向嵴。这种嵴由少到多，然后逐渐复盖全部头骨。为了便于检查，可先复原头骨的一半。

（5）眼、鼻、口、耳的基本位置和大小可依格拉西莫夫所定原理定位。

（6）最后参考出土品或文献资料，塑制发型、饰品及服式。一般只复原胸部以

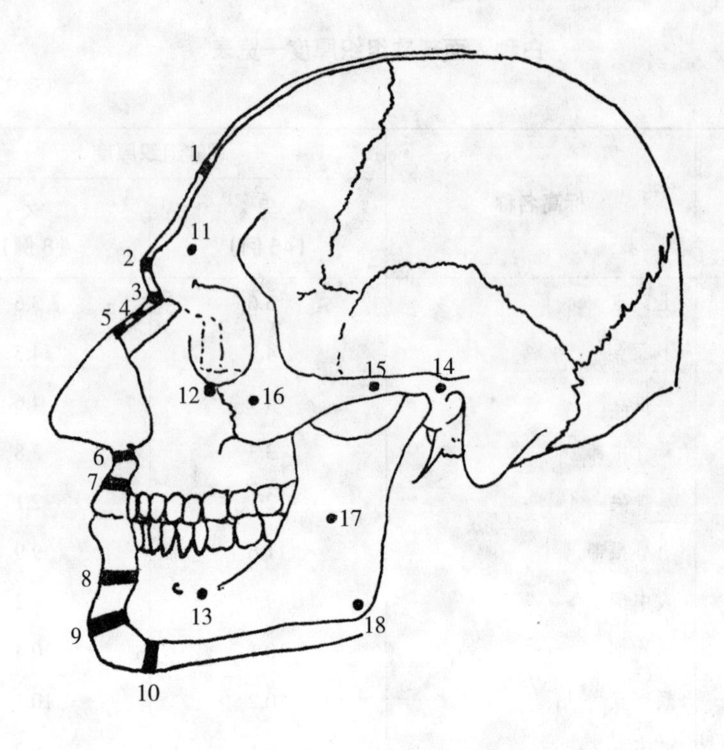

图1　软组织厚度标高位置图

上的头像，不塑全身像。

(7)塑像的每一步留摄影资料。

下边提到的一些头骨细节特点，对复原这2具头骨的容貌具有重要参考意义。

(一)M1(130)男性头骨的复原(图版Ⅺ,7)

由于鼻骨突起强烈，鼻梁上凹下凸，鼻下端扩大，具有圆钝穹隆，梨状孔狭长，其边缘薄锐，鼻棘成槽状，鼻棘尖朝前下方，同时伴有强烈突出的面，这些特点决定塑制狭长的"鹰嘴形"鼻(这种鼻子在地中海人种中也是较常见)。这种鼻子的鼻翼宽小，锐型梨状孔下缘决定鼻子宽接近梨状孔宽，鼻孔长轴为前后方向。

上颌四枚门齿缺失三枚，但从齿孔的方向略有些倾斜和下门齿磨蚀面略向唇侧倾斜判断，上下颌咬合可能接近剪子型。同时，表现出明显的正颌型。这些特点也是欧洲人种常见的，应塑较薄的口唇。在相当上门齿根部上方的齿槽骨面有明显而面积大的凹陷，使上齿槽突有些萎缩之感，同时考虑头骨的老年特点，上唇应塑得有些干瘪，人中的表现较模糊，下颌颏突和颏沟发达，与上唇相比，应配略为胀大的下唇，且较上唇略为突出。由于下颌角偏大，相应地缓和了复原后颏突的表现不如下颌角小时明显，下颏的方向也较朝前下方。在颏突的两侧各有发达的颏侧结节，这可能使复原的颏部较宽阔或略近方形。整个下颌骨面和下缘较为粗糙，颏突发达，属沉重型下颌，因而复原的下颌部应稍现强力之感。

眶形接近长方型（属角型眶），与水平方向强烈突出的颜面和较为明显的犬齿窝相配合，这种特点也常见之于欧洲人种头骨。眶腔形状为“关闭式”，复原后的眼睛应使眼珠位置有深陷之感。眶上缘为圆缘，可能表示具有略为胀大的眼睑。在这种情况下，眼睑有些肿胀，且遮掩眼的上外角。由于眼眶位置近水平型，眼珠与眶缘间的游离空间主要在眼的外侧，这使复原后的上眼睑上部有某种程度的下垂。头骨颜面明显突出，应伴有发达的鼻唇沟，此沟大体上起自鼻翼上方（相当梨状孔两侧中部），经犬齿窝，终止于口角外侧。

外耳道为深的椭圆形，但有很粗大的乳突，乳突尖方向略有些外展，乳突上嵴下方有明显的鞍状凹陷。这些特点表明，此人生前有较大而略为外展的耳壳。

这具头骨的左颧弓生前曾骨折，且未恢复原位而重新愈合，因而颧弓向内侧明显塌陷。考虑这个创伤对颅侧面形态的影响，复原后的左侧颧弓部位比右侧同部位略显平塌一些。

在无毛发复原像制成后，根据从墓葬中出土的衣帽和保存的头发发式，给复原像配了略成半圆形镶边细毛织品缝制小帽，在帽后下端中间开裂处露出一段向下又复向上曲转入帽内的粗辫发。最后考虑到种族和老年特点，给复原像配制了发达的胡须和鬓毛及较浓的眉毛。

复原后的容貌具有同蒙古人种强烈不同的特点：狭长颜面，配合大而狭长的钩形鼻和深目，同时表现出强烈突出的颜面和发达的须毛，迥然一副地中海东支种族的形貌。所戴帽形和粗大发辫，反映了山普拉古代男性居民特有的一种民族风貌（图版Ⅱ，9）。

（二）M1（97）女性头骨的复原（图版Ⅺ，8）

这具头骨的年龄偏小，但离成年不远。这种年龄的个体与成年个体软组织的一般厚度差别不大，在缺乏少年女性组织厚度资料的情况下，仍采用考尔曼的成年白种人女性标准。但从表中数据来看，唯在颊骨中部和颧弓最高处的女性厚度比男性更厚，表明这些部位的成年女性皮下脂肪组织比男性发达。但M1（97）女性头骨的年龄偏小而正值长身体时，一般情况下不会有发达的皮下组织。所以在我们制作复原像时，适当降低了这些部位的厚度标准（约减薄了1.5毫米），使复原的面颊较原来自然一些。

这具女性头骨的鼻部特点与男性头骨一般相似：鼻骨狭长和强烈突出，梨状孔也偏狭，梨状孔下缘锐型。不同的是鼻背线凹形，鼻棘方向朝前上方，鼻额缝简单。这些特点使复原后的鼻也属于比较直而细长，鼻宽也小，接近梨状孔宽。但不呈男性那种钩形鼻。由于年龄小，鼻唇沟较缺乏明显的轮廓。根据面部正颌型特点，人中的塑制不需太明显。

上下门齿皆缺失，从齿孔和上下颌咬合形态判断，当属剪子型咬合（即上门齿略盖过下门齿）。这种咬合使复原的上唇比下唇微前突。

眼眶较近角型眶，眶缘薄锐，应有薄的眼睑。眶腔形状成不特别明显的“关闭式”，复原的眼睛无明显的深目之感。这也和年龄小和性别有关。

下颌骨光滑细弱，应使颊部有细致而柔和的轮廓，表现少年女性稚嫩特点。下颌角较大，颏较朝下方，无明显颏突。

外耳道属较浅的钟形，耳朵可能偏大一些。

复原后的容貌和男性头骨的种族特点相近，即颜面较长狭，且明显突出，正颌，鼻子细长而狭。

根据出土衣着和装饰品，给复原像加戴了毛织品缝制的小帽。为了体现当时女性服式，除复原了容貌外，还塑制了全身衣着，并加戴颈饰。

由于在墓中保存有相当完好的女性发辫，所以我们又在后颈部开始按实际塑制了九条辫子。

四、结 语

新疆洛浦县山普拉墓地一号丛葬墓 2 具头骨年龄、性别、种族及其个性特点的观察和研究，和头骨复原面貌的工作，主要结果如下：

1. M1(130)头骨属 55 岁左右男性，M1[97(为 13~15 岁)]少年女性。

2. 这 2 具头骨均代表欧洲人种地中海东支类型(即印度—阿富汗类型)。这种类型可能就是距今约 2000 年前的和田地区古代居民的基本成分。

3. 山普拉古代居民的种族类型与其西的南帕米尔塞克(公元前 6 世纪至前 4 世纪)和其东的罗布泊古楼兰居民的主要成分相同。在后两者之间，山普拉遗址占有过渡的地理位置。这可能说明，至少在公元前后也可能早于此时，地中海人种的一部分越过帕米尔，沿塔里木盆地南缘前进到罗布泊地区。他们可能成了汉代古楼兰国居民的主要民族人类学基础。

4. 塑成的复原像容貌颜面长，面部强烈突出，狭长而高耸的鼻子、深目具有地中海人种常有的形态特点。根据骨性鼻部特点决定的钩形鼻也是现代地中海人种中较普遍的鼻形。这些说明，用头骨复原面貌技术重现史前或历史人物的种族特点有一定的参考价值。

5. 参考墓葬中的出土物复原的发式、衣着、帽子、装饰品等有助再现 2000 年前和田地区古代居民特有的民族风貌。这样的复原像可供博物馆形象地配合历史文物展览。

参考文献

1. 韩康信. 新疆楼兰城郊古墓人骨人类学特征的研究. 人类学学报，1986(3)：227~242.

2. 金兹布尔格. 南帕米尔塞克人类学特征. 物质文化史研究所简报，1960(80)：26~39(俄文).

3. 金兹布尔格，特洛维莫娃.从南土库曼出土的铜石并用时代和铜器时代头骨.苏联民族学，1959(1)(俄文).

4. 韩康信.新疆孔雀河古墓沟墓地人骨研究.考古学报，1986(9)：361~384.

5. 金兹布尔格.铜器时代哈萨克斯坦居民的人类学特征.哈萨克苏维埃共和国科学院历史、考古和民族学研究所著作集，1956(1)(俄文).

6. 阿历克塞夫.新石器时代和铜器时代阿尔泰—萨彦高原的古人类学.人类学选集Ⅲ，1961(俄文).

7. 格拉西莫夫.从头骨复原面貌的原理.北京：科学出版社，1958.

8. 克诺格曼.法医学上的人类骨骼.第3版.纽约：美国托马斯出版社，1978(英文).

楼兰城郊古墓人骨人类学特征

随着考古工作者在新疆维吾尔自治区的一些不同地区对不同时代古墓地的发掘，陆续采集到一些有价值的古人类材料。例如在伊犁河流域的昭苏波马、夏台，帕米尔地区的塔什库尔干，天山的阿拉沟，哈密五堡，洛浦山普拉以及孔雀河古墓沟等地的古墓中，都相继出土了许多古代人类遗骨。这些材料不仅对开展新疆少数民族地区的古人类学调查研究具有重要意义，而且也是中亚地区古人类学研究的重要组成部分。

本报告记述了1980年新疆考古研究所从罗布泊地区著名的楼兰古城址东郊古墓中采集的6具头骨，其中包括3具成年男性，2具成年女性和1具未成年男孩头骨。据出土文物和C_{14}年代测定，墓葬所代表的时代约相当2000年前的东汉时期，因而这些墓葬被考古学者认定是文献记载中的汉代楼兰王国时期的遗存[①]。

一、头骨的个体形态特征

全部头骨的主要形态特征和各自可能归属的人类学类型如下（No.1~6为作者编号，括弧中为新疆考古所编号）：

（一）No.1（LBMBl：H）

约40~50岁男性头骨（缺下颌骨）。头骨很大，长颅型，颅高属高颅型。额坡度很陡直，眉间突起显著，眉弓粗壮，鼻根凹陷深。面很高，面宽大，但仍属狭面型。鼻颧水平方向突出极强烈，颧颌水平突度中等。从残存鼻骨上段判断，鼻骨强烈突起。眶形在中—高眶型之间，犬齿窝不明显，后枕部明显突出。人类学类型与欧洲人种地中海类型比较接近(图1,4~6;图版Ⅻ,1~2)。

(二)No.2(LBMBl:B)

约30~35岁的完整男性头骨(缺失下颌骨)。头骨极狭长(长椭圆形),属特长颅型。颅高较高,额倾斜度中等强。眉间突起中等,眉弓发育显著,鼻根凹陷浅。具有很大的面高和很狭的面宽,面型特别狭长,面部水平方向强烈突出。犬齿窝中等深,眼眶中等偏高。鼻骨长而强烈突出。颅枕部显著向后突出。人类学类型与欧洲人种类型比较接近(图1,1~3;图版Ⅻ,7~8)。

(三)No.3(LBMA7:2)

35~45岁男性,头骨较大而粗壮,中颅型。绝对颅高较高,正颅型。额明显后斜,眉间和眉弓突起强烈,鼻根凹陷较深。鼻骨强烈突出,有很大的面宽和较高的上面高,属中面型。面部水平方向突度大于中等,侧面方向突出为超平颌型。犬齿窝浅—中等深。中等高眶型。后枕部不如No.1、No.2头骨的后突。人类学类型为欧洲人种,形态上有些介乎地中海人种和帕米尔—费尔干类型之间,可能仍是地中海人种的变异类型(图1,7~9;图版Ⅻ,5~6)。

(四)No.4 (LBMA7:1)

7~8岁男孩头骨,中颅,颅高在高—正颅型之间。额陡直,眉弓几不显,眉间突度很弱。面较狭,在狭—中面型之间,中眶型。面部在鼻颧水平方向突度中等,颧颌水平突度显著,侧面方向突度为平颌—超平颌型之间。鼻骨突起中等弱,犬齿窝浅。后枕部稍突。保存的上中门齿呈弱铲形。由于是未成年个体,表现出幼年的形态特点,但其主要特征已与No.1、No.2等成年头骨相近,其人类学类型依然与欧洲人种地中海类型相似(图2,4~6)。

(五)No.5(LBMBl:E)

35~45岁完整女性头骨。颅形狭长,在特长颅—长颅型之间,颅高较低,为低颅型。前额陡直,眉间和眉弓突度中等。鼻根凹陷浅,鼻骨突度中等。面高和面宽较大,为中上面型。鼻颧水平上的面突度中等,颧颌水平上的突度小,侧面方向突度为平颌型,中眶型。犬齿窝浅。后枕部明显后突。人类学类型与欧洲人种地中海类型头骨接近(图2,1~3;图版Ⅻ,3~4)。

(六)No.6(LBMBl:D)

25~30岁女性,完整头骨。颅长为较短的中颅型,颅高在正颅—高颅型之间。

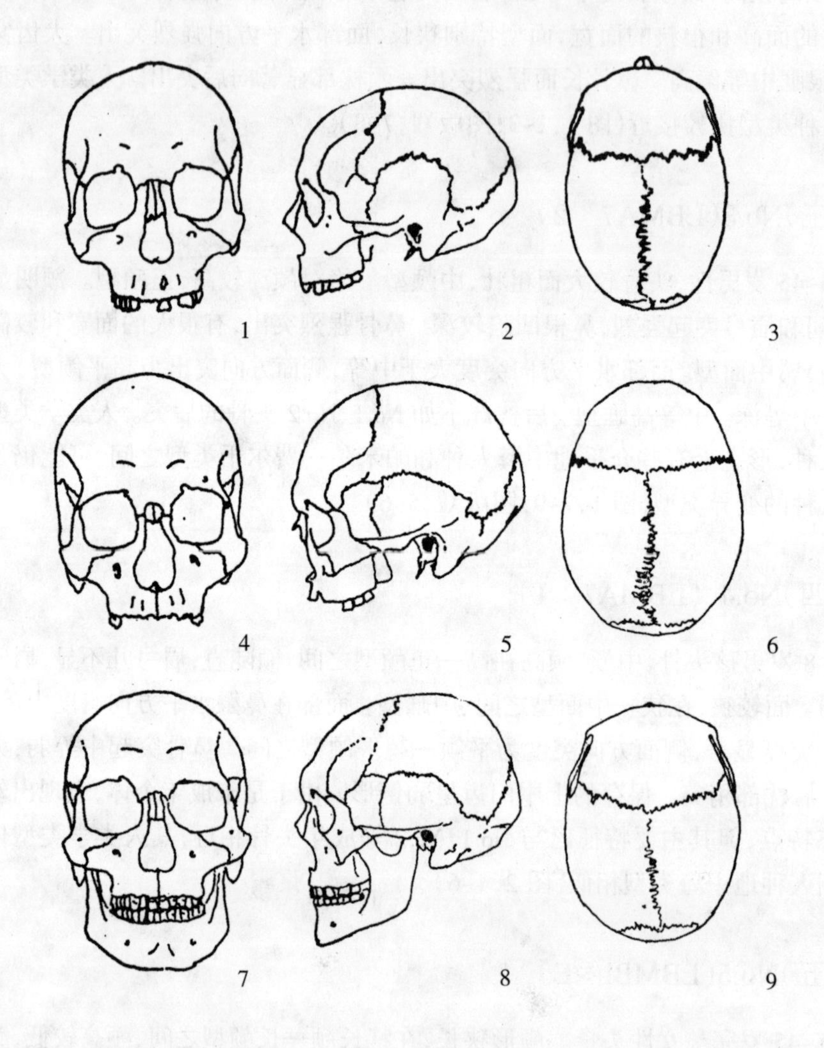

图 1　楼兰头骨轮廓图

1~3, No.20；4~6, No.1；7~9, No.3.

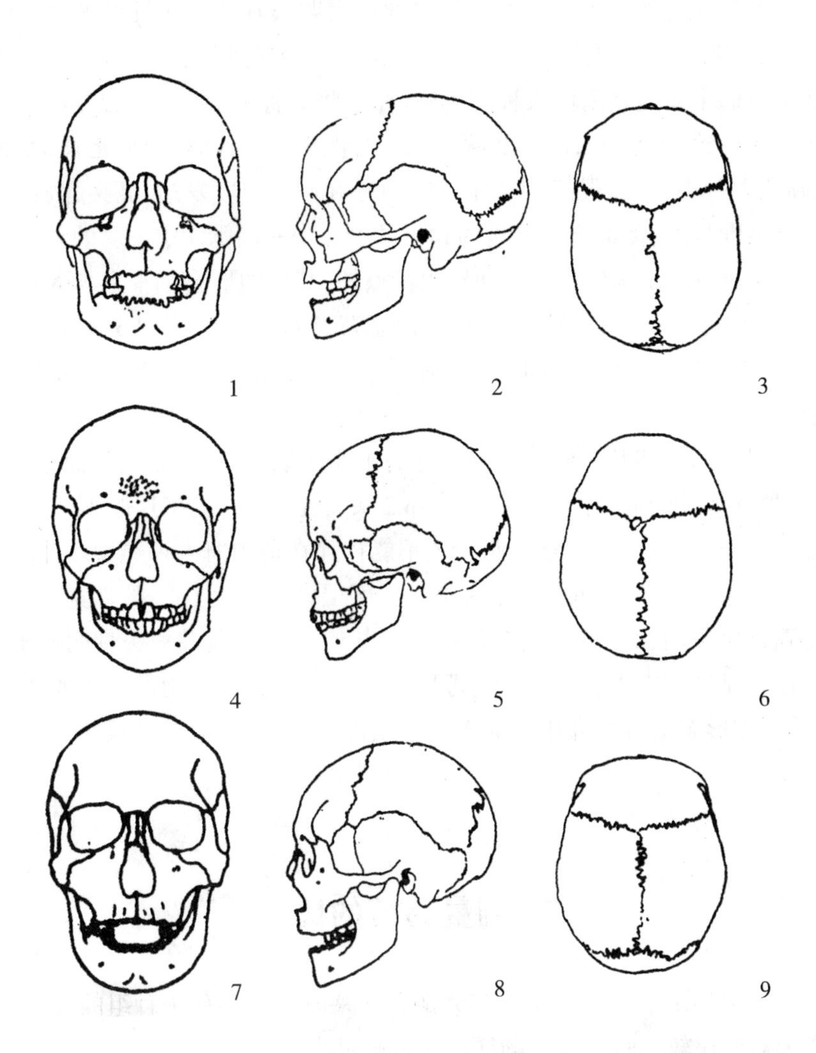

图 2　楼兰头骨轮廓图

1~3.No.5；4~6.No.4；7~9.No.6.

中等倾斜额。眉间和眉弓突起弱。鼻根低平,鼻骨突起弱。具有高而宽的面,在中—狭上面型之间,面部水平方向扁平度大,侧面方向突度为平颌型,中眶型。颧骨宽而突出,犬齿窝弱,后枕部为圆型。人类学类型为蒙古人种,可能与南西伯利亚类型有点相近(图2,7~9)。

以上6具头骨的形态特征和人类学类型表明，其中有5具可确定为欧洲人种，1具可能归入蒙古人种。因此，这一组人骨材料虽代表为数很少的个体,但可以确定他们主要代表欧洲人种的居民。在这些头骨中,No.1、No.2、No.4、No.5头骨的形态更一致。如依No.1、No.2两个成年男性头骨为代表,他们是长、狭而高的颅,额倾斜中—小,上面很高,为狭面型。眉弓和眉间突度发达,鼻突起强烈,面部水平方向突度强烈,侧面方向突度为超平颌型。中—高眶。中—弱的犬齿窝。后枕部明显突出。No.5头骨除了性别异型特点外,其总的形态基本上与No.1和No.2男性头骨相近。No.4头骨除去未成年形态特点外,也与上述4具成年头骨属于相同的人类学类型，他们共同代表长颅型欧洲人种的地中海东支即印度—阿富汗类型。

No.3头骨与上述几个欧洲人种头骨的主要区别是颅形短一些,面更宽,额倾斜度大,鼻颧水平的面部突度比No.1、No.2头骨小一些,但在其他形态上,与No.1、No.2头骨很相似。因此,这具头骨还不能排除在地中海人种类型之外。

No.6女性头骨的面部水平方向的扁平度很大,鼻骨低平,颧骨宽而突出,面部宽而高,颅形不长,这样一些组合特征与其他5具欧洲人种头骨明显不同,而表现出很明显的蒙古人种性质，与苏联学者人类学分类的南西伯利亚类型有些相近,后者在形态上有些介于欧洲人种和蒙古人种之间,但更接近蒙古人种的大陆类型。

二、测量特征的比较

在表1中列出了帕米尔塞克和天山、阿莱塞克—乌孙头骨组的各项测量平均值作为对照比较。每具头骨的详细测量则见表2。

表1中楼兰城郊男组是以更有代表性的No.1、No.2这2具头骨组成,而可资比较的女组头骨只有No.5一例。由于头骨例数太少,在利用各项测量值进行比较时,可能出现复杂的情况。特别是No.1头骨大,No.2头骨大小中等，由这2具头骨组成的各项颅、面部直线测量平均值无疑比实际应有的组值更大。这一点从表1中便可看出，楼兰城郊男组的绝大多数直线项目的平均值比头骨数量更多的帕米尔塞克组的相应各项平均值更大。在这种情况下,显然减少了直线项目在组间比较上的作用,而角度的测量和指数的比较具有更重要的类型学意义。由比较也不难看出，楼兰男组的颅型和面型各个项目的指数值与帕米尔的两个组和

表 1　　楼兰城郊组与南帕米尔、天山—阿莱塞克组之比较表

（长度：毫米，角度：度，指数：%）

马丁号	测量项目	新疆		南帕米尔	
		楼兰城郊		汤基	阿克拜特
		公元初至 2 世纪		公元前 6 至 4 世纪	
		男	女	男	
1	颅长	193.8(2)	191.0(1)	186.8(9)	189.6(5)
8	颅宽	138.0(2)	133.0(1)	132.8(9)	130.0(5)
17	颅高	145.3(2)	128.5(1)	135.7(7)	137.4(5)
20	耳门前囟高	120.9(2)	112.2(1)	113.3(8)	115.0(4)
9	最小额宽	94.5(2)	100.8(1)	91.8(8)	94.4(5)
10	最大额宽	121.3(2)	114.5(1)	113.7(7)	115.2(5)
5	颅基底长	107.8(2)	96.1(1)	102.7(6)	106.8(5)
40	面基底长	95.9(2)	91.1(1)	96.2(6)	101.4(5)
47	全面高	—	112.5(1)	124.4(7)	121.5(4)
48	上面高	79.7(2)	69.0(1)	73.9(9)	73.0(5)
45	颧宽	134.4(2)	129.5(1)	126.7(7)	125.2(5)
46	中面宽	105.2(2)	91.8(1)	93.0(8)	92.6(5)
	颧颌前点间宽	105.5(2)	91.6(1)	91.9(8)	92.8(5)
	颧颌前点间宽高	23.7(2)	17.0(1)	24.8(8)	23.2(5)
	颧上颌角(zm1∠)	131.8(2)	139.0(1)	123.4(8)	126.6(5)
43(1)	两眶外缘宽	97.8(2)	98.2(1)	93.3(7)	96.4(5)
	两眶外缘宽上高(SN)	21.8(2)	18.3(1)	18.0(7)	20.8(5)
77	鼻颧角	132.3(2)	139.0(1)	137.7(7)	133.4(5)
54	鼻宽	25.5(2)	24.1(1)	24.4(9)	24.6(5)
55	鼻高	56.2(2)	50.6(1)	53.8(9)	53.0(5)
49a	眶内缘点间宽(DC)	24.2(2)	25.0(1)	20.6(8)	22.5(5)
	眶内缘宽高(DS)	14.0(2)	14.4(1)	14.5(8)	12.0(4)
50	眶间宽	22.0(2)	21.0(1)	18.0(8)	17.8(5)
	眶间宽高	—	—	9.8(8)	8.4(4)
	鼻骨最小宽(SC)	9.5(2)	11.0(1)	8.1(9)	9.0(5)
	鼻骨最小宽高(SS)	6.2(2)	4.7(1)	4.5(9)	5.1(4)
51	眶宽	41.7(2)	40.0(1)	41.3(8)	42.2(5)
51a	眶宽	38.7(2)	36.8(1)	38.1(8)	39.0(5)
52	眶高	35.0(2)	33.2(1)	33.9(8)	33.6(5)
62	腭长	47.1(2)	44.8(1)	45.0(7)	42.6(5)

续表 1

马丁号	测量项目	南帕米尔			
		全部	汤基	阿克拜特	全部
		公元前6世纪至4世纪			
		男	女		
1	颅　长	187.8(14)	176.2(5)	178.8(5)	177.5(10)
8	颅　宽	131.8(14)	129.8(5)	130.8(5)	130.3(10)
17	颅　高	136.4(12)	129.5(4)	125.0(2)	128.0(6)
20	耳门前囟高	113.8(12)	110.5(4)	104.2(4)	107.4(8)
9	最小额宽	92.8(13)	94.0(5)	93.2(5)	93.6(10)
10	最大额宽	114.3(12)	111.5(4)	114.2(5)	113.0(9)
5	颅基底长	104.5(11)	95.0(4)	94.0(3)	94.6(7)
40	面基底长	98.5(11)	93.3(3)	91.0(2)	92.4(5)
47	全面高	123.4(11)	118.0(4)	101.0(1)	114.6(5)
48	上面高	73.6(14)	72.0(5)	67.5(4)	70.0(9)
45	颧　宽	126.1(12)	122.2(5)	125.8(5)	124.0(10)
46	中面宽	92.9(13)	92.0(4)	90.5(4)	91.3(8)
	颧颌前点间宽	92.2(13)	91.7(4)	91.5(4)	91.6(8)
	颧颌前点间宽高	24.2(13)	22.5(4)	22.8(4)	22.7(8)
	颧上颌角(zm1∠)	124.6(13)	128.2(3)	127.0(4)	127.6(7)
43(1)	两眶外缘宽	94.6(12)	96.0(3)	94.3(4)	95.0(7)
	两眶外缘宽上高(SN)	19.2(12)	18.7(3)	16.3(4)	17.3(7)
77	鼻颧角	135.9(12)	137.7(3)	142.2(4)	140.3(7)
54	鼻　宽	24.5(14)	22.6(5)	25.8(4)	24.0(9)
55	鼻　高	53.5(14)	51.2(5)	49.0(4)	50.2(9)
49a	眶内缘点间宽(DC)	21.3(13)	22.7(3)	21.1(4)	21.8(7)
	眶内缘宽高(DS)	13.6(12)	12.6(3)	13.7(4)	13.2(7)
50	眶间宽	17.9(13)	19.7(3)	18.7(4)	19.1(7)
	眶间宽高	9.3(12)	7.7(3)	8.5(4)	8.2(7)
	鼻骨最小宽(SC)	8.4(14)	8.7(3)	10.9(4)	9.9(7)
	鼻骨最小宽高(SS)	4.7(13)	3.6(3)	5.7(4)	4.8(7)
51	眶　宽	41.6(13)	40.3(4)	40.0(5)	40.1(9)
51a	眶　宽	38.5(13)	37.3(4)	36.4(5)	36.8(9)
52	眶　高	33.8(13)	35.0(4)	31.2(5)	32.9(9)
62	腭　长	44.0(12)	44.5(4)	42.0(2)	43.7(6)

续表 1

马丁号	测量项目	阿莱 塞克—乌孙 公元前6世纪至1世纪		天山 塞克—乌孙 公元前7世纪至3世纪	
		男	女	男	女
1	颅长	178.0(6)	178.0(6)	177.8(9)	171.0(4)
8	颅宽	139.9(7)	136.2(6)	145.7(9)	138.8(5)
17	颅高	136.8(5)	130.8(4)	136.5(6)	125.0(5)
20	耳门前囟高	117.0(6)	115.3(6)	118.1(7)	111.2(5)
9	最小额宽	94.6(9)	96.2(6)	96.1(9)	94.5(6)
10	最大额宽	122.3(7)	120.1(7)	124.6(8)	120.7(6)
5	颅基底长	101.2(6)	99.0(3)	103.0(6)	95.4(5)
40	面基底长	95.0(5)	95.5(2)	97.5(6)	92.5(4)
47	全面高	110.8(4)	110.0(3)	118.9(7)	112.4(5)
48	上面高	69.9(7)	66.4(5)	70.9(8)	69.2(6)
45	颧宽	137.0(8)	127.3(7)	136.0(8)	125.3(6)
46	中面宽	95.6(9)	94.7(6)	97.1(9)	94.0(6)
	颧颌前点间宽	96.0(7)	90.8(4)	97.1(8)	94.2(4)
	颧颌前点间宽高	22.4(7)	22.4(4)	22.2(8)	22.1(4)
	颧上颌角(zm1∠)	130.1(7)	127.8(4)	130.2(8)	129.5(4)
43(1)	两眶外缘宽	98.9(7)	97.2(5)	101.2(6)	95.3(6)
	两眶外缘宽上高(SN)	15.4(7)	16.5(5)	16.6(6)	12.6(6)
77	鼻颧角	145.3(7)	142.4(5)	143.2(6)	150.2(6)
54	鼻宽	26.0(9)	24.6(5)	25.9(9)	25.0(6)
55	鼻高	51.3(8)	48.0(5)	52.5(8)	51.7(6)
49a	眶内缘点间宽(DC)	20.6(6)	21.3(4)	23.2(5)	21.7(3)
	眶内缘宽高(DS)	11.9(6)	10.6(4)	13.0(5)	11.2(3)
50	眶间宽	17.6(6)	18.5(5)	20.2(5)	19.3(3)
	眶间宽高	7.7(6)	6.8(5)	8.8(5)	6.3(3)
	鼻骨最小宽(SC)	8.1(7)	8.5(5)	9.3(6)	8.7(4)
	鼻骨最小宽高(SS)	4.2(7)	3.6(5)	4.2(6)	3.1(4)
51	眶宽	42.9(7)	41.0(6)	42.3(7)	40.5(4)
51a	眶宽	40.1(7)	38.0(6)	40.4(7)	37.7(4)
52	眶高	32.8(8)	33.6(7)	33.7(8)	33.7(4)
62	腭长	45.4(5)	39.8(5)	48.5(4)	40.0(3)

续表 1

马丁号	测量项目	新疆			
		楼兰城郊		汤基	阿克拜特
		公元初至2世纪			
		男	女	男	
63	腭宽	41.5(2)	36.9(1)	37.0(7)	34.6(5)
23	颅周长	528.3(2)	523.0(1)	517.8(6)	522.0(5)
32	额倾角	85.5(2)	90.0(1)	80.9(7)	79.2(5)
	额角(F″∠)	79.5(2)	84.0(1)	—	71.6(5)
72	面角	92.5(2)	89.0(1)	83.9(7)	85.2(5)
73	鼻面角	94.0(2)	93.0(1)	88.0(6)	89.4(5)
74	鼻槽面角	89.0(2)	76.0(1)	68.3(6)	74.8(5)
75	鼻尖角	62.0(1)	70.0(1)	49.0(7)	52.0(5)
75(1)	鼻骨角	28.5(1)	20.0(1)	34.9(7)	33.2(5)
8：1	颅指数	71.1(2)	69.6(1)	71.1(9)	68.6(5)
17：1	颅长高指数	74.9(2)	67.3(1)	73.2(7)	72.5(5)
20：1	颅长耳高指数	62.3(2)	58.7(1)	60.9(8)	60.5(4)
17：8	颅宽高指数	105.4(2)	96.6(1)	102.8(7)	105.8(5)
20：8	颅宽耳高指数	87.6(2)	84.4(1)	85.7(8)	87.8(4)
9：8	额宽指数	68.6(2)	75.8(1)	69.4(8)	72.6(5)
9：10	额指数	78.0(2)	88.0(1)	80.8(7)	82.1(5)
9：45	额颧宽指数	70.4(2)	77.8(1)	71.9(7)	75.4(5)
48：45	上面指数	59.5(2)	53.3(1)	58.0(7)	58.4(5)
54：55	鼻指数	45.2(2)	47.6(1)	45.6(9)	46.7(5)
52：51	眶指数	83.8(2)	83.0(1)	82.1(8)	79.6(5)
52：51a	眶指数	90.2(2)	90.2(1)	88.9(8)	86.2(5)
40：5	面突度指数	89.0(2)	94.8(1)	93.6(6)	94.9(5)
48：17	垂直颅面指数	55.0(2)	53.7(1)	54.2(7)	53.3(5)
45：8	颅面宽指数	97.5(2)	97.4(1)	96.0(7)	96.3(5)
	额面扁平指数(SN：OB)	22.2(2)	18.6(1)	19.3(7)	21.6(5)
	颧上颌高指数	24.4(2)	20.7(1)	27.0(8)	25.1(5)
	眶间宽高指数(DS：DC)	57.8(2)	57.6(1)	70.6(8)	52.1(4)
	鼻根指数(SS：SC)	64.4(2)	42.4(1)	55.1(9)	54.6(4)
63：62	腭宽指数	87.9(2)	82.4(1)	82.5(7)	81.8(5)

注：南帕米尔塞克和阿莱塞克—乌孙组数据引自V.V.金兹布尔格(1960)，天山塞克—乌孙组取自V.V.金兹布尔格(1954)。

续表 1

马丁号	测量项目	南帕米尔			
		全部	汤基	阿克拜特	全部
		公元前6世纪至4世纪			
			女		
63	腭宽	36.0(12)	38.3(4)	36.0(2)	37.5(6)
23	颅周长	519.7(11)	505.3(2)	505.2(5)	505.2(8)
32	额倾角	80.2(12)	82.7(2)	77.3(3)	80.0(6)
	额角(F″∠)	—	—	73.3(3)	—
72	面角	84.4(12)	81.7(3)	84.7(3)	83.2(6)
73	鼻面角	88.6(11)	85.3(3)	87.3(3)	86.3(6)
74	鼻槽面角	71.3(11)	71.7(3)	72.3(3)	72.0(6)
75	鼻尖角	50.3(12)	51.0(3)	52.3(3)	51.7(6)
75(1)	鼻骨角	34.2(12)	30.7(3)	35.0(4)	33.1(7)
8∶1	颅指数	70.2(14)	73.7(5)	73.2(5)	73.5(10)
17∶1	颅长高指数	72.9(12)	73.5(4)	71.0(2)	72.6(6)
20∶1	颅长耳高指数	60.8(12)	62.7(4)	58.7(4)	60.7(8)
17∶8	颅宽高指数	104.0(12)	99.5(4)	96.5(2)	98.5(6)
20∶8	颅宽耳高指数	86.4(12)	84.9(4)	80.1(4)	82.5(8)
9∶8	额宽指数	70.7(13)	72.5(5)	71.3(5)	71.9(10)
9∶10	额指数	81.3(12)	83.0(4)	81.6(5)	82.2(9)
9∶45	额颧宽指数	73.4(12)	77.1(5)	74.2(5)	75.6(10)
48∶45	上面指数	58.2(12)	58.9(5)	53.7(4)	56.6(9)
54∶55	鼻指数	46.0(14)	44.2(5)	52.3(4)	47.8(9)
52∶51	眶指数	81.2(13)	87.0(4)	78.1(5)	82.0(9)
52∶51a	眶指数	87.9(13)	94.1(4)	85.8(5)	89.5(9)
40∶5	面突度指数	94.2(11)	96.9(3)	93.8(2)	95.6(5)
48∶17	垂直颅面指数	53.8(12)	55.7(4)	54.6(1)	55.5(5)
45∶8	颅面宽指数	96.1(12)	94.2(5)	96.2(5)	95.2(10)
	额面扁平指数(SN∶OB)	20.2(12)	19.4(3)	17.2(4)	18.2(7)
	颧上颌高指数	26.2(13)	24.5(4)	24.9(4)	24.7(8)
	眶间宽高指数(DS∶DC)	64.4(12)	55.3(3)	64.9(4)	60.8(7)
	鼻根指数(SS∶SC)	54.9(13)	42.0(3)	52.1(4)	47.8(7)
63∶62	腭宽指数	82.2(12)	85.9(4)	85.7(2)	85.8(6)

续表 1

马丁号	测量项目	阿莱		天山	
		塞克—乌孙		塞克—乌孙	
		公元前 6 世纪至 1 世纪		公元前 7 世纪至 3 世纪	
		男	女	男	女
63	腭宽	39.6(5)	35.2(5)	39.7(4)	36.7(3)
23	颅周长	513.7(7)	509.8(6)	522.6(7)	497.5(4)
32	额倾角	86.8(4)	87.4(5)	82.6(5)	87.6(5)
	额角(F″∠)	78.0(4)	79.8(5)	72.2(4)	79.8(5)
72	面角	85.0(4)	85.8(4)	85.8(5)	83.2(4)
73	鼻面角	90.0(3)	89.8(4)	87.4(5)	85.2(4)
74	齿槽面角	73.3(3)	69.8(4)	74.6(5)	78.7(4)
75	鼻尖角	65.3(3)	65.3(4)	55.7(4)	61.3(3)
75(1)	鼻骨角	24.0(3)	20.5(4)	31.0(4)	23.0(3)
8 : 1	颅指数	79.3(6)	76.6(6)	82.2(9)	80.1(4)
17 : 1	颅长高指数	77.8(4)	74.0(4)	76.9(6)	74.1(4)
20 : 1	颅长耳高指数	66.5(5)	64.8(6)	66.6(7)	65.7(4)
17 : 8	颅宽高指数	97.8(5)	95.0(4)	92.3(6)	90.2(5)
20 : 8	颅宽耳高指数	83.6(6)	84.9(6)	80.3(7)	80.2(5)
9 : 8	额宽指数	67.6(7)	72.1(5)	66.0(9)	67.9(5)
9 : 10	额指数	76.4(7)	80.9(6)	77.7(8)	78.4(6)
9 : 45	额颧宽指数	69.3(8)	75.8(6)	71.0(8)	75.4(6)
48 : 45	上面指数	51.2(7)	52.0(5)	52.1(8)	55.2(6)
54 : 55	鼻指数	51.3(8)	51.6(5)	49.9(8)	48.6(6)
52 : 51	眶指数	76.7(7)	83.0(6)	80.0(7)	84.6(4)
52 : 51a	眶指数	81.9(7)	89.5(6)	83.7(7)	90.8(4)
40 : 5	面突度指数	94.1(5)	97.0(2)	94.7(6)	97.1(4)
48 : 17	垂直颅面指数	50.2(6)	48.2(3)	51.7(6)	55.8(5)
45 : 8	颅面宽指数	96.6(8)	94.3(6)	92.8(8)	90.7(5)
	额面扁平指数(SN : OB)	15.6(7)	17.0(5)	16.4(6)	13.2(6)
	颧上颌高指数	23.2(7)	24.6(4)	22.9(8)	23.4(4)
	眶间宽高指数(DS : DC)	57.5(6)	51.1(4)	56.1(5)	51.8(3)
	鼻根指数(SS : SC)	52.8(7)	43.2(5)	45.9(6)	36.4(4)
63 : 62	腭宽指数	87.4(5)	88.8(5)	82.0(4)	91.7(3)

表 2

头骨个体测量表

（长度：毫米，角度：度，指数：%）

马丁号	测量项目	No.1 男	No.2 男	No.3 男	No.4 男	No.5 女	No.6 女
1	颅　长	198.5	189.0	189.0	175.0	191.0	171.0
8	颅　宽	148.5	127.5	145.0	135.5	133.0	134.0
17	颅　高	153.5	137.0	137.5	131.5	128.5	129.5
20	耳门前囟高	131.2	110.6	116.5	111.6	112.2	106.7
21	耳上颅高	131.1	112.3	117.0	112.7	113.0	107.1
9	最小额宽	100.2	88.8	95.8	91.7	100.8	80.8
10	最大额宽	129.0	113.5	122.7?	117.9	114.5	110.5
25	颅矢状弧	403.0	367.0	369.0	367.5	383.0	348.0
26	额　弧	139.5	121.0	136.5	126.0	133.0	117.0
27	顶　弧	134.0	122.5	120.0	128.0	125.0	100.0
28	枕　弧	130.0	123.5	112.5	114.0	125.0	121.0
29	额　弦	123.2	107.7	120.0	106.9	114.5	105.3
30	顶　弦	122.5	112.9	105.4	113.9	114.2	93.5
31	枕　弦	110.9	104.1	96.5	95.6	98.6	101.6
23	颅周长	547.0	509.5	534.0	490.0	523.0	481.0
24	颅横弧	347.0	303.0	335.0	308.0	305.0	296.5
5	颅基底长	111.2	104.3	109.7	91.7	96.1	100.2
40	面基底长	98.1	93.6	99.9	84.0	91.1	93.7

续表 2

马丁号	测量项目		No.1 男	No.2 男	No.3 男	No.4 男	No.5 女	No.6 女
48	上面高		80.5	78.8	76.5	61.8	69.0	72.5
47	全面高		—	—	122.0	101.8	112.5	115.7
45	颧　宽		142.0	126.6	144.2	111.0	129.5	129.7
46	中面宽		105.2	105.2	102.3	87.0	91.8	102.4
	颧颌前点间宽		104.7	106.3	105.6	84.5	91.6	103.3
	颧颌前点间宽高		22.8	24.5	24.0	22.0	17.0	12.0
43(1)	两眶外缘宽		102.0	93.6	102.5	86.9	98.2	94.0
	两眶外缘宽上高(SN)		23.9	19.6	18.5	15.0	18.3	14.5
	眶中宽(O_3)		55.5	49.9	57.1	37.5	55.1	47.7?
	鼻尖高		—	22.6	25.3	14.0	21.5	17.6?
50	眶间宽		23.2	20.8	18.5	16.7	21.0	18.6
49a	眶内缘点间宽(DC)		25.1	23.2	20.3	19.8	25.0	20.3
	眶内缘宽高(DS)		15.5	12.5	12.2	9.1	14.4	9.5
	颧骨高(MH)	左	47.6	42.4	47.6	38.0	42.8	44.6
		右	45.9	43.5	48.8	38.0	42.1	43.9
	颧骨宽(MB′)	左	28.2	25.9	27.4	24.0	24.0	27.7
		右	26.5	27.6	27.7	24.0	23.6	27.4

续表 2

马丁号	测量项目	No.1 男	No.2 男	No.3 男	No.4 男	No.5 女	No.6 女
54	鼻　宽	28.7	22.3	26.4	21.0	24.1	25.3
55	鼻　高	58.3	54.1	56.8	45.1	50.6	55.2
	鼻骨最小宽(SC)	10.8	8.1	6.3	8.0	11.0	10.9
	鼻骨最小宽高(SS)	8.3	4.2	3.6	3.6	4.7	2.9
51	眶　宽　左	43.2	40.2	45.8	37.2	40.0	39.2
	右	42.8	40.0	45.5	36.4	41.3	39.8
51a	眶　宽　左	40.0	37.4	43.9	33.1	36.8	37.6
	右	41.0	37.4	43.8	35.0	38.6	39.1
52	眶　高　左	37.0	32.9	35.8	30.8	33.2	32.8
	右	36.1	33.5	36.3	30.9	33.2	31.1
60	齿槽弓长	57.9	63.5	56.9	—	51.7	49.9
61	齿槽弓宽	69.9	62.7	69.3	58.2	57.5	60.6
62	腭　长	49.5	44.7	45.6	36.0	44.8	41.6
63	腭　宽	44.3	38.6	44.8	—	36.9	40.1
7	枕大孔长	40.0	41.1	39.2	34.3	36.5	36.9
16	枕大孔宽	35.3	33.3	34.5	30.0	28.8	32.0
	颅粗壮度(CM)	166.8	151.2	157.2	147.3	150.8	144.8

续表 2

马丁号	测量项目	No.1 男	No.2 男	No.3 男	No.4 男	No.5 女	No.6 女
	面粗壮度（FM）	—	—	122.0	98.9	111.0	113.0
32	额倾角（n—m—FH）	88.0	83.0	75.0	97.0	90.0	84.0
	额　角（F″∠）	79.0	80.0	66.0	91.0	84.0	79.0
	前囟角	54.0	49.0	46.0	52.0	45.0	48.0
72	面　角	94.0	91.0	95.0	92.0	89.0	88.0
73	鼻面角	96.0	92.0	96.0	90.0	93.0	90.0
74	齿槽面角	87.0	91.0	92.0	89.0	76.0	88.0
77	鼻颧角	130.0	134.5	140.0	142.0	139.0	145.5
	颧上颌角（zm1∠）	133.0	130.5	131.0	125.0	139.0	153.5
75	鼻尖角	—	62.0	66.0	74.0	70.0	67.0?
75(1)	鼻骨角	—	28.5	29.0	17.5	20.0	23.0
8：1	颅指数	74.8	67.5	76.7	77.4	69.6	78.4
17：1	颅长高指数	77.3	72.5	72.8	75.1	67.3	75.7
20：1	颅长耳高指数	66.1	58.5	61.6	63.8	58.7	62.4
21：1	颅长耳高指数	66.0	59.4	61.9	64.4	59.2	62.6
17：8	颅宽高指数	103.4	107.5	94.8	97.1	96.6	96.6
20：8	颅宽耳高指数	88.4	86.7	80.3	82.4	84.4	79.6

续表 2

马丁号	测量项目	No.1 男	No.2 男	No.3 男	No.4 男	No.5 女	No.6 女
	颅面指数(FM/CM)	—	—	77.6	67.2	73.6	78.0
54：55	鼻指数	49.2	41.2	46.5	46.6	47.6	45.8
	鼻根指数(SS：SC)	76.9	52.0	57.8	44.4	42.4	26.6
52：51	眶指数　左	85.7	81.8	78.2	82.8	83.0	83.7
	右	84.4	83.8	79.8	84.9	80.4	78.1
52：51a	眶指数　左	92.5	88.0	81.6	93.1	90.2	87.2
	右	88.1	89.6	82.9	88.3	86.0	79.5
48：17	垂直颅面指数	52.4	57.5	55.6	47.0	53.7	56.0
48：45	上面指数	56.7	62.2	53.1	55.7	53.3	55.9
47：45	全面指数	—	—	84.6	91.7	86.9	89.2
48：46	中面指数	76.5	74.9	74.8	71.0	75.2	70.8
9：8	额宽指数	67.5	69.7	66.1	67.7	75.8	60.3
9：10	额指数	77.7	78.2	78.1?	77.8	88.0	73.1
40：5	面突度指数	88.2	89.7	91.1	91.6	94.8	93.5
9：45	额颧宽指数	70.6	70.1	66.4	82.6	77.8	62.3
45：8	颅面宽指数	95.6	99.3	99.5	81.9	97.4	96.8
	眶间宽高指数(DS：DC)	61.8	53.9	60.1	46.0	57.6	46.8
	鼻面扁平度指数(SR：O_3)	—	45.3	44.3	37.3	39.0	36.9?
	额面扁平度指数(SN：OB)	23.4	20.9	18.1	17.3	18.6	15.4
	颧上颌高指数	24.6	24.2	28.4	32.8	20.7	22.3
63：62	腭指数	89.5	86.4	98.3	—	82.4	96.4
61：60	齿槽弓指数	120.7	98.7	121.8	—	111.2	121.4

这两个组的合并平均值之间,没有表现出重要的差异,他们都是代表很接近的长颅型,中等高的颅型,都有大而接近的宽高指数(即有很狭的颅型),额—颅宽和额—面宽比例也比较接近。在面部形态指数方面,都有很高而彼此接近的上面指数,同属狭面型,垂直颅面指数也比较高。鼻指数也较小,属狭鼻型。眶指数比帕米尔组高一些,但基本上都是中眶型。在面部水平突度方面,额面扁平度虽稍小于帕米尔组而颧上颌面扁平度稍大于帕米尔组,但差别都不大,也就是他们的面部水平方向突度都比较强烈。眶间突度则在两个帕米尔地方组之间,但明显小于他们的合并组。楼兰组的鼻根突度则比帕米尔组更为强烈,额倾斜度比帕米尔组更小,面部侧面突度为典型的平颌型,帕米尔两组则为中—平颌型之间。齿槽面角也是平颌型。

从以上主要颅、面类型的测量特征比较来看,以No.1、No.2这2具头骨所代表的楼兰男组与帕米尔塞克头骨组之间虽有某些差异,但他们在基本的形态类型一致性上,显然比这些差异大得多。因此,他们的相似特点在确定楼兰组人类学类型上,具有更大的价值。换句话说,根据他们的一致性,楼兰组头骨和帕米尔塞克应具有相似的人类学类型,他们之间的区别(可能是例数过少产生的)则没有类型差别的意义。

将楼兰男组与天山、阿莱塞克—乌孙组比较,则表现出另一种情况,后者颅型短(接近短颅型),面更低宽(中面型),鼻形也更宽(阔鼻型),眶形更低,上面扁平度明显更大。这些特点与楼兰组及帕米尔塞克组的长狭颅、狭面、狭—中鼻型、更高的眶型、面部水平方向突度强烈(即面部扁平度很小)等一系列重要的相应特征有明显的区别。因而在头骨的形态类型上存在明显的不同。这说明,在他们的种族系统学关系上,可能属于欧洲人种的不同变种类型。

楼兰组(No.5)女性头骨也比较大,在某些直线测量值上与帕米尔塞克女组之间存在差别。但在总的颅型、面型指数方面则大多与帕米尔组的平均值接近。与男性头骨相似,这具女性头骨主要在面部侧面突度上明显小于帕米尔组,鼻突度也较逊于帕米尔组。这种差别也可能是例数太少的缘故。与天山、阿莱塞克—乌孙的女性组相比,No.5头骨同样具有更长更狭的颅,颅高相对更低,鼻形可能更狭,面侧面突度和额面扁平度更小等明显的区别,而在这些特征上,又多数表现出与帕米尔组女性头骨比较接近的倾向。

No.3男性头骨与帕米尔塞克头骨之间的主要区别是颅形比较短(中颅型),面形更宽(中面型),额更倾斜,上面部扁平度更大,侧面突度更小等。这些也是No.3头骨和No.1、No.2头骨的主要区别。但在其他许多特征上,No.5头骨与No.1、No.2头骨之间仍然表现出引人注目的相似性。因此,他们之间的差别可能只具有组内变异的性质。但大的面宽和较大的面部扁平度及较短的颅型也可能有些接近帕米尔—费尔干类型。

No.6女性头骨与上述5具头骨具有明显不同形态特点:它的面高而宽,中面宽很大,颧骨宽而突出,面部扁平度很大,特别是颧颌面扁平度特别强烈,鼻突度很小。这些特征结合在一起出现,表明它有明显蒙古人种性质。它的前额也比较低斜。这一系列特征在南西伯利亚型的头骨上也有类似的表现。但这具头骨还不是典型的短颅型,颅高也相对较高,与南西伯利亚类型的头骨似不尽符合。总的来看,No.6 头骨缺乏欧洲人种特征的混合。

总之,楼兰城郊 6 具头骨的测量特征比较表明,除了 No.6 这 1 具女性头骨有明显蒙古人种形态以外,其余 5 具头骨(包括 No.4 小孩头骨)如不计某些差异外,基本上代表同一个欧洲人种类型,与帕米尔塞克头骨的一致性也很明显。但与天山、阿莱塞克—乌孙头骨属于不同的变种类型。

三、人种类型讨论

关于罗布泊地区古代居民的种族人类学,A.基思(1929)发表过题为《塔里木盆地古墓中出土的人类头骨》报告[7]。报告中的材料是 A.斯坦因作第三次中亚探险时(1913~1915 年),从塔克拉玛干沙漠东北的古墓中掘走的 5 具头骨(4 男, 1 女)。但这些头骨出自不同地点的墓葬,其中 1 具采自吐鲁番阿斯塔那的汉人干尸头颅, 另 1 具是从尼雅遗址出土的女性头骨, 还有 1 具是取自营盘的男性头骨。被斯坦因指明出自楼兰遗址的是另外 2 具男性头骨。这些人骨所代表的时代大概是公元后的前几个世纪。尽管这几具头骨出自不同地点,他们之中有些时代也不清楚,但 A.基思仍把他们当成单一民族。他认为斯坦因从楼兰采集的头骨兼有蒙古人种和欧洲人种特征的居间类型, 并以“楼兰型”称之。他还认为这种类型不是混杂,而是在自然进化过程中形成的[7]。

1928 年和 1934 年,斯文·赫定在新疆考察时取走过一些古代人骨。这些人骨后来由约尔特吉和沃兰特(1942)进行了研究。计有 11 具头骨和一些肢骨,其中除一个未成年婴儿外,其余成年者 4 男 6 女。这些头骨也分别出在几个遗址:3 具头骨采自米兰(2 女, 1 男),1 具女性头骨出自且末,5 具头骨(3 男,2 女)采自罗布泊,另 2 具(女性和婴儿)则出自叙格特—布拉库。他们认为从米兰出土的 3 具头骨(时代为公元前末一个世纪和公元 3 世纪之间)中,有 1 具可能是汉族的,1 具可能是具有强烈诺的克(Nordic)特征混合的藏族人头骨,另 1 具头骨是诺的克特征占优势,可能有某些印度人种或蒙古人种特征。从且末采集的 1 具头骨诺的克特征占优势,并有印度人种和蒙古人种特征的混合,但这具头骨的时代不明确。从罗布泊地区发现的时代为公元 1~3 世纪的 1 具头骨是蒙古人种并有某些诺的克特征。从同一墓地出土,时代可能晚于公元 200 年的头骨中,有 1 具是蒙古人种并有一些诺的克特征,另 1 具是印度人种并有诺的克和弱的蒙古人种特征混合[5]。

1915 年俄国人马洛夫从罗布泊附近据称是古突厥墓中取走了 4 具头骨(3

男和1未成年女孩)。后来,优素福维奇(1949)发表了这几具头骨的研究报告。他认为这一组头骨在面部测量及其类型上,具有蒙古人种性质,但也有明显的特殊点:根据颅长和面部主要直径项目的测量,额角和面角,眶高和眶宽,额指数,眶指数和面指数,这些头骨与Iarkhe的中央亚细亚人种的概念相符合。但是不大的额宽,突颌度指数,颅高指数和尤其颞部水平的有些额的缩狭等特征,使这组头骨又同汉人的头骨接近。而最小额宽小也使这些头骨同通古斯和雅库特Ⅱ组头骨接近。优素福维奇认为他们可能是由于蒙古人种的不同种族类型深刻混杂的结果,也可能这组头骨中表现出的某种长颅蒙古人种的特征与西藏的长颅居民有关系,最后也可能将这个头骨类型看成是某种早期蒙古人种的一般化类型的残余,并兼有后来在不同的北亚、中央亚细亚和东亚民族集团中分化和强化的因素。

以上几批材料的早期研究,给罗布泊地区古代居民以很复杂的人类学关系。A.基思的“楼兰型”主要是欧洲人种和蒙古人种之间的过渡形式,他认为塔克拉玛干位于大人种组成和分隔的位置,这种古楼兰人具有过渡的形态特征是预料中的,他们是吉尔吉斯类型蒙古人种和帕米尔及波斯的伊朗类型之间相联系的桥梁。约尔特吉和沃兰特则把斯文·赫定的11具头骨最后归纳成三种形态类型的组:第一组是长颅型的具有许多与诺的克人相似的形态特点,同时与A.基思的“楼兰型”很相似(即头骨Ⅰ、Ⅲ、Ⅳ、Ⅴ、Ⅷ、Ⅸ)。第二组是汉人特征占优势的中间类型(头骨Ⅱ和Ⅵ)。第三组是短颅的具有阿尔卑斯人种性质(头骨Ⅶ,Ⅹ),属伊朗人类型。优素福维奇研究的头骨则是蒙古人种,但未能确定属于何种人类学类型。如果这些头骨确实出自古代定居突厥墓葬,则这组头骨与斯坦因和斯文·赫定两批头骨具有很不相同的人种类型。遗憾的是报告中未附这些头骨的图版,仅凭测量数据,不容易进一步讨论他们的人类学类型。

由于多种原因(如研究材料过于零散,每个研究者测量和观察方法不一致,有的缺乏图版),要客观地讨论和评价上述早期学者研究的结果,特别是对每具头骨作出复杂种族鉴定可信性的估计是困难的。笔者结合对楼兰城郊人骨的考察结果,仅就这个地区出现的欧洲人种成分问题,初步分析如下:

如前所述,A.基思的所谓“楼兰型”只是一般地提出了这个类型在欧洲人种和蒙古人种之间的居中性质,而且是在这个地区自然形成的人类学特点。约尔特吉等研究的材料中,基本的欧洲人种成分是具有明显的长颅欧洲人种诺的克类型特点。与这些研究结果相比,本报告观察结果很不一致:6具头骨中,除1具有明显的蒙古人种特点外,其余基本上代表长颅欧洲人种的一个类型,这个类型与苏联学者研究过的帕米尔塞克头骨很相似,但与天山、阿莱塞克—乌孙时期居民的头骨类型很不相同,前者属于长颅欧洲人种的地中海东支(印度—阿富汗)类型[④],后者则具有颅型短的欧洲人种中亚两河类型(帕米尔—费尔干类型)或欧洲人种安德洛诺沃类型向中亚两河类型过渡特点[③]。

关于帕米尔塞克头骨的人类学特点,据金兹布尔格(1960)的研究,他们一般具有长狭而相当高的颅，陡直或较多中等倾斜的额，眉间和眉弓突起中等，面狭而中等高，面部水平方向突度很大，犬齿窝中等深，中—高的眼眶，鼻强烈突起。这些特征的结合与地中海人种的印度—阿富汗类型相符合。由基亚特吉娜（1964）研究过的塔吉克斯坦34具男性和29具女性头骨也是属于欧洲人种长颅、狭而高面的人类学类型[⑧]。这些头骨和天山、阿莱及哈萨克斯坦的塞克在人类学类型上的不同表明，帕米尔的长颅塞克同中亚境内和哈萨克斯坦的其他塞克或与他们有亲缘关系的居民处于相对隔离的地位，他们代表包括前亚、外里海和北印度人类学桥梁的最东的部分。金兹布尔格还认为南帕米尔塞克很可能是这个地区更古老居民的直接后裔，这个古老居民在铜石并用时代和铜器时代前亚和中亚南部的居民有血缘关系。特罗菲莫娃也明确指出，在系统关系上，帕米尔塞克居民与铜石并用时代和铜器时代的科彼特山区地带居民的东部地中海类型有关系。基亚特吉娜（1964）则推测，铜器时代东帕米尔当地居民同塞克部落集团接触过，甚至可能参加了塞克的部落联盟而保存下了自己的体质形态。笔者根据新疆楼兰城址东郊古墓人骨的研究认为，尽管这些墓葬材料的时代比帕米尔塞克（约公元前6世纪至4世纪）更晚一些，但古楼兰国的居民（至少是相当重要的部分）在人类学关系上，与帕米尔塞克存在密切联系，或者他们就是帕米尔塞克类型的居民最东进的一支。金兹布尔格（1960）曾经表示过这种想法，他说："也应该设想，在塞克时代和更晚的时期，帕米尔东南部居民同东土耳其斯坦（即我国新疆 —— 笔者注）居民有直接联系的可能性，但这在人类学关系上还几乎未被研究。"笔者认为他的这种推想可以用楼兰城郊古人类学材料的研究得到证明。

需要进一步讨论的是楼兰城郊头骨的人类学类型与A.基思特别是约尔特吉的研究不一样，后者认为"楼兰型"是具有明显诺的克（北欧）人种特点的类型，而笔者研究的楼兰城郊头骨主要是地中海人种类型，这两者在人种分类上属于欧洲人种的不同变种类型。通常而言，诺的克人种是浅色素或色素为中间的集团类型或北欧类型集团，他们主要分布在不列颠岛、斯堪的纳维亚半岛、德国北部等地区，与长颅欧洲人种的地中海东支印度—阿富汗类型有明显的区别，后者在体质上是长面、高头、钩形鼻类型[②]。如果仔细考察约尔特吉报告的头骨测量数据和图版，可以发现，在他们归纳的第一组诺的克特征比较明显的头骨中，有的同楼兰城郊的欧洲人种头骨比较相似，如头骨Ⅲ、Ⅳ、Ⅵ、Ⅷ，可能还有头骨Ⅴ。一般来讲，这几个头骨的颅形长而狭，面部也高而狭，眶形中等偏高，这些特点与帕米尔塞克头骨也比较相似。因此，他们可能与地中海东支类型接近。相反，约尔特吉第一组中的另2具头骨（头骨Ⅰ和Ⅸ）是长狭颅结合低而宽的面和低眶等特点，可能与诺的克类型的头骨比较相近。如果这种分析有些道理的话，那么笔者认为至少在斯文·赫定采集的头骨中，可能包含两种不同体质类型的长颅欧洲人种成分，即长狭颅，高狭面和中等高眶形的印度—阿富汗类型和长狭颅、低宽面和低眶的与诺的克接近的类型。而且，仅就欧洲人种成分而论，无论在斯文·赫定的材料中还是本文研究的楼兰城郊的材料中,前一个类型占优势,这很可能也是楼兰国居民种族组成的一个重要特点。顺便指出,出自孔雀河古墓沟墓地的人头骨(报告另发),在人类学类型上与楼兰城郊和帕米尔塞克头骨明显不同,他们与分布南西伯利亚、哈萨克斯坦、中亚等地区铜器时代的原始欧洲人种类型接近,在形态上,与北欧(诺的克)长颅人种头骨有许多相似。从时代上来讲,这些头骨可能早于楼兰城郊的材料,也早于斯坦因和斯文·赫定的材料。因此,在罗布泊地区更晚的时期,存在有明显诺的克特征的人类学类型也是可以理解的。

在楼兰城郊古墓中,除了欧洲人种成分占优势的头骨外,个别非欧洲人种头骨的发现表明,当时已有少量蒙古人种类型的居民与欧洲人种居民杂居。这一点,在斯坦因和斯文·赫定的时代晚的材料中反映得更明显。目前,由于材料还不多,对这些非欧洲人种成分的人类学材料还缺乏研究,因此他们在组成古楼兰国居民的历史上,占有多大的意义和地位,还需进一步调查。

四、结　语

本报告的6具头骨(成年男性3具,女性2具,未成年男孩1具)是1980年从新疆罗布泊地区著名古楼兰遗址东郊,时代约公元1世纪(相当东汉时期)的古墓中收集的。这些材料对研究楼兰国居民的种族特点和族源的研究具有重要的意义。

根据头骨的个体形态特征和测量特征的考察,6具头骨中有5具欧洲人种类型,1具蒙古人种类型。在5具欧洲人种头骨中,有4具(No.1、No.2、No.4、No.5)形态比较一致,与地中海东支的印度—阿富汗类型接近,1具头骨(No.3)的形态有些介乎地中海和帕米尔—费尔干类型之间,但在许多特征上仍可能表明是地中海人种的变异。1具蒙古人种头骨(No.6)则可能略有些接近南西伯利亚类型。因此可能推测,古楼兰国居民的种族组成,以欧洲人种的地中海东支类型占相当优势。这种特点,同时与帕米尔塞克的人类学特点相似,但与天山、阿莱塞克之间有明显的区别。据此推测,楼兰国居民中的欧洲人种成分与帕米尔塞克类型的居民之间,存在密切的种族系统学关系。个别蒙古人种头骨的存在还说明,楼兰国居民的人类学成分上,不是纯粹单元的欧洲人种民族,但非欧洲人种居民在构成楼兰国居民的种族因素上具有何等地位和作用,尚待进一步调查研究。

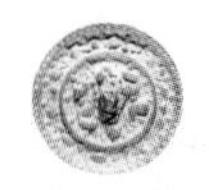

参考文献

1. 吐尔逊·艾沙.罗布淖尔地区东汉墓发掘及初步研究.新疆社会科学，1983(1)：128~133.

2. 孔恩.欧洲人种.纽约：麦克米伦出版社，1939(英文).

3. 金兹布尔格.中部天山和阿莱古代居民人类学资料.民族研究所集刊，1954.21：354~412(俄文).

4. 金兹布尔格. 南帕米尔塞克人类学特征. 物质文化史研究所简报，1960(80)：26~39(俄文).

5. 约尔特吉，沃兰特.东土耳其斯坦考古考察发现的人类头骨和体骨.西北科学考察团报告，1942.第七卷.第三册(德文).

6. 优素福维奇. 罗布泊湖附近出土的古代人头骨. 人类学和民族学博物馆沦集，1949.第十卷：303~311(馈文).

7. A.基思.塔里木盆地古墓地出土的头骨.英国人类学研究所杂志，1929.第59卷：149~180(英文).

8. 基亚特吉娜.塔吉克斯坦居民人类学形态的形成.莫斯科.1964(俄文).

9. 李特文斯基.古代游牧民.世界屋脊，莫斯科.1972：182~187(俄文).

塔吉克香宝宝古墓头骨

1976~1977 年，新疆维吾尔自治区博物馆野外考古队在地处帕米尔高原的塔什库尔干塔吉克自治县境内距县城北约 4 公里的山前台地香宝宝古墓地发掘到 1 具人骨（编号 76TXM9）。据报告，该墓地有土葬和火葬两种墓，这具头骨采自其中的一座土葬墓。发掘报告根据墓地中出土小件铁器、塔什库尔干西边帕米尔河和阿克苏河流域（苏联境内）发现形制和随葬器物与此相近的公元前 5 世纪至前 4 世纪塞人墓葬；以及此墓葬盖木测定的 C_{14} 年代距今约 2900~2500（经树轮校正年代）等几个理由，把香宝宝古墓地的时代定为与中原的春秋战国时期相当。对墓地的族属，报告作者认为火葬风俗与古代羌族有关，但墓中出土物又与苏联境内帕米尔塞人的相近，所以认为也可能是塞人的遗存①。

TXM9 头骨保存不完整，其左侧的顶骨、颞骨和颅底、左颧骨和上颌骨残缺，但脑颅部分基本完整。下颅骨也已残断，其左下颌支及右髁突破损。头骨较大，眉弓较明显，乳突大，下颌颏隆突很发达，额、顶结节不强烈，属男性的可能性大。上颌牙全部缺乏，只看到下牙从前臼齿以后的齿种生前全部脱落，相应的齿槽孔也已闭合。头骨上的冠状缝与矢状缝也大部或全部愈合，但人字缝仍清晰可见。由这些年龄特征粗估其年龄在 40~60 岁间，属中年或老年。

由于头骨的左面部和上颌缺残，失去了一部分重要形态特征的观察和测量根据。从保存比较完整的脑颅观察，顶面观的颅形呈偏长的卵圆形，侧面观察额骨倾斜程度属较陡直的类型。眉弓和眉间突度较显著但不特别强烈，鼻根也不很深陷，但保存的鼻骨强烈突起。右侧眼眶保存完好，眶高中等接近斜方形。下颌颏形呈尖圆形，颏隆突很发达。用仪器测得头骨的部分数据和指数值如表。

从不完整的颅、面部测量数据，对 TXM9 头骨仍可获得某些重要形态特点：按颅指数属中颅型，额宽指数属较狭的中额型。两种眶指数皆在中眶型范围。鼻根指数很高，属特别强烈突起类型。在颧骨大小上，颧骨宽很狭，表明颧骨很不发达。遗憾的是由于面骨不完整,不能直接测量如面高和面宽、鼻高和鼻宽及面部突出的几种角度。但这具头骨的颧骨很狭、同侧梨状孔边缘弧度很小及鼻骨强烈突起,最有可能同时配合有狭面和狭鼻类型特点。此外,虽然未能测量到面部水平方向角度,但从头骨侧面方向观察,能够看到大的眶口平面,也就是额眶偏角也应该比较大,换句话说,面部在水平方向应该明显突出。对这些特点的人种学意义,需要作一些分析。

首先是某些一级人种(大人种)特征。TXM9 头骨具有强烈突起的鼻,其鼻根指数高达 60.0,这个数值可达到欧洲人种的极端类型。相反,一般蒙古人种头骨的鼻根指数很小,以仰韶新石器时代头骨组为例,此指数只达到 27.2~37.2[②③④],甘肃玉门火烧沟青铜时代头骨的组值也只达 35.6[⑤],安阳殷墟中小墓组头骨是 36.5[⑥]。其次,TXM9 头骨的颧骨很弱,颧骨宽只有 21 毫米,与蒙古人种大而突出的颧骨明显不同,如现代华北人的颧骨宽为 26.2 毫米,史前甘肃—河南头骨组也有相等宽度[⑦]。安阳殷墟中小墓和甘肃玉门火烧沟组的组值还要宽一些,分别为 26.6 毫米[⑧]和 27.11[⑨]毫米。相反,步达生测量的欧洲人种头骨的同类组值只有 23.4 毫米[⑩],明显比前几个蒙古人种支干组的狭得多。依此特征,TXM9 头骨与欧洲人种更相似。与 TXM9 头骨的高鼻、小颧骨特点相配合,其面部在水平方向强烈突出,这一特征与蒙古人种头骨的面部常具有很大的扁平性质也有明显的区别。总之,与低鼻骨、大颧骨及扁平面的蒙古人种头骨相比,TXM9 头骨应属于高鼻、弱颧骨和面部强烈突出的欧洲人种头骨。

除了以上明显的大人种特点以外,从 TXM9 头骨上还可能观察到某些有种族类型学意义的次级特征。例如头骨的额倾斜度小、眉弓和眉间突度不特别强

表 1　　塔什库尔干塔吉克自治县香宝宝古墓出土人头骨测量数值表

项　目	测量值	项　目	测量值
颅长(g-op)	179.0	鼻骨最小宽(sc)	7.0
颅宽(eu-eu)	139.0	鼻骨最小宽高(ss)	4.2
最小额宽(ft-ft)右	93.0	颅指数	77.1
眶　宽(mf-ek)右	44.0	额宽指数	66.9
眶　宽(d-ek)右	40.0	眶指数(mf-ek)右	79.5
眶　高　右	35.0	眶指数(d-ek)右	87.5
颧骨高(fmo-zm)右	43.0	鼻根指数(ss / sc)	60.0
颧骨宽(zm-rim.orb.)右	21.0		

注:表中测量值长度单位毫米,指数单位%。

烈，眼眶不属低眶而有增高趋势（中眶型）。此外，从残存右侧梨状孔边缘形态几成直边、成浅凹而相对长（鼻骨下端残）直和强烈脊状隆起的鼻等特点来看，还应配以狭长的鼻型。而与这些特征相配合的，往往是狭面类型。从TXM9头骨的弱而狭的右侧颧骨来看，也表明有狭面特点。类似TXM9这样一些特征的组合，苏联人类学家金兹布尔格在研究公元前6世纪至前4世纪的东南帕米尔塞人头骨时便有过讨论，指出那些古代塞人头骨具有"狭而较高的长颅型，直额或中等倾斜额，眉间和眉弓突度中等，狭面，面部在水平方向强烈突出……有中等或高的眼眶，鼻骨突度特别强烈"。对于这些综合特征，他正确地指出了他们所显示的种族形态学意义，认为东南帕米尔塞人的这一系列特点与欧洲人种的地中海东支类型或印度—阿富汗类型相符合[11][12]。这种类型的头骨笔者在新疆境内帕米尔地区洛浦县山普拉古代丛葬墓2具头骨和罗布泊地区古楼兰国墓葬头骨的研究中也发现过[13]。

但在新疆境内，是否所有古代居民在种族类型上都属于香宝宝头骨类型呢？显然不是那样单一。从中亚、哈萨克斯坦和我国新疆境内各种古代墓葬内出土人类学材料的研究证明，还存在另外不同体质类型的欧洲人种成分。例如有一种类型的头骨具有某些尚未特别分化或地区差异不明显的原始特征。苏联人类学家吉拜茨对南西伯利亚和阿尔泰地区出土青铜时代安德洛诺沃文化头骨的研究就是这种类型的代表。这些头骨的一般综合特征是粗壮的中颅型面部低而宽，鼻强烈突起，低眶，眉间突度很强烈。这种类型的头骨特别定名为安德洛诺沃变种类型，或称之为原始欧洲人种类型[14]。笔者不久前研究过的孔雀河流域古墓沟墓地人骨中也发现了这种类型的头骨，他们显然与距离不远的古楼兰墓中出土的长狭颅、高狭面、高眼眶的地中海类型头骨有明显区别[15]。在中亚、哈萨克斯坦还有在人种发生学上与上述安德洛诺沃变种类型可能有密切关系的另一常见类型，即苏联人类学文献中常提到的中亚两河类型，也称之为帕米尔—费尔干类型。据苏联有些人类学者的意见，这种类型是安德洛诺沃类型在欧洲人种基础上形成的，在其出现的时间层次上，比安德洛诺沃人种稍晚，比较普遍出现在铁器时代的所谓塞人—乌孙时期或乌孙文化的墓葬中。这种类型的头骨虽也有某些地区或时代早晚之别，但与安德洛诺沃类型的主要区别是发生了明显的短颅化，有比安德洛诺沃型更高而狭的面，眼眶也变高一些。而且因有相对较小的鼻突度，面部水平突度不特别强烈（中等突出）以及配合了短颅型等特点，所以又表现出某种轻度蒙古人种特点的混血[16]。因此总的感觉，这些头骨的欧洲人种特点不如安德洛诺沃类型和地中海人种类型的头骨强烈，但其种族基础仍属欧洲人种。笔者研究的昭苏县塞人—乌孙墓出土人类学材料的主成分也是这种类型[17]。

从中亚、哈萨克斯坦及新疆境内发现的古代欧洲人种类型特点的分析来看，香宝宝土葬墓头骨与安德洛诺沃类型和中亚两河类型的差别比较明显，而与地中海人种类型的头骨更相近。按照具体形态特点来讲，香宝宝头骨以其极强烈突出的鼻和面，更高的眶形和狭面，与低宽面配以低眶的安德洛诺沃变种类型相区别，也与以短颅化为特点并有轻度蒙古人种混杂的中亚两河类型有区别。尽管TXM9头骨的颅型不特别长（这可能用个体变异来解释），但从可能观察到和测量到的主要面部特点来看，它更像高狭面，眶形更高，鼻突度和面部水平突度特别强烈的东地中海人种类型的头骨。因此，香宝宝的这一头骨与苏联境内东南帕米尔塞人墓、新疆境内洛浦山普拉丛葬墓和罗布泊地区古楼兰墓的长颅欧洲人种类型的头骨同型。

关于香宝宝古墓地所代表的族属，发掘报告作者讨论了两种可能，即按该墓地存在火葬习俗，可能为古代羌族遗存；同时又认为在文化上与邻近苏联境内的古代塞人文化有共同性，因而也不排除塞人遗存的可能。新疆考古所的王炳华和王明哲在论及香宝宝墓地的族属时，提出应将该墓地中的土葬墓和火葬墓区别对待，从土葬墓出土器物形制来看，他们应该代表塞人遗存，火葬墓有可能是羌人的遗存[18][19]。从人骨体质特点的研究当然不可能提供直接的族属证据。这篇短文旨在证明香宝宝土葬墓的1具头骨在种族特点上与苏联境内东南帕米尔古代塞人属于同一人类学类型。这一结果，似有利于从种族上将香宝宝墓地的遗存与塞人文化联系起来。但归根起来，要证明香宝宝墓地（如其中的土葬墓）的塞人文化性质，还需要从考古文化的性质上展开讨论和分析，因为同样的塞人文化，可以有不同的种族类型，例如中亚及哈萨克斯坦地区的所谓塞人[20][21][22]时期的文化所代表的更普遍的种族类型是中亚两河类型或有中亚两河类型向安德洛诺沃型过渡特点。而东南帕米尔塞人在种族类型上与其他的塞人存在的隔离[23]。香宝宝墓地如属塞人文化，那么也同样反映了这种人种学上的隔离。

参考文献

1. 新疆社会科学院考古研究所.帕米尔高原古墓.考古学报,1981(2):199~212.

2. 颜訚.华县新石器时代人骨的研究.考古学报,1962(2):85~103.

3. 颜訚等.西安半坡人骨的研究.考古,1960(9):36~47.

4. 颜訚等. 宝鸡新石器时代人骨的研究报告. 古脊椎动物与古人类,1960(1):33~43.

5. 据笔者测量资料。

6. 韩康信等.安阳殷墟中小墓人骨的研究.安阳殷墟头骨研究,北京:文物出版社,1985:50~81 .

7. 步达生.甘肃河南晚石器时代及甘肃史前后期之人类头骨与现代华北及其他人种之比较.古生物志,丁种第六号第一册,1928(英文).

8. 同6。

9. 据笔者测量数据。

10. 同7。

11. 金兹布尔格. 南帕米尔塞克人类学特征. 物质文化史研究所简报,1960(80)26~39 (俄文).

12. 金兹布尔格.中亚东部地区古人类学材料.苏联科学院民族研究所简报,1950(11):80~96(俄文).

13. 韩康信. 新疆楼兰城郊古墓人骨人类学特征的研究. 人类学学报,1986(3):227~242.

14. 捷别茨.苏联古人类学.民族研究所著作集.第四卷.1948:6476(俄文).

15. 韩康信.新疆孔雀河古墓沟墓地人骨研究.考古学报,1986(3):361~384.

16. 金兹布尔格.与中亚各族人民起源有关的中亚古人类学的基本问题.民族学研究所简报,1959(31):27~35(俄文).

17. 韩康信.新疆古代居民种族人类学的初步研究.新疆社会科学,1986(6):61~71.

18. 王炳华.古代新疆塞人历史钩沉.新疆社会科学,1985(1):48~58.

19. 王明哲.伊犁河流域塞人文物初探.新疆社会科学,1985(1):56~64.

20. 金兹布尔格. 中亚东部地区的古人类学材料. 苏联科学院民族研究所简报,1950(11):83~96(俄文).

21. 金兹布尔格.天山中部和阿莱古居民人类学资料.民族研究所著作集.第21卷,

354~412(俄文).

22. 金兹布尔格.哈萨克苏维埃共和国东部和中部古代居民人类学资料.苏联科学院民族学研究所著作集.第33卷.1956(俄文).

23. 同11。

察吾呼沟三、四号墓地人骨研究

新疆是东西方文化和人种的典型“接触”地带，也是古代“丝绸之路”通向中亚的重要地区。因此，从体质人类学的角度阐明这一地区古代居民的种系特点十分必要，是追溯新疆现代各族人民种族起源以及与其周邻地区居民相互关系的重要方面。但是，这方面的早期调查和研究不多，只有少数几个外国学者发表过有限的资料，如英国的A.基思（A·Keith，1929）[①]、德国的约尔特吉和沃兰特（Carl—Herman Hjortsjo and Ander Wa lander，1924）[②]及俄国的优素福维奇（A·N·Iwzefovich，1949）[③]等分别对新疆塔克拉玛干沙漠东北和罗布泊地区几个地点的古代人骨进行过研究，但材料零散，且时代不明确。以后在长达三十余年的时间里，便无人涉足这一领域的研究。近年来，这种情况有所改变，主要由韩康信等从20世纪70年代开始，在新疆考古学者的支持下，陆续对孔雀河下游古墓沟[④]、天山阿拉沟[⑤]、哈密焉布拉克[⑥]、楼兰[⑦]、洛浦山普拉[⑧⑨]、塔什库尔干香宝宝[⑩]及伊犁河上游昭苏土墩墓[⑪]等墓地的人类学材料进行了体质人类学的研究。这些材料的时间跨度大致从公元前18世纪到公元后几个世纪，他们分别代表了不同地区、不同时代和不同文化层次。这些丰富的资料，对研究新疆地区古代人类的种属问题及其相互关系，具有重要的科学价值。

本报告是继上述研究后的又一批重要的人类学资料，报告中的人骨材料来源于和静县哈尔莫敦乡察吾呼沟三号、四号墓地，是由新疆文物考古研究所和静考古队在1986~1989年发掘时采集的。四号墓地的时代据C_{14}年代测定距今约3000~2500年，墓葬形制为石围竖穴石室墓，以多人一次合葬为主，也有二次葬，有些墓葬有儿童祔葬坑和马头坑[⑫⑬]。三号墓地的时代大约相当于汉代，墓葬型制为洞室墓[⑭]。

受新疆文物考古研究所和静考古队的委托，我们对察吾呼沟三号、四号墓地出土的人骨进行了体质人类学的观测研究。在四号墓地的106个个体中，本文观测研究的头骨共 83 具，其中男性 54 具，女性 29 具，大多数头骨保存较完整。三号墓地头骨 11 具(男性 9 具，女性 2 具)。本文对这两个墓地人骨做了一般的性别年龄鉴定外，重点对这两个墓地人骨所代表的体质特点及种族类型进行了多方面的考察和研究。

一、性别、年龄估计与死亡年龄分布

对察吾呼沟三号和四号墓地人骨的性别、年龄的统计列于表 1，由表可知：

1. 四号墓地的 106 个个体中，可判定为男性的 66 个，女性 37 个，性别不明的 3 个，男女性比例为 66∶37（1.8∶1），男性明显多于女性。三号墓地只有 14 个个体，其中男性 10 个，女性 4 个。

2. 四号墓地死亡年龄的分布：死于青年期的比例（18.9%）较高，但大多数死于壮—中年期（76.7%），只有个别进入老年期的。此外，女性死于青年期的比例明显高于男性（分别为 25%和 16.4%），但活到中年期的又明显低于男性，因此女性的平均死亡年龄也低于男性。如不计未成年个体，四号墓地男女个体的平均死亡年龄仅为 31.8 岁。三号墓地可计年龄期的只有 11 个个体，全都死于壮—中年期，男女合计的平均死亡年龄为 32 岁。

概括起来，四号、三号墓地人口组成特点：一是男女性别比例可能明显失调；二是平均死亡年龄很低。

表 1　　三号、四号墓地人骨性别、年龄统计表

	四号墓地				三号墓进		
	男	女	性别不明	合计	男	女	合计
未成年(14 岁以下)		1	2	3			
青年期(15~23)	9	8		17			
壮年期(24~35)	23	14		37	2	2	4
中年期(36~55)	23	8	1	32	7		7
老年期(56 岁以上)		1		1			
只记成年的个体	11	5			1	2	3
合　计	66	37	3	106	10	4	14

二、头骨非测量特征的观察

表2和表3分别列出了四号和三号墓地头骨非测量特征的观察分类结果。

从各个特征的出现率看，四号墓地头骨的一般特点是：颅形为长或中长的椭圆形和卵圆形，矢状嵴很弱，眉弓和眉间突度强烈，鼻根凹陷较深；角形眶较普遍，眶口平面位置与FH平面交角多呈垂直型，梨状孔下缘形态以锐型居多，鼻棘和犬齿窝都普遍发达，有相当多的V型腭，颅顶缝复杂型出现比较频繁。这样的特征与一般北亚和东亚的蒙古人种明显不同，而更接近欧洲人种特点。

三号墓地头骨的一般特征为：短颅化的椭圆和卵圆形颅，眉弓和眉间突度比较发达，鼻根凹陷较深，多角形眶，眶口平面位置多垂直型，鼻形以梨形孔为主，梨孔下缘锐型和钝型者普遍，鼻棘发达，犬齿窝发育程度不等，鼻骨形态I型多，枕外隆突较发达，腭形多椭圆和U型，半数以上的个体出现腭圆枕，颅顶缝锯齿—复杂形多。这样的特征中有许多与四号墓地的同类特征相近，但在某些特征上似乎有些弱化，如颅型比四号墓地的短，额坡度更斜，眉间突度和鼻根凹陷也略微弱化，眶口平面位置后斜程度变强，矢状嵴也稍增强等，这些变异趋势使三号墓地人骨的欧洲人种综合特征有些淡化。

三、头骨测量特征之比较

（一）头骨测量特征的类型分析

三号、四号墓地头骨各项测量的平均值列于表4~6。

据表7的形态分类，四号墓地男性头骨的一般特征是：颅型为长—中颅型结合正—高颅型和狭颅型，额为阔—中额型。面部形态为狭—中面型，垂直颅面比例不大，为小—中等，普遍中—低眶结合狭—中鼻型，鼻根突度强烈，面部水平方向突度大于中等，矢状方向突度为平颌，上齿槽突度也不明显，腭形和上齿槽弓多为短型。这样一些特征的组合显然与欧洲人种形态特点相联系。女性头骨形态类型与男性基本相同，只在某些特征上表现出性别差异，如女性面形比男性更趋狭，眶形较趋高，上齿槽突度比男性稍强烈，鼻根突度比男性弱等（图版XIII，1~5）。

据表8形态分类，三号墓地人骨的大致形态是：颅型为中颅型结合高颅型和狭颅型，狭额较多，垂直颅面比例中等，面形多狭面，中眶，狭—中鼻，鼻根突度中等，腭形较短，面部水平方向突度强烈，矢向突度为平颌型。将这些特征与四号墓地头骨相比，两者稍有不同：三号墓地头骨有些短化、高颅化及狭颅性质更明显，

表 2　　　　四号墓地头骨形态观察表

项　目	性别	例数	形态分类和出现率					
颅　形			椭圆形	卵圆形	圆　形	五角形	楔　形	菱　形
	男	50	32(64.0)	14(28.0)	1(2.0)	3(6.0)		
	女	28	17(60.7)	9(32.1)		1(3.6)		1(3.6)
眉弓突度			弱	中　等	显　著	特　显	粗　壮	
	男	55	2(3.6)	8(14.5)	27(49.1)	12(21.8)	6(10.9)	
	女	30	22(73.3)	8(26.7)				
眉间突度			不　显	稍　显	中　等	显　著	极　显	粗　壮
	男	54		3(5.6)	19(35.2)	14(25.9)	18(33.3)	
	女	30	10(33.3)	14(46.7)	6(20.0)			
鼻根凹			无	浅	深			
	男	52	1(1.9)	18(34.6)	33(63.5)			
	女	29	16(55.2)	12(41.4)	1(3.4)			
额坡度			直	中　斜	斜			
	男	53	17(32.1)	29(54.7)	7(13.2)			
	女	30	21(70.0)	8(26.7)	1(3.3)			
额中缝			无	<1/3	1/3~2/3	>2/3	全	
	男	53	51(96.2)				2(3.8)	
	女	30	30(100)					
眶　形			圆　形	椭　圆	方　形	长　方	斜　方	
	男	53	1(1.9)	9(17.0)	3(5.7)	18(34.0)	22(41.5)	
	女	29	1(3.4)	3(10.3)	4(13.8)	6(20.7)	15(51.7)	
眶口平面位置			前　倾	垂　直	后　斜			
	男	53	1(1.9)	48(90.6)	4(7.5)			
	女	30	1(3.3)	16(53.3)	13(42.3)			
梨状孔			心　形	梨　形	三角形			
	男	42	17(40.5)	19(45.2)	6(14.3)			
	女	28	12(42.9)	9(32.1)	7(25.0)			
梨状孔下缘			人(锐)型	婴儿(钝)型	鼻前窝型	鼻前沟型	不对称型	
	男	53	17(32.1)	22(41.5)	11(20.6)		3(5.7)	
	女	29	15(15.7)	12(41.4)	1(3.4)		1(3.4)	
鼻　棘			不　显	稍　显	中　等	显　著	特　显	
	男	50		6(12.0)	12(24.0)	12(24.0)	20(40.0)	
	女	27		4(14.8)	8(29.6)	7(25.9)	8(29.6)	
犬齿窝(左)			无	浅	中　等	深	极　深	
	男	49	12(24.5)	10(20.4)	10(20.4)	11(22.4)	6(12.2)	
	女	30	1(3.3)	8(26.7)	4(13.3)	14(46.7)	3(10.0)	
翼区(左)			H 型	I 型	K 型	X 型	缝间型	
	男	52	43(82.7)	2(3.8)	2(3.8)		5(9.6)	
	女	25	20(80.0)				5(20.0)	
鼻梁形态			凹凸型	凹　型	直　型			
	男	44	19(43.2)	19(43.2)	6(13.6)			
	女	26	11(42.3)	11(42.3)	4(15.4)			
鼻骨形态			Ⅰ　型	Ⅱ　型	Ⅲ　型			
	男	51	37(72.5)	11(21.6)	3(5.9)			
	女	27	18(66.7)	5(18.5)	4(14.8)			

注:括号中的数据为百分数。

续表 2

项目	性别	例数	形态分类和出现率					
鼻额颌缝形态			凸形	弧形	直形			
	男	52	32(61.5)	20(38.5)				
	女	28	17(60.7)	11(39.3)				
矢状嵴			无	弱	中等	显著		
	男	52	40(76.9)	10(19.2)	2(3.8)			
	女	29	27(93.1)	2(6.9)				
枕外隆突			缺如	稍显	中等	显著	极显	喙状
	男	48	9(18.8)	21(43.8)	15(31.3)	3(8.3)		
	女	29	18(62.1)	8(27.6)	3(10.3)			
腭形			U形	V形	椭圆形			
	男	42	3(7.1)	17(40.5)	22(52.4)			
	女	22		13(59.1)	9(40.9)			
腭圆枕			无	嵴状	丘状	瘤形		
	男	52	27(51.9)	8(15.4)	16(30.8)	1(1.9)		
	女	29	19(65.5)	5(17.2)	5(17.2)			
颏形			方形	圆形	尖形	角形	杂形	
	男	36	16(44.4)	10(27.8)	8(22.2)	2(5.6)		
	女	17	2(11.8)	3(17.6)	12(70.6)			
下颌角			内翻	直形	外翻			
	男	33	1(3.0)	16(48.5)	16(48.5)			
	女	16	4(25.0)	2(12.5)	2(12.5)			
颏孔位置（左侧）			P1P2位	P2位	P2M1位	M1位		
	男	34	5(14.7)	25(73.5)	3(8.8)	1(2.9)		
	女	16	4(25.0)	10(62.5)	2(12.5)			
下颌圆枕			无	小	中等	大		
	男	35	17(48.6)	12(34.3)	6(17.1)			
	女	17	12(70.6)	5(29.4)				
“摇椅”下颌			非	轻度	明显			
	男	32	28(87.5)	3(9.4)	1(3.1)			
	女	17	14(82.4)	2(11.8)	1(5.9)			
矢状缝 前囟段			直	微波	深波	锯齿	复杂	
	男	44		9(20.5)	18(40.9)	12(27.3)	5(11.4)	
	女	23		6(26.1)	11(47.8)	5(21.7)	1(4.3)	
矢状缝 顶段	男	47			2(4.3)	11(24.3)	34(72.3)	
	女	25				13(52.0)	12(48.0)	
矢状缝 顶孔段	男	38		10(26.3)	21(55.3)	7(18.4)		
	女	22		7(31.8)	7(31.8)	6(27.3)	2(9.1)	
矢状缝 后段	男	45				9(20.0)	36(80.0)	
	女	22				9(40.9)	13(59.1)	

表 3　　三号墓地头骨形态观察表

项目	性别	例数	形态分类和出现率					
颅形			椭圆形	卵圆形	圆形	五角形	楔形	菱形
	男	7	3	3	1			
	女	2		2				
眉弓突度			弱	中等	显著	特显	粗壮	
	男	9	1	3	1	3	1	
	女	2	2					
眉间突度			不显	稍显	中等	显著	极显	粗壮
	男	9		2	3	3	1	
	女	2	2					
鼻根凹			无	浅	深			
	男	9	1	3	5			
	女	2	1	1				
额坡度			直	中斜	斜			
	男	9	1	4	4			
	女	2		1	1			
额中缝			无	<1/3	1/3~2/3	>2/3	全	
	男	9	9					
	女	2	2					
眶形			圆形	椭圆	方形	长方	斜方	
	男	8	1		1	1	5	
	女	2	1		1			
眶口平面位置			前倾	垂直	后斜			
	男	9		6	3			
	女	2			2			
梨状孔			心形	梨形	三角形			
	男	8	1	5	2			
	女	1		1				
梨状孔下缘			人(锐)型	婴儿(钝)型	鼻前窝型	鼻前沟型	不对称型	
	男	9	4	3	1	1		
	女	1		1				
鼻棘			不显	稍显	中等	显著	特显	
	男	9		1	1	4	3	
	女	1		1				
犬齿窝(左)			无	浅	中等	深	极深	
	男	9	1	4		3	1	
	女	1			1			
翼区(左)			H型	I型	K型	X型	缝间型	
	男	8	6		1		1	
	女	2	2					
鼻梁形态			凹凸型	凹型	直型			
	男	9	4	4	1			
	女	2			2			
鼻骨形态			Ⅰ型	Ⅱ型	Ⅲ型			
	男	9	7	1	1			
	女	2	2					

续表 3

项目		性别	例数	形态分类和出现率					
鼻额颌缝形态				凸形	弧形	直形			
		男	9	7	2				
		女	2		2				
矢状嵴				无	弱	中等	显著		
		男	9	3	6				
		女	2	2					
枕外隆突				缺如	稍显	中等	显著	极显	喙状
		男	8		1	3	2	2	
		女	1		1				
腭形				U形	V形	椭圆形			
		男	7	3	1	3			
		女	2			2			
腭圆枕				无	嵴状	丘状	瘤状		
		男	9	4	2	3			
		女	2	1	1				
颏形				方形	圆形	尖形	角形	杂形	
		男	3	3					
		女	2		1		1		
下颌角				内翻	直形	外翻			
		男	3		2	1			
		女	2		1	1			
颏孔位置(左侧)				P1P2位	P2位	P2M1位	M1位		
		男	2	1	1				
		女	2		1	1			
下颌圆枕				无	小	中等	大		
		男	3	2		1			
		女	2	1		1			
“摇椅”下颌				非	轻度	明显			
		男	4	3	1				
		女	2	2					
矢状缝	前囟段			直	微波	深波	锯齿	复杂	
		男	4			2	2		
		女	2			2			
	顶段	男	6			1	3	2	
		女	2				2		
	顶孔段	男	2		1	1			
		女	2				2		
	后段	男	6					4	2
		女	2				1	1	

表 4　　四号墓地男性头骨测量平均值与标准差一览表

（长度单位:毫米　角度:度　指数:百分比）

	测量项目	平均值	标准差	最小值	最大值	例数
1	颅长	183.4	4.2	170.5	191.2	46
8	颅宽	136.5	4.7	125.0	146.9	47
17	颅高	135.8	4.2	125.6	143.8	43
18	颅底垂直高	136.2	4.2	126.0	145.0	37
20	耳门前囟高	115.4	3.5	107.0	122.3	43
21	耳上颅高	116.1	3.5	107.5	124.0	43
9	最小额宽	94.2	4.8	86.5	109.0	47
10	最大额宽	117.1	5.2	104.5	130.0	44
25	颅矢状弧	369.5	11.3	345.0	397.0	39
26	额弧	127.2	12.5	112.5	202.0	45
27	顶弧	131.1	23.4	110.0	270.0	43
28	枕弧	114.0	6.0	103.0	128.0	40
29	额弦	111.8	3.9	100.8	120.0	47
30	顶弦	115.3	6.5	99.3	133.2	45
31	枕弦	95.5	3.8	89.6	104.5	41
23	颅周长	514.7	11.1	493.0	548.0	39
24	颅横弧	317.6	17.9	291.0	398.0	41
5	颅基底长	100.7	3.7	89.0	107.0	44
40	面基底长	95.3	3.4	88.8	103.7	36
48	上面高(sd)	70.7	4.0	62.8	79.4	38
	(pr)	67.0	4.1	57.0	75.6	39
47	全面高	118.6	6.6	103.4	130.0	19
45	颧宽	131.1	5.0	120.3	139.1	34
46	中面宽(zm)	95.5	3.8	85.9	102.6	42
	(zm1)	96.0	3.5	88.5	105.5	43
	颧颌点间高(zm)	25.0	3.3	17.2	30.1	41
	(zm1)	22.1	2.8	14.2	26.6	42
43(1)	两眶外缘宽	97.9	3.5	91.8	106.9	47
	眶外缘点间高	16.8	2.6	10.2	22.9	46
O_3	眶中宽	54.5	4.4	43.4	66.4	44
SR	鼻尖高	20.2	3.2	7.7	25.4	36
50	眶间宽	19.2	1.9	13.7	24.0	50
49a	眶内缘点间宽	22.1	2.1	17.3	27.3	49
	鼻梁眶内缘宽高	11.9	1.6	8.7	16.1	45
MH	颧骨高　左	44.0	2.2	40.5	48.3	49
	右	43.7	2.5	37.7	50.2	45
MB	颧骨宽　左	24.7	2.3	20.2	30.2	48
	右	24.9	2.1	21.5	30.5	46
54	鼻宽	24.8	2.0	20.4	29.5	49
55	鼻高	51.3	4.5	26.3	58.9	49
56	鼻骨长	20.8	3.0	14.7	27.5	37
	鼻尖齿槽长	49.1	3.4	42.9	56.8	32
	眉间鼻根距离	8.0	1.3	5.8	11.7	40
	眉间鼻间距离	26.7	3.9	14.2	34.5	37
SS	鼻骨最小宽	8.8	1.6	5.3	13.0	50
SC	鼻骨最小宽高	4.1	1.0	1.5	5.9	48
51	眶宽 1　左	41.9	1.9	39.1	47.9	47
	右	42.2	1.7	38.9	47.6	48
51a	眶宽 2　左	38.7	1.7	35.7	43.4	47
	右	39.0	1.7	35.8	44.1	48
52	眶高　左	32.2	1.8	28.0	36.5	46
	右	31.8	1.7	27.1	35.0	48

续表 4

	测量项目	平均值	标准差	最小值	最大值	例 数
60	齿槽弓长	53.1	3.2	41.8	59.0	33
61	齿槽弓宽	63.6	3.9	56.1	74.4	36
62	腭 长	45.8	2.6	41.0	52.0	38
63	腭 宽	41.1	2.8	37.5	48.3	33
7	枕大孔长	37.1	2.1	32.5	42.0	40
16	枕大孔宽	29.5	1.3	26.9	33.0	37
CM	颅粗壮度	151.3	2.7	144.6	157.2	39
FM	面粗壮度	115.5	3.9	110.1	121.6	15
65	下颌髁间宽	115.0	5.3	105.2	122.5	18
	额 角(n-b)	55.4	2.9	51.0	67.0	42
32	额倾角(n-m)	86.0	4.0	78.0	99.0	42
	额倾角(g-m)	80.6	4.8	72.0	94.0	42
	前囟角(g-b)	51.5	3.1	47.0	63.0	42
72	面 角	90.2	2.8	83.0	95.0	38
73	鼻面角	91.3	3.2	81.0	97.0	43
74	齿槽面角	87.4	5.4	70.0	98.0	38
75	鼻尖角	63.0	6.0	48.0	75.0	36
77	鼻颧角	142.3	5.0	131.0	155.6	46
	颧上颌角 zm∠	124.8	5.7	115.2	139.2	41
	zm1∠	130.5	5.5	122.0	145.0	42
75(1)	鼻骨角	25.3	5.5	14.7	39.8	30
N∠	鼻根点角	65.2	3.0	59.6	74.1	32
A∠	上齿槽角	74.4	3.7	65.4	81.9	32
B∠	颅底角	39.8	2.7	33.9	44.8	32
8/1	颅指数	74.4	2.8	65.7	81.7	44
17/1	颅长高指数 1	74.2	2.0	69.0	77.9	41
18/1	2	74.5	2.2	69.1	78.1	36
21/1	颅长耳高指数	63.5	1.6	59.9	66.6	40
17/8	颅宽高指数 1	99.9	4.7	90.1	109.6	40
18/8	2	99.9	4.5	90.1	107.9	35
FM/CM	颅面指数	75.6	2.3	70.9	79.3	15
54/55	鼻指数	48.7	7.3	40.0	88.9	48
SS/SC	鼻根指数	47.4	10.7	25.7	72.3	48
52/51	眶指数 1 左	76.8	4.3	67.7	87.7	45
	右	75.3	4.2	63.7	84.2	46
52/51a	眶指数 2 左	83.1	5.5	70.5	95.3	45
	右	81.5	5.1	68.9	92.4	46
48/17	垂直颅面指数(sd)	51.9	3.2	46.1	59.2	29
48/45	上面指数(sd)	54.0	2.7	48.1	58.4	25
47/45	全面指数	91.1	4.2	81.1	96.0	15
48/46	中面指数(zm)	74.8	4.5	66.5	85.2	33
	(zm1)	74.3	4.5	65.8	84.0	33
9/8	额宽指数	69.0	3.2	63.3	76.2	39
40/5	面突度指数	94.7	3.8	87.6	105.7	35
9/45	颧额宽指数	71.7	5.2	64.0	82.2	32
43(1)/46	额颧宽指数(zm)	102.9	4.8	95.8	112.2	41
	(zm1)	102.3	4.6	93.7	110.6	41
48/5	颅面宽指数	96.2	3.5	89.7	102.2	31
DS/DC	眶间宽高指数	54.2	7.7	33.4	73.1	45
SN/OB	额面扁平度指数	17.0	2.4	10.7	22.7	46
SR/O_3	鼻面扁平度指数	36.8	6.7	13.0	50.4	36
63/62	腭指数	90.0	8.5	76.3	111.8	32
61/60	齿槽弓指数	118.7	6.3	106.0	130.1	32
48/65	面高髁宽指数(sd)	61.6	3.5	56.8	66.6	13

表5　　四号墓地女性头骨测量平均值与标准差一览表

（长度单位：毫米　角度：度　指数：百分比）

	测量项目	平均值	标准差	最小值	最大值	例　数
1	颅　长	177.5	6.1	169.2	191.6	23
8	颅　宽	133.2	8.3	100.5	143.5	23
17	颅　高	131.7	5.4	121.1	143.6	23
18	颅底垂直高	133.1	5.1	122.0	145.0	21
20	耳门前囟高	114.0	2.9	107.0	119.3	21
21	耳上颅高	115.0	3.0	108.1	120.6	21
9	最小额宽	94.4	4.1	87.3	105.8	26
10	最大额宽	115.2	4.6	107.5	122.5	21
25	颅矢状弧	364.9	10.5	351.0	389.0	20
26	额　弧	124.4	4.7	114.0	132.0	26
27	顶　弧	123.4	6.9	107.0	136.0	23
28	枕　弧	113.7	8.1	101.0	129.0	20
29	额　弦	110.6	3.6	104.2	118.2	27
30	顶　弦	111.9	5.4	99.7	122.3	24
31	枕　弦	94.4	6.2	74.0	102.4	22
23	颅周长	502.8	14.7	471.0	529.0	19
24	颅横弧	313.8	8.3	298.0	330.0	19
5	颅基底长	97.4	3.6	88.3	103.6	22
40	面基底长	92.6	3.6	86.9	98.9	18
48	上面高(sd)	68.8	4.5	60.8	78.6	20
	(pr)	65.6	4.0	58.3	74.3	21
47	全面高	114.2	6.9	100.9	121.7	10
45	颧　宽	124.0	3.8	116.6	130.4	19
46	中面宽(zm)	91.0	4.6	83.0	98.4	20
	(zm1)	91.3	4.5	84.5	100.4	21
	颧颌点间高(zm)	24.6	2.1	20.1	29.0	21
	(zm1)	21.6	2.9	11.9	26.3	22
43(1)	两眶外缘宽	95.1	4.3	87.9	102.7	22
	眶外缘点间高	16.6	2.6	10.3	21.6	23
O_3	眶中宽	50.8	6.1	37.3	60.7	23
SR	鼻尖高	19.1	3.1	14.7	30.4	21
50	眶间宽	17.8	2.3	12.3	22.1	26
49a	眶内缘点间宽	20.6	2.1	16.8	25.0	24
	鼻梁眶内缘宽高	11.2	1.7	9.0	17.1	25
MH	颧骨高　左	42.2	2.7	35.1	47.0	21
	右	42.1	2.6	35.0	46.1	25
MB	颧骨宽　左	23.0	2.5	19.0	27.8	21
	右	23.0	2.5	18.6	26.9	24
54	鼻　宽	23.8	2.1	20.5	27.3	26
55	鼻　高	50.0	4.6	31.5	57.3	26
56	鼻骨长	22.4	2.5	17.6	26.5	23
	鼻尖齿槽长	46.2	3.4	41.7	62.2	19
	眉间鼻根距离	85.4	1.5	5.0	10.9	24
	眉间鼻间距离	29.8	3.1	21.7	35.5	23
SS	鼻骨最小宽	9.0	1.5	5.3	12.0	26
SC	鼻骨最小宽高	3.9	0.9	2.0	5.3	27
51	眶　宽1　左	41.2	1.7	38.1	45.5	21
	右	41.6	1.6	39.1	46.2	25
51a	眶　宽2　左	38.1	2.0	38.5	41.0	20
	右	38.7	1.9	35.2	43.2	25
52	眶　高　左	32.8	1.6	29.9	35.9	24
	右	32.7	1.8	29.5	36.0	26

续表 5

	测量项目	平均值	标准差	最小值	最大值	例　数
60	齿槽弓长	51.3	3.0	47.2	59.6	19
61	齿槽弓宽	60.9	3.9	50.0	66.2	17
62	腭　长	43.6	2.9	35.6	48.9	21
63	腭　宽	40.3	2.4	36.6	44.8	16
7	枕大孔长	36.7	2.0	33.7	42.1	21
16	枕大孔宽	28.9	2.2	25.4	32.6	18
CM	颅粗壮度	147.9	3.6	142.4	155.4	18
FM	面粗壮度	109.8	3.2	104.2	113.0	9
65	下颌髁间宽	111.1	4.5	104.8	118.6	11
	额　角(n-b)	54.1	2.7	48.0	58.0	21
32	额倾角(n-m)	87.2	3.5	78.0	94.0	21
	额倾角(g-m)	83.5	4.5	73.0	93.0	21
	前囟角(g-b)	50.3	3.1	44.0	57.0	21
72	面　角	90.1	3.2	85.0	96.0	18
73	鼻面角	92.2	3.6	86.0	100.0	21
74	齿槽面角	84.6	4.6	76.0	92.0	17
75	鼻尖角	65.8	4.9	60.0	75.0	17
77	鼻颧角	141.7	4.7	134.3	163.7	23
	颧上颌角 zm∠	123.4	4.2	117.4	134.9	21
	zm1∠	129.5	6.9	121.7	153.4	22
75	(1)鼻骨角	24.1	4.4	16.2	31.1	18
N∠	鼻根点角	65.8	3.4	60.6	72.5	17
A∠	上齿槽角	73.9	3.7	68.7	81.8	17
B∠	颅底角	39.8	2.9	34.2	46.5	17
8/1	颅指数	74.8	5.6	54.4	83.9	21
17/1	颅长高指数 1	73.9	3.3	65.9	78.6	20
18/1	2	74.6	3.3	66.4	78.9	18
21/1	颅长耳高指数	64.6	1.7	61.0	67.9	18
17/8	颅宽高指数 1	98.2	5.3	86.5	109.7	20
18/8	2	99.1	5.2	87.1	110.8	19
FM/CM	颅面指数	74.2	1.6	71.8	75.8	8
54/55	鼻指数	48.6	6.2	40.1	72.0	27
SS/SC	鼻根指数	43.5	9.8	28.5	63.8	27
52/51	眶指数 1 左	79.7	5.3	69.5	91.3	22
	右	78.7	5.4	69.2	89.6	26
52/51a	眶指数 2 左	86.3	6.7	73.2	102.5	21
	右	84.5	5.8	68.7	97.0	26
48/17	垂直颅面指数(sd)	52.3	3.9	44.7	61.3	17
48/45	上面指数(sd)	55.2	2.9	50.8	60.2	16
47/45	全面指数	92.3	5.2	84.3	98.6	9
48/46	中面指数(zm)	74.9	4.7	67.5	83.2	16
	(zm1)	74.7	4.4	68.3	83.1	16
9/8	额宽指数	71.2	4.5	66.3	82.0	23
40/5	面突度指数	94.6	3.7	88.6	101.3	19
9/45	颧额宽指数	76.3	3.4	70.5	81.9	20
43(1)/46	额颧宽指数(zm)	104.9	4.9	98.8	119.3	19
	(zm1)	103.9	4.9	96.1	117.2	20
48/5	颅面宽指数	93.9	6.8	85.4	119.0	19
DS/DC	眶间宽高指数	54.5	9.6	43.2	90.9	25
SN/OB	额面扁平度指数	17.3	2.3	11.7	21.0	23
SR/O_3	鼻面扁平度指数	38.1	6.1	31.8	58.4	21
63/62	腭指数	90.8	6.9	78.3	101.1	17
61/60	齿槽弓指数	121.4	14.3	83.8	159.5	18
48/65	面高髁宽指数(sd)	61.3	3.7	56.4	67.6	9

表6　　三号墓地男性头骨测量平均值与标准差一览表

（长度单位:毫米　角度:度　指数:百分比）

	测量项目	平均值	标准差	最小值	最大值	例　数
1	颅　长	180.5	9.8	165.0	196.4	8
8	颅　宽	138.7	3.2	134.4	143.0	9
17	颅　高	142.1	5.3	135.0	150.0	7
18	颅底垂直高	143.3	5.0	136.4	151.0	7
20	耳门前囟高	120.6	7.3	108.0	133.1	9
21	耳上颅高	122.2	7.2	110.9	134.1	9
9	最小额宽	94.2	5.7	88.3	104.5	9
10	最大额宽	119.5	4.4	112.9	127.0	9
25	颅矢状弧	377.3	14.5	357.0	399.0	7
26	额　弧	127.2	5.3	121.0	135.5	9
27	顶　弧	126.3	5.6	119.0	136.0	8
28	枕　弧	118.7	12.5	100.0	132.0	7
29	额　弦	115.2	6.1	107.8	129.1	9
30	顶　弦	112.1	4.2	105.5	116.9	8
31	枕　弦	100.5	10.5	84.9	114.0	7
23	颅周长	511.9	18.5	480.0	540.0	8
24	颅横弧	330.3	13.9	310.0	353.0	8
5	颅基底长	99.8	5.0	95.0	108.6	7
40	面基底长	93.2	6.2	86.6	103.1	6
48	上面高(sd)	74.7	4.4	69.4	83.4	7
	(pr)	71.8	4.6	65.9	79.7	8
47	全面高	123.0		123.0	123.0	1
45	颧　宽	134.2	4.2	129.0	140.0	8
46	中面宽(zm)	97.3	5.3	90.3	105.1	8
	(zm_1)	96.0	5.3	87.9	102.8	8
	颧颌点间高(zm)	29.4	5.9	23.1	42.2	8
	(zm_1)	22.5	2.5	20.1	27.5	7
43(1)	两眶外缘宽	99.5	4.4	94.3	104.7	8
	眶外缘点间高	18.6	3.2	13.6	25.2	8
O_3	眶中宽	54.2	5.7	43.0	64.1	9
SR	鼻尖高	21.6	2.4	18.6	25.9	7
50	眶间宽	20.5	2.9	17.5	26.4	9
49a	眶内缘点间宽	23.5	2.8	20.8	29.5	9
	鼻梁眶内缘宽高	11.8	1.5	10.1	14.3	9
MH	颧骨高　左	46.0	2.6	42.6	49.7	8
	右	46.3	1.7	44.0	49.7	9
MB	颧骨宽　左	26.2	3.0	22.4	30.7	8
	右	26.4	2.4	23.4	29.9	9
54	鼻　宽	25.9	2.3	22.0	30.2	9
55	鼻　高	54.1	2.8	49.0	58.9	9
56	鼻骨长	24.8	3.1	20.0	29.3	7
	鼻尖齿槽长	51.0	3.5	46.9	57.3	6
	眉间鼻根距离	8.9	1.8	6.1	11.0	7
	眉间鼻间距离	32.1	4.3	25.3	39.0	7
SS	鼻骨最小宽	9.0	1.4	7.1	11.2	9
SC	鼻骨最小宽高	3.8	1.3	1.6	6.3	9
51	眶　宽1　左	42.5	2.9	39.4	47.5	8
	右	43.5	2.8	39.8	46.8	9
51a	眶　宽2　左	39.6	2.6	36.0	43.5	8
	右	40.4	2.1	38.5	44.7	9
52	眶　高　左	34.7	1.7	31.4	37.0	8
	右	34.5	1.3	32.2	36.0	9

续表 6

	测量项目	平均值	标准差	最小值	最大值	例 数
60	齿槽弓长	53.4	2.4	51.1	57.9	6
61	齿槽弓宽	65.1	2.9	61.6	69.0	6
62	腭 长	44.6	2.4	42.1	48.8	7
63	腭 宽	40.8	3.1	35.6	44.8	6
7	枕大孔长	37.9	2.0	35.6	40.7	7
16	枕大孔宽	29.9	2.2	26.1	32.3	7
CM	颅粗壮度	153.6	4.8	146.8	160.8	7
FM	面粗壮度	114.3		114.3	114.3	1
65	下颌髁间宽	121.2	6.5	117.2	128.7	3
	额 角(n-b)	54.8	3.2	49.0	60.0	9
32	额倾角(n-m)	82.7	5.9	75.0	95.0	9
	额倾角(g-m)	76.9	5.7	68.0	89.0	9
	前囟角(g-b)	51.3	2.9	45.0	55.0	9
72	面 角	91.4	1.7	88.0	93.0	8
73	鼻面角	93.1	1.8	91.0	96.0	9
74	齿槽面角	84.9	6.4	78.0	95.0	8
75	鼻尖角	67.6	3.5	63.0	74.0	9
77	鼻颧角	40.8	5.9	31.7	52.4	8
	颧上颌角 zm∠	61.8	10.3	54.1	85.3	8
	zm_1∠	50.4	3.3	45.2	56.3	7
75(1)	鼻骨角	21.4	8.0	9.6	29.2	6
N∠	鼻根点角	62.5	1.5	60.7	64.2	6
A∠	上齿槽角	73.3	1.9	71.2	75.7	6
B∠	颅底角	43.8	1.8	40.5	45.5	6
8/1	颅指数	76.8	4.3	69.2	82.1	8
17/1	颅长高指数 1	79.1	4.4	75.6	86.0	7
18/1	2	79.8	4.3	76.6	86.3	7
21/1	颅长耳高指数	68.2	4.9	59.9	76.3	8
17/8	颅宽高指数 1	102.3	4.3	98.6	110.2	7
18/8	2	103.2	4.1	99.4	111.0	7
FM/CM	颅面指数	73.0		73.0	73.0	1
54/55	鼻指数	47.9	4.2	41.1	55.9	9
SS/SC	鼻根指数	41.8	14.9	22.5	74.1	9
52/51	眶指数 1 左	80.5	4.5	74.3	86.8	7
	右	79.6	4.3	73.5	86.9	9
52/51a	眶指数 2 左	85.9	4.9	77.4	91.3	7
	右	85.4	4.1	79.4	93.0	9
48/17	垂直颅面指数(sd)	52.8	2.3	50.4	55.6	6
48/45	上面指数(sd)	55.6	2.7	53.3	59.5	6
47/45	全面指数	95.3		95.3	95.3	1
48/46	中面指数(zm)	77.1	4.6	70.6	83.1	6
	(zm_1)	77.7	3.5	73.8	81.1	6
9/8	额宽指数	67.0	5.1	62.0	76.1	7
40/5	面突度指数	92.6	1.8	90.1	94.9	6
9/45	颧额宽指数	70.7	4.7	66.2	80.2	8
43(1)/46	额颧宽指数(zm)	102.6	8.1	91.3	115.9	8
	(zm_1)	103.9	7.8	95.8	119.1	8
48/5	颅面宽指数	96.4	3.7	90.8	102.9	8
DS/DC	眶间宽高指数	51.2	9.9	34.2	66.1	9
SN/OB	额面扁平度指数	18.6	3.1	14.1	24.7	8
SR/O_3	鼻面扁平度指数	38.9	2.6	34.1	42.2	7
63/62	腭指数	92.1	7.3	83.8	103.4	6
61/60	齿槽弓指数	120.6	9.3	110.5	135.0	5
48/65	面高髁宽指数(sd)	61.0	4.5	57.8	64.2	2

表 7　　四号墓地头骨颅面部指数和角度特征的分类出现率一览表

马丁号	项　目	性别	例数	形态分类和出现率				
8 / 1	颅指数			特长颅	长　颅	中　颅	圆　颅	特圆颅
		男	44	2(4.5)	26(59.1)	14(31.8)	2(4.5)	
		女	21	1(4.8)	8(38.1)	11(52.4)	1(4.8)	
17 / 1	颅长高指数			低　颅	正　颅	高　颅		
		男	42	1(2.4)	25(59.5)	16(38.1)		
		女	19	3(15.8)	7(36.8)	9(47.4)		
21 / 1	颅长耳高指数			低　颅	正　颅	高　颅		
		男	41	1(2.4)	13(31.7)	27(65.8)		
		女	17		2(11.8)	15(88.2)		
17 / 8	颅宽高指数			阔　颅	中　颅	狭　颅		
		男	41	3(7.3)	11(26.8)	27(65.9)		
		女	19	2(10.5)	6(31.6)	11(57.9)		
48 / 17	垂直颅面指数			很　小	小	中　等	大	很　大
		男	30	1(3.3)	13(43.3)	11(36.7)	3(10.0)	2(6.7)
		女	16	1(6.3)	3(18.8)	6(37.5)	3(18.8)	3(18.8)
9 / 8	额宽指数			狭　额	中　额	阔　额		
		男	40	8(20.0)	10(25.0)	22(55.0)		
		女	22		9(40.9)	13(59.1)		
48 / 45	上面指数			特阔面	阔上面	中上面	狭上面	特狭上面
		男	24		1(4.2)	11(45.8)	12(50.0)	
		女	15			8(53.3)	6(40.0)	1(6.6)
47 / 45	全面指数			特阔面	阔　面	中　面	狭　面	特狭面
		男	16		2(12.5)	3(18.8)	8(50.0)	3(18.8)
		女	9		1(11.1)	2(22.2)	2(22.2)	4(44.4)
52 / 51	眶指数			低　眶	中　眶	高　眶		
		男	50	22(44.0)	27(54.0)	1(2.0)		
		女	27	5(18.5)	19(70.4)	3(11.1)		
54 / 55	鼻指数			狭鼻型	中鼻型	阔鼻型	特阔鼻	
		男	47	22(46.8)	11(23.4)	14(29.8)		
		女	27	13(48.1)	4(14.8)	10(37.0)		
SS / SC	鼻根指数			很　小	小	中　等	大	很　大
		男	46		5(10.9)	22(47.8)	16(34.9)	3(6.5)
		女	27		1(3.7)	9(33.3)	10(37.0)	7(25.9)
63 / 62	腭指数			狭腭型	中腭型	阔腭型		
		男	32	4(12.5)	6(18.8)	22(68.8)		
		女	17	1(5.9)	2(11.8)	14(82.4)		
61 / 60	上齿槽弓指数			长齿槽	中齿槽	短齿槽		
		男	32	4(12.5)	3(9.4)	25(78.1)		
		女	18	2(11.1)	2(11.1)	14(77.8)		
40 / 5	面突度指数			平颌型	中颌型	突颌型		
		男	36	27(75.0)	8(22.2)	1(2.8)		
		女	18	15(83.3)	3(16.7)			
72	总面角			超突颌	突颌型	中颌型	平颌型	超平颌型 10
		男	38			3(7.9)	25(65.8)	(26.3)
		女	18				12(66.7)	6(33.3)
74	齿槽面角			超突颌	突颌型	中颌型	平颌型	超平颌型 6
		男	38		2(5.3)	7(18.4)	23(60.5)	(15.8)
		女	17		2(11.8)	7(41.2)	8(47.1)	
77	鼻颧角			很　小	小	中　等	大	很　大
		男	45	3(6.7)	12(26.7)	19(42.2)	8(17.8)	3(6.7)
		女	23	2(8.7)	7(30.4)	8(34.8)	3(13.0)	3(13.0)
zm1∠	颧上倾角			很　小	小	中　等	大	很　大
		男	40	8(20.0)	12(30.0)	17(42.5)	2(5.0)	1(2.5)
		女	22	4(18.2)	11(50.0)	5(22.7)	1(4.5)	1(4.5)
75—1	鼻骨角			很　小	小	中　等	大	很　大
		男	31	1(3.2)	12(38.7)	9(29.0)	6(19.4)	3(9.7)
		女	16		4(25.0)	7(43.8)	5(31.3)	

注：括号中的数据为百分数。

表8 三号墓地头骨颅面部指数和角度特征的分类出现率一览表

马丁号	项目	性别	例数	形态分类和出现率				
				特长颅	长颅	中颅	圆颅	特圆颅
8/1	颅指数	男	8	1	1	4	2	
		女	2			2		
				低颅	正颅	高颅		
17/1	颅长高指数	男	7			7		
		女	1			1		
				低颅	正颅	高颅		
21/1	颅长耳高指数	男	8		1	7		
		女	2			2		
				阔颅	中颅	狭颅		
17/8	颅宽高指数	男	7			7		
		女	1			1		
				很小	小	中等	大	很大
48/17	垂直颅面指数	男	6		2	2	2	
		女	1		1			
				狭额	中额	阔额		
9/8	额宽指数	男	7	5		2		
		女	1	1				
				特阔面	阔上面	中上面	狭上面	特狭上面
48/45	上面指数	男	6			3	3	
		女	2				2	
				特阔面	阔面	中面	狭面	特狭面
47/45	全面指数	男	1					1
		女	2			1	1	
				低眶	中眶	高眶		
52/51	眶指数	男	9	1	7	1		
		女	2		2			
				狭鼻型	中鼻型	阔鼻型	特阔鼻	
54/55	鼻指数	男	9	4	4	1		
		女	2	1	1			
				很小	小	中等	大	很大
SS/SC	鼻根指数	男	9	2	1	4	1	1
		女	2		1	1		
				狭腭型	中腭型	阔腭型		
63/62	腭指数	男	6		2	4		
		女	1			1		
				长齿槽	中齿槽	短齿槽		
61/60	上齿槽弓指数	男	5		1	4		
		女	2		1	1		
				平颌型	中颌型	突颌型		
40/5	面突度指数	男	6	6				
		女	1	1				
				超突颌	突颌型	中颌型	平颌型	超平颌型
72	总面角	男	8				5	3
		女	2				2	
				超突颌	突颌型	中颌型	平颅型	超平颌型
74	齿槽面角	男	8		3	1	3	1
		女	2		1		1	
				很小	小	中等	大	很大
77	鼻颧角	男	8	2	4	1	1	
		女	2			1	1	
				很小	小	中等	大	很大
zm1∠	颧上颌角	男	7	1	5	1		
		女	2		1	1		
				很小	小	中等	大	很大
75-1	鼻骨角	男	6	2	1	2	1	
		女	2			1	1	

垂直颅面比例也稍有升高，额形稍趋狭，更狭面化，眶形趋高，鼻根突度有些弱化，腭形更短化等。这样的变化似乎使三号墓地头骨的欧洲人种性质有些弱化，或者说，可能带有某种蒙古人种混合特征（图版 XIII，1~6）

（二）与三大人种支干之比较

选择三大人种间变异范围重叠较小的测量项目分别与三号、四号墓地的人骨进行比较（表 9）。

蒙古人种的鼻指数变异范围很大，包含了欧洲人种该项目的变异区域，所以，孤立地以鼻指数来鉴定种族，意义不大。四号墓地头骨与三大人种比较，鼻尖点指数和齿槽弓指数落入蒙古人种变异区，鼻根指数在蒙古人种和欧洲人种的交界区，其余几项均不同程度地表现出与欧洲人种的接近，鼻颧角和齿槽面角超出蒙古人种的界值，而与欧洲人种的相应特征更符合。另外，四号墓地头骨表现出的中或低狭面和低眶特点与蒙古人种普遍的高、宽面及高眶性质明显偏离而更类似欧洲人种特点。

三号墓地头骨与三大人种的比较，鼻尖点指数在蒙古人种和欧洲人种变异范围之间，鼻根指数、上面高、眶高及齿槽弓指数都落在或接近蒙古人种变异区

表 9　　三号、四号墓地组与三大人种之比较（男）一览表

	新疆察吾呼		三大人种		
	四号墓地	三号墓地	欧洲人种	蒙古人种	尼格罗人种
鼻指数（54：55）	48.6	47.9	43~49（小）	43~53（小和中）	51~60（中和大）
鼻尖点指数（SR：O_3）	36.6	39.9	40~48（大）	30~39（中）	20~35（小和中）
鼻根指数（SS：SC）	47.4	41.8	46~53（大）	31~49（中和大）	20~45（小和中）
鼻颧角（77）	142.3	139.2	135 左右（小）	145~149（大）	140~142（中）
齿槽面角（74）	87.4	84.9	82~86（大）	73~81（中）	61~72（小）
上面高（48sd）	70.7	74.7	66~74（小和中）	70~80（中和大）	62~71（小和中）
颧宽（45）	131.1	134.2	124~139（小和中）	131~145（中和大）	121~138（小和中）
眶高（52）	32.2	34.7	33~34（中）	34~37（大）	30~34（小和中）
垂直颅面指数（48：17）	51.9	52.8	50~54（中）	52~60（中和大）	47~53（小和中）
齿槽弓指数（61：60）	118.7	120.6	116~118（中）	115~126（中和大）	109~116（小）

域，只在鼻颧角及齿槽面角上偏离蒙古人种而与欧洲人种的面部突度特征相一致。因此，三号墓地人骨一方面在狭鼻类型和强烈的面部突度等特征上仍与欧洲人种同类特征接近，另一方面在弱化的鼻骨突度和趋高的面型及眶型等特点上似乎更近于蒙古人种，因而，该墓地人骨的欧洲人种性质较弱，可能有蒙古人种特征的混杂。

（三）多元分析

1. 聚类分析（Cluster analysis）

聚类分析的基本思想是从一批样品的多个观察指标中找出能够度量样品之间或指标之间的相似程度或亲疏关系的统计量值，组成一个对称的相似性矩阵，在此基础上，进一步寻找各样品（或变量）之间或样品组合之间的相似程度，并按相似程度的大小，把样品（或变量）逐一归类，关系密切的归类聚集于一个小的分类单位，关系疏远的聚集到一个更大的分类单位，直到所有样品（或变量）都一一聚类完毕，形成一个亲疏关系的谱系图，直观地显示分类对象之间（个体或指标）的联系或差异程度[15]。本文中选取的聚类公式为欧氏平方距离（Distance = $\sqrt{\frac{\sum(x_1-x_2)^2}{m}}$）。这个距离值越小，可能意味着两个比较组之间的关系越接近，或者说，更可能反映他们之间存在同质性（homogeneous）。

图 1 是依据表 10 中 18 项测量项目计算出的欧氏平方距离值进行聚类后绘制成的各分类对象谱系图。

从聚类分析的大势来看，大致分为两个聚类群，一个聚类群基本上代表了苏联境内伏尔加河、南西伯利亚、阿尔泰和中亚的铜石时代或青铜时代各组（12~19 组），从人种类型来讲，他们可归之于具有某些古老性质的原始欧洲人的不同变种类型。

昭苏（8 组）和卡拉捷彼（11 组）聚入这一类群似有些意外，但两者与其他几组的聚类关系较松散，仍然存在某种程度的偏离。另一个聚类群主要代表了新疆境内及其邻近地区的各组群（1~5、7、9、10 组），察吾呼沟的三号、四号墓地两组都包括在这个聚类群中，特别是四号墓地组表现出与哈密焉布拉克、阿拉沟及孔雀河和天山—阿莱乌孙几组之间较密切的关系，而三号墓地组却与他们表现出较明显的偏离。

需要指出的是，孔雀河（3 组）没有和苏联境内的铜石或青铜时代各组表现出紧密的聚类关系，卡拉捷彼（11 组）和楼兰组（6 组）没有和帕米尔塞克及山普拉组聚类，特别是楼兰组远离其他组群，这些意外情况，在后边的主成分分析中进一步讨论。

表 10　三号、四号墓地头骨组与其他对比组颅面项目的绝对测量一览表

（长度单位：毫米）

项目	1 颅　长	8 颅　宽	17 颅　高	9 额最小宽	5 颅基底长	40 面基底长	51(L.) 眶　高	52(L.) 眶　宽	55 鼻　高
1.	180.5(8)	138.7(9)	142.1(7)	94.2(9)	99.8(7)	93.2(6)	34.7(8)	42.5(8)	54.1(9)
2.	183.4(46)	136.5(47)	135.8(43)	94.2(47)	100.7(44)	95.3(36)	32.2(46)	41.9(47)	51.3(49)
3.	184.3(10)	138.0(10)	137.5(9)	93.1(10)	101.0(9)	101.4(8)	31.4(9)	43.3(9)	50.9(10)
4.	183.3(8)	133.3(8)	135.8(8)	90.9(8)	102.3(8)	98.7(8)	32.7(8)	41.8(8)	53.1(8)
5.	188.5(26)	137.6(26)	140.2(26)	95.7(26)	103.5(26)	96.8(26)	33.3(26)	40.9(26)	54.4(26)
6.	193.8(2)	138.0(2)	145.3(2)	94.5(2)	107.8(2)	95.9(2)	34.8(2)	41.7(2)	56.2(2)
7.	184.2(31)	141.9(31)	135.6(29)	95.6(32)	100.2(28)	98.4(22)	33.1(32)	41.8(31)	53.9(30)
8.	179.9(6)	150.5(7)	135.1(6)	98.7(7)	102.4(6)	101.2(6)	33.8(7)	44.7(6)	55.2(7)
9.	187.8(14)	131.8(14)	136.4(12)	92.8(13)	104.5(11)	98.5(11)	33.8(13)	41.6(13)	53.5(14)
10.	178.0(6)	139.9(7)	136.8(5)	94.6(9)	101.2(6)	95.0(5)	32.8(8)	42.9(7)	51.3(8)
11.	195.6(16)	135.8(16)	143.2(8)	95.7(17)	106.7(7)	101.4(7)	32.2(16)	42.8(16)	51.3(17)
12.	192.1(18)	144.1(16)	132.6(13)	99.7(21)	104.2(1)	99.8(9)	32.9(13)	44.9(9)	52.1(12)
13.	191.7(16)	142.4(16)	140.2(13)	100.7(19)	107.7(13)	104.1(11)	32.3(16)	43.7(7)	53.1(15)
14.	187.2(22)	145.0(22)	138.7(21)	100.9(23)	106.3(21)	101.4(19)	31.7(19)	44.8(17)	50.5(20)
15.	185.0(16)	141.5(16)	136.8(9)	97.6(16)	104.9(8)	100.8(8)	32.0(17)	43.1(15)	51.9(15)
16.	188.6(41)	138.4(48)	136.2(21)	97.8(40)	107.1(21)	102.7(17)	32.0(33)	43.2(33)	51.9(30)
17.	188.2(16)	143.5(16)	138.0(9)	97.3(17)	104.8(10)	99.5(10)	32.3(13)	43.9(16)	52.7(16)
18.	191.6(21)	142.2(21)	136.2(11)	98.5(21)	107.2(10)	102.1(7)	31.8(18)	43.5(18)	53.1(19)
19.	186.1(13)	138.1(13)	141.1(10)	98.4(13)	105.4(11)	99.4(10)	30.9(15)	43.2(15)	51.5(13)
20.	179.3(12)	140.2(12)	137.7(12)	96.1(12)	103.7(12)	99.2(10)	33.2(12)	41.8(12)	52.0(12)
21.	177.9(68)	142.2(62)	136.0(64)	96.1(78)	102.2(72)	98.0(69)	34.4(75)	42.5(82)	52.8(80)
22.	178.1(10)	147.0(10)	137.6(10)	98.0(10)	103.0(10)	100.2(10)	34.6(10)	43.3(10)	54.2(10)

续表 10

项目	54 鼻宽	48(sd) 上面宽	45 颧宽	SC 鼻骨 最小宽	SS 鼻骨最小 宽高	72 面角	32 额角	77 鼻颧角	75(1) 鼻骨角
1.	25.9(9)	74.7(7)	134.2(8)	9.0(9)	3.8(9)	91.4(8)	82.7(9)	139.2(8)	21.4(6)
2.	24.8(49)	70.7(38)	131.1(34)	8.8(50)	4.1(48)	90.2(38)	86.0(42)	142.3(46)	25.3(30)
3.	26.2(10)	68.7(9)	136.2(9)	8.5(9)	3.7(10)	85.3(9)	82.2(9)	141.1(10)	29.0(8)
4.	26.0(7)	71.3(8)	132.5(8)	8.0(8)	3.7(8)	85.2(8)	82.0(8)	143.4(8)	27.6(7)
5.	25.0(26)	74.9(25)	131.7(26)	8.3(26)	4.1(26)	86.6(26)	76.4(26)	140.1(26)	26.5(22)
6.	25.5(2)	79.7(2)	134.4(2)	9.5(2)	6.2(2)	92.5(2)	85.5(2)	132.3(2)	28.5(2)
7.	25.8(31)	71.9(26)	131.1(30)	8.3(31)	3.8(32)	85.7(24)	83.3(30)	142.2(32)	32.7(7)
8.	27.2(7)	73.4(7)	139.2(6)	9.2(6)	4.7(6)	87.3(6)	83.1(6)	140.8(7)	28.0(4)
9.	24.5(14)	73.6(14)	126.1(12)	8.4(14)	4.7(13)	84.4(12)	80.2(12)	135.9(12)	34.2(12)
10.	26.0(9)	69.9(7)	137.0(8)	8.1(7)	4.2(7)	85.0(4)	86.8(4)	145.3(7)	24.0(3)
11.	26.6(17)	72.1(18)	129.8(18)	10.5(7)	5.7(7)	83.9(13)	83.2(13)	134.1(17)	31.3(9)
12.	26.1(13)	71.8(12)	138.4(10)	9.2(9)	5.5(9)	86.1(10)	75.1(10)	137.6(10)	32.7(10)
13.	27.1(15)	71.7(17)	141.6(16)	7.5(7)	4.5(7)	84.4(12)	81.6(13)	138.3(10)	34.7(11)
14.	26.1(20)	68.3(20)	141.5(20)	9.1(18)	4.7(18)	85.5(17)	83.3(16)	139.2(18)	31.9(16)
15.	24.4(15)	68.3(15)	137.4(13)	9.6(10)	5.5(10)	86.1(12)	86.1(12)	138.1(11)	31.4(13)
16.	25.4(30)	70.3(32)	136.6(33)	8.6(19)	5.0(19)	85.9(25)	81.4(26)	137.0(27)	33.9(23)
17.	25.7(17)	70.5(16)	137.5(13)	9.4(14)	5.5(14)	85.9(12)	80.2(13)	139.0(17)	37.4(11)
18.	25.6(19)	71.6(18)	140.2(16)	8.5(12)	4.9(12)	84.4(13)	79.5(15)	137.8(11)	35.6(13)
19.	23.5(13)	68.4(14)	133.4(13)	9.6(6)	5.8(9)	82.9(11)	80.3(11)	137.2(8)	30.7(11)
20.	25.5(12)	74.7(7)	137.9(12)	8.0(12)	3.4(12)	84.5(12)	75.7(12)	139.6(12)	25.7(10)
21.	25.5(79)	73.3(73)	136.7(75)	8.5(82)	3.8(82)	85.9(68)	80.1(55)	140.5(73)	26.2(56)
22.	26.6(10)	73.7(10)	138.3(10)	8.8(10)	4.2(10)	84.9(10)	84.1(10)	139.4(2)	29.7(9)

注:1~22 分别代表以下各组:

1.察吾呼沟三号墓地；2.察吾呼四号墓地；3.孔雀河古墓沟；4.哈密焉布拉克 C 组；5.洛浦山普拉；6.楼兰城郊；7.托克逊阿拉沟；8.昭苏土墩墓；9.帕米尔塞克；10.天山—阿莱乌孙；11.中亚卡拉捷彼—格尔克修勒彩陶文化；12.阿凡纳羡沃文化(米努辛斯克)；13.阿凡纳羡沃文化(阿尔泰)；14.安德活诺沃文化(米努辛斯克)；15.安德洛诺沃文化(哈萨克斯坦)；16.伏尔加河木椁墓文化；17.伏尔加河洞室墓文化；18.伏尔加河古竖穴墓文化；19.中亚塔扎巴格亚布文化;20.肯科尔匈奴；21.吉尔吉斯匈奴(合并)；22.天山匈奴。

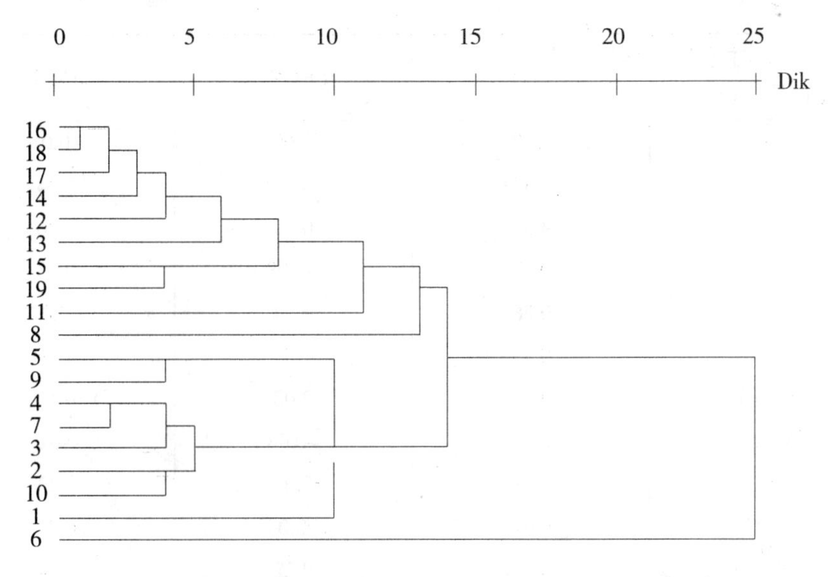

图 1　察吾呼沟三号、四号墓地头骨组与周边地区古代居民聚类图

1.察吾呼沟三号墓地；2.察吾呼四号墓地；3.孔雀河古墓沟墓地；4.哈密焉布拉克墓地；5.洛浦山普拉墓地；6.楼兰墓地；7.托克逊阿拉沟墓地；8.昭苏土墩墓；9.帕米尔塞克墓地；10.天山—阿莱乌孙墓地；11.中亚卡拉捷彼—格尔克修勒墓地；12.阿凡纳羡沃文化(米努辛斯克)；13.阿凡纳羡沃文化(阿尔泰)；14.安德洛诺沃文化(米努辛斯克)；15.安德洛诺沃文化(哈萨克斯坦)；16.伏尔加河木椁墓文化；17.伏尔加河洞室墓文化；18.伏尔加河古竖穴墓文化；19.中亚塔扎巴格亚布文化。

2. 主成分分析(Principal component analysis)

其原理是将为数众多的变量线性组合成为数较少的综合变量（主成分)，每一种新的综合变量又含有尽量多的原来变量所含有的信息，各综合变量间彼此不相关，即没有信息重叠。第一主成分(PC1)代表总变量信息的最大部分，第二主成分(PC2)其次，第三主成分(PC3)再次，依此类推，详细原理见参考文献[15]。表 11 中列出了依表 10 中的前 18 项向量的对应于前三个主成分的载荷矩阵及每一主成分对总变量方差的贡献率。前三个主成分的累积贡献率达 79%，可以认为代表了 18 个变量所包含的多数信息量。第一主成分（PC1）的最大载荷变量有面宽(45)、颅宽(8)、颅长(1)、额宽(9)等，主要代表整个头骨的大小规模。第二主成分(PC2)上的载荷最大的变量为颅长(1)、颅宽(8)、面部扁平度(77)等。反映颅型特点及面部水平方向的扁平度。第三主成分(PC3)的最大载荷变量为面角(72)、上面高(48)、颅高(17)等。主要代表颅面的高度因子。19 个样本的前三个主成分的得分见表 12。

图 2 是 PC1 和 PC2 组成的二维平面散点图。

在 PC1（大致代表颅形大小规模)上，大部分新疆的各组比苏联境内的各组在颅形规模上似乎有稍缩小的趋势，其形态学的分布规律不明确。据 PC2，似存

表 11　　主成分载荷矩阵一览表

特征向量＼主成分	PC1	PC2	PC3
1	0.39	0.60	–0.08
8	0.43	–0.40	0.35
17	–0.02	0.29	0.36
9	0.37	–0.08	0.03
5	0.28	0.24	–0.02
40	0.33	0.01	–0.31
52(L)	–0.06	0.03	0.17
51(L)	0.13	–0.08	–0.01
55	–0.03	0.05	0.23
54	0.04	–0.04	0.05
48(sd)	–0.08	0.22	0.44
45	0.45	–0.32	0.20
SC	0.02	0.03	0.04
SS	0.06	0.06	0.03
72	–0.12	0.02	0.48
32	–0.15	–0.11	0.25
77	–0.19	–0.40	–0.14
贡献率	33.98	31.12	13.72
累积贡献率	33.98	65.10	78.82

在三种趋势的分布带,PC2 值最大的,如楼兰(6 组)、卡拉捷彼(11 组)、帕米尔塞克(9 组)、山普拉(5 组)等大致分布在上部远段位置,主要是长狭颅和面部水平突度最强烈的一类;另一部分 PC2 值很小的,如昭苏(8 组)和天山—阿莱(10 组)两组,处于下部远段位置,代表短颅型和面部扁平度较大的一类,而其余多数组则大致分布在上两者之间的位置。这种分布情况也大概反映在主成分三维图上(图 3),即帕米尔塞克(1 组)、楼兰(6 组)、卡拉捷彼(11 组)和山普拉(5 组)等组具有大的 PC2 值而分布于下端,昭苏(8)和天山—阿莱乌孙(10)两组的 PC2 值较小而居于另一端,其余各组的投影点大致都在 PC1 和 PC2 的平面中段,主要包括苏联境内各组、三号和四号墓地组及哈密组。此外,新疆的哈密(4 组)、察吾呼四号墓地(2 组)和三号墓地(1 组)的分布比较集中,可能有比较接近的形态关系。

在 PC2 值大的几个组中,楼兰组(6 组)的 PC3 值较大,从而在三维空间位置上显得很特别,这说明楼兰组在颅骨高度因子上与其他组之间存在明显的偏离。洛浦山普拉组(5 组)也似有某种类似的情况,但不如楼兰组那样突出。此外,在哈密、察吾呼沟四号和三号墓地组的小聚集(PC1 和 PC2 平面)中,三号墓地组

表 12　　　　　　　　　　前三个主成分得分一览表

特征组别＼主成分	PC1	PC2	PC3
1	−8.8	−1.92	7.86
2	−9.54	−2.59	0.17
3	−2.66	−3.49	−3.89
4	−9.10	−1.10	−4.64
5	−3.36	4.73	0.34
6	−0.28	12.92	11.74
7	−4.74	−3.92	−0.46
8	4.31	−11.53	5.68
9	−8.31	8.64	−4.99
10	7.07	−10.38	0.49
11	1.33	12.61	−2.37
12	8.60	−0.17	−1.97
13	10.77	1.13	0.24
14	8.87	−4.78	0.44
15	2.18	−3.54	−0.52
16	3.97	1.75	−3.13
17	4.44	−1.38	0.34
18	8.83	1.00	−1.61
19	0.58	2.02	−3.74

也具有明显比其他两组更大得多的 PC3 值而占有特别的位置，四号墓地组这种情况相对比三号墓地组更弱一些。

在前三个主成分中，第一主成分(PC1)主要代表颅骨大小规模上的差异，这种差异的意义是什么？从 PC1 大小的分布看，PC1 趋大的基本上是青铜时代或时代更早的各组，PC1 趋小的，大致都是铁器时代或更晚的各组，因此，PC1 的鉴别价值主要在颅骨大小的时代变差方面，对人种类型的单独鉴别作用不大。从主成分的分布图看，以 PC2 成分大小的分带分布的较为明显，大概分为三部分，PC2 最小的(天山—阿莱乌孙和昭苏组)是短宽颅型和面部水平扁平度较大的一类；另外一类是 PC2 值最大的一类(楼兰、帕米尔塞克、卡拉捷彼、洛浦山普拉几组)，他们主要是长狭颅型和面部水平突度最强烈的一类；在这两者之间的，其颅型一般在长狭颅与短宽颅类型之间，或属中—长颅型的，面部突度也大致在上两者之间的一类，本文的察吾呼三号、四号墓地两组也在这一类 PC2 分布带内。以上的三类，据以往人类学者的研究，他们基本上代表了这个地区古代欧洲人种的三个形态类型，即短颅型帕米尔—费尔干类型(也有称中亚两河类型)，长狭颅型的地

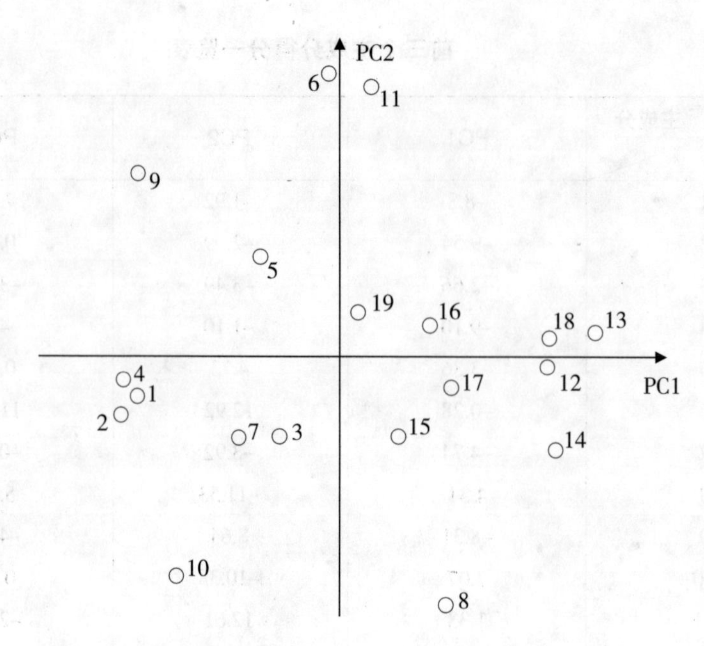

图 2　察吾呼沟三号、四号墓地头骨组与周边地区古代居民第一、第二主成分分布图

1.察吾呼沟三号墓地；2.察吾呼沟四号墓地；3.孔雀河古墓沟墓地；4.哈密焉布拉克墓地；5.洛浦山普拉墓地；6.楼兰墓地；7.托克逊阿拉沟墓地；8.昭苏土墩墓；9.帕米尔塞克墓地；10.天山—阿莱乌孙墓地；11.中亚卡拉捷彼—格尔克修勒墓地；12.阿凡纳羡沃文化(米努辛斯克)；13.阿凡纳羡沃文化(阿尔泰)；14.安德洛诺沃文化(米努辛斯克)；15 安德洛诺沃文化(哈萨克斯坦)；16.伏尔加河木椁墓文化；17.伏尔加河洞室墓文化；18.伏尔加河古竖穴墓文化；19.中亚塔扎巴格亚布文化。

中海东支类型(又称印度—阿富汗类型)和原始欧洲人种类型。因此,PC2 的分带分布具有鉴别这个地区人种类型的价值。与 PC1 和 PC2 成分相比,PC3 对总变量方差的贡献率最小,其信息量主要代表颅、面部高度的因子和面部矢状方向突度方面。从实际情况来看,PC3 值很大的只有楼兰、昭苏和察吾呼沟三号墓地三组,但他们在 PC2 方向上有极散的位置,可能反映了在人种类型学价值上不明确。但这三组从时代上来说,比其他大多数组要晚一到两个文化时代,因此反映时差的变化方面可能更多一些,但也不排除这种时差的变异参与人种形态偏离的一个因素。

据以上的主成分分析,对察吾呼沟三号、四号墓地组在这个地区的人种系统中的地位可指出以下几点:

(1)在第一主成分(PC1)上,三号、四号墓地头骨的整体规模在比较各组中占据最小型化的位置。

(2)在 PC2 上,三号、四号墓地组的头骨和具有原始形态的欧洲人种类群共有一个分布带,这可能反映了他们与后者有过某种更密切的形态学联系。特别是四号墓地组比三号墓地组更甚一些。

（3）据PC1和PC2的平面投影点，三号、四号墓地组与哈密焉布拉克C组之间彼此有十分接近的位置。但结合PC3，四号墓地组的三维空间的位置比三号墓地组更接近哈密C组，这不仅反映了这两个组间有明显的形态学联系，而且也反映了他们与三号墓地组之间仍存在明显的形态偏离。

因此，对三号、四号墓地人骨的种族地位得出这样的印象：他们在形态类型上和长狭颅欧洲人种存在明显的偏离，相对来说，三号和四号墓地组在时代变差结合形态类型方面表现出相当接近的距离，特别是表现出与哈密焉布拉克C组的接近。但这三个组能否归为特别的一个小类群还存在问题，主要是三号墓地组在高度因子方面与哈密C组之间存在很大的差异，从测量数据看，三号墓地组的颅高、面高、眶高都比较大，这些特点使其欧洲人种成分有些弱化。比较而言，在

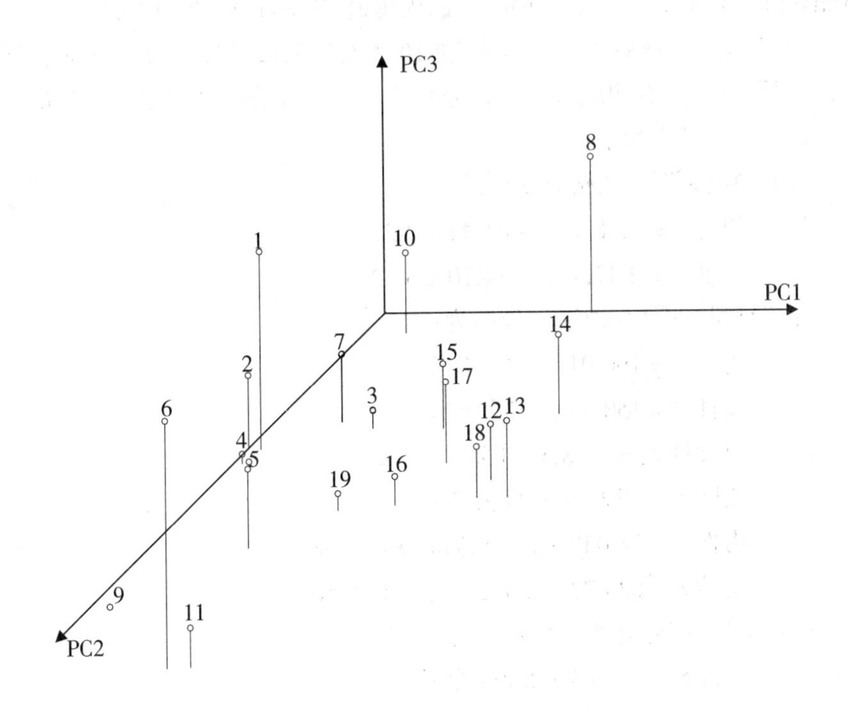

图3 察吾呼沟三号、四号墓地头骨组与周边地区古代居民的主成分三维图

1.察吾呼沟三号墓地；2.察吾呼沟四号墓地；3.孔雀河古墓沟墓地；4.哈密焉布拉克墓地；5.洛浦山普拉墓地；6.楼兰墓地；7.托克逊阿拉沟墓地；8.昭苏土墩墓；9.帕米尔塞克墓地；10.天山—阿莱乌孙墓地；11.中亚卡拉捷彼—格尔克修勒墓地；12.阿凡纳羡沃文化(米努辛斯克)；13.阿凡纳羡沃文化(阿尔泰)；14.安德洛诺沃文化(米努辛斯克)；15.安德洛诺沃文化(哈萨克斯坦)；16.伏尔加河木椁墓文化；17.伏尔加河洞室墓文化；18.伏尔加河古竖穴墓文化；19.中亚塔扎巴格亚布文化。

这方面四号墓地组与哈密C组之间的形态距离更小，可见，三号墓地人骨与四号墓地及哈密C组之间仍然具有明显的人种形态距离。而四号墓地和哈密C两组更可能是接近的类型。

四、身高的估计

从察吾呼沟墓地人骨的人种特点考虑，我们选用了适合于欧洲人种估算身高的公式。男女性分别选用同一人种的相应性别公式，并采用效果可能较好的股骨，以其最大长测值代入公式计算。考虑到不同学者推导的公式之间存在差异，在计算时分别选择了M.特罗特（Trotter）和C.格莱塞（CIeser），C.塔珀图伊斯（DuPertuis）和J.A.哈登（Hadden）及K.皮尔逊（Pearson）的推算身高公式[16]。

共测量了四号墓地24个男性和10个女性的股骨最大长。对每个个体的身高估算是利用左、右侧股骨最大长分别代入公式计算后加以平均得出的。具体计算公式及计算结果如下：

（1） M.特罗特、C.格莱塞公式：

男性 $S = 2.38Fem. + 61.41 \pm 3.27$

女性 $S = 2.47Fem. + 54.10 \pm 3.72$

计算结果，四号墓地平均身高为：

男性 $S = 166.91 \pm 3.27$ 厘米

女性 $S = 158.55 \pm 3.72$ 厘米

男女性差 $S_{\triangle} = 8.36$ 厘米

（2） C.塔珀图伊斯、J.哈登公式：

男性 $S = 77.048 + 2.116Fem. \pm 0.2308$

女性 $S = 62.872 + 2.322Fem. \pm 0.2256$

计算结果，四号墓地平均身高为：

男性 $S = 170.80 \pm 2.308$ 厘米

女性 $S = 161.06 \pm 2.256$ 厘米

男女性差 $S_{\triangle} = 9.02$ 厘米

（3） K.皮尔逊公式：

男性 $S = 81.306 + 1.880Fem. \pm 0.3047$

女性 $S = 72.844 + 1.945Fem. \pm 0.3058$

计算结果，四号墓地平均身高为：

男性 $S = 164.64 \pm 3.047$ 厘米

女性 $S = 155.09 \pm 3.058$ 厘米

男女性差 $S_{\triangle} = 9.55$ 厘米

用以上不同的公式推算出的平均身高可相差近 6 厘米，两性差约 1.2 厘米。

三号墓地人骨提供的股骨不多，男性有 4 例，女性 2 例。计算结果如下：

以 M.特罗特、C.格莱塞公式推算的身高为：男性 S = 167.3 厘米

以 C.塔珀图伊斯、J.A.哈登公式推算的身高为：男性 S = 171.2 厘米；女性 S = 165.3 厘米。

以 K.皮尔逊公式推算的身高为：男性 S = 165.0 厘米；女性 S = 158.6 厘米。

三号墓地的女性只有 2 例，代表性可能较差。男性 4 例平均身高与四号墓地的没有明显差异（同一公式比较），大致都代表中等身高。

五、变形颅

这里所指变形颅并非病理原因而形成的各种畸形颅，而系人为因素使颅骨的生长方向改变而形成与自然生长不同的颅形。大致可分为无意变形（Unintentional deformation）和有意变形（Intentional deformation）[17]。头骨上的某些不特别强烈的变形有些可能是长时间紧缠绷带引起的，未必都是有意改造颅形。但头骨上的有意人工变形资料也不少。这种变形引起的形态变化主要发生在脑颅部分。

察吾呼沟三号墓地的 11 具头骨中，有 3 具变形颅，现分别简要记述如下：

M7：A 头骨　约中年男性个体。这具头骨的眉间以上至前囟位的额部显著后斜，后枕部不扁平而是大致沿人字缝有一浅的压凹，颅穹顶较拱起，额、枕部压挤不强烈而大致呈现轻度的环状变形。

M7：B 头骨　壮年女性。与前一变形头骨共出一个墓。这具头骨的额、枕部压挤强烈，使颅顶强烈向后上方高耸，但在颅两侧保持圆弧形。其形态属于强烈的环状变形。

M5：A 头骨　老年男性。额部后斜较明显，后枕部大致也在沿人字缝处存在浅而宽的压凹，颅两侧大致也保持均匀的圆弧形。由于额、枕方向的环状挤压，使颅向后上方作补偿性拱起，也是一种较明显的环形颅。

从这 3 具头骨的变形形态看，属于前后和左右方向环形压缩的类型，大概是用绷带类在额、枕方向缠绕而形成的环状变形，其极端形态可近似圆锥形。这种变形可能导致头骨的前后径明显缩短，左右径增大，颅高径增高，但对面部各直径似无大的影响。也有人认为眶高也可能受影响而增高。就三号墓地头骨来说，包括变形颅在内的全组眶高和眶指数与剔除变形颅的正常颅组的眶高和眶指数很接近，因而眶高没有受大的影响。在这 3 具环状变形颅中，M7：B 女性头骨的变形最为典型，而同墓中男性（M7：A）头骨则是轻度变形，M5：A 男性头骨则比 M7：A 男性头骨具有更为明显的环状变形。

六、头骨穿孔及其他骨创伤

从四号墓地收集的大约50座墓葬的87具头骨中，发现至少12个墓的15具头骨上有孔状骨折或其他骨折创伤。这些骨折创伤在现场发掘时便引起考古学者们的注意并作出记录。在骨骼鉴定和测量过程中,我们再次对这些骨伤标本进行了观察,认为骨折断面的形态是原有的,并非在发掘中使用工具不当的行为形成的。我们对这些骨折和创伤的形态、出现部位及数量作了简要统计,并对这些骨折现象作出扼要描述。

(一)骨折的形态及其分布

在15具头骨上共发现55处骨折创伤,几乎每具头骨都有2处以上,最多达8处。根据创口形态,大致分为了孔状或洞状骨折(即本文标题的穿孔)、其他不规则形骨折、塌陷骨折和砍削骨折四类。在孔状骨折中,又存在圆形穿孔骨折和方形穿孔骨折两种。

1. 圆形穿孔骨折。　这是一类很特殊且相当规整的圆形穿孔骨折。凡有此种骨折的头骨都有两处以上,最多有四处穿孔。同一个体穿孔的直径很接近,一般在14~15毫米(大概的测量直径在12~17毫米范围)。圆孔周缘断裂处较为整齐,但也是有折断处的骨板碎裂和剥落现象,骨折区的骨片完全断离脱落成为孔状。孔状骨折周围一般不见骨折线,但也有的形成一两条放射状骨折线。在颅内面骨折缘有时有骨板折裂剥落现象,内径略大于外径。造成这种圆形穿孔骨折的器具不大,但必须是质硬而有刃部的工具,而且应该是与骨面作垂直方向刻切或打击造成的。值得注意的是在发现的17个圆形穿孔骨折中,没有发现一例具有骨组织修补和愈合痕迹。另外,不仅同一头骨上,而且不同头骨上的穿孔直径也比较接近,孔的出现部位左右侧频率各占一半,在额、顶、枕部及翼区等处都有发现。相对来说,顶骨上较多出现,其他部位少。这种穿孔很可能和一般暴力伤不同。

2. 方形穿孔骨折。　这也是一类很特别的相当规整的正方形穿孔骨折。在五具成年头骨上发现,其中4具头骨上各有一个,另一具头骨(M113C)的左顶骨上则有三个紧邻的方形穿孔,略成汉字的“品”字形排列。这些方形孔的边长不大,稍小一点的约5~8毫米,稍大一点的达9~12毫米。骨折边较整齐而直,但也存在内外板折裂现象。没有发现从骨折区向外放射的骨折线。在所有方形穿孔上没有发现修补、愈合现象。应该指出,M113C头骨上三个方孔彼此紧挨,如果不是有专用的某种穿凿工具很难完成得那样好。有2具头骨(M111B和M130A)上除各有一个方形孔外,还同时有两个和三个前述圆形穿孔,即圆形穿孔和方形穿孔共出。

3. 不规则穿孔骨折。 这一类比较复杂，无论形状或穿孔大小都不整齐。其中有的可能是用某种冲击面大而不规整的工具或凶器打击形成的较大或大面积的穿孔骨折，如 M154E。有的是用质硬而重的尖状器快速击穿颅壁形成的刺孔，而且造成多条放射状骨折线，如 M73B。还有的不规则形骨折的边缘有的明显呈半圆或圆弧形，有的呈不完全的方形，如 M111B、M110B、M113B、M130A 等。因而这种穿孔骨折很像是在连续制造圆形或方形孔时破裂扩大而成。这样的穿孔骨折有 7 个个体共 14 处，怀疑为圆形的 10 处，方形的 4 处。特别应该记述的是 M154D 男性头骨，在左颞鳞上半和顶骨相交的部分形成一大型略近似长方形穿孔，而且此孔的上、后缘变薄或钝化，有过骨修补，也就是在形成此穿孔后，该个体还存活过一段时间。更值得注意的是围绕此孔的后、上缘（约平行相距 15 毫米左右），发现有大致成圆弧形的细线状刻纹，从顶骨后下角一直弧形延伸到近翼区，这显然是用某种硬质利刃的金属工具一点一点连续刻划的。更特别的是在此头骨相应的另一侧（颞鳞和顶骨相交部位）也存在一个比左侧更大型的略近扁圆形骨折穿孔，但其孔缘没有任何修补痕迹而仍保持锐的断裂缘，这很像是先经利刃器具刻凿后取下圆形骨块而成的穿孔。还值得一提的是在这个个体的右下颌支后下缘有一清楚的砍削伤，把下颌角部分砍断。在枕骨左侧沿人字缝方向也有近似半月形的砍削伤（穿透）。总之，有以上各种不规则穿孔骨折的至少有 12 具头骨，而且骨折往往是多处的。还要特别指出，M73B 头骨上有多到 7 处穿孔，其中 2 处归入圆形穿孔骨折外，其余 5 处形状不太规整，但孔形都不大，而且有的也像是在制作方形或圆形穿孔时，未能控制好孔形造成的。有一个穿孔还是在枕骨的颅底部形成的。这些穿孔实际上也可以归入圆形或方形穿孔一类。这些不规则穿孔骨折出现部位似乎没有规律，额、颞、顶、枕和翼区都有出现。

4. 塌陷骨折。 亦称凹陷骨折。由于致伤工具的突出部分击中颅骨，造成骨板全层或单层骨折，因而形成凹陷，并常伴以受击区的骨折。骨折塌陷深度超过半厘米时，就可能压迫脑组织[18]。发现 2 具头骨有这种骨折：在 M113C 的右顶骨矢缝中部形成一近似椭圆形塌陷骨折（约 39×26 毫米），但未穿透；在 M140A 头骨上有两处：一处从前囟位向左侧冠状缝上有一近似圆形塌陷骨折（约 38×45 毫米），未穿透；另一处在右侧顶结节下方（直径约 33 毫米）。

5. 砍削骨折。 为利刃器所为。如刀、斧等。在 3 具头骨上发现：M73B 头骨近人字点处有一长约 22 毫米的砍伤。M113B 的左下颌支后缘顺下颌支方向砍削。M154D 头骨上有两处：一处在枕骨左侧沿人字缝方向有近似半月形砍削骨折，刃部进口砍削面平整，且穿透内板（37X14 毫米）；另一处顺右下颌支后缘中部向下颌体后端倾斜砍削。

（二）骨折个体的性别年龄观察

从表 13 中可以看出，在所有 15 个各种骨折个体中，女性特征比较肯定的只有一或两个。因此可能设想,无论是圆形或方形或其他不规则形骨折,以及塌陷和砍削等,似乎主要伴随男性个体出现。各种暴力创伤多见于男性个体并不奇怪,但圆形或方形穿孔多见于男性则可能有别于一般暴力伤,这将在下一部分进一步讨论。

七、结论和讨论

在这个报告中研究了新疆文物考古研究所在和静县哈尔莫墩乡察吾呼沟第三号、四号墓地收集的人骨。这两个墓地相距仅几公里,据 C_{14} 年代测定,距今约2000~1800年和3000~2500年。两个墓地的墓葬形制明显不同,三号墓地为土石堆竖穴和竖穴侧室墓,四号墓地为石围竖穴石室墓。墓地位于中部天山南麓,正好处在古代丝绸之路通向中亚的北路上。主要研究结果如下。

1. 本文对两个墓地人骨进行了一般的性别、年龄观察。三号墓地共观察了11座墓的14个个体,其中男性10个,女性4个。四号墓地观察了50个墓的106个个体,其中男性66个,女性37个,不明性别者3个,男女比例约1.88∶1,男性个体明显多于女性。四号墓地的人口死亡年龄分布是青年期比例较高(18.9%),死于壮年和中年期的占多数(76.7%),只有个别进入老年期的。此外,女性死于青年期的比例高于男性(分别为25%和16.4%),男女合计的平均死亡年龄仅为31.8岁。三号墓地的平均死亡年龄为32岁,与四号墓地的很接近。

2. 非测量特征的观察结果:四号墓地男性头骨的一般特征为长和中长的椭圆形或卵圆形颅,额坡度多中斜到直形,矢状嵴很弱,但具有强烈的眉弓,眉间突出,鼻根凹陷较深,角形眶比较普遍,眶口平面位置与眼耳平面之间的关系呈垂直型。梨状孔下缘形态有相当的锐型出现,鼻棘和犬齿窝也普遍发达,有部分"V"型腭出现。颅顶缝的复杂型出现比较频繁。这些综合特点使四号墓地人骨与欧洲人种的形态特征相接近。

三号墓地男性头骨的一般特征是稍短化的椭圆或卵圆形颅形,额坡度中等到斜形的最多,眉弓和眉间突度略有些减弱,鼻根凹陷也稍减弱,较多角型眶,眶口平面位置垂直型较多,部分出现后斜型。梨状孔下缘形态锐形出现率较多,鼻棘和犬齿窝发达,腭形多椭圆形,矢状缝较多简单型,复杂形出现减少。与四号墓地头骨的形态相比,三号墓地头骨有些短化,额坡度后斜程度加强,眉部和鼻根部的凸凹程度有些弱化,眶口平面位置后斜的增多,矢状缝趋简单化。这些特征的变异方向使三号墓地头骨的欧洲人种性质有些弱化。

3. 测量特征的形态类型:四号墓地的主要颅、面形态类型为长—中颅结合高颅及较狭颅的颅型,面为狭—中面型,垂直颅面比例不高(小—中等),普遍中—低眶和中鼻类型,鼻根突度强烈,面部水平方向突度大于中等,矢状方向突度为平

表 13　　四号墓地头骨穿孔及创伤出现部位一览表

墓号	性别	年龄	孔状骨折				不规则穿孔骨折		塌陷骨折	砍削骨折
			圆形骨折		方形骨折					
			数量	位置	数量	位置	数量	位置		
M19B	男	20～25					2	左颞骨、右颞骨－枕骨－顶骨区		
M58B	男	25 左右			1	枕骨左	1	枕骨右		
M73B	男	30～40	2	额骨右、右顶骨			5	右颞骨、枕骨、翼区，左顶骨、右顶骨－枕骨区		人字点砍削
M110B	男	30～40			1	左顶骨	1	左顶骨		
M111B	女？	12～13	2	左顶骨、枕骨中	1	左翼区	2	额骨左、左顶骨		
M113B	男	20 左右	1	左翼区			2	左颞骨－顶骨区、左顶骨		右下颌支后缘砍削
M113C	男	40～50			3	左顶骨	1	枕骨左	矢缝中段右顶骨有椭圆形塌陷骨折	
M129G	男	5～6	4	左颞骨、顶骨、枕骨右						
M130A	男	25～35	3	额骨右、右顶骨	1	右顶骨	1	右顶骨		
M130B	女	25～30	1	左顶骨			2	左顶骨、左翼区		
M140A	男	20～25							1. 从前囟位位向左冠缝上一圆形塌陷骨折 2. 右顶结节下一塌陷骨折	
M154D	男	30～35					2	左颞骨－顶骨区、右颞骨－顶骨区		1. 枕骨左侧人字缝处一砍削伤 2. 右下颌支后缘砍削伤
M154E	男	40～50					3	左顶骨、右翼区、右顶骨－枕骨区		
M201C	男	30～45	4	左右顶骨、枕骨左右			1	左颞骨		
M207B	男	40 以上					2	额骨左、右顶骨		

颌型。女性头骨除某些项目显示性别差异外，形态类型基本同男性一致。三号墓地的头骨一般为中颅型结合高颅和狭颅的颅型，垂直颅面比例中等，多狭面类型，中眶型及狭—中鼻型，鼻根突度中等，腭形较短，有比较强烈的面部水平突度，矢状方向突度为平颌型。与四号墓地头骨的群体特征相比，颅形有些短化，但高颅化性质更明显，面形的狭化也更强烈，眶形明显趋高，但鼻根突度相对弱化，腭形更短。这种变化同样说明，三号墓地头骨的欧洲人种特点比较弱化，可能意味着某种非欧洲人种因素的混杂。利用欧、亚人种头骨上差异显著的面部测量特征进行比较后也证明，四号墓地人骨的面部特征更接近欧洲人种，而三号墓地人骨一方面有些特征近于欧洲人种，另一方面有些特征近于亚洲人种或介于两者之间。

与周邻地区古代人骨相对比，四号墓地头骨与保存某些古老形态特点的原始欧洲人类型之间仍存在较明显的形态偏离，即四号墓地头骨具有狭而高化的面型，额坡度更直，面部矢状方向突度更弱化，眶形变高，颅的整体大小规模也有些缩小。这些变异方向说明，四号墓地头骨的欧洲人种特点更“现代型”。与长狭颅欧洲人种类群的差异是四号墓地头骨的颅形明显缩短，颅高也明显低，面部和鼻骨突度也不如长颅欧洲人种类群强烈。与这个地区的短颅欧洲人种类群相比，四号墓地头骨又显得狭长，面形更狭，鼻根突度弱化。相比之下，四号墓地头骨的一般形态与哈密焉布拉克C组(欧洲人种一组)和托克逊阿拉沟组可能更接近一些。而三号墓地头骨与以上各种类群最主要的区别是欧洲人种特点有些弱化，与四号墓地头骨的主要区别是颅、面部的主要高度因子明显增大，而宽度方面的增大稍逊于高度的增加。

4. 测量特征的多元分析：按聚类分析，三、四号墓地头骨包括在主要代表新疆境内及其邻近地区的一个聚类群中，特别是四号墓地组与哈密焉布拉克C组、托克逊阿拉沟组、孔雀河组及天山—阿莱等组有相对比较接近的聚类，而三号墓地组则和他们有较明显疏松的聚类关系。从主成分分析结果看，在第一主成分(PC1，大致代表颅形大小规模)上，三、四号墓地的头骨规模大致都比时代早一两个文化期各组的头骨趋小。在第二主成分(PC2，主要表示人种形态类型)上，三号、四号墓地组显示出与欧洲人种的原始形态类群的某些相近。此外，与哈密焉布拉克C组又显示出更为接近的联系。三号、四号墓地两组之间在三维图上表现出的偏离主要表现在高度测量项目上，即第三主成分(PC3)。这种变异同样表明三号墓地头骨比四号墓地的欧洲人种性质明显淡化。这种结果和前述各种测量特征的比较结果大致相符。

5. 用股骨最大长代入M.特罗特和C.格莱塞的欧洲人种身高公式计算的四号墓地男性平均身高为166.9厘米，女性为158.6厘米。用C.塔珀图伊斯和J.A.哈登公式计算的比前一公式计算的明显更高，即男性170.8厘米，女性161.1厘米。利用K.皮尔逊公式计算出的身高最低，男性164.6厘米，女性155.1厘米。用相应公式计算的三号墓地男性身高分别为167.3、171.2和165.0厘米，女性分别为163.0、165.3和158.6厘米。但三号墓地计算个体太少，特别是女性，故准确度不定。就这两个墓地的男性身高而言，似乎没有明显区别，大致都代表现代人的中等身高。在进行身高比较时，应该注意使用同一种公式和相应人种公式，否则有较大的公式误差。

6. 在三号墓地的一共11具头骨中，发现有3个变形颅，皆系环状变形。其形成的机制可能是自小用绷带围着额枕四边缠绕，引起颅骨生长方向的改变，使头骨向上后方补偿性生长。其最明显的后果是使颅形可能缩短，颅高增大。1具女性的变形比2具男性的更为强烈。四号基地未发现变形颅。

7. 在四号墓地头骨中，发现至少有15具存在孔状（圆形和方形）或不规则穿孔骨折，约占全部观察头骨的17.2%。其中，只有1或2具女性头骨上发现穿孔骨折，其余多数都伴随男性出现。这种穿孔骨折的出现和年龄的关系不大，出现部位也不固定、在额、颞、顶、枕及翼区都有发现。在一个头骨上常不止一个穿孔，最多可达7处。穿孔周缘没有发现一例有骨组织修补和愈合痕迹。这种孔状骨折与一般暴力伤害时形成的骨折不同，可能是用刻切方法形成的。三号墓地头骨上没有发现这类孔状骨折。

8. 除孔状骨折外，在一些头骨上发现砍切伤和塌陷骨折伤。其中有利刃凶器砍伤和钝器打击的凹陷骨折，显然属于暴力伤害。

对以上研究的人群的某些性质和特点需要进一步分析和讨论。

1. 前已指出，四号墓地人骨的形态特点表现出欧洲人种性质没有疑问，而且四号墓地人骨的形态特点与该地区的原始欧洲人类型的接近程度大于和长狭颅或短宽颅欧洲人种类群。但他们又和原始欧洲人类型之间存在某些重要的形态偏离，主要表现在头骨规模的小型化、颅高略为降低、面形趋向高狭面，特别反映在面宽的明显狭化、眶形变高、鼻形狭化、面部突度特别是矢状方向的突度减弱及额坡度更近直形等综合特征上。这种偏离趋势使四号墓地头骨有些向"现代型"形态方向发展。在此提出哈密焉布拉克墓地的资料可能是有意义的。焉布拉克C组（即该墓地人骨中的欧洲人种头骨）的形态特点，在一般形态上，它与孔雀河的原始欧洲人类型比较接近，但在两者之间也存在某些形态距离。具体来说，焉布拉克C组的颅形更狭长，颅高可能略为降低，上面高稍升高，颧宽变狭，面部水平突度也可能略有减弱，眶形明显升高，鼻形趋狭等。不难发现，这些形态偏离的方向基本上重复着四号墓地与孔雀河两组之间的偏离方向。从这一点来说，正好说明四号墓地人骨的形态类型与哈密焉布拉克C组欧洲人种类型的接近。文中的多元分析已经证明，四号墓地的形态类型与哈密焉布拉克C组的形态类型之间确实存在最为接近的关系。因此可以说，具有像四号墓地人骨形态的群体早在3000年前就分布到了现在的东疆地区。就目前所拥有的人类学和考古学资料，这种形态类型在新疆境内出现的时间层次，似乎比短阔颅或长狭颅欧洲人种类群的出现更早一些，但又晚于原始欧洲人类型。有意义的是和四号墓地仅相隔几公里的三号墓地洞室墓出土的人骨（其时代晚到汉代）的蒙古人种混杂性质相比，四号墓地人骨显然是一组欧洲人种特征明显更强烈的类型。因此，他们和原始欧洲人类型之间的形态偏离无法用非欧洲人种混杂的影响来解释。如果这种看法是可以接受的，那么从类似孔雀河的原始形态类群自然演变为类似四号墓地或哈密C组类型的假设可能是有道理的。根据遗传学的观点，对非混杂种族起源有重大作用的是某些独立种群（deme）的隔离状态，因为这样的种群世代实行内婚制，随着时间的推移可能导致在种族特征上的明显变化。换句话说，这些非适应性差异的产生是人类个体特点重复出现逐渐演化的结果，而最终导致原有的一些特点消失，而另一些特点广泛得到加强。这就是所谓"遗传漂变"，其实质在于长期实行内婚制的孤立种群明显提高了隐性基因在等位基因中相遇的机会，不断降低杂合性婚配的可能性，因而提高了隐性基因在纯合状态中的集中程度[19]。有公式可以计算这种自发遗传过程的周期，在小种群或孤立种群中，个别种族特征分布的明显进展大约需要经过50代人的时间，如果把两代人的间隔大致为25年，那么因遗传漂变的作用，在种族特征及其组合上，或在孤立种群的一般外貌上发生重大变化，大约需要1250年。因此，长期的地域分隔和因此出现的自动遗传过程对于许多种族和较小种群，特别是对原始落后的边缘地区、岛屿、交通不便的山区、沙漠或人烟稀少的沿海地区的地域种群的形成起重要的作用[19]。这种解释或许比人种混杂更容易说明四号墓地的形态类型可能源自孔雀河古老类型的假设。据此可以设想，类似孔雀河的原始形态类群在移殖到罗布泊地区后，并没有消失，相反，他们的后裔得到了更广泛的繁衍。

2. 三号墓地人骨中的变形颅和人种属性是另一个值得注意的问题。应该指出，改变颅形的风俗是很古老的，由于它的特殊性和形态的多样性，引起了许多人类学家和医生的关注。据马克列佐夫（1974）记述，早在1884年就曾指出在公元114世纪就有变形颅风俗分布到苏联南方，在黑海和亚速海沿岸居民中存在过这种风俗。匈牙利人类学家还注意到在变形头骨中既有欧洲人种类型，也有蒙古人种类型，这种风俗流传在各不同人种的民族之中。在日尔曼部落中也存在过这种变形颅习俗。另外作为一种宗教观念的残余形式，这种改造头部的风俗在西欧和北美的某些地方一直保持到20世纪[20]。在中国，变形颅的证据可以追溯到旧石器时代晚期，特别是在中国沿海省的一些新石器时代人骨上非常普遍[21][22]。在我国西北地区发现这种风俗还是最近的事，如在新疆伊犁新源渔塘和尉犁营盘相当汉代的古墓中发现过变形颅标本[23]。这种变形（即环状畸形）显然和一般的短颅化过程完全不同，其成因是属于文化的行为。但类似三号墓地的变形颅风俗究竟起于何处？这是一个问题。实际上，这类风俗在苏联中亚地区便有过许多发现。例如1938~1939年，A.H. 伯恩斯坦在吉尔吉斯塔拉斯河流域肯科尔的所谓匈奴墓采集的24具头骨中，大部分都存在程度不同的环状变形，而且女性头骨的变形强度比男性更强烈，男性的变形则常常只表现在枕部扁平上。据说这种变形是由于将婴儿长时间仰卧于有导尿装置的悬挂式摇篮中形成的[24]。但典型的环状变形显然不可能单纯仰卧就能形成，它必然存在缠头的习惯。A.H. 伯恩斯坦于1945~1948年在天山—阿莱地区(大部分在吉尔吉斯中部和西南部的葱岭—阿莱地区，少数在伊塞克湖北岸)收集的19具匈奴时期的头骨中，大多数也存在程度不同的环状畸形，仅在变形的强度上比肯科尔墓地的轻一些。这些变形头骨的时代为公元前后和公元2~4世纪，文化上和肯科尔的匈奴墓很接近[25]。在中哈萨克斯坦发现的零星匈奴时期的变形颅也是有代表性的[26]，从这些材料不难看出，这种环状畸形在邻接新疆的中亚地区出现频繁，其时代也比较晚，常把这种风俗和中亚匈奴联系在一起。相比之下，和静三号墓地的时代也比较晚，有的考古学者认为可能是匈奴的遗存[27]。但三号墓地变形颅的出现频率似乎不高，或许三号墓地人口中并不特别流行此风俗。尽管如此，新疆境内出现的变形颅无疑和其西部地区的变形颅风俗是属于同一性质的文化行为。

与这种变形颅相伴随的是人种属性问题。据B.B.金兹希尔格、E.B.日罗夫的研究[24]，尽管肯科尔头骨由于变形而影响自然形态的观察，但总的来看，这些头骨的一般长度不大，颅宽大约中等，由此推测，这些头骨原来的颅形基础是短颅或中颅型，经过H.L.夏皮罗的颅形校正公式计算，这组头骨原来可能是中颅型的。这组头骨的颅高也比较高，可能受畸形的影响，但其中变形很轻的头骨也同样有高颅的性质，因此原来自然的颅高也应该是比较高的。面高平均值也相当高，但面宽不宽，属狭面类型，面部在矢状方向突度小，面角在中颌和平颌型之间，鼻形狭，在狭鼻型和中鼻型范围，眼眶高而大。观察20个头骨后认为，其中有8具是混杂的人种类型，9具是蒙古人种类型，只有3具有明显占优势的欧洲人种特征。因此整组的人种类型虽有清楚的混杂起源，但毕竟比较一致而具有不特别强烈的蒙古人种性质。而具有蒙古人种性质的头骨既不接近中央亚洲类型，也不接近在这个地区分布的南西伯利亚类型；既不接近通古斯—满洲类型，也不接近华北人和西藏人类型。在面部形态上，他们比较接近从新疆来到中亚的突厥人。但同时的具有更短的颅形又有别于这种突厥人。这个组中的欧洲人种头骨被认为与短颅型欧洲人种有关，这种短颅欧洲人种原来居住在阿姆河以东的中亚地区和新疆地区，在这些地方，他们可以被追溯到公元初几个世纪直到现代居民中。假如设想肯科尔的欧洲人种成分是在当地起源的话，则可以用某种蒙古人种同当地居民的混杂来解释这些头骨上弱化的蒙古人种性质，但这种蒙古人种居民由何处而来还不清楚[24]。

关于天山—阿莱匈奴的人类学类型，B.B.金兹布尔格认为和肯科尔的匈奴人骨相似，同样存在环状变形，其人类学类型的基础是欧洲人种类型，具有在中亚两河类型及安德洛诺沃类型为一方和南西伯利亚类型为另一方之间的过渡特点[25]。所不同的是天山的男性匈奴头骨，欧洲人种特点比肯科尔的更为明显，而女性头骨则具有某些更强的蒙古人种性质。在阐明何种欧洲人种类型成为这个地区匈奴人类学类型的基础时，B.B. 金兹布尔格把匈奴的资料和同一地区而时代更早的人类学类型作了比较，由此指出时代上更早的当地欧洲人种居民的人类学类型是天山匈奴，也是塔拉斯河肯科尔匈奴人类学类型形成的基础。这些更早的当地居民在体质形态上可溯源于乌孙时期甚至更早的塞克时期，他们彼此在体质上是相当接近的。这种情况在男性头骨比较时更为明显[24,25]。但是 B.B.金兹布尔格并不据此认为这个地区的匈奴就是由当地原住欧洲人种居民起源的民族。因为历史文献资料说明匈奴的迁移来自东方，匈奴墓中出土文化遗存与当地土著遗存之间存在差别。从体质上来看，在塔拉斯河流域的匈奴人骨上有更明显的蒙古人种混血，在天山匈奴中特别是在女性头骨上也有更为清楚的蒙古人种特点。因此设想，这种有变形颅风俗的匈奴仍主要起源于贝加尔湖周围地区，他们曾具有典型蒙古人种特征，并把这种特征一直带到了中欧。只是在这些匈奴到达中亚地区的迁移过程中，与沿途的具有欧洲人种特征的居民发生混杂。但因他们的数量少，在与当地居民逐渐融合的过程中，变得更加欧洲人种化。但是何种蒙古人种类型参与了这种混杂还有待进一步证实[24]。

哈萨克斯坦匈奴的人类学类型也与天山、塔拉斯河流域的相似，都是混杂的类型，即欧洲人种和蒙古人种之间的中间类型。在文化和改变颅形的风俗上也都是共同的。

与苏联中亚地区的这些资料相比，察吾呼沟三号墓地人骨的人种特征与他们之间存在什么样的人类学关系？根据我们对三号墓地头骨的研究，已经指出这是一组具有中等长和中等宽的颅型，是中颅型结合高颅性质的头骨，这一点即便在排除少数变形颅以后也显示出同样的性质（见表 14）。面部结构偏高，中等宽，属狭面类型。面部矢状方向突度弱，为平颌型，但水平方向突度明显，中鼻型，眶型较高属中眶型。这样一些综合特征，显然基本重复着塔拉斯河流域和天山—阿莱地区匈奴头骨的综合形态特点。我们更具体地从表 14 一系列测量数据做一些比较。

表中列出了三号墓地全组和剔除变形颅后计算的两组数据。从这两组数据来看，两者依然十分一致，变形颅并没有明显影响全组数据所示的颅、面形态特征。因此用全组数据与中亚匈奴组进行比较仍是可行的。

与肯科尔和天山匈奴组相比，三号墓地组与他们的区别仅在颅形上（1、8、17、8：1，17：1，17：8）不如后者短化，颅高稍趋高（17，17：1），但都是在高颅型范围。在面形上（48、45，48：45），比肯科尔和天山组的稍狭一些，面部矢状方向突度的平颌性质更强烈（72、5、40），鼻骨矢向突度（75-1）稍弱等，但这些差异并不强烈。相反，他们的基本颅、面部形态、鼻和眶部形态特点都相当一致，共同地表现出弱化的欧洲人种或某些蒙古人种混杂的性质，同时具有环状变形颅。这种人种和文化变形的一致无疑是当时古代丝绸之路上人口和文化交流，彼此渗

表 14　　察吾呼沟三号墓地和中亚匈奴墓头骨测量比较(男)一览表

		三号墓地(全组)	三号墓地(未变形)	肯科尔匈奴	天山匈奴
1	颅　长	180.5(8)	180.4(6)	179.3(12)	178.1(10)
8	颅　宽	138.7(9)	139.6(7)	140.2(12)	147.0(10)
17	颅　高	142.1(7)	140.5(5)	137.7(12)	137.6(10)
9	额最小宽	94.2(9)	100.3(7)	96.1(12)	98.0(10)
5	颅基底长	99.8(7)	99.0(5)	103.7(12)	103.0(10)
40	面基底长	93.2(6)	91.2(5)	99.2(10)	100.2(10)
48	上面高(sd)	74.3(8)	73.0(7)	74.7(7)	73.7(10)
45	颧　宽	134.2(8)	133.6(6)	137.9(12)	138.3(10)
NAS	眶外缘点间高	18.6(8)	18.7(6)	18.2(12)	16.8(9)
54	鼻　宽	25.9(9)	25.8(7)	25.4(12)	26.6(10)
55	鼻　高	54.1(9)	53.2(7)	52.0(12)	54.2(10)
DC	眶内缘点间宽	23.5(9)	23.1(7)	21.1(12)	22.0(10)
DS	鼻梁眶内缘宽高	11.8(9)	11.8(7)	11.5(12)	12.6(10)
SS	鼻骨最小宽高	3.8(9)	3.9(7)	3.4(12)	4.2(10)
SC	鼻骨最小宽	9.0(9)	9.0(7)	8.0(12)	8.8(10)
52	眶　高	34.7(8)	34.4(6)	33.2(12)	34.6(10)
51a	眶　宽	39.6(8)	38.6(6)	39.3(12)	40.6(10)
32	额倾角	82.7(9)	83.7(7)	75.7(12)	84.1(10)
72	面　角	91.4(8)	91.1(7)	84.4(12)	84.9(10)
75(1)	鼻骨角	21.4(6)	20.5(5)	25.7(10)	29.7(9)
8 / 1	颅指数	76.8(8)	77.2(6)	78.4(9)	82.6(10)
17 / 1	颅长高指数	79.1(7)	78.5(5)	76.0(9)	77.4(10)
17 / 8	颅宽高指数	102.3(7)	100.5(5)	96.9(9)	93.8(10)
9 / 8	额宽指数	67.0(7)	68.7(5)	68.6(12)	66.6(10)
9 / 45	颧额宽指数	70.7(8)	72.2(6)	69.7(12)	70.9(10)
48 / 45	上面指数	55.6(7)	55.1(6)	54.6(7)	53.3(10)
54 / 55	鼻指数	47.9(9)	48.4(7)	49.0(12)	49.2(10)
52 / 51a	眶指数	86.0(7)	86.9(5)	85.1(12)	85.2(10)
48 / 17	垂直颅面指数	52.8(6)	52.3(5)	[54.2]	53.7(10)
SN / OB	额面扁平度指数	18.6(8)	19.0(6)	18.4(12)	16.7(9)
DS / DC	眶间宽高指数	51.2(9)	52.0(7)	54.7(12)	57.9(10)
SS / SC	鼻根指数	41.8(9)	44.0(7)	42.5(12)	47.5(10)

透和互相影响的一个重要例证，也是和其早一个时期当地居民种族更迭的一个证据。

有的考古学者根据三号墓地考古文化、时代及分布地理位置，认为可能是在新疆境内发现的匈奴遗存[27]。如果这种族属的判断是有道理的，那么这些遗存和中亚匈奴的遗存一样，大概代表了文献记载中的北匈奴。因此，当匈奴自东向西带着蒙古人种特征迁移时，想必要与新疆境内已经分布的欧洲人种成分发生混杂。而三号墓地人骨的混杂性质很可能当作是这种事件发生过的一个证明。但何种蒙古人种类型参与了这种混杂，仍是一个问题，从三号墓地人骨上难以判断。据有限的资料，匈奴的原生人种可能系北亚人种的某个变形类型。

3. 关于四号墓地头骨上比较频繁出现穿孔骨折也是值得注意的问题。据我们判断，像圆形和方形穿孔很可能是在死后用专门的工具施行的。对于这类穿孔标本，不同学者说法不一。有的学者认为是一种原始的颅部外科手术之一，称为环钻术（trephining）或钻孔术（trepaning）。据说第一个这种史前钻孔术的例子是由人类学家 E.G.斯奎尔从一个秘鲁古代人头骨上辨认出来的。以后有许多这类标本被报道过和讨论过，其中包括欧洲的标本。实际上这种钻孔术的例子除在欧洲，还在大洋洲、南美、北美、非洲和亚洲都有过发现。对头骨上的穿孔行为有以下几种说法：

a. 出于宗教或巫术的理由，从死后或活人头骨上获取圆形或椭圆形的驱邪物（amulet）。这种风俗好像在史前欧洲存在过。

b. 作为一种创伤尤其在头骨发生骨折时的一种外科治疗手术，以减轻因骨折引起的脑压力。

c. 用作抗头痛、癫痫病和其他疾病的一种药物治疗程序。

d. 也有人指出（如在新西兰），实行这种手术有益长寿，或认为是说不出道理的一种时髦事情。

e. 认为是为了死后防腐。

f. 这种环钻穿孔实际上是战争创伤。

以上各种说法如此不同，很可能是出自不同的具体情况。在这里无意专门讨论世界各地发现的穿孔标本。仅对四号墓地穿孔骨折的性质略加讨论。

有人认为作为一种“手术”，钻孔的实际部位多在头骨的左侧，因为头部在格斗时，左侧比右侧更易受伤害。而且多发部位主要在额部，其次顶部，很少在枕部发生。据说施过此术的个体大约有一半后来完全愈合。但四号墓地的情况与这些说法有些不同，穿孔发现在左侧或偏左侧的约占60%，右侧的约40%，即左右侧差并不明显。其次多发部位在顶骨上，约占45%，在枕骨上，约占20%，额骨和其他部位更少。而且在近40个穿孔中，没有一个表现出有组织修复或愈合痕迹。换句话说，如这是生前手术，则没有一例是成功的，术后都死去了，因此，把它当作生前手术是不可靠的。这些现象使我们推想四号墓地人骨上的穿孔并非生前的手术行为,而是死后进行的。而且在一具头骨上钻多孔,很难用诸如防腐、治病的手术过程(穿孔施药)或战斗武器致伤等解释,倒是倾向于从死者头骨上获取某种驱邪物之说,与史前欧洲的同类风俗相近。可惜的是这类驱邪物大概很珍稀,在四号墓地的遗存中尚无发现。还须强调的是,在四号墓地的穿孔标本中绝大多数属于男性,因此这种避邪物取自男性头骨才可能被认为是更有效的。至于为什么存在圆形和方形穿孔,这仍是难以解释的一个问题。

应该指出,这种穿孔行为在中国关内地区尚未见可靠的报道。四号墓地的这种风俗自然更可能与其西部的同类风俗之间有密切联系,不过这种风俗在新疆以东的邻近地区也有发现,但被解释为战争创伤[28]。我们认为这至少是广义西域地区古代人中存在过的一种文化行为。

参考文献

1. A.基思.塔里木盆地古墓地出土的头骨.英国人类学研究所杂志,第 59 卷.1929(英文).

2. C.H.约尔特吉,A.沃兰特.东土耳其斯坦考古考察发现的人类头骨和体骨.西北科学考察团.第 7 卷,第 3 册,1942(德文).

3. A.H.优素福维奇.罗布泊湖附近出土的古代人头骨.人类学和民族学博物馆论集.第 10 卷.1949(俄文).

4. 韩康信.新疆孔雀河古墓沟墓地人骨研究.考古学报,1986(3).

5. 韩康信.丝绸之路古代居民种族人类学研究.乌鲁木齐:新疆人民出版社,1994.

6. 韩康信.新疆哈密焉布拉克古墓人骨种系成分之研究.考古学报,1990(3).

7. 韩康信.新疆楼兰城郊古墓人骨人类学特征的研究.人类学学报,1986(3).

8. 韩康信.新疆洛浦山普拉古墓人骨的种系问题.人类学学报.1988(3).

9. 韩康信,左崇新.新疆洛浦山普拉古代丛葬墓头骨的研究与复原.考古与文物,1987(5).

10. 韩康信.塔吉克县香宝宝古墓出土人头骨.新疆文物,1987(1).

11. 韩康信,潘其风.新疆昭苏土墩墓古人类学材料的研究.考古学报,1987(4).

12. 新疆文物考古研究所.新疆和静县察吾呼沟四号墓地 1986 年度发掘简报.新疆文物,1987(1).

13. 新疆文物考古研究所和和静县文化馆.新疆和静察吾呼沟四号墓地 1987 年发掘简报.新疆文物,1988(4).

14. 新疆文物考古研究所和和静县文化馆.和静县察吾呼沟三号墓地发掘简报.新疆文物,1990(1).

15. 林少宫等.多元统计分析及计算机程序.武汉:华中理工大学出版社,1987.

16. W.M.克洛格曼.法医学中的人骨架.查里斯·托玛思出版商,1978(英文).

17. D.R.布洛斯威尔.挖掘骨骼.伦敦,1963(英文).

18. 陈世贤.法医骨学.北京:群众出版社,1980.

19. H.H.切薄克萨洛夫,H.A.切薄克萨洛娃.民族·人种·文化.莫斯科:科学出版社,1985.

20. H.П.马克列佐夫.从中亚和伏尔加河流域发现的古代人工变形头骨的 X 光研究.见:民族人类学和人类形态学问题.列宁格勒:科学出版社列宁格勒分社,1974

（俄文）.

21. F.魏敦瑞.东亚发现的现代人最早代表.北京自然历史通报，第 13 卷第 3 册，1938~1939（英文）.

22. 颜訚.大汶口新石器时代人骨的研究报告.考古学报，1972（1）.

23. 邵新周等.新源县渔塘古墓三具改形头颅的研究.新疆医学院学报，1991（2）.

24. B.B.金兹布尔格，E.B.日罗夫.吉尔吉斯斯坦苏维埃共和国塔拉斯河流域肯科尔卡达空拜墓葬出土人类学材料.人类学和民族学博物馆汇集.第 10 卷.1949（俄文）.

25. B.B.金兹布尔格.中部天山和阿莱古代居民之人类学材料.苏联民族学研究所报告集.第 21 卷.1954（俄文）.

26. B.B.金兹布尔格.东部和中部哈萨克苏维埃社会主义共和国地区古代居民的人类学资料.苏联民族学研究所报告集.第 33 卷.1956（俄文）.

27. 中国社会科学院考古研究所新疆队，新疆巴音郭楞蒙古自治州文管所.新疆和静县察吾呼沟三号墓地发掘简报.考古，1990（10）.

28. H.H.马莫诺娃.乌兰格墓地的人口学.（公元前 5~3 世纪萨彦—图文文化）（俄文）.

甘肃玉门火烧沟墓地人骨研究概报

在这个报告中研究的人骨材料系出自甘肃玉门火烧沟青铜时代墓地，据 C_{14} 年代测定这个墓地大致形成于公元前 16 世纪，相当于齐家文化的后期阶段。根据出土文物的分析，将这个墓地的文化定名为火烧沟类型文化[①]。

据报告，在火烧沟古墓地一共挖掘了 312 座墓葬。从出土的骨骼中，共收集到可供测量与观察的头骨 120 具。这批材料无论从数量上还是保存的完整程度上，都比 20 世纪 20 年代由安特生收集，后经步达生详细研究的所谓甘肃史前人种的骨骼材料更优，他们所代表的文化性质也更为单一[②]。

在总共 312 座墓葬中，经笔者鉴定的计有 197 座墓的 257 个人的骨骼。其中，可估计为男性的 119 人，女性为 107 人，男女性构成比例为 1.11：1，基本平衡。按年龄别（组）统计的性别比例是 5~15 岁为 1.67：1，15 ~ 35 岁为 0.96：1，35 ~ 45 岁为 1.59：1，45~55 岁为 1.50：1，55 岁以上为 0.86。这种年龄别性别构成比例的变化是由于男女死亡率差异引起的。

报告中假定火烧沟墓地人口为同时出生的一批人并随年龄的增长而陆续死亡，依次制定的人口生命表表明，火烧沟人口的平均寿命只有 29.56 岁，男性平均寿命为 32.95 岁，女性为 32.00 岁。由于按性别推测平均寿命时不包括那些性别难以估计的未成年个体，因而比全部人口推算的平均寿命偏高。而且这个人口中大约一半人不到 30 岁便死去(表 1–5，图 1–2)。

对 120 例头骨进行了形态观察[③]，这些头骨的主要特征是以卵圆形头骨较多，男性组中头骨前额后斜的较多，具有圆钝眶角的眶形多，梨状孔下缘鼻前窝型出现频率相对较高。鼻棘不发达，犬齿窝浅或无的类型也较普遍，鼻根凹不发达的多，腭多短宽型，类似矢状嵴结构的出现也较多，矢状缝形态为简单的类型，有近 20%的下颌体内侧出现发达程度不等的下颌圆枕。这些特征的组合较多见于蒙古人种(表 6)

按主要的颅、面部指数和角度特征[3]，火烧沟男性头骨主要是中—长颅型（平均特征为中颅型），高—正颅型（平均高颅型），狭—中颅型（平均狭颅型），狭—中额型（平均狭额型），中—狭面型（平均中面型），中—低眶型（平均中眶型），中—阔鼻型（平均中鼻型），阔—中腭型（平均阔腭型），短—中齿槽型（平均短齿槽型），面部突度为平—中颌型（平均平颌型），齿槽突度为突—中颌型（平均突颌型）。女性头骨与男性头骨的主要区别是女性头骨中高颅型成分明显少（平均为正颅型），中—阔颅型更多（平均中颅型），狭面型比例也更高（平均为狭面型）。在其他多数特征上，与男性头骨基本相似而表现出同质性（表 7–8）。

根据颅长、宽和颅指数 3 个项目标准差，火烧沟组头骨的变异度没有超过皮尔逊氏规定可能为异种质的界值[4]，但用豪厄尔斯的多项目平均标准差百分比法计算结果[5]，火烧沟组头骨偏离同种系理论值较大。笔者认为，豪厄尔斯利用多项目标准差合并判断变异度大小没有考虑各个测量特征的量度大小本身相差悬殊可能影响计算结果。如改用多项目平均变异系数方法，至少可以指出火烧沟组头骨的变异度不会大于多体质类型的殷代祭祀坑组或多省籍的现代华北组头骨，而可能与同种质程度高的甘肃史前组或殷代中小墓组头骨的变异度比较接近（表 9–11）。

利用多项具有鉴别种族类型意义的测量特征比较[6][7]，火烧沟组头骨与亚洲蒙古人种的东亚（远东）类型最符合，与北亚（西伯利亚）和北极蒙古人种头骨组明显疏远（表 12–13，图 3–4）。经种族相似系数、平均组差均方值及测量平均值等多项方法的计算和比较证明，以火烧沟墓地头骨所代表的甘肃青铜时代居民具有步达生所指出过的所谓“东方人”特点[2]（图版 XV，XVI）。而且与我国史前和现代华北的人类学材料表现出明显的同质性。其中，与河南安阳殷代中小墓出土的头骨和步达生研究过的甘肃史前居民材料的同质性最为明显，与西藏甘姆斯组（即西藏 B 组）和现代华北人的材料表现出中等程度的联系。而这些古代和现代华北人材料包括火烧沟材料在内，他们在体质形态特点上同时表现出与西方欧洲人种和北亚蒙古人种的明显偏离（表 14–17）。

根据大量特征的组差变异和主要颅、面部形态类型指数显著性检验，火烧沟男性人口的材料与殷代中小墓男性材料之间很高的同质性甚至超过了火烧沟与同属地理区的甘肃史前材料之间的接近，两者之间具有显著意义的差异主要在于火烧沟的头骨中，中等长到狭长型头骨的比例以及面部侧向突度不明显的平颌类型比殷代组头骨的更高（表 18–19）。

火烧沟女性组的情况与男性组有些不同，即火烧沟女性头骨与殷代中小墓女性头骨之间的同质性不如男性组之间明显，主要表现在火烧沟女性头骨中高颅型成分不如殷代组多，而正—低颅型相对增加，狭面成分也比殷代组更高，中—狭鼻型及阔腭和短齿槽成分相对比殷代组多，面部和齿槽突颌程度上，中—平颌型比殷代组高。相比之下，火烧沟女性组头骨与同地域的甘肃史前组甚而现代华北组表现出更明显的同质性(表 20-24)。

按现有的考古调查和发掘资料，类似火烧沟墓地文化类型的分布地域未出河西走廊一带,火烧沟遗址则位于其最西部,正好在古籍记述的“敦煌祁连间”乌孙、月氏族的早期活动的地理范围。有的学者因此认为分布在河西走廊地区的火烧沟、沙井类型的文化可能是这两个古代族在河西地区留下的史前遗存[8]。这种推测如果成立,那么有助解决这些文化的族源问题。但问题可能比这种推测更复杂,例如在报告的前言中已经指出,要了解这个地区各种古代文化的来源与这些文化居民的人种特征很有关系。在中外学者中,不乏主张乌孙、月氏为高加索人种的居民,如果火烧沟和沙井类型的文化就是乌孙和月氏的遗存,那么对这些古代文化的起源可能引起新的解释[9],也可以成为西方人种早在秦汉以前便已进入河西地区活动和居住的证据，也为安特生根据考古材料倡导的中国文化与种族西来说一个有力的支持。如果人类学材料证明这个地区古代文化属于蒙古人种居民的遗存,则对这些文化的来源可能得到全然不同的解说。因此,弄清该地区出土古代文化遗存的种族特征，是关系我国西北地区原始文化史和古代民族史的重要问题之一。

关于甘肃境内包括河西走廊地区的各种古文化居民的种族人类学特点,我们可以从安特生收集以后交步达生研究的甘肃史前时代的人类遗骨中得到一些了解。在步氏研究的这些人骨中,按当时安特生的文化分期,包括有沙井期、寺洼期、辛店期、马厂期及仰韶期等属于不同文化期的材料。最初,步达生在他的《甘肃史前人种说略》短文中指出,安特生收集的大多数头骨无疑属于蒙古人种,而且与现代华北人的体质同属一派。但又指出,还有 3 具头骨(1 具头骨出自马厂期,2 具出自所谓仰韶期)与众不同而自成另一派,称为“X”派头骨。他认为这 3 具头骨最显著的特点也就是现代西方民族很显著的特点。因此建议说 X 派头骨出现于甘肃是由于西方民族与原形中国人种混合的结果。但对于这类头骨为什么独多见于早期而不多见于中、晚期文化,他又做了另一个解释,就是这些 X 派头骨代表与原形中国人种起源有关的个体，而具有特别扁平面的亚洲人很像是由更一般化面形的具有欧洲旧石器时代晚期人的鼻骨形态和外侧眶缘形式的类型锐化而来,并且认为这种 X 派头骨是较原形中国人更为古老的类型[10],步氏的这种看法显然附和了安特生中国文化与种族和西方起源有关的观点，有的学者也曾把步氏的这些初步结果当作西方人种早在新石器时代便可能进入中国黄河流域的证据。但是步达生在他稍晚出版的专题研究报告《甘肃河南晚石器时代及甘肃史前后期之人类头骨与现代华北及其他人种之比较》中,很快便否定了他原先的看法,他把所谓 X 派头骨与一大组现代华北人头骨做了详细比较研究之后,认为他们仅仅是“晚石器时代人种的变异而已”。他指出,这几具头骨与其他多数头骨的主要区别在于脸部的扁平度，但这样的扁平度在具有可靠性别年龄与地区种族的华北人头骨中亦为一种常见的变异[11]。由此可见,至少在安特生收集的沙井、寺洼、辛店、马厂及仰韶(马家窑)各期文化的人类学材料中,还没有发现可以确信的西方人种成分[12]。

在步达生研究过的甘肃史前人种材料中,缺乏齐家文化的人骨,而颜訚在20世纪50年代中期报告了2具出自齐家文化墓葬的头骨。他认为从形态上,这2具头骨应归属蒙古人种类型,与现代华北人及甘肃新石器时代居民头骨同一类型[13]。在本文中,则详细考察了100余具火烧沟文化类型的人骨,正如在结论中指出,这些古代居民在体质形态上具有明显的东亚蒙古人种特点,没有找到1具可能属于西方人种的头骨。由此可见,在迄今为止出自甘肃史前时代特别是从河西走廊收集的如火烧沟文化(前称四坝文化),沙井文化古居民的遗骨中,尚无例外地归属蒙古人种[14]。

上述甘肃特别是河西走廊地区史前文化的人类学特点显然与史籍记述的乌孙、月氏的人种特征相抵触。颜师古在《汉书·西域传》的一个注中指出:“乌孙于西域诸戎,其形最异,今之胡人青眼赤须状类猕猴者,本其种也。”焦氏《易林》则谓:“乌孙氏女深目黑丑,是其形异也。”《正以》引万晨《南州志》指月氏“人民赤白色,便习弓马”。《史记·大宛列传》也说:“自大宛以西至安息,国虽颇异言,然大同俗,相知言。其人皆深眼,多须髯,善市贾,争分铢。”《史记》、《汉书》中记述乌孙、月氏其时大体上也在这些深眼多毛须种族分布的地理范围之内。按现在人种学,人体毛发、肤色、眼色素、眼、鼻等表面形态特征在种族分类上有重要意义。尽管描述乌孙、月氏形态史料很少,但许多中外学者判断乌孙、月氏为深目高鼻、青眼赤须的西方高加索人种。

乌孙和月氏是历史上已消失的民族,要证明他们是否起源于西方人种,只能求助地下出土的材料,特别是骨骼人类学的研究。从20世纪20年代开始,苏联人类学家对中亚和哈萨克斯坦相当塞克—乌孙时期的古人类学材料进行过许多研究,例如研究较早的一批材料是1929年从伊塞克湖东岸普尔热瓦尔斯克出土的约公元1世纪的7具头骨。特罗菲莫娃认为其中5具为短颅型帕米尔—费尔干人种类型,2具中颅型头骨属地中海人种类型[15]。杰别茨则认为所谓地中海人种的2具头骨仅是个体变异而已,但无论中颅型还是短颅型都呈现出不特别强烈的欧洲人种特征[16]。金兹布尔格也不少报道了中亚的乌孙人类学材料。他认为从塔什干附近扬吉耶尔出土的3具乌孙头骨都属于同样的欧洲人种类型,并在这些头骨上考察到少量蒙古人种特征的混合[17]。对于天山中部、阿莱地区的早期乌孙头骨,他认为有一系列从欧洲人种的安德洛诺沃类型向中亚两河类型过渡的特征,而且时代较早的乌孙头骨与更晚的乌孙—月氏时代头骨也接近,在后者中只有一个女性头骨是典型的蒙古人种,推测可能是中国人的[18]。他还研究过17具伯恩斯坦从阿莱地区收集的头骨,指出这些头骨是有少量蒙古人种特征的形态上纤细化的欧洲人种安德洛诺沃型,同时具有明显中亚两河类型,即帕米尔—费尔干类型特点,阿莱山谷的塞克和乌孙在人类学上同天山塞克属于同一共同体[19]。金兹布尔格还指出,在东哈萨克斯坦的乌孙头骨中约有80%的男性是欧洲人种,而其中的大多数具有明显的安德洛诺沃型特点,同时有一些蒙古人种特征的混合,女性头骨也以中亚两河类型占优势。中哈萨克斯坦的塞克—乌孙时期的居民也是欧洲人种安德洛诺沃型,与东哈萨克斯坦、天山、阿莱的乌孙类型接近[20]。金兹布尔格还研究过伊犁河右岸出土的公元前2世纪至1世纪的15具乌孙墓头骨,他认为这组头骨似乎代表了从欧洲人种的安德洛诺沃型向蒙古人种过渡的类型。他还指出,伊犁河流域乌孙的蒙古人种特征混合程度比天山乌孙大一些,但蒙古人种特征没有压过安德洛诺沃型的特点[21]。米格拉塞夫斯卡娅也发表过天山中部的乌孙资料(34具头骨),她也指出这是一组欧洲人种头骨,有少量蒙古人种混血,与金兹布尔格研究过的天山塞克—早期乌孙接近[22]。伊斯马戈洛夫集合了七河地区的60余具乌孙头骨资料进行了综合比较,他的主要结论是七河乌孙的人类学类型是在当地欧洲人种居民的基础上形成的,七河乌孙的人类学类型除了具有基本而明显的欧洲人种特点外,还有少量蒙古人种混血,七河、天山、阿莱和哈萨克斯坦乌孙的人类学类型彼此有很近的亲缘关系,但乌孙的体质特征在近半个世纪以上的时间里没有表现出明显的变化,据此判断,七河乌孙人种类型的形成当不晚于公元前3世纪[23]。在笔者研究的从新疆昭苏县出土的13具塞克—乌孙头骨与苏联学者的研究结果基本相同,他们主要代表欧洲人种,有轻度蒙古人种混血,有2具女性头骨可能是混杂类型,有1具可能为塞克头骨,与多数乌孙的头骨形态上没有大的差别[24]。

从以上国内外乌孙(也可能包括塞克、月氏)的人类学材料研究不难看出,他们在体质上是相对一致的民族人类学集团,尽管在成分上可能存在其他人种的少量混杂或轻度混血,但乌孙的人类学基础为欧洲人种是没有疑问的。而且在乌孙的人类学材料上,仍普遍具有时代更早的安德洛诺沃型特点,因此,乌孙类型体质特征的形成很可能以当地或其周邻地区的原始欧洲人种类型为基础。应该指出,在这里所涉及的人类学材料,显然大多可能是乌孙、月氏从甘肃河西地区西迁以后的,因此他们能否代表西涉前的人种特征似可怀疑,而且实际上也不乏主张乌孙、月氏为蒙古人种的居民。如果承认这种观点,那么必须有足够的人类学根据解释西迁前的蒙古人种如此快速变成西迁后的欧洲人种类型,而这样的变化与前述中亚乌孙是从该地区原始欧洲人种为基础发展而来的体质发展规律相悖。因此,笔者以为西涉前活动于河西走廊的乌孙(也可能包括月氏)是在某个时候由西东进的欧洲人种的一支。近来从我国新疆罗布泊地区的青铜时代古墓地里也发现了与中亚、哈萨克斯坦直至南西伯利亚地区类似的青铜时代的古欧洲人类型,在哈密地区也发现有距今约3000年前的高加索人种成分[25][26]。可以设想,这样的人类学成分在某个时期(不晚于公元前2世纪)进入甘肃境内是很方便的。

总之,如果回过来考虑迄今为止在甘肃尤其是河西地区,秦汉前各种古文化的种族人类学特点，尚无例外属于蒙古人种，火烧沟人骨的研究也加强了这种印象。还没有发现任何与欧洲人种相联系的古文化类型，也没有发现与西迁后乌孙文化内涵相关的考古资料。由此推测，现已发现的河西地区各种古文化遗存（包括火烧沟文化遗存）都不是乌孙或月氏的遗迹，真正属于乌孙或月氏的遗物在河西地区的考古中尚未发现。在西北地区的考古中，继续寻找乌孙、月氏的文化是了解其早期民族史一个重要问题。要解决这个问题，笔者以为除了继续河西地区的考古调查和发掘之外，从骨骼人类学上考察和研究是十分必要的。换句话说，要在河西地区的考古中寻找与西方欧洲人种形态相联系的文化遗存。期待在不很长的时间内能够解决这个有史纪录恰无物证的难题。

本报告的全文发表在《中国西北地区古代居民种族研究》（2005 年，复旦大学出版社）专集中。

表1　　火烧沟人骨的性别年龄统计一览表

年龄分期	(岁)	男　性	女　性	性别不明	合　计
未成年	0~	0(0.0)	0(0.0)	2	2(0.8)
	1~	0(0.0)	0(0.0)	10	10(4.1)
	5~	10(8.9)	6(6.0)	15	31(12.8)
青　年	15~	24(21.4)	25(25.0)	1	50(20.6)
壮　年	25~	30(26.8)	35(35.0)	2	67(27.6)
中　年	35~	27(24.1)	17(17.0)	0	44(18.1)
	45~	15(13.4)	10(10.0)	1	26(10.7)
老　年	55~	6(5.4)	7(7.0)	0	13(5.3)
只能估计为成年的人数		7	7	0	14
合　计①		112(100.0)	100(100.0)	31	243(100.0)
合　计②		119	0	31	257

注：表中合计①是指不包括"只能估计为成年"的人数。合计②则指全部成年和未成年人数。圆括号中的数值是以合计①为总人数计算的百分比数。

表2　　火烧沟遗址人口按年龄别性比例变化一览表

年龄组	性比例	年龄组	性比例	年龄组	性比例
0~	—	15~	24 : 25 = 0.96	45~	15 : 10 = 1.50
1~	—	25~	30 : 35 = 0.86	55~	6 : 7 = 0.86
5~	10 : 6 = 1.67	35~	27 : 17 = 1.59		

表3　　火烧沟墓地人口简略生命表

年龄组(x)	各年龄组死亡人数(d_x)	尚存人数(l_x)	死亡概率(g_x)	各年龄组内生存人年数(L_x)	未来生存人年数累计(T_x)	平均预期寿命(e_x)
0~	2	243	0.008	242	7 183.5	29.56
1~	10	241	0.041	944	6 941.5	28.80
5~	17	231	0.074	1112.5	5 997.5	25.96
10~	14	214	0.065	1 035	4 885	22.83
15~	16	200	0.080	960	3 850	19.25
20~	34	184	0.185	835	2 890	15.71
25~	35	150	0.233	662.5	2 055	13.70
30~	32	115	0.278	495	1 392.5	12.11
35~	22	83	0.265	360	897.5	10.81
40~	22	61	0.361	250	537.5	8.81
45~	14	39	0.359	160	287.5	7.37
50~	12	25	0.480	95	127.5	5.10
55~	13	13	1.000	32.5	32.5	2.50

表 4　　火烧沟墓地男性人口简略生命表

年龄组（x）	各年龄组死亡人数（d_x）	尚存人数（l_x）	死亡概率（g_x）	各年龄组内生存人年数（L_x）	未来生存人年数累计（T_x）	平均预期寿命（e_x）
0~	0	112	0.000	112	3690	32.95
1~	0	112	0.000	448	3578	31.95
5~	3	112	0.027	552.5	3130	27.95
10~	7	109	0.064	527.5	2577.5	23.65
15~	7	102	0.069	492.5	2050	20.10
20~	17	95	0.179	432.5	1557.5	16.39
25~	15	78	0.192	352.5	1125	14.42
30~	15	63	0.238	277.5	722.5	11.47
35~	12	48	0.250	210	495	10.31
40~	15	36	0.417	142.5	285	7.92
45~	9	21	0.429	82.5	142.5	6.79
50~	6	12	0.500	45	60	5.00
55~	6	6	1.000	15	15	2.50

表 5　　火烧沟墓地女性人口简略生命表

年龄组（x）	各年龄组死亡人数（d_x）	尚存人数（l_x）	死亡概率（g_x）	各年龄组内生存人年数（L_x）	未来生存人年数累计（T_x）	平均预期寿命（e_x）
0~	0	100	0.000	100	3200	32.00
1~	0	100	0.000	400	3100	31.00
5~	3	100	0.030	492.5	2700	27.00
10~	3	97	0.031	477.5	2207.5	22.76
15~	9	94	0.096	447.5	1730	18.40
20~	16	85	0.188	385	1282.5	15.09
25~	18	69	0.261	300	897.5	13.01
30~	17	51	0.333	212.5	597.5	11.72
35~	10	34	0.294	145	385	11.32
40~	7	24	0.292	102.5	240	10.00
45~	5	17	0.294	72.5	137.5	8.09
50~	5	12	0.417	47.5	65	5.42
55~	7	7	1.000	17.5	17.5	2.50

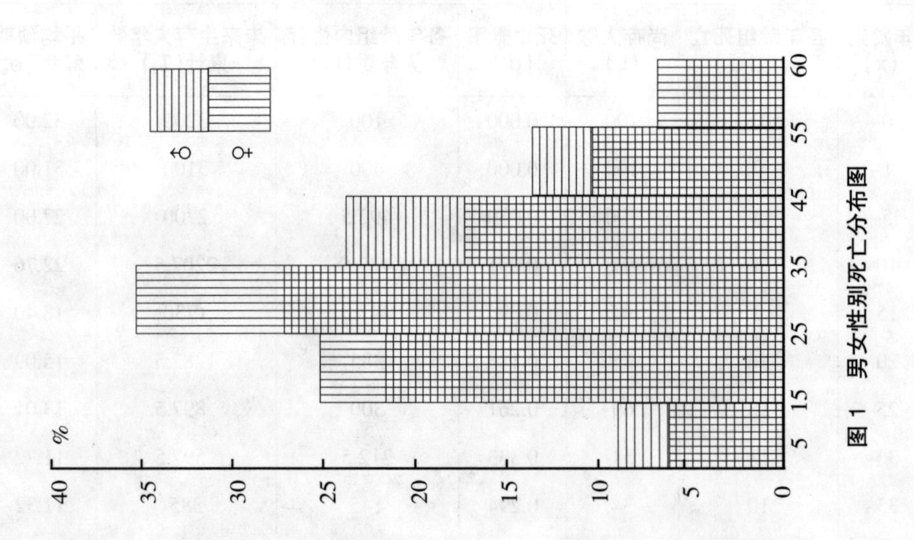

图 1 男女性别死亡分布图

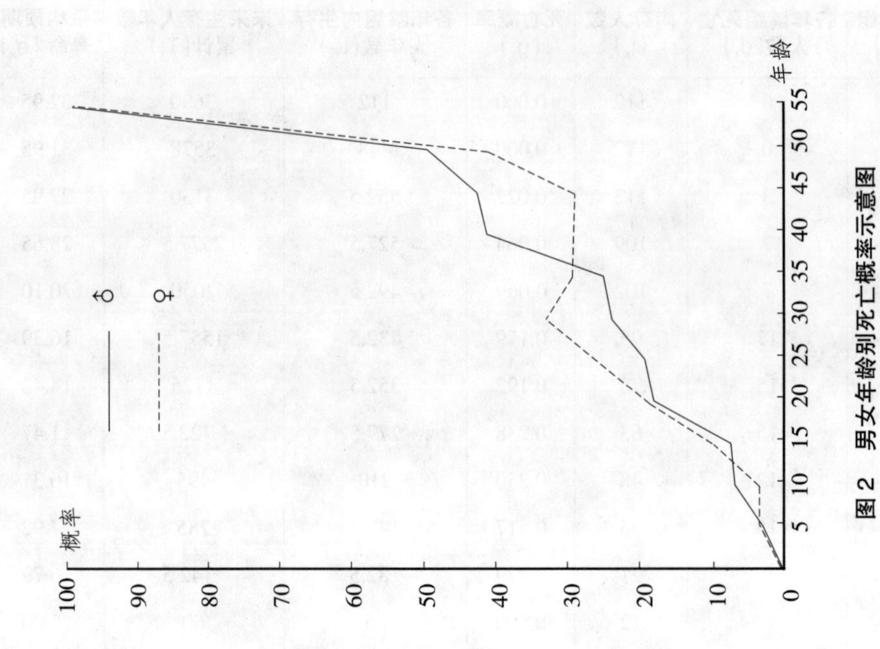

图 2 男女年龄别死亡概率示意图

表 6　　形态观察表

形态特征	性别	例数	形态分类和出现率					
颅　形			椭　圆	卵　圆	圆　形	五　角	楔　形	菱　形
	♂	59	21(35.6)	33(55.9)	0	1(1.7)	1(1.7)	3(5.1)
	♀	60	9(15.0)	47(78.3)	0	1(1.7)	1(1.7)	2(3.3)
	♂+♀	119	30(25.2)	80(67.2)	0	2(1.7)	2(1.7)	5(4.2)
眉弓突度			弱	中　等	显　著	特　显	粗　壮	
	♂	59	5(8.5)	15(25.4)	15(25.4)	9(15.3)	15(25.4)	
	♀	60	41(68.3)	12(20.0)	7(11.7)	0	0	
	♂+♀	119	46(38.7)	27(22.7)	22(18.5)	9(7.6)	15(12.6)	
额坡度			直	中　斜	斜			
	♂	59	4(6.8)	21(35.6)	34(57.6)			
	♀	59	30(50.8)	22(37.3)	7(11.9)			
	♂+♀	118	34(28.8)	43(36.4)	41(34.7)			
乳　突			极　小	小	中	大	特　大	
	♂	60	0	2(3.3)	19(31.7)	30(50.0)	9(15.0)	
	♀	60	26(43.3)	22(36.7)	10(16.7)	2(3.3)		
	♂+♀	120	26(21.7)	24(20.0)	29(24.2)	32(26.7)	9(7.5)	
枕外隆突			无	稍　显	中　等	显　著	极　显	喙　状
	♂	56	13(23.2)	20(35.7)	9(16.1)	9(16.1)	4(7.1)	1(1.8)
	♀	60	34(56.7)	17(28.3)	6(10.0)	3(5.0)	0	0
	♂+♀	116	47(40.5)	37(31.9)	15(12.9)	12(10.3)	4(3.4)	1(0.9)
眶　形			圆　形	椭　圆	方　形	长　方	斜　方	
	♂	60	22(36.7)	27(45.0)	6(10.0)	1(1.7)	4(6.7)	
	♀	60	32(53.3)	19(31.7)	5(8.3)	2(3.3)	2(3.3)	
	♂+♀	120	54(45.0)	46(38.3)	11(9.2)	3(2.5)	6(5.0)	
梨状孔			心　形	梨　形	三角形			
	♂	50	13(26.0)	29(58.0)	8(16.0)			
	♀	57	22(38.6)	32(56.1)	3(5.3)			
	♂+♀	107	35(32.7)	61(57.0)	11(10.3)			
梨状孔下缘			人(锐)型	婴儿(钝)型	鼻前窝型	鼻前沟型	不对称型	
	♂	60	27(45.0)	11(18.3)	21(35.0)	1(1.7)		
	♀	60	26(43.3)	17(28.3)	14(23.3)	3(5.0)		
	♂+♀	120	53(44.2)	28(23.3)	35(29.2)	4(3.3)		
鼻前棘			不　显	稍　显	中　等	显　著	特　显	
	♂	52	15(28.8)	18(34.6)	15(28.8)	2(3.8)	2(3.8)	
	♀	56	17(30.4)	24(42.9)	7(12.5)	7(12.5)	1(1.8)	
	♂+♀	108	32(29.6)	42(38.9)	22(20.4)	9(8.3)	3(2.8)	
犬齿窝			无	弱	中　等	显　著	极　显	
	♂	60	8(13.3)	24(40.0)	11(18.3)	10(16.7)	7(11.7)	
	♀	58	14(24.1)	16(27.6)	14(24.1)	13(22.4)	1(1.7)	
	♂+♀	118	22(18.6)	40(33.9)	25(21.2)	23(19.5)	8(6.8)	

续表6

形态特征	性别	例数	形态分类和出现率				
			无	浅	深		
鼻根凹陷	♂	56	26(46.4)	25(44.6)	5(8.9)		
	♀	57	44(77.2)	12(21.1)	1(1.8)		
	♂+♀	113	70(61.9)	37(32.7)	6(5.3)		
			U 形	V 形	椭圆形		
腭 形	♂	49	4(8.2)	8(16.3)	37(75.5)		
	♀	44	3(6.8)	12(27.3)	29(65.9)		
	♂+♀	93	7(7.5)	20(21.5)	66(71.0)		
			无	弱	中	显 著	
矢状脊	♂	58	21(36.2)	20(34.5)	4(6.9)	13(22.4)	
	♀	48	26(54.2)	13(27.1)	9(18.8)	0	
	♂+♀	106	47(44.3)	33(31.1)	13(12.3)	13(12.3)	
			无	<1/3	1/3~2/3	>2/3	全
额中缝	♂	58	58(100.0)	0	0	0	0
	♀	60	58(96.7)	1(1.7)	0	0	1(1.7)
	♂+♀	118	116(98.3)	1(0.8)	0	0	1(0.8)
			微 波	深 波	锯 齿	复 杂	
矢状缝	♂	56	前囟 30(53.6)	21(37.5)	3(5.4)	2(3.6)	
		51	顶段 4(7.8)	5(9.8)	27(52.9)	15(29.4)	
		51	顶孔 37(72.5)	13(25.5)	1(2.0)	0	
		51	后段 13(25.5)	3(5.9)	17(33.3)	18(35.3)	
	♀	46	前囟 25(54.3)	15(32.6)	3(6.5)	3(6.5)	
		48	顶段 1(2.1)	11(22.9)	27(56.3)	9(18.8)	
		45	顶孔 29(64.4)	14(31.1)	1(2.2)	1(2.2)	
		47	后段 10(21.3)	11(23.4)	16(34.0)	10(21.3)	
	♂+♀	395	149(37.7)	93(23.5)	95(24.1)	58(14.7)	
			方 形	圆 形	尖 形	角 形	杂 形
颏 形	♂	51	20(39.2)	17(33.3)	8(15.7)	2(3.9)	4(7.8)
	♀	52	4(7.7)	15(28.8)	31(59.6)	0	2(3.8)
	♂+♀	103	24(23.3)	32(31.1)	39(37.9)	2(1.9)	6(5.8)
			外 翻	直 形	内 翻		
下颌角形	♂	50	37(74.0)	8(16.0)	5(10.0)		
	♀	56	22(39.3)	22(39.3)	12(21.4)		
	♂+♀	106	59(55.7)	30(28.3)	17(16.0)		
			无	小	中	大	
下颌圆枕	♂	43	34(79.1)	7(16.3)	2(4.7)	0	
	♀	47	38(80.9)	4(8.5)	4(8.5)	1(2.1)	
	♂+♀	90	72(80.0)	11(12.2)	6(6.7)	1(1.1)	

表 7　　火烧沟组头骨的颅面形态分类一览表

（单位：厘米　　括号内数字为实例数）

马丁号	特征	性别	例数	形态分类出现率					平均型
				特长颅	长颅	中颅	短颅	特短颅	
8：1	颅指数	男	49	—	36.7(18)	53.1(26)	10.2(5)	—	75.9(中颅型)
		女	55	1.8(1)	30.9(17)	52.7(29)	12.7(7)	1.8(1)	76.7(中颅型)
		合	104	1.0(1)	33.7(35)	52.9(55)	11.5(12)	1.0(1)	
				低　颅	正　颅	高　颅			
17：1	颅长高指数	男	53	1.9(1)	32.1(17)	66.0(35)			76.1(高颅型)
		女	58	10.3(6)	56.9(33)	32.8(19)			73.9(正颅型)
		合	111	6.3(7)	45.0(50)	48.6(54)			
				低　颅	正　颅	高　颅			
21：1	颅长耳高指数	男	51		39.2(20)	60.8(31)			63.9(高颅型)
		女	56	1.8(1)	55.4(31)	42.9(24)			62.9(正颅型)
		合	107	0.9(1)	47.7(51)	51.4(55)			
				阔　颅	中　颅	狭　颅			
17：8	颅宽高指数	男	47	8.5(4)	14.9(7)	76.6(36)			100.7(狭颅型)
		女	54	14.8(8)	55.6(30)	29.6(16)			95.8(中颅型)
		合	101	11.9(12)	36.6(37)	51.5(52)			
				狭　额	中　额	阔　额			
9：8	额宽指数	男	50	66.0(33)	24.0(12)	10.0(5)			64.8(狭额型)
		女	55	74.5(41)	16.4(9)	9.1(5)			64.4(狭额型)
		合	105	70.5(74)	20.0(21)	9.5(10)			
				特阔面	阔　面	中　面	狭　面	特狭面	
48：45	上面指数	男	46	—	4.3(2)	50.0(23)	41.3(19)	4.3(2)	54.4(中面型)
		女	48	—	—	29.2(14)	68.8(33)	2.1(1)	56.2(狭面型)
		合	94	—	2.1(2)	39.4(37)	55.3(52)	3.2(3)	
				特阔面	阔　面	中　面	狭　面	特狭面	
47：45	全面指数	男	33	—	27.3(9)	36.4(12)	33.3(11)	3.0(1)	88.1(中面型)
		女	38	—	7.9(3)	23.7(9)	50.0(19)	18.4(7)	91.2(狭面型)
		合	71	—	16.9(12)	29.6(21)	42.3(30)	11.3(8)	

续表 7

马丁号	特征	性别	例数	形态分类出现率					平均型
				低眶	中眶	高眶			
52：51	眶指数（左）	男	59	22.0(13)	66.1(39)	11.9(7)			78.5(中眶型)
		女	58	10.3(6)	63.8(37)	25.9(15)			81.4(中眶型)
		合	117	16.2(19)	65.0(76)	18.8(22)			
				狭鼻	中鼻	阔鼻	特阔鼻		
54：55	鼻指数	男	59	25.4(15)	35.6(21)	37.3(22)	1.7(1)		49.9(中鼻型)
		女	60	20.0(12)	45.0(27)	33.3(20)	1.7(1)		49.8(中鼻型)
		合	119	22.7(27)	40.3(48)	35.3(42)	1.7(2)		
				狭腭	中腭	阔腭			
63：62	腭指数	男	45	2.2(1)	15.6(7)	82.2(37)			91.7(阔腭型)
		女	44	2.3(1)	11.4(5)	86.4(38)			93.1(阔腭型)
		合	89	2.2(2)	13.5(12)	84.3(75)			
				长齿槽	中齿槽	短齿槽			
61：60	上齿槽弓指数	男	45	8.9(4)	13.3(6)	77.8(35)			120.0(短齿槽型)
		女	44	2.3(1)	9.1(4)	88.6(39)			123.9(短齿槽型)
		合	89	5.6(5)	11.2(10)	83.1(74)			
				突颌	中颌	平颌			
40：5	面突度指数	男	50	—	28.0(14)	72.0(36)			95.3(正颌型)
		女	56	1.8(1)	23.2(13)	75.0(42)			95.8(正颌型)
		合	106	0.9(1)	25.5(27)	74.3(78)			
				超突颌	突颌	中颌	平颌	超平颌	
72	总面角	男	47	—	2.1(1)	21.3(10)	72.3(34)	4.3(2)	86.7(平颌型)
		女	51	—	—	21.6(11)	76.5(39)	2.0(1)	86.7(平颌型)
		合	98	—	1.0(1)	21.4(21)	74.5(73)	3.1(3)	
				超突颌	突颌	中颌	平颌	超平颌	
73	鼻面角	男	52	—	—	5.8(3)	80.8(42)	13.5(7)	89.1(平颌型)
		女	56	—	—	5.4(3)	76.8(43)	17.9(10)	90.0(平颌型)
		合	108	—	—	5.6(6)	78.7(85)	15.7(17)	
				超突颌	突颌	中颌	平颌	超平颌	
74	齿槽面角	男	46	8.7(4)	41.3(19)	26.1(12)	19.6(9)	4.3(2)	79.8(突颌型)
		女	50	14.0(7)	52.0(26)	16.0(8)	18.0(97)	—	77.0(突颌型)
		合	96	11.5(11)	46.9(45)	20.8(20)	18.8(18)	2.1(2)	

表 8　火烧沟男女头骨组形态类型出现率差异"t"测验一览表

项　目	形态类型	t 值	自由度	p 值
颅指数（8：1）	特长颅	0.90	102	0.5~0.25
	长　颅	0.64	102	0.025~0.01
	中　颅	0.04	102	>0.5
	短　颅	0.42	102	>0.5
	特短颅	0.90	102	0.5~0.25
颅长高指数（17：1）	低　颅	1.68	109	0.1 ~ 0.05
	正　颅	2.76	109	0.01 ~ 0.005
	高　颅	3.69	109	<0.005
颅长耳高指数（21：1）	低　颅	0.90	105	0.5 ~ 0.25
	正　颅	0.52	105	>0.5
	高　颅	1.79	105	0.1~0.05
颅宽高指数（17：8）	阔　颅	1.05	99	0.5~0.25
	中　颅	4.07	99	<0.005
	狭　颅	4.70	99	<0.005
额宽指数（9：8）	狭　额	0.94	103	0.5~0.25
	中　额	0.95	103	0.5~0.25
	阔　额	0.15	103	>0.05
上面指数（48：45）	阔　面	1.43	92	0.25~0.1
	中　面	2.08	92	0.05~0.025
	狭　面	2.75	92	0.01~0.005
	特狭面	0.55	92	>0.5
全面指数（47：45）	阔　面	2.16	69	0.05~0.025
	中　面	1.15	69	0.5~0.25
	狭　面	1.39	69	0.25~0.1
	特狭面	2.20	69	0.05 ~ 0.025
眶指数（52：51）	低　眶	1.67	115	0.1 ~ 0.05
	中　眶	0.26	115	>0.5
	高　眶	2.00	115	0.05~0.025
鼻指数（54：55）	狭　鼻	0.89	83	0.5~0.25
	中　鼻	1.08	83	0.5~0.25
	阔　鼻	0.48	83	>0.5
	特阔鼻	3.78	83	<0.005

项　目	形态类型	t 值	自由度	p 值
鼻指数（54：55）	狭　鼻	0.68	117	>0.5
	中　鼻	1.04	117	0.5~0.25
	阔　鼻	0.44	117	>0.5
	特阔鼻	0	117	>0.5
腭指数（63：62）	狭　腭	0.11	87	>0.5
	中　腭	0.60	87	>0.5
	阔　腭	0.53	87	>0.5
齿槽弓指数（61：60）	长齿槽	1.32	87	0.25~0.1
	中齿槽	0.60	87	>0.5
	短齿槽	1.35	87	0.25~0.1
面突度指数（40：5）	平　颌	0.33	104	>0.5
	中　颌	0.60	104	>0.5
	突　颌	0.90	104	0.5~0.25
总面角（72）	突　颌	0.99	96	0.5~0.25
	中　颌	0.04	96	>0.5
	平　颌	0.47	96	>0.5
	超平颌	0.77	96	0.5~0.25
鼻面角（73）	中　颌	0.08	106	>0.5
	平　颌	0.50	106	>0.5
	超平颌	0.63	106	>0.5
齿槽面角（74）	超突颌	0.88	94	0.5~0.25
	突　颌	1.07	94	0.5~0.25
	中　颌	1.26	94	0.25~0.1
	平　颌	0.20	94	>0.5
	超平颌	1.43	94	0.25~0.1
总面角（72）	突　颌	3.40	70	<0.005
	中　颌	1.78	70	0.1~0.05
	平　颌	5.40	70	<0.005
	超平颌	0.67	70	>0.5

表9　　颅长、宽和颅指数标准差比较一览表

作　者	组　别	性　别	颅长标准差(S.D.)	颅宽标准差(S.D.)	颅指数标准差(S.D.)
Pearson	Ainos		5.936(76)	3.897(76)	
	Bavarians		6.008(100)	5.849(100)	
	Parisians		5.942(77)	5.214(77)	
	Naqadas		5.722(139)	4.621(139)	
	English		6.085(136)	4.796(136)	
韩康信	火烧沟组	男	5.94(57)	4.78(50)	3.14(49)
		女	5.40(60)	4.40(55)	3.33(55)
	殷代中小墓组	男	5.79(42)	4.44(39)	2.85(36)
		女	4.95(21)	4.58(20)	2.74(20)
杨希枚	殷代祭祀坑组		6.20(319)	5.90(317)	3.98(316)
李　济			5.20(136)	5.40(135)	3.95(135)
Morant	Egyptians(E)		5.73	4.76	2.67
	Naqadas		6.03	4.60	2.88
	Whitechapel English		6.17	5.28	2.97
	Moorfields English		5.90	5.31	3.27
	Congo Negroes		6.55	5.00	2.88

注：表中Pearson各组标准差取自文献4；殷代中小墓组和殷代祭祀坑组标准差取自文献11;Morant各组标准差取自文献28。除了注明性别的以外,其余都是男性标准差。

表 10　火烧沟组及其他组与欧洲同种系平均标准差百分比值比较一览表

	火烧沟 σ_1	殷代中小墓 σ_2	殷代祭祀坑 σ_3	史前华北 σ_4	现代华北 σ_5	异种系 σ_6	欧洲同种系 σ_0	σ_1/σ_0	σ_2/σ_0	σ_3/σ_0	σ_4/σ_0	σ_5/σ_0	σ_6/σ_0
颅　长	5.94	5.79	6.20	6.20	6.50	6.15	6.09	97.54	95.07	101.81	101.81	106.73	100.99
颅　宽	4.78	4.44	5.90	4.60	4.60	4.91	5.03	95.03	88.27	117.30	91.45	91.45	97.61
最小额宽	4.57	4.12	4.90	4.50	4.40	5.00	4.32	105.79	95.37	113.43	104.17	101.85	115.74
耳上颅高	4.55	4.54	4.26	4.70	4.20	4.11	4.24	107.31	107.08	100.47	110.85	99.06	96.93
颅　高	5.94	5.30	5.38	5.90	5.70	5.08	5.12	116.02	103.52	105.08	115.23	111.33	99.22
颅基底长	4.84	4.77	5.16	5.20	4.40	4.27	4.22	114.69	113.03	122.27	123.22	104.27	101.18
面基底长	4.75	5.88	6.00	5.00	5.50	5.41	4.88	97.34	120.49	122.95	102.46	112.70	110.86
颅周长	13.23	8.19	13.60	14.20	14.70	14.95	14.14	93.56	57.92	96.18	100.42	103.96	105.73
颅横弧	10.36	9.40	9.72	11.20	11.60	10.78	10.02	103.39	93.81	97.0	111.78	115.77	107.58
颅矢状弧	11.71	13.59	12.64	12.10	14.00	13.23	12.71	92.13	106.92	99.45	95.20	110.15	104.09
颧　宽	5.14	7.36	5.68	5.70	4.30	5.45	5.10	100.78	144.12	111.37	111.76	84.31	106.86
上面高	3.65	5.02	3.74	4.20	4.10	4.17	4.28	85.28	117.29	87.38	98.13	95.79	97.43
全面高	4.23	5.57	5.66	6.50	4.70	5.54	6.33	66.82	87.99	89.42	102.69	74.25	87.52
眶　高	1.71	2.02	1.90	1.60	1.80	1.94	2.01	85.07	100.50	95.48	79.60	89.55	96.52
眶　宽	1.80	2.14	1.90	1.50	3.00	2.34	1.82	98.90	119.78	103.26	82.42	164.84	128.57
鼻　高	2.59	3.87	3.12	3.80	2.90	3.10	3.03	85.48	127.72	102.97	125.41	95.71	102.31
鼻　宽	2.08	1.59	1.96	1.40	1.70	1.90	1.81	114.92	87.85	108.29	77.35	93.92	104.97
腭　长	2.52	3.06	3.04	2.40	3.20	2.94	2.93	86.01	104.44	103.75	81.91	109.22	100.34
腭　宽	2.58	2.60	2.94	2.40	2.60	2.76	3.19	80.88	81.50	92.16	75.24	81.50	86.52

续表 10

	火烧沟 σ_1	殷代中小墓 σ_2	殷代祭祀坑 σ_3	史前华北 σ_4	现代华北 σ_5	异种系 σ_6	欧洲同种系 σ_0	σ_1/σ_0	σ_2/σ_0	σ_3/σ_0	σ_4/σ_0	σ_5/σ_0	σ_6/σ_0
测量项目平均标准差百分比								96.15 (19)	102.77 (19)	103.69 (19)	99.53 (19)	102.44 (19)	102.68 (19)
颅指数	3.14	2.85	3.98	3.37	3.84	3.71	3.22	97.52	88.51	123.6	104.66	119.25	115.22
颅长高指数	2.79	3.27	3.16	2.60	3.03	3.21	3.05	91.48	107.21	103.61	82.25	99.34	105.25
额指数	3.16	2.54	3.82	2.91	3.81	3.48	3.23	97.83	78.64	118.72	90.09	117.96	107.74
颅宽高指数	4.99	4.87	4.34	4.70	5.08	5.12	4.61	108.24	105.64	94.14	101.95	110.20	110.06
上面指数	2.75	2.54	3.28	3.64	3.29	3.37	3.30	83.33	76.97	99.39	110.30	99.70	102.12
眶指数	4.53	5.03	5.42	3.81	4.40	4.35	5.33	84.99	94.37	101.69	71.48	82.55	81.61
鼻指数	3.55	3.98	4.44	3.43	3.97	4.45	4.49	79.06	88.64	98.89	76.39	88.42	99.11
腭指数	6.51	6.33	8.72	6.55	7.78	6.89	6.61	98.49	95.76	131.92	99.09	117.70	104.24
指数项目平均标准差百分比								92.62 (8)	91.97 (8)	109.00 (8)	92.40 (8)	104.39 (8)	103.29 (8)
全部项目平均标准差百分比								95.10 (27)	99.57 (27)	105.26 (27)	97.42 (27)	103.02 (27)	102.86 (27)

注：表右的6纵行标准差之比值皆为百分比值。

表 11 **火烧沟组与其他组的平均变异系数比较**

	火烧沟	殷代中小墓	殷代祭祀坑	史前华北	现代华北	异种系	火烧沟	殷代中小墓	殷代祭祀坑	史前华北	现代华北	异种系
	平均数与标准差(M±σ)						变异系数(C.V.)					
颅长	182.78 ± 5.94	184.03 ± 5.79	181.58 ± 6.20	180.3 ± 6.2	178.5 ± 6.5	183. 15 ± 6.15	3.25	3.15	3.41	3.44	3.64	3.36
颅宽	138.78 ± 4.78	140.26 ± 4.44	141.64 ± 5.90	138.6 ± 4.6	138.2 ± 4.6	134.46 ± 4.91	3.44	3.17	4.17	3.32	3.33	3.65

续表 11

	火烧沟	殷代中小墓	殷代祭祀坑	史前华北	现代华北	异种系	火烧沟	殷代中小墓	殷代祭祀坑	史前华北	现代华北	异种系
	平均数与标准差(M±6)						变异系数(C.V.)					
最小额宽	90.07±4.57	90.43±4.12	91.76±4.90	91.1±4.5	89.4±4.4	93.72±5.00	5.07	4.56	5.34	4.94	4.92	5.34
耳上颅高	116.65±4.55	117.75±4.54	118.14±4.26	116.0±4.7	115.5±4.2	115.21±4.11	3.90	3.86	3.61	4.05	3.64	3.57
颅　高	139.27±5.94	140.32±5.30	138.84±5.38	137.0±5.9	137.2±5.7	134.55±5.08	4.27	3.78	3.87	4.31	4.15	3.78
颅基底长	103.66±4.84	102.07±4.77	101.62±5.16	101.6±5.2	99.0±4.4	100.78±4.27	4.67	4.67	5.08	5.12	4.44	4.24
面基底长	98.53±4.75	98.42±5.88	97.96±6.00	95.7±5.0	95.2±5.5	100.11±5.41	4.82	5.97	6.12	5.22	5.78	5.40
颅周长	511.57±13.23	516.85±8.19	512.50±13.60	507.1±14.2	502.2±14.7	510.03±14.95	2.59	1.58	2.65	2.80	2.93	2.93
颅横弧	315.57±10.36	317.18±9.40	320.54±9.72	312.3±11.2	317.0±11.6	312.75±10.78	3.28	2.96	3.03	3.59	3.66	3.45
颅矢状弧	372.94±11.71	372.08±13.59	373.62±12.64	371.9±12.1	370.0±14.0	371.57±13.23	3.14	3.65	3.38	3.25	3.78	3.56
颧　宽	136.25±5.14	133.08±7.36	136.18±5.68	132.2±5.7	132.7±4.3	133.40±5.45	3.77	5.53	4.17	4.31	3.24	4.09
上面高	73.82±3.65	73.81±5.02	72.36±3.74	75.2±4.2	75.3±4.1	70.20±4.17	4.94	6.80	5.17	5.59	5.44	5.94
全面高	120.58±4.23	121.47±5.57	119.18±5.66	120.3±6.5	124.6±4.7	123.60±5.54	3.51	4.59	4.75	5.40	3.77	4.48
眶　高	33.31±1.71	33.50±2.02	33.00±1.90	33.8±1.6	35.5±1.8	33.87±1.94	5.13	6.03	5.76	4.73	5.07	5.74
眶　宽	42.51±1.80	42.43±2.14	41.32±1.90	44.4±1.5	44.0±3.0	44.30±2.34	4.24	5.04	4.60	3.38	6.82	5.28
鼻　高	53.59±2.59	53.38±3.87	52.84±3.12	54.7±3.8	55.3±2.9	53.14±3.10	4.83	7.25	5.90	6.95	5.24	5.83
鼻　宽	26.73±2.08	26.99±1.59	27.04±1.96	25.8±1.4	25.0±1.7	26.18±1.90	7.78	5.89	7.25	5.43	6.80	7.26
腭　长	45.71±2.52	44.934±3.06	44.56±3.04	46.1±2.4	45.2±3.2	47.18±2.94	5.51	6.81	6.82	5.21	7.08	6.23
腭　宽	41.60±2.58	42.82±2.60	41.62±2.94	43.6±2.4	40.5±2.6	40.65±2.76	6.20	6.07	7.06	5.50	6.42	6.79
测量项目平均变异系数							4.44 （19）	4.81 （19）	4.85 （19）	4.55 （19）	4.74 （19）	4.79 （19）

续表 11

	火烧沟	殷代中小墓	殷代祭祀坑	史前华北	现代华北	异种系	火烧沟	殷代中小墓	殷代祭祀坑	史前华北	现代华北	异种系
	平均数与标准差(M±6)						变异系数(C.V.)					
颅指数	75.90±3.14	76.43±2.85	76.67±3.98	76.00±3.37	77.56±3.84	73.91±3.71	4.14	3.73	5.19	4.43	4.95	5.02
颅长高指数	76.16±2.79	76.09±3.27	76.31±3.16	75.97±2.60	77.02±3.03	73.96±3.21	3.67	4.30	4.14	3.42	3.93	4.34
额指数	64.77±3.16	64.23±2.54	66.01±3.82	65.83±2.91	64.87±3.81	67.35±3.48	4.88	3.95	5.79	4.42	5.87	5.17
颅宽高指数	100.66±4.99	99.35±4.87	99.99±4.34	99.24±4.70	99.53±5.08	100.14±5.12	4.96	4.90	4.34	4.74	5.10	5.11
上面指数	54.41±2.75	53.98±2.54	53.14±3.28	56.08±3.64	56.80±3.29	52.77±3.37	5.05	4.71	6.17	6.49	5.79	6.39
眶指数	78.45±4.53	78.70±5.03	80.11±5.42	76.18±3.81	80.66±4.40	76.88±4.35	5.77	6.39	6.77	5.00	5.45	5.66
鼻指数	49.92±3.55	50.98±3.98	51.45±4.44	47.65±3.43	45.33±3.97	48.64±4.45	7.11	7.81	8.63	7.20	8.76	9.15
腭指数	91.72±6.51	95.79±6.33	93.85±8.72	95.20±6.55	89.29±7.78	86.00±6.89	7.10	6.61	9.29	6.88	8.71	8.01
指数项目平均变异系数							5.34 (8)	5.30 (8)	6.29 (8)	5.32 (8)	6.07 (8)	6.11 (8)
全部项目平均变异系数							4.70 (27)	4.95 (27)	5.28 (27)	4.78 (27)	5.14 (27)	5.18 (27)

注：殷代中小墓组平均数、标准差取自文献⑪；殷代祭祀坑组取自文献㉒；史前与现代华北组都取自文献②；异种系组是将步达生的现代华北组与现代欧洲人组及莫兰特的澳大利亚人A组和包宁的新不列颠组合在一起组成的，其数据分别引自文献②、㉙、㉚。

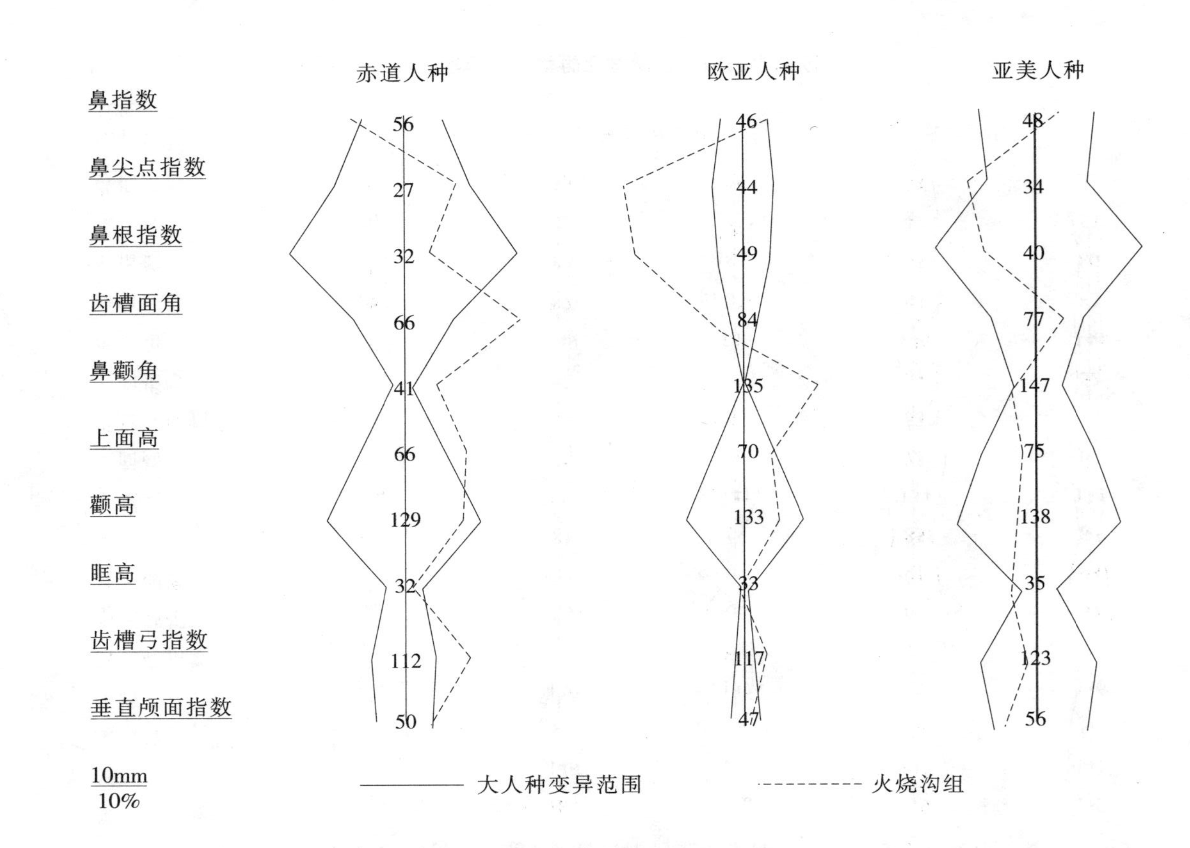

图 3　与主要大人种变异值之比较示意图

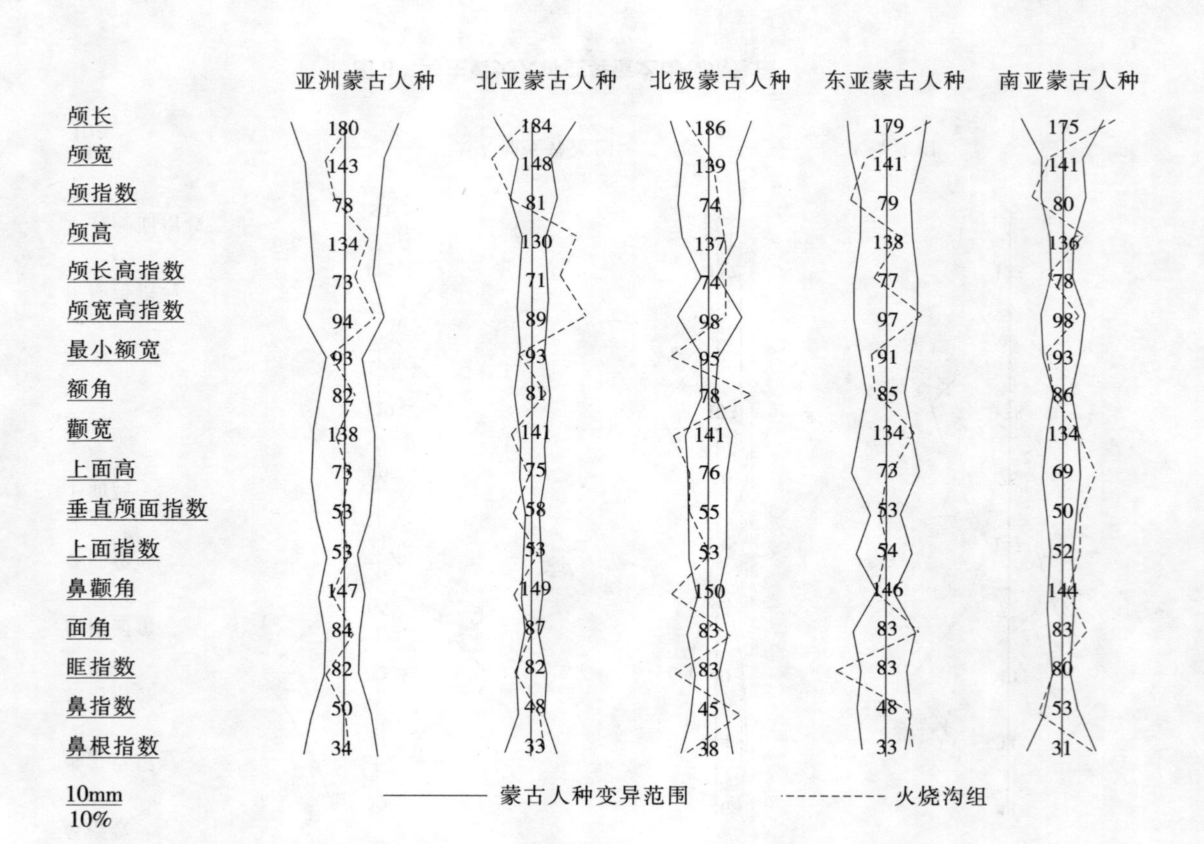

图 4　与亚洲蒙古人种类型变异界值之比较示意图

表 12　　火烧沟组与大人种支干头骨测量比较一览表

比较项目	火烧沟组	赤道人种	欧亚人种	亚美人种
鼻指数	49.92	51~60	43~49	43~53
鼻尖点指数	28.58	20~35	40~48	30~39
鼻根指数	35.58	20~45	46~53	31~49
齿槽面角	79.46	61~72	82~86	73~81
鼻颧角	145.07	140~142	约 135	145~149
上面高	73.82	62~71	66~74	70~80
颧　宽	136.25	121~138	124~139	131~145
眶　高	33.31	30~34	33~34	34~37
齿槽弓指数	120.10	109~116	116~118	116~126
垂直颅面指数	53.14	47~53	50~54	52~60
犬齿窝	浅	深	深	浅

注：表中 3 个大人种支干的各项数值引自文献⑥的表。

表 13　　火烧沟组与亚洲蒙古人种各类型头骨测量比较（男性）一览表

比较项目	火烧沟组	西伯利亚人种（北蒙古人种）	北极人种（东北蒙古人种）	远东人种（东蒙古人种）	南亚人种（南蒙古人种）	亚洲蒙古人种组值变异范围
颅　长	182.78	174.9~192.7	180.7~192.4	175.0~182.2	169.9~181.3	169.9~192.7
颅　宽	138.78	144.4~151.9	134.3~142.6	137.6~143.9	137.9~143.9	134.3~151.9
颅指数	75.90	75.4~85.9	69.8~79.0	76.9~81.5	76.9~83.3	69.8~85.9
颅　高	139.27	127.1~132.4	132.9~141.1	135.3~140.2	134.4~137.8	127.1~141.1
颅长高指数	76.12	67.4~73.5	72.6~75.2	74.3~80.1	76.5~79.5	67.4~80.1
颅宽高指数	100.66	85.2~91.7	93.3~102.8	94.4~100.3	95.0~101.3	85.2~102.8
额最小宽	90.07	90.6~95.8	94.2~96.9	89.0~93.7	89.7~95.4	89.0~96.9
额倾角	84.25	77.3~85.1	77.0~79.0	83.3~86.9	84.2~87.0	77.0~87.0
颧　宽	136.25	138.2~144.0	137.9~144.8	131.3~136.0	131.5~136.3	131.3~144.8
上面高	73.82	72.1~77.6	74.0~79.4	70.2~76.6	66.1~71.5	66.1~79.4
垂直颅面指数	53.14	55.8~59.2	53.0~58.4	52.0~54.9	48.0~52.5	48.0~59.2
上面指数	54.41	51.4~55.0	51.3~56.6	51.7~56.8	49.9~53.3	49.9~56.8
鼻颧角	145.07	147.0~151.4	149.0~152.0	145.0~146.6	142.1~146.0	142.1~152.0
总面角	86.68	85.3~88.1	80.5~86.3	80.6~86.4	81.1~84.2	80.5~88.1
眶指数	78.45	79.3~85.7	81.4~84.9	80.7~85.0	78.2~81.0	78.2~85.7
鼻指数	49.92	45.0~50.7	42.6~47.6	45.2~50.2	50.3~55.5	42.6~55.5
鼻根指数	35.58	26.9~38.5	34.7~42.5	31.0~35.0	26.1~36.1	26.1~42.5

注：表中亚洲蒙古人种各类型数据引自文献⑦的表 2-7。亚洲蒙古人种组值变异范围是由各类型合并选取每项的最大最小值组成。

表 14　火烧沟组与其他比较组间的 α 值和 C.R.L 值（男组）一览表

项　目	火烧沟（52.5）与其他比较组								
	殷代中小墓（27）	甘肃史前（19.2）	甘肃合（36.3）	仰韶合（40.3）	西藏 B（14.5）	现代华北（79.7）	现代华南（45.1）	布里亚特（24）	非亚洲（25.4）
颅　长	1.05	0.74	4.47	3.86	2.68	18.42	32.02	6.22	3.08
颅　宽	1.92	2.39	0.03	16.93	0.19	0.47	0.77	131.59	3.39
最小额宽	0.18	5.20	1.58	23.50	13.09	0.96	24.12	34.15	41.57
耳上颅高	1.33	0.07	0.63	31.44	0.85	2.49	8.41	45.60	5.64
颅基底长	3.33	2.52	6.28	1.11	14.93	46.73	39.97	4.78	22.41
枕大孔长	0.65	5.70	1.87	7.36	0.10	11.27	3.44	2.59	2.06
枕大孔宽	0.16	0.87	0.07	0.39	4.49	0.04	2.40	4.60	1.51
颅周长	2.82	1.62	2.02	1.98	11.03	12.78	1.42	15.32	0.33
颅矢状弧	0.11	0.60	0.15	11.96	2.26	1.76	1.39	15.98	9.25
颅横弧	0.40	4.45	2.28	55.50	1.42	0.55	—	—	1.97
颧　宽	6.16	20.52	16.98	0.01	0.81	19.29	27.39	13.04	52.45
上面高	0.00	0.69	2.33	0.25	4.88	4.13	10.15	6.14	10.50
鼻　高	0.08	3.48	3.55	0.16	2.41	12.00	0.79	0.00	14.20
鼻　宽	0.44	5.38	6.68	6.98	0.52	33.43	14.37	1.07	39.84
眶　宽	0.04	30.91	27.92	6.97	9.65	24.39	—	0.04	40.44
眶　高	0.20	0.83	1.37	0.18	33.36	43.16	1.86	17.47	0.18
腭　长	1.02	0.66	0.30	26.54	3.76	0.78	—	0.68	0.02
腭　宽	3.28	7.06	11.01	2.59	6.18	4.40	16.39	3.52	20.24
面　角	13.13	3.52	1.02	54.39	0.99	30.53	6.15	0.44	2.00
齿槽面角	2.64	2.96	4.62	22.99	20.22	39.41	22.24	4.14	4.28
鼻根点角	2.52	1.34	6.99	18.12	0.09	2.47	5.08	0.51	0.07
颅指数	0.73	2.05	0.03	37.22	0.55	12.07	37.02	170.58	12.06
颅长高指数	0.00	0.41	2.47	15.50	20.71	3.07	4.00	26.14	25.86
颅宽高指数	1.59	0.04	2.29	1.67	8.60	2.10	3.81	187.48	51.20
枕大孔指数	0.24	1.11	3.26	11.43	4.11	13.88	13.06	1.05	10.06
枕骨指数	0.01	1.79	3.67	2.81	2.04	0.65	2.95	0.16	2.73
中面指数	0.83	1.54	2.06	3.92	8.00	31.94	0.45	3.27	18.90
鼻指数	1.56	6.34	8.29	7.73	0.14	50.52	0.56	1.52	7.55
眶指数	0.05	6.63	4.44	1.39	9.71	5.79	—	16.05	9.64
腭指数	4.80	10.86	17.01	37.44	0.02	68.37	14.14	—	7.25
角度与指数 C.R.L	1.34	2.22	3.68	16.88	5.27	20.73	8.95	36.39	11.63
全部项目 C.R.L	0.71	3.41	3.86	12.74	5.26	15.60	10.32	24.51	13.02

表 15　　火烧沟组与其他比较组间的平均组差均方值(男性组)一览表

项　目	火烧沟组与其他比较组								
	殷代中小墓 $\alpha^2/6^2$	甘肃史前 $\alpha^2/6^2$	甘肃合 $\alpha^2/6^2$	仰韶合 $\alpha^2/6^2$	西藏 B $\alpha^2/6^2$	现代华北 $\alpha^2/6^2$	现代华南 $\alpha^2/6^2$	布里亚特 $\alpha^2/6^2$	非亚洲 $\alpha^2/6^2$
颅　长	0.047 6	0.042 4	0.187 3	0.128 0	0.238 8	0.537 3	0.972 3	0.247 4	0.172 5
颅　宽	0.096 7	0.139 8	0.001 4	0.630 6	0.017 0	0.014 8	0.022 9	5.556 1	0.198 4
最小额宽	0.007 9	0.303 2	0.064 7	0.777 0	1.090 9	0.027 4	0.894 3	2.366 3	2.290 9
耳上颅高	0.071 3	0.003 7	0.024 9	1.431 9	0.077 9	0.071 3	0.383 1	2.061 7	0.325 3
颅基底长	0.160 4	0.154 4	0.269 2	0.052 5	1.262 1	1.377 8	1.319 3	0.269 2	1.262 1
枕大孔长	0.034 7	0.440 9	0.089 8	0.335 2	0.011 1	0.339 9	0.213 0	0.184 2	0.117 7
枕大孔宽	0.009 5	0.070 3	0.003 7	0.018 2	0.382 7	0.001 1	0.149 0	0.327 3	0.085 9
颅周长	0.147 0	0.110 1	0.105 4	0.097 1	1.038 1	0.463 0	0.049 7	0.937 1	0.020 5
颅矢状弧	0.006 9	0.038 7	0.006 9	0.529 1	0.204 7	0.055 2	0.044 5	0.973 0	0.533 8
颅横弧	0.027 3	0.292 2	0.1125	2.440 0	0. 126 7	0.021 5	—	—	0.119 5
颧　宽	0.481 2	1.474 9	0.785 4	0.000 7	0. 074 8	0.603 4	0.948 2	0.603 4	3.026 2
上面高	0.000 0	0.055 8	0.110 6	0.011 2	0.4170	0.127 2	0.398 6	0.301 8	0.602 0
鼻　高	0.005 2	0.233 2	0.144 5	0.006 2	0.201 3	0.342 9	0.028 2	0.000 0	0.786 7
鼻　宽	0.021 6	0.407 6	0.276 1	0.270 2	0.043 7	0.955 3	0.482 9	0.043 7	2.207 8
眶　宽	0.001 8	2.241 0	1.294 4	0.296 9	0.806 8	0.806 8	—	0.003 6	2.241 0
眶　高	0.009 9	0.065 8	0.065 8	0.007 9	2.789 4	1.314 7	0.065 8	0.693 0	0.009 9
腭　长	0.054 9	0.056 3	0.013 7	1.085 9	0. 357 1	0.023 5	—	0.088 4	0.001 1
腭　宽	0.215 3	0.699 7	0.578 3	0.109 4	0. 578 3	0.174 9	0.832 7	0.518 9	1.574 4
面　角	0.784 6	0.281 8	0.053 6	2.665 8	0.091 5	1.031 1	0.301 8	0.049 4	0.119 5
齿槽面角	0.154 5	0.244 3	0.241 4	1.459 5	1.752 2	1.257 5	0.898 7	0.600 0	0.250 0
鼻根点角	0.147 2	0.110 4	0.365 1	1.150 3	0.008 2	0.078 9	0.205 4	0.073 9	0.004 0
颅指数	0.039 4	0.123 9	0.001 4	1.436 4	0.050 5	0.386 5	1.262 5	7.271 8	0.710 1
颅长高指数	0.000 1	0.025 6	0.110 1	0.723 1	1.869 6	0.093 7	0.189 6	1.199 5	1.482 8
颅宽高指数	0.092 8	0. 002 4	0.109 1	0.084 5	0.797 5	0.069 1	0.163 7	9.055 9	3.058 4
枕大孔指数	0.015 5	0.095 6	0.164 7	0.546 4	0. 353 0	0.428 5	0.819 0	0.090 3	0.580 1
枕骨指数	0.000 9	0.109 1	0.164 9	0.119 3	0.174 9	0.020 3	0.212 2	0.013 3	0.157 6
中面指数	0.066 6	0.172 5	0.120 3	0.198 5	0.703 4	1.073 9	0.022 3	0.287 6	1.128 9
鼻指数	0.077 0	0.459 7	0.353 1	0.319 7	0. 012 I	1.443 8	0.079 9	0.242 2	0.418 1
眶指数	0.002 5	0.461 3	0.202 1	0.063 2	0.811 8	0.191 5	—	1.341 9	0.533 9
腭指数	0.359 3	1.447 8	0.985 3	1.745 2	0.002 2	2.740 3	3.848 3	—	0.613 9
角度与指数均方值	0.38	0.54	0.49	0.94	0.74	0.86	0.85	1.36	0.87
全部项目均方值	0.32	0.59	0.48	0.79	0.73	0.54	0.75	1.12	0.91

表 16　火烧沟组与其他组头骨测量平均值比较(男性组)一览表

(长度:毫米；　角度:度；　指数%)

马丁号	项　目	火烧沟	殷代中小墓	甘肃史前	现代华北	现代华南	西藏 B	仰韶合并	爱斯基摩	布里亚特	非亚洲	蒙　古
1	颅　长(g-op)	182.78(57)	184.03(36)	181.6(25)	178.5(86)	177.1(78)	185.5(14)	180.70(64)	188.2(148)	179.9(45)	180.4(26)	182.2(80)
8	颅　宽(eu-eu)	138.78(50)	140.26(33)	137.0(26)	138.2(86)	139.5(102)	139.4(14)	142.56(58)	134.1(146)	150.45(45)	140.9(26)	149.0(80)
17	颅　高(ba-b)	139.27(55)	140.32(33)	136.8(23)	137.2(86)	136.9(69)	134.1(15)	142.53(37)	140(56)	133.0(7)	131.3(26)	131.4(80)
21	耳上颅高(po-v)	116.65(52)	117.75(29)	116.4(28)	115.5(83)	119.2(38)	115.5(15)	121.58(38)	—	—	114.3(26)	114.4(80)
9	最小额宽(ft-ft)	90.07(60)	90.43(38)	92.3(24)	89.4(85)	93.9(49)	94.3(15)	93.64(61)	94.9(20)	96.3(19)	96.2(26)	94.3(80)
25	颅矢状弧(arc n-o)	372.94(52)	372.08(22)	375.4(22)	370.0(82)	370.3(78)	378.6(14)	382.04(40)	373.7(29)	360.6(24)	363.8(26)	—
23	颅周长	511.57(44)	516.85(34)	507.0(22)	502.2(74)	508.5(82)	525.6(14)	515.86(38)	523.4(145)	524.9(26)	509.6(26)	—
24b	颅横弧(arcpo-po)	315.57(45)	317.18(22)	310.3(23)	317.0(60)	—	312.1(15)	330.80(46)	306.0(3)	—	312.2(26)	—
5	颅基底长(ba-n)	103.66(56)	102.07(33)	102.1(23)	99.0(86)	99.1(66)	99.2(15)	102.73(34)	104.9(39)	101.6(26)	99.2(26)	100.5(81)
7	枕大孔长(ba-o)	37.14(54)	37.60(23)	35.5(17)	35.7(86)	36.0(23)	37.4(15)	35.71(37)	38.1(14)	38.2(19)	36.2(26)	—
16	枕大孔宽	30.07(54)	30.28(24)	29.5(16)	30.0(86)	30.9(23)	31.4(15)	30.36(35)	29.1(14)	31.3(19)	30.7(26)	—
40	面基底长(ba—pr)	98.53(50)	98.42(25)	97.3(14)	95.2(84)	97.7(58)	97.2(15)	102.96(24)	104.2(23)	—	94.9(26)	98.5(70)
48	上面高(n-sd)	73.82(53)	73.81(28)	74.8(16)	75.3(84)	71.2(49)	76.5(15)	73.38(39)	72.4(25)	76.1(33)	70.6(26)	78.0(69)
45	颧　宽(zy-zy)	136.25(52)	133.08(17)	130.7(19)	132.7(83)	131.8(65)	137.5(15)	136.37(20)	136.4(101)	139.8(37)	128.3(26)	141.8(80)
46	中面宽(zm-zm)	103.25(53)	101.08(24)	101.4(12)	97.9(83)	99.9(38)	100.7(15)	107.21(35)	100.4(29)	102.6(18)	91.7(26)	102.8(80)
43(1)	两眶外缘点宽(fmo-fmo)	96.78(59)	97.07(31)	96.6(22)	94.4(82)	—	—	99.21(34)	—	—	97.2(26)	99.6(80)
47	全面高(n-gn)	120.58(37)	121.47(13)	117.1(19)	124.6(83)	—	—	124.87(14)	—	—	120.0(25)	—
55	鼻　高(n-ns)	53.59(59)	53.38(22)	55.0(20)	55.3(86)	53.1(54)	54.9(15)	53.36(46)	53.5(33)	53.6(7)	51.0(26)	56.5(81)
59	鼻　宽	26.73(59)	26.99(31)	25.6(17)	25.0(86)	25.5(60)	27.1(15)	27.56(46)	23.5(50)	27.1(43)	24.1(26)	27.4(81)
57	鼻骨最小宽(SC)	6.48(57)	6.97(35)	—	—	—	7.7(15)	7.67(40)	—	7.6(15)	—	7.12(81)
	鼻骨最小宽高(SS)	2.27(56)	2.47(32)	—	—	—	2.6(15)	2.55(46)	—	—	—	2.85(81)
51	眶　宽(fm-ek)右	42.50(59)	42.43(31)	45.0(18)	44.0(62)	—	44.0(15)	43.41(39)	39.8(26)	42.6(15)	45.0(26)	43.3(81)
52	眶　高　右	33.31(59)	33.50(30)	33.8(16)	35.5(74)	33.8(54)	36.5(15)	33.48(37)	35.5(35)	34.9(44)	33.5(26)	35.8(81)

续表 16

马丁号	项　目	火烧沟	殷代中小墓	甘肃史前	现代华北	现代华南	西藏 B	仰韶合并	爱斯基摩	布里亚特	非亚洲	蒙　古
	颧骨高(fmo–zm) 右	45.11(51)	45.28(30)	44.9(13)	45.7(83)	—	—	46.78(38)	—	—	43.4(25)	—
	颧骨宽(zm–rim.orb.) 右	27.11(56)	26.64(34)	26.2(14)	26.2(83)	—	—	—	—	—	23.4(26)	—
60	齿槽弓长	53.30(48)	53.71(28)	54.6(11)	52.5(84)	—	—	55.59(34)	—	—	53.0(22)	—
61	齿槽弓宽	64.53(47)	66.59(29)	67.6(12)	64.8(85)	—	—	66.29(37)	—	—	60.8(16)	—
49a	眶间宽(d–d)	22.28(56)	23.05(23)	21.5(21)	20.2(61)	—	22.7(15)	22.84(23)	21.8(14)	—	21.0(23)	20.59(76)
62	腭　长(ol–sta)	45.71(55)	44.93(28)	46.5(15)	45.2(85)	45.8(32)	47.7(13)	49.18(44)	47.0(3)	46.7(9)	45.6(25)	—
63	腭　宽(enm–enm)	41.60(45)	42.82(23)	43.8(13)	40.5(57)	39.2(35)	43.6(14)	40.73(50)	40.3(3)	43.3(8)	38.3(18)	—
	耳门上缘点间宽(po–po)	120.94(26)	119.85(37)	117.1(25)	117.6(79)	—	—	—	—	—	119.1(26)	—
65	下颌髁间宽	124.23(43)	125.30(18)	119.8(23)	120.0(81)	—	122.0(12)	124.09(33)	—	—	116.8(26)	—
8 : 1	颅指数	75.90(49)	76.43(30)	74.96(25)	77.56(86)	78.90(73)	75.3(14)	79.10(55)	71.4(145)	83.10(45)	78.15(26)	82.0(80)
17 : 1	颅长高指数	76.12(53)	76.09(29)	75.65(23)	77.02(86)	77.4(35)	72.1(14)	78.62(36)	74.2(55)	72.90(37)	77.54(26)	[72.12]
21 : 1	颅长耳高指数	63.91(51)	63.98(33)	63.85(26)	64.87(83)	[67.31]	[62.26]	[67.24]	—	—	62.85(26)	[62.79]
17 : 8	颅宽高指数	100.66(97)	99.35(27)	100.45(22)	99.53(86)	98.13(46)	95.69(14)	99.41(34)	104.28(40)	88.03(37)	93.14(26)	[88.19]
9 : 8	额指数	64.77(50)	64.23(32)	67.05(21)	64.87(85)	[67.31]	[67.65]	65.59(44)	[70.9]	[64.20]	68.15(26)	[63.29]
9 : 21	额宽耳高指数	77.21(52)	77.02(32)	78.53(24)	77.99(83)	[78.78]	[81.851	[77.02]	[83.33]	—	85.60(26)	[82.43]
9 : 45	颧额宽指数	66.05(52)	67.08(26)	70.05(20)	67.53(83)	[71.24]	[68.58]	[68.67]	[69.85]	[68.88]	74.81(26)	[66.50]
45 : 8	颅面宽指数	98.12(46)	95.71(27)	94.89(18)	96.10(83)	[94.48]	[98.64]	[95.66]	[101. 49]	[93.20]	91.23(26)	[95.17]
16 : 7	枕大孔指数	80.66(52)	81.38(22)	82.45(15)	84.45(86)	85.90(23)	84.10(15)	84.94(35)	76.4(14)	82.40(15)	85.07(26)	—
	枕骨指数(Oc.I.)	60.58(52)	60.68(23)	61.67(24)	61.05(82)	62.10(19)	59.20(15)	61.72(43)	—	60.20(18)	59.27(26)	—
	颅粗壮度(CM)	153.56(46)	154.99(23)	151.3(23)	151.0(86)	[151.17]	[153.0]	[155.26]	[154.1]	[154. 3]	149.4(26)	[154.2]
	面粗壮度(FM)	118.44(32)	118.83(12)	114.8(11)	117.5(79)	—	—	[121.4]	—	—	114.2(25)	—

续表 16

马丁号	项　目	火烧沟	殷代中小墓	甘肃史前	现代华北	现代华南	西藏 B	仰韶合并	爱斯基摩	布里亚特	非亚洲	蒙　古
	颅面指数(FM/CM)	76.62(26)	76.27(12)	75.45(11)	77.89(79)	—	—	[78.19]	—	—	76.44(25)	—
47 : 45	全面指数	88.18(32)	88.20(14)	89.84(14)	93.58(80)	—	—	[91.57]	—	—	93.47(25)	—
48 : 45	上面指数	54.41(46)	53.98(15)	56.48(15)	56.80(82)	[54.02]	[55.64]	54.58(16)	[52.94]	[54.43]	54.88(26)	[55.01]
45 : 46	中上面指数	71.84(47)	70.56(17)	73.90(11)	76.98(81)	71.10(36)	76.0(15)	69.63(34)	70.00(3)	74.50(15)	77.11(26)	[75.88]
43(1) : 46	额颧宽指数	93.97(53)	96.04(25)	95.88(14)	96.58(82)	—	—	[92.54]	—	—	106.0(26)	[96.89]
49a : 49	额眶间宽指数	24.77(56)	25.46(21)	27.42(19)	26.51(84)	—	[24.07]	[24.39]	[22.97]	—	25.04(26)	[21.83]
48 : 17	垂直颅面指数	53.1(48)	52.79(29)	[54.68]	[54.88]	[52.01]	[57.05]	51.60(25)	[51.71]	[57.22]	[13.77]	59.40(68)
	耳高宽指数(OH/PB)	96.52(26)	97.44(38)	98.79(24)	97.58(79)	—	—	—	—	—	94.12(26)	—
54 : 55	鼻指数	49.92(59)	50.98(31)	47.33(18)	45.33(86)	51.0(8)	49.5(15)	52.08(41)	42.60(23)	51.80(7)	47.45(26)	48.6(81)
	鼻根指数(SS/SC)	35.58(54)	34.83(28)	—	—	—	34.6(15)	30.41(43)	—	—	—	41.2(81)
52 : 51	眶指数	78.45(59)	78.70(29)	75.02(19)	80.66(62)	—	83.0(15)	77.18(35)	89.40(31)	84.30(15)	74.76(26)	82.9(81)
61 : 60	齿槽弓指数	120.01(45)	123.32(27)	124.64(11)	123.33(81)	—	—	118.58(30)	—	—	117.5(16)	—
63 : 62	腭指数	91.72(45)	95.79(19)	94.28(12)	89.29(56)	85.59(4)	91.4(12)	82.75(41)	85.74(3)	92.10(8)	86.43(16)	—
40 : 5	面突度指数	95.26(50)	96.75(26)	[95.30]	[96.16]	[98.59]	[97.98]	99.78(24)	[99.33]	—	[95.67]	98.0(70)
21 : 65	耳高髁宽指数	93.97(38)	94.04(16)	97.86(17)	95.78(79)	—	[95.76]	[97.98]	—	—	96.35(25)	—
65 : 47	髁宽面高指数	103.31(33)	104.47(11)	102.01(17)	96.48(81)	—	—	[99.38]	—	—	97.35(25)	—
65 : 1	髁宽颅长指数	67.90(40)	67.96(16)	65.98(17)	67.30(81)	—	[65.59]	[68.67]	—	—	64.56(25)	—
9 : 65	额髁宽指数	73.61(43)	72.30(15)	76.85(15)	74.63(81)	—	[77.05]	[75.46]	—	—	82.44(25)	—
72	面角(n-pr-FH)	86.68(47)	83.81(26)	84.96(17)	83.39(80)	84.9(17)	85.7(14)	81.39(36)	—	87.4(8)	85.56(26)	87.5(74)
73	鼻面角(n-ns-FH)	89.11(52)	86.83(29)	90.11(18)	88.74(81)	—	—	85.08(40)	—	—	90.85(26)	90.4(81)
74	齿槽面角(ns-pr-FH)	79.46(46)	74.56(26)	—	—	—	—	71.09(33)	—	—	—	79.4(68)

续表 16

马丁号	项　目	火烧沟	殷代中小墓	甘肃史前	现代华北	现代华南	西藏 B	仰韶合并	爱斯基摩	布里亚特	非亚洲	蒙　古
	额　角(g-m-FH)	77.91(51)	78.13(30)	—	—	—	—	77.94(9)	—	—	—	—
32	额　角(n-m-FH)	84.25(52)	83.43(30)	—	—	—	—	79.33(39)	—	—	—	—
	前囟角(g-b-FH)	47.28(51)	47.27(30)	—	—	—	—	74.20(38)	—	—	—	—
77	鼻颧角(fmo-n-fmo)	145.07(58)	144.35(30)	—	—	—	—	146.17(34)	—	—	—	146.4(80)
	颧上颌角(zm-ss-zm)	131.11(51)	128.40(23)	139.00(10)	137.80(80)	—	—	136.08(23)	—	—	129.0(26)	138.4(76)
	齿槽点角(n-pr-ba)	73.38(50)	72.02(26)	71.67(16)	69.50(84)	70.1(49)	68.8(15)	69.20(23)	—	70.7(8)	71.65(26)	69.0
	鼻根点角(ba-n-pr)	65.80(50)	67.07(26)	64.70(16)	64.87(84)	67.3(49)	65.5(15)	69.35(23)	—	64.9(8)	66.01(26)	64.6
	颅底点角(n-ba-pr)	40.81(50)	40.89(26)	43.94(16)	45.63(84)	42.6(49)	45.7(15)	—	—	44.3(8)	42.62(26)	46.4
	鼻尖点角(n-rhi-FH)	67.75(16)	—	—	—	—	—	66.50(4)	—	—	—	—

表 17　火烧沟组与其他比较组间的平均组差比较(男性)一览表

	火烧沟组与其他比较组									
	殷　代	甘肃史前	华　北	华　南	西　藏	仰　韶	蒙　古	爱斯基摩	布里亚特	非亚洲
线、弧测量平均组差	0. 98(32)	2.06(30)	2.32(30)	2.28(19)	2.62(25)	2.65(30)	2.84(18)	2.96(21)	3.63(19)	3.34(30)
指数项目平均组差	0.95 (30)	2.08 (29)	2.13 (29)	2.65 (17)	2.34 (23)	2.58 (29)	3.63 (18)	4.28 (17)	3.27 (15)	4.06 (29)

注：圆括号中数值为计算平均组差的项目数。

表 18　24 项测量与指数均值比较（男性组）一览表

（单位：毫米，括号中的数字为实例数）

	火烧沟	殷代中小墓	寺　洼	沙　井	辛　店	铜石时代	史前合并	仰韶合并	现代华北	现代华南	西藏 B	西藏 A
颅高(ba-b)	139.3(55)	140.3(33)	138.5(2)	136.8(9)	137.1(8)	136.8(23)	137.0(42)	142.5(37)	137.2(86)	136.9(69)	134.1(15)	130.9(35)
全面高(n-gn)	120.6(37)	121.5(13)	125.5(2)	124.8(11)	120.0(8)	117.1(19)	120.3(40)	124.9(14)	124.6(83)	—	—	—
颧骨高(zm-fmo)	45.1(51)	45.3(30)	48.5(2)	45.8(5)	45.2(10)	44.9(13)	45.4(30)	46.8(38)	45.7(83)	—	—	—
颧骨宽(zm-rimorb)	27.1(56)	26.6(34)	28.5(2)	28.6(5)	25.9(10)	26.2(14)	26.6(31)	—	26.2(83)	—	—	—
颧颌点间宽(zm-zm)	103.3(53)	101.1(24)	105.5(2)	103.1(8)	100.7(10)	101.4(12)	102.0(32)	107.2(35)	97.9(83)	99.9(38)	100.7(15)	99.0(36)
两眶外缘宽(fmo-fmo)	96.8(59)	97.1(31)	95.5(2)	95.7(6)	94.2(9)	96.6(22)	95.7(39)	99.2(34)	94.4(82)	—	—	—
颅长高指数(ba-b/g-op)	76.1(53)	76.1(29)	75.5(2)	76.5(7)	76.7(7)	75.7(23)	76.0(39)	78.6(36)	77.0(86)	77.4(35)	[72.0]	[74.7]
颅宽高指数(ba-b/eu-eu)	100.7(47)	99.4(27)	97.6(2)	98.1(7)	97.1(7)	100.5(22)	99.2(38)	99.4(34)	99.5(86)	98.1(46)	[96.4]	[94.2]
垂直额宽指数(ft-ft/po-v)	77.2(52)	77.0(32)	77.1(2)	76.7(9)	77.6(7)	78.5(24)	77.8(42)	[77.0]	78.0(83)	[78.8]	[81.0]	[80.7]
额指数(ft-ft/eu-eu)	64.8(50)	64.2(32)	64.1(2)	64.5(6)	63.3(6)	67.1(21)	65.8(35)	65.6(44)	64.9(85)	[67.3]	[67.6]	[66.2]
颧额指数(ft-ft/zy-zy)	66.1(52)	67.1(26)	66.9(2)	64.2(5)	66.2(7)	70.1(20)	68.3(34)	[68.7]	67.5(83)	[71.2]	[68.1]	[70.2]
颅面宽指数(zy-zy/eu-eu)	98.1(46)	95.7(27)	95.8(2)	96.4(5)	94.5(8)	94.9(18)	95.1(33)	[95.7]	96.1(83)	[94.5]	[99.3]	[94.2]
颅面比指数(FM/CM)	76.6(26)	76.3(12)	76.4(2)	79.6(4)	76.4(5)	75.5(11)	76.5(22)	[78.2]	77.9(79)	—	—	—
上面指数(n—sd/zy-zy)	54.4(46)	54.0(15)	55.5(2)	56.7(5)	55.0(8)	56.5(15)	56.1(30)	54.6(16)	56.8(82)	[54.0]	[55.1]	[52.7]
颧额宽指数(fmo-fmo/zm-zm)	94.0(53)	96.0(25)	90.6(2)	93.4(6)	93.6(9)	95.9(14)	94.1(31)	[92.5]	96.6(82)	—	—	—
额眶间宽指数(ld—la/ft-ft)	28.6(56)	29.4(21)	26.4(2)	27.7(7)	28.4(8)	27.4(19)	27.6(36)	[28.1]	26.5(84)	—	—	—
髁间宽(mand, Bicond.B.)	124.2(43)	125.3(18)	131.0(1)	123.7(7)	122.2(8)	119.8(23)	121.2(39)	124.1(33)	120.0(81)	—	122.0(12)	117.8(16)
耳高髁宽指数(po-v/Bicond.B)	94.0(38)	94.0(16)	90.8(1)	94.0(7)	92.8(7)	97.9(17)	95.8(32)	[98.0]	95.8(79)	—	[95.8]	[96.7]
髁宽面高指数(Bicond.B/n-gn)	103.3(33)	104.5(11)	102.4(1)	100.8(6)	102.7(7)	102.0(17)	102.1(31)	[99.4]	96.5(81)	—	—	—
髁宽颅长指数(Bicond.B/g-op)	67.9(40)	68.0(16)	69.9(1)	69.8(5)	69.2(6)	66.0(17)	67.4(29)	[68.7]	67.3(81)	—	[65.6]	[67.4]
额髁宽指数(ft-ft/Bicond.B.)	73.6(43)	72.3(15)	70.8(1)	69.9(6)	72.4(6)	76.9(25)	74.3(28)	[75.5]	74.6(81)	—	[77.1]	[78.8]
齿槽弓宽(Alveo.arch.B.)	64.5(47)	66.6(29)	66.0(2)	67.4(5)	65.3(10)	67.6(12)	66.5(29)	66.3(37)	64.8(85)	—	—	—
齿槽弓指数(Alveo.Index)	120.0(45)	123.3(27)	128.2(2)	125.5(4)	124.9(9)	124.6(11)	124.9(26)	118.6(30)	123.3(81)	—	—	—
腭指数(Palat.Index)	91.7(45)	95.8(19)	95.1(2)	96.2(9)	93.4(9)	94.3(12)	95.2(32)	82.8(41)	89.3(56)	—	91.7(13)	91.1(35)

续表 18

	朝　鲜	日　本	阿伊努	爱斯基摩	布里亚特	蒙　古	非亚洲	弗灵顿	那夸达	刚果尼格罗
颅　高(ba-b)	136.3(3)	137.8(16)	139.5(88)	140.0(56)	133.0(7)	131.4(80)	131.3(26)	129.7(118)	—	—
全面高(n-gn)	—	—	—	—	—	—	120.0(25)	—	—	—
颧骨高(zm-fmo)	—	—	—	—	—	—	43.4(25)	—	—	—
颧骨宽(zm-rim orb)	—	—	—	—	—	—	23.4(26)	—	—	—
颧颌点间宽(zm-zm)	99.9(17)	99.3(59)	102.1(76)	100.4(29)	102.6(18)	102.8(80)	91.7(26)	91.4(74)	95.8(82)	94.8(46)
两眶外缘宽(fmo-fmo)	—	—	—	—	—	—	97.2(26)	98.1(77)	—	—
颅长高指数(ba-b/g-op)	[76.8]	[76.7]	[75.3]	74.2(55)	72.9(37)	[72.1]	72.5(26)	[68.8]	—	—
颅宽高指数(ba-b/eu-eu)	[95.1]	[97.9]	[99.3]	104.3(40)	88.0(37)	[88.2]	93.1(26)	[91.6]	—	—
垂直额宽指数(ft-ft/po-v)	[77.3]	[79.2]	[80.7]	[83.3]	—	[82.4]	85.6(26)	[88.2]	[78.5]	[86.0]
额指数(ft-ft/eu-eu)	[64.3]	[67.4]	[68.1]	[70.9]	[64.2]	[63.3]	68.2(26)	[68.3]	[67.4]	[71.0]
颧额指数(ft-ft/zy-zy)	[66.7]	[70.4]	[70. 1]	[69.9]	[68.9]	[66.5]	74.8(26)	[74.1]	[72.2]	[77.8]
颅面宽指数(zy-zy/eu-eu)	[96.4]	[95.7]	[97.2]	[101.5]	[93.2]	[95.2]	91.2(26)	[92.3]	[93.3]	[91.3]
颅面比指数(FM/CM)	—	—	—	—	—	—	76.4(25)	—	—	—
上面指数(n-sd/zy-zy)	[52.9]	[53.3]	[50.5]	[52.9]	[54.4]	[55.0]	54.9(26)	[53.4]	[54.0]	[50.0]
颧额宽指数(fmo-fmo/zm-zm)	—	—	—	—	—	[96.9]	106.0(26)	107.7(74)	—	—
额眶间宽指数(td-td/ft-ft)	—	—	—	[23.0]	—	[21.6]	25.0(26)	—	—	—
髁间宽(rnand Bicond.B.)	—	—	—	—	—	—	116.8(26)	—	111.7(31)	112.6(27)
耳高髁宽指数(po-v/Bicond.B.)	—	—	—	—	—	—	96.4(25)	—	102.7(31)	[100.9]
髁宽面高指数(Bicond.B./n-gn)	—	—	—	—	—	—	97.6(25)	—	—	—
髁宽颅长指数(Bicond.B./g-op)	—	—	—	—	—	—	64.6(25)	—	[61.2]	[62.8]
额髁宽指数(ft-ft/Bicond.B.)	—	—	—	—	—	—	82.4(25)	—	[82.1]	[85.0]
齿槽弓宽(Alveo.arch.B.)	—	—	—	—	—	—	60.8(16)	—	—	—
齿槽弓指数(Alveo.Index)	—	—	—	—	—	—	117.1(16)	—	—	—
腭指数(Palat.Index)	——	81.1(6)	—	85.1(3)	—	—	86.4(16)	84.8(53)	—	83.0(33)

表 19　火烧沟组与其他华北组平均数组差"t"测验(男性组)一览表

(单位:毫米,括号内的数字为例数)

项　目	火烧沟	殷代中小墓	甘肃史前	现代华北	火烧沟—殷代比值	火烧沟—甘肃比值	火烧沟—华北比值
颅　长	182.78 ± 0.79(57)	184.04 ± 0.97(36)	181.6 ± 1.24(25)	178.5 ± 0.70(86)	1.00	0.80	4.06
颅　宽	138.78 ± 0.68(50)	140.26 ± 0.77(33)	137.0 ± 0.53(26)	138.2 ± 0.50(86)	1.45	2.07	0.69
颅　高	139.27 ± 0.80(55)	140.32 ± 0.92(33)	136.8 ± 1.25(23)	137.2 ± 0.61(86)	0.86	1.66	2.05
耳上颅高	116.65 ± 0.63(52)	117.75 ± 0.84(29)	116.4 ± 0.87(28)	115.5 ± 0.46(83)	1.04	0.23	1.47
最小额宽	90.07 ± 0.59(60)	90.43 ± 0.67(38)	92.3 ± 0.78(24)	89.4 ± 0.48(85)	0.40	2.29	0.88
颅矢状弧	372.94 ± 1.62(52)	372.08 ± 2.97(21)	375.4 ± 2.30(22)	370.0 ± 1.55(82)	0.25	0.87	1.31
颅周长	5115.57 ± 1.99(44)	516.85 ± 1.40(34)	507.0 ± 2.92(22)	502.2 ± 1.71(74)	2.16	1.29	3.57
颅横弧	315.57 ± 1.54(45)	317.18 ± 1.96(23)	310.3 ± 1.98(23)	317.0 ± 1.50(60)	0.65	2.10	0.66
颅基底长	103.66 ± 0.65(56)	102.07 ± 0.83(33)	102.1 ± 1.06(23)	99.0 ± 0.47(86)	1.51	1.25	5.81
面基底长	98.53 ± 0.67(50)	98.42 ± 1.18(25)	97.3 ± 1.23(14)	95.2 ± 0.60(84)	0.08	1.02	3.70
上面高	73.82 ± 0.50(53)	73.81 ± 0.98(27)	74.8 ± 1.30(16)	75.3 ± 0.45(84)	0.01	1.06	2.20
颧　宽	136.25 ± 0.71(52)	133.08 ± 1.84(16)	130.7 ± 1.08(19)	132.7 ± 0.47(83)	1.61	4.29	4.15
中面宽	103.25 ± 0.53(53)	101.08 ± 1.10(27)	101.4 ± 1.21(12)	97.9 ± 0.48(83)	1.78	1.40	7.45
两眶外缘间宽	96.78 ± 0.45(59)	97.07 ± 0.75(36)	96.6 ± 0.77(22)	94.4 ± 0.40(82)	0.33	0.20	3.94
鼻　宽	26.73 ± 0.27(59)	26.99 ± 0.29(31)	25.6 ± 0.29(17)	25.0 ± 0.18(86)	0.66	2.84	5.29
鼻　高	53.59 ± 0.34(59)	53.38 ± 0.68(32)	55.0 ± 0.85(20)	55.3 ± 0.31(86)	0.28	1.54	3.72
鼻骨最小宽	6.48 ± 0.31(57)	6.97 ± 0.30(36)	—	—	1.22	—	—
鼻骨最小宽高	2.27 ± 0.13(56)	2.47 ± 0.14(32)	—	—	1.02	—	—
眶宽(右)	42.50 ± 0.23(59)	42.43 ± 0.39(31)	45.0 ± 0.33(18)	44.0 ± 0.38(62)	0.15	6.18	3.35
眶高(右)	33.31 ± 0.22(59)	33.50 ± 0.36(31)	33.8 ± 0.38(16)	35.5 ± 0.21(74)	0.45	1.12	7.17
眶间宽	22.28 ± 0.30(56)	23.05 ± 0.46(25)	21.5 ± 0.46(21)	20.2 ± 0.27(61)	1.41	1.43	5.18
颧骨高(右)	45.11 ± 0.44(51)	45.28 ± 0.57(32)	44.9 ± 0.86(13)	45.7 ± 0.29(83)	0.24	0.22	1.13
颧骨宽(右)	27.11 ± 0.35(56)	26.64 ± 0.26(34)	26.2 ± 0.59(14)	26.2 ± 0.24(83)	1.68	1.10	2.13
全面高	120.58 ± 0.70(37)	121.47 ± 1.29(18)	117.1 ± 1.40(19)	124.6 ± 0.52(83)	0.61	2.23	4.64
耳门上缘点宽	120.94 ± 0.81(26)	119.85 ± 0.74(38)	117.1 ± 0.90(25)	117.6 ± 0.41(79)	0.99	3.17	3.70
齿槽弓长	53.30 ± 0.55(48)	53.71 ± 0.48(28)	54.6 ± 0.57(11)	52.5 ± 0.37(84)	0.56	1.63	1.20

续表 19

项　目	火烧沟	殷代中小墓	甘肃史前	现代华北	火烧沟—殷代比值	火烧沟—甘肃比值	火烧沟—华北比值
齿槽弓宽	64.53 ± 0.48(47)	66.59 ± 0.72(30)	67.6 ± 1.27(12)	64.8 ± 0.39(85)	2.38	2.26	0.44
腭　长	45.71 ± 0.68(55)	44.93 ± 0.59(27)	46.5 ± 0.57(15)	45.2 ± 0.35(85)	0.87	0.89	0.67
腭　宽	41.60 ± 0.38(45)	42.82 ± 0.55(22)	43.8 ± 0.69(13)	40.5 ± 0.34(57)	1.81	2.77	2.13
枕大孔长	37.14 ± 0.34(54)	37.60 ± 0.53(23)	35.5 ± 0.68(17)	35.7 ± 0.28(86)	0.73	2.16	3.27
枕大孔宽	30.07 ± 0.38(54)	30.28 ± 0.44(24)	29.5 ± 0.55(16)	30.0 ± 0.19(86)	0.39	0.85	0.16
总面角	86.68 ± 0.47(47)	83.81 ± 0.72(26)	84.96 ± 1.45(17)	83.39 ± 0.37(80)	3.35	1.13	5.55
齿槽面角	79.46 ± 1.07(46)	74.56 ± 1.38(26)	—	—	2.81	—	—
额　角	77.91 ± 0.63(51)	78.13 ± 1.03(30)	—	—	0.18	—	—
鼻颧角	145.07 ± 0.63(58)	144.35 ± 0.73(31)	—	—	0.75	—	—
颧上颌角	131.11 ± 0.84(51)	128.40 ± 1.07(23)	—	—	2.00	—	—
颅指数	75.90 ± 0.45(49)	76.43 ± 0.52(30)	74.96 ± 0.48(25)	77.56 ± 0.41(86)	0.77	1.42	2.72
颅长高指数	76.12 ± 0.38(53)	76.09 ± 0.61(29)	75.65 ± 0.49(23)	77.02 ± 0.33(86)	0.04	0.76	1.79
颅宽高指数	100.66 ± 0.73(47)	99.35 ± 0.94(27)	100.45 ± 0.85(22)	99.53 ± 0.55(86)	1.10	0.19	1.24
垂直颅面指数	53.14 ± 0.51(48)	52.79 ± 0.78(29)	—	—	0.38	—	—
鼻指数	49.92 ± 0.46(59)	50.98 ± 0.71(31)	47.33 ± 1.03(18)	45.33 ± 0.43(86)	1.25	2.29	7.29
眶指数(右)	78.45 ± 0.59(59)	78.70 ± 0.93(29)	75.02 ± 0.82(19)	80.66 ± 0.56(62)	0.23	3.41	2.72
枕大孔指数	80.66 ± 0.74(52)	81.19 ± 1.10(23)	82.45 ± 1.39(15)	84.45 ± 0.67(86)	0.40	1.14	3.79
鼻根指数	35.58 ± 1.57(54)	34.83 ± 1.75(31)	—	—	1.76	—	—
上面指数	54.41 ± 0.41(46)	53.98 ± 0.64(15)	56.48 ± 1.12(15)	56.80 ± 0.36(82)	0.57	1.74	4.39
全面指数	88.10 ± 0.71(33)	88.20 ± 0.91(14)	89.84 ± 1.69(14)	93.58 ± 0.57(80)	0.09	0.95	6.04
额指数	64.77 ± 0.45(50)	64.23 ± 0.44(33)	67.05 ± 0.49(21)	64.87 ± 0.41(85)	0.86	3.44	0.16
面突度指数	95.26 ± 0.52(50)	96.75 ± 0.77(28)	—	—	1.60	—	—
腭指数	91.72 ± 1.25(45)	95.79 ± 1.58(16)	94.28 ± 2.08(12)	89.29 ± 1.04(56)	2.02	1.06	1.50
齿槽弓指数	120.01 ± 1.04(45)	123.32 ± 1.32(30)	124.64 ± 1.76(11)	123.33 ± 0.92(81)	1.65	2.00	1.88

注:眶宽系(mf-ek),眶间宽系(d-d),额角系(g-m-FH)。
　　甘肃史前组和现代华北组各项测量数值取自文献〔2〕。

表 20　火烧沟组与其他华北组平均数组差“t”测验(女性组)一览表

(单位:毫米,括号内表示例数)

项　目	火烧沟	殷代中小墓	甘肃史前	现代华北	火烧沟—殷代比值	火烧沟—甘肃比值	火烧沟—华北比值
颅　长	176.37 ± 0.70(60)	175.29 ± 1.03(21)	175.4 ± 1.65(14)	172.4 ± 1.85(10)	0.87	0.57	2.01
颅　宽	135.23 ± 0.59(55)	138.09 ± 1.02(20)	134.8 ± 2.85(13)	133.6 ± 1.62(10)	2.43	0.12	1.08
颅　高	130.83 ± 0.70(59)	133.13 ± 1.07(20)	130.1 ± 1.22(13)	131.6 ± 1.25(10)	2.15	0.20	0.85
耳上颅高	110.97 ± 0.59(56)	113.09 ± 0.75(20)	111.7 ± 0.93(15)	112.8 ± 1.22(10)	2.22	0.66	1.35
最小额宽	86.87 ± 0.59(58)	90.21 ± 0.83(25)	87.6 ± 1.11(12)	87.2 ± 0.90(10)	3.34	0.59	0.31
颅矢状弧	360.15 ± 1.58(51)	359.14 ± 3.26(18)	362.6 ± 2.21(10)	359.2 ± 0.36(10)	0.28	0.90	0.59
颅周长	498.19 ± 1.66(52)	499.15 ± 2.08(20)	495.0 ± 3.56(14)	492.0 ± 4.27(8)	0.29	0.81	1.35
颅横弧	305.77 ± 1.50(52)	307.61 ± 2.44(18)	305.6 ± 2.37(13)	303.0 ± 0.36(10)	0.64	0.06	1.80
颅基底长	97.25 ± 0.51(59)	96.69 ± 1.02(20)	93.9 ± 0.85(13)	95.2 ± 1.38(10)	0.49	3.38	1.39
面基底长	94.17 ± 0.51(56)	94.81 ± 0.97(18)	91.8 ± 2.80(6)	95.0 ± 1.82(10)	1.50	0.48	0.97
上面高	71.61 ± 0.53(53)	68.38 ± 1.11(19)	70.2 ± 1.33(10)	69.6 ± 1.16(10)	2.63	0.98	1.58
颧　宽	128.25 ± 0.54(54)	127.37 ± 1.53(10)	125.8 ± 1.65(10)	124.8 ± 1.08(10)	0.54	1.41	2.86
中面宽	98.73 ± 0.66(54)	97.08 ± 1.00(17)	95.0 ± 1.16(10)	95.0 ± 1.32(10)	1.38	2.79	2.53
两眶外缘间宽	93.84 ± 0.42(60)	93.89 ± 0.66(19)	92.5 ± 0.89(11)	91.4 ± 1.20(10)	0.06	1.36	1.92
鼻　宽	26.21 ± 0.21(60)	26.55 ± 0.51(20)	25.9 ± 0.61(7)	23.4 ± 0.40(10)	0.48	0.48	6.22
鼻　高	52.75 ± 0.33(60)	49.46 ± 0.67(75)	51.6 ± 0.87(12)	50.4 ± 0.82(10)	4.36	1.20	2.62
鼻骨最小宽	7.21 ± 0.24(60)	7.67 ± 0.34(24)	—	—	1.11	—	—
鼻骨最小宽高	2.03 ± 0.10(60)	2.27 ± 0.19(24)	—	—	1.12	—	—
眶　宽(右)	41.28 ± 0.21(60)	41.48 ± 0.34(22)	43.5 ± 0.40(10)	40.8 ± 0.64(6)	0.50	4.91	0.71
眶　高(右)	33.54 ± 0.23(59)	33.41 ± 0.45(21)	33.9 ± 0.44(10)	33.5 ± 0.22(8)	0.26	0.73	0.13
眶间宽	21.48 ± 0.28(52)	21.95 ± 0.43(19)	21.1 ± 0.80(11)	20.7 ± 0.76(6)	0.92	0.45	0.96
颧骨高(右)	42.83 ± 0.34(59)	42.27 ± 0.62(22)	43.3 ± 0.62(12)	43.1 ± 0.87(10)	0.79	0.66	0.29
颧骨宽(右)	24.17 ± 0.31(59)	23.46 ± 0.34(20)	23.6 ± 0.74(13)	24.9 ± 0.71(10)	1.54	0.71	0.94
全面高	116.30 ± 0.96(42)	107.77 ± 1.84(7)	114.4 ± 1.99(9)	115.0 ± 1.90(10)	4.11	0.86	0.61
耳门上缘点宽	116.55 ± 0.89(21)	114.75 ± 1.09(21)	112.8 ± 0.95(13)	113.5 ± 0.86(10)	1.28	2.88	2.46
齿槽弓长	50.19 ± 0.56(46)	52.26 ± 0.53(19)	50.7 ± 0.93(7)	51.8 ± 0.83(9)	2.68	0.47	1.61

续表 20

项　目	火烧沟	殷代中小墓	甘肃史前	现代华北	火烧沟—殷代比值	火烧沟—甘肃比值	火烧沟—华北比值
齿槽弓宽	62.53 ± 0.36(46)	64.22 ± 0.69(18)	64.2 ± 0.67(6)	62.3 ± 0.71(9)	2.17	2.20	0.29
腭　长	44.00 ± 0.37(50)	44.84 ± 0.50(20)	44.5 ± 1.33(4)	44.3 ± 0.87(10)	1.35	0.36	0.32
腭　宽	41.03 ± 0.32(45)	40.06 ± 0.68(18)	42.8 ± 1.02(5)	41.0 ± 0.68(5)	1.29	1.66	0.04
枕大孔长	35.62 ± 0.31(53)	35.50 ± 0.61(19)	35.7 ± 0.61(10)	33.4 ± 0.77(10)	0.18	0.12	2.67
枕大孔宽	28.00 ± 0.31(53)	29.06 ± 0.44(17)	28.8 ± 0.27(10)	28.9 ± 0.49(10)	1.97	1.95	1.55
总面角	86.71 ± 0.39(51)	82.18 ± 0.99(19)	81.26 ± 2.49(7)	82.30 ± 0.58(10)	4.26	2.16	6.31
齿槽面角	77.00 ± 0.93(50)	70.44 ± 1.34(19)	—	—	4.02	—	—
额　角	80.07 ± 0.50(56)	80.64 ± 0.94(21)	—	—	0.54	—	—
鼻颧角	147.93 ± 0.65(59)	144.66 ± 0.94(18)	—	—	2.86	—	—
颧上颌角	132.16 ± 0.73(54)	129.46 ± 1.21(16)	—	—	1.91	—	—
颅指数	76.72 ± 0.45(55)	78.84 ± 0.61(20)	77.83 ± 0.82(12)	77.50 ± 1.32(10)	2.80	1.19	0.56
颅长高指数	73.90 ± 0.45(58)	75.53 ± 0.73(19)	75.38 ± 1.17(12)	76.35 ± 1.05(10)	1.90	1.18	2.14
颅宽高指数	95.84 ± 0.71(54)	95.95 ± 1.09(18)	96.93 ± 1.48(13)	98.15 ± 1.45(10)	0.08	0.66	1.43
垂直颅面指数	54.94 ± 0.51(52)	51.33 ± 1.07(19)	—	—	3.05	—	—
鼻指数	49.77 ± 0.41(60)	54.04 ± 1.21(22)	51.50 ± 1.26(8)	46.40 ± 1.08(10)	3.34	1.31	2.92
眶指数(右)	81.36 ± 0.54(59)	80.97 ± 0.66(20)	77.90 ± 1.01(10)	82.00 ± 1.33(6)	0.46	3.03	0.45
枕大孔指数	80.74 ± 0.76(50)	81.17 ± 1.63(18)	82.95 ± 1.60(8)	86.65 ± 1.42(10)	0.24	1.25	3.67
鼻根指数	30.25 ± 1.56(60)	27.59 ± 1.95(24)	—	—	1.07	—	—
上面指数	56.16 ± 0.35(48)	53.43 ± 1.02(11)	54.50 ± 0.68(8)	56.00 ± 0.98(10)	2.53	2.17	1.12
全面指数	91.23 ± 0.73(38)	83.71 ± 0.85(5)	90.45 ± 1.32(7)	92.15 ± 1.29(10)	6.71	0.52	0.62
额指数	64.35 ± 0.45(55)	65.46 ± 0.77(20)	65.33 ± 1.04(9)	65.10 ± 0.76(10)	1.24	0.86	0.85
面突度指数	95.79 ± 0.42(56)	97.88 ± 1.00(19)	—	—	1.93	—	—
腭指数	93.07 ± 1.03(44)	90.12 ± 1.87(16)	97.05 ± 3.10(4)	92.00 ± 2.65(5)	1.38	1.22	0.38
齿槽弓指数	123.95 ± 0.99(44)	119.45 ± 1.65(18)	127.78 ± 3.07(6)	121.00 ± 2.39(9)	2.10	1.19	1.14

注：眶宽系(mf-ek)，眶间宽系(d-d)，额角系(g-m-FH)。
甘肃史前组和现代华北组各项测量数值取自文献②。

表 21　火烧沟组与殷代中小墓组颅、面形态分类的比较(男性)一览表

马丁号	比较项目	组　别	例数	形　态　类　型				
				特长颅	长　颅	中　颅	短　颅	特短颅
8∶1	颅指数	火烧沟组	49	—	36.7(18)	53.1(26)	10.2(5)	—
		殷代中小墓组	43	2.3(1)	37.2(16)	48.8(21)	11.6(5)	—
				低　颅	正　颅	高　颅		
17∶1	颅长高指数	火烧沟组	53	1.9(1)	32.1(17)	66.0(35)		
		殷代中小墓组	40	7.5(3)	32.5(13)	60.0(24)		
				低　颅	正　颅	高　颅		
21∶1	颅长耳高指数	火烧沟组	51	—	39.2(20)	60.8(31)		
		殷代中小墓组	35	—	37.1(13)	62.9(22)		
				阔　颅	中　颅	狭　颅		
17∶8	颅宽高指数	火烧沟组	47	8.5(4)	14.9(7)	76.6(36)		
		殷代中小墓组	39	10.3(4)	35.9(14)	53.8(21)		
				窄　颅	中　额	阔　额		
9∶8	额宽指数	火烧沟组	50	66.0(33)	24.0(12)	10.0(5)		
		殷代中小墓组	38	73.7(28)	21.1(8)	5.3(2)		
				特阔面	阔　面	中　面	狭　面	特狭面
48∶45	上面指数	火烧沟组	46	—	4.3(2)	50.0(23)	41.3(19)	4.3(2)
		殷代中小墓组	26	—	3.8(1)	57.7(15)	38.5(10)	—
				特阔面	阔　面	中　面	狭　面	特狭面
47∶45	全面指数	火烧沟组	33	—	27.3(9)	36.4(12)	33.3(11)	3.0(1)
		殷代中小墓组	16	6.3(1)	18.8(3)	43.8(7)	31.3(5)	—
				低　眶	中　眶	高　眶		
52∶51	眶指数(左)	火烧沟组	59	22.0(13)	66.1(39)	11.9(7)		
		殷代中小墓组	37	24.3(9)	67.5(25)	81.(3)		
				狭　鼻	中　鼻	阔　鼻	特阔鼻	
54∶55	鼻指数	火烧沟组	59	25.4(15)	35.6(21)	37.3(22)	1.7(1)	
		殷代中小墓组	40	15.0(16)	30.0(12)	50.0(20)	5.0(2)	
				狭　腭	中　腭	阔　腭		
63∶62	腭指数	火烧沟组	45	2.2(1)	15.6(7)	82.2(37)		
		殷代中小墓组	25	4.0(1)	8.0(2)	88.0(22)		
				长齿槽	中齿槽	短齿槽		
61∶60	上齿槽弓指数	火烧沟组	45	8.9(4)	13.3(6)	77.8(35)		
		殷代中小墓组	32	—	6.3(2)	93.8(30)		

续表 21

马丁号	比较项目	组 别	例数	形 态 类 型				
				平 颌	中 颌	突 颌		
40∶5	面突度指数	火烧沟组	50	72.0(36)	28.0(14)	—		
		殷代中小墓组	31	58.1(18)	38.7(12)	3.2(1)		
				超突颌	突 颌	中 颌	平 颌	超平颌
72	总面角	火烧沟组	47	—	2.1(1)	21.3(10)	72.3(34)	4.3(2)
		殷代中小墓组	34	—	8.8(3)	52.9(18)	38.2(13)	—
				超突颌	突 颌	中 颌	平 颌	超平颌
73	鼻面角	火烧沟组	52	—	—	5.8(3)	80.8(42)	13.5(7)
		殷代中小墓组	34	—	—	29.4(10)	64.7(22)	5.9(2)
				超突颌	突 颌	中 颌	平 颌	超平颌
74	齿槽面角	火烧沟组	46	8.7(4)	41.3(19)	26.1(12)	19.6(9)	4.3(2)
		殷代中小墓组	34	17.6(6)	55.9(19)	17.6(6)	8.8(3)	—

表 22　火烧沟组与殷代中小墓组颅、面形态分类的比较(女性)一览表

马丁号	比较项目	组 别	例数	形 态 类 型				
				特长颅	长 颅	中 颅	短 颅	特短颅
8∶1	颅指数	火烧沟组	55	1.8(1)	30.9(17)	52.7(29)	12.7(7)	1.8(1)
		殷代中小墓组	22	—	9.1(2)	63.6(14)	27.3(6)	—
				低 颅	正 颅	高 颅		
17∶1	颅长高指数	火烧沟组	58	10.3(6)	56.9(33)	32.8(19)		
		殷代中小墓组	20	5.0(1)	25.0(5)	70.0(14)		
				低 颅	正 颅	高 颅		
21∶1	颅长耳高指数	火烧沟组	56	1.8(1)	55.4(31)	42.9(24)		
		殷代中小墓组	20	—	20.0(4)	80.0(16)		
				阔 颅	中 颅	狭 颅		
17∶8	颅宽高指数	火烧沟组	54	14.8(8)	55.6(30)	29.6(16)		
		殷代中小墓组	20	15.0(3)	40.0(8)	45.0(9)		
				窄 额	中 额	阔 额		
9∶8	额宽指数	火烧沟组	55	74.5(41)	16.4(9)	9.1(5)		
		殷代中小墓组	22	50.0(11)	27.3(6)	22.7(5)		
				特阔面	阔 面	中 面	狭 面	特狭面
48∶45	上面指数	火烧沟组	48	—	—	29.2(14)	68.8(33)	2.1(1)
		殷代中小墓组	16	—	18.8(3)	43.8(7)	31.3(5)	6.3(1)
				特阔面	阔 面	中 面	狭 面	特狭面
47∶45	全面指数	火烧沟组	38	—	7.9(3)	23.7(9)	50.0(19)	18.4(7)
		殷代中小墓组	5	—	80.0(4)	20.0(1)	—	—

续表 22

马丁号	比较项目	组别	例数	形态类型				
				低眶	中眶	高眶		
52：51	眶指数(左)	火烧沟组	58	10.3(6)	63.8(37)	25.9(15)		
		殷代中小墓组	21	9.5(2)	81.0(17)	9.5(2)		
				狭鼻	中鼻	阔鼻	特阔鼻	
54：55	鼻指数	火烧沟组	60	20.0(12)	45.0(27)	33.3(20)	1.7(1)	
		殷代中小墓组	25	12.0(3)	32.0(8)	28.0(7)	28.0(7)	
				狭腭	中腭	阔腭		
63：62	腭指数	火烧沟组	44	2.3(1)	11.4(5)	86.4(38)		
		殷代中小墓组	17	17.6(3)	5.9(1)	76.5(13)		
				长齿槽	中齿槽	短齿槽		
61：60	上齿槽弓指数	火烧沟组	44	2.3(1)	9.1(4)	88.6(39)		
		殷代中小墓组	20	10.0(2)	25.0(5)	65.0(13)		
				平颌	中颌	突颌		
40：5	面突度指数	火烧沟组	56	75.0(42)	23.2(13)	1.8(1)		
		殷代中小墓组	20	55.0(11)	35.0(7)	10.0(2)		
				超突颌	突颌	中颌	平颌	超平颌
72	总面角	火烧沟组	51	—	—	21.6(11)	76.5(39)	2.0(1)
		殷代中小墓组	21	—	23.8(5)	42.9(9)	33.3(7)	—
				超突颌	突颌	中颌	平颌	超平颌
73	鼻面角	火烧沟组	56	—	—	5.4(3)	76.8(43)	17.9(10)
		殷代中小墓组	20	—	5.0(1)	30.0(6)	65.0(13)	—
				超突颌	突颌	中颌	平颌	超平颌
74	齿槽面角	火烧沟组	50	14.0(7)	52.0(26)	16.0(8)	18.0(9)	—
		殷代中小墓组	21	42.9(9)	57.1(12)	—	—	—

表23　火烧沟组与殷代中小墓男性组形态类型出现率差异“t”检验一览表

项目	形态类型	t值	自由度	p值
颅指数（8：1）	特长颅	1.05	90	0.5~0.25
	长　颅	0.05	90	>0.5
	中　颅	0.43	90	>0.5
	短　颅	0.07	90	>0.5
颅长高指数（17：1）	低　颅	1.40	91	0.25~0.1
	正　颅	0.003	91	>0.5
	高　颅	0.60	91	>0.5
颅长耳高指数（21：1）	正　颅	0.19	84	>0.5
	高　颅	0.19	84	>0.5
全面指数（47：45）	特阔面	1.58	47	0.25 ~ 0.1
	阔　面	0.65	47	>0.5
	中　面	0.49	47	>0.5
	狭　面	0.67	47	>0.5
	特狭面	0.75	47	0.5 ~ 0.25
眶指数（52：51）	低　眶	0.23	94	>0.5
	中　眶	0.15	94	>0.5
	高　眶	0.63	94	>0.5
鼻指数（54：55）	狭　鼻	1.30	97	0.25 ~ 0.1
	中　鼻	0.56	97	>0.5
	阔　鼻	1.27	97	0.25 ~ 0.1
	特阔鼻	1.1	97	0.5 ~ 0.25
腭指数（63：62）	狭　腭	0.45	68	>0.5
	中　腭	0.90	68	0.5 ~ 0.25
	阔　腭	0.64	68	>0.5
齿槽弓指数（61：60）	长齿槽	1.78	75	0.1 ~ 0.05
	中齿槽	1.00	75	0.5 ~ 0.25
	短齿槽	1.45	75	0.25 ~ 0.1

项目	形态类型	t值	自由度	p值
颅宽高指数（17：8）	阔　颅	0.30	84	>0.5
	中　颅	2.30	84	0.025~0.01
	狭　颅	2.28	84	<0.05
额宽指数（9：8）	狭　额	0.77	86	0.5~0.25
	中　额	0.32	86	>0.5
	阔　额	0.78	86	0.5~0.25
上面指数（48：45）	阔　面	0.10	70	>0.5
	中　面	0.64	70	>0.5
	狭　面	0.23	70	>0.5
	特狭面	1.08	70	0.5~0.25
面突度指数（40：5）	平　颌	1.26	79	0.25 ~ 0.1
	中　颌	0.97	79	0.5 ~ 0.25
	突　颌	1.60	79	0.25 ~ 0.1
总面角（72）	突　颌	1.34	79	0.25 ~ 0.1
	中　颌	2.87	79	0.01 ~ 0.005
	平　颌	3.10	79	<0.005
	超平颌	1.43	79	0.25 ~ 0.1
鼻面角（73）	中　颌	2.95	84	<0.005
	平　颌	1.61	84	0.25 ~ 0.1
	超平颌	1.09	84	0.5 ~ 0.25
齿槽面角（74）	超突颌	1.27	78	0.25 ~ 0.1
	突　颌	1.33	78	0.25 ~ 0.1
	中　颌	0.94	78	0.5 ~ 0.25
	平　颌	1.35	78	0.25 ~ 0.1
	超平颌	1.43	78	0.25 ~ 0.1

表24 火烧沟组与殷代中小墓女性组形态类型出现率差异“t”检验一览表

项目	形态类型	t值	自由度	p值
颅指数（8：1）	特长颅	0.60	75	>0.5
	长 颅	1.98	75	0.1 ~ 0.05
	中 颅	0.84	75	0.5 ~ 0.25
	短 颅	1.46	75	0.25 ~ 0.1
	特短颅	0.60	75	>0.5
颅长高指数（17：1）	低 颅	0.76	76	0.5 ~ 0.25
	正 颅	2.45	76	0.025 ~ 0.01
	高 颅	2.86	76	0.01 ~ 0.005
颅长耳高指数（21：1）	低 颅	0.60	74	>0.5
	正 颅	2.72	74	0.01 ~ 0.005
	高 颅	2.85	74	0.01 ~ 0.005
颅宽高指数（17：8）	阔 颅	0.02	72	>0.5
	中 颅	1.20	72	0.25 ~ 0.1
	狭 颅	1.28	72	0.25 ~ 0.1
鼻指数（54：55）	狭 鼻	0.89	83	0.5 ~ 0.25
	中 鼻	1.08	83	0.5 ~ 0.25
	阔 鼻	0.48	83	>0.5
	特阔鼻	3.78	83	<0.005
腭指数（63：62）	狭 腭	2.19	59	0.05~0.025
	中 腭	0.61	59	>0.5
	阔 腭	0.90	59	0.5~0.25
齿槽弓指数（61：60）	长齿槽	1.28	62	0.25~0.1
	中齿槽	1.77	62	0.1~0.05
	短齿槽	2.15	62	0.05~0.025
面突度指数（40：5）	平 颌	1.67	74	0.1~0.05
	中 颌	1.07	74	0.5~0.25
	突 颌	1.64	74	0.25~0.1

项 目	形态类型	t值	自由度	p值
额宽指数（9：8）	狭 额	2.04	75	0.05 ~ 0.025
	中 额	1.09	75	0.5 ~ 0.25
	阔 额	1.51	75	0.25 ~ 0.1
上面指数（48：45）	阔 面	3.31	62	<0.005
	中 面	1.04	62	0.5 ~ 0.25
	狭 面	2.50	62	0.025 ~ 0.01
	特狭面	0.84	62	0.5 ~ 0.25
全面指数（47：45）	阔 面	4.24	41	<0.005
	中 面	0.19	41	>0.5
	狭 面	2.08	41	0.05 ~ 0.025
	特狭面	1.08	41	0.5~0.25
眶指数（52：51）	低 眶	0.10	77	>0.5
	中 眶	1.43	77	0.25~0.1
	高 眶	1.49	77	0.25~0.1
总面角（72）	突 颌	3.40	70	<0.005
	中 颌	1.78	70	0.1~0.05
	平 颌	5.40	70	<0.005
	超平颌	0.67	70	>0.5
鼻面角（73）	突 颌	1.67	74	± 0.1
	中 颌	3.08	74	<0.005
	平 颌	1.07	74	0.5~0.25
	超平颌	1.99	74	± 0.05
齿槽面角（74）	超突颌	2.63	69	0.025~0.01
	突 颌	0.43	69	0.025~0.01
	中 颌	2.00	69	0.05~0.025
	平 颌	2.00	69	0.05~0.025

附表

甘肃玉门火烧沟古墓地头骨测量表

（长度:毫米； 角度:度； 指数:%）

马丁编号	缩写代号	项目	男性组				女性组			
			例数 n	平均数 M	标准差 6	变异系数 C.V.	例数 n	平均数 M	标准差 6	变异系数 C.V.
1	L	颅　长(g–op)	57	182.78±0.53	5.94±0.38	3.24±0.21	60	176.37±0.47	5.40±0.33	3.06±0.19
8	B	颅　宽(eu–eu)	50	138.44±0.46	4.78±0.32	3.45±0.23	55	135.23±0.40	4.40±0.28	3.25±0.21
17	H′	颅　高(ba–b)	55	139.27±0.54	5.94±0.38	4.27±0.28	59	130.38±0.47	5.37±0.33	4.12±0.26
21	OH	耳上颅高(po–v)	52	116.65±0.63	4.55±0.30	3.90±0.26	56	110.97±0.39	4.38±0.28	3.95±0.25
9	B′	最小额宽(ft–ft)	60	90.06±0.59	4.57±0.28	5.07±0.31	58	86.87±0.38	4.27±0.27	4.92±0.31
25	S	颅矢状弧(arc n–o)	52	372.94±1.10	11.71±0.77	3.14±0.21	51	360.15±1.07	11.31±0.76	3.14±0.21
26	S_1	额弧(arc n–b)	59	128.34±0.72	5.53±0.34	4.31±0.27	58	123.24±0.41	4.58±0.29	3.72±0.23
27	S_2	顶弧(alrc b–l)	57	128.78±0.80	8.96±0.57	6.96±0.44	58	122.24±0.74	8.38±0.52	6.86±0.43
28	S_3	枕弧(arc l–o)	53	116.4±0.61	6.59±0.43	5.66±0.37	54	114.77±0.58	6.27±0.41	5.46±0.36
29	S'_1	额弦(chord n–b)	59	113.03±0.35	4.04±0.25	3.57±0.22	59	108.84±0.33	3.77±0.23	3.46±0.22
30	S'_2	顶弦(chord b–l)	57	114.14±0.62	6.98±0.44	6.12±0.39	59	110.41±0.59	6.71±0.42	6.08±0.38
31	S'_3	枕弦(chord l–o)	54	97.35±0.54	5.88±0.38	6.04±0.39	55	95.09±0.38	4.17±0.27	4.39±0.28
23(1)	U	颅周长	44	511.57±1.35	13.23±0.95	2.59±0.19	52	498.19±1.12	11.97±0.79	2.40±0.16
24(b)	Q′	颅横弧(arc po–po)	45	315.57±1.04	10.36±0.74	3.28±0.23	52	305.77±1.01	10.81±0.71	3.54±0.23
5	BL	颅基底长(ba–n)	56	103.66±0.44	4.84±0.31	4.67±0.30	59	97.25±0.35	3.93±0.24	4.04±0.25
40	GL	面基底长(ba–pr)	50	98.52±0.45	4.75±0.32	4.82±0.33	56	93.17±0.35	3.84±0.24	4.12±0.26
48	G′H	上面高(n–sd)	53	73.82±0.34	3.65±0.24	4.94±0.32	53	71.61±0.36	3.86±0.25	5.39±0.35
45	J	颧宽(zy–zy)	52	136.25±0.48	5.14±0.34	3.77±0.25	54	128.25±0.37	3.99±0.26	3.11±0.20
46	GB	中面宽(zm–zm)	53	103.25±0.36	3.87±0.25	3.75±0.25	54	93.73±0.45	4.85±0.31	4.91±0.32
	SSS	颧颌点间宽(sub.zm–ss–zm)	51	23.43±0.31	3.31±0.22	14.13±0.96	54	21.99±0.25	2.71±0.18	12.32±0.81
54	NB	鼻宽	59	26.73±0.18	2.08±0.13	7.78±0.49	60	26.21±0.14	1.63±0.10	6.22±0.38
55	NH	鼻高(n–ns)	59	53.59±0.23	2.59±0.16	4.83±0.30	60	52.73±0.22	2.53±0.16	4.80±0.30
57	SC	鼻骨最小宽	57	6.48±0.21	2.35±0.15	35.27±2.58	60	7.21±0.16	1.87±0.12	26.26±1.72
	SS	鼻骨最小宽高	56	2.27±0.09	1.00±0.06	44.05±3.31	60	2.03±0.07	0.78±0.05	38.42±2.69
50	MC	眶间宽(mf–mf)	60	18.49±0.17	1.96±0.12	10.60±0.66	60	17.48±0.18	2.06±0.13	11.78±0.74
49a	DC	眶间宽(d–d)	56	22.28±0.20	2.23±0.14	10.01±0.64	52	21.48±0.19	2.05±0.13	9.54±0.64

续附表

马丁编号	缩写代号	项目	男性组				女性组			
			例数 n	平均数 M	标准差 6	变异系数 C.V.	例数 n	平均数 M	标准差 6	变异系数 C.V.
51	O_1	眶宽(mf-ek)右	59	42.50±0.16	1.80±0.11	4.24±0.26	60	41.28±0.14	1.66±0.10	4.02±0.25
		左	59	42.01±0.16	1.78±0.11	4.24±0.26	59	40.98±0.15	1.66±0.10	4.05±0.25
51a	O'_1	眶宽(d-ek)右	56	39.26±0.17	1.90±0.12	4.84±0.31	52	38.46±0.13	1.40±0.09	3.64±0.24
		左	58	38.78±0.16	1.77±0.11	4.56±0.29	52	38.10±0.13	1.40±0.09	3.73±0.25
52	O_2	眶高右	58	33.63±0.15	1.71±0.11	5.08±0.32	59	33.54±0.16	1.76±0.11	5.25±0.33
		左	60	33.84±0.16	1.70±0.10	5.26±0.32	58	33.63±0.16	1.84±0.11	5.47±0.34
	MH	颧骨高(fmo-zm)右	51	45.16±0.30	3.12±0.21	6.91±0.46	59	42.83±0.23	2.62±0.16	6.12±0.38
		左	55	44.63±0.23	2.52±0.16	5.65±0.36	55	42.61±0.24	2.63±0.17	6.17±0.40
	MB′	颧骨宽(zm—rim.orb.)右	56	27.11±0.24	2.64±0.17	9.74±0.63	59	24.17±0.21	2.39±0.15	9.89±0.62
		左	56	26.59±0.26	2.87±0.18	10.79±0.70	56	23.60±0.21	2.33±0.15	9.87±0.64
43(1)	OB	眶外缘点间宽(fmo-fmo)	59	96.79±0.30	3.49±0.22	3.61±0.22	60	93.84±0.28	3.22±0.17	3.43±0.21
	NAS	眶外缘点间高(sub.fmo-n-fmo)	58	15.30±0.22	2.43±0.16	15.88±1.02	59	13.48±0.23	2.60±0.16	19.29±1.24
47	GH	全面高(n-gn)	37	120.58±0.47	4.23±0.33	3.51±0.28	42	116.30±0.65	6.24±0.46	5.37±0.40
	PB	耳门上缘点间宽(po-po)	26	120.94±0.55	4.12±0.38	3.41±0.32	21	116.55±0.60	4.07±0.42	3.49±0.36
11	AUB	颧弓根点间宽(au-au)	56	126.37±0.38	4.24±0.27	3.36±0.21	58	121.51±0.41	4.66±0.29	3.84±0.24
60	AL″	齿槽弓长	48	53.30±0.37	3.84±0.26	7.20±0.50	46	50.19±0.38	3.81±0.27	7.59±0.54
61	AB	齿槽弓宽	47	64.53±0.32	3.30±0.23	5.11±0.36	46	62.53±0.24	2.44±0.17	3.90±0.27
62	G'_1	腭长(ol-sta)	55	45.71±0.23	5.05±0.16	5.51±0.72	50	44.00±0.25	2.60±0.18	5.91±0.40
63	G_2	腭宽(enm-enm)	45	41.60±0.26	2.58±0.18	6.20±0.44	54	41.03±0.22	2.17±0.16	5.29±0.38
7	FML	枕大孔长(ba-o)	54	37.14±0.23	2.53±0.16	6.81±0.44	53	35.62±0.21	2.26±0.15	6.34±0.42
16	FMB	枕大孔宽	54	30.09±0.26	2.77±0.18	9.21±0.60	53	28.00±0.20	2.22±0.15	7.93±0.52
	CM	颅粗壮度(L+B+H′)/3	46	153.56±0.42	4.27±0.30	2.78±0.20	54	147.19±0.30	3.29±0.22	2.24±0.15
	FM	面粗壮度(GL+J+GH)/3	32	118.44±0.40	3.32±0.28	2.80±0.24	37	112.43±0.37	3.34±0.26	2.97±0.23
72	P∠	总面角(n-pr-FH)	47	86.68±0.32	3.19±0.22	3.68±0.26	51	86.71±0.26	2.79±0.19	3.22±0.22
73	NP∠	鼻面角(n-ns-FH)	52	89.11±0.29	3.12±0.21	3.50±0.23	56	90.01±0.30	3.40±0.22	3.78±0.24
74	AP∠	齿槽面角(ns-pr-FH)	46	79.41±0.72	7.27±0.51	9.16±0.65	50	77.00±0.63	6.61±0.45	8.58±0.58
	GM∠	额角(g-m-FH)	51	77.91±0.42	4.47±0.30	5.74±0.38	56	80.07±0.34	3.75±0.24	4.68±0.30
32	F′∠	额角(n-m-FH)	52	84.25±0.37	3.98±0.26	4.72±0.31	56	84.77±0.35	3.92±0.25	4.62±0.30
	GB∠	前囟角(g-b-FH)	51	47.28±0.29	3.07±0.20	6.49±0.44	55	46.22±0.28	3.15±0.20	6.82±0.44
77	NFA∠	鼻颧角(fmo-n-fmo)	58	145.05±0.42	4.81±0.30	3.32±0.21	59	147.93±0.44	5.00±0.31	3.38±0.21
	SSA∠	颧上颌角(zm-ss-zm)	51	131.11±0.57	5.97±0.40	4.55±0.30	54	132.16±0.49	5.33±0.34	4.03±0.26

续附表

马丁编号	缩写代号	项目	男性组				女性组			
			例数 n	平均数 M	标准差 6	变异系数 C.V.	例数 n	平均数 M	标准差 6	变异系数 C.V.
	A∠	齿槽点角(n-pr-ba)	50	73.38 ± 0.33	3.44 ± 0.23	4.69 ± 0.32	56	72.23 ± 0.28	3.15 ± 0.20	4.36 ± 0.28
	N∠	鼻根点角(ba-n-pr)	50	65.80 ± 0.32	3.34 ± 0.22	5.08 ± 0.34	56	65.76 ± 0.26	2.92 ± 0.18	4.44 ± 0.28
	B∠	颅基点角(n-ba-pr)	50	40.81 ± 0.26	2.71 ± 0.18	6.64 ± 0.45	56	42.01 ± 0.27	3.03 ± 0.20	7.21 ± 0.46
75	RHI∠	鼻尖点角(n-rhi-FH)	16	67.75 ± 0.71	4.19 ± 0.50	6.18 ± 0.74	26	69.67 ± 0.66	5.02 ± 0.47	7.21 ± 0.68
8 : 1	B/L	颅指数	49	75.90 ± 0.30	3.14 ± 0.22	4.14 ± 0.28	55	76.72 ± 0.30	3.33 ± 0.22	4.34 ± 0.28
17 : 1	H′/L	颅长高指数	53	76.12 ± 0.26	2.79 ± 0.18	3.67 ± 0.36	58	73.90 ± 0.30	3.45 ± 0.22	4.67 ± 0.29
17 : 8	H′/B	颅宽高指数	47	100.66 ± 0.49	4.99 ± 0.34	4.96 ± 0.35	54	95.84 ± 0.48	5.20 ± 0.34	5.43 ± 0.35
21 : 1	OH/L	颅长耳高指数	51	63.91 ± 0.24	2.49 ± 0.17	3.90 ± 0.26	56	62.91 ± 0.25	2.74 ± 0.18	4.36 ± 0.28
48 : 17	G′H/H′	垂直颅面指数	48	53.14 ± 0.34	3.55 ± 0.24	6.68 ± 0.46	52	54.94 ± 0.34	3.66 ± 0.24	6.66 ± 0.44
54 : 55	NB/NH	鼻指数	59	49.92 ± 0.31	3.55 ± 0.22	7.11 ± 0.44	60	49.77 ± 0.28	3.21 ± 0.18	6.45 ± 0.40
52 : 51	O_2/O_1	眶指数 右	59	78.47 ± 0.40	4.53 ± 0.28	5.77 ± 0.36	59	81.36 ± 0.36	4.18 ± 0.26	5.14 ± 0.32
		左	59	79.65 ± 0.41	4.71 ± 0.29	5.91 ± 0.37	58	82.11 ± 0.41	4.66 ± 0.29	5.68 ± 0.36
52 : 51a	O_2/O'_1	眶指数 右	56	85.43 ± 0.41	4.58 ± 0.29	5.36 ± 0.34	52	87.63 ± 0.38	4.01 ± 0.26	4.58 ± 0.30
		左	58	86.50 ± 0.43	4.91 ± 0.31	5.68 ± 0.36	52	88.66 ± 0.45	4.83 ± 0.32	5.45 ± 0.36
	SS/SC	鼻根指数	54	35.57 ± 1.06	11.51 ± 0.75	32.35 ± 2.31	60	30.25 ± 1.05	12.05 ± 0.74	39.83 ± 2.81
48 : 45	G′H/J	上面指数	46	54.41 ± 0.28	2.75 ± 0.20	5.05 ± 0.36	48	56.16 ± 0.24	2.40 ± 0.16	4.27 ± 0.29
47 : 45	GH/J	全面指数	33	88.10 ± 0.48	4.05 ± 0.34	4.60 ± 0.38	38	91.23 ± 0.49	4.48 ± 0.34	4.91 ± 0.38
9 : 8	B′/B	额宽指数	50	64.93 ± 0.30	3.16 ± 0.22	4.88 ± 0.33	55	64.35 ± 0.30	3.36 ± 0.22	5.22 ± 0.34
40 : 5	GL/BL	面突度指数	50	95.26 ± 0.35	3.69 ± 0.25	3.87 ± 0.26	56	95.79 ± 0.28	3.11 ± 0.20	3.25 ± 0.21
	OH/PB	耳高宽指数	26	96.52 ± 0.61	4.59 ± 0.43	4.76 ± 0.45	21	94.28 ± 0.80	5.40 ± 0.56	5.73 ± 0.60
9 : 21	B′/OH	额宽耳高指数	52	77.21 ± 0.34	3.70 ± 0.24	4.79 ± 0.32	56	78.43 ± 0.38	4.30 ± 0.28	5.48 ± 0.35
9 : 45	B′/J	颧额宽指数	52	66.05 ± 0.26	2.83 ± 0.19	4.28 ± 0.28	54	67.93 ± 0.29	3.18 ± 0.21	4.68 ± 0.30
45 : 8	J/B	颅面宽指数	46	98.46 ± 0.37	3.74 ± 0.26	3.80 ± 0.27	53	94.78 ± 0.29	3.16 ± 0.21	3.33 ± 0.22
	FM/CM	颅面指数	26	76.62 ± 0.26	2.00 ± 0.19	2.61 ± 0.24	36	76.43 ± 0.20	1.76 ± 0.14	2.30 ± 0.18
43(1) : 46	OB/GB	额颧宽指数	53	93.97 ± 0.36	3.93 ± 0.26	4.18 ± 0.27	54	95.24 ± 0.43	4.71 ± 0.30	4.95 ± 0.32
21 : 65	OH/W_1	耳高髁宽指数	38	95.14 ± 0.54	4.91 ± 0.38	5.16 ± 0.40	38	92.95 ± 0.55	5.04 ± 0.39	5.42 ± 0.42
65 : 47	W_1/GH	髁宽面高指数	33	103.31 ± 0.65	5.58 ± 0.47	5.40 ± 0.45	34	101.99 ± 0.61	5.22 ± 0.42	5.12 ± 0.42
65 : 1	W_1/L	髁宽颅长指数	40	67.90 ± 0.39	3.64 ± 0.28	5.36 ± 0.41	40	67.28 ± 0.30	2.87 ± 0.22	4.27 ± 0.32
9 : 65	B'/W_1	额髁宽指数	43	73.62 ± 0.53	5.17 ± 0.38	7.02 ± 0.51	40	73.08 ± 0.42	3.89 ± 0.29	5.32 ± 0.40
63 : 62	G_2/G'_1	腭指数	44	91.18 ± 0.66	6.51 ± 0.47	7.14 ± 0.52	44	93.07 ± 0.69	6.84 ± 0.49	7.35 ± 0.53
61 : 60	AB/AL″	齿槽弓指数	45	120.05 ± 0.70	10.14 ± 0.72	8.45 ± 0.61	44	123.95 ± 0.68	6.55 ± 0.47	5.28 ± 0.38

参考文献

1. 甘肃省博物馆.甘肃省文物考古工作三十年.文物考古工作三十年.北京:文物出版社,1979.

2. Black·D,A.Study of Kansu and Honan Aeneolithic skulls and specimens from later Kansu prehistoric sites in comparison with North China and other recent crania. Palaeont. Sinica，ser. D. vol. 1,1~83, 1928.

3. 吴汝康等.人体测量方法.北京:科学出版社,1984.
邵象清.人体测量手册.上海:上海辞书出版社,1985.

4. Pearson. K. Homogeneity and Heterogeneity in collections of crania. Biometrika, 2（3）:345~347,1903.

5. 杨希枚.河南安阳殷墟墓葬中人体骨骼的整理和研究.安阳殷墟头骨研究,文物出版社,1985.

6. 罗京斯基·列文.人类学基础.莫斯科:莫斯科大学出版社,1955(俄文).

7. 切博克萨罗夫.东亚种族分化的基本方向.民族学研究报告集,第Ⅱ卷:24~83.

8. 潘策.秦汉时期的月氏、乌孙和匈奴及河西四郡的设置.甘肃师大学报,1981(8):50~55.

9. 张光直.考古学上所见汉代以前的西北.中央研究院历史语言研究所集刊,第一分册.第42本.1970,96.

10. Black. D. A note on the physical characters of the prehistoric Kansu race. Mem.Geolog. Surv. China, Ser. A，No. 5:52~56,1925.

11. 韩康信,潘其风.殷墟祭祀坑人头骨的种系.见:安阳殷墟头骨研究.北京:文物出版社,1985.

12. 韩康信,潘其风.关于乌孙、月氏的种属.西域史论丛(第三辑).乌鲁木齐:新疆人民出版社,1990,1~8.

13. 颜訚.甘肃齐家文化墓葬中头骨的初步研究.考古学报,1955(9):193~197.

14. 同12。

15. 特罗菲莫娃. 金帐汗国鞑靼人的颅骨学概论. 人类学杂志,1936(2):183~185(俄文).

16. 杰别茨.苏联古人类学.民族学研究所报告集(新系列).第Ⅳ卷,1948,181(俄文).

17. 金兹布尔格.中亚古代和现代的人类学类型.民族学研究所报告集,第Ⅵ卷,1951(俄文).

18. 金兹布尔格.中部天山—阿莱古代居民的人类学资料.民族学研究所报告集,第21卷.1954,354~412(俄文).

19. 金兹布尔格.萨尔—别洛伊居民的人类学成分及其起源.苏联考古学材料和研究,1963(109):260~281(俄文).

20. 金兹布尔格.哈萨克苏维埃共和国东部和中部古代居民的人类学资料.民族研究所报告集,第33卷.1956,238~298(俄文).

21. 金兹布尔格.东南哈萨克斯坦古代移居地之人类学材料.哈萨克苏维埃共和国科学院考古和民族学研究所报告集,第7卷.1959,266~269(俄文).

22. 米格拉塞夫斯卡娅.吉尔吉斯古人类学调查成果.吉尔吉斯考古—民族学考察报告集,第2卷.1959,299(俄文).

23. 伊斯马戈洛夫.七河乌孙的人类学特征.哈萨克斯坦的民族学和人类学问题,1962,168~191(俄文).

24. 韩康信,潘其风.新疆昭苏土墩墓古人类学材料的研究.考古学报,1987(4):503~523.

25. 韩康信.新疆孔雀河古墓沟墓地人骨研究.考古学报,1986(3):361~384.

26. 韩康信. 新疆哈密焉布拉克古墓人骨种系成分研究. 考古学报,1990(3):371~390.

27. Morant·G·M. A first study of the Tibetan skull. Biometrika,vol,14: 222, 1923.

Summary

THE STUDY OF THE SKULL FROM THE HUOSHAOGOU CEMETERY, YUMEN, GANSU

The human bones from the large ancient cemetery of the Huoshaogou Yumen, Gansu were studied in this report. Among these human bones about 279 individuals and 120 complete skulls collected from 197 graves were used in the identification of age and sex biometrical study respectively. Their age is about 3 600 years B. P. , that is "the Bronzy age" in Archaeology. These human bones were collected by the provincial Museum of Gansu when the cemetery was excavated in 1976. The quantity and completion of these human bones are clearly much more and better than those collected by Andersson J.G. at this area in the 20s of the last century.

This report mainly analyzed structure of age and sex of these human bones, variation measurement of skull shape and measure character and racial morphological character as well as the relationship with the ancient and modern human bone groups around the area.

The main conclusions are as follows:

1. Among the 226 individuals that could provide age estimation, the proportion of male and female is 119 ∶ 107=1.11. This is about same with that of modern population statistics (1.05), it means that male individuals are little more than that of female. If not accident, it indicated relatively stable of ancient population in the Hexi Corridor.

2. The death age peak is from the prime of life to middle age between 24~55 years old(mortality is about 56.4%)and mortality of old age is only about 5.3%. The situation reflected the character of lower life than modern population.

3. The characters of shape and measure of these skulls proved that racial attribution of the population from this cemetery is close to that of the East Asian group. The statistical analysis showed that they are very similar to the human bones from the

Yin Ruin in the middle reaches of the Yellow River and exist close connection with the modern population of the Tibet and North China.

4. Although there is small deviation with the same racial theory value in statistical measurement of racial shape, this yardstick is not big. The deviation with the skull group of sacrificial grave of the Yin Ruin and modern North China is not big too, and also close to that of the groups of Gansu prehistory made by Andersson and from the middle-small graves of the Shang Dynasty.

5. The author did not find any believable influence of the West Caucasoid racial element in the individual investigation of these skull. So it can be approved that this ancient population had no any relationship with Wusun(乌孙)and Yuezhi(月氏) occupied in the Hexi Corridor area according to historical records. It is generally thought that the ethnic groups have character of West Caucasoid race. The viewpoint has also been confirmed by such a fact that ancient human bones from other many localities possessed Mongoloid character but the material of this report have more persuasion in Biometrics. Such an ancient racial geographical distribution firmed a distinct contrast with the circumstances in ancient Xinjiang area where a large number of Caucasoid population existed. Thus it can be inferred that the West racial eastward advance limited within the Xinjiang area before Qin and Han Dynasty at least. So far anthropological data has not confirmed that they massively entered in the Yellow River valley. It is very important to know influence of the West race and their culture to Chinese ancient civilization.

青海大通上孙家寨墓地人骨研究概报

本报告对青海大通上孙家古墓地出土的卡约文化和汉代的635个个体的人骨进行了鉴定并对其中284具头骨进行了观测。并研究了两期人骨的性别比，死亡高峰年龄，两期男性平均身高，头骨具有的形态组合等，以及两期人骨中的穿孔现象。

一、前　言

本报告中的人骨材料出自青海省大通县上孙家寨的大型古代墓地。人骨的文化时代属于较早的卡约文化和较晚的汉晋两个时期[1]。这批人骨数量之多，骨质保存之好，应是迄今国内最好的地点之一。从地理分布来看，这个人骨出土地点紧邻我国丝绸之路的河西走廊通向西域地段。据史籍记载，这个地区在秦汉以前是古代羌人生活的领域，汉武帝时又有许多汉人进入这个地区。从周邻地区的古代种族环境看，其西与秦汉以前便有大量西方高加索种存在的新疆地区毗邻，东面则是东方蒙古种生息的黄河流域。这样的种族历史地理环境必然使上孙家寨墓地人骨的研究显得十分重要，特别是在种族的研究。由于篇幅所限，本文只能在此就这项研究做一简单介绍，图表和原始资料大多省略。

研究报告全文发表在《中国西北地区古代居民种族研究》(2005年，复旦大学出版社)专集中。

二、材料和方法

材料。本文观察测量人骨包括卡约文化期头骨 211 具(男性 107 具,女性 104 具),其中卡约早期的 114 具(男性 63 具,女性 51 具),晚期的 97 具(男性 44 具,女性 53 具),汉代的 73 具(男性 51 具,女性 22 具)。用于身高测定的股骨,属卡约期的 91 个体的 168 根,汉代的属 42 个体的 67 根。

性别年龄统计中包括现场和室内鉴定的卡约期的共 445 个体, 汉代的 190 个体。

用于比较的现代头骨测量的资料包括中国的华北、东北、西藏及朝鲜、蒙古、布里雅特、卡尔梅克、埃文克、奥罗奇、因纽特、楚克奇和乌尔奇等组[②];古代组包括青海李家山和阿哈特拉山[③④],甘肃火烧沟[⑤]、干骨崖[⑥]、三角城及铜石时代[⑦⑧],内蒙古扎赉诺尔和南杨家营子[⑨]、毛庆沟和赤峰宁城[⑩⑪],山西上马[⑫],陕西凤翔[⑬],河南殷墟[⑭],河北蔚县[⑮],山东临淄[⑯],宁夏彭堡[⑰],吉林西团山[⑱],辽宁庙后山[⑲],黑龙江平洋[⑳],新疆焉布拉克[㉑]等共 21 组,他们大致包括在夏末商初—秦汉时期,绝对年代大约在距今 3600~2000 年之间。

方法。性别年龄的判定主要依据骨骼上性别年龄标志的观察,其中年龄分期为未成年(小于 15 岁)、青年(16~23 岁)、壮年(24~35 岁)、中年(36~55 岁)、老年(大于 56 岁)五期[㉒]。

本文中使用的骨骼测量主要依 Martin 体质人类学教课书上的各项规定及顺序号[㉓]。部分标以生物测量学符号(Biometrika)[㉔]。对形态差异进行“t”检验。

从长骨估算身高公式选用 Trotter M. 和 Gleser GC. 的蒙古人种公式[㉕]。

组间形态距离的计算选用欧氏距离公式:

$$dik=\sqrt{\frac{\sum_{j=1}^{m}(X_{ij}-X_{kj})^2}{m}}$$

用 13 项绝对测量的组间形态距离作聚类分析(Cluster analysis)。

三、比较结果与分析

(一)性别年龄构成的统计

卡约时期(分早、晚期)人骨性别年龄统计分布结果是:

1. 在总共可估计性别的 411 个体中,男女性比例是 207∶204=1.01,即两性比例接近相等。

2. 以合并计算的死亡年龄分布，未成年和青年期的死亡比例（13.2%和16.7%）依然比较高，如果考虑未成年骨骼更不易保存和收集，实际幼年死亡的比率应该更高。

3. 青年期女性死亡比例明显高于男性（21.4%与14.7%）。

4. 死亡年龄高峰在壮—中年期（64.1%）。

5. 死于老年期的比例（6.0%）依然很低，但女性（7.8%）比男性（5.1%）稍高。

汉代墓葬人骨的性别年龄分布统计结果：

1. 在可计性别的179个体中，男女性比例为100：79=1.27，即男性个体多于女性。

2. 未成年和青年期的死亡比例依然比较高（9.9%和14.4%）。

3. 青年期男性死亡比例（19.4%）比女性（9.7%）为高。

4. 死亡年龄的高峰在壮—中年期（66.3%）。

5. 能进入老年期的（9.4%）也比较低，但比卡约期的（6.0%）稍有提高。

从以上简单的人口死亡比例的统计可能说明，上孙家墓地人口从公元前10世纪到公元前后时期虽有些可以感觉到的变化，但总的来讲，还没有带来死亡年龄的大幅度提高。如卡约文化期的364个成年个体的平均死亡年龄为35.2岁；汉代160例成年的平均死亡年龄为37.7岁，两者之间只提高了2.5岁。

（二）测量特征的综合形态

卡约和汉代脑颅与面颅测量的形态分类特征基本相似，即：

卡约文化期头骨的平均综合形态特征是：中颅型—趋低的高颅型—近中的狭颅型—狭额型；狭面型—中眶型—偏狭的中鼻型—弱的鼻根突度—大的垂直颅面比例—明显扁平的面等（图版XⅦ，XⅧ）。

汉代头骨的综合形态特征是：中颅型—高颅型—中颅型—狭额型；近中的狭面型—偏高的中眶型—中鼻型—弱的鼻根突度—大的垂直颅面比例—明显扁平的面等（图版XX，XXⅡ）。

（三）对卡约和汉代组之间形态差异显著性测定

对卡约文化和汉代两组人骨之间存在的某些差异作统计学的显著性测验，对估计两者之间的种属关系是必要的。对55项颅面部特征的测量所作的"t"测验结果是：

在卡约和汉代男性组之间，差异不显著的约有47项占全部的85.5%。在两个女性组之间，差异不显著的约占92.2%。由此估计，卡约和汉代组之间无论男女性的接近程度都是明显的，或许两个女性组之间这种接近程度还更强烈一些。而男组之间的变异稍大。

在卡约早、晚期组之间所作的差异显著性测定也具有基本相似的结果。

(四)种族形态类型的考察

1.与大人种主干类型的比较

对大人种主干有鉴别价值的测量特征的比较可看出(图 1)[26],上孙家的两个组在面形、鼻形和眶型和齿槽突度等测量方面基本上落在亚美人种(蒙古人种)的各项变动幅度之内,与欧亚人种(高加索人种)和赤道人种(尼格罗—澳大利亚人种)的形态偏离很明显。这可看做是上孙家古代居民所具有的蒙古人种性质。

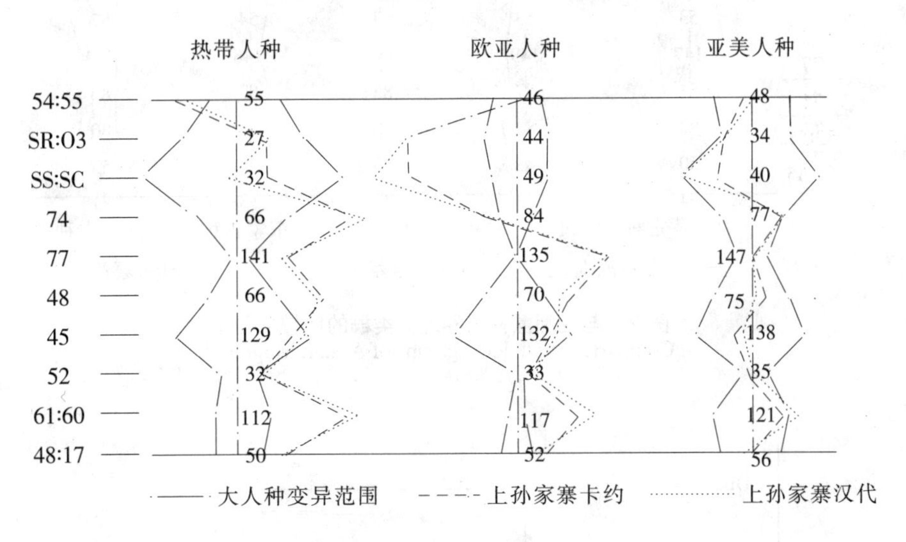

图 1　与主要人种的比较示意图
Comparison with main races

2.与亚美人种地区类群的比较

这项比较结果可看出(图 2)[27],上孙家寨两个组的主要形态测量均值基本上落在东亚蒙古种类群的变差幅度之内或与其界限值相距不远。相比之下与其他地区类群的偏离更多而强烈。

用 13 项绝对测量所作的聚类分析也证明(图 3),上孙家寨的两个组与日本、朝鲜和中国的几个组聚为一个小的组群,而代表北亚和东北亚的又各自成小的组群。在聚类分析中还可看出,上孙家寨的卡约和汉代组之间关系更密切,反映了他们之间应有很强烈的同质性(Homogeneity)。还值得注意的是上孙家寨的两组与中国的藏族 B 组首先聚类,暗示他们之间也存在相当密切的种族联系。

3.与周邻地区古代类群的比较

从图 4 可看出:①形态距离小于 3.0 的组合中,大致可分成两个小的聚群,即彭堡、扎赉诺尔、三角城和南杨家营子四组为一个组群,其余为另一个组群。而前者已知都是近于现代北亚类的。后者除个别组(如西团山和焉布拉克两组)外,其

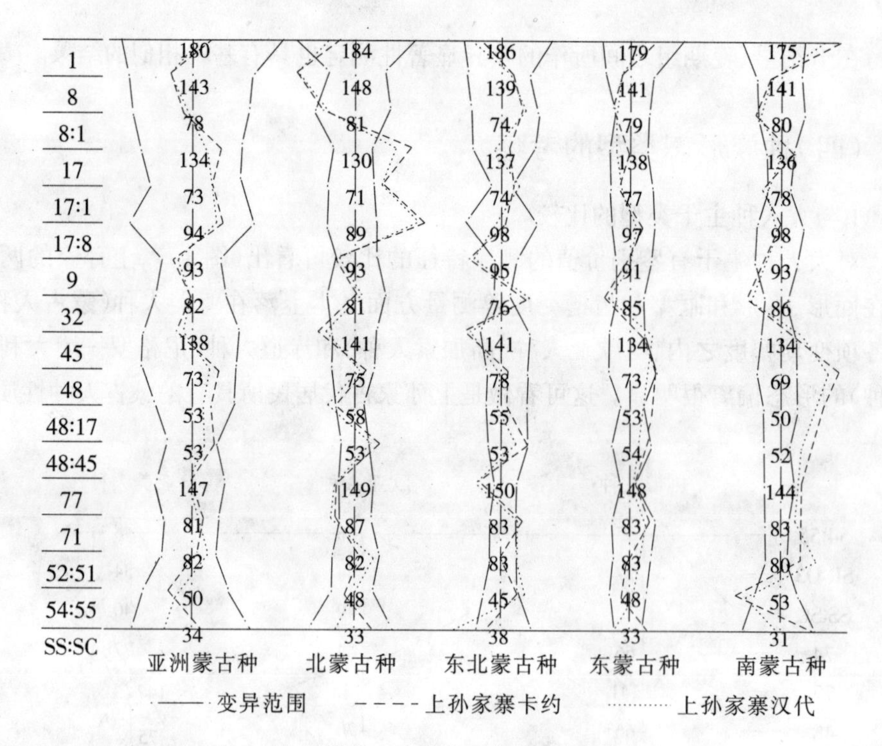

图 2　与亚洲蒙古人种地区类群的比较类型图
Comparison with local groups of Aasian Mogoloid

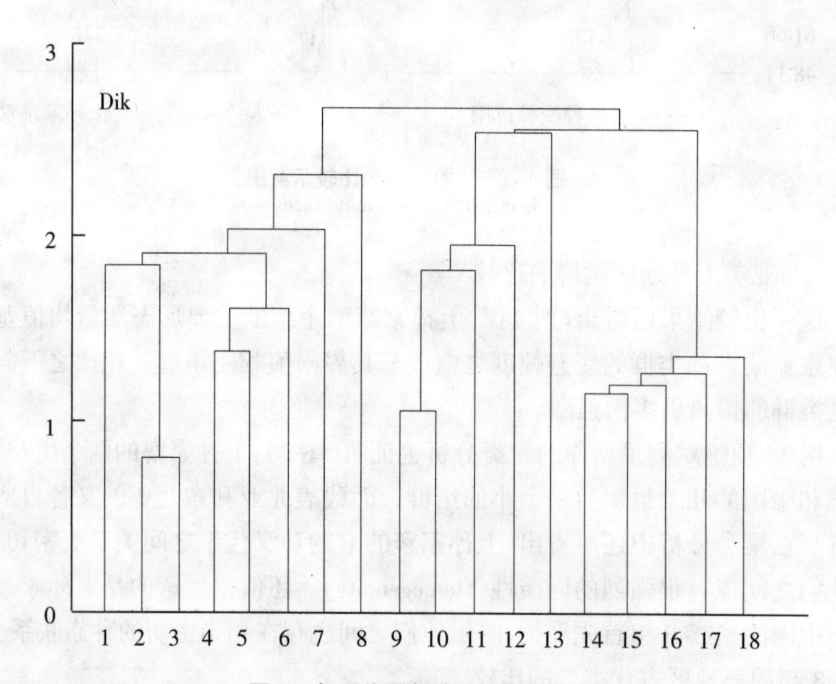

图 3　与现代周邻地区组聚类图
Cluster map with modem groups around neighboring area

1.藏族(B)；2.上孙家寨卡约；3.上孙家寨汉代；4.东北；5.华北；6.朝鲜；7.凡内；8.北陆；9.卡尔梅克；10.蒙古；11.布里雅特；12.埃文克；13.奥罗克；14.因纽特(1)；15.楚克奇(驯鹿)；16.楚克奇(沿海)；17.因纽特(2)；18.乌尔奇。

余都是在形态距离基本上小于2.0的情况下聚类，而且他们也都是近于东亚类的组群。②值得注意的是上孙家寨的两个组以更短的形态距离与同一地区的李家山和阿哈特拉山组首先聚集在一起，从文化上他们都归入卡约文化，因而显示出上孙家的组与这两个同名文化组之间很显著的同质性。同时，上孙家寨的卡约和汉代组之间又以最短的距离结成小组，因而显示了他们之间更为紧密的人类学关系。

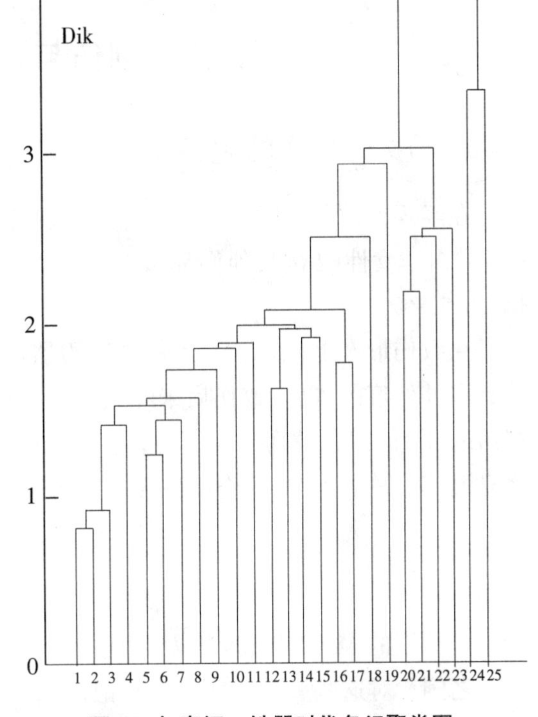

图4　与青铜—铁器时代各组聚类图

Cluster map with groups of the Bronze and the Iron age

1.上孙家寨卡约；2.上孙家寨汉代；3.李家山；4.阿哈特拉山；5.火烧沟；6.殷中小墓；7.临淄；8.上马；9.甘肃铜石；10.藏族(B)；11.大甸子；12.干骨崖；13.后李；14.蔚县；15.毛庆沟；16.风翔；17.赤峰宁城；18.焉布拉克；19.西团山；20.彭堡；21.扎赉诺尔；22.三角城；23.南杨家营子；24.庙后山；25.平洋。

（五）身高的测定

身高的测定以股骨最大长代入Trotter和Gleser的相应蒙古人种身高公式间接推算的。同一个体的左右侧则予以平均。由于Trotter公式缺乏蒙古人种的女性公式，故只列出男性结果（股骨长的数据从略）。上孙家卡约和汉代的平均身高如下：

卡约全组S=166.9±3.7（86例）（单位:厘米）。

卡约早期组S=167.3±3.6（48例）（单位:厘米）。

卡约晚期组S=166.4±3.9（38例）（单位:厘米）。

汉代组S=168.7±4.1（31例）（单位:厘米）。

据上4个身高数据，在卡约早、晚期之间的差异大约不到1.0厘米，这个差异并不大，可以看成是统计误差。卡约全组的平均身高为167厘米，这个身高约近于现代人身高平均的中等。在卡约全组与汉代组之间的平均身高差异为1.8厘米。这一差异或许暗示汉代人比卡约文化期的身高略有提高。但用统计学的显著性检验获得两者身高差异的比例为1.6，没有超过2.0的显著性界值，因而也可看成差异不显著。

四、头骨创伤与开颅术证据

(一)头骨创伤的观察

在经观察的卡约期211具头骨上发现有伤痕的共11例,占5.2%。其中男性(9例)多于女性(2例),他们都属于成年个体。汉代的73例头骨中见有创伤的4例,占5.5%。

在致伤形态上,卡约的11例中以刃器砍切的5例,钝器冲击的7例;同一个体有多处伤痕的4例;致伤后未经组织修复而可能当时死亡的8例,有修复痕而存活的3例。汉代致伤的4例中,刃器砍伤的1例,钝器伤的3例,其中有1例有修复痕迹。总的来看,致伤部位无一定规律。

(二)开颅术证据

卡约期的M392和M923及汉代的甲M41这3具头骨的穿孔应该归到开颅手术之例。对这些头骨的穿孔形态记述如下:

M392头骨。 这是1具中年男性头骨。在头骨穹顶的中部有一横向的大型穿孔,其开口部位从左侧紧靠颞鳞上方沿额骨鳞部后缘横向右侧颞鳞上方终止,整个开口形状呈边缘曲折不齐的带状,其最宽处在靠近矢状缝的偏右侧约30毫米。开口从左到右的横弧长约155毫米,此弧的弦线距离为115毫米。全段围绕开口边缘的外骨板向开口方向不同程度薄化和钝化而呈某种斜坡状,斜坡的外骨板表面虽多已钝化但在右后侧的斜坡面上仍可见刮削痕迹。在其他部位的斜坡带上还出现骨质次生增厚现象,在开口边缘上可以看到钝的发育程度不等的再生骨赘。相反,在颅腔内面则不见此类现象发生。值得注意的是在这具头骨额部开口的边缘大致相当于前囟位的左前侧有一明显的小型凹坑,在此坑的后缘有一近似半圆的小穿孔(直径约4毫米)。在开口后缘近矢状缝处也存在类似的半圆形穿孔(直径约7毫米)。两处穿孔的边缘也已钝化或有小骨赘长出。根据以上开口形态具有人为手术的理由是:①这一带状开口外骨板存在的斜坡带现象在内骨板上完全不存在,因而纯病理性引发的可能性不大;②外骨板斜坡带钝化或次生增厚、开口边缘的圆化或骨赘的存在表明该个体在穿孔后曾存活;③前指开口前后缘那两个近于半圆的小型穿孔很可能是这个带状开口形成前实行的穿颅术所为。这种小型穿颅术标本在青海省境内其他卡约文化的人骨上也有发现;④大致来说,左方的开口边缘的次生骨赘强于右方的,开口前缘的骨赘又强于后缘的,而右后缘外骨板表面尚能辨别有刮削痕迹,而且无骨赘或骨质次生增厚现象。因此推测,这个大型开颅手术可能是在多次手术下形成的。这样的例子在某些现代非洲人中还保存着[28]（图版XIX，1–2）。

M923头骨。 这是1具中年女性头骨。在一侧的顶结节部位有一略呈长形的穿孔，其孔长约23毫米。穿孔的周围外骨板也有刮削变薄现象，孔的边缘钝化或有骨刺生出。

甲M41头骨。 这是1具壮年男性头骨。在此头骨的左侧眼眶上部和同侧眉弓之间有一向上略呈圆弧形穿孔直接穿透至眶腔内，穿孔水平长约20毫米，上下最高处约5毫米，穿孔的刻截面已光滑化。孔的内侧端眶上缘处可能因刻切不慎而留下骨折痕迹。值得注意的是在这具头骨的左侧眶腔的前内上角位置有一长约9毫米的略近长圆形穿孔通向同侧额窦腔。这可能与额窦病变有关，因而眶上的切刻穿孔也可能与额窦病变的治疗之间联系起来（图版XXII）。

五、主要结论

1. 本文对青海大通上孙家卡约文化和汉代墓地出土的635个个体进行了鉴定，并重点对其中的284具（卡约期211具，汉代97具）头骨进行了观察和测量。

2. 性别年龄结构与分布。 卡约期与汉代人骨的性别组成分别为207∶204＝1.01和100∶79＝1.27。两期人骨的未成年和青年期的死亡比例都比较高，死亡高峰都在壮—中年期，进入老年的都很少。唯卡约期的青年期女性死亡比例高于男性，汉代的则相反。卡约期成年个体平均死亡年龄（35.2岁）稍低于汉代的（37.7岁）。

3. 头骨的形态类型。 卡约期和汉代的头骨都有基本相同的形态组合，即中颅—高颅—狭颅—狭额；狭面—中眶—中鼻—弱的鼻根突度—大的垂直颅面比例—扁平的面等，显示明显同质性。

4. 种系分析。 在有大人种鉴别价值的特征上，上孙家人骨都应该归于蒙古人种支系，而且与蒙古人种的东亚类群接近。并且与现代藏族（B）头骨之间的联系也相当密切。因此这个地区的古代人骨可能与西方高加索人种之间不存在联系。与周邻古代人骨的比较也得到相同的结论。组间形态距离的聚类分析还表明，在上孙家的卡约期和汉代人骨之间存在强烈的同质性，而且他们与该地区其他卡约文化遗址的人骨之间同样存在密切的形态学联系。这可以说明，从卡约期到汉代居民之间的千年时间内，体质上是相连续的，并没有明显的种族替代现象发生。

5. 身高的测定。 依Trotter和Gleser股骨长身高推算公式，卡约期男性平均身高为166.9厘米，汉代男性身高168.7厘米。两者之间的差异在统计学上不显著。

6. 头骨上创伤记录。 头骨上创伤形态大致为刃器砍切和钝器打击两类。

卡约期发现 11 例约占 5.2%;汉代为 4 例约占 5.5%。他们不像是社会集团之间的战争行为造成的。

7. 开颅手术证据。　在卡约期的 M392 和 M923 头骨上发现有此类的穿孔证据。特别是 M392 头骨的大型穿孔手术实属世界上同类发现中罕见的。汉代甲 M41 头眶上部的刻削穿孔则可能是迄今世界上鲜为人知的标本。实际上这类古代开颅手术标本在青海民和阳山的新石器时代人骨上便有发现㉙。在欧洲还有更早的发现㉚。

致谢:本文的人骨材料是由青海省文物考古所的卢耀光、赵深生、李国林等参与墓地发掘并收集提供的。由于人骨数量大,中科院古脊椎动物与古人类所的刘武、北京大学的郑晓瑛和中国社科院考古研究所的张君都协助测量过部分人骨,另外中国社科院考古研究所的潘其风先期做过部分人骨的性别年龄鉴定,左崇新在人骨的清理编号保管方面花费了不少劳动。在此对以上协助做过工作的先生和女士们深表谢意。

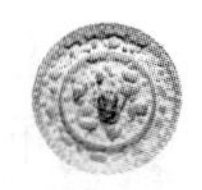

参考文献

1. 青梅省文物考古研究所编著.上孙家塞汉晋墓. 北京:文物出版社,1993.

2. 切薄克萨罗夫.中国民族人类学(俄文). 北京:科学出版社,1982,9~12.

3. 张君.青海李家山卡约文化墓地人骨种系研究. 考古学报,1993(3):381~413.

4. 韩康信.青海循化阿哈特拉山古墓地人骨研究.考古学报,2000(3):395~420.

5. 韩康信.甘肃玉门火烧沟墓地人骨研究.见:中国西北地区古代居民种族研究.上海:复旦大学出版社,2005.

6. 韩康信.干骨崖人骨测量资料(未刊).

7. 韩康信.甘肃永昌沙井文化人骨种属研究.见:永昌西岗紫湾岗沙井文化墓葬发掘报告.兰州:甘肃人民出版社,2001.

8. Black DA. Study of Kansu and Honan Aeneolithic skulls and specimens from later Kansu prehistoric sites in comparison with North China and other recent crania. Pal. Sin. Ser. D, volr,1-83,1928.

9. 潘其风,韩康信.东汉草原游牧民族人骨的研究. 考古学报,1982(1):117~136.

10. 潘其风. 毛庆沟墓葬人骨的研究. 鄂尔多斯青铜器(附录一).北京:文物出版社,1986,287~394.

11. 中国科学院考古研究所体质人类学组.赤峰、宁城夏家店上层文化人骨研 [J]. 考古学报,1975:157~169.

12. 潘其风.上马墓地出土人骨的初步研究.上马墓地(附录一),北京:文物版社,1994,398~484.

13. 韩伟,吴镇峰,马振智等.凤翔南指挥村周墓人骨的测量与观察.考古与文 物,1985(3):54~84.

14. 韩康信,潘其风.安阳殷墟中小墓人骨的研究.安阳殷墟头骨研究,北京:文物出版社,1984,50~375.

15. 张家口考古队.蔚县夏家店下层文化颅骨的人种学研究.北方文物,1987(1):2~11.

16. 韩康信. 山东临淄周——汉代人骨体质特征研究与西日本弥生时代人骨之比较. 渡来系弥生人のルーツを大陆にさじる(日中共同研究报告 1). 日本:土井ケ浜遗址. 人类学ミュージアム编印,アソフク印刷株式会社,2000,112~158.

17. 韩康信. 宁夏彭堡于家庄墓地人骨种系特点之研究 [J]. 考古学报,1995(1):

109~125.

18. 贾兰坡，颜訚.西团山人骨的研究报告. 考古学报，1963(2)：101～109.

19. 魏海波，张振标.辽宁本溪青铜时代人骨.人类学学报，1989，8(4)：320～328.

20. 潘其风. 平洋墓葬人骨的研究. 平洋墓葬（附录一），北京：文物出版社，1990，187～235.

21. 韩康信.新疆哈密焉布拉克古墓人骨种系成分之研究. 考古学报，1990，(3)：371～390.

22. 吴汝康，吴新智，张振标.人体测量方法. 北京：科学出版社，1984，14～15.

23. Martin R. and Saller K. Lehrbuch der Anthropologie. 1928，2nd ed.，Fischer，Stuttgart.

24. Morant GM. A first study of the Tibetan skull . Biometrika，1923(14)：193～260.

25. Trotter M. Gleser GC. A re – evoluation of stature based on measurements of stature taken during life and of long bones after death. Am. J. Phys. Anthrop，1958，16（1）：79～123.

26. 罗金斯基，列文.人类学(译本). 北京，警官教育出版社，1993，525.

27. 切薄克萨罗夫. 东亚种族分化的基本方向（俄文）. 民族研究所论集，1947，2：28~83.

28. Brothwell DR，Sandison AT（Eds）. Diseases in Antiquity：a Survey of the Diseases，Injuries and Surgery of Early Populations. Springfield Ilinois. Charles C. Thomas，1967，673～694.

29. 韩康信，陈星灿.考古发现的中国古代开颅术证据. 考古，1999(7)：63~68.

30. Piggot S. A trepanned skull of the Beaker preiod from Dorset and the pracice of trepanning in prehistoric Europe. Proc Prehist Soc，n.s.，1940，6(3)：112~132.

31. 韩康信，谭婧译，何传坤.中国远古开颅术.上海：复旦大学出版社，2007.

Summary

THE STUDY OF THE HUMAN BONES FROM SHANGSUNJIA ANCIENT CEMETERY, DATONG, QINGHAI

The human bones from a large ancient cemetery of Shangsunjia, Datong, Qinghai were studied in this report. Among these human bones 635 individuals (445 belong to Kayue Culture about 3 200--3000 years B.P. and 190 belong to Han Dynasty about 2000 year B. P.)and 264 skulls (211 belong to Kayue Culture and 73 belong to Han Dynasty) from 483 graves were used as the identification of age and sex and biometrical study respectively. These human bones were collected by the Institute of Archaeology of Qinghai province when the cemetery was excavated in the 70th of the last century.

The report mainly analyzed structure of age and sex of these human bones, variation measurement of skull shape measure and racial character as well as morphological distance with the ancient and modem human bone groups around the area. Finally, the author recorded and analyzed the "Trepanation"phenomenon on three (two from Kayue and one from Han) skulls.

The main conclusions are as follows:

1. Among 411 (Kayue Culture) and 179 (Hah Dynasty) individuals that could provide age estimate, the proportion of male and female is 1.01 and 1.27 respectively.

2. The death age peak of two population of different period is in the prime of life to middle age between 24--55 years old (mortality is 64.1% and 66.3% in Kayue Culture and Hah Dynasty respectively). Average death age of adult individual is 35.2 (kayue) and 37.7 (Hah) years old respectively.

3. Average stature of the male in the human bones of Kayue Culture and Hah Dynasty is 166.9 and 168.7 em respectively.

4. In the measurement of racial variation of skull measure both population (Kayue and Hah) did not exceeded heterogeneous level. On the comparison of large race and local racial group of skull measure Kayue and Han groups all are close to East Asia group of Mongoloid. They also exist quite close relationship with the modem Tibet group. This suggested there are some racial relation between them and modem Tibet nationality.

5. In 284 skulls the author did not find any one has the West Caucasoid racial character. This fact negated the viewpoint of some scholars thinking the West racial influence existed in the ancient population of the Northwest area. So far anthropological data has not conformed that the West Caucasoid population had massively entered in the Gansu and Qinghai area before the Han Dynasty. It is different that the population in the Xinjiang area at that time mainly is one with the West Caucasoid racial character.

6. The author recorded and analyzed the wound on 15 skulls (11 of Kayue and 4 of Han) and the trepanation phenomenon found on three skulls (M392 and M923 of the Kayue Culture and 甲 M41 of the Han Dynasty). The trepanation is an evidence performed surgical operation before their death. Such big opening and especial location of trepanation is an important archaeology discovery of ancient surgical operation of cranium. It replenished a gape of Chinese history of medical science since for a long time past.

西安北周安伽墓人骨鉴定

由陕西省考古研究所在西安北郊大明宫乡炕底寨村发掘的北周时期的安伽墓，据出土墓志和石榻上雕刻的各种图案内容分析，被认定是一座罕见的粟特人贵族墓葬。墓主安伽虽志载为姑臧昌松（现甘肃武威）人，但其祖先应系中亚昭武九姓安国人。墓葬未被盗掘，保存完整的丰富材料成为学术上研究中西文化交流方面十分宝贵的考古证据。此外，十分幸运的是在墓葬的甬道内发现了保存良好的人骨。但这些人骨在埋葬时未被安置在墓室中制作华美的石榻上，相反他们被无序地摆放在甬道内，因而对其身份不免发生疑惑。如这堆人骨中有无其他个体混在？如果没有，他们是男性还是女性？并且死亡时的年龄有多大？能不能判断出死者的种族特征等?这一系列从骨骼上作出个体认定，或对死者身份的确定与墓葬之间的关系提供了有意义的佐证。

一、骨骼的保存状况

前已指出，人骨被无序堆放在墓门内的甬道中，而墓室内布有精美雕刻围屏的石榻上却空无一物。为了搞清这两者之间的关系，我们首先对这一堆人骨逐块进行了个体鉴定。这些骨块列单如下：

头骨和下颌各一，保存完整（图 1）。

脊椎骨保存第一、三、四、七节颈椎（C1、C3、C4、C7），第二至十二胸椎（T2 ~ T12）。和第一至五腰椎（L1~L5）。

锁骨和肩胛骨左右各一对。

胸骨一（剑突部分残）。

上肢骨包括左右肱骨、尺骨和桡骨各一对。

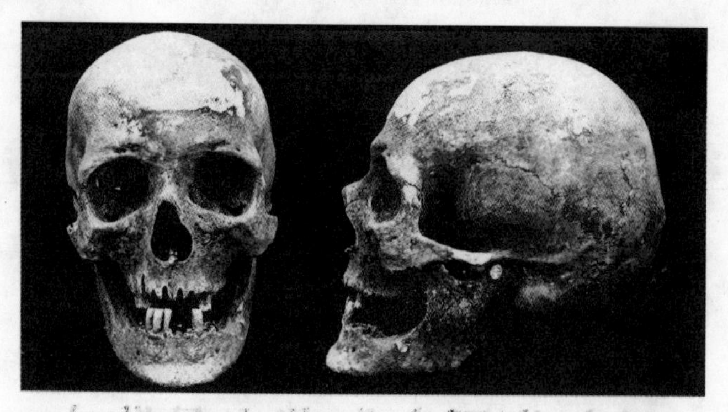

图1 安伽头骨正、侧视图

下肢骨包括左右股骨、胫骨和腓骨各一对。

盆骨包括左右髋骨和骶骨。

手骨保存右侧第一、二、三掌骨；右第一和第三近指节骨，左右第二、四、五近指节骨。

足骨保存右第一和第五跖骨，左右第二、三、四跖骨，右跟骨和距骨各一。

髌骨右侧一块。

肋骨大致保存左第二至十一（部分断片），右第一至十一节（部分断片）。

以上骨块有少部分残，大部分保存完整或基本完整，而且没有不同个体的重复，骨块之间的连接和大小、长短及粗硕程度都显示全部属于同一人的。所缺部分主要在手和足的小块骨骼上。此外，骨骼之间没有任何自然连接而是呈现单个游离状态，证明这些骨骼安置在甬道时，已经没有软组织的支持。骨骼保存状态见示意图（图2）。

二、骨骼的性别、年龄特征

（一）骨骼的性别特征

这具人骨的性别特征非常明确，择其主要，如头骨整体比较大，前额较后斜，眉弓粗显，眶上缘较圆，鼻骨强烈突出，颊骨较宽，乳突很大，下颌髁状关节突也大，下颌枝切迹深，下颌角偏小等；髋骨上的坐骨大切迹偏狭，无耳前沟出现，髋臼大而深，耻骨联合高，耻骨枝较宽，耻骨联合角小，髋臼面更朝向外侧，闭孔近似三角形，坐骨粗隆发达等。由左右髋骨和骶骨围成的盆腔，其盆径上大下小差异明显。其他所有肢骨都粗长。这样一系列骨性标志足以认定他们属于男性个体[①]。

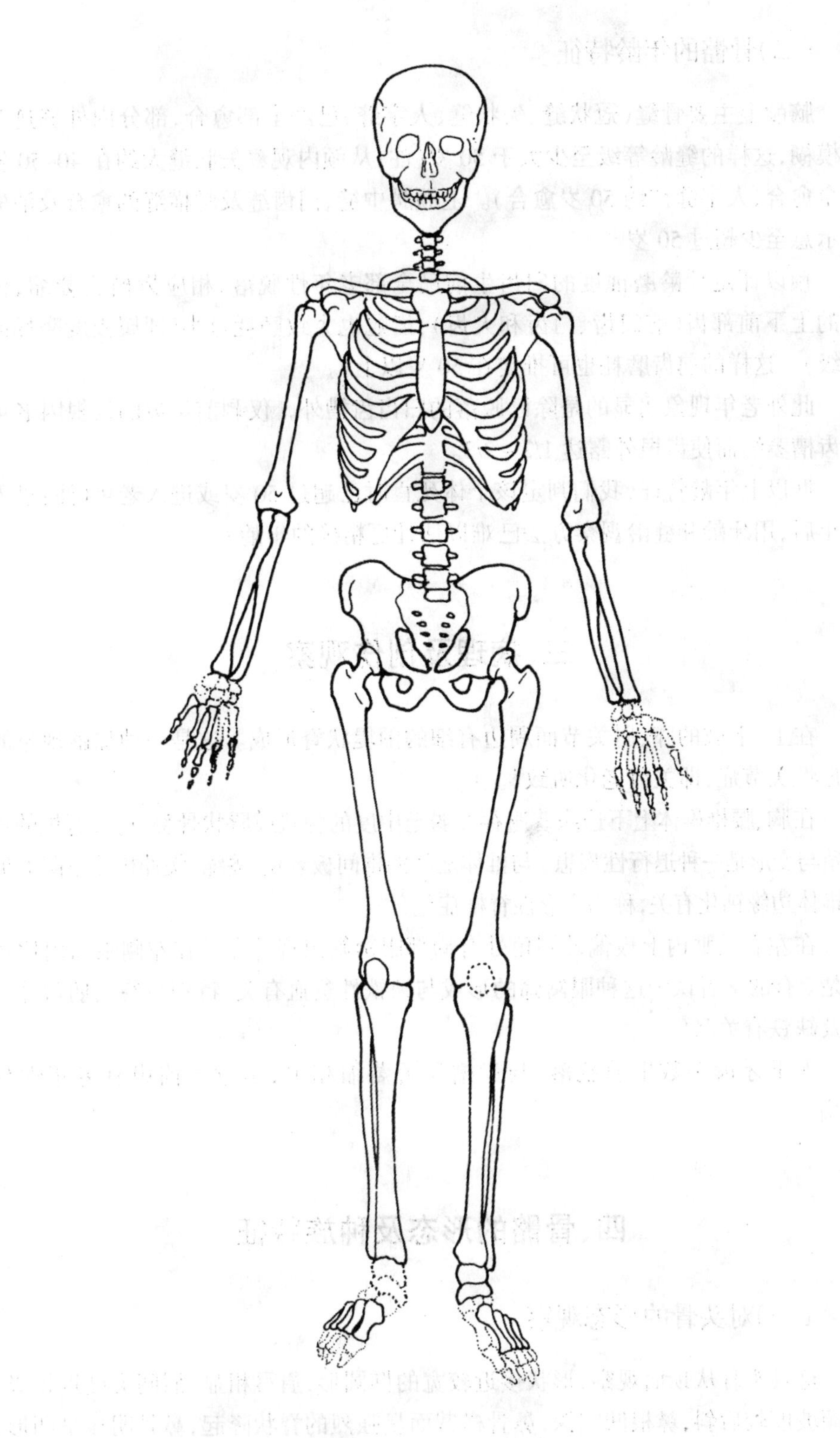

图2　人骨保存示意图

（二）骨骼的年龄特征

脑颅上主要骨缝（冠状缝、矢状缝、人字缝）已经全部愈合，部分内外缝迹开始模糊，这样的缝龄等级至少大于 50 岁（注：从颅内观察矢状缝大约在 40~50 岁完全愈合，人字缝在约 50 岁愈合）。上颌腭中缝、门齿缝及腭横缝的愈合及消失也示意至少超过 50 岁[②]。

赖以评定牙龄磨蚀度的臼齿生前已全部老年性脱落，相应齿槽也萎缩，仅剩的上下前部齿（前臼齿、门齿和犬齿），齿冠也大致磨耗过半（即属极度磨耗的Ⅳ级）。这样的前齿磨耗也可推定在 50 岁以上[③]。

此外老年现象明显的是除已脱落的臼齿齿槽外，仅剩前位齿的齿根因老年性齿槽萎缩而使齿根外露达 1/2 ~ 2/3。

据以上年龄特征，我们判定该个体死亡时已超过 50 岁或进入老年（注：进入老年后，用牙龄和缝龄观察方法已难以估计更精确的年龄）。

三、病理及创伤观察

在上、下肢的膝、肘关节面周边有细的围堤状脊形成。这是一种加龄现象的变形性关节症，即关节老化所致[④]。

在胸、腰椎椎体上下边缘普遍存在弱至中度的棘状或唇状骨赘，这种脊椎的骨增殖与变形是一种退行性疾患。与椎体之间的椎间板老化、萎缩，缓冲机能下降而促使椎体边缘钙化有关，称为变形性脊椎症[⑤]。

在左右眼眶内上板偏外侧角处有局部眼窝筛出现，尤其在左侧眼窝内比较清楚。有的学者认为这种眼窝筛的形成与缺铁性贫血有关，特别与幼儿期营养不良及缺铁有关联[⑥]。

上下牙齿多数生前脱落，与齿槽显著萎缩相关，示意生前患有老年性牙周病。

四、骨骼的形态及种族特征

（一）对头骨的形态观察

这具头骨从顶面观察，形状接近较宽的椭圆形，眉弓粗显，眉间突度近Ⅳ级，前额坡度较后斜，鼻根凹陷深，鼻骨横截面呈强烈的脊状隆起，鼻骨明显呈凹形，其鼻尖呈显著仰起，梨状孔狭而高，有强大（Ⅴ级）的鼻下棘；具有接近长方形的相对低矮的角形眶，眼窝上板向颅腔方向显著凹陷，眶下缘又高于眶下板而呈坎状，因而矢状方向的眶窝呈外窄内宽的“闭锁状”，眶口平面与眼耳标准平面相交近似前倾形；颧骨颊部垂直向下而不外突，头骨在后部人字点以上表现平扁；面部在水平方向向前强烈突出，矢状方向则垂直呈平颌形，颅顶矢状缝的后 3/4 段呈复杂型等。其中，特别是强烈突起的鼻骨，深陷的鼻根和狭而高的梨状孔，低矮的角形眶及近于“封闭型”和前倾型眼窝结合水平强烈突出又矢向平颌型的面等一组综合特征显示出与西方高加索人种相似的特点。因而使该头骨在种族形态上与东方蒙古人种相背，后者中常见的综合特征是眉弓和眉间突度不强烈，鼻根部浅平和鼻骨扁平，眶形趋高变钝，眶口平面位置多见后斜形及眼窝矢向近于“敞口型”，整体面部大多扁平，颧骨强烈外突等（图版 XXX111）。

（二）对测量特征的种族比较

对上述形态特征的种族观察，从一些具有大人种鉴别价值的测量上寻求支持。特别是将这具头骨的一些测量值放到欧亚人种（高加索人种）与亚美人种（蒙古人种）相应的测量变异范围中去考察，这些测量特征主要集中在一些面部特征上，并将比较数据列于表 1[⑦]。据此可以分析欧亚人种和亚美人种之间的主要形态变异方向及安伽墓人骨的基本种族形态倾向，我们从中可以指出以下几点。

1. 在鼻部特征上欧亚人种更普遍趋向狭的鼻形，同时兼合强烈隆起的鼻骨即鼻尖的上仰。安伽头骨在这些特征上（鼻指数、鼻尖点指数及鼻根指数）与其完全相合。

2. 在面部水平和矢状方向的突度上，欧亚人种具有强烈突出和垂直型平颌的面。亚美人种则显示反向特点，即扁平而突颌的面。安伽头骨在这两项（齿槽面

表 1　　安伽头骨与欧亚和亚美人种测量之比较一览表

比较项目	安伽墓	欧亚人种	亚美人种
鼻指数（54：55）	45.3	43~49	43~53
鼻尖点指数（SR：O_3）	40.9	40~48	30~39
鼻根指数（SS：SC）	53.2	46~53	31~49
齿槽面角（74）	86.0	82~86	73~81
鼻颧角（77）	139.1	132~145	145~149
上面高（48）	73.2	66~74	70~80
颧　宽（45）	138.6	124~139	131~145
眶　高（52）	37.4（左） 33.4（右）	33~34	34~37
齿槽弓指数（61：60）	121.9?	116~118	116~126
垂直颅面指数（48：17）	52.3	50~54	52~60

注：表中欧亚人种和亚美人种各项数据引自参考文献①表 29。

角和鼻颧角)的测量上也与欧亚人种贴近。

3. 在面部大小的测量上,欧亚人种相对趋向不高而较狭的面,亚美人种特别是其北方的类型更多是高而宽的面。安伽头骨的这两项(上面高和颧宽)测量虽也在亚美人种变异范围内,但同时也在欧亚人种之内。

4. 在眶形上,欧亚人种比亚美人种具有更普遍低矮的眼眶。安伽头骨在眶高的测量上也显示出与欧亚人种变异范围的接近。

5. 在垂直方向的颅面比例上,亚美人种中比较多见高比例的,特别是在其北亚类中其比例(垂直颅面比例)大多超过55。相对而言,欧亚人种的这一比例(垂直颅面指数) 很少见高比例的。安伽头骨由于有很高的颅高和相对平庸的上面高,因而这一比例趋低而近于欧亚人种。

6. 在齿槽弓的形状上,与亚美人种相对更宽的类型相比,欧亚人种更多出现相对较狭的类型。只是在这一测量上(齿槽弓指数),安伽头骨的齿槽弓显得比较短宽而进入亚美人种的变异范围内。

由以上的测量比较,我们不难看出安伽头骨在有大人种鉴别意义的测量特征上,与欧亚人种的趋近非常明显。因此,从测量特征上所得的人种印象与前述形态观察所得的印象基本吻合。

大人种属性确定之后,我们尝试将安伽头骨在颅面部测量的主要特征与我国新疆境内古代欧亚人种头骨资料进行比较,或许还可能获得对其地区性种群的认同。选择的测量特征共12项,他们基本上代表了脑颅和面颅的大小及形态类型。所选对比组包括和静察吾呼沟的第三及四号墓地[8]、孔雀河古墓沟墓地[9]、哈密焉布拉克墓地[10]、洛浦山普拉墓地[11]、托克逊阿拉沟墓地[12]、昭苏土墩墓墓地[13]及楼兰城郊墓地[14]等。其中除了古墓沟一组人骨可能早到夏商时期外,其余基本上在春秋战国到汉代。我们采用了将多种测量参数用统计学方法处理后变成一个形态距离系数来估计对比组之间可能存在的近疏关系[15]。用于计算形态距离的公式如下:

$$d = \sqrt{\frac{\sum (X_1 - X_2)^2}{m}}$$

用来计算的各组测量数据列于表2。各对比组之间的形态距离数字矩阵列于表3。从表3的第一行安伽的头骨与其他对比组的形态距离数据来看,最小距离出现在安伽与昭苏组之间,其次是与阿拉沟组之间,与其他组的距离则明显增大。如果将这些形态距离数据绘制成谱系图(图3),我们可能排出楼兰一组单独成组,其他八个组大致分成两个组的聚集,即安伽头骨与昭苏组为一小组,其余为另一小组。这一结果又再次说明,安伽头骨在测量形态上与昭苏组的接近比与其他组更明显一些。而昭苏组的种族特点被认为是短颅高加索种的中亚两河(阿姆河和锡尔河)类型[16]。

表2　　12项颅面测量特征的比较

	安伽	察吾呼三	察吾呼四	古墓沟	焉布拉克c	山普拉	阿拉沟	昭苏	楼兰
1	190	180.5	183.4	184.3	183.3	188.5	184.2	179.9	193.8
8	148	138.7	136.5	138	133.3	137.6	141.9	150.5	138
8 : 1	77.9	76.8	74.4	75	72.7	73	77.1	83.8	71.1
17	140	142.1	135.8	137.5	135.8	140.2	135.6	135.1	145.3
48	73.2	74.7	70.7	68.7	71.3	74.9	71.9	73.4	79.7
45	138.6	134.2	131.1	136.2	132.5	131.7	131.1	139.2	134.4
48 : 45	52.8	55.6	54	50.6	53.8	56.9	55	52.7	59.5
52 : 51a	81.8	85.9	83.1	78	83.9	84.5	84.7	82.1	90.2
54 : 55	45.3	47.9	48.7	51.5	48.7	46.1	48.2	49.4	45.2
72	90	91.4	90.2	85.3	85.2	86.6	85.7	87.3	92.5
75(1)	37.7	21.4	25.3	29	27.6	26.5	32.7	28	28.5
32	83	82.7	86	82.2	82	76.4	83.3	83.1	85.5

表3　　形态距离数字矩阵

	安　伽	察吾呼三	察吾呼四	古墓沟	焉布拉克c	山普拉	阿拉沟	昭苏	楼兰
安　伽									
察吾呼三	20.8								
察吾呼四	21.7	14.6							
古墓沟	21.8	23.2	17.2						
焉布拉克c	22.5	17.1	8.8	13.2					
山普拉	23.2	16.6	18.3	23.4	14.6				
阿拉沟	17.3	15.3	11.9	16.6	9.6	16.5			
昭　苏	15.1	21.0	19.6	18.8	17.6	26.5	16.2		
楼　兰	28.7	21.1	25.6	35.2	28.6	22.2	28.7	36.9	

五、身高的估算

对古代人身高的测定一般利用其保存的肢骨最大长度的测量，代入某些学者制定的从长骨长度计算身高的公式，作出间接的推算。但在使用这种公式时要因年龄、性别乃至种族等因素可能带来的误差而选择相对合理者。安伽的各种上下肢骨保存很完整，我们选用误差范围相对较小的下肢股骨的长度测量代入相应的用股骨长换算身高的公式。此外，考虑安伽骨骼的种族属性及性别，选用由Trotter和Gleser设计的对男性白人的身高推算公式[17]：

$S = 2.38Fem + 61.41 \pm 3.27$(单位:厘米)

我们测得安伽的左右侧股骨最大长分别为46.4厘米和46.5厘米，分别代入

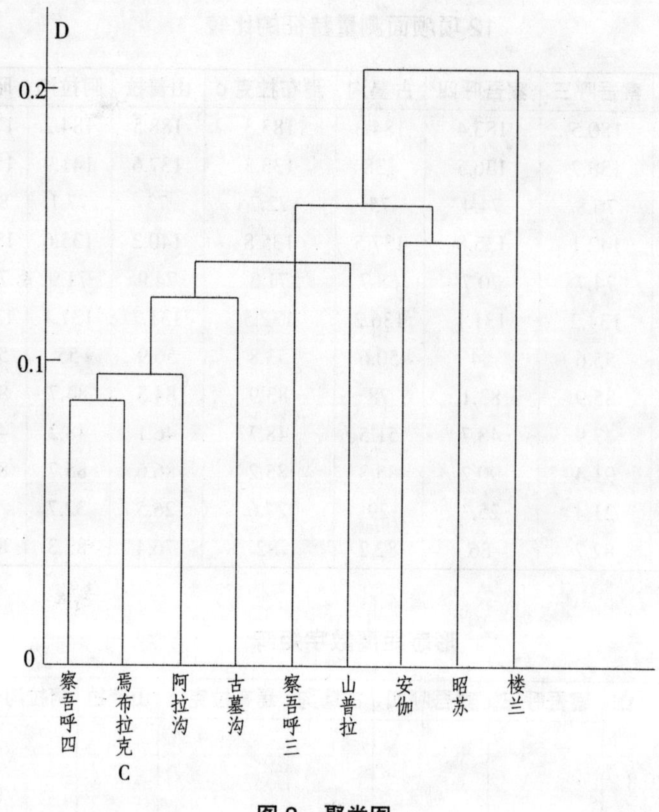

图3 聚类图

计算为

S左 = 2.38X46.4 + 61.41 ± 3.27 = 171.8 ± 3.27(厘米)

S右 = 2.38X46.5 + 61.41 ± 3.27 = 172.1 ± 3.27(厘米)

其左右侧的差异不大,即安伽墓人骨身高大致在172厘米左右。如果考虑到安伽墓人骨为老年个体而使身高稍有回落,则其死亡时的身高比上述的推算要略低一些。

六、鉴定结果和讨论

对安伽墓中人骨的鉴定结果扼要归纳如下几点:

1. 对人骨的个体、性别和年龄的认定,证明安伽墓中凌乱堆置的人骨皆属于同一个体的老年男性,其年龄在50岁以上,身高大约在1.72米左右。

2. 从骨骼上观察到的某些病理现象除了导致齿槽萎缩的牙周病症状外,还发现在上、下肢的膝、肘关节面周边存在关节老化的变形性关节症状。在胸、腰椎体上下边缘也出现有退行性骨增殖(骨质增生)。而在眼窝上板出现的眼窝筛现象可能与缺铁性贫血有关。

3. 从具有种族鉴别意义的形态和测量特征的分析，都一致认证安伽墓中人骨具有一般常见于欧亚或高加索人种的综合特征；而且还表现出与我国新疆境内类似昭苏地区发现的古代短颅型高加索人种接近。

根据以上鉴定结果，我们可以认定，在安伽墓甬道中堆放的人骨，无论在其性别、年龄及种族特性方面都和出土墓志的记载相符，也就是说这些人骨应该属于墓主安伽本人而非其他。但正如考古报告中指出，既然这些骨骸是墓主安伽的，却没有将他们安置在墓室的石榻上而是堆放在甬道中，似与常理相悖。这就对墓中放置的石榻的用途产生了疑问，它不像是主人的寝床，倒像是迎客饮谈之榻。这从石榻的围屏画面上可以获得某种启示：在正面的长围屏上便有人物盘腿而坐手持金杯交谈的画面，榻的支腿的形状与墓中石榻的支腿的形状很相似。因此，石榻可能更着意于给死者在阴间世界提供继续与人交流言谈的室内场所。

墓主骨骼种族形态特征具有明显的高加索人种标志，同时他们更接近于中亚地区古代短颅形高加索人种的现象，为安伽祖先种族来源的解释提供了重要的人类学支持。因为这样的高加索人种类型最具代表性的分布地区是在中亚的两河流域（锡尔河和阿姆河），在人类学上被苏联时代的人类学家称之为中亚两河类型或帕米尔—费尔干类型[18]。而据墓志记载，安伽其人可能是史载昭武九姓的来自中亚的安国人或就是中亚的粟特人。从地望上来讲，这些民族多在中亚两河流域的乌兹别克斯坦地区。因此，人骨鉴定的种族地理分布与史载的民族分布地望相一致，是考古与文献的分析获得人类学支持的良好例子。近年来，类似的例子也出现在对宁夏固原史道洛墓及山西太原虞弘墓人骨的鉴定上[19][20][21]。但安伽人骨的保存与鉴定更为理想。

表 4 **安伽头骨测量表**

（长度:毫米;指数%）

测量代号	测量项目	测值	测量代号	测量项目	测值
1	颅　长(g-op)	190.0	52	眶高(左)	34.7
8	颅　宽(eu-eu)	148.0	60	齿槽弓长	53.0
17	颅　高(ba-b)	140.0	61	齿槽弓宽	64.6?
21	耳上颅高(po-v)	124.5	62	腭长(ol-sta)	48.6
25	颅矢状弧(arc n-o)	389.0	63	腭宽(enm-enm)	44.1
23	颅周长(眉弓上方)	541.0	32	额倾角(n-m-FH)	83.0
24	颅横弧(过 v)	342.0	72	全面角(n-pr-FH)	90.0
5	颅基底长(ba-n)	106.5	73	鼻面角(n-ns-FH)	90.0
40	面基底长(ba-pr)	100.2	74	齿槽面角(ns-pr-FH)	86.0
48	上面高(n-sd)	73.2	77	鼻颧角(fmo-n-fmo)	139.1
45	颧　宽(zy-zy)	138.6	8:1	颅指数	77.9
43(1)	两眶外缘宽(fmo-fmo)	105.6	17:1	颅长高指数	73.7
NAS	眶外缘点间宽(sub.fmo-n-fmo)	19.7	21:1	颅长耳高指数	65.5
50	眶间宽(mf-mf)	19.2	17:8	颅宽高指数	94.6
DC	眶内缘点间宽(d-d)	22.5	54:55	鼻指数	45.3
DS	鼻梁眶内缘宽高	12.7	SS:SC	鼻根指数	53.2
MH	颧骨高(fmo-zm)(左)	47.9	52:51	眶指数Ⅰ(左)	74.8
MB′	颧骨宽(zm-rim.orb)(左)	25.8	52:51a	眶指数Ⅱ(左)	81.8
54	鼻　宽	24.6	48:17	垂直颅面指数	52.3
55	鼻高(n-ns)	54.3	40:5	面突度指数	94.1
SC	鼻骨最小宽	8.9	DS:DC	眶间宽高指数	56.4
SS	鼻骨最小宽高	4.7	SN:OB	额面扁平度指数	18.6
51	眶宽Ⅰ(mf-ek)	46.4	48:45	上面指数	52.8
51a	眶宽Ⅱ(d-ek)	42.4	63:62	腭指数	90.7

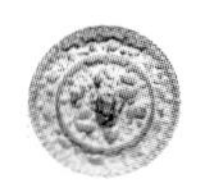

参考文献

1. 吴汝康，吴新智，张振标.人体测量方法，北京：科学出版社，1984.

2.3. 濑田季茂，吉野峰生.白骨死体の鉴定，令文社.

4. 铃木隆雄.骨から见た日本人—古病理学が语る历史.讲谈社，1998.

5.6. 铃木隆雄.骨から见た日本人—古病理学が语る历史.讲谈社，1998.

7. 雅·雅·罗京斯基，马·格·列文.人类学基础，莫斯科：莫斯科大学出版社，1955（俄文）.

8. 韩康信，张君，赵凌霞.察吾呼三号、四号墓地人骨的体质人类学研究.新疆察吾呼——大型氏族墓地发掘报告，北京：东方出版社，1999.

9. 韩康信.新疆孔雀河古墓沟墓地人骨研究.考古学报，1986(3).

10. 韩康信.新疆焉布拉克古墓人骨种系成分之研究.考古学报，1990(3).

11. 韩康信.新疆洛浦山普拉古代丛葬墓人骨的种系问题.人类学学报，1988(3).

12. 韩康信.阿拉沟古代丛葬墓人骨研究.见：丝绸之路古代居民种族人类学研究.乌鲁木齐：新疆人民出版社，1994.

13.15. 韩康信，潘其风.新疆昭苏土墩墓古人类学材料的研究.考古学报，1987(4).

14. 韩康信.新疆楼兰城郊古墓人骨人类学特征的研究.人类学学报，1986(3).

16. 韩康信，潘其风.新疆昭苏土墩墓古人类学材料的研究.考古学报，1987(4).

17. Trotter, M.and Gleser, G.C., 1958：A re-evaluation Of estimation O f stature based On measurements of stature taken during life and lomg-bone after death. Amer. J. Phys. Anthrop., Washington(n.s.)16：79 ~ 123.

18. 韩康信，潘其风.新疆昭苏土墩墓古人类学材料的研究.考古学报，1987(4).

19. 韩康信.人骨.唐史道洛墓，原州联合考古队发掘调查报告 1，原州联合考古队编，勉诚出版社，2000.

20. 韩康信.虞弘墓人骨鉴定.太原隋虞弘墓，北京：文物出版社，2005.

21. 韩康信，张庆捷.虞弘墓石椁雕刻人物的种族特征.太原隋虞弘墓，北京：文物出版社，2005.

太原虞弘墓石椁雕刻人物的种族特征

虞弘墓的被盗，使依靠随葬品探求墓主人的所属文化性质及其民族溯源成为困难。椁中人骨的被扰乱与破坏,特别是赖以鉴定种族形态特征最为重要的颅面骨残缺严重，使依靠骨骼形态学的考察直接追踪墓主种族来源也成为难求的遗憾。而唯能作出补救的,一方面是借助对虞弘墓志的考证,另一方面是将注意力集中到石椁雕刻的众多人物形象及其他景物的特殊民族风貌的解读上。本文的意图即从雕刻人物所显示的某些形态特点，对这些刻画人形群体的种族特征进行地域性探讨。这对合理地认知墓主的祖先种族属性会有重要的帮助。

但是,这种探讨只能依靠雕刻人像的粗线条美术刻画上,与真实细致的人物形象之间有很大的差别。因而在选择观察点时,要尽可能注意反映客观的写实性方面。对有些重要但在雕刻平面上难以观察的则依靠形态特征之间的相关性作出合理的判断。一个高明的漫画家仅用几笔简洁的线条勾画出人物的外貌特点,既夸张又肖似,使读者一眼就能辨别出所熟悉的人物来。如果我们也以类似的心态去看待工匠们在石椁上雕刻的人物形象并熟悉种族形态学知识的话，也不难发现映射在这些刻画人像上的某些“似曾相识”的特点。

为了做到这一点,本文作者对石椁近60个雕刻人物的面貌特征作了观察记录,从中获得的印象是工匠们即便以简单的线条刻画的个体之间尽管不雷同,但同时不能不承认从这些雕刻人像的外貌上反映出某种熟悉的种群特征。比如有的学者在观察过这些石椁雕刻后便很容易指出这些人物的鼻子形状很特殊。此外，还可以注意对头发和胡须的刻绘和染色以及用侧面视角雕出的具有强烈立体感的面部特点,还有诸如眼裂的表达和口唇的刻画以及人物的体形等,都可能作为讨论雕刻人物形态或种族特点的直接或间接的依据。

一、虞弘墓石椁雕刻人像形态特征的记录与讨论

一般对现生人类的形态认知主要是指外表软组织特征。如肤色、发型和发色、眼睛的形态结构和眼虹膜色素、鼻子的形状、再生毛的发达程度、面部和脑颅的形态、形体结构如四肢的比例和身高等，在对这一系列特征进行个体调查的基础上，总结出受调查人群的综合特征，并对这些综合特征的种族属性作出合理的评估[①]。很显然，这种活体人类学调查方法使用于平面的人物刻画上有很大的困难。但在细心的观察以后，依然感到出自古代工匠们的十分简单的粗线条刻画中隐显出某些属于种群形态的写实性。笔者考虑，应该对这些写实的方面进行合理的讨论。

（一）雕刻人像的发型和发色表示

据我们观察，工匠们对雕刻人物的发形表示大致有两类，即一类（也是大多数）是平梳式的短发（少数披肩长发），其中有的在发尾有一个卷曲状，但没有做更复杂的刻画；另一类脑后的长发被刻成大的宽波状。如果观察不误，前者可示意为直形发，后者或可能表示在这些雕刻族群中存在波状发的因素。如果这样的评估也不错，那么是否应该考虑这个雕像人群中既有直发也有波状发成分。有趣的是，在有的刻画人物中，还保存了对头发的着色，其中凡能判断的颜色皆是深（黑）色的。在彩绘的人像上，发色的深褐色表示，如果考虑工匠们运用于浮雕的颜色相当丰富（有棕—紫红，黑—褐色，蓝—绿色，金黄—土黄等），则选择头发为黑或深褐色应该看成是对头发色素的一种写实。

（二）眼裂和眼色素的推测

大致说来，这批刻画人物的眼裂基本上都以刻成水平状的单线条表示，其内外眼角大多是近于水平的。由于刻画的简单，没有显示是否有发达的上眼褶结构，同样也不能判断是否有内眦褶存在。对眼球的着色几乎不见（可能颜色褪去或未保存下来），仅见一例涂以深色。但据种族色素的调查表明，眼色（指眼虹膜的颜色）的地理差异一般与发色的地理分布相符合[②]。据此推测，雕刻人物属于深色眼的族群可能是适当的，而且他们也可能是缺乏内眦褶的类群，因为这一特征与鼻梁的高度之间呈负相关[③]，而石椁上的人像普遍被工匠们雕刻成高鼻梁的。

（三）肤色的推测

在这批石刻人像中，仅见个别颜面有色彩保存。如果所见并未全部失真，则

多以紫红或褐红色表示,这至少可以指认石刻人物具有深肤色的一种写实[4]。这样的推测应该与发色和眼色素的推定相符合。

(四)鼻形的刻画特点

这批石刻人物最显眼的外貌是对鼻子的雕凿。一般对活体鼻子形态的调查包括鼻梁的突起程度、鼻背的形状、鼻的长度、鼻尖与鼻基底的走向、鼻翼大小、鼻孔的形状及长轴的方向等诸多项目[5]。虽然这一系列细节特征不可能全部从石椁画人像上精确调查,但依工匠们从侧面刻画的鼻子轮廓特点及鼻部细节特征之间的相关性作出适当的估计还是可能的。正如前已指出,这批石刻人像的鼻子形状很有特点,如鼻子从鼻根到鼻尖的长度很长,鼻梁高突,有的甚至被夸张得不合比例,然而也正是这种夸张的表现,突显出石刻人物代表了高—长鼻形种族。此外,鼻背的走向也大多被刻成平直形的(图 1:2,图 2:3–6,图 3: 2–4),也有一部分呈前突型的,后者整个鼻子应近于"鹰嘴形"(图 1:3,图 2:1,图 3:1、5、6)。相反,鼻背呈凹形的几乎没有(图 1:1),对鼻翼的刻画普遍不大。从刻画的鼻子侧面轮廓走向来看,鼻尖和鼻基底的走向属于下垂或向前的占绝大多数(图 1:5–6,图 2:1– 6,图 3:1–6),上仰的几乎没有(图 1:4)。因此,将石刻人群归于富有长狭而强烈高突鼻形的种群并不过分。这样的鼻形表示也是这批石刻人物最具大人种鉴别意义的形态特征之一。

(五)唇的表达

总的来讲,这批石刻人物的唇部刻画缺乏热带种族中常见的厚硕之感,吻部前突不明显,因而可能是对薄唇类型的一种写实[6]。

(六)对面部突度的推测

对面部向前突出程度的估计主要是指水平方向和矢状方向的角度测定。在石刻颜面的侧向平面上无法像活体或头骨上作这种角度测定,但我们依鼻部形态特征与面形之间的关系可以作出间接的判断。一般而言,具有长狭而强烈突起的鼻形与明显前突的面形相配是种族形态学上最熟悉的组合特征之一[7](图 1:7–8)。如蒙古人种低矮的鼻与扁平的面相配合,而欧亚人种立体感很强的面与高突的鼻常共出。据此,我们认为具有强烈突起鼻形的石刻人物也应该具有前突而立体感强烈的颜面。顺便指出,工匠们是以侧面的"横头"视角刻画面部的。这种美术形式好像与强调人物颜面尤其是鼻子的强烈突出和对眼睛的夸张有关。使观者从侧面方向能看到更多的颜面部和眼睛的全貌,因而起到夸大颜面立体感的作用。这在古代东方的壁画或雕刻形象中是很少见的。

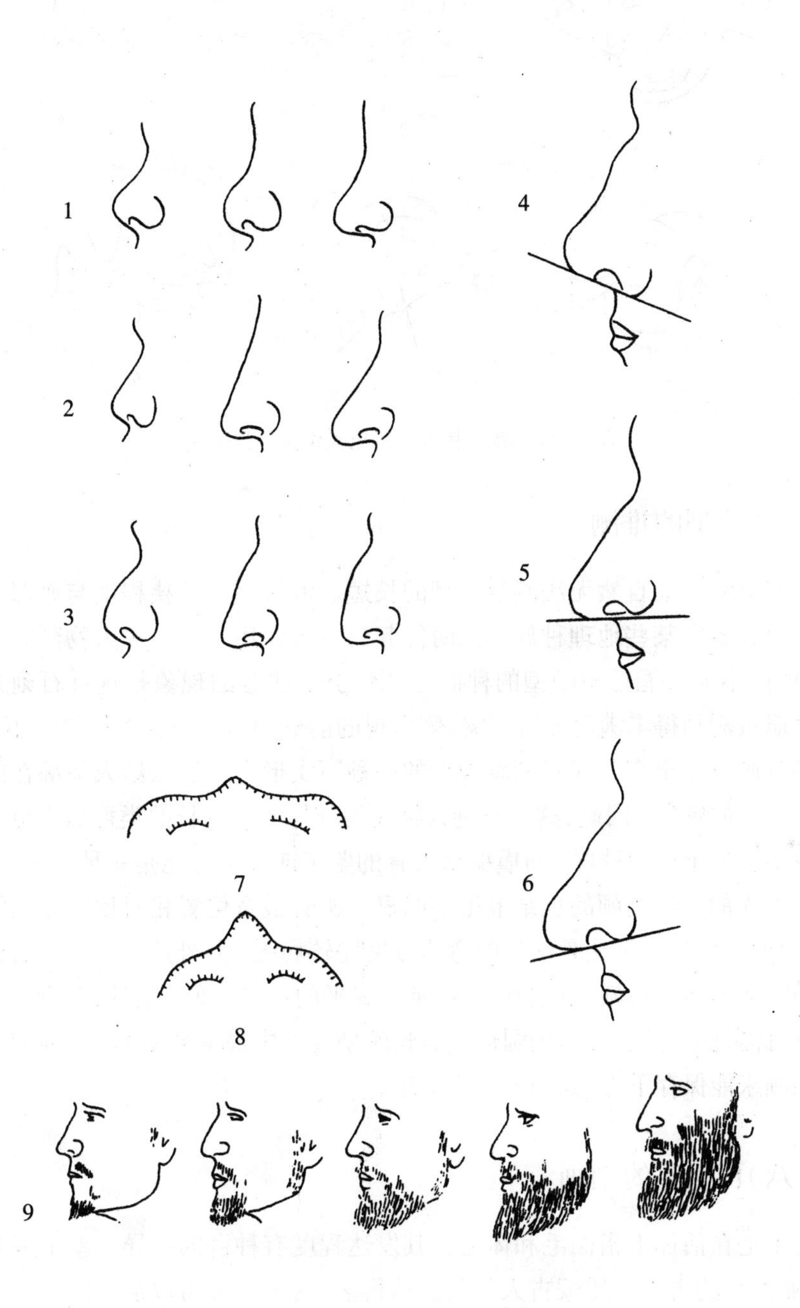

图1　人物种族鼻形与胡须比较图

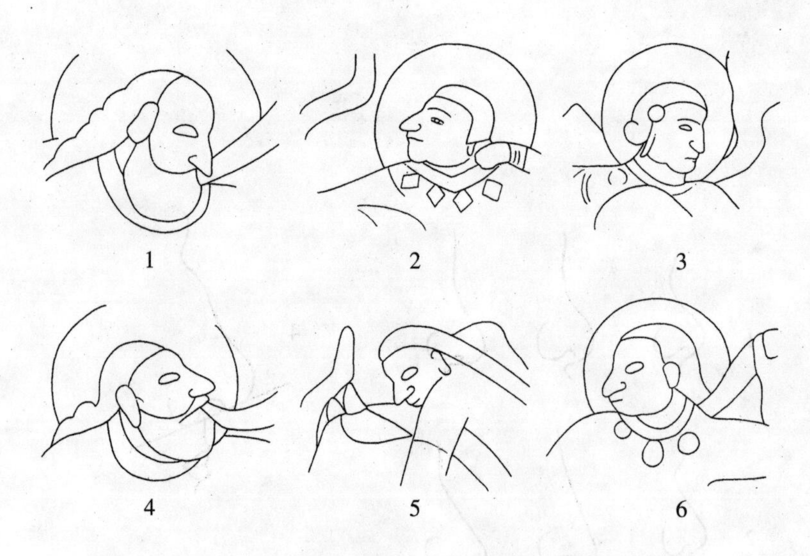

图 2　虞弘墓石椁图像所见人像头部特写图

（七）头型的推测

从石刻头型上自然无法测量头型的长短。但头型的长狭程度与面部形态特征相结合在鉴定某些地理种族特点时能起到重要作用。从石椁人物刻画的直观感觉，他们不大可能是短颅型的种群，其中，引人注意的现象是这批石刻人物的前额普遍被刻画得丰满而显得圆突，侧面观的前额向后上方显著倾斜的不多。如果这种刻画也是出自工匠对刻画人物的一种写实形态，那么给人头部在前后方向有些拉长的感觉。因此，这批石刻人物代表脑颅比较趋长的类群似乎更合情理或至少不会属于短颅种群。对虞弘墓人骨的鉴定或许也可能是一种暗示，即仅剩的虞弘夫人的后半脑颅的顶结节很不明显，头骨最宽位置相对比较靠近脑颅的中部，顶面观由顶骨至枕骨侧像的弯曲弧度比较均缓。此外这具头骨的后枕部也比较圆隆而不同于短颅头骨的后枕部常显扁平的特点。据此估计，至少虞弘夫人的脑颅可能近于椭圆形，而椭圆形颅是长颅型类群中最常见的类型。遗憾的是虞弘的脑颅未能保存下来，其颅型无法决定。

（八）再生毛的刻画

再生毛在活体上指面毛和体毛，其发达程度有种群的差异。差不多人人皆知，欧亚人种的再生毛比蒙古人种的发达得多，这一特征可以从工匠在石刻人像的胡须刻画上作出判断。本文作者观察了近 60 个石椁人物，其中刻画有胡须的约 13 个，其余的则呈无须状。后者主要属狩猎者、乐舞者和侍奉者，估计多系年轻形象抑或包含女性。因此工匠们未赐予他们胡须是合理的。而蓄须者则多见于有头冠的尊者，他们的年龄可能比前者年长，工匠们着意刻画的胡须十分发达，

图 3　虞弘墓石椁图像所见人像头部特写图

其形状可以达到胡须从五级分类中的最强等级(人类学上对胡须从无到浓密划分为五个等级,可以用模式图表示)[8](图 1:9,图 2:1–5,图 3:1、2)。由此可见这批石刻人物应该代表再生毛很发达的类群。

(九)身高的估计

如果将虞弘石椁上的人物体形与古埃及壁画人物的形状相比，他们之间的差别十分明显,即后者身体都是绘成细长形的,他们的四肢显得细长,反映古埃及人属于身材狭长的种族(图 4)。相比之下,虞弘石椁人像普遍显得短矮,反映在下肢比较短和整个体形刻画得比较粗壮。如果这样的比较也具有写实意义的话,我们可以判断石椁人物不属于高身材的类群。据笔者对虞弘夫妇用长骨的测量换算来估计身高，虞弘本人的身高大约为 167 厘米左右，虞弘夫人的身高约为 154 厘米[9]。前者大约在平均身高的中等左右,后者则中等偏矮。实际上,无论欧亚人种还是非洲人种,不同地理分布的种族之间,身高的变异是非常大的[10]。

总之,本文对以上石椁人物形态写实性的判断不失之过远,那么他们的群体综合特征可归纳为:直形或波形的深色发,相应的眼色和肤色也应该是深色的,男性年长者显示有浓重的再生毛，具有长狭而强烈突起的鼻梁和直形或突形的鼻背,下垂或向前方向的鼻尖和鼻基底,小的鼻翼和唇薄等。同时还应该有前突而立体感很强的面形与有些长化的脑颅,身高不高等。

图 4　埃及考姆艾哈迈尔一神殿废墟中发现的石雕（约公元前 3100 年）图

图 5　发现于伊朗米提亚人窖藏的一块金饰板，表现波斯军队中西徐亚武士（约公元前 860 年）图

二、对石椁人物形态特点的种属估计

根据以上对石椁刻画人物形态特征的综合判断他们的大人种属性应该不困难。

仅依长狭而高突鼻形的刻画便很容易地与西方的欧亚人种联系起来。此外，有没有可能进一步讨论他们与更为局部地区的种族关系，这需要借助于活体的地区性种族形态学资料对石椁人物的形态特征作出合理的解读。我们在表 1 中列出了现代欧亚人种不同地区类型的一些重要的种族形态学资料[11]，在表的末行也举出了大致相应的虞弘石椁人像群体的形态判断。从这个表列内容可以看出，不同地区种族类群之间的形态特征的综合表现不完全相同。但不论大西洋—波罗的海人种，或者中欧人种，还是白海—波罗的海人种，都普遍以浅色素而明显区别于印度—地中海人种和巴尔干—高加索人种，后两个类群都是深色素的种族[12]。如果本文对虞弘石棺人物为深色素种族的判断无误，则他们更可能与欧亚人种的深色素种群之间存在更接近的关系。

其次，在表列的两个深色素种族类群（即印度—地中海和巴尔干—高加索人种）之间形态学上的共性很强，如色素、发形和鼻形等。但他们在颅、面形态上仍然存在某些明显的差异，这些差异表现在印度—地中海人种的长颅与狭面相结合比较普遍，巴尔干—高加索人种则短颅与中阔面形相结合[13]，这一差别或许对石椁人像的种族判断有所启示。因为据本文的判断，石椁人物可能代表的是长

表 1　欧亚地区不同人种与虞弘石椁图象人物形态特征分类表

	大西洋—波罗的海	中　欧	印度—地中海	白海—波罗的海	巴尔干—高加索	虞弘石椁人物
肤　色	很　浅	很　浅	黝黑或浅	很　浅	黝黑或浅	深
发　色	浅	中　等	深	浅	深	深
浅色眼(%)	70~80	30~50	0~15	55~60	0 ~ 20	深
发　型	直　形	直和波形	波和直形	直　形	直和波形	直和波形
胡　须	多	多或中等	多或中等	中　等	很　多	多
鼻长对下面高之比(%)	80 以上	70 ~ 80	80 ~ 88	70	80 ~ 95	长
鼻　形	狭	狭	狭	中	狭	狭
鼻背前突(%)	20 ~ 55	20 ~ 50	20 ~ 50	0 ~ 6	40 ~ 60	约 15
鼻背凹陷(%)	3 ~ 20	3 ~ 15	3 ~ 7	40 ±	3 ~ 10	无
头　形	中 – 短	短	长 – 中	中 – 短	短	长
面　形	中 – 狭	阔 – 狭	狭	中	中	狭
身高(厘米)	168 ~ 175	165 ~ 169	162 ~ 172	164 ~ 169	165 ~ 177	167
分布地区	欧洲西北部	欧洲中部	南欧、北非、阿拉伯半岛、伊拉克、南伊朗、北印度	欧洲东北　部	巴尔干半岛高加索、西伊朗	中国山西

颅—狭面类型。如果这个判定是真实的,那么他们所属的种族来源与主要分布于地中海地区的印度—地中海种族类群有更直接的关系，后者是具有深色的头发和眼睛,黝黑的皮肤,波形发和直发,鼻子很长和鼻背直而强烈突出,长头或中头型与窄的面相结合。从地理上来说,这一种族类群主要分布在伊朗高原、阿拉伯半岛、小亚细亚乃至印度和非洲的北部等广阔地区,其中以地中海地区的最具代表性。

三、对石椁图像人物种族推想的其他启示

对石椁人像的种族探源或可以从浮雕的其他内容的表述提供有益的线索,

这方面的内容属于专题讨论。本文只简单提出几点例子,例如前边提到,石椁上刻画人物几乎全都以侧面视角的“横头”来表示面部的,这种艺术表达方法在古代东方的美术中极为少见;相反,在西亚的美索不达米亚与埃及古代壁画中则屡见不鲜。这种绘画的传统特点是对人物的头、手和足以侧面视角表示,但对眼睛则取正面视角的全眼表达;男性的肩胸多取正面,女性则多取半侧身。这样的绘画构思不拘泥于写实而将不同视角的画面整合于同一人物的形象上,被美术家们称之为“意象图”(图4、5)。据考古发现,这种绘画风格早在距今5000余年的古埃及和西亚已经十分定型,而且保持了大约3000年基本未变[14]。例如这种风格也影响了西亚古代钱币上王像的铸制,萨珊王朝金银币上的人物头像都是以“横头”塑制的[15]。其头冠、高耸的鼻及浓须都是波士式的,与石椁上的近似。早期的东罗马钱币上的王像也是如此,后来才出现正面王像的钱币[16]。因此,虞弘石椁上的这种以“横头”表示人物头像的绘制风格很容易与西亚乃至古埃及的独特绘画传统联系起来。有的学者还提出这种与古代东方美术风格迥异的技法与东西方人种之间和种族差异有联系[17]。从人体形态学的角度看,西方人种的面部富于雕塑形的,而东方人种更多平面感。就面部特征而言,西方人种的面部主体感主要有两点,即一点是西方人种发达而强烈突出的鼻子,另一点是面部水平方向上强烈向前突出。如果用侧面视角表示,则这些特征比用正面视角更能突显出来。这或许就是古代“意象图”的制造者们有意无意的人类学视角于绘画艺术的一种映射。从这个角度理解,虞弘石椁雕刻工匠乃至虞弘本人对乡土艺术的执著,祈求死后能够轮回到生前难忘的故土中去。

此外,石椁雕刻人物的头冠、飘带、骑马狩猎或斗狮的刻画可以说在古代西亚的艺术作品中是屡见不鲜的,例如在古代亚述人的艺术品中便有王族猎狮的场面[18],一幅贵霜王朝晚期刻画在象牙柜上的大夏狩猎图上也表现了骑马射虎逐鹿的景象[19]。在粟特一个著名的瓦拉赫沙遗址的称做“红厅”的壁画上也有多处表现英雄与野兽搏斗的场面,画面上的英雄穿戴王服骑着大象抵抗虎、豹、狮子及怪鹰的进攻[20]。这和石椁上戴冠王者骑大象挥舞双剑与狮搏斗的画面好像反映着共同的主题。

又如石椁上刻画的乐舞人物的吹弹乐器显然源于西亚,其中一人的倒持琵琶的柄部尾端弯曲,很像是阿拉伯拨弦乐器中的“乌特”(ud),这种乐器流行于伊朗、土耳其乃至苏丹、摩洛哥等地区,南北朝时传入中国,隋唐时期曾盛极一时,称做“曲项琵琶”[21]。石椁刻画上还有两个对称站立的上身人体下肢鸟形者小心维护盆火的画面,似乎与流行古波斯一带的礼拜(祆教)“圣火”有共鸣[22]。画面中的动物如慓悍的马、大象、雄狮、骑驼、猎狗等也都是中亚、西亚古代艺术品中常见的种类,其中有用作纳贡的,在我国古代文献中都有记载。在我国新疆阿斯塔那出土丝织品中也有狮子、鸟、野猪等动物图案,后者被认为是伊朗胜利之神雷斯拉格那的象征。类似的题材从大夏、粟特、库车、吐鲁番直到华夏腹地都有发现[23]。此外，画面上还存在不可忽视的受印度佛教影响的内容等。凡此种种画面内涵十分丰富，对他们的深入研究超出了本文的范围而有待另类的专业学者详考。但仅就上述几点举例，使笔者感觉与人物形态的种族评估方向是相符的。

总之，本文最后获得的深刻印象是无论从虞弘石椁上刻画的人物形貌特征本身，还是其他浮雕画面所透露的内涵，都反映了墓主人浓重的古代西亚情结，折射出虞弘先祖与古代地中海种族的血缘联系。

参考文献

1. [苏]雅·雅·罗京斯基，马·格·列文.人类学基础.莫斯科：莫斯科大学出版社，1955.3～48、,11～116页,334～345(俄文).

2. 同1,第48页。

3. 同1,第113页。

4. 同1,第45～47页。

5. 同1,第113～115页。

6. 同1,第153页。

7. 同1,第10l页。

8. 同1,第44页。

9. 参见笔者《虞弘墓人骨鉴定》。

10. 同1,第55页。

11. 同1,表3l。

12. 参见注1,第363～365页。

13. 同12。

14. 徐中敏编.埃及图画精选.长沙：湖南美术出版社，1998.

15. 夏鼐.综述中国出土的波斯萨珊银币.考古学报，1974(2)；朱捷元，秦波.陕西长安和耀县发现的波斯萨珊银币.考古，1974(2)；上海博物馆.中国钱币馆；罗丰.固原南郊隋唐墓地.玖.固原出土的外国金银币.北京：文物出版社，1996.

16. 同15,罗丰著作。

17. 马场悠南，金泽英.颜を科学する.株式会社ニコーメンプレス.(newton press)东京，1999.61～63.

18. 百大考古发现.上海：上海科技教育出版社，1999.51(波士武士图).

19. [德]克林凯特著.赵崇民译.丝绸古道上的文化.乌鲁木齐：新疆美术摄影出版社，1994.121.

20. 同19,第146页。

21. 参见《辞海——地理分册(历史地理)》第350页《乌特》条，上海辞书出版社，1987年。

22. 同21,第352页《火教》条。

23. 同2l,第121页。

宁夏固原九龙山—南塬墓地西方人种头骨

近年来,笔者多次在宁夏古代墓地鉴定人骨。最早是对海原菜园村收集的新石器时代人骨[①],后来是对固原于家庄彭堡墓地中出土的相当春秋战国时期的人骨[②],其他还陆续鉴定过中卫、中宁的汉代[③]、吴忠的唐代[④]、固原开城元代[⑤]、永宁闽宁村[⑥]的西夏及固原北周与唐代的田弘墓和史道洛墓的人骨[⑦⑧],最晚的是银川沙滩的明清时期的伊斯兰墓葬[⑨]。这些古人骨的鉴定报告已经陆续发表在考古报告的附录中。报告的内容除了对墓葬死者的性别年龄的鉴定、病理创伤等记录外,重点是判定他们的种族类型。从已经鉴定过的人骨资料来看,宁夏虽是中国最小的省区之一,但从新石器时代开始的古代种族成分上曾有过不同类型的某些异动。例如从新石器石代的东亚类群到青铜时代北亚类群的出现,以及汉代以后的更晚时期又是以东亚类及其变种的出现。这些都代表了欧亚大陆东部人群内部变化的局部反映[⑩]。但同时,宁夏在地理上又是东西文化交流的丝绸之路东延的一部分,在考古发掘中也发现了不少有西方文化色彩的遗存,尤其在固原地区便有这类遗存发现[⑪],因而不能不存疑于文化载体的人口中有没有西方人种的渗进这样的人类学问题。例如宁夏水洞沟是20世纪20年代由法国学者发现的一处有西方传统的旧石器晚期文化遗址[⑫],但由于至今的多次发掘中从未得到可资种族鉴别价值的古人类化石而未获解答。但就晚近的考古材料如唐代史道洛墓葬的发掘,可以指认该墓葬的主人与中亚的文化之间存在联系,而且从保存虽朽蚀不完整的史道洛头骨的一些形态特点来看,可以认定的印象是非蒙古人种的[⑬]。但这还是个案的不十分肯定的例子,还不能从人类学上作出可信的认证。但不能不促使我们即使在宁夏这块小范围的地区是否在古代的某一时段开始有西方人种特点居民的移入?如果有,那么他们究竟出现于何时?进入的规模有多大?这些问题除了从考古学文化上追踪外,还可以从古人骨的种族特征上进行调查。

应该指出直到不久以前,除了固原的史道洛人骨的个案外,笔者在宁夏的新石器时代，铜器时代直到铁器时代的人骨鉴定中没有找到具有明确显示西方种族特征的人类学材料。直到2004~2005年,笔者又先后两次到固原鉴定九龙山和南塬两个相距不远古墓地的人骨，从直觉的观察中似乎找到了几具疑似可能是西方种族的头骨。这些头骨的缩写号和墓号分别为YKJM28,YKJM33,GKM21,GKM25和GKM29及GKM48,其中YKJM28、YKJM33、GKM21和GKM29都是男女合葬墓,GKM25和GKM48为单人葬。就人骨保存的情况来说。YKJM28的女性头骨保存很差(面部几全部残失),固而难以留下其貌的印象。但这些人骨是否如笔者初步的印象是属西方的成员，自然需要从形态学和头骨测量学的专门分析。但这并非易事,因为缺乏软组织的比对依据,只能从头骨的形态特点和测量特征上寻找比对的依据。虽然还很难有统一和完全可信的衡量东西方种族的测量标准,但从一般的认知上可以感觉东西方种族在颅骨学上的差异虽非绝对,但主要表现在面部的某些特征上,尤其是在鼻部和面部突起的强弱上。再结合某些颅型及面部形态观察特征的评估,或可尝试对这些人骨进行种属的分析。

一、研究材料和方法

本文作者对九龙山、南塬两个墓地出土的90具头骨进行了观察和测量。这些头骨的墓葬时代是多样的,从汉、唐到明、清都有。这类人骨资料的整体研究另有报告。这里要报告的是取自其中的9具头骨。他们是笔者疑为与其他头骨属于不同种系(大人种)的另类成分。这些头骨的具体所属时代及性别和年龄记录如下：

墓号	骨架	性别	年龄	时代
YKJM28	东侧骨架	男	30~40岁	隋唐
	西侧骨架	女	30~40岁	隋唐
YKJM33	北侧骨架	男	35~40岁	隋唐
	南侧骨架	女	25~35岁	隋唐
GKM21	北侧骨架	男	30~40岁	唐
	南侧骨架	女	25~35岁	唐
GKM25		女	20~25岁	北朝
GKM21	东北侧骨架	男	30~40岁	唐
	东北侧骨架	女	30±岁	唐
GKM48		男	50~55岁	唐

在上述10具骨架中,YKJM28女性头骨十分残失而无法进行有效的观察和测量,仅存的右颧骨非常狭小,颧骨宽(zm - rim orb)仅为17.5毫米。

作为比对，我们首先将上述疑为高加索种的头骨与同一墓区出土的同时代(隋唐时代)头骨在11项观察特征(颅形,眉弓突度,眉间突度,颅顶缝,眶形,梨状孔下缘,鼻棘,犬齿窝,鼻根凹陷,腭形,眶口平面侧视倾斜方向)的出现频率或平均等级进行比较,寻找两者之间是否存在可以感知的种族方向上的差异。

其次用多项(26项)测量特征进行类似的比较,以验证和补充在这些特征上是否也出现种族方向上的偏离。

在进行了上述两方面(观察和测量特征)的比对之后,再采用11项集中于面部的计测特征(鼻指数、鼻尖点指数、鼻根指数、齿槽面角、鼻颧角、颧上颌角、上面高、颧宽、眶高、齿槽弓指数、垂直颅面指数)的 变异方向来考察本文待定种属头骨可能的大人种属性。

二、头骨的主要形态和计测特征

YKJM28　男性头骨—鼻骨强烈突起和上仰(鼻根指数55.9,鼻尖角55°,鼻骨角39.7°),鼻棘尖端虽残但依其基部趋势判估乃属强大(V级?),面部水平方向突度较明显(鼻颧角141.8°,颧上颌角137.9°)面部矢状方向突度平颌(全面角90°)。脑颅类型是短颅—高颅—中颅相结合(颅指数80.6,长高指数75.5,宽高指数93.6)。鼻形狭鼻形(鼻指数45.5)。中—高眶形(眶指数L.82.9,R.86.9),侧面观眶口平面与眼耳平面交角近垂直型，颧骨欠宽(L.24.5毫米,R.24.3毫米)。(图版XXV.5)。

YKJM28　女性头骨—头骨多半残,可观察和计测特征缺少,仅右颧骨狭小(17.5毫米)。

YKJM33　男性头骨—鼻骨强烈隆起(鼻根指数54.6),鼻尖上仰(鼻尖角58°,鼻骨角30.1°),鼻棘强大(V级),面部水平方向突出中等—强烈(鼻颧角141.0,颧上颌角127.0°);眉弓发达(特显级),眉间突度较显(IV+级),鼻根凹陷深(深级)。侧面观察的眶口平面与眼耳平面交角为垂直型。脑颅形态为短颅—高颅—中颅型相结合(颅指数83.1,长高指数80.6,宽高指数96.6)。中鼻型(鼻指数48.5),中眶型(眶指数L.80.7,R.79.7),面部在矢状方向突度平颌型(全面角89°),颧骨偏宽(L.27.7毫米,R.27.3毫米)(图版XXV.1)。

YKJM33　女性头骨—鼻骨隆起高耸(鼻根指数49.1),鼻尖较上仰(鼻尖角52.5°,鼻骨角29.1°)鼻棘强大(V级),面部水平方向较突出(鼻颧角140.5°,颧上颌角128.5°),中鼻型(鼻指数48.1),脑颅为短颅—高颅—狭颅型相配合(颅指数81.0,长高指数80.1,宽高指数98.9),中眶型(眶指数L.83.4.R.83.9),面部矢状方向突度平颌型(全面角 86.0°)(图版 XXV。2)。

GKM21 男性头骨—鼻骨突起强烈(鼻根指数 55.5),鼻尖明显上仰(鼻尖角和鼻骨角因鼻尖残而未能测到)。鼻棘特显(Ⅴ级)。面部水平方向突度强烈(鼻颧角 139.4°),矢向突出平颌型(估测),鼻型偏阔(鼻指数 52.1)。中眶型偏低(眶指数 L.76.7)。可估计的脑颅形状为中颅型(颅指数 78.0)。颧骨不宽(L.25.0 毫米)。

GKM21 女性头骨—鼻骨明显隆起(鼻指数 44.4),鼻尖部分残,鼻棘弱(Ⅱ级),面部水平方向较突(鼻颧角 141.8° ,颧上颌角 126.5°)狭鼻型(鼻指数 46.0),中—低眶型(L77.7,R.73.4);脑颅为中颅—高颅—狭颅型相结合(颅指数 76.8,长高指数 81.5,宽高指数 106.2),眶型不完整略近斜方形,颧骨很宽(L.28.0 毫米),眶口平面与眼耳平面相交约呈后斜型。

GKM25 女性头骨—鼻骨突起强烈(鼻根指数 61.1)。鼻尖上仰(鼻尖点角 54° ,鼻骨角 33.2°)。鼻棘显著(Ⅳ+级)。面部水平方向突出强烈(鼻颧角 138.8° ,颧上颌角 124.0°),矢向突度平颌型(全面角 89.0°),狭鼻型(鼻指数 44.5),中眶(眶指数 L.82.4,R.80.2),短颅—正颅—阔颅型相结合(颅指数 80.7,长高指数 72.1,宽高指数 89.3),眶口平面位置近似垂直型,颧骨狭小(L.21.9 毫米,R.21.3 毫米)(XXV,3–4)。

GKM29 男性头骨—鼻骨明显隆起(鼻根指数 45.1),鼻骨尖强烈上仰(鼻尖角 49.5° ,鼻骨角 38.8°),鼻棘发达(Ⅴ级),面部水平方向强烈突出(鼻颧角 137° ,颧上颌角 126.6°),矢状方向突出平颌型(全面角 90.5°),狭鼻型(鼻指数 44.3), 低眶型 (眶指数 L.71.2,R.70.5)。脑颅为接近短颅的中颅型 (颅指数 79.7), 高颅型 (长耳高指数 69.1), 颧骨不宽 (L.24.5 毫米,R.23.8 毫米)(图版 XXIV,1–2)。

GKM29 女性头骨—鼻骨中等突出(鼻根指数 32.8),鼻骨上仰较明显(鼻尖角 54.5° ,鼻骨角 29.6°),鼻棘突显(Ⅴ级)。面部水平方向强烈突出(鼻颧角 138.4,颧上颌角 120.5),矢向突出平颌型(全面角 89.0),,鼻型趋阔(鼻指数 51.3),中眶型(眶指数 R.81.6);脑颅为中颅—高颅—狭颅相配合(颅指数 75.1,长高指数 76.9,宽高指数 102.3),颧骨偏宽(R.25.6 毫米),侧面观眶口平面与眼耳平面交角属垂直型(图版 XXIV,3–4)。

GKM48 男性头骨—鼻骨强烈突起(鼻根指数 53.8),鼻尖较上仰(鼻尖角 65.5,鼻骨角 27.2)鼻棘发达(Ⅴ级),面部水平方向突度强烈(鼻颧角 131.4,颧上颌角 122.9),矢向突度超平颌型(全面角 94.5),中鼻型(鼻指数 47.9)低眶型(眶指数 L.73.5,R.69.4);脑颅为中颅—高颅—狭颅型相结合(颅指数 76.7,长高指数 76.1,宽高指数 99.2)。具有明显的低矮角眶型(眶指数 L.73.5,R.69.4),眶口平面与眼耳平面交角属垂直型, 颧骨宽比较宽 (L.27.4 毫米,R.28.2 毫米)(图版 XXIV,5–6)。

根据以上 10 具头骨的形态记录所提供的印象,不计某些个别的变异,他们一般表现的综合特征是具有强烈和比较强烈突起的鼻和上仰的鼻骨，发达的鼻棘,水平方向面部明显突出和矢向突度弱;侧视眶口平面位置更多垂直型。这样一组综合特征与类似具有同类组合特征的欧亚大陆西部人群的头骨比较相似，相反,与具有鼻骨突起和上仰弱,鼻棘发育也弱,面部扁平度强烈更多显突颌及眶平面位置更多后斜型的欧亚大陆东部人群之间存在明显的形态偏离现象。

三、观察特征的组群比较

作为从形态特征进一步的比较分析，我们将九龙山和南塬出土的人骨合而为一大组,并将前述10具疑似高加索种的头骨列为一小组称为"C"组,其余多数头骨列为"M"组。由于"C"组头骨皆属北朝和更晚期的隋唐时期,因此,在M组头骨中也选择了隋唐时期的、亦即不包括汉代、宋代和明清时代头骨。

表1中列出了九龙山—南塬组(男性组和女性组)中的C组和M组10个项目的观察特征的平均等级和出现频率的比较，同时附列了新疆哈密焉布拉克墓地的C组与M组的同类观察特征的平均等级和出现频率作为比较(注:焉布拉克组中缺女性C组头骨,所以只能列出男性C组与M组)[14]。其目的是通过对C组和M组的10项特征中有那些项目上可能存在的相对的明显组差,并讨论这些组差的种族变异方向。同时指出,本文中作这种比对所用的头骨例数是典型的小例数，他们所代表的平均等级或出现频率在统计学上可能出现某些偶然性,因此还需要更大样本的调查。因此本文提供的数据仅作探察性的调查并讨论其合理性。

表中C组与M组之间的">"和"<"及"="符号代表该两对比组之间平均等级和出现率的"大于"、"小于"和"相等"的方向,两组数值差异越大或可能在形态特征上存在种族方向上的偏离。

首先考察表1中九龙山—南塬男性组的C组与M组,可以发现C组在眉弓突度、眉间突度、鼻根凹陷、鼻棘、犬齿窝5项的平均等级都大于M组,在矢状缝的复杂型、角型眶、梨状孔下缘锐型、眶口平面位置垂直型4项的出现率上C组也都高于M组,只有V型腭型上C组略低于M组。

做同样的观察,九龙山—南塬女性组中,C组的眉弓突度、眉间突度、鼻根凹陷、鼻棘4项上平均等级高于M组。只在犬齿窝1项上略低于M组。此外,在矢状缝复杂型和眶口平面垂直型的出现频率上C组也大于M组。但在角形眶、梨状孔下缘锐型及V型腭型上没有表现出如男性组中的变化方向。

综合以上九龙山—南塬的男、女性各自的C组与M组形态特征的变化方向,在眉弓突度、鼻根凹陷、鼻棘及矢状缝、眶口平面位置的垂直化等6项特征上可能男女组的C组与M组之间出现了共同的变化方向或偏离差异值不大。

表 1　九龙山南塬及焉布拉克 C、M 组观察特征平均等级和出现率比较一览表

	九龙山一南塬(C组)		九龙山一南塬(M组)	九龙山一南塬(C组)		九龙山一南塬(M组)	焉布拉克(C组)		焉布拉克(M组)
	男性			女性			男性		
眉弓突度(1～5级)	3.9 (5)	>	3.2(17)	1.5(5)	>	1.25(18)	4.2(8)	>	3.1(11)
眉间突度(1～6级)	4.6 (5)	>	3.2(14)	2.0(5)	>	1.6(17)	4.1(8)	>	2.7(11)
鼻根凹陷(1～3级)	2.7 (5)	>	1.7(17)	1.25(4)	>	1.0(18)	2.4(7)	>	1.7(11)
矢状缝 复杂	50.0%(4)	>	36.4%(11)	25.0%(4)	>	15.4%(13)	71.4%(7)	>	25.0%(8)
简单	50.0%(4)	<	63.6%(11)	75.0%(4)	<	84.6%(13)	28.6%(7)	<	75.0%(8)
眶形 角形	60.0%(5)	>	18.8%(16)	50.0%(4)	=	50.0%(18)	62.5%(8)	>	36.4%(11)
钝形	40.0%(5)	<	81.3%(16)	50.0%(4)	=	50.0%(18)	37.5%(8)	<	63.6%(11)
梨状孔下缘 锐	80.0%(5)	>	37.5%(16)	50.0%(4)	<	61.1%(18)	25.0%(6)	>	11.1%(5)
钝	20.0%(5)	<	62.5%(16)	50.0%(4)	>	33.3%(18)	50.0%(6)	>	44.4%(5)
鼻棘 (1～5级)	5.0(5)	>	3.2(16)	4.1(4)	>	2.25(18)	3.4(8)	>	2.5(9)
犬齿窝 (1～5级)	2.8(5)	>	2.3(16)	1.4(4)	<	1.6(18)	2.5(8)	>	0.7(11)
眶口平面位置 垂直	100.0%(5)	>	38.5%(13)	50.0%(4)	>	31.2%(16)	75.0%(8)	>	18.2%(11)
后斜	0.0%(5)	<	61.5%(13)	50.0%(4)	<	68.8%(16)	25.0%(8)	<	81.8%(11)
腭形 抛物线	50.0%(4)	>	46.2%(13)	50.0%(4)	<	73.3%(15)	16.7%(6)	<	72.6%(8)
V形	50.0%(4)	<	53.8%(13)	50.0%(4)	>	26.7%(15)	83.3%(6)	>	27.3%(8)

注：焉布拉克 C、M 组的等级和出现率引自文献⑭

对上述九龙山—南塬的C组与M组之间的综合偏离方向是否有意义，我们参考表1中所例新疆哈密焉布拉克的男性C组与M组相同项目的比对（C组也是代表高加索种头骨，M组代表蒙古种头骨）。不难发现，焉布拉克的男性C组在眉弓和眉间突变、鼻根凹陷、鼻棘、犬齿窝、矢状缝、眶形、梨状孔下缘、眶口平面位置等9项特征上与九龙山—南塬的男性C组与M组之间的偏离方向一致，仅在腭形1项上出现异向偏离。由于焉布拉克头骨缺女性C组的材料，不能观察到是否也有如九龙山—南塬女性C组与M组之间的变异方向。但如果我们将九龙山—南塬女性C组与M组各项特征的变异方向与焉布拉克男性C组与M组的变异方向相比，除了眶形，梨状孔下缘、犬齿窝3项的变差方向不同外，在其余7项上则有相同的偏差方向。换言之，九龙山—南塬女性C组与焉布拉克男性C组与M组的3项（眶形、梨状孔下缘、犬齿窝）的异向也是九龙山—南塬男性C组与M组的异向相同。所不一致的仅剩腭形1项。这种情况或可说明，九龙山—南塬女性C组与M组同九龙山—南塬男性C组与M组相异向的内容与焉布拉克男性C组与M组相异向的内容（除腭型1项外）也是基本相似的。不过这仅是一种间接的推测。而仅从男性头骨中，九龙山—南塬的C组与M组和焉布拉克C组与M组各自的形态特征的偏离方向基本相同（仅腭形1项不符）的结果来看，可以设想在九龙山—南塬的C组与M组之间存在种族的偏离。

对于这种形态偏离，笔者曾在焉布拉克墓地人骨研究报告中有过分析。即焉布拉克的“C组倾向于眉弓和眉间突度更强烈，相应的鼻根部更深陷，鼻棘更发达，犬齿窝可能趋向更深，角形眶更明显，眶口平面更常见垂直或前倾，腭形可能相对更狭长。而M组在上述一系列综合特征上，与C组表现相反趋势，即眉弓和眉间突度较弱，鼻根部相对浅平，鼻棘欠发达，犬齿窝较浅，多见圆钝型眼眶，眶口平面更多后倾型，腭型相对短宽等。而这种形态上明显相离趋势的种族人类学意义在于C组更强烈的眉弓和眉间突度，更深陷的鼻根及发达的鼻棘等显然与一般欧洲人种头骨具有比蒙古人种更强烈的男性特征及强烈突出的鼻相平行。眶形上也如此，C组的角形眶特点更为明显，这种眶形在欧洲人种头骨上更为常见，而蒙古人种则更多见眶角圆钝的眶形。与此相联系，C组眶口平面更多垂直或前倾型与他们更多接近欧洲人种‘关闭型’眼眶有关，而M组的后斜型眶口平面与蒙古人种多见‘开放型’眼眶相联系。换句话说，前一种眶形使人联想其实际眼球相对较小而位置深，而后一种眶形表示其眼球位置更浅更突出。腭形的偏离也符合两个人种在这个特征上的变异方向，即欧洲人种的腭形相对更狭长一些，蒙古人种则更短阔。犬齿窝的显著与否也使C组与M组符合欧、蒙人种的分离趋势。总之，C组与M组在上述一系列综合特征上的差异方向和东西方人种颅骨形态的偏离方向是符合的，证明以个体头骨形态观察所作的形态分组是有根据的”[15]。这样的种族形态分析笔者以为也基本上适用于九龙山—南塬C组与M组的形态偏离，只有腭型一项上有些不合。这或许是观察例数过少出现的偶然情况。尽管其他特征的观察例数也很少,但在绝大多数特征上的偏离方向与焉布拉克的相同恐怕不是偶然的,应该属于东西方种族的形态偏离。

四、测量特征的比较

对上述C组与M组的形态偏离是否在头骨测量特征上相一致尚需进一步分析。表2中列出了九龙山—南塬C组与M组的26项脑颅和面颅测量特征的数据。作为比对,也列出了焉布拉克C组与M组的相应数据。

根据表2所列各项测量数据,归纳九龙山—南塬C组与M组之间的差异方向为:

1. C组上面高明显比M组低,颧宽也明显比M组狭,中面宽也是如此。这或说明,C组比M组有更狭的面。

2. C组的面宽虽比M组更狭,但在面宽的矢向高度如颧颌点间高比M组更高。这反映C组比M组有更向前突的面。这一点也反映在C组的鼻颧角和颧上颌角都明显小于M组,这两个角度大小反映上中面部向前突出的程度。因此C组的面部扁平度明显弱于M组。

3. C组的鼻梁眶内缘宽高和眶间宽高指数、鼻骨最小宽高和鼻根指数、鼻尖点高和鼻尖点高指数、鼻骨突度角等多项测量与鼻骨突起与上仰程度相关的项目上都无一列外地比M组更大,鼻尖点角小于M组也反映这一特点。这些说明C组在鼻骨横截面的隆起和鼻尖上仰程度上与M组存在强烈的反差。

4. C组的颧骨高和宽上比M组小。

5. C组的全面角、鼻面角和齿槽面角也都比M组明显更大。而这些角度大小反映面部在矢状方向上的突出程度,角度越大突出程度越小。因此,C组的面部矢向突出比M组为小,都可以归入典型的平颌类型。

6. C组在腭的大小(腭长和腭宽)上与M组没有表现出明显的差异。只在腭指数上较高于M组,但测量样本仅为孤例。可能不具代表性。齿槽弓指数两组的差距也仅有一个百分点。

7. 颅高一项上,C组与M组差别不大,从绝对值来看都可加入高颅类型。

综合上述几点,九龙山—南塬的C组比M组在测量项目上的反映是具有更低而狭的面。矢向面部突出更明显,水平方向面突也更强烈,鼻骨更为突起和上仰,颧骨有些弱化。如果参照焉布拉克C组与M组相同项目的数字对比,不难发现两组的偏离方向与九龙山—南塬的C组与M组之间具有相似的偏离方向,因此,有理由说,九龙山—南塬C组与M组之间不仅在观察特征上,而且在重要的面部测量特征上都存在基本相同的形态学偏离。换句话说,头骨测量特征的形态分析支持了个体头骨和分组头骨的观察特征的分析。

表 2　九龙山—南塬及焉布拉克 C 组与 M 组测量特征之比较(男性)一览表

测量项目	九龙山—南塬		焉布拉克		测量项目	九龙山—南塬		焉布拉克	
	C 组	M 组	C 组	M 组		C 组	M 组	C 组	M 组
颅高(17)	140.3(3)	141.7(17)	135.8(8)	133.8(8)	颧骨高(MH)左	45.1(5)	46.7(16)	43.3(8)	46.1(10)
上面宽(sd)(48)	73.9(3)	76.7(15)	71.2(8)	76.4(8)	右	45.1(4)	46.5(16)	42.8(7)	46.1(9)
颧宽(45)	134.1(3)	138.6(16)	132.5(8)	135.1(8)	颧骨宽(zm-rim.orb.)左	25.8(4)	26.9(15)	25.1(8)	27.6(9)
垂直颅面指数(48:17)	55.0(3)	54.6(14)	51.6(8)	55.5(5)	右	25.9(4)	26.9(16)	25.0(7)	28.0(8)
上面指数(48:45)	55.5(4)	55.4(14)	52.9(8)	54.7(8)	腭长(62)	44.7(1)	45.0(13)	47.7(5)	44.9(4)
中面宽(46)	96.9(4)	100.6(16)	99.9(7)	103.3(7)	腭宽(63)	43.0(3)	43.7(12)	39.5(4)	40.3(6)
颧颌点间高(SSS)	26.7(4)	24.9(16)	25.2(7)	22.0(7)	腭指数(63:62)	100.4(1)	98.3(11)	80.3(4)	89.6(4)
眶间宽(DC)	22.4(5)	22.2(15)	21.2(7)	21.2(10)	齿槽弓指数(61:60)	125.6(3)	124.6(13)	111.0(4)	119.9(4)
鼻梁眶内缘宽高(DS)	12.2(5)	8.4(15)	10.9(7)	9.8(10)	鼻面角(73)	90.9(4)	86.6(16)	86.1(8)	88.8(7)
眶间宽高指数(DS:DC)	55.0(5)	38.6(15)	51.6(7)	46.3(10)	齿槽面角(74)	88.1(4)	80.8(17)	83.1(8)	80.8(6)
鼻骨最小宽高(SS)	4.9(5)	2.6(16)	3.7(8)	2.7(10)	鼻颧角(77)	138.1(5)	145.1(18)	143.4(8)	143.8(10)
鼻根指数(SS:SC)	53.0(5)	33.8(16)	45.9(8)	37.6(10)	颧上颌角(zm₁∠)	128.5(4)	133.4(16)	132.5(7)	138.8(8)
鼻尖高(SR)	22.1(5)	16.5(13)	20.1(7)	16.4(7)	(zm∠)	122.5(4)	127.3(16)	126.7(7)	133.8(2)
鼻尖点高指数(SR:O_3)	40.6(15)	30.2(13)	37.1(6)	31.6(7)	全面角(72)	91.0(4)	85.6(17)	85.2(8)	86.5(6)
鼻骨突度角〔75-(1)〕	34.0(4)	21.0(10)	28.7(7)	19.9(5)					
鼻尖点角(75)	57.0(4)	67.1(14)	58.7(7)	66.2(5)					

注:焉布拉克 C 组与 M 组数据引自文献⑭。

从表3中所列一些大人种的主要面部测量值的变异区间的[16]比对也可评估C组与M组之间形态变异的种族意义[16]。即无论是九龙山—南塬的C组还是焉布拉克的C组的各项计测值都更多的跌落在欧亚人种(即高加索人种)的变异界值内,或仅个别项目虽出界值但也很接近界值。如九龙山—南塬C组的各项平均值在变异范围内或虽越出但接近界值的有鼻指数,鼻尖点指数,鼻根指数,鼻颧角,上面高,颧宽,眶高及齿槽面角(略大于界值上限但在加强平颌的方向上)。垂直颅面指数(接近上界值)等9项90%的项目,只有齿槽弓指数1项偏离界值明显。相比之下,C组偏离亚美人种(蒙古人种)和赤道人种(尼格罗—澳大利亚人种)界值的项目明显更多而且偏离界值也更明显。焉布拉克C组的情况也大致与九龙山—南塬C组的情况基本相似。与此相反,无论九龙山—南塬还是焉布拉克的M组大部分或几乎全部项目跌落或接近亚美人种的界限,与欧亚人种和赤道人种界值的跌落接近关系则表现的相对离散的多。

总之从以上的几种测值的分析可以证实,九龙山—南塘C组头骨在具有鉴别价值的面部测量特征的综合倾向上与焉布拉克C组具有基本相似的大种族的偏离方向,他们在人种属性上可能更多倾向于世界西部人群的欧亚人种类群。这一考察结果也支持从观察特征上显示的种族属性的推测。同时也说明,本文最初主观区分的C组与M组的形态分组可能是有形态测量学根据的。

五、与新疆境内西方种族头骨之比较

如果从地理上讲,宁夏的西方种族成分最可能而接近的来源首先经新疆的丝绸之路段逐渐向东移而到达中国的其他西北地区,因而我们首先用多项头骨测量特征计算与新疆境内古代人各组的形态距离来估算这种关系。据笔者对新疆出土多组头骨组种族属性的初步研究和评估,有以下各组:

1. 古墓沟组。　墓地位于孔雀河下游北岸第二台地的沙丘地上,距东边已经干涸的罗布泊约70公里,墓地的年代测定约3800年前,约相当青铜时代。这组头骨在形态上具有某些古老性状,被认定与“原始欧洲人”(Proto-European)类型接近[17]。

2. 焉布拉克C组。　墓地位于哈密地区,距柳树泉不远的焉布拉克土岗上。年代测定距今约3100~2500年,约相当周—汉代。据研究报告,在这个墓地出土人骨中存在蒙古人种和西方人种成分,焉布拉克C组即指其中的西方人种的头骨。形态测量的分析,这些头骨与古墓沟组相对较近,但也存在一些差异[18]。

3. 山普拉组。　墓地位于塔克拉玛干沙漠的西南缘洛浦县,年代测定距今约2200年,约相当西汉时期。报告初步测定,这组头骨在种族类型上更可能与地中海东支(East Mediterranean)的风格相近[19][20],蒙古人种的可能性[21]不大。

表 3　九龙山—南塬、焉布拉克 C、M 组面部测量与大人种之比较(男性)一览表

	九龙山—南塬		焉布拉克		欧洲人种	亚美人种	赤道人种
	C	M	C	M			
鼻指数(54∶55)	47.7(5)	48.1(17)	48.6(7)	46.5(9)	43～49	43～53	51～60
鼻尖点指数(SR∶O_3)	40.6(5)	30.2(13)	37.1(6)	31.0(7)	40～48	30～39	20～35
鼻根指数(SS∶SC)	53.0(5)	33.8(16)	45.9(8)	37.6(10)	46～53	31～49	20～45
齿槽面角(74)	88.1(4)	80.8(17)	83.1(8)	80.8(6)	82～86	73～81	61～72
鼻颧角(77)	138.1(5)	145.1(18)	143.4(8)	143.8(10)	132～145	145～149	140～142
上面高(48)	73.9(3)	76.7(15)	71.2(8)	76.4(8)	66～74	70～80	62～71
颧宽(45)	134.1(3)	138.6(16)	132.5(8)	135.1(8)	124～139	131～145	121～138
眶高(52)	33.0(5)	34.8(17)	33.2(7)	33.4(11)	33～34	34～37	30～34
垂直颅面指数(48∶17)	55.0(3)	54.6(14)	51.6(8)	55.5(5)	50～54	52～60	47～53
齿槽弓指数(61∶60)	125.6(3)	124.6(13)	111.0(4)	119.9(8)	116～118	116～126	109～116

注:欧亚、亚美、赤道人种数据引自文献 16。

4. 阿拉沟组。 墓地位于吐鲁番盆地边缘的托克逊县阿拉沟。墓地年代距今约2700～2000年，相当春秋—汉代。报告分析这批骨头的西方种族成分中存在不同的形态变异，即一部分与长狭颅的东地中海类型接近（East Mediterranean），还有一部分颅形短化又保留某些古老性状而与帕米尔—费尔干类型(Pamir–Fergan)相近，另有一部分也是数量最多的是具有这两个类型之间混合特点的成分[22]。

5. 察吾呼沟四组。 墓地位于和静县哈尔莫敦察吾呼沟四号墓地，其年代距今3000～2500年，相当周—春秋时期。头骨形态虽与古墓沟的相对较近，但其面部特征更具现代型的。也与阿拉沟的头骨较近[23][24]。

6. 察吾呼沟三组。 墓地位置同察吾呼沟四号墓地相距仅几公里，年代距今2000～1800年，相当汉代。该组颅型短化，其中有3具头骨有人工变形。整组来讲，欧洲人种有些淡化，但基本因素仍属欧洲人种[25]。

7. 昭苏组。 墓地位于昭苏县的夏台、波马，墓葬年代距今约2400～1800年，相当战国—汉代。头骨形态可能属于短颅型欧洲人种，与周邻的帕米尔—费尔干类型较接近[26]。

8. 楼兰组。 墓地位于古楼兰城址的东部高台地，墓地时代距今1800年，约相当东汉时期。头骨数量不多，形态类型不单一，其中的欧洲人种成分可能与东地中海类型相对接近[27]。

9. 安伽墓组。 墓葬发现于西安北郊大明宫乡炕底寨村。据墓志系北周时期墓葬。仅1具人骨，具有明显高加索人种特征，可能与中亚的短颅化类型相似[28]。

表4中列出了上述新疆8组和西安安伽幕1具头骨的12项脑颅和面颅的测量均值，并据此计算了包括九龙山—南塬C组在内的各组间的形态距离(Distance)值的数字矩阵(表5)。从中发现，九龙山—南塬组与阿拉沟组的距离最小，其次是昭苏组，再后是察吾呼沟四和安伽组，古墓沟组，与焉布拉克C和山普拉及楼兰组相去比较远。用数字距阵绘制的聚类谱系图也是九龙山—南塬C组与阿拉沟组最先聚类一个小组(图1)。

前已指出阿拉沟组头骨中存在某种多型变异，即一种是长颅化的约占16.3%；另一种是短颅化的可能与中亚两河类型(即帕米尔—费尔干类型)或古欧洲类型向中亚两河类型的过渡形式较近约占40.8%；第三种也是颅形有些短化的前两种之间的混合型约占32.7%。据苏联人类学家的一种看法，认为短颅化的中亚两河类型的形成因素中有长颅地中海“沉积”[29]，这种现象似乎也表现在阿拉沟的头骨中，后者即便去掉相对有代表性的长颅欧洲人种成分，那么短颅形和有短颅化现象的两类也占到全部头骨的73.5%[30]，而短颅化的中亚两河类型在中亚、哈萨克斯坦地区的普遍出现是在公元前700～600年到公元前500～400年的古罗马时期[31]。如果阿拉沟的短颅化倾向是反映中亚两河类型也在新疆境内的一部分，那么宁夏固原境内类似九龙山—南塬C组头骨的种源关系可能与中亚

表 4

12 项颅面测量特征的比较(男性)一览表

	九龙山—南塬 C	安　伽	察吾呼沟Ⅲ	察吾呼沟Ⅳ	古墓沟	焉布拉克 C	山普拉	阿拉沟	昭　苏	楼　兰
1.颅　长	181.8	190	180.5	183.4	184.3	183.3	188.5	184.2	179.9	193.8
8.颅　宽	144.8	148	138.7	136.5	138	133.3	137.6	141.9	150.5	138
8:1 颅指数	79.7	77.9	76.8	74.4	75	72.7	73	77.1	83.8	71.1
17 颅　高	140.3	140	142.1	135.8	137.5	135.8	140.2	135.6	135.1	145.3
48 上面高	73.9	73.2	74.7	70.7	68.7	71.3	74.9	71.9	73.4	79.7
45 颧　宽	134.1	138.6	134.2	131.1	136.2	132.5	131.7	131.1	139.2	134.4
48：45 上面指数	55.5	52.8	55.6	54	50.6	53.8	56.9	55	52.7	59.5
52：51a 眶指数	81.3	81.8	85.9	83.1	78	83.9	84.5	84.7	82.1	90.2
54：55 鼻指数	47.7	45.3	47.9	48.7	51.5	48.7	46.1	48.2	49.4	45.2
72 全面角	91.0	90	91.4	90.2	85.3	85.2	86.6	85.7	87.3	92.5
75(1)鼻骨角	34.0	37.7	21.4	25.3	29	27.6	26.5	32.7	28	28.5
32 额倾角	86.0	83	82.7	86	82.2	82	76.4	83.3	83.1	85.5

表 5 形态距离矩阵一览表

	九龙山—南塬 C	安　伽	察吾呼沟三	察吾呼沟四	古墓沟	焉布拉克 C	山普拉	阿拉沟	昭　苏	楼　兰
九龙山—南塬 C										
安　伽	4.28									
察吾呼沟三	4.49	6.48								
察吾呼沟四	4.30	4.98	3.20							
古墓沟	4.43	5.24	4.79	3.34						
焉布拉克 C	5.12	6.37	4.01	2.28	2.98					
山普拉	5.25	5.76	3.93	3.98	4.48	3.29				
阿拉沟	2.96	4.22	4.53	3.22	3.53	3.25	3.60			
昭　苏	3.83	4.88	4.38	5.75	5.17	6.38	6.60	4.42		
楼　兰	6.17	6.20	5.37	5.87	7.20	6.04	4.57	6.04	8.37	

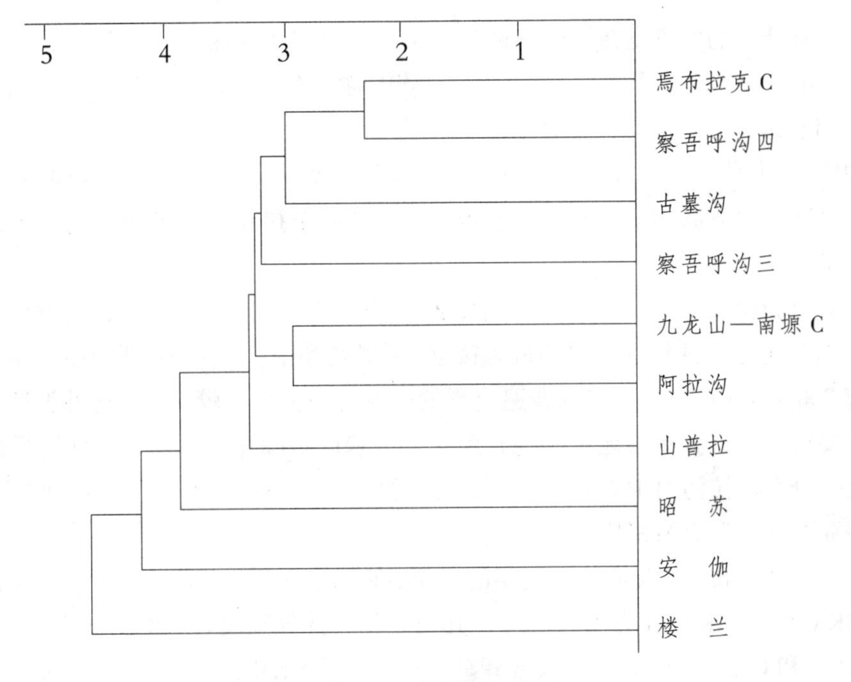

图 1　聚类谱系图

两河地区的种族因素有更密切的关系，相应地与时代更早的原始欧洲类型和原始长颅地中海类型相对疏远。

六、结论和讨论

本文中出自九龙山—南塬墓地的 10 个 C 组头骨首先按直觉的经验从同一墓地的总共 48 具头骨中分离出来。这种操作方法有先入为主的嫌疑，也属无奈之举。但重要的是对这种主观先验的印象能否从随后的骨骼形态和测量学提供种族分类的依据。

1. 首先，报告中的 C 组头骨与同一墓地的其他头骨（M 组）在诸如眉弓和眉间突度、鼻根凹陷、鼻棘、矢状缝及眶口平面位置等多项有鉴别价值的形态特征的量度或出现率上存在明显的差异，而且在这些差异的方向上几乎重复了新疆焉布拉克 C 组与 M 组头骨之间的差异。

2. 在多项测量特征上，九龙山—南塬的 C 组与 M 组之间也存在明显的偏离，主要表现在 C 组的面宽更狭化，但在面部矢向高度上更大，眶间宽的高度上也更高，特别是在鼻骨隆起及上仰程度的测量上（鼻根指数、鼻尖点指数、鼻骨突度角）比 M 组强烈的多，面部水平方向突度（鼻颧角、颧上颌角）比 M 组更强烈突出，相反在矢状方向上（全面角、鼻面角、齿槽面角）明显平颌化，其颧骨也较弱化（颧骨宽和高）。这些差异的方向几乎与焉布拉克 C 组与 M 组之间的完全相似。

这些测量特征的偏离支持了最初的形态偏离的合理和存在。

3. 用多项鼻面部测量与三个主要人种相应项目的变异区间比较，九龙山—南塬C组有最多项目的特征处在欧亚人种的变异区间或与界值相近，与其他两个人种(亚美人种和赤道人种)缺乏更多共性。这一测试证明,九龙山—南塬C组的种族属性与西方高加索种的关系最密切，也和焉布拉克C组的种族的同类测试结果基本吻合。

4. 与新疆境内古代各组的多项颅面计测的综合形态距离相比，九龙山—南塬C组与托克逊县阿拉沟组的最为接近。后者则和中亚、哈萨克斯坦在约相当公元前700～400年古罗马时期普遍出现的中亚两河类型比较接近。这种类型的一个主要特点是比其更古老的当地长颅化类型趋向短颅化和纤弱化。而这样的短颅化成分在阿拉沟组中占有优势。由此推测九龙山—南塬C组头骨的种族属性与中亚两河类型更为密切。

5. 顺便指出,按人骨的性别年龄鉴定,在九龙山—南塬的10具C组人骨除了GKM25和GKM48为单人葬外，其余8具人骨分别出自YKJM28、YKJM33、GKM21和GKM29的成年双人合葬墓。其中除了YKJM28女性头骨因过于残缺而无法证实其种系外,其余三座合葬墓大致都属于同一年龄段的西方种族成分。这或反映了这些西来的居民已经长期定居在固原地区并主要维持种族内的婚姻关系。

6. 另一个值得注意的是在我们统计的从九龙山—南塬墓地北朝、隋唐出土并经鉴定的人骨个体共48具(男25、女23),而这10具C组个体即占了其中的20.8%。虽然这一比例的统计意义尚有待讨论,但也可以窥测在这个历史时段已经迁移至此的西来人口或已有相当规模了。此外,据笔者在包括固原地区的宁夏地区几处汉代墓地的汉代人骨中尚未见可资信的西方人种的成分。这或可暗示这些西方迁东人口进入包括宁夏的西北地区的时间可能较晚，大概在北朝前后至隋唐时期更多。作为反衬的是新疆境内的西方种族有时代更早的,规模也更大和多波次,但他们在秦汉以前已知最东进的古人类学证据已到了东疆地区,但暂时没有大规模人口再向东的推进，因为在甘青地区的自新石器时代到金属时代墓地人骨的大量考察没有发现诸如新疆、宁夏境内发现的那样明确的西源种族成分。由此推测,宁夏境内的这些西方种族大概是在秦汉以后的较晚的时候陆续进入,由少到多并有相对集中在固原地区栖居的现象。

最后,笔者顺便提一下除人骨以外的个别考古出土物件。即YKJM33的男性头骨有围绕头部的金箔制冠状饰物。饰带的正中部有半月形拥抱球状物造形,半月下向左右伸出类似"飘带"状。在冠带的左右是一对对称排列的有些像"天鹅"状翼状物和一对小型半月拥抱的小球状造型，其后又是左右对称排列的类似小鸟形的形制。此外在此冠带的左右两侧又有一向下形围绕下颌的颏带(图2,1)，这样的冠带和颏带过去在固原史道洛墓中出土的所谓金覆面的额饰和颏护饰相

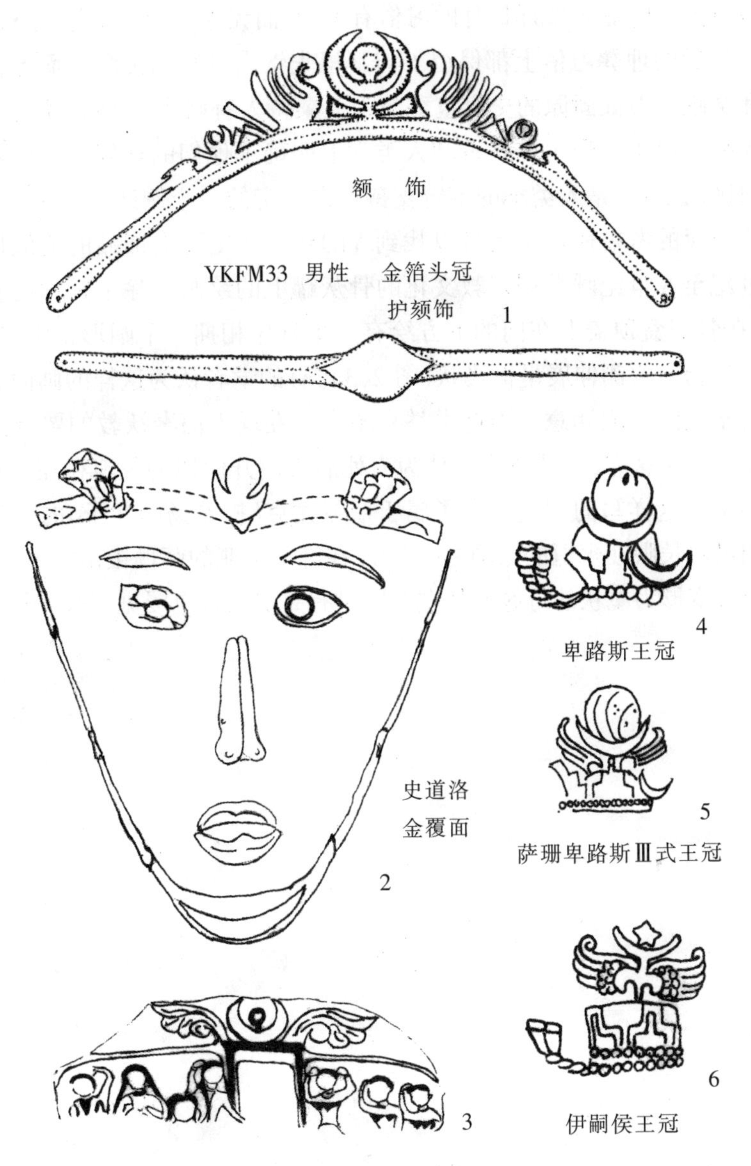

公元7~8世纪呼罗珊骨灰罐顶盖上绘画(中亚托普拉克·卡拉出土)

图2　冠、颜饰图

似(图2,2)。据报告,史道洛的护额饰的主题也是一个半月拥护一个圆球的造型[32],护颏饰在颏部分为前后两叉而略有不同,但其涵意显然是相同之物。这种金覆面风俗最可能与中亚人崇拜日月的习俗有关[33]。而无论是史道洛还是YKJM33的死者在亡故后的埋葬习俗上都保留了与其祖先崇尚日月的传统,而考古学家们从遗存和文献上考证固原的史家墓葬与中亚粟特人有联系[34]。而九龙山YKJM33墓葬虽无墓志出土,但也从考古和人类学上明确了他们的种族和文化习俗与中亚两河地区的联系,是人类学的鉴定支持考古鉴定的一个例证。

从中亚的考古遗存中还可以找到YKJM33和史道洛饰品的类似母题。如公元7世纪至8世纪呼罗珊宗教文化的骨灰罐上的绘画,除了有对死者举哀的场面外,在骨灰盒顶盖上在门的上方绘有一个月牙相拥一个圆形太阳,其左右各有一片叶状物向两侧伸展呈欲飞状(图2,3)。有的学者认为这样的画面表达了对死者死后永生的宗教涵意。而这类举哀图多次发现于信奉祆教的粟特甚至信奉佛教的库车。在这方面,呼罗珊人认为人死后有离开肉体的灵魂存在。有一个骨灰盒的铭文是这样写的:"这个盒子属于斯劳尤克(提希扬的儿子)的灵魂所有。愿他们的灵魂长眠在永恒的天国之中"[35]。在许多中亚的萨珊银币的王冠上,有半月拥太阳或变形为星状的母题及其左右同时有翼状物者也屡见不鲜(图2,4、5、6)。

表 6　　　　头骨测量表

测量项目	YKJM28 ♂	YKJM33 ♂	GKM21 ♂	GKM29 ♂	GKM48 ♂	M ± б(n) ♂
1 颅　长	179.2	175.5	187.2	178.5	188.5	181.8 ± 5.1(5)
8 颅　宽	144.5	146.5	146.0	142.2	144.6	144.8 ± 1.5(5)
17 颅高	135.3	141.5	–	–	143.5	140.1 ± 3.5(3)
8：1 颅指数	80.6	83.5	78.0	79.7	76.7	79.7 ± 2.3(5)
17：1 颅长高指数	75.5	80.6	–	–	76.1	77.4 ± 2.3(3)
17：8 颅宽高指数	93.6	96.6	–	–	99.2	96.5 ± 2.3(3)
9 最小额宽	98.8	96.6	97.6	93.3	107.2	98.8 ± 4.8(5)
5 颅基底长	99.6	101.9	–	–	95.0	98.8 ± 2.9(3)
40 面基底长	87.7?	93.0	–	–	80.8	87.2 ± 5.0(3)
40：5 面突度指数	88.1	91.3	–	–	84.8	88.1 ± 2.7(3)
48 上面高　(sd)	74.7?	75.6	–	71.5	80.8	75.7 ± 3.3(4)
(pr)	69.0?	72.9	–	68.0	78.0	72.0 ± 3.9(4)
45 颧　宽	134.5	135.8?	–	132.0	142.4	136.2 ± 3.8(4)
48：45 面指数(sd)	55.3?	55.7?	–	54.2	56.7	55.5 ± 0.9(4)
(pr)	51.3?	53.7	–	51.5	54.8	52.8 ± 1.5(4)
48：17 垂直颅面指数	55.2?	53.4	–	–	56.3	55.0 ± 1.2(3)
77 鼻颧角	141.8	141.1	139.4	137.0	131.4	138.1 ± 3.8(5)
zm∠颧上颌角	130.5	119.1	–	121.6	118.7	122.5 ± 4.8(4)
zm_1∠颧上颌角	137.3	127.0	–	126.6	122.9	128.5 ± 5.4(4)
52 眶　高　左	35.9	33.5	32.0	29.6	34.1	33.0 ± 2.1(5)
右	37.9?	33.0	31.5	28.7	33.8	33.0 ± 3.0(5)
51 眶　宽(mf)　左	43.3	41.5	41.7	41.6	46.4	42.9 ± 1.9(5)
右	43.6	41.4	–	40.7	48.7	43.6 ± 3.1(4)
51a 眶　宽(d)　左	40.1	40.1	39.1	39.6	44.2	40.6 ± 1.8(5)
右	39.5	40.4	–	38.2	44.5	40.7 ± 2.4(4)
52：51 眶指数　左	82.9	80.7	76.7	71.2	73.5	77.0 ± 4.3(5)
右	86.9	79.7	–	70.5	69.4	76.6 ± 7.2(4)
52：51a 眶指数　左	89.5	83.5	81.8	74.7	77.1	81.3 ± 5.2(5)
右	95.9?	81.7	–	75.1	76.0	82.2 ± 8.3(4)
55 鼻　高	56.1	57.7	46.8	53.5	60.5	54.9 ± 4.7(5)
54 鼻　宽	25.5	28.0	24.4	23.7	29.0	26.1 ± 2.1(5)
54：55 鼻指数	45.5	48.5	52.1	44.3	47.9	47.7 ± 2.7(5)
DS 泪点间高	11.2	11.0	14.1	11.6	13.2	12.2 ± 1.2(5)
DC 泪点间宽	24.3	21.2	20.7	20.1	25.8	22.4 ± 2.2(5)
SS 鼻骨最小宽高	4.8	4.8	4.9	4.1	6.1	4.9 ± 0.6(5)
SC 鼻骨最小宽	8.5	8.7	8.9	9.1	11.3	9.3 ± 1.0(5)
32 额侧面角	78.0	94.0	–	96.0	76.0	86.0 ± 9.1(4)
72 全面角	90.0	89.0	–	90.5	94.5	91.0 ± 2.1(4)
74 齿槽面角	88.0	85.5	–	84.0	95.0	88.1 ± 4.2(4)
75 鼻尖角	55.0	58.0	–	49.5	65.5	57.0 ± 5.8(4)
75(1)鼻骨突度角	39.7	30.1	–	38.8	27.2	34.0 ± 5.4(4)
SS：SC 鼻根指数	55.9	54.6	55.5	45.1	53.8	53.0 ± 4.0(5)
DS：DC 泪点高宽指数	46.2	51.9	67.9	57.6	51.2	55.0 ± 7.4(5)

续表 6

测量项目	YKJM28 ♀	YKJM33 ♀	GKM21 ♀	GKM25 ♀	GKM29 ♀	M ± б (n) ♀
1 颅 长	173.0?	168.5	178.5	179.0	173.0	174.4 ± 3.9(5)
8 颅 宽	134.7	136.5	137.0	144.5	130.0	136.5 ± 4.7(5)
17 颅高	130.2	135.0	145.5	129.0	133.0	134.5 ± 5.9(5)
8：1 颅指数	77.9?	81.0	76.8	80.7	75.1	78.3 ± 2.3(5)
17：1 颅长高指数	75.3?	80.1	81.5	72.1	76.9	77.2 ± 3.4(5)
17：8 颅宽高指数	96.7	98.9	106.2	89.3	102.3	98.7 ± 5.7(5)
9 最小额宽	–	92.2	97.5	88.4	89.4	91.9 ± 3.5(4)
5 颅基底长	–	99.5	108.6	95.3	96.1	99.9 ± 5.3(4)
40 面基底长	–	92.2	102.4	93.6	90.0	94.6 ± 4.7(4)
40：5 面突度指数	–	92.7	94.3	98.2	93.7	94.7 ± 2.1(4)
48 上面高 (sd)	–	72.7	72.4?	71.1	65.7	70.5 ± 2.8(4)
(pr)	–	70.0	70.0?	68.3	64.0	68.1 ± 2.5(4)
45 颧 宽	128.1?	128.6	–	121.9	122.4	125.3 ± 3.1(4)
48：45 面指数(sd)	–	56.5	–	58.3	53.7?	56.2 ± 1.9(3)
(pr)	–	54.4	–	56.0	52.3?	54.2 ± 1.5(3)
48：17 垂直颅面指数	–	53.9	49.8?	55.1	49.4	52.1 ± 2.5(4)
77 鼻颧角	–	140.5	141.8	138.8	138.4	139.9 ± 1.4(4)
zm∠ 颧上颌角	–	122.0	–	119.5	115.8	119.1 ± 2.5(3)
zm1∠ 颧上颌角	–	128.5	126.5	124.0	120.5	124.9 ± 3.0(4)
52 眶 高 左	–	33.7	33.4	33.8	32.2	33.3 ± 0.6(4)
右	–	33.8	33.4	34.0	32.9	33.5 ± 0.4(4)
51 眶 宽(mf) 左	–	40.4	43.0	41.0	–	41.5 ± 1.1(3)
右	–	40.3	45.5	42.4	40.3	42.1 ± 2.1(4)
51a 眶 宽(d) 左	–	38.8	40.6	38.8	–	39.4 ± 0.8(3)
右	–	38.4	42.3	38.8	38.1	39.4 ± 1.7(4)
52：51 眶指数 左	–	83.4	77.7	82.4	–	81.2 ± 2.5(3)
右	–	83.9	73.4	80.2	81.6	79.8 ± 3.9(4)
52：51a 眶指数 左	–	86.9	82.3	87.1	–	85.4 ± 2.2(3)
右	–	88.0	79.0	87.6	86.4	85.3 ± 3.7(4)
55 鼻 高	–	55.5	55.4	51.7	48.5	52.8 ± 2.9(4)
54 鼻 宽	–	26.8	25.5	23.0	24.9	25.1 ± 1.4(4)
54：55 鼻指数	–	48.3	46.0	44.5	51.3	47.5 ± 2.6(4)
DS 泪点间高	–	10.2	10.7	13.4	9.8	11.0 ± 1.4(4)
DC 泪点间宽	–	22.3	20.7	17.8	19.6	20.1 ± 1.6(4)
SS 鼻骨最小宽高	–	5.0	3.6	4.2	2.7	3.9 ± 0.8(4)
SC 鼻骨最小宽	–	10.2	8.0	6.9	8.3	8.4 ± 1.2(4)
32 额侧面角	–	82.0	84.0	82.5	87.5	84.0 ± 2.2(4)
72 全面角	–	86.0	85.0	89.0	89.0	87.3 ± 1.8(4)
74 齿槽面角	–	83.0	82.5	79.5	91.0	84.0 ± 4.3(4)
75 鼻尖角	–	52.5	–	54.0	54.5	53.7 ± 0.8(3)
75(1)鼻骨突度角	–	29.1	–	33.2	29.6	30.6 ± 1.8(3)
SS：SC 鼻根指数	–	49.1	44.4	61.1	32.8	46.9 ± 10.1(4)
DS:DC 泪点高宽指数	–	45.7	51.8	75.0	49.9	55.6 ± 11.4(4)

参考文献

1. 韩康信.宁夏海原菜园村新石器时代人骨的性别、年龄鉴定与体质类型.考古学论丛——中国社会科学院考古研究所建所40周年纪念. 北京：科学出版社,1993,190～181.

2. 韩康信. 宁夏固原彭堡于家庄墓地人骨种系特点之研究. 考古学报,1995(1):109～125.

3. 韩康信.中卫、中宁汉代人骨研究(待发表).

4. 韩康信等.宁夏吴忠西郊唐代人骨鉴定研究.吴忠西郊唐墓(附录二).北京:文物出版社,326～361.

5. 韩康信.开城墓地出土人骨.固原开城墓地(第四章).宁夏文物考古研究所编著.北京:科学出版社,2006,139～176.

6. 韩康信.闽宁村西夏墓地人骨鉴定报告.闽宁村西夏墓地(附录一).北京:科学出版社,157～173.

7. 韩康信.固原北周田弘墓人骨研究.北周田弘墓——原州联合考古队发掘调查报告 2(第十章).人骨鉴定,勉诚出版社,2000,70～77(日本).

8. 韩康信.固原唐代史道洛墓人骨研究.唐史道洛墓——原州联合考古队发掘调查报告 1(第五章).人骨.勉诚出版社,2000,264～295(日本).

9. 韩康信.银川沙滩墓地.人骨测量及鉴定(肆).北京:科学出版社, 2006,58～74

10. 韩康信.宁夏"北方系"文化居民种族属性讨论(待发表).

11. 罗丰.固原南郊隋唐墓地.北京:文物出版社,1996.

12. Licent E.,Teilhard de ChardinP.:Le Paleolithigue de la chine. L'Anthropologie, 1925,(25):P.201-234.

13. 同8韩康信。

14. 韩康信. 新疆哈密焉布拉克古墓人骨种系成分之研究. 考古学报,1990(3):371～390.

15. 同14。

16. 雅·雅·罗京斯基,马·格·列文.人类学.莫斯科:莫斯科大学出版社,1955(汉译本).

17. 韩康信.新疆孔雀河古墓沟墓地人骨研究.考古学报,1986(3):361～384.

18. 同14。

19. 韩康信,左崇新.新疆洛浦山普拉古代丛葬墓头骨的研究与复原.考古文物,1987(5):91~99.

20. 韩康信.新疆洛浦山普拉古代丛葬墓人骨的种系问题.人类学学报,1988(3),239~248.

21. 邵兴周等.洛浦山普拉出土颅骨的初步研究.人类学学报,1988(1): 26~38.

22. 韩康信.阿拉沟古代丛葬墓人骨研究.见:丝绸之路古代居民种族人类学研究.乌鲁木齐:新疆人民出版社,1993,71~175.

23. 韩康信. 新疆和静察吾呼沟三号和四号墓地人骨种族特征研究. 演化的证实——纪念杨钟健教授百年诞辰论文集.北京:海洋出版社,1997,23~38.

24. 韩康信等.察吾呼三号、四号墓地人骨的体质人类学研究.新疆察吾呼—大型氏族墓地发掘报告(第10章).北京:东方出版社,1999,299~337.

25. 同23和24韩康信等。

26. 韩康信,潘其风.新疆昭苏土墩墓古人类学材料的研究.考古学报,1987(4):503~523.

27. 韩康信. 新疆楼兰城郊古墓人骨人类学特征的研究. 人类学学报,1986(3):227~242.

28. 韩康信.北周安伽墓人骨鉴定.西安北周安伽墓(附录一).北京:文物出版社,2003,92~102.

29. B.B.金兹布尔格,T.A.特罗菲莫娃.中亚古人类学.莫斯科:科学出版社,1972(俄文).

30. 同23。

31. 同29。

32. 同4韩康信等。

33. 同11罗丰。

34. 同11罗丰。

35. 11罗丰。

36. 克林凯特著,赵崇明译.丝绸古道上的文化.乌鲁木齐:新疆美术摄影出版社,1994.

37. 夏鼐.中国最近发现的波斯萨珊朝银币.夏鼐文集(下册),北京:社会科学文献出版社,2000,18~31.

附录 I

塞、乌孙、匈奴、突厥之种族特征

塞、乌孙、匈奴和突厥是历史上一度称雄于中国西北及中亚的著名古族。塞又称塞种，前苏联和西方学者常称塞克(Saca)，他们大致在公元前8世纪至前3世纪占据阿尔泰山脉西段到帕米尔高原及七河地到北疆的大片土地，是一些民族成分和文化各不相同，但与斯基泰人有血统关系的游牧民族。乌孙则和月氏原来相互毗邻，游牧于甘肃河西走廊西段的敦煌一祁连间，大约在公元前177~176年(汉文帝前元三年至四年)，月氏遭匈奴攻击而大部分西迁，进入塞人地域，即今新疆西部伊犁河流域及其迤西的哈萨克斯坦境内。大约在公元前161年(汉文帝后元三年)，乌孙也被迫西迁，并攻击月氏，占据了伊犁河和伊塞克湖一带，迫使一部分月氏继续西迁。匈奴原游牧于贝加尔湖和蒙古高原，曾统治过大漠南北的广大地区，后受汉政权的打击，约于公元48年(光武帝建武二十四年)分裂为南、北匈奴，而北匈奴继续留居漠北，并控制西域诸国。约于公元89年(和帝永元元年)，北匈奴的一部分再次西迁，这一系列民族的西迁，对欧亚大陆的历史造成了很大的后果。特别是北匈奴由中亚侵入欧洲，促进和加速了欧洲各民族的大迁移运动。突厥的兴起与西进，比前几个族晚了几个世纪，他们在公元6世纪时游牧于金山(即今阿尔泰山)一带，后建政权于今鄂尔浑河流域，其疆域最广时东至辽海，西达西海(今里海，一说咸海)，南到阿姆河南，北达贝加尔湖。公元582年(隋开皇二年)，由于内部不和，遂分裂为东、西两支，西突厥占领新疆和中亚的大部分，位居中亚交通要道，对中西文化交流起了沟通作用。

对这些在欧亚大陆历史上起过重大影响的古代族，许多中外学者对他们的民族兴衰历史、社会经济特点，宗教、语言及他们的族属都有过大量的论述。但是，对他们的体质特征或种族(人种)特点，以往从古代文献的记述(大多是片断的)和语言学特征等进行论述的比较多，在理解上，难免发生把族属和种属互相混淆的现象。比较之下，对这些古代族的遗骨进行体质形态学的调查研究，具有更直接的意义。随着考古发掘,这样的人骨材料发现得越来越多,所以,通过专门的生物测量学方法了解这些古代族的可能归属的实际形态类型和人种特征的可能性也越来越大。在这方面,苏联人类学家做过大量的工作,特别是对苏联境内中亚及其邻近地区的古人类学材料发表过许多有意义的报告和论文。尽管在他们收集和报告的材料中,有的在所属时代、文化属性和族属的关系上尚有斟酌的余地,但他们的许多骨骼人类学资料对中国西北地区古代族的种族人类学研究有重要的参考价值。尤其像古代的塞、乌孙、月氏、匈奴、突厥等见载历史文献的古代族,他们在体质类型上究竟归属何种人种支系?他们在体质上是同种系的还是异种系的?这些问题在中亚和西域民族史和历史考古学者中都是饶有兴趣的问题。基于这种情况,笔者将近年来研究我国西北地区特别是新疆境内出土古代人骨时查阅到的有关中亚、哈萨克斯坦及其他邻近地区的资料作了初步的整理,供有兴趣的学者参考。由于这类资料主要刊布于苏联的历史、民族、考古及人类学杂志上,有的仅见于地区性的刊物,因而很难收集齐全,而且由于历史原因,所收集到的材料主要限于20世纪60年代初期以前刊布的。所以本文的综述无疑是很不全面的,这个缺陷只能留待以后有更多资料来源时弥补。

一、中亚地区人种分类的形态学依据

在苏联人类学文献中,对于中亚及其邻近地区的人种及人种类型,均有专门的术语或定名。尽管不同学者之间所采用的分类定名不尽相同,但纵观他们的各种分类,本质上没有很大的区别,有的只是选择的名称不同而已。在这里,选用苏联已故人类学家捷别茨(1948)在《苏联古人类学》一书中的分类意见予以说明[①]。

根据捷别茨的意见,苏联境内欧洲人种支干所属人种类型是根据以下一些基本特征互相区分的:

1. 与时间变化有联系的综合形态特征:

从头骨上讲,就是额倾斜度、眉弓和眉间突度之发达程度、面宽和鼻骨突度等。古人类学研究表明,在该地区的欧洲人种中,具有大的面宽、倾斜的额、发达的眉弓和眉间突度及强烈突起的鼻等这样一些组合特征的类型在形态学上是更为古老的类型。

2. 颅形或颅指数的变化:

颅形和颅指数的时代变化是指数增大,颅形相应变短。现代人的颅指数在79~85之间。

3. 头发和眼色素的深浅程度:

这个特征在现代人种分类上很重要,但对古代人骨骼的研究难有这类资料。所以,根据色素划分的现代变种与古代类型之间的关系只能在地理分布和历史一民族学资料的基础上，以间接方式确定。

本文中的所谓原始欧洲人种类型，据捷别茨的说明是"直到公元前2000年，苏联欧洲部分的次一级欧洲人种的分化仍很弱，大多数乃属无更多细节区别的原始欧洲集团。即使在比这更晚的时代，许多欧洲集团的颅骨类型也表现出强烈的共同性。这些最早的欧洲人种支干类型命名为原始欧洲人种类型（Proto-European）。在他们的头骨上有如下特点，即宽而低并强烈突出的面，显著突起的鼻，长颅或中颅型，有较大的颅高，倾斜的额坡度，发达的眉弓"。在本文中提到的"安德罗诺沃"类型便属于这种类型的一个特殊变种，是根据从苏联南西伯利亚青铜时代安德洛诺沃文化墓葬人骨的研究而定名的。这种类型是中亚、哈萨克斯坦的铜器时代居民中最普遍的形态类型之一。在我国新疆境内有这种类型发现②。

所谓地中海人种（Mediterranean race）主要指分布在地中海岸的欧洲人种（属南欧人种），中亚地区的古地中海人种主要接近地中海人种的东支类型，又别称印度—阿富汗类型（Indo—Afghan）。在头骨形态特点上与安德洛诺沃类型最明显的区别是具有极端突出的鼻，面部在水平方向上的突度更强烈，属明显的狭面类型。

所谓中亚两河类型（两河指阿姆河和锡尔河）又称帕米尔—费尔干类型（Pamir-Fergan），与前述地中海东支类型的主要区别是短颅化。与原始欧洲人种类型相比，头骨形态有些纤弱，有轻度蒙古人种特征的"沉积"，因而使其欧洲人种特点不特别强烈。对这种类型形成的形态学基础不很清楚，有人认为是由安德洛诺沃类型之短颅化而来。中亚七河地的古代乌孙头骨被认为是这种类型的典型代表。在我国新疆也出现有这种形式的头骨③ 。

捷别茨根据苏联亚洲地区古人类学资料，认为亚洲人种（亚洲蒙古人种）支干的原始形式应有如下特征：高而宽平的面，中等突起的鼻，长颅型或中颅型，颅高低，额倾斜，眉弓发达等。在古代，这种类型是贝加尔湖沿岸新石器时代墓葬和外贝加尔湖匈奴墓中占优势的类型，因而保持古西伯利亚类型（Ancient Sibericn）的称呼。但在苏联境内的现代类型中，据说还没有发现具备上述综合特征的类型。

所谓南西伯利亚类型（South Siberian）也叫图兰人种类型（Turanian）。他们与古西伯利亚类型的主要区别是有更大的颅指数，即颅形更短。这个类型的形成过程很复杂，以现代的哈萨克人和吉尔吉斯人、古代阿尔泰—萨彦高原和伏尔加河下游及乌克兰的中世纪突厥墓的人骨为代表。

文中提到的贝加尔湖类（Baikal）与古西伯利亚类型相比，存在亲缘关系，但前者蒙古人种的特征更加明显。这种类型的代表存在于通古斯人中。

与其他蒙古人种支干类型相比，称为中央亚洲类型（CentraI Asia）的蒙古人种综合特征表现得最强烈，与原始形式的主要区别是有更高的颅指数（即颅更短）。他们可能是在更晚近的时间内形成的，外贝加尔湖变种可能是其直接祖先，推测这些外贝加尔湖变种参加了图兰类型，蒙古人种特征的进一步加强表现在鼻突度的减小上。也可能某些变种是以贝加尔湖类型的颅指数增大方式形成的。

在以上列举的欧洲人种和蒙古人种支干类型中尽管也存在某些人种混血，如中亚两河类型中的轻度蒙古人种混血或图兰类型中的欧洲人种混血，但这种混血毕竟还没有起决定性作用，他们的基本性质仍分别属于一个大人种支系。与他们相比，文中提到的乌拉尔类型（Ural）又称乌拉尔—阿尔泰类型（Ural—Altaic）则属于东西方两大人种之间的居间类型，因为其整个体质特征占有欧洲人种和蒙古人种之间的过渡地位，但略近蒙古人种，其颅形为中颅型。现代的绍尔人及某些阿尔泰—萨彦高原的其他民族、更向北的巴拉宾鞑靼人、许多奥斯加克人和伏哥尔人有这类代表性。在阿尔泰—萨彦高原，这个类型是由贝加尔湖类型同欧洲人种成分混杂形成的。其组成的综合成分在公元初分化得不太清楚，而且在阿尔泰山前地带，这种汇合过程直到公元第1000年末也没有完全终止。

二、和古代塞有关的骨骼形态学资料

从中亚和哈萨克斯坦出土的可能与塞人有关的形态学资料例举如下几批：

（一）南帕米尔塞人墓人骨④

伯恩斯坦在帕米尔境内古代墓地的发掘中得到的人骨材料对解决塞人民族起源的许多问题有很重要的意义。金兹布尔格研究过两批材料，即一批是1946～1948年主要从汤梯—哈尔戈席（Тамды　Харгуш）地区收集的；另一批是从阿克苏（Аксу）河上的阿克拜依特（Акбэйт）和其他帕米尔最东南的邻近地点得到的。这两批材料分布的地区靠近，所属时代大致在公元前6世纪至前4世纪。尽管伯恩斯坦曾指出这两处墓地各有特色，但在文化内涵上他们是很接近的。在汤梯文化因素中，发现有来自天山—阿莱和七河地区的很大影响，在阿克拜依特的文化因素中也追溯到来自帕米尔地区（新疆、鄂尔多斯和西藏）和东部与东南部地区的联系。所以从人类学上对这两个地点的材料进行比较是有意义的。

经金兹布尔格研究的阿克拜依特组头骨共15具。从头骨测量的各项平均值表明，这组头骨的人类学类型很一致。概括来讲，这个类型具有狭而又相当高的长颅型，额部倾斜度为直额或更多见中等倾斜，眉弓和眉间突度中等，面狭而中等高，面部在水平方向明显前突，犬齿窝中等深，具有中等或高的眼眶，鼻骨强烈突出。女组头骨也属于同样类型，但很纤弱。这些形态学资料证明，阿克拜依特头骨在类型学上属于欧洲人种的地中海人种类型。头骨上没有发现任何人工变形现象。

汤梯头骨共14具（成年），据金兹布尔格的研究，这组头骨也是长而狭和中等高，依颅指数属长颅型。头骨宽高指数很大。在有小的绝对额宽下，额—顶宽指数近于大。枕部突出中等或大。大部分男性有中等倾斜的额,女性额陡直。男性眉间突度中等,女性小于中等。面部中等高接近高面,面指数所示面形很狭,面部水平方向突度男性中等或大,女性中等。颧骨突起弱,犬齿窝中等深。鼻形狭,鼻骨强烈突起。男性眶指数高于中等,女性眶高。这些综合特征表明,他们是一些长颅型欧洲人种头骨。金兹布尔格在分析了每具头骨之后认为这些头骨也与欧洲人种的地中海类型相似,而且从头骨的粗硕程度表现出较古老的原始地中海人种特点。个别男性头骨则有更短的颅型和更宽的鼻形,可能与中亚两河类型接近,但也可能是地中海人种类型的个体变异。

由阿克拜依特和汤梯两组头骨的比较研究证明,他们代表的居民在人类学类型上是完全相同的,他们都属于现代人种的地中海东支(印度—阿富汗)类型。所以,南帕米尔塞人在种族起源上是统一的,是包括前亚、外里海和北印度这个地区大的人类学集团的最东部分。近年来新发掘到的人类学材料还证明,具有同样人类学类型的居民在青铜时代便分布在土库曼,而且也分布在两河地区的中亚南部。因此,南帕米尔塞人可能是这个地区更古老居民的直接后裔,这些古代居民在铜石时代和铜器时代与前亚和中亚南部居民都有血缘关系。

(二)天山—阿莱地区古代塞人的人类学特征[⑤]

在公元前10世纪,天山山谷和广大的中亚境内居住过有联盟关系的塞部落,他们的文化与黑海沿岸和北高加索的斯基泰部落接近。天山塞人是以游牧业为生的民族,塞文化遗存表明,他们不仅同中亚的部落,而且也同南西伯利亚、中国、印度、前亚甚至东南欧的居民有广泛的联系。

金兹布尔格研究过天山—阿莱地区的塞—早期乌孙(据伯恩斯坦分期)的16具成人头骨(男10,女6)。这些头骨所属时代大约在公元前7世纪至前3世纪之间。伯恩斯坦又将这个时期划为两个阶段:第一阶段为公元前7世纪至前5世纪;第二阶段为公元前5世纪至前3世纪。他认为在后一个时期才在文化上形成了乌孙综合体,但在这两个阶段之间难以划分明显的界限。他根据考古学材料,把第一个时期同南西伯利亚的叶尼塞河文化和阿尔泰文化(从安德洛诺沃文化历经卡拉索克文化到塔加尔文化Ⅰ、Ⅱ期)相联系;而第二个时期在文化上具有安德洛诺沃因素的影响,并与额尔齐斯河上游古代文化及塔加尔文化Ⅱ~Ⅲ期相接近。

据金兹布尔格对这些头骨的考察,天山塞—早期乌孙时期的男性头骨的一般形态是颅长短,颅宽中等,颅高大,颅形为短颅型,只有2具有些偏长。额顶指数中等,额倾斜中等。具有中等高和中等宽的面,面部在水平方向上中等突出。犬齿窝中等深,鼻很突出。全组头骨和个体变异都在欧洲人种中亚两河类型的数值范围内。女性头骨总的也具有相同欧洲人种类型的特点,而犬齿窝甚至比男性组更深一些,颅指数在中颅与短颅型之间,面部狭,面高在中等值的下限。

头骨的个体形态分析表明，除了有代表中亚两河类型的头骨之外，还发现有更粗状的与安德洛诺沃类型相似的类型。从阿拉—米舍克（Ала—Мышик）出土的1具头骨则具有比其他头骨更小的颅指数，同时有更倾斜的额和强烈突起的眉弓和眉间，因而甚至与更为古老粗壮的阿凡纳羡沃文化类型的头骨相似，但它更接近塔加尔类型。

当把这些头骨作为组的代表比较时，可以看到这个组代表了从更原始的欧洲人种类型（即与哈萨克斯坦和南西伯利亚的晚铜器时代相似的中颅类型）向更纤弱化的中亚两河类型的过渡。

（三）哈萨克斯坦的塞人骨骼材料[6]

在东哈萨克斯坦的铜器时代文化已经开始了从农牧经济向游牧业的过渡。大约在公元前10世纪中期前，东哈萨克斯坦的居民过渡到了新的生产形态。此时的塞部落还生活在原始社会结构条件之下，他们共同占有财产，但已经开始划分出部落贵族，拥有军事民兵和积累的牲畜、黄金、奴隶等大量财富，其奴隶制则带有家长式特点。财富的不平衡也表现在随葬品的差别上，氏族或部落首领的随葬品很富有。在物质文化上，这是与铜器工具的生产向铁器工具的生产过渡相联系的。东哈萨克斯坦的这种早期游牧民文化在时间上与南西伯利亚的塔加尔文化、七河地区的塞人文化和东欧的斯基泰文化相当。

从金兹布尔格研究过的9具头骨来看，在称为塞时期的东哈萨克斯坦分布着与更早的铜器时代晚期相同的人类学类型，即欧洲人种安德洛诺沃类型，表明了他们之间种族成分的连续性。

东哈萨克斯坦的塞人在人类学关系上，与天山—阿莱的塞人接近，但在这个时期的东哈萨克斯坦古代居民中，还出现有蒙古人种的混杂，有2具头骨表现出这种混杂，他们同阿尔泰的希滨（Шибинская）文化居民的头骨接近。这种混杂表示了当地居民同阿尔泰北部居民之间的联系。

从中哈萨克斯坦采到的所谓塞—乌孙时期人骨材料的时代不很清楚。据伯恩斯坦的看法，这个地区的所谓“早期游牧民”属于“斯基泰—萨尔马特”阶段而与天山塞—乌孙时期文化和阿莱地区的玛依埃米尔（Маиемир）和希滨（Шибинская）文化相类似。斯基泰—萨尔马特时代居民的人类学类型同捷别茨研究过的安德洛诺沃文化墓葬人骨的相同，即安德洛诺沃类型。这个时期的头骨在类型上同东哈萨克斯坦（额尔齐斯河上游）的塞—乌孙期头骨及天山—阿莱的头骨接近。

（四）其他可能与塞人有关的人类学资料

实际上，中亚和哈萨克斯坦的塞人时期的人类学资料除主要由金兹布尔克格研究过的以外，还有其他学者的报告。如特诺维莫娃（1963）报告过阿莱地区的塞人头骨材料[⑦]。捷别茨、伊斯马戈洛夫及金兹布尔格也研究过哈萨克斯坦的塞—早期乌孙的资料。米克拉舍夫斯卡娅、佩列沃兹奇科夫和金兹布尔格报告过天山塞人材料，基亚特基娜（1976）则报告过东帕米尔塞人材料。但由于各种原因，未能收集到这些原始报告。

（五）对中亚和哈萨克斯坦塞人骨骼形态学研究的初步评述

根据以上主要由金兹布尔格的研究，可能说明的一个主要之点是在南帕米尔和天山、哈萨克斯坦塞人文化分布地区，居民的人类学类型并不相同，即帕米尔地区的塞人与天山、哈萨克斯坦塞人时期的居民在主要成分上属于两个不同的人类学集团：前者主要代表地中海东支的与印度—阿富汗类型接近的类型，后者（天山和哈萨克斯坦）主要代表了从安德洛诺沃型向中亚两河类型过渡的形态。这种情况可能表明，其时中亚东部的所谓塞人在起源上是不相同的：天山塞人与额尔齐斯河上游的塞人一样，可能都是时代上比他们更早的同地区古代欧洲人类型安德洛诺沃文化居民的直接后裔。因为在这些地区，这种类型也发现于时代更晚的塞人、乌孙甚至更晚近的民族之中；而南帕米尔塞人本身则代表了昔日分布在前亚和印度的民族的极东部分支，与印巴次大陆的古代居民比较接近。他们在北部和东部界限是阿姆河到该河在帕米尔的上游。这个类型在中亚两河地区、阿姆河以北同前一个类型可能存在密切关系。

此外，在东哈萨克斯坦的材料中，还可能存在某些蒙古人种混杂的头骨，但为数不多，其影响似乎还不大。但他们所能代表的含义，如究竟与何种类型的蒙古人种混杂？其发生的时代和规模及地理范围等都不清楚。

最近，阿历克谢夫和高赫曼（1984）在《苏联亚洲地区的人类学》一书中对中亚及哈萨克斯坦塞—乌孙时期人类学资料所作的概括认为，除了帕米尔地区的材料以外，这一广大地区的基本人类学类型的综合特点是相当一致的。他们的颅骨形态特点表现为短颅型，具有相当宽面的性质，并具有某些面部扁平性质和中等突起的鼻骨等综合特征，但居住天山地区的居民比平原地区的居民在面部水平方向上更为突出。根据这种情况，他们认为在沿阿莱山脉地区和哈萨克斯坦的塞人成分中，存在蒙古人种混血，在这种相对统一的种族生物学环境下，帕米尔塞人另占有特殊的地位：他们的头骨很长，配合着很狭的面宽和高的面高，较高的眼眶，很狭的梨状孔及极端突出的鼻骨和水平方向强烈突出的面等。因此，尽管他们的头骨强烈长颅化，但仍具有最明显的欧洲人种综合特征，也就是他们同古代和近代的印度—阿富汗欧洲人种居民的形态相似[⑧]。

三、与乌孙有关的人类学资料

在中国的古代文献中,涉及乌孙的资料不很多,涉及乌孙种族形态学特点的内容更少。仅见的是唐颜师古对《汉书·西域传》写的一个注,按此注的形容,“乌孙于西域诸戎,其形最异,今之胡人青眼赤须状类弥猴者,本其种也”。汉代文献《焦氏易林》则说“乌孙氏女,深目黑丑嗜欲不同”。前者似指乌孙为浅色素之民,后者好像又指乌孙为有暗色素的民族,两处文献记述至少在色素上不相一致,但可以认为二者共同的看法是认为乌孙的体质形态与一般汉人相异。要阐明乌孙的实际种系特征,需要依靠骨骼人类学材料的研究,苏联人类学家在这方面发表了许多资料。

(一)伊塞克湖附近发现的乌孙人骨

在苏联学者发表的资料中，最早的一批是与乌孙有关的从伊塞克湖附近采集的 3 具头骨,据伊凡诺夫斯基(1890)的见解,这些头骨是属于公元 2~4 世纪在中国文献中出现过的赤谷城(乌孙王都)居民的[9]。捷别茨(1948)把这些头骨同普尔热瓦尔斯克附近切利伯克基地出土的乌孙头骨进行了比较，认为他们之间没有重要的区别[①]。

从普尔热瓦尔斯克(位于伊塞克湖东岸的一个遗址)发现的几具头骨(男 5,女 2）是伏依伏得斯基和格里亚兹诺夫及捷普劳霍夫等于 1929 年考古发掘中采集的,其时代约在公元 1 世纪。据特罗维莫娃(1936)的研究,在这些头骨中有 2 具男性中颅型头骨近于地中海人种类型，其余的短颅型头骨与帕米尔—费尔干类型相近[⑩],但捷别茨(1948)认为特罗维莫娃所称的地中海类型头骨是系个体变异还是代表另一个特殊类型并不清楚。除了颅指数上的差异外,这些头骨无论中颅型还是短颅型都表现出“不特别强烈的欧洲人种特征”[①]。

(二)塔什干附近发现的材料

在金兹布尔格研究过的大量中亚古代人骨中,有些被认为是乌孙的。他在研究了格里戈里耶夫(1938)从塔什干附近扬吉耶尔出土的一些人骨材料之后,认为有 3 具头骨是公元初期乌孙的,其中 2 具短颅型,1 具中颅型,他们都属于同样的欧洲人种类型,并指出在这些头骨上存在轻度蒙古人种特征的混合,而且在类型上有些接近匈奴的头骨[⑪]。

（三）天山—阿莱地区的人类学资料

1954 年金兹布尔格发表了天山中部—阿莱地区的古代人骨资料[5]。据他的研究，天山地区早期乌孙头骨具有一系列从欧洲人种安德洛诺沃型向中亚两河类型过渡的性质，而且早期乌孙和晚期—月氏头骨也接近。他还确认，不仅天山的早期和晚期乌孙接近，而且也和克拉科尔与东哈萨克斯坦出土的乌孙头骨相似。这证明了在公元前 10 世纪东哈萨克斯坦居民同天山居民在种系关系上存在亲缘性。他还提到天山乌孙—月氏期的唯一女性头骨是典型的蒙古人种，根据汉代公主婚嫁乌孙王的历史记载，推测这具女性头骨可能是汉族妇女的。

金兹布尔格还研究过伯恩斯坦在 1952 年和 1956 年从阿莱地区收集的材料，共有 10 具男性和 7 具女性头骨。据称，这一组乌孙头骨总的也具有轻度蒙古人种特征，在形态上是纤弱化的欧洲人种安德洛诺沃类型，同时有明显的中亚两河类型特点。而且阿莱山谷的塞和乌孙在人类学关系上同天山塞人属同一共同体[12]。

1959 年米克拉舍夫斯卡娅发表过一批天山中部乌孙资料，其中包括 23 个男性和 11 个女性头骨。他指出，这一组头骨属欧洲人种类型，有少量蒙古人种混血，与金兹布尔格研究的天山塞—早期乌孙的材料接近[13]。

（四）哈萨克斯坦乌孙时期人骨

1956 年金兹布尔格发表了哈萨克斯坦东部和中部的古人骨资料，其中被划到乌孙时期的男女性各 10 具头骨，时代为公元前 3 世纪至 2 世纪[6]。这些乌孙期的墓葬曾经切尔尼科夫研究[14]，他们同格里亚兹诺夫和沃耶沃茨基研究过的七河地乌孙墓完全相似。切尔尼科夫认为这些墓葬所代表的居民属于中国文献中的呼揭。据金兹布尔格研究的结果，在东哈萨克斯坦的乌孙期头骨中大约有 80%的男性是欧洲人种，某中的大多数又具有明显的安德罗诺沃类型的特点，同时也有某些蒙古人种特征的混合。女性头骨中也以中亚两河类型占优势。中哈萨克斯坦的塞—乌孙期居民的头骨也具有安德洛诺沃类型的特点，与东哈萨克斯坦、天山—阿莱的乌孙类型接近[6]。

从东南哈萨克斯坦伊犁河右岸出土的乌孙材料定为公元前 2 世纪至 1 世纪。共收集到 13 个成年（4 男 7 女）和 2 个未成年（1 男 1 女）头骨。金兹布尔格（1959）认为这些乌孙头骨的形态很特别，整组头骨似乎代表了从欧洲人种安德洛诺沃型向蒙古人种过渡的类型。从有倾斜的额来说，好像南西伯利亚类型，但又具有特别强烈突起的鼻，他还指出，伊犁河流域乌孙头骨的蒙古人种特征混合程度比天山乌孙要大一些，但蒙古人种因素还没有压过安德洛诺沃型的特点，可能表明这种混杂开始不太久。金兹布尔格解释这可能是形成南西伯利亚人类学类型的早期地方类型之一[15]。

(五)中亚七河地区乌孙人类学资料的综合研究

20世纪60年代初,伊斯马戈洛夫(1962)集合了中亚七河地区的许多乌孙头骨测量资料作过综合分析[16],在他的论文中包括31具男性和30具女性头骨,其时代跨度为公元前4世纪至公元3世纪,论文的主要结论是:七河地区乌孙的人类学类型是在当地欧洲人种类型居民的基础上形成的,他们除主要表现明显的欧洲人种特点外,也存在少量蒙古人种混血;此外,七河地区、天山阿莱和东哈萨克斯坦乌孙的人类学类型彼此具有很接近的亲缘关系;将早期和晚期乌孙头骨形态特征比较说明,乌孙的体质特点在近800年的时间里没有表现出明显的变化。据此判断,七河地区乌孙人种类型的形成当不晚于公元前3世纪,他还认为七河乌孙的体质类型是南西伯利亚人种类型的成分之一,并有证据表明,在七河乌孙与现代哈萨克人之间存在系统学的联系。

(六)对乌孙人类学材料研究的几点讨论

关于乌孙或乌孙时期的人类学资料可能还有更多。就从以上中亚和哈萨克斯坦可能和乌孙有关人类学材料的研究,对这个古族的种系特点做几点讨论[17]。

首先,对以上不同时间和地点出土可能与乌孙文化有联系人类学材料的研究都无例外地证明,形成乌孙人类学类型的大人种基础为欧洲人种。因为在乌孙头骨形态上,仍保持有较明显的在发生学上可能更早的原始欧洲人种安德洛诺沃的特点,同时也具有某种从安德洛诺沃型向中亚两河类型过渡或明显的中亚两河类型的特点。此外,在这些头骨上还可能普遍表现出某种轻度的蒙古人种特点的混杂,因而使这些头骨的欧洲人种特点不特别强烈。这种综合特点是各处早、晚乌孙材料之间的形态差异比彼此之间的一致性小得多的主要原因。从这个意义上来讲,乌孙可能是体质上相当一致的民族人类学共同体。

但是,在乌孙的种族组成上,仍存在比较复杂的情况。如据伊斯马戈洛夫对61具七河地区乌孙头骨的形态类型统计,有53具欧洲人种头骨分为四个不同类型,即安德洛诺沃型、中亚两河型、北欧型及地中海与北欧型之间的类型。但以前两个类型为主要型。此外,还存在少量欧洲人种和蒙古人种间的混杂型与个别蒙古人种的头骨[16]。因此,在乌孙的种族成分除基本的主要型外,仍是多类型的。

与中亚及其邻近地区分布的原始欧洲人类型的头骨相比,乌孙头骨上的某些蒙古人种化主要表现在颅型变短,面高和面宽增大,鼻骨和眉间突度减弱,犬齿窝变得更不明显等。这种变化趋势在天山塞—早期乌孙时期的早晚材料中表现得较为明显。在东哈萨克斯坦乌孙—呼揭男组头骨中也表现出相类似的情况。如按天山塞—早期乌孙的断代(早期组为公元前7世纪至前5世纪,晚期组为公元前5世纪至前3世纪)推测,这种蒙古人种化可能发生在公元前7世纪至前3世纪之间。但在东哈萨克斯坦,类似的变化可能晚一些,大概在公元前3世纪至前2世纪。而据七河地区乌孙材料的分析，在公元前6世纪至前2世纪以后的几个世纪里，没有发生过重要的体质形态变化，因此伊斯马戈洛夫推测七河乌孙人种类型的形成不晚于公元前3世纪[16]。由此看来，中亚地区相对稳定的乌孙种族类型综合体的形成无论如何在匈奴兴起前或至少在公元初匈奴分裂为南北两支以前已经出现。所以，乌孙体质类型的蒙古人种因素大概和西进的匈奴没有关系。但在这以前究竟是何种蒙古人种成分参与了乌孙体质特征的混杂，还仍是不清楚的问题。

又据苏联学者的研究，乌孙可能是联系时代更早的欧洲人种安德洛诺沃型同中亚两河类型与南西伯利亚类型的环节。因为在现有的中亚人类学材料中，还只有像乌孙这样的体质类型才能较为合理地解释南西伯利亚类型的开始，这是因为在乌孙头骨中，随着蒙古人种特征的增强，已经呈现出同南西伯利亚类型接近的特征。有可能设想，乌孙人类学特征是形成南西伯利亚人种类型的重要因素，他们对该地区后来居民体质类型形成的复杂过程，想必产生过重大影响[3]。

前面提到乌孙是浅色素还是深色素民族的问题，这也是一个复杂的问题。已经指出，在乌孙的人类学成分中，主要成分是接近安德洛诺沃型和中亚两河型，还可能有少量北欧类型。而安德洛诺沃型和北欧型很可能与浅色素特征相联系，与中亚两河类型接近成分则大概有较暗的色素。这种情况直到现在中亚民族中也有反映。例如在现代哈萨克人中，有较浅的色素，而乌兹别克人和塔吉克人的色素就比较深。因此，在乌孙的成分中既可能有"青眼赤须"之民，也可能有"深目黑丑"的因素。不过关于中亚原始欧洲人种居民与其后裔的关系是很复杂的问题，至今在学术上还无一致见解[17]。

另一个需要讨论的是西迁前和西迁后的乌孙的人种特征问题，以上对乌孙种系特点的看法主要是根据西迁后占据伊犁河流域的可能和乌孙有关的人骨材料的研究得出的。但据文献记载，乌孙原居甘肃河西走廊的西部。因此，西迁前的乌孙和西迁后的乌孙在种族类型上是什么关系？这个问题的解决自然又对河西地区古代文化的来源问题产生影响。如有的学者从这个地区古代的文化内涵，遗址的时代和分布位置，推测从河西发现的四坝、沙井、骟马等类型的考古文化可能就是乌孙、月氏的遗存[18][19]。但迄今为止，从河西走廊地区出土先秦时代的人类学材料中，还没有发现过像中亚地区乌孙人类学特征的人骨。相反，现有的材料都尚无例外地显示出蒙古人种支系类型的特点[20]。换言之，迄今在河西地区发现的秦汉以前的古文化遗存都与蒙古人种支系类型联系在一起。这种情况又可能提出这样的问题：如果承认某些学者所说的在河西地区已经发现乌孙的文化遗存，那么那时的乌孙（至少在公元前2世纪前）应该是蒙古人种支系的居民才是合理的，只是在他们西迁到伊犁河流域和伊塞克湖地区后才与当地居民融合，或在他们通过新疆境内向西运动的过程中，改变成了欧洲人种因素占优势的种族类型，但从一个大人种类型变成另一个迥然相异的相对稳定的遗传类型，这几乎是没有时间来完成的。而且这种推测与中亚乌孙的体质类型是从该地区原始欧洲人种基础上形成的人类学资料不相符合。有人推测,乌孙占居河西时的人口相当大,曾"控弦数万"胜兵,用户口、人口和兵力的大致比例估算,西迁时的乌孙人口数可能达到10.5万[21],如果这种推算距实际不远,那么要解释这样多的人口经历了千余公里的跋涉后定居伊犁河流域,在短暂的时间里骤然从蒙古人种变为欧洲人种成分是很困难的。另一方面,在迄今的河西地区考古中,还没有发现可信的同西迁后乌孙文化密切相关的资料。因此,也难以设想,西迁前、后的乌孙能在文化上和种族特征上,同时发生急剧的变化。所以,比较合理的解释是:乌孙在西迁以前已是以欧洲人种为基础的种族,与西迁后的乌孙有相同或接近的体质类型。他们可能在某个更早的时侯由西向东进入甘肃西部,近来在我国新疆东部地区(如哈密地区)发现公元前10世纪至前5世纪的欧洲人种成分支持这种推测[22],这与苏联学者的乌孙是在中亚及邻近地区原始欧洲人种基础上形成的看法也是暗合的,这样的原始欧洲人种类型在罗布泊地区便有发现[2]。在河西时,乌孙与月氏、匈奴这样的古族毗邻和交往,因此难免在其成分中混杂了其他种族因素,但这种混杂的影响是否大到足以改变其西方人种基础还缺乏任何人类学证据。

四、匈奴骨骼形态学的研究

这里提到的主要是中亚地区可能和匈奴有关的人类学资料,多数和北匈奴的有关。

(一)吉尔吉斯塔拉斯河流域肯科尔匈奴墓人骨

这批人骨是伯恩斯坦于1938年、1939年在苏联吉尔吉斯共和国肯科尔卡达孔巴古墓地发掘时采集的,时代大概在公元前后,共收集13个男性和9个女性及2个未成年的骨骼。伯恩斯坦认为这个墓地是北匈奴的遗存。

据金兹布尔格和日罗夫(1919)的观察,这批头骨中存在大量的变形颅,即成高耸而近似圆锥形的环状畸形。这种颅形常伴以枕部成扁平状。用畸形指数估计畸形强度的结果,男性比女性弱,常只在枕部扁平。据说这种枕部畸形是由于将婴儿长时间仰卧于有排尿装制的悬挂式摇篮中的结果[23]。

尽管由于头骨变形影响自然颅形的观察和测量,但总的来看这些头骨一般长度不大,颅宽中等。可以推测,这些头骨的变形是在原来短颅或中颅型基础上形成的。根据夏皮罗(1928)的颅形校正公式估计[24],这一组头骨总的来说可能是中颅型的,有些未变形的头骨也说明他们是中颅型的,颅指数的计算表明在中—短颅型范围。

这组头骨的颅高也比较高，除了畸形影响正常颅高外，原来自然的颅高也应该比较高，因为变形很轻的头骨也具有高的颅型。

面高平均值也相当高，但面宽不宽，按面指数分类，平均属狭面型，但面部在矢状方向上的突出程度小，按面角分类大致在中颌型和平颌型之间。鼻形狭，在狭鼻型和中鼻型范围。眼眶高而大，但据测定，变形颅的畸形指数与眶指数之间存在较高的正相关。因此像眶高这样的测量特征在人种鉴定时，需要谨慎[23]。

金兹布尔格对这20具头骨作了个体形态观察。他认为其中8具可归入混杂的人种类型，即既有欧洲人种特征，也有蒙古人种特征。另外9具则属于蒙古人种类型，只有3具头骨明显地表现出欧洲人种特征。因此，整个组的人种类型虽具有清楚的混杂起源，但毕竟有相当一致的不特别强烈的蒙古人种性质。鉴于此，金兹布尔格认为这些头骨的形态比较特殊，这个组的蒙古人种头骨既不接近中央亚洲类型，也不与现在分布该地区的南西伯利亚类型接近；既不接近通古斯—满洲类型，也不与华北人和西藏人接近；在面部形态结构上，他们比较接近从新疆来到中亚的突厥人，但同时以其具有更短的颅型与后者有区别。对于这个组中的欧洲人种头骨，金兹布尔格认为他们与短颅欧洲人种类型有关，而这种短颅人种原来居住在阿姆河以东的中亚地区和新疆地区，在这些地方，他们可追溯到公元初几个世纪直到近代。假如设想肯科尔墓葬中的欧洲人种成分是在当地起源的话，则可以依据某种蒙古人种当地居民的混杂来解释这些头骨上弱化的蒙古人种性质。但这种蒙古人种居民由何处而来还不清楚[23]。

捷别茨（1956）在他的论著中曾检查过肯科尔墓地的人类学类型。他用塞人时代居民的资料同肯科尔墓地的材料进行了比较之后，认为这个组的面骨扁平度和鼻突度没有表现出多少实际差别，也就是说没有表现预料中的同匈奴影响有关的蒙古人种混血的加强。因此，对金兹布尔格的结论及肯科尔匈奴的属性，他提出了质疑[25]。但后来积累的资料如米克拉舍夫斯卡娅（1964）研究的资料[26]与捷别茨结论是相抵触的。相反，这些的资料更支持金兹布尔格和日罗夫最初的见解。这些材料的数量本身允许将塞人和中亚匈奴的人类学特征进行可靠的比较，并证明在匈奴成分中，蒙古人种混血无疑更多。这个结果有利于匈奴起源于南西伯利亚和中央亚洲的假设。与历史资料的记载也完全符合[23]。

（二）天山和阿莱地区匈奴的人类学资料

据说这个地区的匈奴资料也是北匈奴的，以洞室墓最具代表性。金兹布尔格曾发表了伯恩斯坦在1945~1948年发掘收集的3具男性和6具女性头骨。1949年又获得可供研究的7具男性和3具女性头骨，合起来共19个头骨[5]。这些头骨大部分也出自吉尔吉斯中部，另有6具来自吉尔吉斯西南部即葱岭—阿莱（Чон—Алаэ）地区。还有2具头骨得自伊塞克湖北岸的基尔钦（Кырчин）。这些匈奴墓的时代定为公元前1世纪至4世纪，其中出自基兹—阿尔达（Кьз—Арта）和阿特—巴舍（Ат—Баши）及阿尔巴（Арпа）的各组头骨的时代定为公元前后，在文化上与肯科尔匈奴墓的很接近。出自葱岭—阿莱的组以及出自阿拉—米舍克（Ала—Мышик）和基尔钦（Кырчин）的组均为公元2~4世纪。尽管这些材料的地点比较零散，但他们在文化性质上彼此都很相似[5]。

与肯科尔的头骨相似，这些地方的匈奴头骨大多数也是生前便畸形而呈较明显的圆锥形，或叫环状畸形[5]。

总的来讲，这些匈奴墓中的男性头骨具有中等长和宽而高的颅型，属于短颅型范围。有中等高和大于中等宽的面，面部在水平方向的突度中等。在轻度或未变形颅上，额坡度较直，但在明显的变形颅上，额部明显后斜。眉间和眉弓突度中等，眶高中等或高眶型，犬齿窝深度中等。颧骨突出适中，鼻形中等宽，鼻突出明显[5]。

女性头骨比较小，在形态类型上与男组接近。但女性面部比男性更低和狭得多，头骨的变形也更明显，所以额坡度也更后斜。眉间和眉弓突度弱，犬齿窝也比男性更浅，鼻突度中等[5]。

这些头骨的研究表明，天山匈奴墓的男性组头骨属于欧洲人种短颅类型，同时具有某些蒙古人种特点，如宽的面和浅的犬齿窝等及高眶特点也加强了这一印象。根据这些男性头骨的一般特点，金兹布尔格将天山匈奴归入具有少量蒙古人种混合特征的欧洲人种中亚两河类型；女性头骨的变形更明显，几乎所有头骨都是短颅型或中颅型[5]。

金兹布尔格对天山—阿莱匈奴头骨和塔拉斯河肯科尔匈奴头骨进行过详细的比较分析。他认为在重要而有种族鉴别意义的特征上，两者表现出很大的相似性，但也存在某些差异。与肯科尔的头骨相比，天山匈奴的男性头骨显得更宽，直额更明显，鼻突起更强烈，面部水平方向突出也更明显。这些特征表明，天山匈奴男性头骨具有更明显的欧洲人种性质。此外，天山匈奴男性头骨的变形比肯科尔的更轻一些，多半表现为枕部扁平。因此，天山头骨的额部倾斜比肯科尔的头骨更小一些[5][23]。

与男性头骨的比较相类似，女性头骨也比肯科尔的女性头骨有更宽的颅，更欠倾斜的额及面部水平方向突度更强烈。但在另一些特征上表现出与男性不同的变异倾向，即天山的女性头骨比肯科尔的面部更宽，鼻突起更小，这种特点表明天山匈奴头骨上弱的蒙古人种混血性质。金兹布尔格曾认为天山匈奴和肯科尔匈奴头骨的这种不同变异趋势可能由于标本变异大，供观察的头骨数量过少引起的。但他又指出，从1949年收集的补充材料上也表明存在相似的现象[5][23]。

金兹布尔格将天山匈奴人骨分为早、晚两期，早期组的7具定为公元前后时期，晚期11具定为公元2~4世纪。早、晚组的测量特征比较，表明两者之间差别很小，而晚期墓的男性头骨则具有大的颅部直径，更直的额，稍低的面高和更宽的面，犬齿窝欠深，鼻子更宽。虽然早、晚组的鼻子同样突出，但晚期组的鼻梁和鼻骨本身更平一些。短颅型指数则无变化。由此可见，早、晚组男性头骨的变异方向并不清楚。但晚期女性则有更典型的环形颅和更狭的额，面部也更低而狭，具有大的鼻突起和眉间突度及更深的犬齿窝。在这些特征的变化上，有些具有欧洲人种特征增强的变异趋势。总之，天山匈奴男、女性头骨在时间上早晚的变异分析没有获得相同的结果⑤。

如果将天山匈奴早期头骨与肯科尔头骨比较（据伯恩斯坦报告，这些墓的文化内涵相同），除了这两组的男性头骨之间存在很大的共性之外，天山早期组的颅形比肯科尔的更宽，额坡度更直，鼻更突出，水平方向上的面部突出也更大，犬齿窝更深等。这一系列颅面部特征的差异表明，天山的早期男性匈奴头骨在类型学上比肯科尔的有更多的欧洲人种性质⑤㉓。

早期天山匈奴女性头骨在类型上也与肯科尔的女性头骨相近，但比后者有更高而宽的面，更宽而突出的鼻，更高的眶形。尽管天山女组在水平方向的面部突度比肯科尔的有些更突出，但总的面部形态结构特点比肯科尔的有更多的蒙古人种性质⑤㉓。

金兹布尔格还把晚期天山匈奴头骨同肯科尔头骨做了比较，指出晚期天山匈奴男性头骨的欧洲人种特点明显在加强，而晚期天山匈奴的女性头骨除颧宽有些增大外，基本的变化趋势与男性相同，可能显示出女性头骨有获得南西伯利亚类型特点的变化趋势。这在男性头骨上也有发现⑤㉓。

如单从中部地区包括基尔钦在内的早期和晚期匈奴头骨的比较，无论男性还是女性，其共同的变化方向是欧洲人种特点的加强。西南地区即葱岭—阿莱出土的晚期头骨同中部地区的晚期头骨彼此相似，主要区别仅在前者有更小的颅指数，但仍在短颅型范围。

金兹布尔格对天山匈奴人类学研究的主要结论有如下几点⑤：

1. 天山匈奴人类学类型的基础是欧洲人种类型。具有在中亚两河类型及安德洛诺沃类型为一方和南西伯利亚类型为另一方之间的过渡特点。

2. 天山匈奴中，女性头骨的蒙古人种特点表现得更清楚一些，在类型上更混杂一些。

3. 在体质类型上，天山匈奴同肯科尔匈奴很相似，而且在这两者中都存在改造颅形的风俗，在头骨形态上，表现出高而近似圆锥形，通常还结合枕部扁平的畸形。女性头骨的畸形比男性更为明显和典型，而男性中通常只表现在枕部扁平或不对称扁平上。这种枕部畸形是由于婴儿长时间仰卧于具有排尿装制的悬挂摇篮中引起的。伯恩斯坦在肯科尔墓地的发掘中，发现过这种摇篮的证据。

4. 在比较天山和肯科尔匈奴头骨的人种类型时，发现天山男匈奴头骨上的欧洲人种特点比肯科尔的更为明显。而天山匈奴墓中的女性头骨则具有某些更强的蒙古人种性质，是混杂的类型，但这种情况主要限于天山中部地区的早期匈奴墓中的女性头骨,并非所有天山女性匈奴头骨都是如此。而天山的晚期匈奴墓头骨无论男女性都具有更明显的欧洲人种特点，并且这种现象在吉尔吉斯中部(天山)和西南部(葱岭—阿莱)地区都存在。

5. 金兹布尔格在阐明何种欧洲人种类型成为匈奴的人类学类型基础并确定匈奴的起源问题时，将匈奴的资料与同一地区的时代更早的居民人类学类型进行了比较。比较后指出,时代更早的当地欧洲人种居民的类型是天山匈奴,也是塔拉斯河肯科尔匈奴人类学类型形成的基础，而这些更早的当地居民在体质上可溯源于乌孙时期甚至更早的塞人时期。这种情况在比较男性头骨时,看得更为明显。但金兹布尔格并不因此认为这个地区的匈奴就是由当地原住居民起源的民族。相反,历史资料说明,匈奴的迁移来自东方,而且匈奴墓中出土的文化遗存与当地土著遗存之间存在区别。相反的证据是塔拉斯流域的匈奴中有更明显的蒙古人种混血,天山匈奴中则在女性头骨上有更清楚的蒙古人种特点。最后还指出了匈奴头骨上改变颅形的特点。由此设想,匈奴的起源地主要在贝加尔湖周围地区,他们曾具有典型的蒙古人种特征,并且把这种特征一直带到了中欧。可以设想,在匈奴西迁进入天山和七河地区的浪潮开始时,匈奴同具有欧洲人种特征居民的混杂就已经开始了。但是,又是何种蒙古人种类型参与了这种混杂,这还是有待进一步明确的问题。金兹布尔格认为有些时代上更晚的新疆境内的突厥人的头骨类型与七河地区特别是同肯科尔的匈奴头骨接近。在七河地区,匈奴人继续同隶属匈奴并参与匈奴联盟的当地古代居民混杂，而以后又逐渐与他们同化。因此,匈奴把自身的蒙古人种特点带入了当地欧洲人种类型之中。尽管在其数量上不大,但逐渐与当地居民融合,导致在自身的、体质上变得更其欧洲人种化。而当地居民中蒙古人种化的加剧则主要是在另一种时间上更晚的民族历史过程的影响下发生的。

(三)哈萨克斯坦的匈奴人类学资料

金兹布尔格研究过中哈萨克斯坦的匈奴头骨,但头骨仅有 2 具,可能都是女性成年个体。其中 1 具是在乌路塔乌（Улутау）地区的卡拉—肯基尔（Кара-Кенгир)河上游发现的;另 1 具是在伯加兹(Беraz)的洞室墓中发现的[6]。匈奴在中哈萨克斯坦的出现大约在公元初期,据金兹布尔格的研究,中哈萨克斯坦的匈奴人类学类型与天山地区的匈奴一样,是混杂的类型,即欧洲人种和蒙古人种之间的中间类型。可能中哈萨克斯坦和天山的匈奴有血缘关系,因为他们在文化上也有许多共性。改变颅形的风俗也是相同的。在中哈萨克斯坦发现的匈奴头骨无论在混杂的人种类型还是变形颅(圆锥形)特点上都具有代表性。这样的类型与塔拉斯河肯科尔墓地和天山、阿莱的匈奴头骨都是相同的[6]。

（四）其他地点的匈奴骨骼材料

20世纪60年代，匈蒙考古队在蒙古人民共和国的诺颜乌拉和呼尼河沿岸发掘了一些匈奴时期的墓葬。匈牙利的托思（1962）研究了呼吉得（Hudjirte）2号墓的1具男性头骨，它具有低的颅，正颌型面，水平方向面部扁平，具有宽而扁平的鼻等特征。他认为可归入古西伯利亚类型[27]。

从外贝加尔湖地区阔叶形建筑墓葬中出土的古人类骨骼也被认定为匈奴的遗存。它们属于公元前1000年的最末两个世纪和公元后最初三个世纪的。后来这些材料和其他新材料由捷别茨（1948）[1]、高赫曼（1960，1977）[28][29]和马莫诺娃（1974）[30]研究过。其形态具有宽而中等高或高而平的面，有的同类型头骨中，具有中等突颌的长颅型和中颅型头骨占优势。这个类型也以个别形式在诺颜乌拉匈奴墓中有所发现（捷别茨、1948[1]，托思、1962[27]）。毫无疑问，在这些头骨上存在少量欧洲人种混血，也可能有少量远东人种混血。这和中国史料的记述相符。由此可知，外贝加尔湖的匈奴不是斯基泰时代居民的直接后裔，而是斯基泰时代的居民仅作为一个成分参加到匈奴的成分之中。至于匈奴成分中的欧洲人种混血，可能是在斯基泰或匈奴时代直接同西边接触的结果，或是从贝加尔湖沿岸新石器时代居民中继承下来的。

（五）对匈奴骨骼形态研究的简要评述

总的来说，从中亚地区发现和收集的可能属于匈奴的人骨还不多，但就苏联学者发表的天山—阿莱和塔拉斯河流域的匈奴头骨资料，可能指出的几点是：

1. 这些人骨如皆系匈奴者，则他们可能是北匈奴的遗存。

2. 从这些骨骼的形态测量学研究，他们都具有某些人种混杂的性质，特别是肯科尔的材料上具有不特别强烈的蒙古人种性质和轻度的欧洲人种成分。而天山匈奴的材料与肯科尔的材料有许多相近的特点，但比后者具有强烈的欧洲人种性质，因而金兹布尔格把他们归入有少量蒙古人种混合特征的中亚两河类型。

3. 关于匈奴的蒙古人种成分起源问题，还不是十分清楚的，一般设想他们起源于南西伯利亚和中央亚洲地区，而匈奴中的欧洲人种因素则可能代表了当地居民原来的人类学类型。这种类型可以追溯到乌孙时期甚至更早的塞人时期。

4. 无论天山还是塔拉斯河流域的匈奴都有普遍改变颅形（近似圆锥形或枕部畸形）的风俗。这是和贝加尔湖匈奴头骨不同的地方。

五、与突厥有关的骨骼形态学研究

下面涉及中亚及其相邻地区（包括哈萨克斯坦和南西伯利亚地区）的可能属

于古代突厥人的颅骨学资料，包括的地理范围比较广泛，即从外贝加尔湖经南西伯利亚、阿尔泰、天山、东哈萨克斯坦到顿河沿岸和乌克兰地区。据金兹布尔格的概述，尽管从这些地区收集到的材料在数量上尚不充分，但仍然能够证明，在这些分布地区的最东部即外贝加尔湖地区的突厥游牧民族具有很明显的蒙古人种类型特点。南西伯利亚和阿尔泰山区（南阿尔泰）的突厥则属于混杂的南西伯利亚（图兰）类型。山前阿尔泰、东哈萨克斯坦、天山及南俄罗斯草原的突厥则有程度不同的蒙古人种和欧洲人种的混杂。对这些材料的研究综述如下。

（一）外贝加尔色楞格河流域的突厥游牧民的人类学材料

这些材料是1927年索斯诺夫斯基发掘采集的，约有二十余个骨架，其时代为公元8~10世纪。据捷别茨的研究，这些头骨是属于没有丝毫欧洲人种混血的蒙古人种类型。如不计某些个体的变异，这组人骨的体质形态似占有北亚宽面的蒙古人种类型（贝加尔湖和中央亚洲类型）与南西伯利亚类型之间的过渡地位①。

（二）东欧突厥人类学材料

从伏尔加格勒的外伏尔加河、顿河下游沿岸、乌克兰等地区发现的突厥游牧民头骨在类型上虽与哈萨克斯坦的突厥头骨接近，但显然具有更多的欧洲人种混血。这特别表现在有更强烈的鼻骨突度上[㉜㉝①]。

（三）南西伯利亚突厥骨骼特点

据捷别茨和阿历克谢夫的资料[㉞]，克拉斯诺雅尔斯克的米奴辛斯克盆地的突厥游牧民骨骼在类型学上表现出良好的安德洛诺沃型，与哈萨克斯坦北部和东部的突厥材料很接近。在大多数特征上，他们与北哈萨克斯坦的库斯坦奈突厥组接近的程度比他们同东哈萨克斯坦的突厥人更多一些。

（四）东哈萨克斯坦游牧民的人类学材料

这批材料是切尔尼科夫在东哈萨克斯坦考古发掘时采集的。金兹布尔格研究了其中的17具头骨。整体来说，这组男性头骨的尺寸很大，颅指数在短颅型下界范围，有中等倾斜的额，眉间和眉弓突度中等，面高和面宽中等，面部水平方向突度中等，犬齿窝中等深，眶高中等，有比较狭而明显突起的鼻形。这一系列平均测量资料表明，他们具有欧洲人种特征，同时也有蒙古人种的混杂，如较大的面宽和中等高的面，水平方向的面突度不大，犬齿窝深度中等，鼻突度不特别强烈等。女组头骨具有比男性更长的颅型（中颅型范围），高的面和小的面宽，浅的犬齿窝和鼻突度等。此特征也反映了人种类型混杂（欧洲人种特征如面骨部尺寸小与蒙古人种特征如鼻突度弱相结合)。

额尔齐斯河上游发现的突厥游牧人(Кимаки)头骨与北哈萨克斯坦的突厥材料相比,具有较小的面高和面宽,更狭而很突出的鼻,犬齿窝也更深。这些特征表明,东哈萨克斯坦的突厥人比库斯坦奈突厥有更多的欧洲人种性质。这些突厥人的头骨也具有不太倾斜的额,有些更高而不太短圆的颅。金兹布尔格将这些头骨分为三个类型,即 7 具欧洲人种头骨(其中 3 具中亚两河类型; 1 具接近安德洛诺沃型;1 具接近地中海型;另 2 具破损), 4 具南西伯利亚(图兰)型(其中 2 具介于安德洛诺沃型向南西伯利亚型过渡), 也就是蒙古人种特征不特别明显的类型; 5~ 6 是具有欧洲人种和蒙古人种之间混杂特征的乌拉尔 (乌拉尔—阿尔泰)类型[⑥]。所以,额尔齐斯河上游的公元 8~10 世纪突厥人的人类学类型并不是单一的。

1954 年由阿基什娃领导的考察队在伊犁河中游右岸采集的 2 具男性突厥头骨(约公元 6~8 世纪)是既有欧洲人种(安德洛诺沃)类型,也同时有混杂类型[⑮]。

(五)阿尔泰地区的突厥材料

公元 7~10 世纪的阿尔泰居民,南部山区和北部山前地带的不尽相同。即在这个时期,南阿尔泰居民的头骨以南西伯利亚类型占优势,而北阿尔泰的头骨更为混杂,其中可以明显追踪到欧洲人种和蒙古人种的不同组成成分,即欧洲人种成分由长颅型和短颅型组成,蒙古人种成分由长—中颅型组成。这种已经在铜器时代便同欧洲人种混杂的长—中颅蒙古人种类型可能比乌拉尔人类学类型还要早[①]。

(六)北哈萨克斯坦库斯坦奈突厥游牧民材料

这批材料共有 10 具成年头骨 (8 男 2 女), 是1955 年从库斯坦奈地区收集的, 时代定为公元 8~10 世纪。据出土器物判断, 这些头骨显然属吉玛吉人(Кимаки)。据金兹布尔格研究[③],这组头骨的一致性较大。整组来说,头骨比较大,颅不长,但有很大的颅宽,颅高低或中等,颅指数在中—短颅型范围(平均为短颅型),额中等倾斜,眉间和眉弓突度稍高于中等,枕部大部分中等突出,呈圆形。有 2 具头骨有不太明显的枕部扁平。面很高而宽,面部矢状方向突度为平颌型,水平方向突度中等。犬齿窝浅,具有不高的眶和中等宽的鼻,鼻骨突度弱。在这些特征中,大的面高和面宽、弱的犬齿窝、较大的面部水平突度与弱的鼻突度相组合,表明是蒙古人种类型的特点。中等倾斜的额与大于中等的眉间和眉弓突起与南西伯利亚类型的概念相符合。低眶是有代表性的特征,尤其表现在属于不同人种类型的 3 具头骨上,他们分别是乌拉尔、安德洛诺沃和南西伯利亚类型。这样的眶形仅在安德洛诺沃型头骨上才是典型的,在其他头骨上,低眶可能反映欧洲人种成分的存在。从每具头骨的观察表明,这组头骨中的大部分可归入南西伯利亚类型,但有些头骨也具有大的欧洲人种因素,如低眶、大的鼻突度和低的面高等。从欧洲人种特征的综合分析,安德洛诺沃类型是其基础。但蒙古人种成分比较难以揭露,他们既不和小的面宽也不和更长颅形这样的特征相关。因而北亚蒙古人种类型(贝加尔湖类型或中央亚洲类型)最有可能是这种蒙古人种的基础。有1具头骨的颅宽和面宽小、面高低、鼻突起中等,可能属于乌拉尔(乌拉尔—阿尔泰)类型,但也不排除是南西伯利亚类型的极端变异。在2具女性头骨中,有1具也属于南西伯利亚类型,另1具有强烈突起的鼻和狭的颧骨,欧洲人种特点占优势,与中亚两河类型接近。与东哈萨克斯坦突厥头骨相比,库斯坦奈突厥头骨的面高和面宽更大,鼻突度更弱,犬齿窝更浅,欧洲人种特征比东哈萨克斯坦突厥更弱。

(七)天山—阿莱突厥游牧民材料

被伯恩斯坦定为公元6~8世纪的阿莱山脉的库加勒梯（Кукяльды）墓葬人骨中也具有不同人种成分,其中既有典型蒙古人种类型,也有不同程度向欧洲人种过渡的类型。根据金兹布尔格[5]和米克拉舍夫斯卡娅的资料[13],总的来讲,天山地区的突厥游牧民头骨具有大的欧洲人种成分。这反映了他们同具有欧洲人种特征的当地土著居民存在过明显的联系和混杂。有些时代更晚(达到公元10世纪)的阿莱山区突厥人已表现出同当地居民更多的混杂,在人类学类型上有更多的欧洲人种特点。

(八)中亚突厥人类学资料简要评述

从以上中亚及其邻近地区突厥游牧民人类学材料的研究可以看出，位于最东部外贝加尔湖地区的早期突厥人具有相当纯粹的蒙古人种类型特点，而在最西部的东欧地区突厥人则又表规出最明显的欧洲人种混杂特征。在米奴辛斯克盆地、阿尔泰、东部和北部哈萨克斯坦的广大地区的各组突厥人在人类学关系上相当一致,而且具有很明显的过渡人种类型特点,即主要是南西伯利亚(图兰)和乌拉尔(乌拉尔—阿尔泰)类型。在米努辛斯克盆地、北哈萨克斯坦(库斯坦奈)和南阿尔泰山地突厥中,蒙古人种成分更明显。在北阿尔泰山前地区如东哈萨克斯坦一样,表现出大的人种不一致性。这说明,在这些地区,民族人种学的"机械"混杂是在不久以前进行的。

综合以上资料,金兹布尔格认为突厥的族源无疑有一个共同的起源,其起源地区应该位于阔面北方蒙古人种分布的古代地理范围之内，且与分布在东部的欧洲人种地区靠近。早期突厥曾沿着古代欧洲人种居住地区向西分布,并同时伴随与当地居民的混杂也加强,因此,大体上在公元10世纪进行的南西伯利亚人种类型的发展是中亚突厥民族起源学上的结果之一。其时，随西突厥可汗政权的扩张，它的实际力量也得到扩大(即来自东方并与当地居民混杂的游牧部落)，但也不是所有原住居民以同等程度和规模同突厥人混杂。应该指出，在此以前即公元前最末几个世纪，南西伯利亚、哈萨克斯坦和中亚的居民中存在的少量蒙古人种混血，主要同参加了匈奴联盟的部落向西方的运动相联系。

阿历克谢夫在分析中亚、哈萨克斯坦及其邻近地中世纪突厥人类学资料时指出，在各个组的材料之间，他们有许多共同的人类学特征；即短颅化，适度宽的面，中等突起的鼻和面部扁平性质。还在中央亚洲时期，突厥是在混杂的欧洲人种—蒙古人种类型的环境中形成。所以在他们向西迁移时，不仅带有蒙古人种特征，而且带有短颅欧洲人种的综合特征，而这种欧洲人种综合体在中央亚洲的西部地区，无论如何在铜器时代便开始组成。在哈萨克斯坦和吉尔吉斯斯坦境内各组材料之间的差别，没有表现出有规律性的特点，但是当把这个地区的突厥材料同南西伯利亚突厥材料比较时，其欧洲人种综合体的优势地位是明显的。从这一人类学考察得出结论是，突厥游牧民族在向中亚迁移过程中，经常处在同当地居民的遗传接触之中，并在那里吸收欧洲人种成分。与此同时，当地居民的蒙古人种化也在进行，这种蒙古人种化的“浪潮”是由突厥人向西方的运动引起的[8]。

六、中国西北地区的有关人类学资料

这指的中国西北地区包括新疆、青海、甘肃，内蒙古等地区，在地理上与中亚相对紧邻，两者之间并无不可逾越的自然屏障，中亚的许多重要的历史文化和民族现象在这个地区也有明显的反映，种族现象大致也不例外。但是，对中国西北地区古代居民的种族形态学研究过去做得还不多，对诸如古代的塞、乌孙、匈奴、突厥等的骨骼形态学调查还只有一些零星的报告。但毫无疑问，从中国境内发现的有关这些古族的人类学资料，同样对追溯这些古代族的种族历史占有重要地位。这里只介绍可能和以上几个古族有关系的骨骼人类学资料。

在中国西北地区，被指称为塞和乌孙文化的人类学材料是在新疆境内的伊犁河流域(昭苏、波马、夏台)的考古发掘中收集的(1961~1962、1976)。据新疆的考古学者从出土的陶、铁制品，墓葬形制和墓地分布的地理及 C_{14} 年代测定，推定这些遗存与公元前后几个世纪占居伊犁河流域的古代塞和乌孙有关。提供出的共 13 具头骨(男 7，女 6)，其中可能划入塞人时期的 2 具，其余为乌孙时期的。据韩康信(1987)研究[3]，塞人墓和乌孙墓的头骨在形态上没有明显的类型区别，这表明这个地区的塞和乌孙之间具有相近的体质类型。这批头骨，其中有 11 具可归入西方人种支系，以男性头骨为代表，其骨骼多数比较粗大，额倾斜中等，眉间和眉弓突度强烈或粗壮，鼻根深陷，有不太高和中等宽的面，面部水平方向突度中—强烈，犬齿窝中—深，多数表现低眶型，鼻骨突起也强烈，鼻棘大小中等，梨状孔下缘以锐型较多，鼻形中—阔。头骨个体之间虽有变异，但从整体综合特征来看，与欧洲人种特征不特别强烈的短颅中亚两河类型稍接近，其中1具男性头骨很像前亚类型。只有2具头骨表现出明显的蒙古人种特征，但也可能是不同人种的混杂类型。由此可见，昭苏的塞—乌孙时期人类学材料与中亚地区（帕米尔的除外）的塞、乌孙时期的人类学类型比较相近，与帕米尔塞人的长狭颅地中海东支类型明显不同。

在中国北部和西北地区，可能属于匈奴的人类学材料还很零碎。见于报道的有两个地点：一是内蒙古伊克昭盟杭锦旗桃红巴拉，据称是战国时期的早期匈奴遗存[36]；另一个是青海大通县上孙家寨附近发现的东汉时期的古墓，由于在此墓的随葬品中找到一枚刻有"汉匈奴归义亲汉长"的铜印，因而被认定是有明确族属证据的匈奴墓[37]。内蒙古桃红巴拉的人骨只有1具颅盖和面部皆残的头骨。据潘其风（1984）报告[38]，头骨不很长，顶结节附近的近似颅宽很宽，估计为短颅类型。鼻指数在中鼻型上限，具有很高的面，眶高则低，属低眶型。鼻颧角所示上面部扁平度也大，鼻骨突度低。这样的综合特征比较接近北亚蒙古人种类型。不过，关于桃红巴拉古墓的族属仍存在不同的看法。

青海大通匈奴墓的人骨是3具头骨（男1女2）。据潘其风报告（1984）[38]，这3具头骨有许多共性，具有较大的颅宽，颧宽小于颅宽，颅形偏短，同时有较大的上面高和很大的眶高（全呈高眶型），矢状方向面突度为中颌型，个体间存在一些变异。据测量值分析，认为这些头骨与近代蒙古组相对接近一些，可能与北亚蒙古人种关系更密切，没有大人种的混血现象。可惜的是这个墓被盗扰，铜玺主人不太清楚，推测他们可能属南匈奴。据笔者的印象，大通头骨的高大眼眶有些和中亚塔拉斯河肯科尔墓地的头骨相似，但后者有变形颅特点，大通的头骨正常。此外，大通的匈奴头骨虽被指认与北亚蒙古人种接近，但和桃红巴拉头骨相比，可能有类型的变异。大通的这个汉代匈奴墓仅是这个墓地中的一座，因此，这个墓地的人类学类型还有待深入研究。

目前在中国境内还没有发表过明确判定为突厥的人类学材料。只有优素福维奇（1949）报告过从新疆罗布泊地区挖到的据说是古代突厥墓的人骨。这批头骨共有4具（3男1女），其时代可能晚于公元6世纪[39]。他认为这些头骨具有蒙古人种性质，但在这些头骨上有方向不清楚的变异。因此他认为这是由蒙古人种不同类型深刻混杂的结果；或这组头骨所表现的某种长颅蒙古人种特征可能与西藏的长颅居民有关；但也可以将这一头骨类型看成是某种早期蒙古人种的一般化类型的遗留，并兼有后来在北亚、中央亚洲和东亚的不同民族集团中分化和强化的因素。但最后他声明，这组头骨与上述情况中哪一个相符合还不能肯定。对此，韩康信（1985）曾用17项头骨测量数据与邻近地区古代组作了形态距离的计算，指出罗布泊突厥组与甘肃甚至和中原青铜时代组及阿尔泰山前突厥组(公元7~10世纪)似有较小的形态距离,与外贝加尔湖地区及其古代突厥组的距离更大[40]。这或许暗示罗布泊突厥在形态学上与其东部的古代东亚类型有密切联系。或与类似北阿尔泰的突厥(长—中颅的蒙古人种和欧洲人种的混杂类型)有关,但还需进一步研究。

参考文献

1. Г.Ф.捷别茨.苏联古人类学.苏联民族学研究所报告集(第4卷),1948(俄文).

2. 韩康信.新疆孔雀河古墓沟墓地人骨研究.考古学报，1986(3).

3. 韩康信,潘其风.新疆昭苏土墩墓古人类学材料的研究.考古学报,1987(4).

4. B.B.金兹布尔格.南帕米尔塞克人类学特征.物质文化史研究听简报,1960(80)(俄文).

5. B.B.金兹布尔格.中部天山和阿莱古代居民之人类学资料.苏联民族学研究所报告集(第21卷),1954(俄文).

6. B.B.金兹布尔格.东部和中部哈萨克苏维埃社会主义共和国地区古代居民的人类学资料.苏联民族学研究所报告集(第33卷)，1956(俄文).

7. T.A.特诺维莫娃.咸海沿岸塞克(颅骨学概论)——1958～1961年花剌子模考察队田野调查书,总报告.1963(俄文).

8. B.П.阿历克谢夫,N.N.高赫曼.苏联亚洲部分的人类学.莫斯科:科学出版社,1984(俄文).

9. A.A.伊万诺夫斯基.从伊塞克湖发现的头骨.人类学部分遗存,1890(5)(俄文).

10. T.A.特罗维莫娃.鞑靼金帐汉国的颅骨学概论.人类学杂志,1936(2)(俄文).

11. B.B.金兹布尔格.中亚的古代和现代人类学类型.苏联民族学研究所报告集(第16卷),1951(俄文).

12. B.B.金兹布尔格.萨尔凯拉——白塔居民的人类学成分及其来源.苏联考古材料和调查,1963(109)(俄文).

13. H.H.米克拉舍夫斯卡娅.在吉尔吉斯古人类学调查成果.吉尔吉斯考古—民族学考察报告.第2卷.1959(俄文).

14. C.C.切尔尼科夫.1948年东哈萨克斯坦考察工作报告书.哈萨克苏维埃社会主义共和国人类学通报.第3卷.1951(108)(俄文).

15. B.B.金兹布尔格.东南哈萨克斯坦古代居民人类学材料.哈萨克苏维埃社会主义共和国科学院考古、民族历史研究所报告集.第 7卷.1959(俄文).

16. O.伊斯马戈洛夫.七河乌孙的人类学特征.哈萨克斯坦民族学和人类学问题,1962.阿拉木图(俄文).

17. B.П.阿历克谢夫.中亚原始欧洲人种居民及其后裔.民族人类学和人类形态学问题,1974.列宁格勒(俄文).

18. 张光直.考古学上所见汉代以前西北.中央研究院历史语言研究所集刊(第42

本),1970.

19. 潘策. 秦汉时期的月氏、乌孙和匈奴及河西四郡的设置. 甘肃师大学报,1981(3).

20. 韩康信,潘共风.关于乌孙、月氏的种属.西域史论丛(第三辑),1990.

21. 王明哲,王炳华.乌孙研究.乌鲁木齐:新疆人民出版社,1983.

22. 韩康信.新疆哈密焉布拉克古墓人骨种系成分研究.考古学报,1990(3).

23. B.B.金兹布尔格,E.B.日罗夫.吉尔吉斯苏维埃共和国拉斯河流域肯科尔卡达空拜墓葬出土人类学材料.人类学和民族学博物馆汇集.第10卷.l949(俄文).

24. H.L.夏皮罗.人工变形头骨的矫正.人类学论文集.第 30卷.美国自然历史博物馆.1928(英文).

25. Γ.Φ.捷别茨.从人类学资料看吉尔吉斯民族的起源问题.吉尔吉斯考古—民族学考察报告.第1卷.1956(俄文).

26. H.H.米克拉舍夫斯卡娅.吉尔吉斯境内蒙古人种类型分布历史.塔什干大学科学报告,1964(235)(俄文).

27. T.托思.呼吉得(蒙古诺因乌拉)流域之古人类学发现.匈牙利考古学报.第14卷.1962(英文).

28. N.N.高赫曼.依伏尔金斯克古城出土头骨的人类学特征.布略特综合科学调查研究所报告集,1960(3).乌兰乌德(俄文).

29. N.N.高赫曼.俄罗斯地理学会特洛依茨—恰克图分部外贝加尔湖人类学研究.俄罗斯民族,民俗和人类学史概论,1977(7)(俄文).

30. H.H.马莫诺娃.外贝加尔湖匈奴人类学(樱花谷墓葬材料).民族史上种族系统学过程,1974(俄文).

31. B.B.金兹布尔格.哈萨克斯坦古代居民人类学材料.人类学和民族学博物馆汇集.第21卷.1963(俄文).

32. B.B.金兹布尔克.斯大林格勒外伏尔加古代居民的民族系统学联系.苏联考古学材料和调查,1959(60)(俄文).

33. B.B.金兹布尔格.关于花剌子模卡加那特居民起源问题的人类学材料.人类学和民族学博物馆汇集.第13卷.1951(俄文).

34. B.π.阿历克谢夫.南西伯利亚古人类学.1955(俄文).

35. B.B.金兹布尔格.东哈萨克斯坦古代居民人类学材料.民族学研究所简报,1962(14)(俄文).

36. 田广金.桃红巴拉的匈奴墓.考古学报,1976(1).

37. 青海省文物管理处考古队.青海大通上孙家寨的匈奴墓.文物,1979(4).

38. 潘其风,韩康信.内蒙古桃红巴拉古墓和青海大通匈奴墓人骨的研究.考古,1984(4).

39. A.H.优素福维奇.出自罗布泊湖周围的古代头骨.人类学和民族学博物馆汇集.第10卷.1949.

40. 韩康信.新疆古代居民种族人类学的初步研究.新疆社会科学,1985(6).

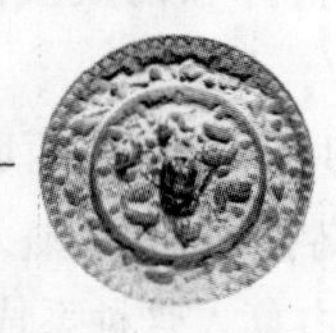

附录Ⅱ

头骨测量说明

在对头骨做人类学测量时，有许多项目特别是一些角度的测量与头骨放置的特定水平位置有关,这个水平位置叫法兰克福平面(Fran kfort plane)或眼耳平面,简称 FH 平面。这个平面是由两侧耳门上缘点(potion,缩写 po)和眼眶下缘点(orbitale,缩写 or)来决定的。但由于头骨往往不对称,这四个点一般不在同一水平面上。因此,在实际定位时,通常规定取左右耳门上缘点和左侧眶下缘点决定这个平面。有时左侧眶下缘点处破损,便取右侧眶下缘点代替。按这种平面放置的头骨位置大体上与人体直立时,两眼平视正前方的头部位置接近。其他各种测点的规定,可参考专门的测量手册,如吴汝康等编著的《人体测量方法》(科学出版社,1984 年)或邵象清编写的《人体测量手册》(上海辞书出版社,1985 年)等。在这个附录里,只对本论集中采用的测量项目的定义做简要的说明,便于读者查阅。在每项测量的中文名称之后所附阿拉伯数字是统一的马丁测量号,所附英文字母是测量项目的简略代号。分直线、角度和指数三种说明:

一、直线和弧线测量

颅长（1）（Maximun length):从眉间点(g)到枕后部最后突点(op)的最大长度。

颅宽（8）（Maximun breadth):左右顶骨间最大的水平宽(eu-eu)。

颅高（17）（Basio-bregmatic height):颅底点(ba)到前囟点(b)之高度。

耳门前囟高 （20） （Auricular bregmatic height): 从左右耳门上缘点连线(po-po)到前囟点(b)的投影高。

耳上颅高（21）（Aurlcular height):定颅器耳塞上平面以上之垂直颅盖高,

将头骨定位在法兰克福平面在定颅器上测量。

最小额宽（9）（Least frontal breadth）:左右颞线间额骨最窄的宽(ft-ft)。

最大额宽（10）（Maximun frontal breadth）:左右冠状缝上的额骨最大宽度（co-co）。

颅矢状弧（25）（Sagittal cranial arc）:中矢面上从鼻根点(n)到枕大孔后缘点(o)的颅骨弧长。

额弧（26）（Nasion-bregma arc）:鼻根点(n)到前囟点(b)的弧长。

顶弧（27）（Bregma-lambda arc）:前囟点(b)到人字点(l)的弧长。

枕弧（28）（Lambda-opisthion arc）:人字点(l)到枕大孔后缘点(o)的弧长。

额弦（29）（Nasion-bregma chord）:鼻根点(n)到前囟点的直线距离。

顶弦（30）（Bregma-lambda chord）:前囟点(b)到人字点(l)的直线距离。

枕弦（31）（lambda-opisthion chord）:人字点(l)到枕大孔后缘点(0)的直线距离。

颅周长（23）（Horizontal circumference）:同一水平上测量的最大颅水平周长,测量的前边通过眉嵴上方,后边通过枕部最后突部分。

颅横弧（24）（Transverse cranial arc）:从一侧耳门上缘点(po)经过颅顶（“apex”）到另一侧耳门上缘点的弧长。

颅基底长（5）（Basic length）:鼻根点(n)到颅底点(ba)之长。

面基底长（40）（Profile length）:颅底点(ba)到上齿槽前缘点(Pr)之长。

上面高（48）（Upper facial height）:鼻根点(n)到上齿槽点(sd)之高,后者在上齿槽突两个中门齿之间的最下之点。有的文献中,后一点定在上齿槽前缘点（pr）。两种测值之比约为 1 : 1.035。

全面高（47）（Total facial height）:下颌在正常位置(即上下齿列正常咬合)时,从鼻根点(n)到颏下点(gn)之高。

颧宽（45）（Bizygomatic breadth）:左右颧弓外侧面间的最大面部横宽(zy-zy)。

中面宽或颧颌点间宽（46）（Bimalar breadth）:左右颧颌点(zm)之间的宽度。

颧颌点间高（sss）（Bimaxillary subtense）:鼻棘下点(ss)到中面宽(zm-zm)上的垂高。

颧颌前点宽 （Bimalar anterior breadth）: 左右颧颌前点之间的宽度（zm_1-zm_1）。

颧颌前点间高 （Anterior bimaxillary subtense）:鼻棘下点(ss)到颧颌前点宽（zm_1-zm_1）上的垂高。

两眶外缘宽（OB）（Biorbital breadth）:左右眶额颧点间宽(fmo-fmo)。

眶外缘点间高（NAS）（Nasio-frontal subtense）:鼻根点(n)到两眶外缘宽(fmo-fmo)的垂高。

眶中宽（O_3）（Mid-orbital breadth）:左右颧颌缝与眶下缘交点之间的宽度。

鼻尖高（SR）（Subtense of rhmion）：鼻尖点（rhi）到眶中宽（O_3）上的垂高。

眶间宽或上颌额点间宽（50）（Interorbltal breadth）：左右上颌额点之间的宽度（mf–mf）。

眶内缘点间宽（49a）（Interdacyonal breadth）：左右眶内缘点间的宽度（d–d）。

眶内缘点鼻根突度（DN）（Dacryon–nasion salient）：鼻根点（n）到眶内缘点宽（d–d）上之高。

鼻梁眶内缘宽高（DS）（Dacryal subtense）：鼻梁到眶内缘点宽（d–d）的最短高。

颧骨高（MH）（Malar height）：颧颌点（zm）到眶额颧点（fmo）高。

颧骨宽（MB'）（Malar breadth）：颧颌点（zm）到眶下缘间之最短距离。

鼻宽（54）（Nasal breadth）：梨状孔最大宽。

鼻高（55）（Nasal height）：鼻根点（n）到鼻棘点（ns）

鼻骨最小宽（SC）（least nasalia breadth）：左右鼻颌缝间最短距离。

鼻骨最小宽高（SC）（Simotic subtense）：鼻骨最小宽（SC）到鼻梁的高度。

眶宽（51）（Orbital breadth）：上颌额点（mf）到眶外缘点（ek）之宽。

眶宽（51a）（Orbital breadth）：眶内缘点（d）到眶外缘点（ek）之宽。

眶高（52）（Orbital height）：与眶宽垂直之最大眶高。

鼻骨长（NL'）（Nasalia length）：鼻根点（n）到鼻尖点（rhi）之长。

鼻尖齿槽长（RP）（Rhinion–prosthion length）：鼻尖点（rhi）到齿槽前缘点（pr）之长。

齿槽弓长（60）（Alveolar arch length）：上齿槽前缘点（pr）到齿槽结节远中面切线上的齿弓中矢线长。

齿槽弓宽（61）（Alveolar arch breadth）：在上齿槽外侧面间的齿槽弓最大宽，此宽与矢状平面垂直。

腭长（62）（Palate length）：口点（ol）到口后点（sta）的长度。

腭宽（63）（Palate breadth）：两侧第二上臼齿齿槽内缘中点间的腭横宽。

枕大孔长（7）（Foramen magnum length）：颅底点或枕骨大孔前缘点（ba）到枕大孔后缘点（o）之长径。

枕大孔宽（16）（Foramen magnum breadth）：枕大孔最宽的横径。

颅粗壮度（CM）（Vault module index）：颅长（1）、颅宽（8）和颅高（17）之和的三分之一。

面粗状度（FM）（Facial module index）：面基底长（40）颧宽（45）和全面高（47）之和的三分之一。

二、角度测量

额角（F∠）（Frontal angle）：鼻根点与前囟点连线（n-b）与法兰克福平面（FH）相交之角。

额倾角（32）（Forehead slope angle）：鼻根点和额中点连线（n-m）与法兰克福平面（FH）相交之角。

额倾角（F″∠）（Profile angle of frontal bone）：眉间点至额中点连线（g—m）与法兰克福平面（FH）相交之角。

前囟角　（Bregmatic angie）：前囟点到眉间点连线（b-g）与法兰克福平面（FH）相交之角。

面角（72）（Facial angle）：鼻根点和上齿槽前缘点连线（n-pr）与法兰克福平面（FH）之交角。

鼻面角（73）（Nasal profile angle）：鼻根点和鼻棘点连线（n-ns）与法兰克福平面之交角。

齿槽面角（74）（Alveolar profile angle）：鼻棘点与上齿槽前缘点连线（ns—pr）同法兰克福平面之交角。

鼻颧角（77）（Naso-malar angle）：此角顶点在鼻根点（n），角之两边是鼻根点至两侧眶额颧点（fmo）之连线。

颧上颌角 I（SSA∠）（Zygomaxillary angle I）：角顶点在鼻棘下点（ss），角之两边是鼻棘下点至两侧颧颌点（zm）之连线。

颧上颌角 Ⅱ　（ZygomaxillarY angle Ⅱ）：角顶点在鼻棘下点（ss），角之两边是鼻棘下点至两侧颧颌前点（zm1）之连线。

鼻尖角（75）（Nasalia roof angle）：鼻根点和鼻尖点连线（n-rhi）与法兰克福平面之交角。

鼻骨角［75（1）］（Nasal salient angle）：此角顶点在鼻根点（n），角之两边是从鼻根点分别向鼻尖点和齿槽前缘点之连线（n-rhi，n-pr）。

鼻根角（N∠）（Nasal angle）：颅基底长（ba-n）和上面高（n-pr）两条线之间的夹角。

上齿槽角（A∠）（AlveoIar angle）：上面高（n-pr）与面基底长（pr-ba）两线之间的夹角。

颅底角（B∠）（Basilar angle）：颅基底长（ba-n）与面基底长（ba-pr）之间的夹角。

三、指 数

颅指数（8：1）（Cranial index）。

颅长高指数（17：1）（Cranial length-height index）。

颅长耳高指数（21：1）（Cranial length-auricular beight index）。

颅宽高指数（17：8）（Cranial breadth-height index）。

颅面指数（FM：CM）（Cranial facial index）。

鼻指数（54：55）（Nasal index）。

鼻根指数（SS：SC）（Simotic index）。

眶指数Ⅰ（52：51）（Orbital index Ⅰ）。

眶指数Ⅱ（52：51a）（Orbital index Ⅱ）。

垂直颅面指数（48：17）（Vertical cranio-facial index）。

上面指数（48：45）（Upper facial index）。

全面指数（47：45）（Total facial index）。

中面指数（48：46）（Jugomalar facial index）。

额宽指数（9：8）（Frcnto-parietal index）。

面突度指数（40：5）（Gnathic index）。

颧额宽指数（43①：46）（Eimalar frontal index）。

颅面宽指数（45：8）（Cranial facial index）。

眶间宽高指数（DS：DC）（Dacryon index）。

鼻面扁平度指数（SR：O_3）（Rhinial index of facial flatness）。

额面扁平度指数（SN：OB）（Frontal index of facial flatness）。

腭指数（63：62）（Palatal index）。

齿槽弓指数（61：60）（index of dental arch）。

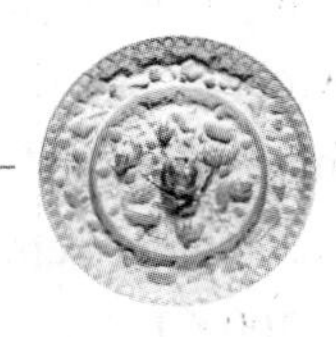

附　录Ⅲ

英文摘要
(Summary)

3.The Racial Anthropoeogical Study of Ancient "Sick Road" In habitants,Xingjiang.(Summary).

The Xinjiang Uyghur Autonomous Region is one of the main areas of contact and movement between the Eastern and Western races of the Eurasian continent. It is also one of the most important segments of the ancient "Silk Road"as it transits Central Asia. Therefore,the physical anthropological study of the racial characteristics of the ancient populations in this region is an important aspect of tracing the racial origins of the modern people of Xinjiang and, indeed, of the whole of Central Asia.

Between 1920 and 1940, only four foreign scholars published the results of their physical anthropological research in this region. These four scholars were Arthur Keith of England (1929), Carl-Herman Hjortsjö and Ander Walander of Germany(1942), and A. N. Iuzefovich of the USSR (1949). All together, they described a total of twenty skulls. Five of the skulls came from the northern part of the Tfiklimakan Desert and Keith thought they characterized the "Loulan racial type." Eleven skulls were collected by Sven Hedin from near Lopnur in 1928 and 1934; they have been subdivided into three groups (Nordic, Chinese, and Alpine) by Hjortsjö and Walander. The remaining skulls also came from the Lopnur area and exhibit Mongoloid characteristics. Iuzefovich considered these to be of Tujue origin (Keith, A.,1929; Hjortsjö, C.H. and A. Walander, 1942; Iusefovich, A.N., 1949).

It should be pointed out that all the materials mentioned above were recovered by Western explorers who did not make systematic archeological excavations. The twenty skulls came from nine different localities which are all poorly dated, so it is very difficult to discuss the racial composition of the ancient population of Xinjiang according to these materials alone. Chinese scientists have conducted systematic excavations in this region since 1940. Han Kangxin have studied all the skeletal material housed at the Institute of Archeology of Xinjiang and analyzed the physical and racial characteristics of these human bones. The materials included about 300 skulls which were collected from nine ancient cemeteries in Xinjiang. The cemeteries range in age from about 1800 BCE to 300 CE.

The distribution of these cemeteries (Fig. 1), their precise age, and the racial morphological characteristics of the skeletal material will be described as follows:

(1) The Qäwrighul (Gumugou)Cemetery of the Lower Reaches of the Könchi(Kongque)River

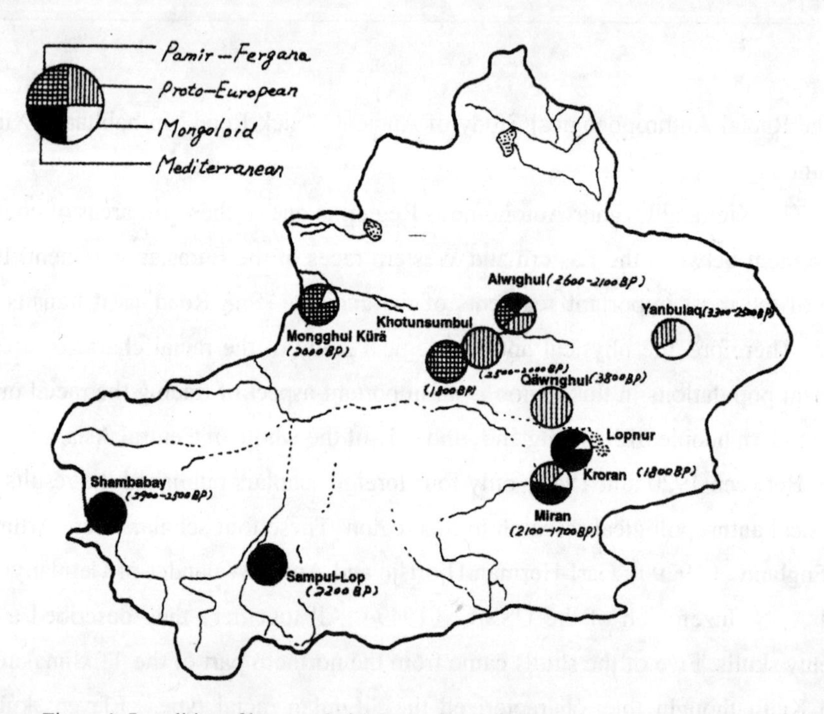

Figure 1: Localities of human skeletal remains and proportion of racial elements.

The cemetery is situated on the dunes of the second terrace of the northern shore of the lower reaches of the Könchi River, about 70 km. east of the dried-up Lopnur Lake. Chincse scholars have different opinions concerning the date of the cemetery, but most of the C14 dates hover around 3800 years BP (Wang Binghua, 1983). If we accept the validity of this dating, then it is possible that the cemetery was in use during the Bronze Age. A field team from the Institute of Archeology of Xinjiang has excavated 42 graves at the Qäwrighul cemetery and recovered 18 skulls (11 male and 7 female). The average morphological characteristics of these skulls are as follows: elongated, narrow, and high cranial vault, with relatively low and wide facial dimensions and strongly projecting nasal bones. The superciliary arc and glabella projection of the males are quite prominent, with rectangular orbits and broad nasal aperture. The facial projection is clear in transverse plane and weak in sagittal plane. The occipital region is circular when viewed from behind and the obelion-lambda region is flattened (Hah Kangxin, 1986b).

To sum up, these skulls have definite Western racial characteristics. The homogeneity between individuals is also clear. In consideration of the synthetic character mentioned above, they seem to show some primitive features which have collectively been called "Proto-European type" by certain anthropologists of the former USSR in the past. Racially, they are close to the populations of the Bronze Age of southern Siberia, Kazakhstan, Central Asia, and even of the grassland areas of the lower reaches of the Volga River (Han Kangxin, 1986b).

(2)The Alwighul (Alagou) Cemetery, Tängri Tagh (Tian Shan)

This cemetery is located in the Alwighul area of the southern margin of the Turpan Depression. There are three different patterns of graves in this cemetery. The human bones were collected from a group grave dug out of large gravel. Their age is about 2600-2100 BP. Among 58 skulls, 33 belong to males and 25 to females. Most of the skulls are possessed of Western racial characteristics but reveal a certain amount of variation. For example, one subset resembles the Eastern Mediterranean type with long and high cranial vaults (Indo Afghan), while other crania are somewhat broader or round-headed and similar to that of the Pamir-Ferghana type and the remainder of the crania combine features of both of these groups. Nasal apertures are typically high and narrow as are the orbits, but facial projection in the transverse plane is identical with that of the Pamir-Ferghana group. This may indicate that there was some mixture between the two different European races (Han Kangxin, 1993).

In addition, a few of the skeletons in the group graves of Alwighul are of mixed Mongoloid and European ancestry (Han Kangxin, 1990).

(3) The Yanbulaq (Yanbulake) Cemetery, Willow Springs (Liushuquan), Qumul(Hami)

This cemetery is situated on an earthen hill called Yanbulaq near Willow Springs in the Qumul region. The rectangular graves were lined with adobe bricks made of sand and earth from the Gobi; their age is about 3300-2500 years BP. Most of the graves have been disturbed and bone preservation is poor. About 76 graves have been excavated but only 29 complete skulls were obtained. Twenty-one of them are of clear Eastern Mongoloid character, while eight can be classified as belonging to the Western race. The general morphological character of the skulls classified as Mongoloid is elongated with fairly wide orbits and is close to that of Eastern Tibetan populations. The skulls with Western racial characteristics are close to that of the Qäwrighul cemetery of the lower reaches of the Könchi River in their morphology (Han Kangxin, 1990).

In a word, elements of Eastern and Western races co-existed in the ancient populations of the Qumul region, but the former are dominant. According to the unearthed painted pottery, the ancient culture of the area bears a close relationship with that of the Bronze Age of areas just to the east such as Gansu and Qinghai (Kokonor) (Han Kangxin, 1990).

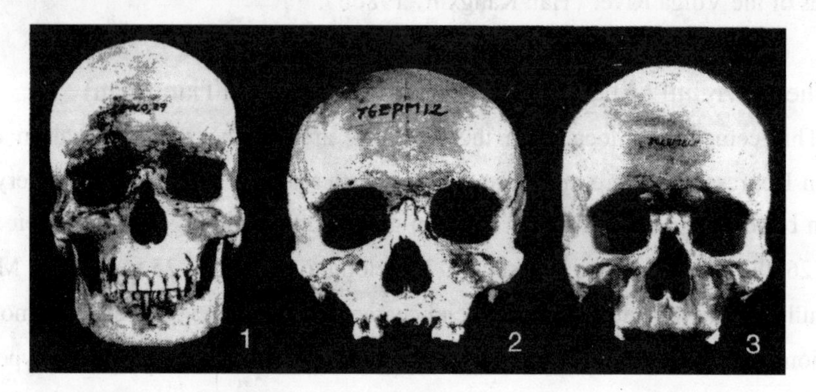

Photo 1: The Qäwrighul (Gumugou) Cemetery.

Photo 2: The Mound (Tudunmu) Cemetery.

Photo 3: The Kroran (Loulan) Cemetery.

(4)The Eastern Suburbs Cemetery of Kroran (Loulan)

The cemetery is situated on the two high terraces of the eastern suburbs of Kroran. Among the funerary objects recovered from the graves here were many artifacts typical of the Han Dynasty culture of the middle-lower reaches of the Yellow River such as brocades, rough silk, silk floss, bronze mirrors, lacquerware, wuzhu coins, etc. The date of this cemetery is rather late, about 1800 years BP (corresponding to the Eastern Han Dynasty). Among six skulls from the cemetery, five belong to males and one is that of a female. Only one skull shows Mongoloid characteristics and the rest possess clear European characteristics: elongated and high cranial vaults, narrow nasal aperture, high arched nasal bones, and high orbits. These characteristics are similar to that of the Saka population of the south Pamir within the former USSR about the sixth century BCE. In other words, they are close to that of the Eastern Mediterranean type in morphological character. One female skull with Mongoloid characteristics (Such flat facial features, high and wide face and low nasal projection, broad cranial vault, and so) differs from the other five male skulls in morphology(Han Kangxin, 1986a).

(5)The Sampul Cemetery, Lop County

This cemetery is situated just east of Khotan at the southwest margin of the Täaklimakan Desert. The shapes of the graves in the cemetery vary widely. These include: log coffin burials, boat-shaped wooden coffin burials, combined coffin burials, and large group graves holding more than 100 persons. The human bones studied including 56 individual skeletons came from the latter type of graves. According to the associated archeological artifacts from these graves, the culture of the population occupying this area has a close relationship with that of the middle-lower reaches of the Yellow River. The age of the large group graves is about 2200 years BP (C_{14}). Shao Xingzhou (1988) thought that the human bones from Sampul exhibited primarily Mongoloid characteristics while displaying certain European features as well. But Han Kangxin believe that they are mainly of European character (elongated and high vault with narrow nasal aperture) and actually are close to that of the Eastern Mediterranean type and also similar to that of the ancient Saka of the south Pamir within the former USSR (Han Kangxin, et al., 1987a; Han Kangxin, 1988).

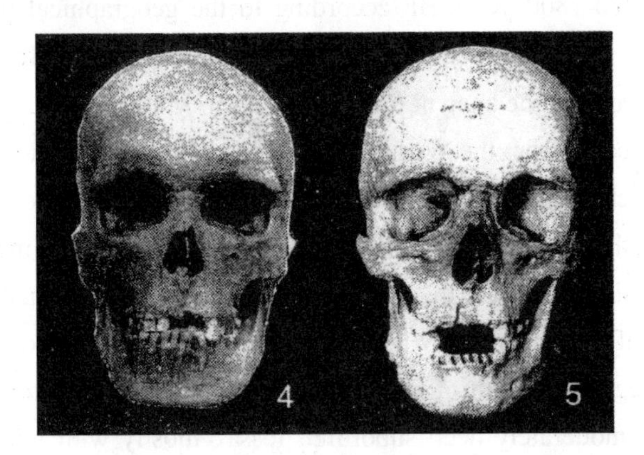

Photo 4: The Sampul (Shanpula) Cemetery. Photo

Photo 5: The Chawrighul (Chawuhugou) No. 4 Cemetery.

(6)The Shambabay (Xiangbaobao) Cemetery, Tajik County

The cemetery is located in the Tajik Autonomous County, Tashqurghan (Tashikulahan), Pamir plateau. There are two kinds of burials: cremation and underground burial. The age of this cemetery is about 2900-2500 BP (C_{14} dating of coffin wood). Only one skull was collected and this has strong Western characteristics, for instance, small frontal slope, unpronounced superciliary arc and glabella projection, marked nasal projection, narrow nasal aperture, strong facial projection, and narrow facial dimensions. These characteristics are close to that of both the modern Eastern Mediterranean type and the ancient Saka of the south Pamir within the former USSR (Han Kangxin, 1987c).

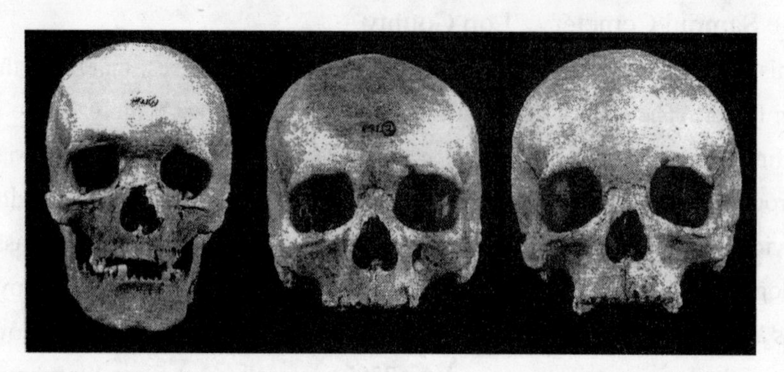

Photo 6: The Alwighul (Alagou) Cemetery.

(7)The Mound (Tudunmu) Cemetery, Mongghul Kürä (Zhaosu), on the Upper Reaches of the yili River

This cemetery receives its name from a kind of tomb having the shape of an earthen mound (kurgan). These tombs are distributed in Shota, Boma, etc. of Mongghul Kürä County, near the boundary between China and Kazakhstan. The age of this cemetery is about 2400-1800 years BP according to the geographical position, unearthed artifacts, and C_{14} dating. Some archeologists consider that the human remains from the cemetery belong to the ancient Saka and Wusun. Most of the 13 skulls (seven male and six female)come from the Wusun graves and only two from the Saka, but all their morphological characteristics are similar. These skulls have shortened cranial vaults and 11 among them can be classified as Western Caucasoid. The male skulls are more robust, possessing a middle degree of profile angle of the frontal bone, pronounced projection of the superciliary and glabella region, deep nasion depression, higher and middle degree of width of facial bones, middle degree of facial projection of transverse plane, moderately deep suborbital fossa, mostly with wide orbits and strongly projecting nasal bones. The nasal spine has a moderate level of projection, the lower margin of the piriform aperture is anthropine in form and of average breadth. There exist clear variations between individuals, but in general they bear a resemblance to that of the Pamir-Ferghana type, the latter having broad cranial vaults without strong Western racial characteristics. Two female skulls show obvious Mongoloid characteristics, perhaps constituting a mixed type of the two races. Most of the skulls from the cemetery, as far as their morphological type is concerned, are analogous to those of the Saka and Wusun populations in Central Asia, but differ from those of the

Ancient Saka of the Mediterranean type located in the south Pamir within the former USSR who are characterized by elongated and high cranial vaults (Han Kangxin, et al., 1987b).

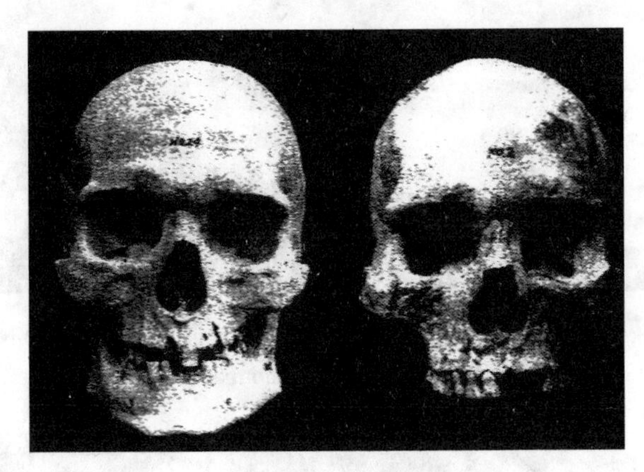

Photo 7: The Yanbulaq (Yanbulake) Cemetery.

(8)No. IV Cemetery, Charwighul (Chawuhugou), Khotunsumbul (Hejing)County

The cemetery is located on the terrace of the southwest slope of the Tängri Tagh. 77 skulls were collected from the cemetery dating to about 2500-2000 years BP. Among them, 50 are male and 27 are female. These skulls are distinguished from the "Proto-European" type in having more "modern" morphological characteristics such as high face and orbit, straight frontal slope, and narrow nasal breadth. They are smaller in size yet generally still bear many resemblances to the "Proto-European" type. These are important clues for tracing the relationship between them and the "Proto-European type". There exist many round and square holes 1-2 cm. diameter in some of the skulls. Since the bone had "healed" around the edges, the holes must have been drilled while the individuals so treated were still alive. It is said that the custom of chiseling holes (trepanation)was also found in the ancient human skulls of prehistoric Europe and Mongolia(Han Kangxin, et al., 1999).

(9)No. III Cemetery, Charwighul(Chawuhugou), Khotunsumbul County

The cemetery is situated in the Gobi to the southwest of the cemetery mentioned above and includes two kinds (round and rectangular)of stones. It is dated to around 1800 BP. The wares unearthed here are different from those of No. IV cemetery. Some scholars believe that they are the remains of Xiongnu(Huns). 11 skulls were collected from the cemetery, 9 being male and 2 female. The main morphological characteristics are shorter cranial length, higher vault and orbital height, narrow face, and nasal pro-

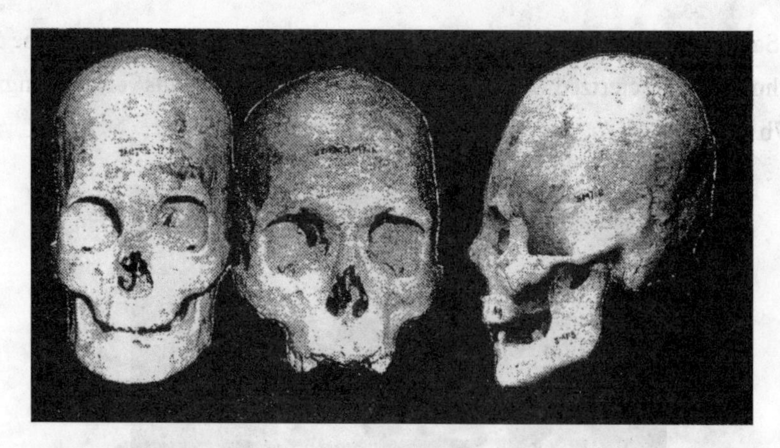

Photo 8: "Annular" deformity from the Charwighul (Chawuhugou) No. 3 cemetery. Photograph on left contrasts deformed and normal skulls.

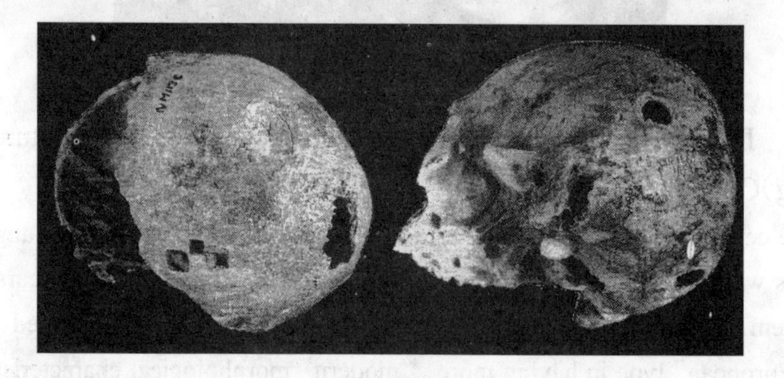

Photo 9: Round and square holes drilled in skulls from the Charwighul No. 4 cemetery.

jection of middle degree. While they still belong to the Caucasoid race, they show some non-Caucasoid characteristics. It is interesting to observe that three artificially deformed skulls, having a so-called "annular" deformity, were found at this site (Han Kangxin, et al., 1999).

The racial characteristics and the "annular" deformity mentioned above were also found in human skulls the Central Asian portions of the former Soviet Union. Therefore, this indicates that racial and cultural exchange were carried out between Eastern and Western Central Asia.

* * *

Up to now, no conclusive evidence for paleoanthropological materials of lithic age have been discovered in the Xinjiang region. Various cultural remains referred to by certain scholars as being of lithic age are subject to question. So far as dating is concerned, many of these cultural remains are much younger than previously thought. Thus, before reliable materials of lithic age are found, we may for the moment consider that this region was not within the scope of origin of Homo sapiens. Based on the analysis of the materials of the nine cemeteries discussed above, it can be determined that the source of racial morphological characteristics of the ancient population in Xinjiang was not unitary (Fig. 2). For example, there are a minimum of three branches of the Caucasoid race and not merely a single type from the Mongoloid race. Consequently, their emergence and distribution in Xinjiang as well as the origin of their typology cannot be completely the same. The racial composition of the modern population of Xinjiang is closely related to this biological background of complex racial origins (Han Kangxin, 1985, 1991).

The following inferences can be made according to the recently available data:

At least by the early Bronze Age of this area, Western racial elements with primitive morphological characteristics had entered into the Lopnur area. Their physical character is close to that of the ancient populations of Central Asia (including Kaza-

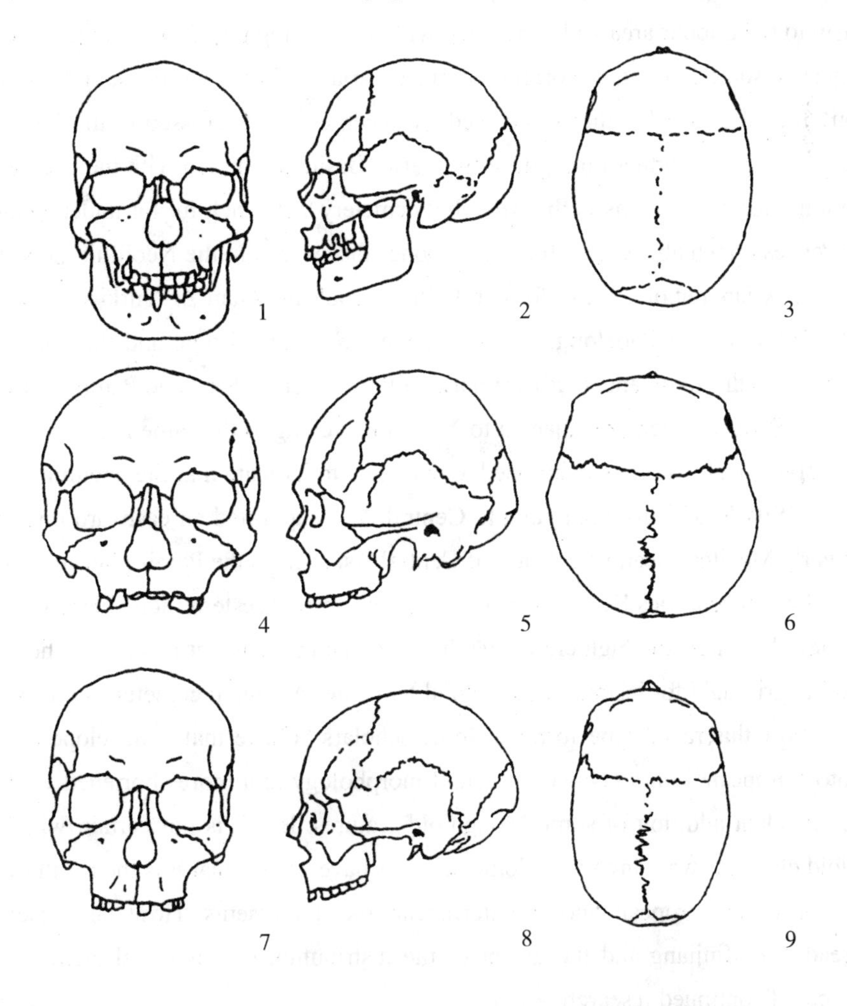

Figure 2: Different types of Europoid skulls from Xinjiang: 1-3 Proto- European type (Qäwrighul), 4-6 Pamir-Ferghana type (Mongghul Kürä), 7-9 Indo-Afghan type(Kroran).

khstan), southern Siberia, and the Volga River drainage basin within the boundaries of the former USSR. So far as their racial origins are concerned, they have a direct relationship with the ancestors of the analogous Cro Magnon(Homo sapiens)type of late Paleolithic Eastern Europe. This type of late Homo sapiens was also found in the Voronezh region of the Don River drainage basin. The morphological character of these skulls is apparently similar to that of the skulls from the Qäwrighul cemetery of the Könchi River, but more primitive than the latter.

Several centuries BCE or a little earlier, other racial elements close to that of the Eastern Mediterranean type in physical character entered into the western part of Xinjiang from the Central Asian region of the former USSR. Their movement was from west to east(Shambabay, Tashqurghan, Sampul-Lop, and Kroran cemeteries). In other words, some of them gradually moved along the southern margin of the Tarim Basin to the Lopnur area and converged with the existing population in the region. This may shed some light on the origins of racial variation in the Kroran kingdom. In addition, it is also possible that some Mediterranean elements crossed to the Tängri Tagh region along the northern margin of the Tarim Basin and mixed with the previous population (for instance, as in the Alwighul cemetery). It is helpful for understanding the inferences drawn above that the human bones discovered in the Neolithic graves of the Central Asian region of the former USSR (such as Anau of Turkmenistan about 6000-5000 years BP)belong to the Mediterranean racial type and the ancient Saka bones from the south and southeast parts of the former USSR (the Pamirs, circa sixth century BCE), which are adjacent to Xinjiang, belong to the same racial type. All the anthropological materials mentioned above seem to indicate that the opening of the ancient "Silk Road" from Xinjiang to Central Asia supported an eastward migration of the early Mediterranean population of Central Asia across the Pamir plateau (Fig. 3).

Several centuries BCE, or perhaps earlier, some Western racial elements(for example, shortened and high cranial vaults)emerged in the upper reaches of the Ili River and Tängri Tagh(for instance, Mongghul Kürä and Alwighul cemeteries). It is not obvious how this racial type formed. Some scholars believe that it developed from the Proto-European with a change in cranial morphology to a more shortened vault, with the attendant addition of some Mongoloid features. But it is not certain which Mongoloid elements were involved. Some scholars have argued that it is the result of a mixture of Proto-European and Mediterranean racial elements. How far these people spread into Xinjiang and the extent of the distribution of this racial element are the subject of continued research.

The earliest time of emergence of the Eastern Mongoloid population in Xinjiang

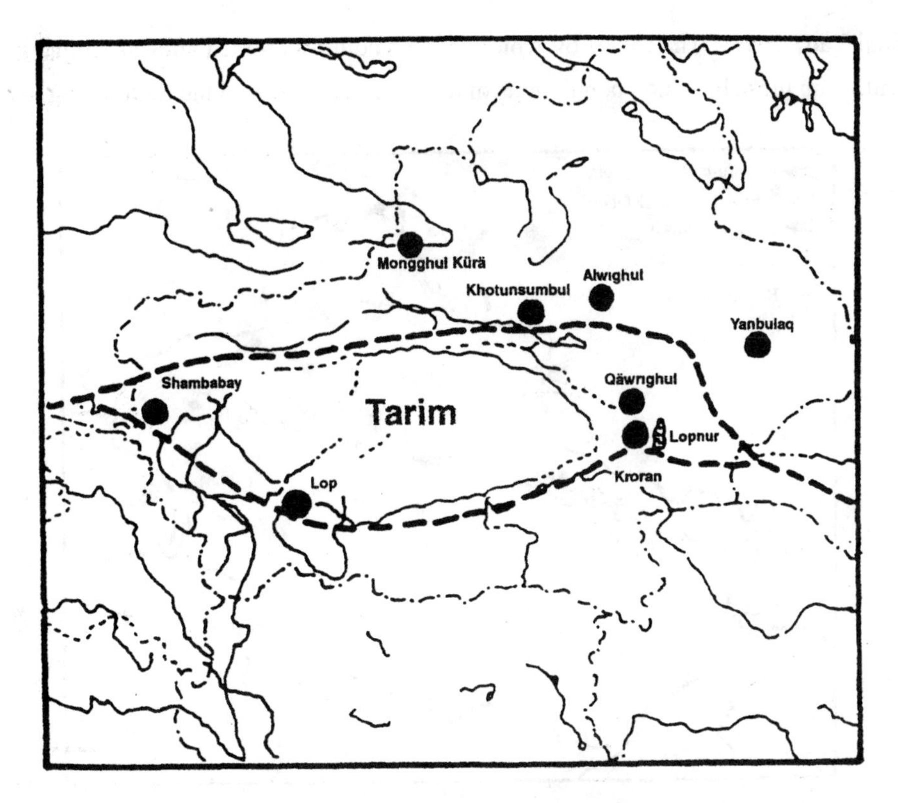

Figure 3: Sites of Bronze Age and Iron Age skeletal remains in relation to the "Silk Road."

is still not clear. They appeared in this area in groups about 3300 years BP or a bit earlier (mainly in the eastern [N.B.] part of Xinjiang, for example, the Yanbulaq cemetery, Qumul). They were also found in cemeteries farther west but highly scattered and in small numbers. Only about 11 percent among the 302 crania described in this report are Mongoloid in morphology. Most of them have elongated and high cranial vaults with a narrow face and are not representative of the typical continental Mongoloid skull with a broad cranial vault and facial dimensions. It can be inferred according to these phenomena that until at least several centuries BCE the eastward movement of the Western race to Xinjiang was more active than the western movement of Mongoloid people. Both the scale and rate of the former were greater. A branch among them had already appeared in the Qumul area of eastern Xinjiang in about the tenth century BCE; the time of large scale westward movement of Mongoloid peoples may not have begun until the Qin~Han period. This is in accord with written records about the tide of westward movement of Xiongnu(Huns)and Tujue(Turks).

According to studies of Chinese archeologists, the ancient culture of Xinjiang was deeply affected by developments in neighboring regions, such as Central Asia, Kazakhstan, Southern Siberia, and the Altai as well as Gansu and Qinghai of China

(Shui Tao, 1993). The routes by which various cultures crossed ancient Xinjiang coincide with those by which populations of different races entered the region (Fig. 4).

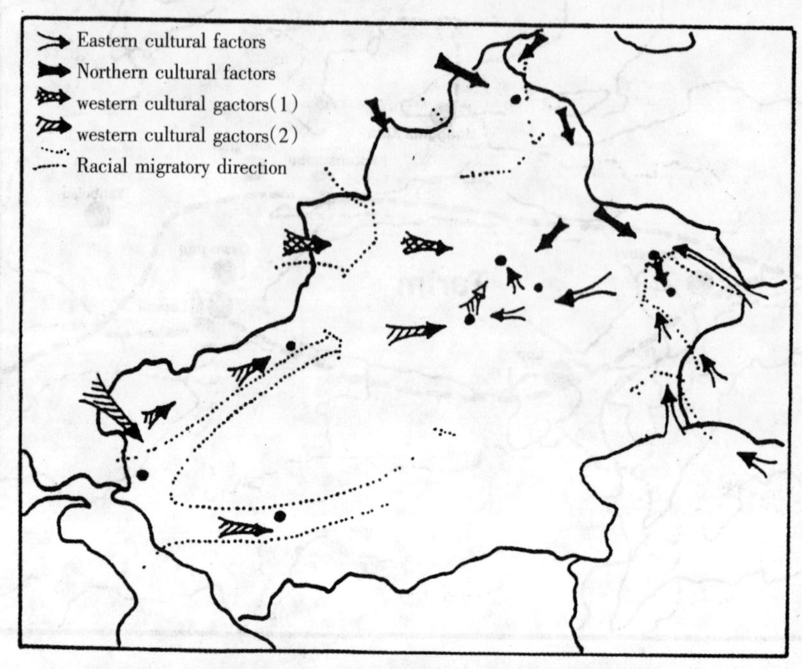

Figure 4: Neighboring ancient cultural and racial influences in Xinjiang.

References

(All are in Chinese except Han, 1994a and those by Hjortsjö and Walander, Iuzefovich, and Keith.)

Han Kangxin

1985 "A Preliminary Study of the Racial Problem of the Ancient Population of Xinjiang." Social Sciences of Xinjiang, No. 6, pp. 61-71.

1986a "Anthropological Characteristics of the Human Crania from Kroran(Loulan)Site, Xinjiang." Acta Anthropologica Sinica, Vol. 5, pp. 227-242.

1986b "Anthropological Characteristics of the Human Skulls from the Ancient Cemetery at Qäwrighul (Gumugou), Xinjiang." Acta Archaeologica Sinica, No. 3, pp. 361-384.

1987c "The Crania from the Shambabay Cemetery, Tajik County, Xinjiang." Cultural Relics of Xinjiang, No.1, pp. 32-35.

1989 "The Racial Characteristics of the Human Skulls from Sampul Cemetery, Lop County, Xinjiang." Acta Anthropologica

Sinica, Vol. 7, pp. 239-248.

1990 "The Study of Racial Elements of Bones from the Yanbulaq Site of Qumul, Xinjiang." Acta Archaeologica Sinica, No. 3, pp. 371-390.

1991 "The Racial Anthropological Study of the Ancient Inhabitants of Xinjiang and the Physical Character of the Uyghur People." Western Regions Studies, No. 2, pp. 1-13.

1994a "The Study of Ancient Human Skeletons from Xinjiang, China."Sino-Platonic Papers, 51.9 pages plus 4 figures.

1994b "The Study of the Human Crania from Alwighul (Alagou) Cemetery, Xinjiang.' In Han Kangxin, 1994c.

1994c The Racial Anthropological Study of the Ancient Inhabitants of Xinjiang. Ürümchi: The People's Press of Xinjiang.

Han Kangxin, et al.

1987a "The Study and Reconstruction of the Skulls from the Ancient Group Tombs, Lop-Sampul, Xinjiang." Archeology and Cultural Relics, No. 5, pp. 91-99.

1987b "Anthropological Materials from Wusun Tombs, Mongghul Kürä(Zhaosu), Xinjiang." Acta Archaeologica Sinica, No. 4, pp. 503-523.

1999 The Study of the Human Skeletons from Charwighul Ⅲ, Ⅳ Cemeteries, Xinjiang chawuhu—A large scale clan cemetery Excavation Report. Chapter 10, 299-337, 199, Oriental Press.

Hjortsjö, C.H. and A. Walander

1942 "Das schädel und skelettgut der archäologischen untersuchungen in Ost-Turkistan." Reports from the Scientific Expedition to the North-Western Provinces of China under the Leadership of Dr. Sven Hedin. Ⅶ. Archaeology.

Iuzefovich, A.N.

1949 "Drevnie cherepa iz okrestnostei ozera Lop-Nora." Sbornik Muzeia Antropologi i Etnografii, Vol. 10, pp. 303-311.

Keith, A.

1929 "Human Skulls from Ancient Cemeteries in the Tarim Basin." Journal of the Royal Anthropological Institute, No. 59, pp. 149-180.

Shao Xingzhou, et al.

1988 "The Preliminary Study of the Skulls from Sampul Cemetery, Lop County, Xinjiang." Acta Anthropologica Sinica, Vol. 7, pp. 26-38.

Shui Tao

1993 "A Comparative Study of Bronze Age Cultures in Xinjiang With a Discussion of the Process of Early Cultural Exchange Between the East and the West." Studies in Sinology, Vol. 1, pp. 449-490.

Wang Binghua

1983 "The Excavation and Study of Qäwrighul (Gumugou) Cemetery." Social Sciences of Xinjiang, No. 1, pp. 117-127.

图版 I

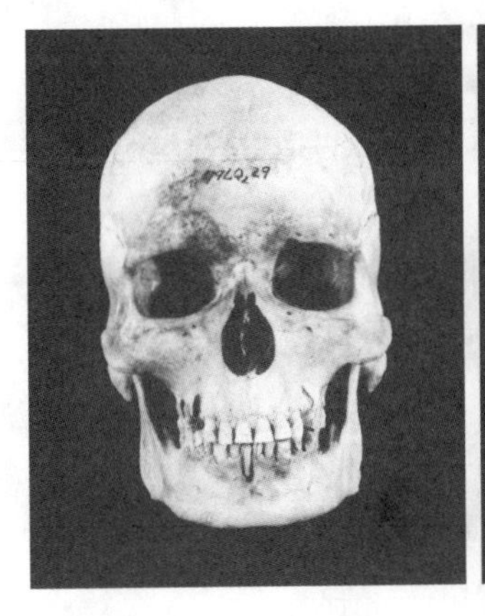

The Gumugou cemtery
1.古墓沟墓地头骨

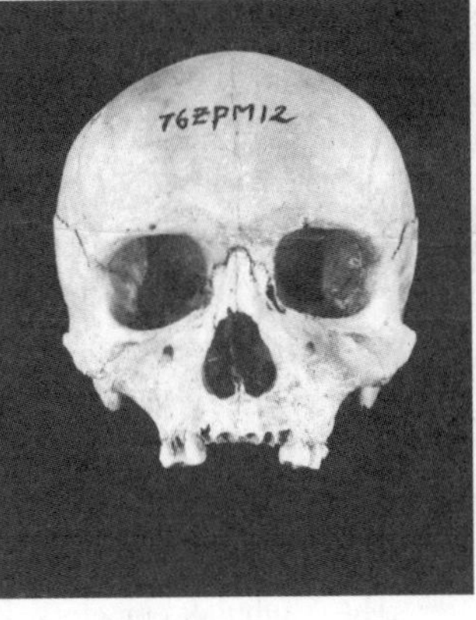

The Tudunmu cemetery
2.昭苏土墩墓头骨

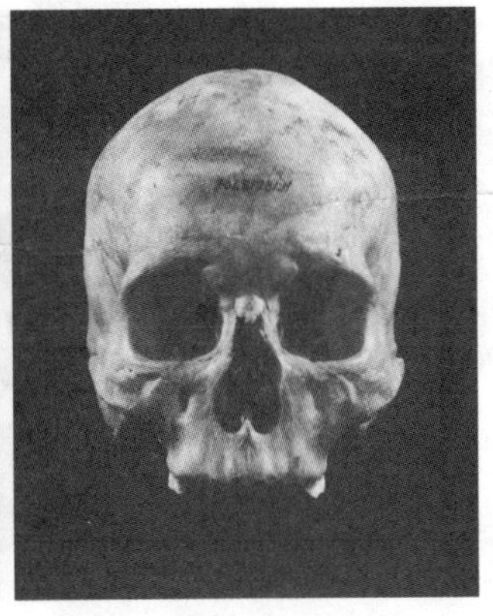

The Loulan cemetery
3.楼兰墓地头骨

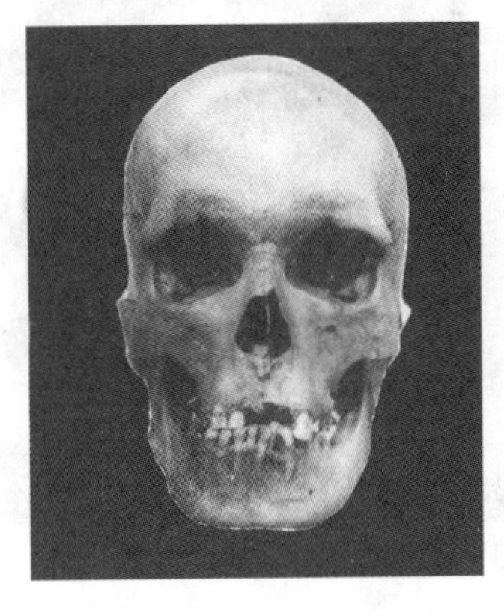

The Shanpula cemetery
4.山普拉墓地丛葬墓头骨

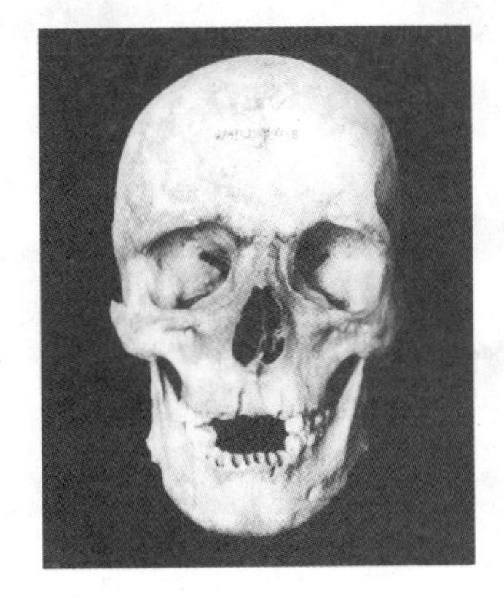

The Chawuhugou cemetery No.4 cemetery
5.察吾呼沟四号墓地头骨

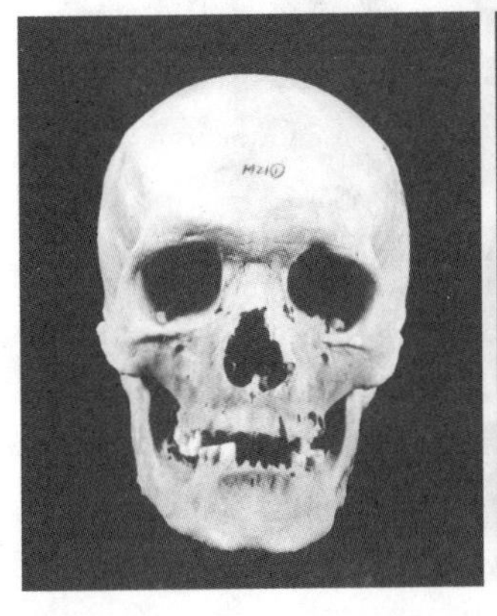

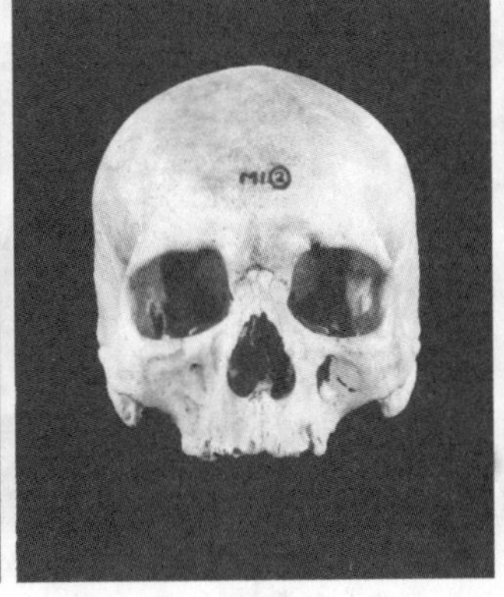

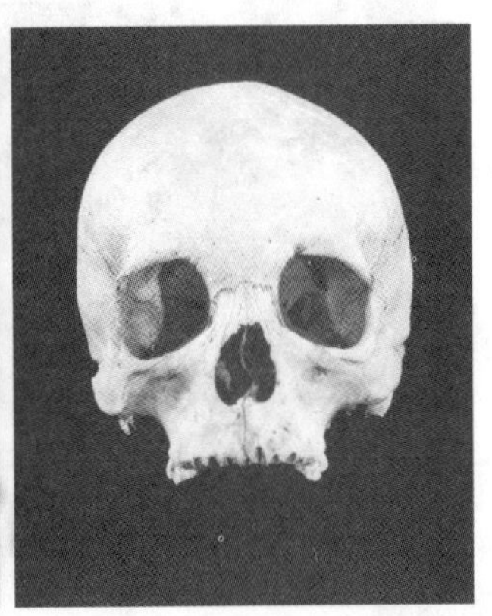

The Alagou cemetery
6.阿拉沟墓地头骨

图版Ⅱ

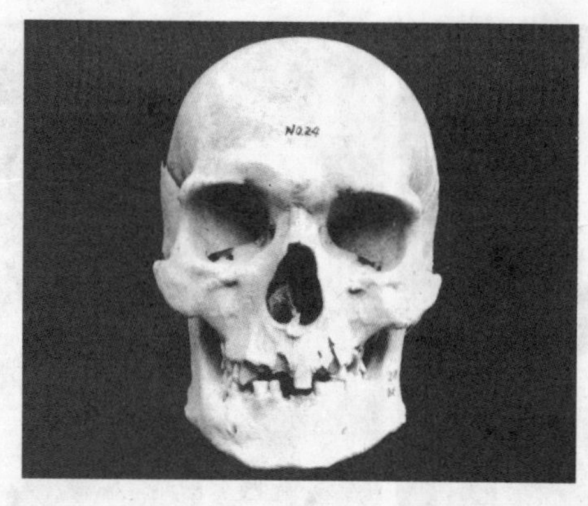

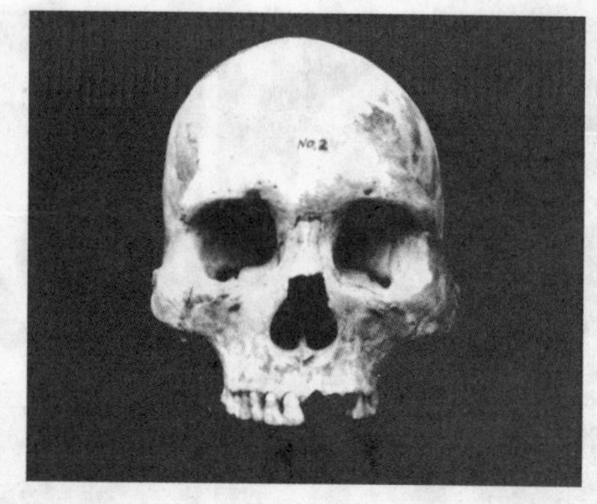

左　　The Yanbulak cemetery　　右

1.焉布拉克墓地头骨

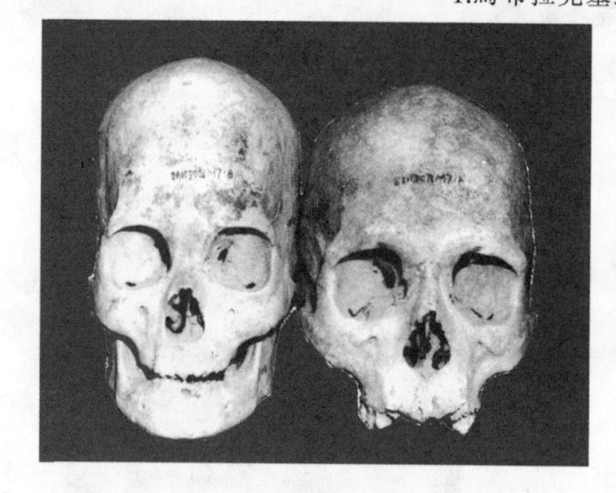

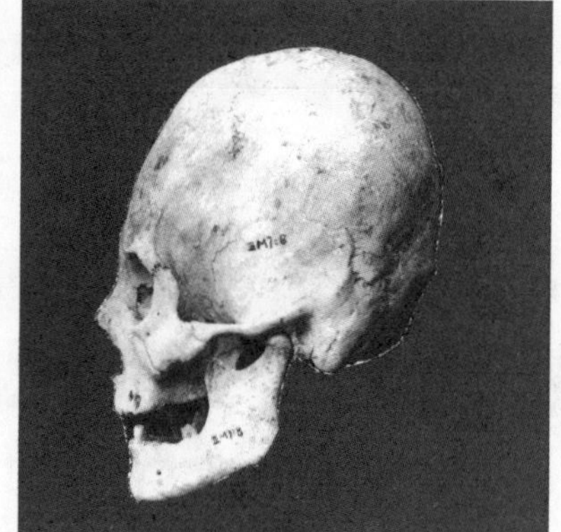

"annular" deformity

The Chawuhugou cemetery No.3 cemetery

2.察吾呼沟三号墓地头骨(环状变形颅)

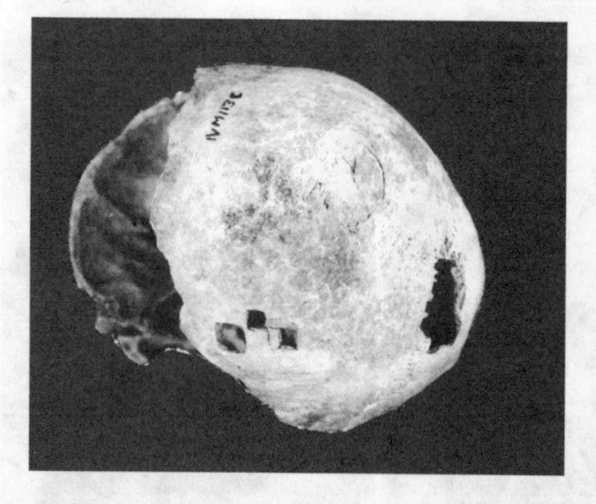

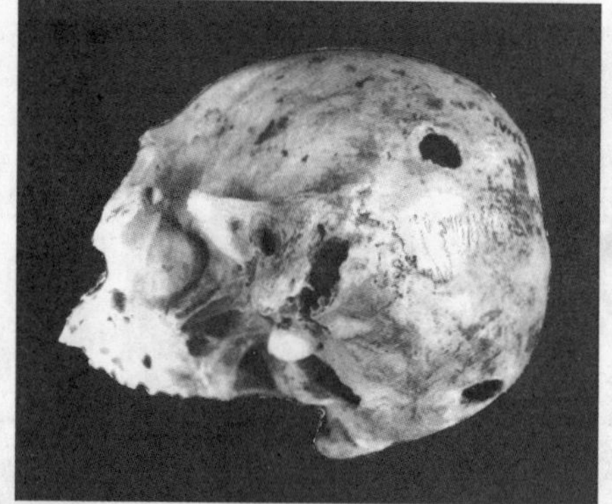

round and square holls

The Chawuhugou cemetery No.4 cemetery

3.察吾呼沟四号墓地穿孔头骨

图版Ⅲ

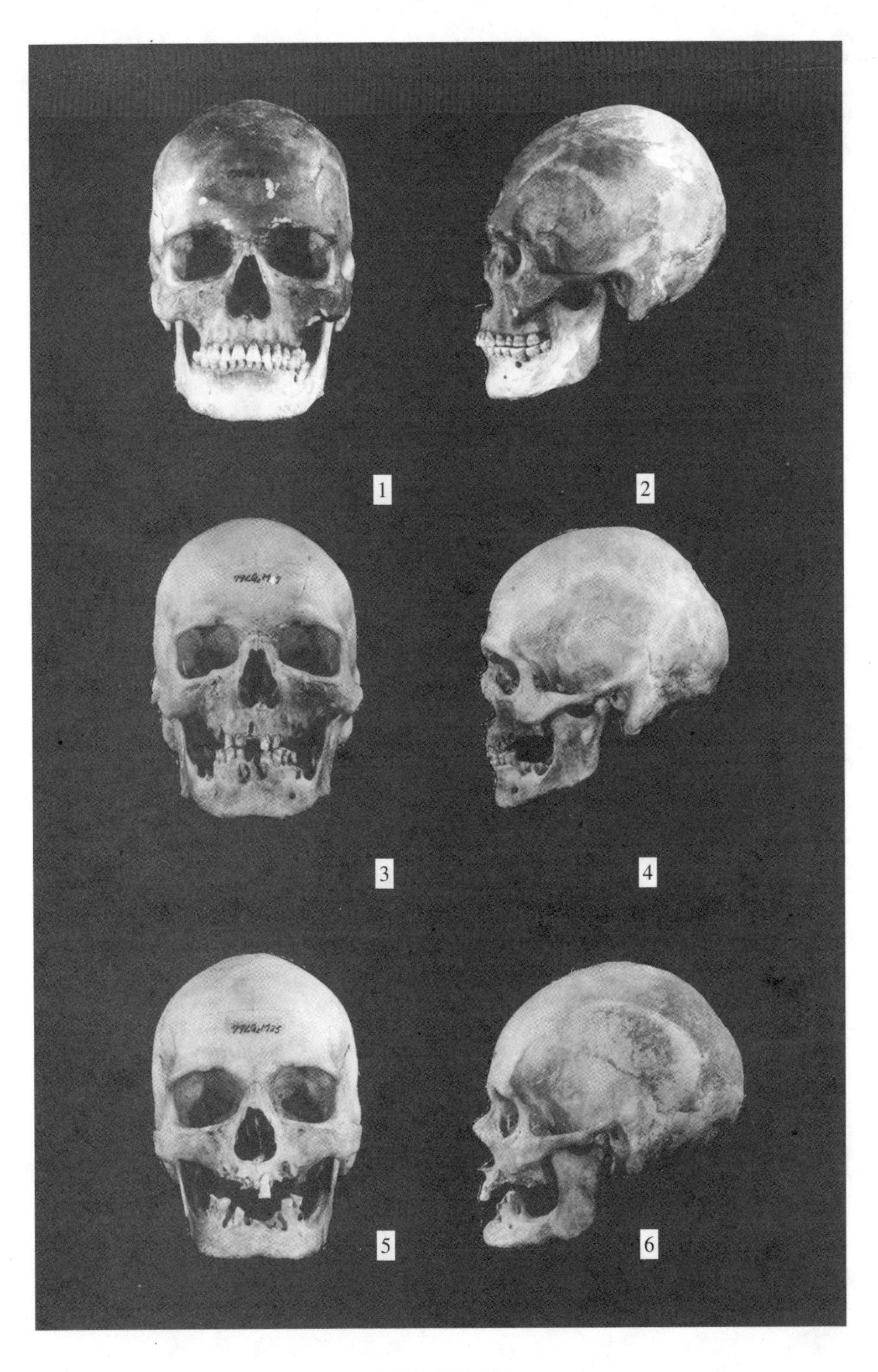

古墓沟墓地头骨

1-2 M1 男性；3-4 M7 男性；5-6 M25 男性

图版Ⅳ

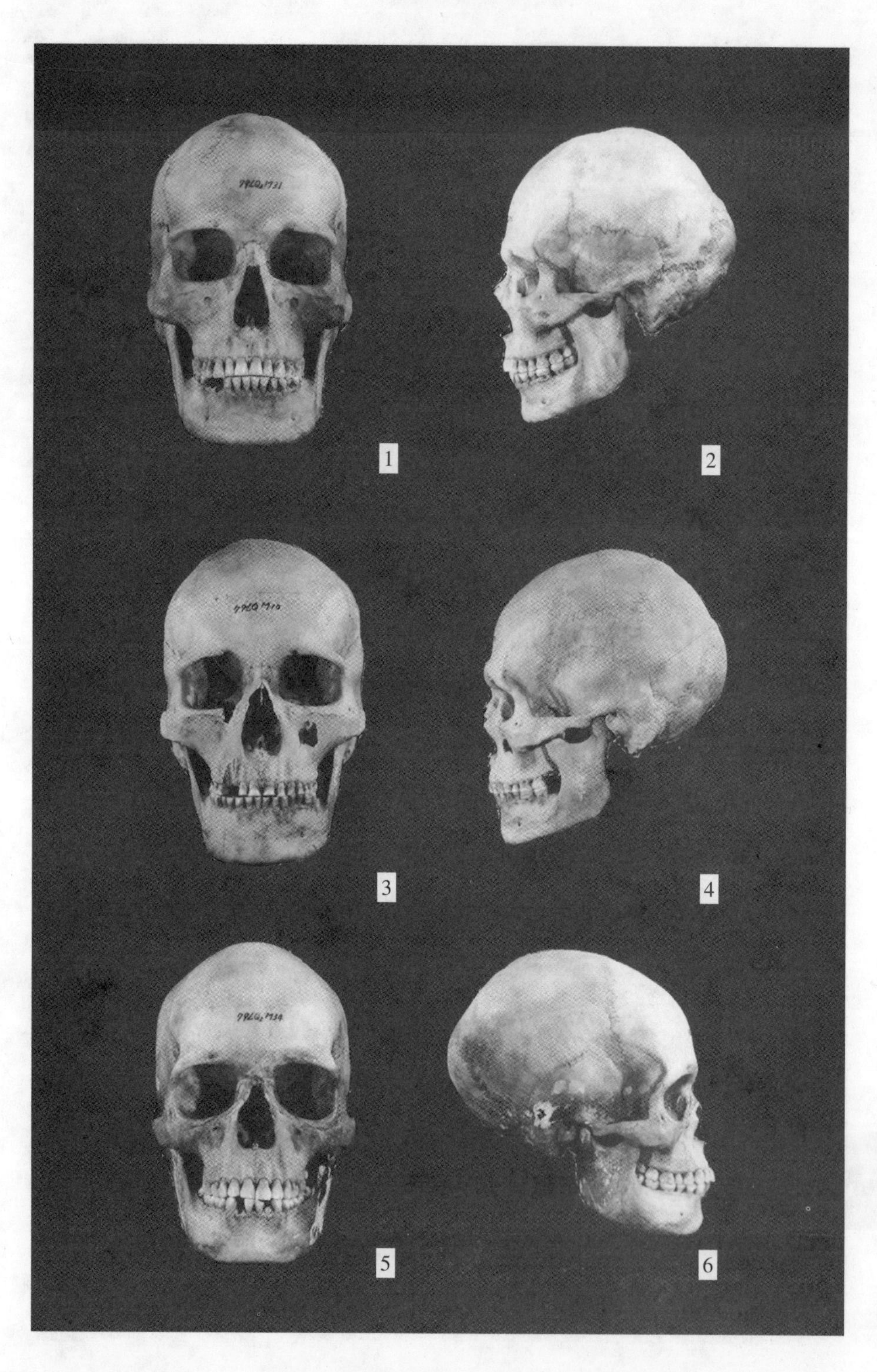

古墓沟墓地头骨
1-2 M31 男性；3-4 M10 男性；5-6 M34 女性

图版V

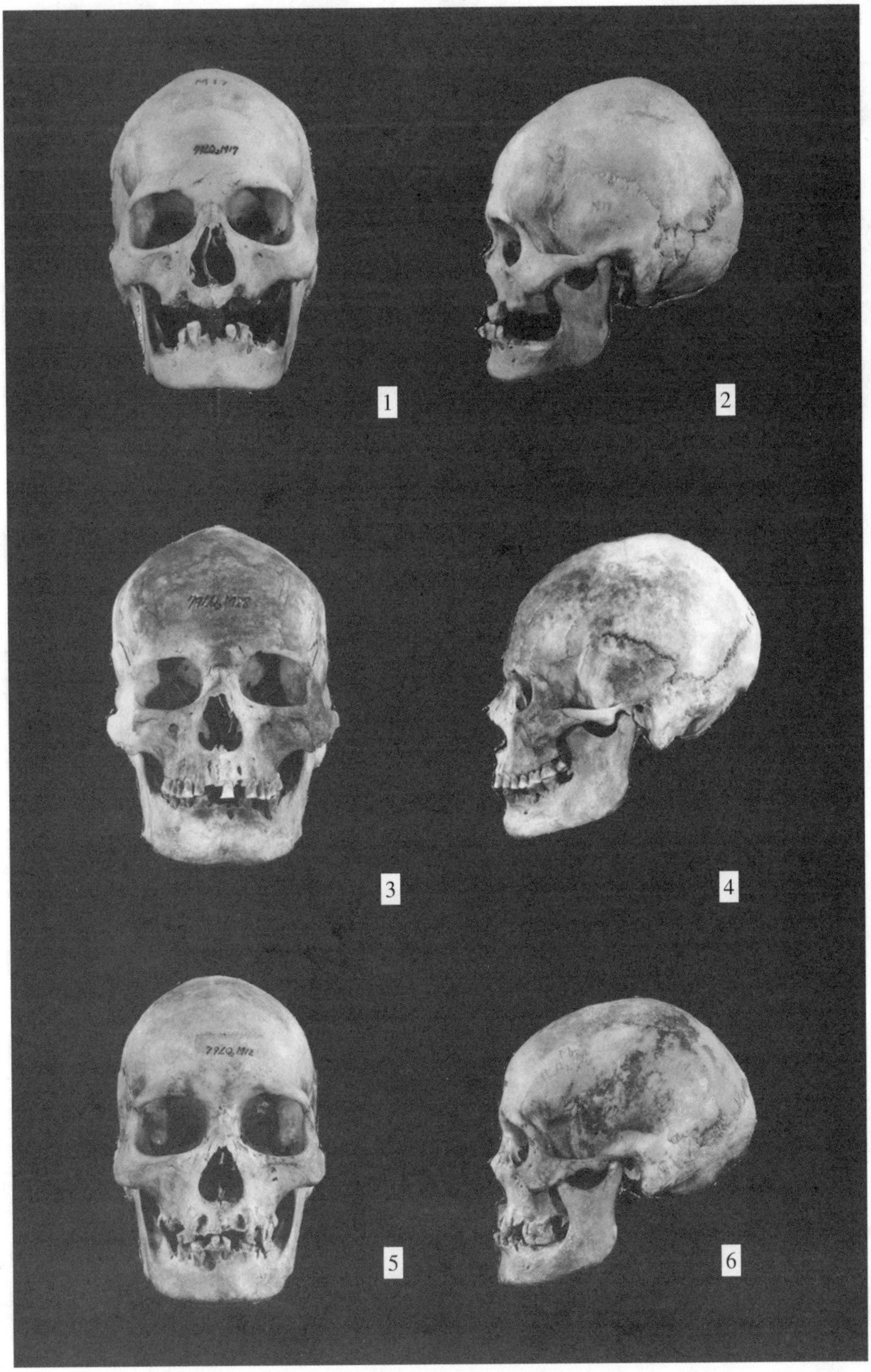

1 2 3 4 5 6

古墓沟墓地头骨

1–2 M17 女性；3–4 M28 男性；5–6 M12 女性

图版Ⅵ

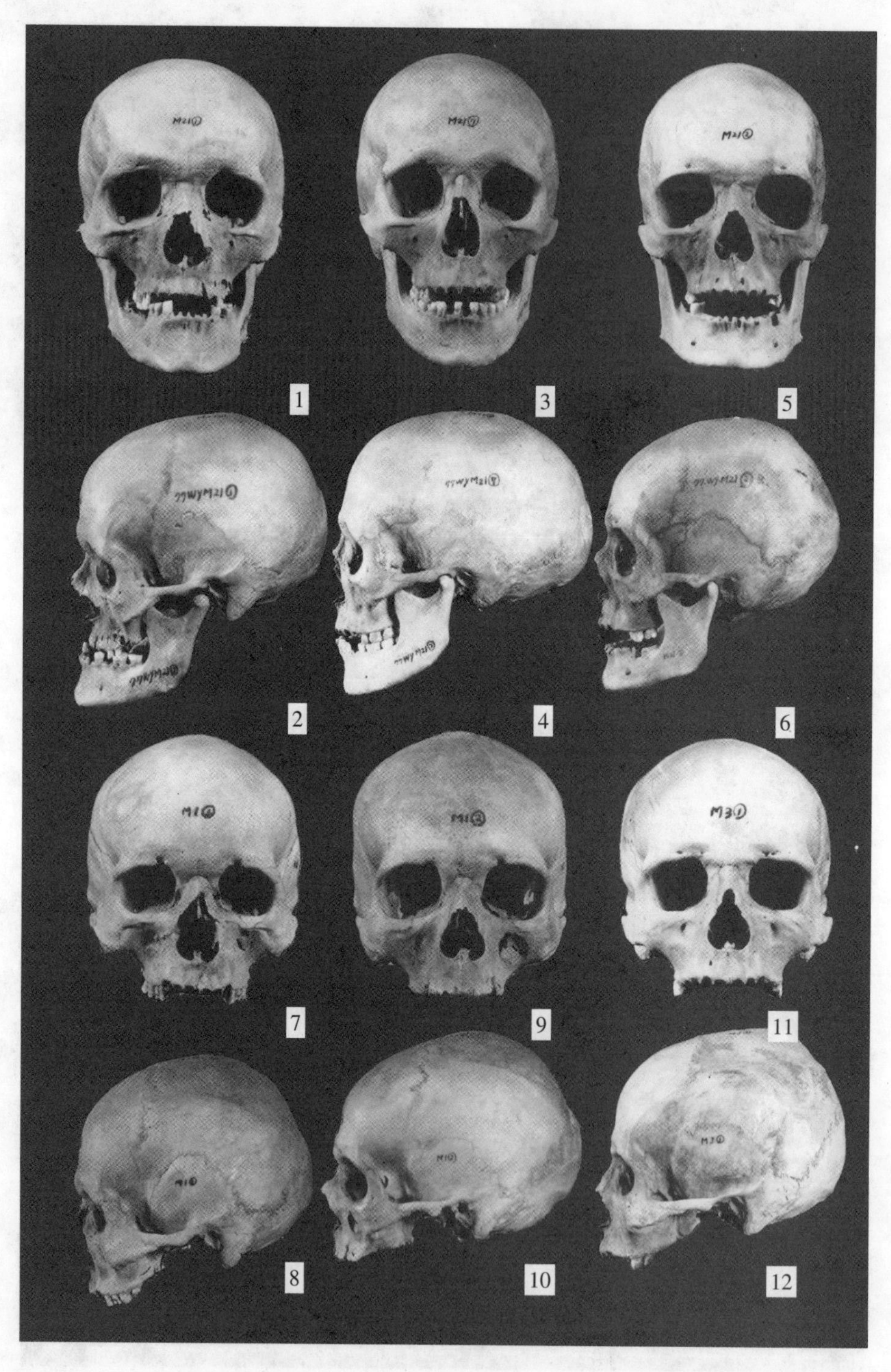

阿拉沟丛葬墓头骨

1–2 M21①男性；3–4 M21⑦男性；5–6 M21② 男性；

7–8 M1①男性；9–10 M1②男性；11–12 M3①男性

图版Ⅶ

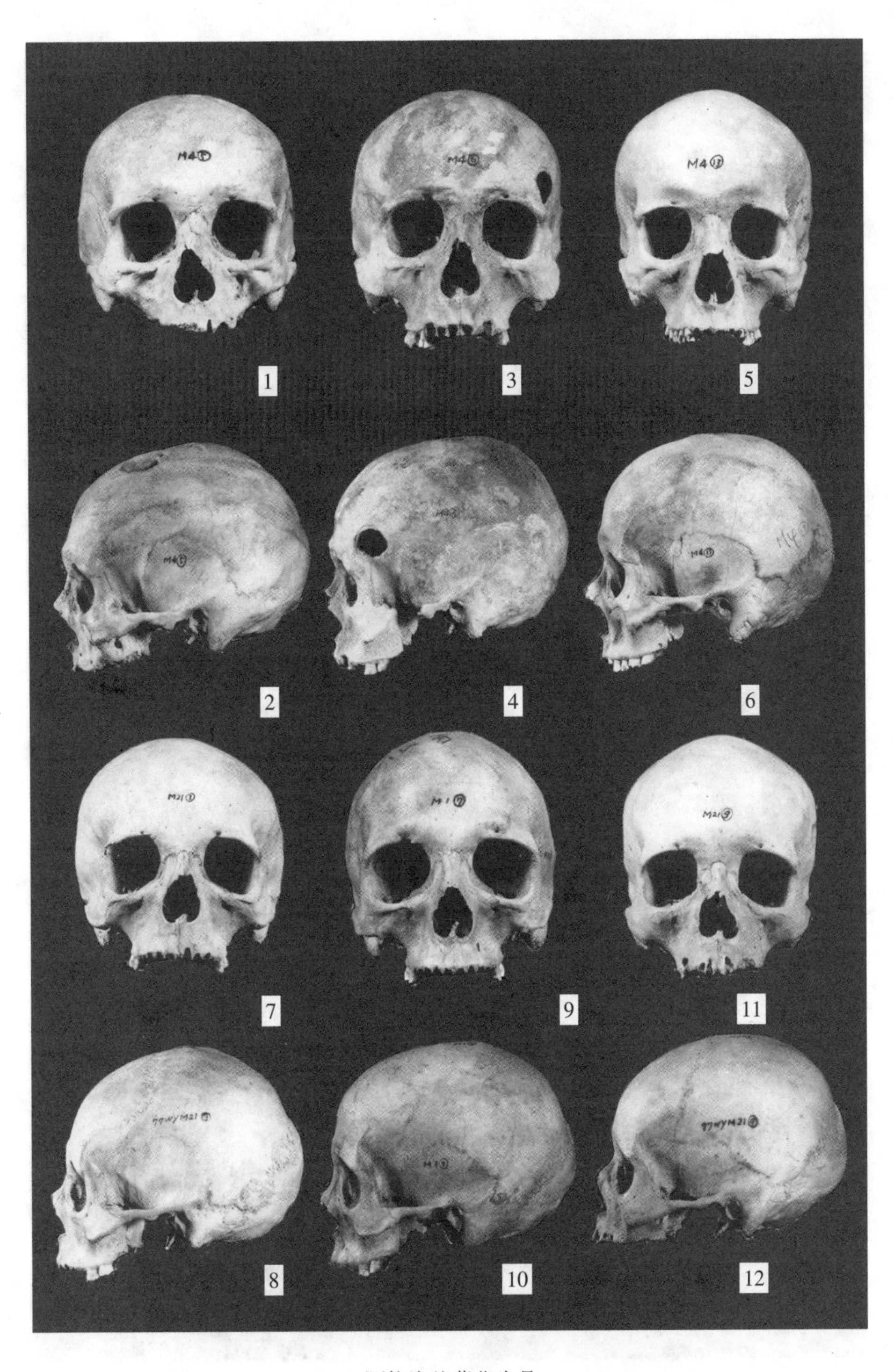

阿拉沟丛葬墓头骨

1–2 M4⑤男性；3–4 M4⑥男性；5–6 M4⑬ 男性；

7–8 M21③男性；9–10 M1⑦男性；11–12 M21⑨男性

图版Ⅷ

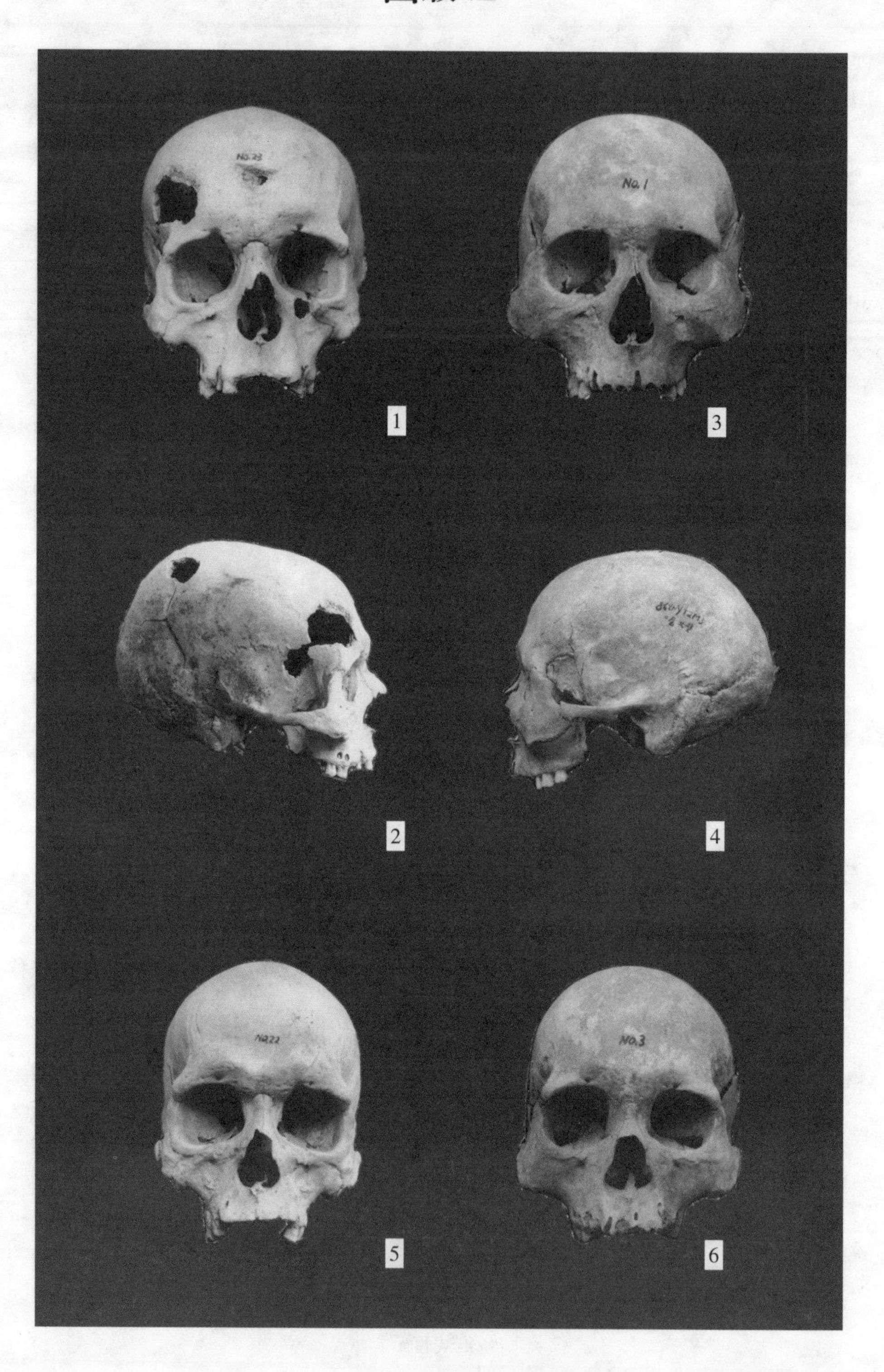

焉布拉克墓地头骨

1–2 M5 男性；3–4 M3 男性；5 T21 男性；6 M2 男性

图版Ⅸ

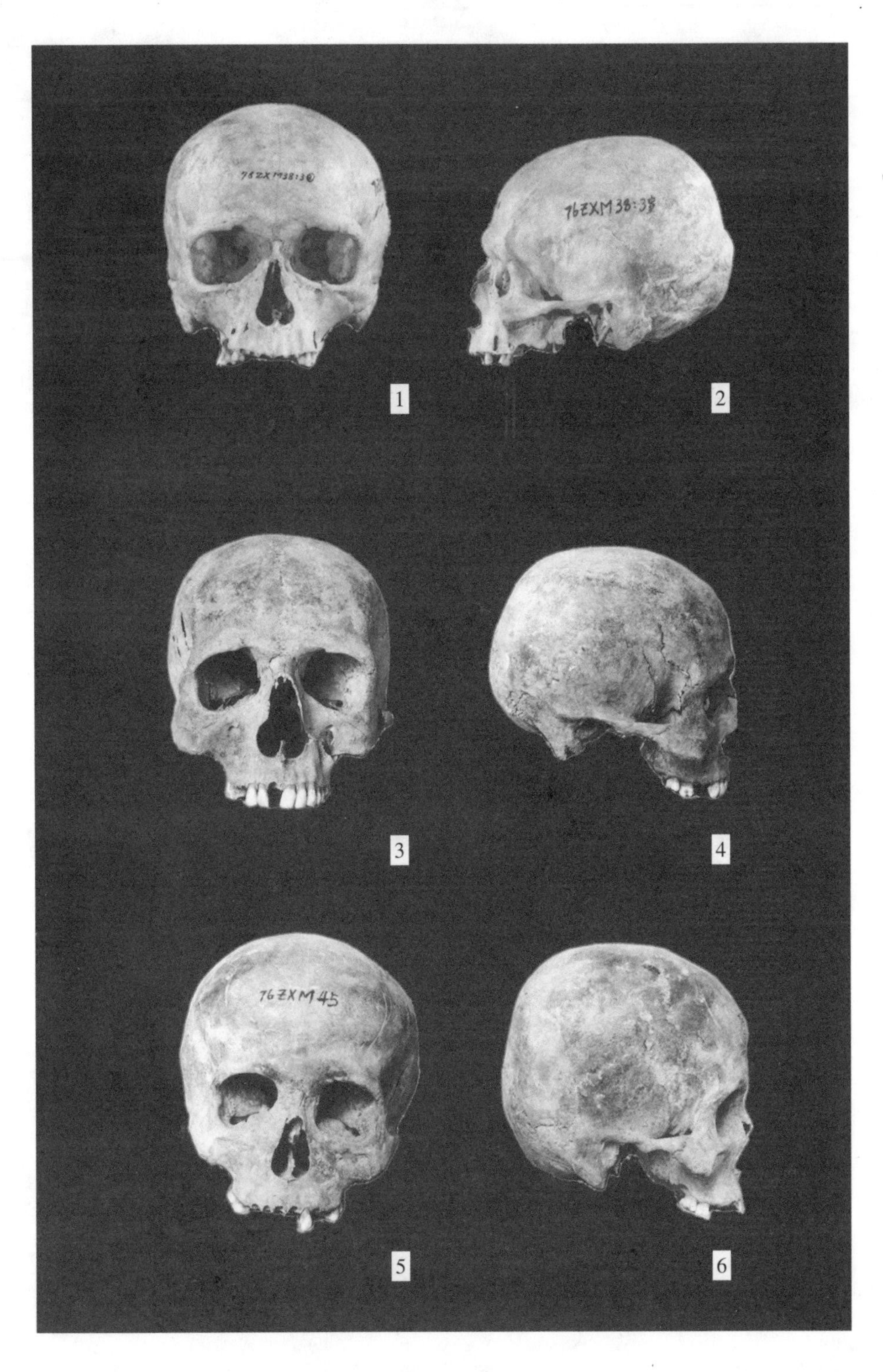

昭苏土墩墓头骨

1–2 M38:3②男性；3–4 M38:3 男性；5–6 M45 女性

图版X

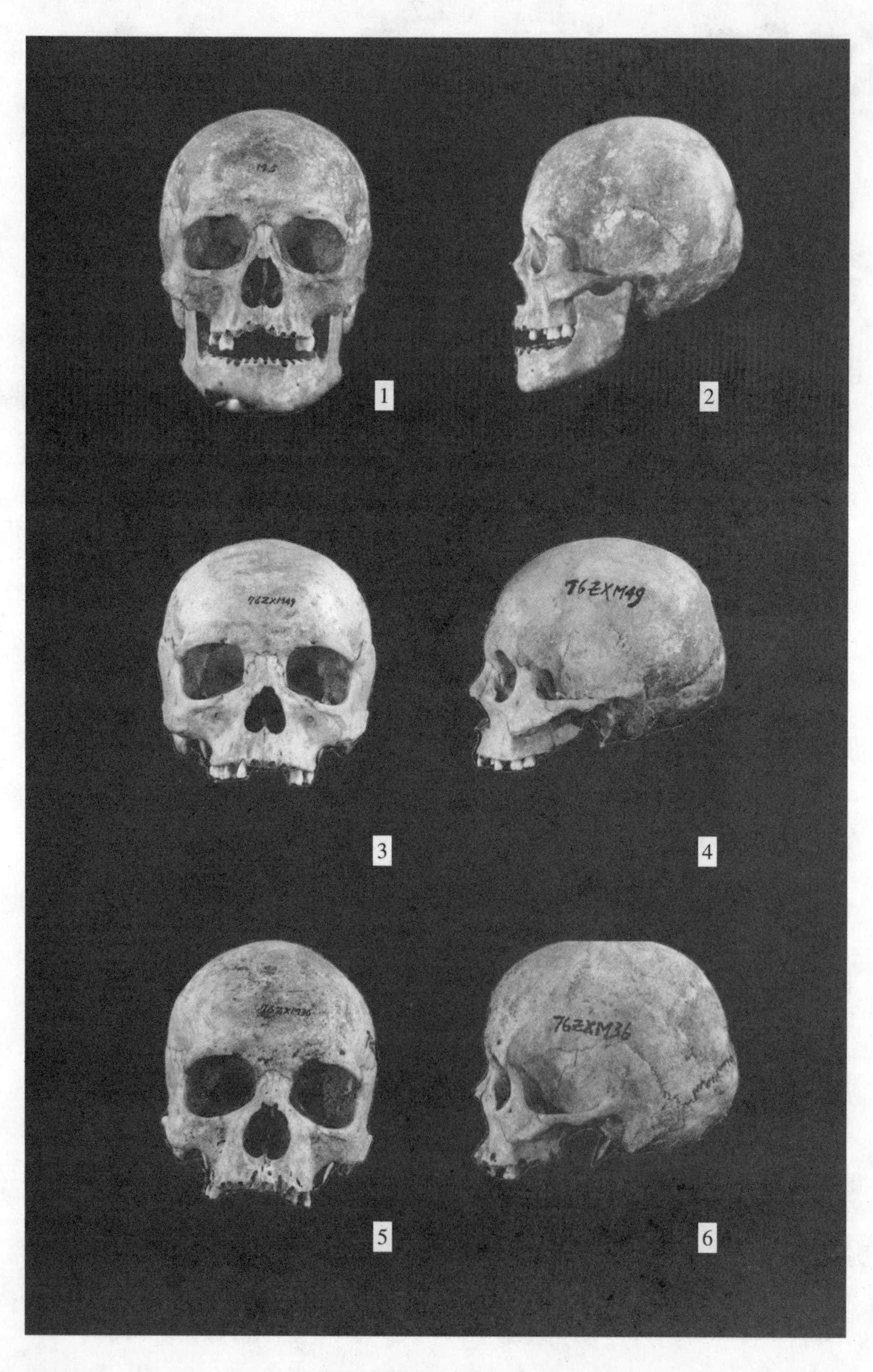

昭苏土墩墓头骨

1–2 M35 女性；3–4 M49 男性；5–6 M36 女性

图版XI

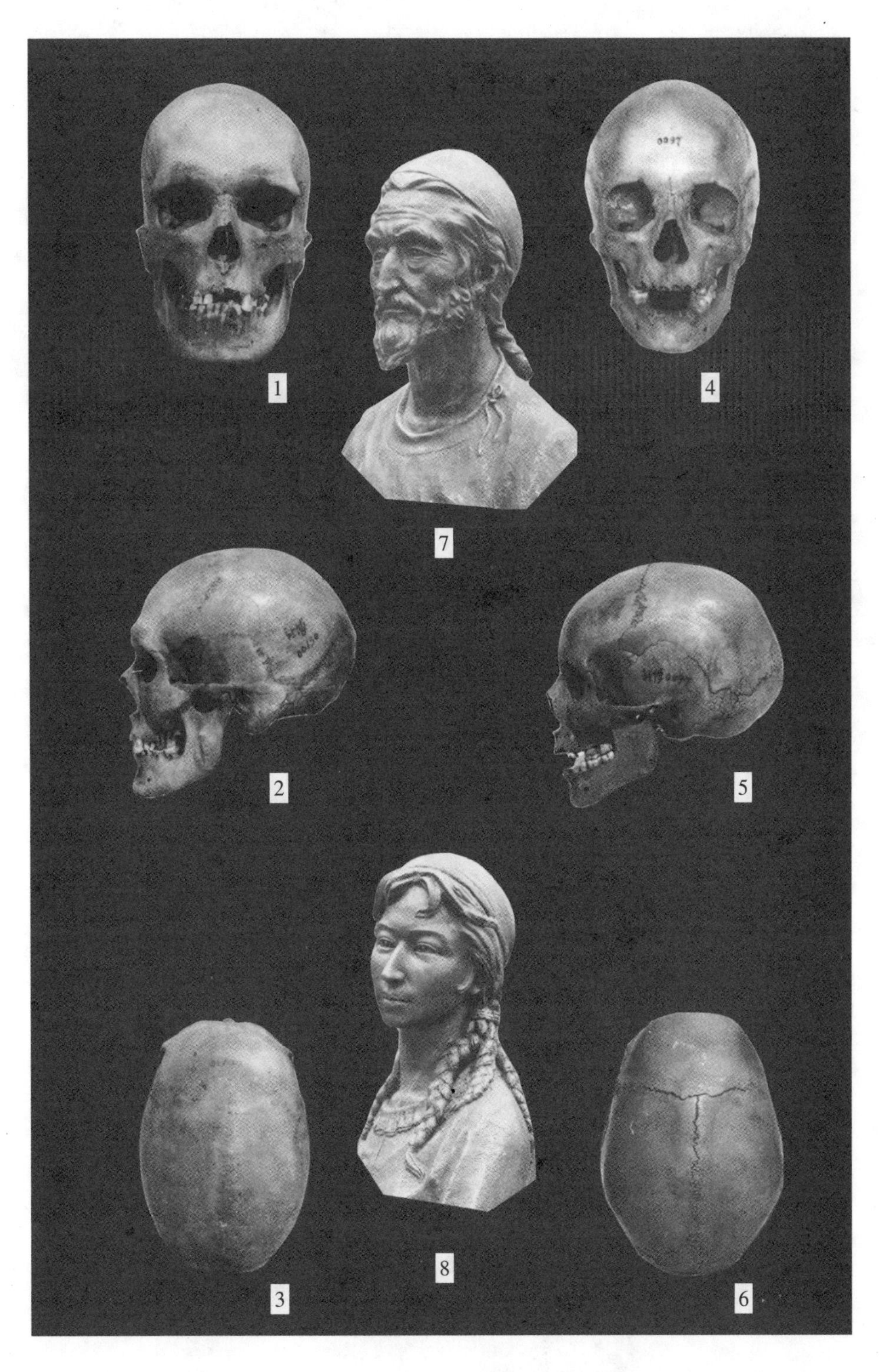

山普拉丛葬墓头骨

1-3 M1(130) 男性；4-6 M1(97) 女性；7 M1(130) 复原象；8 M1(97) 复原象

图版Ⅻ

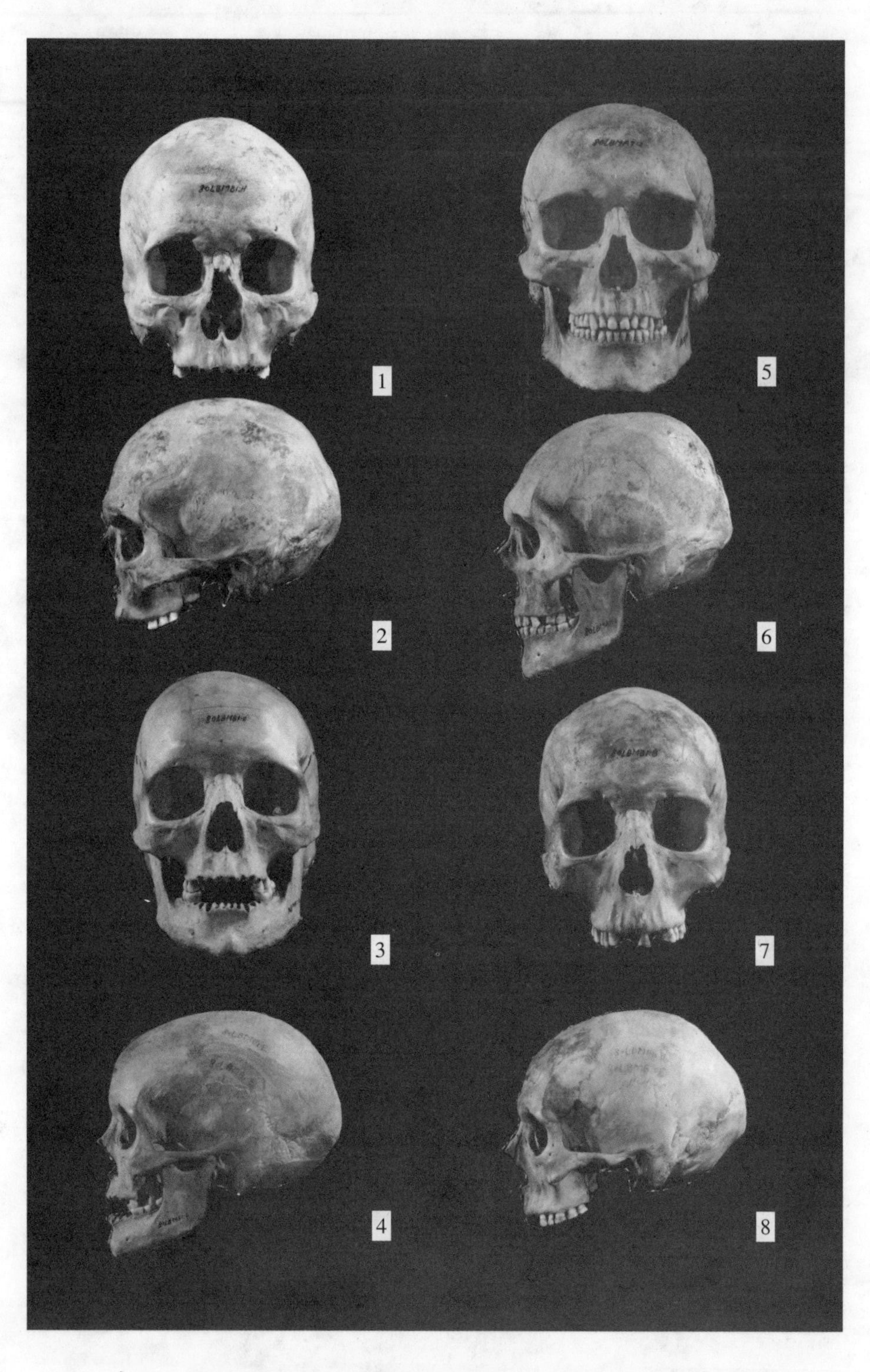

楼兰城郊墓地头骨

1–2 MB1:H 男性；3–4 MB1:E 女性；5–6 MA7:2 男性；7–8MB1:B 男性

图版XIII

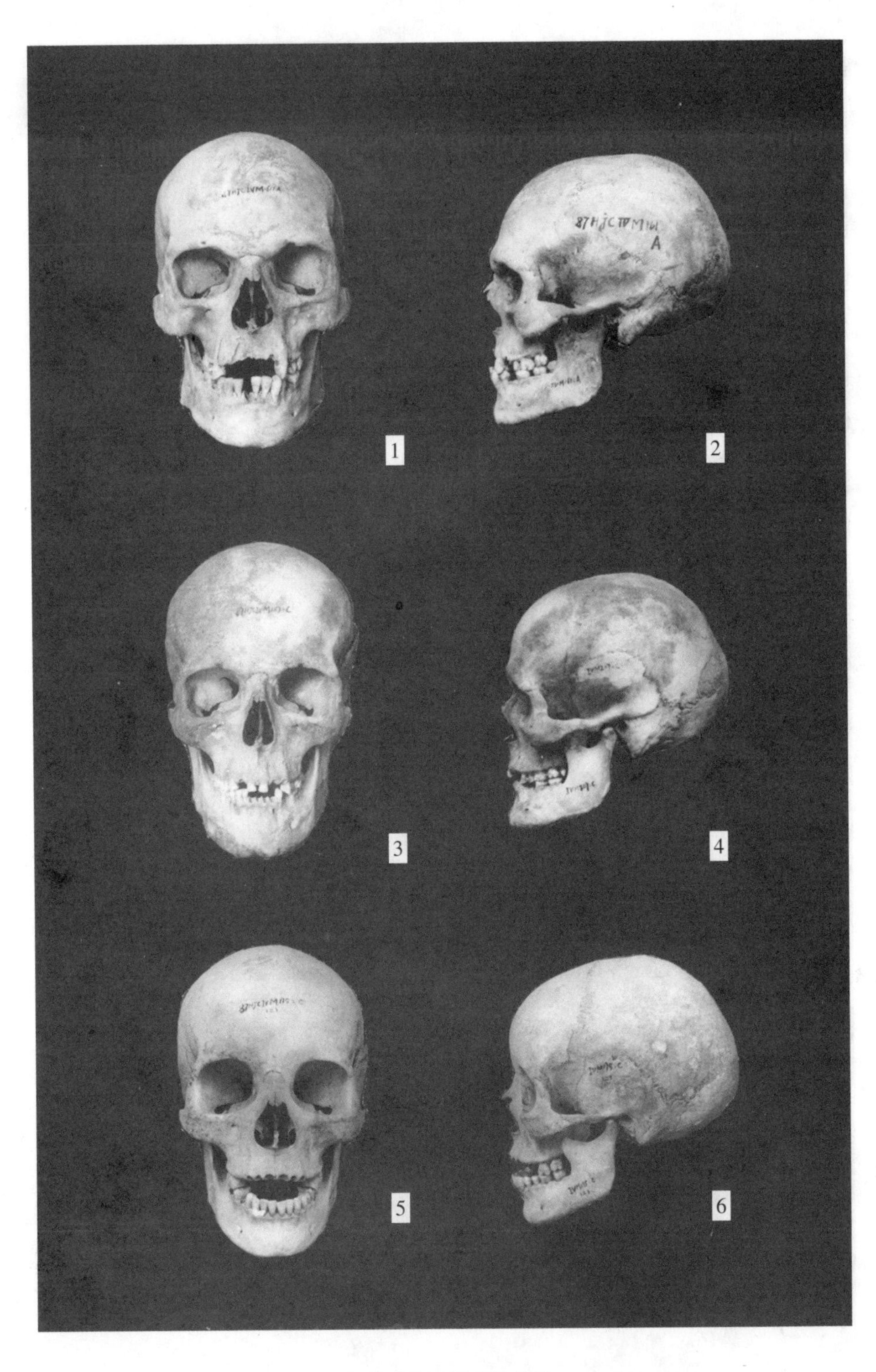

察吾呼沟四号墓地头骨

1–2 M161:A 男性；3–4 M207:C 男性；5–6 M175:C 女性

图版XIV

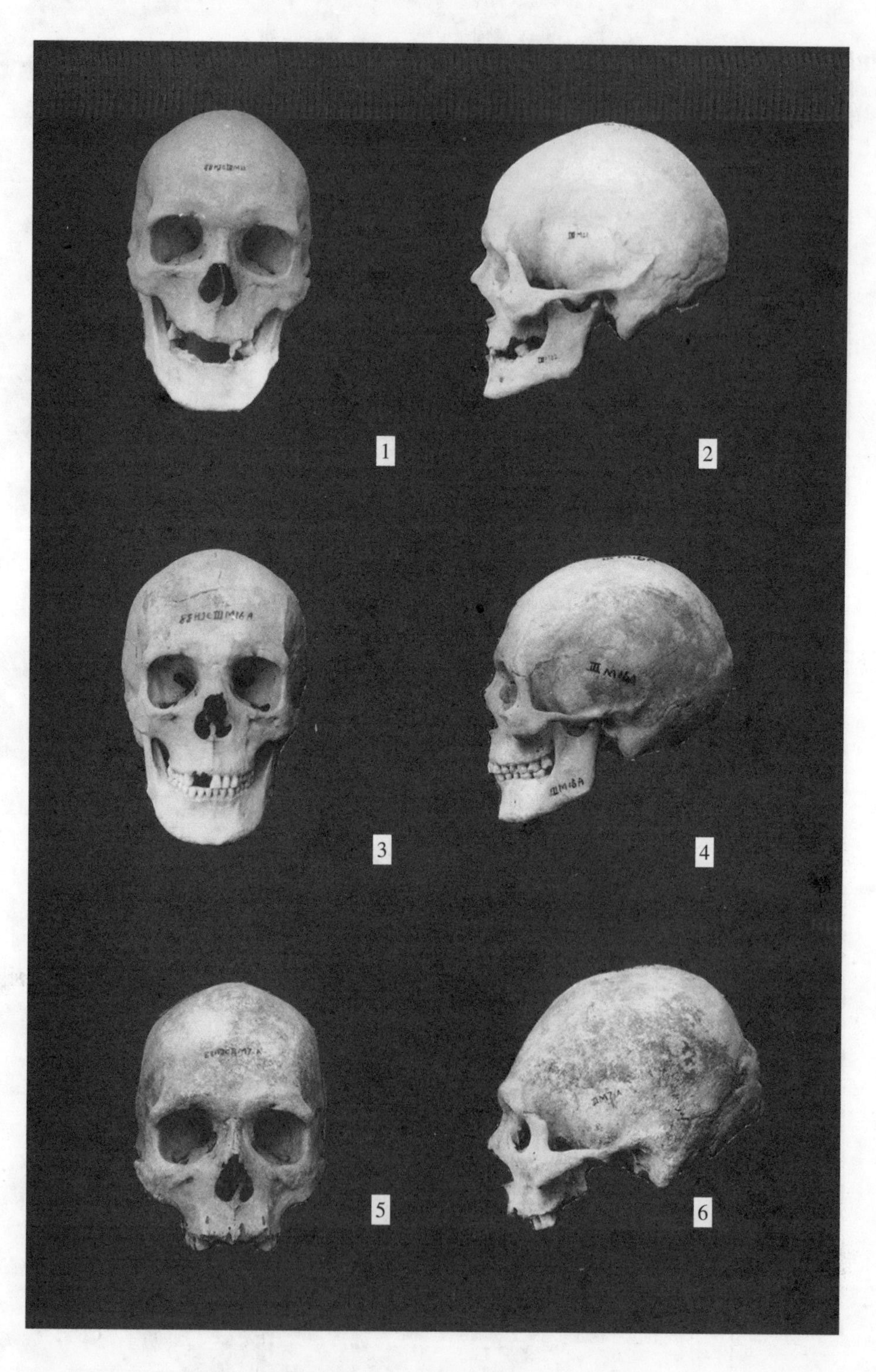

察吾呼沟三号墓地头骨

1–2 M22 男性；3–4 M16:A 男性；5–6 M7:A 男性

图版XV

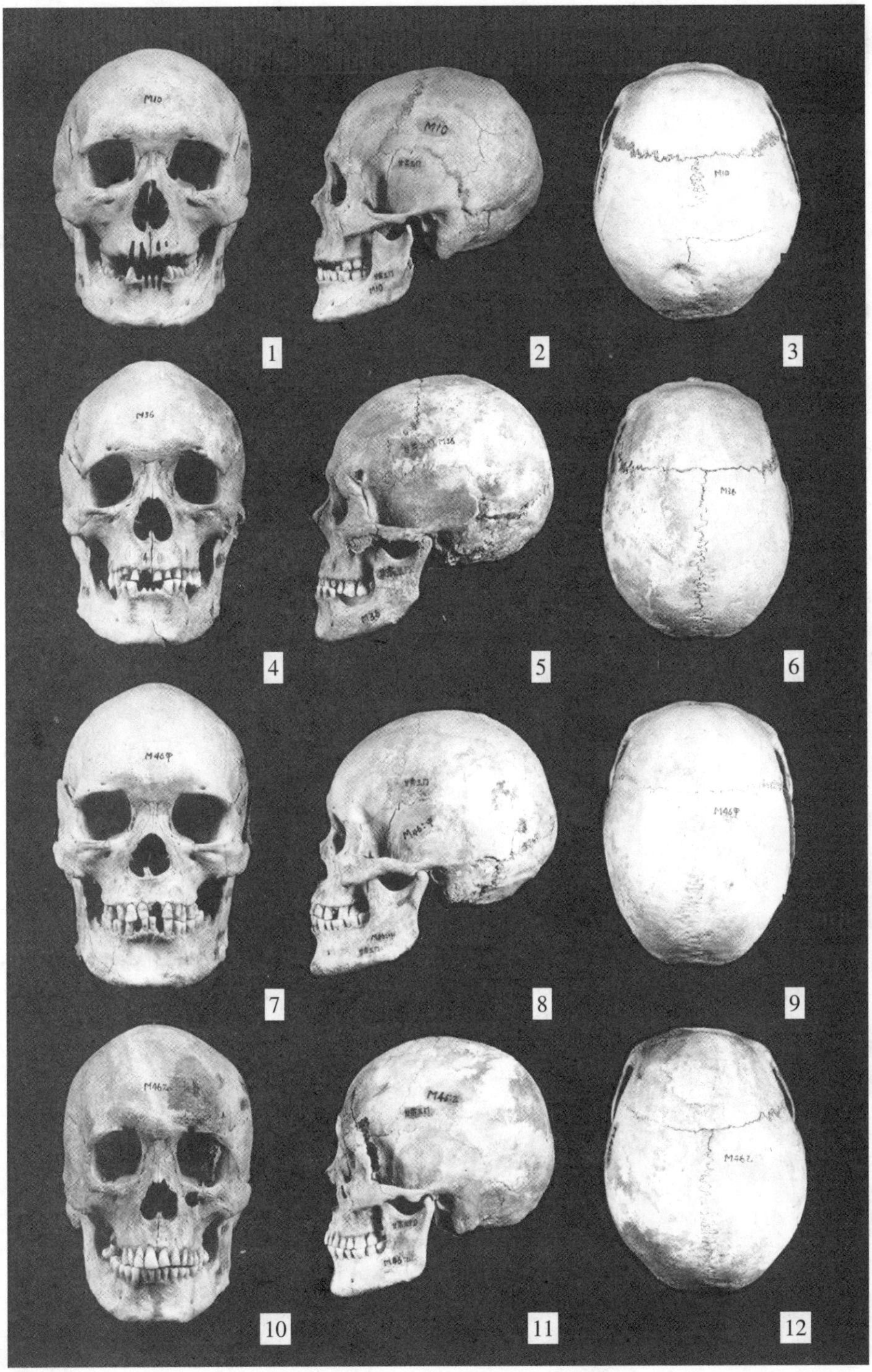

玉门火烧沟墓地头骨

1–3 M10 男性；4–6 M36 女性；7–9 M46 甲男性；10–12 M46 乙男性

图版 XVI

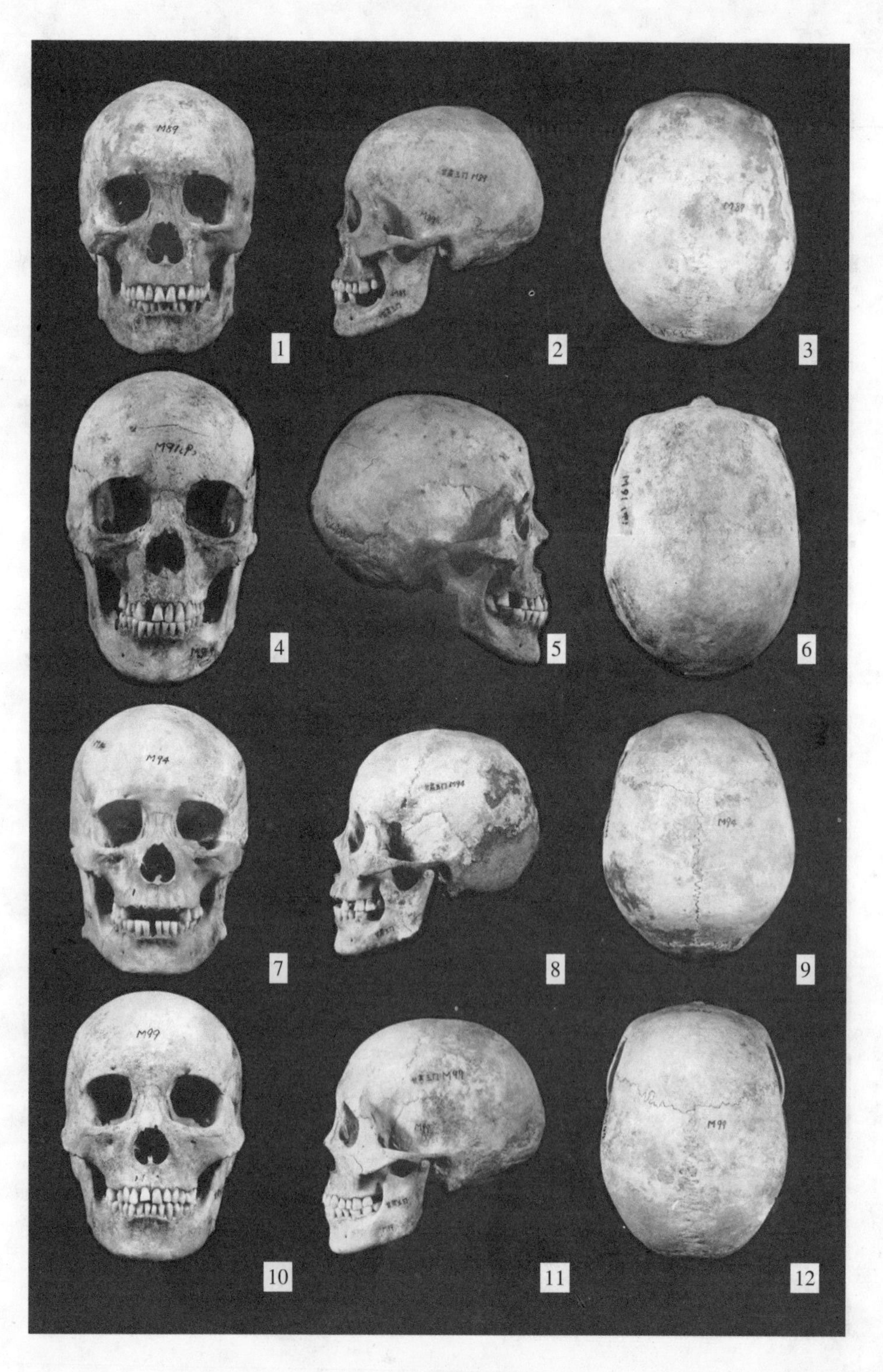

玉门火烧沟墓地头骨

1–3 M89 女性；4–6 M91 甲女性；7–9 M94 女性；10–12 M99 女性

图版 XVII

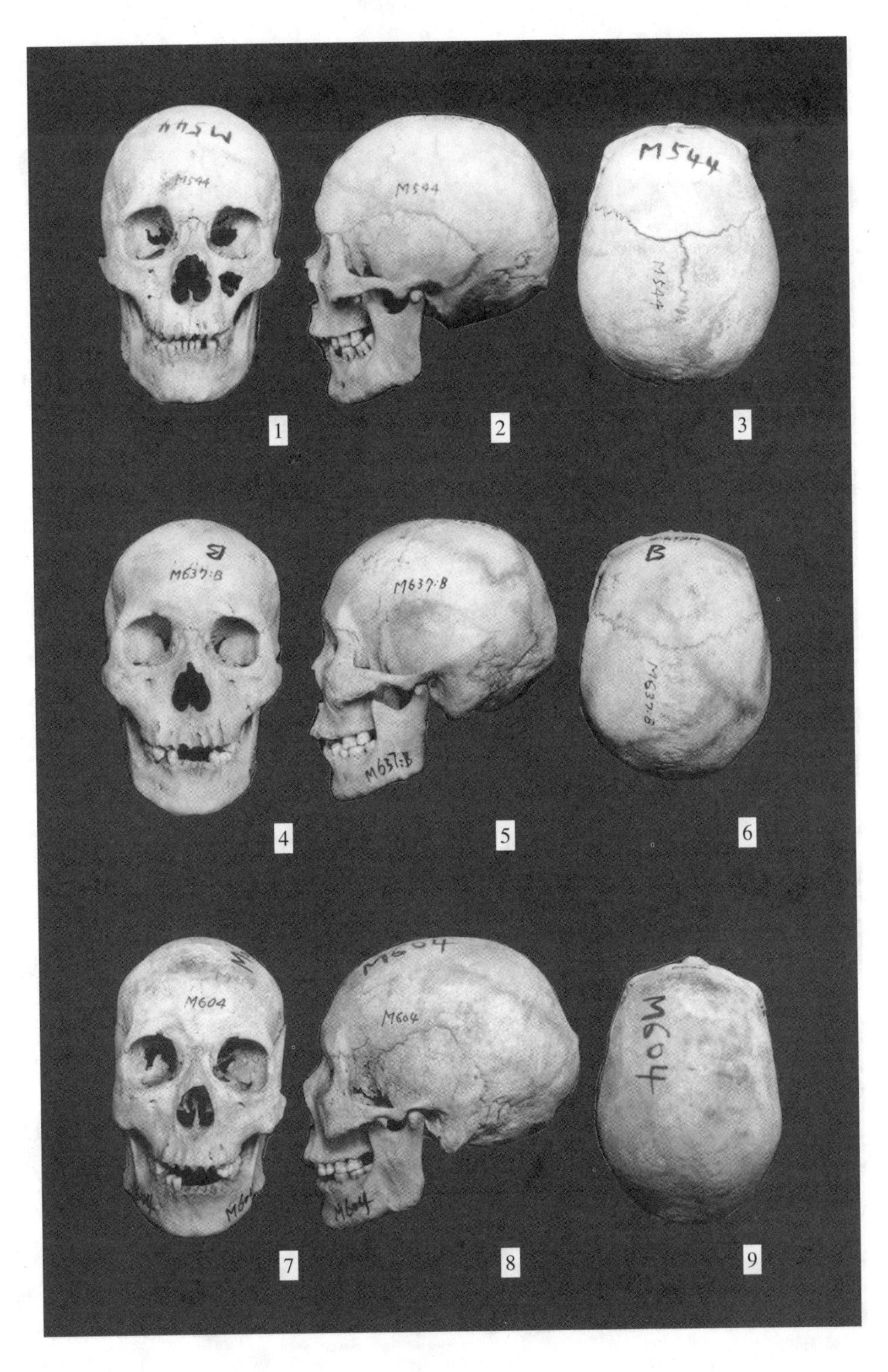

大通上孙家寨头骨(卡约)

1-3 M544 男性；4-6 M637B 男性；7-9 M604 男性

图版 XVIII

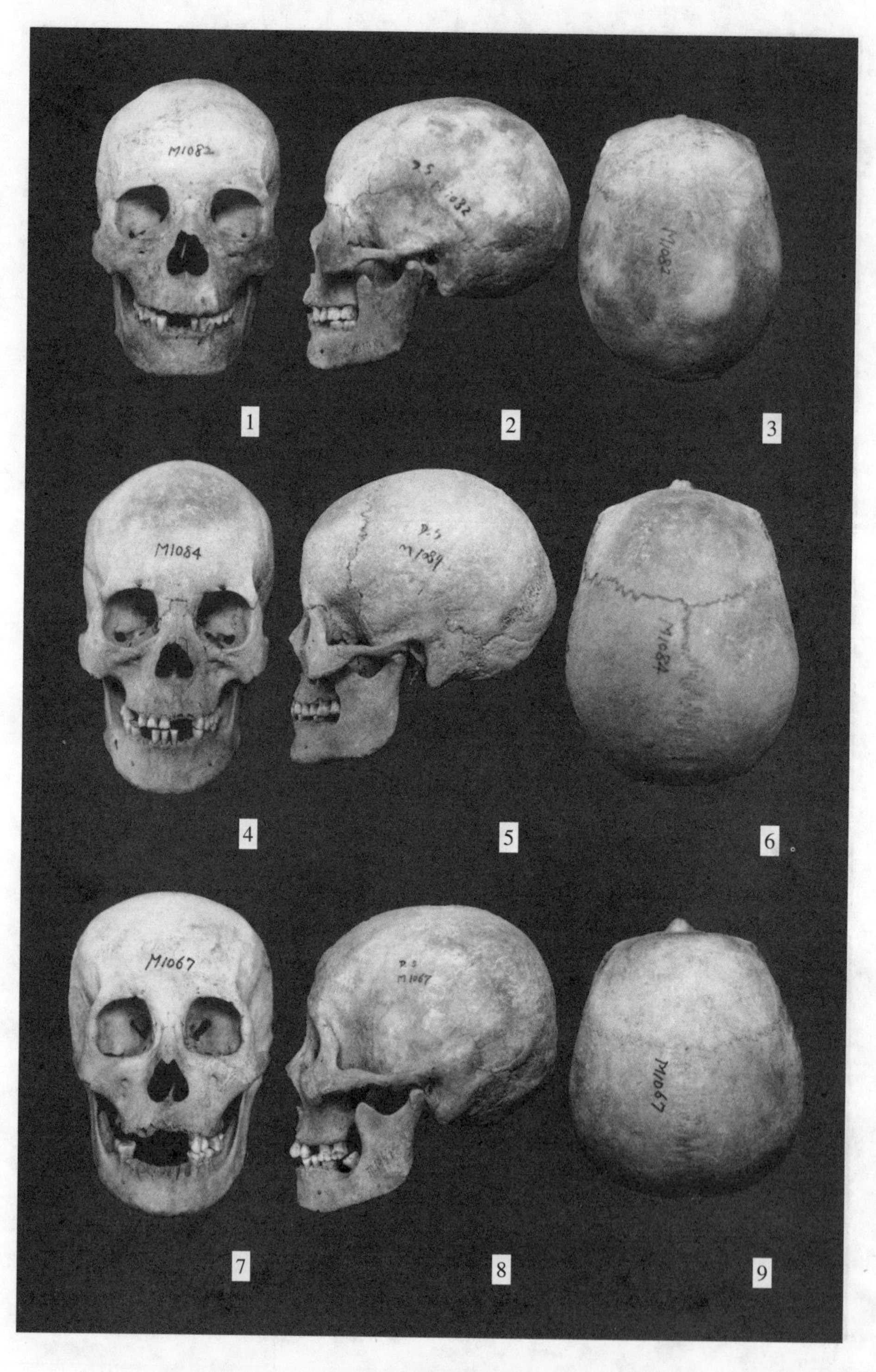

大通上孙家寨头骨(卡约)

1–3 M1082 女性；4–6 M1084 女性；7–9 M1067 女性

图版 XIX

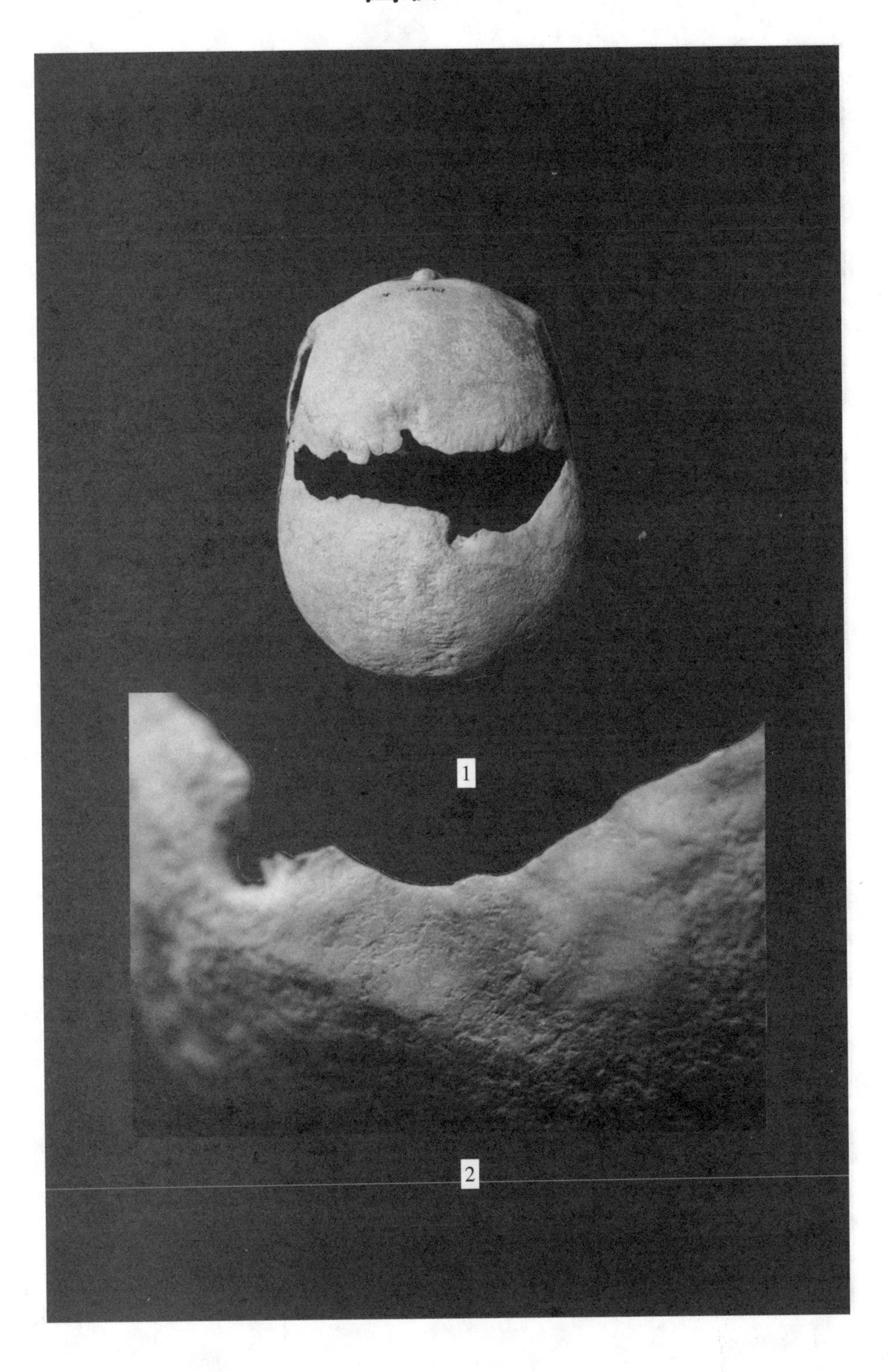

1 大通上孙家寨卡约文化 M392 开颅头骨　2 刮削部位放大

图版 XX

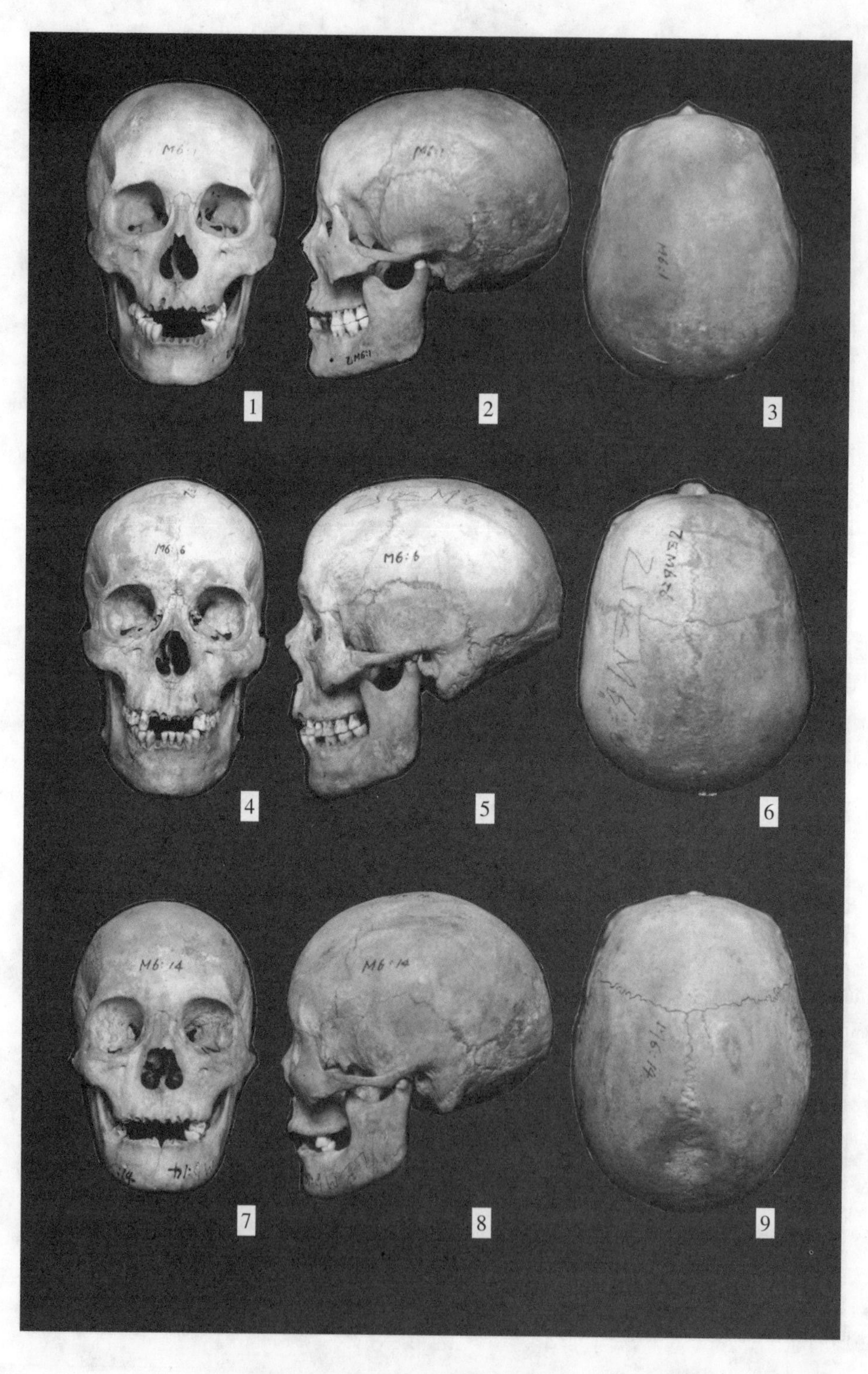

大通上孙家寨头骨(汉代)

1–3 M6(1)男性；4–6 M6(6)男性；7–9 M6(14)男性

图版 XXI

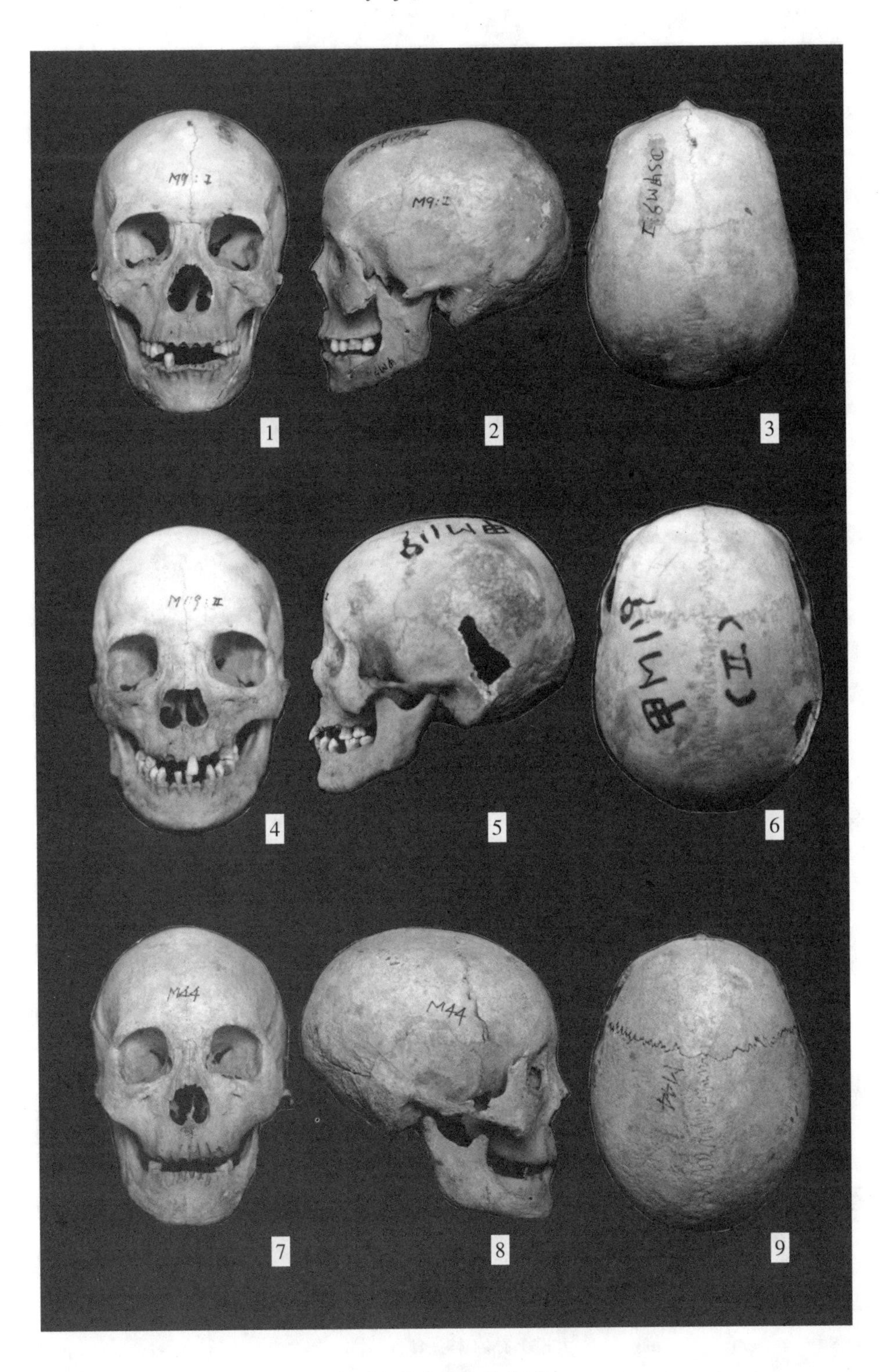

大通上孙家寨头骨(汉代)

1–3 M9(1)女性；4–6 M119(2)女性；7–9 M44 女性

图版 XXII

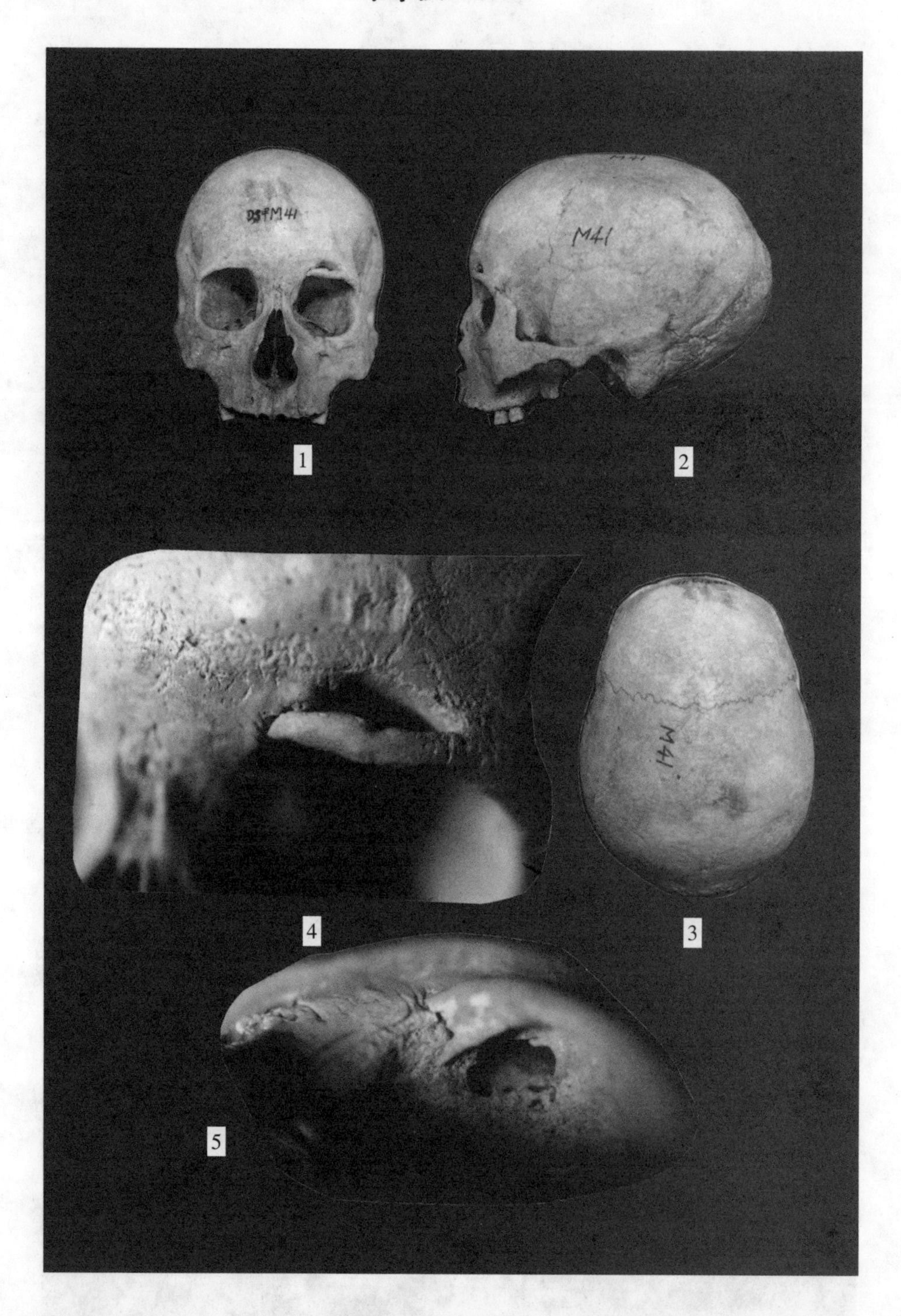

大通上孙家寨头骨(汉代)

1–3 M41 男性头骨(正、侧、顶面)；4 M41 头骨左侧眶上手术穿孔(放大)

5 M41 同侧眶腔顶板病理穿孔(放大)

图版 XXIII

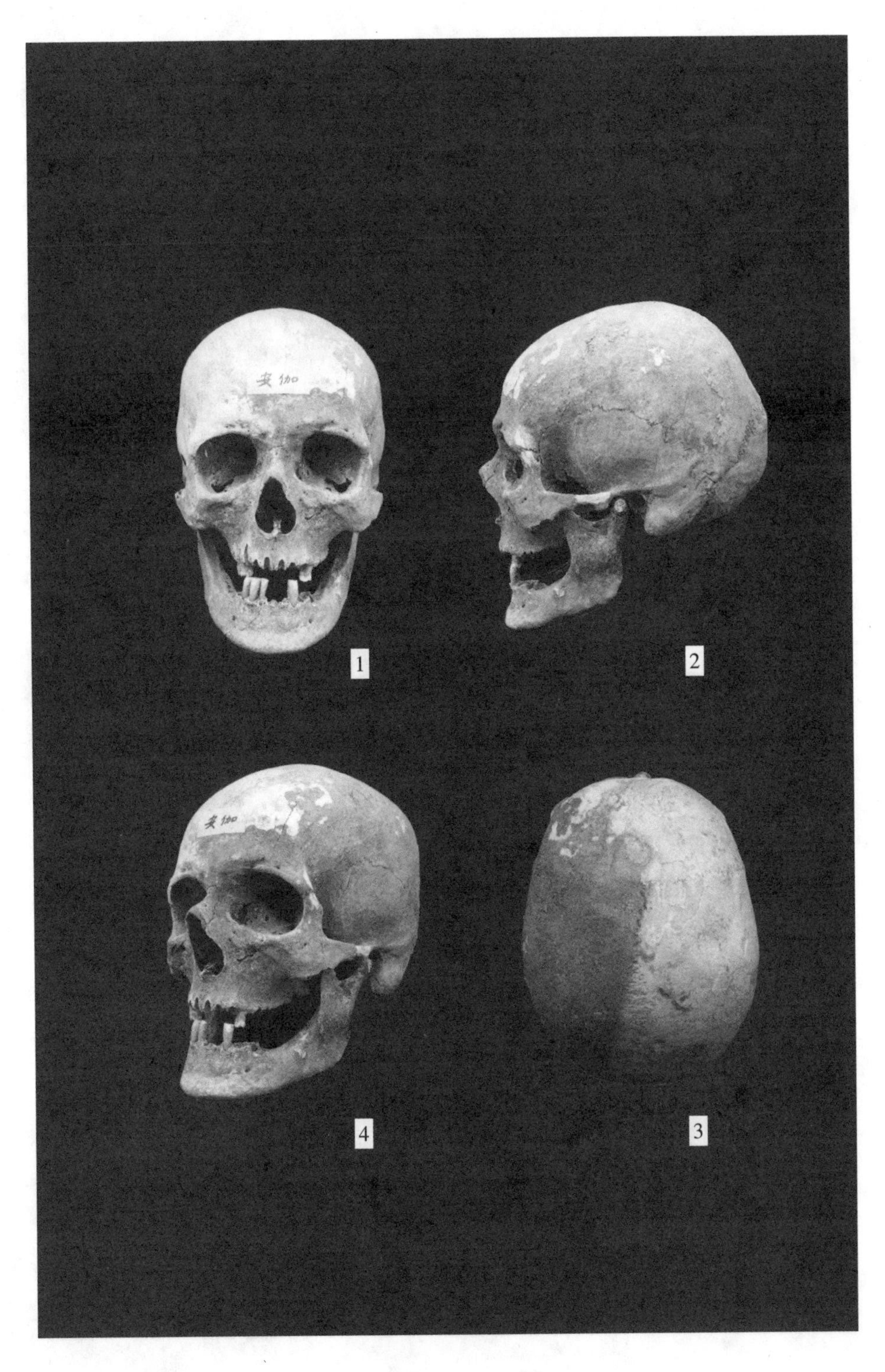

西安北周安伽墓头骨

图版 XXIV

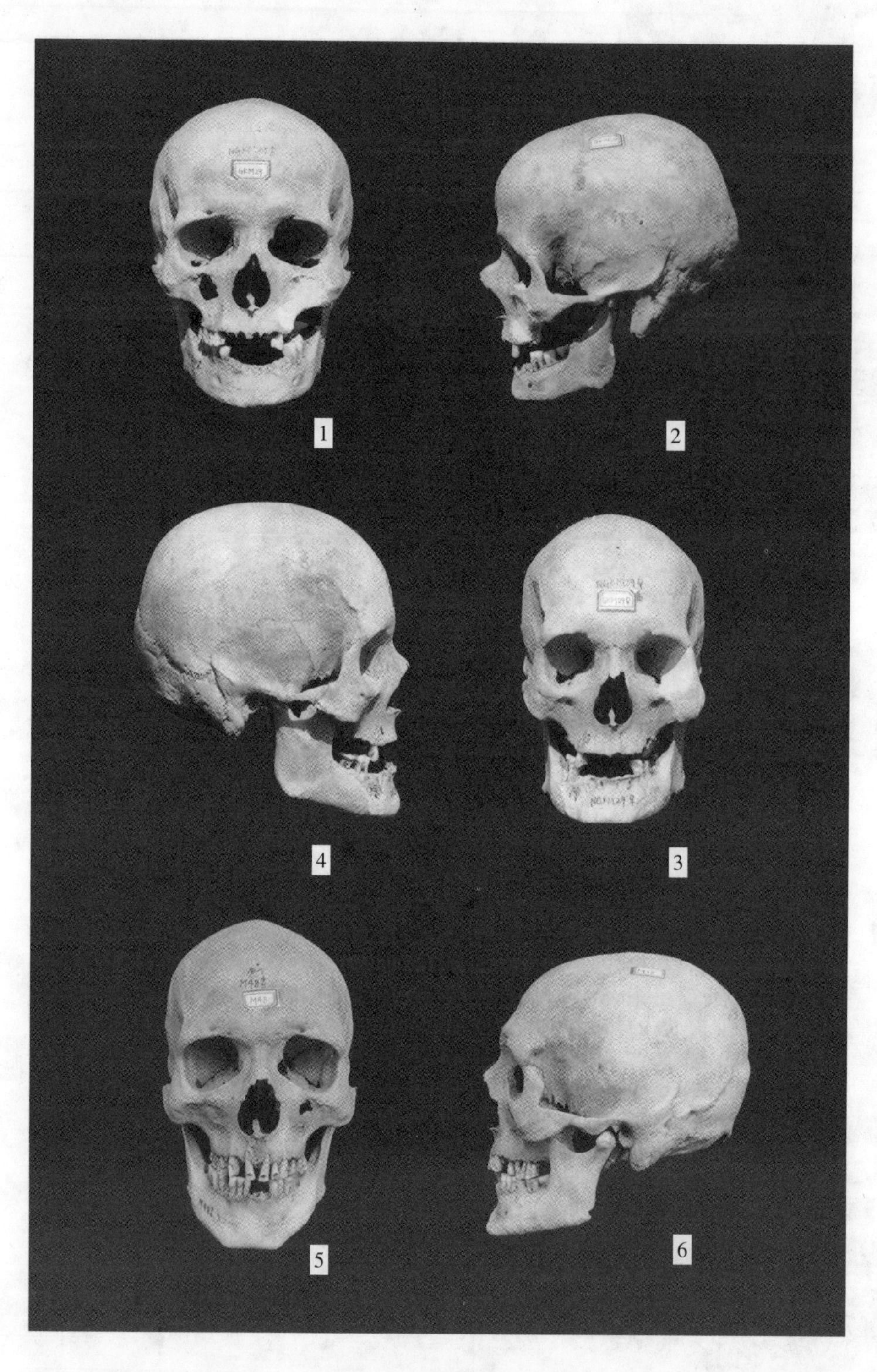

固原南塬头骨

1–2 M29 男性 C 组；3–4 M29 女性 C 组；5–6 M48 男性 C 组

图版 XXV

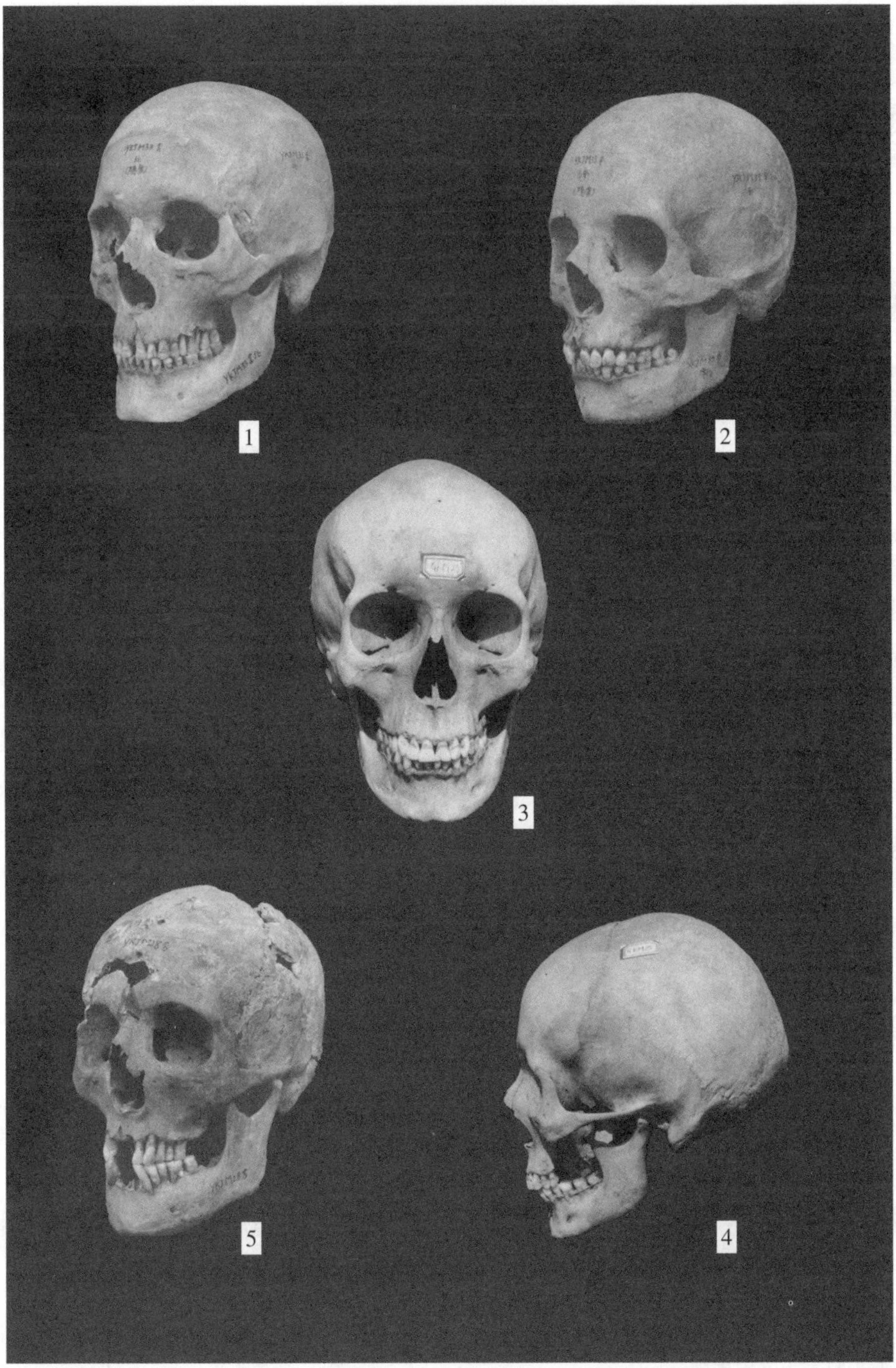

1

2

3

5

4

固原九龙山-南塬头骨

1.固原九龙山-南塬 M33 男性(斜面) 2.固原九龙山-南塬 M33 女性(斜面)

3-4.固原九龙山-南塬 M25 女性(正、侧面) 5.固原九龙山-南塬 M28 男性(斜面)

图版目录

8.山普拉丛葬墓 M1(97)女性头骨复原象

图版Ⅻ

1–2.楼兰城郊墓地 MB1:H 男性头骨

3–4.楼兰城郊墓地 MB1:E 女性头骨

5–6.楼兰城郊墓地 MA7:2 男性头骨

7–8.楼兰城郊墓地 MB1:B 男性头骨

图版XⅢ:

1–2.察吾呼沟四号墓地 M161:A 男性头骨

3–4.察吾呼沟四号墓地 M207:C 男性头骨

5–6.察吾呼沟四号墓地 M175:C 女性头骨

图版XⅣ:

1–2.察吾呼沟三号墓地 M22 男性头骨

3–4.察吾呼沟三号墓地 M16:A 男性头骨

5–6.察吾呼沟三号墓地 M7:A 男性头骨

图版XⅤ:

1–3.玉门火烧沟墓地 M10 男性头骨

4–6.玉门火烧沟墓地 M36 男性头骨

7–9.玉门火烧沟墓地 M46 甲男性头骨

10–12.玉门火烧沟墓地 M46 乙男性头骨

图版XⅥ:

1–3.玉门火烧沟墓地 M89 女性头骨

4–6.玉门火烧沟墓地 M91 甲女性头骨

7–9.玉门火烧沟墓地 M94 女性头骨

10–12.玉门火烧沟墓地 M99 女性头骨

图版XⅦ

1–3.大通上孙家寨(卡约)M544 男性头骨

4–6.大通上孙家寨(卡约)M637B 男性头骨

7–9.大通上孙家寨(卡约)M604 男性头骨

图版XⅧ

1–3.大通上孙家寨(卡约)M1082 女性头骨、

4–6.大通上孙家寨(卡约)M1084 女性头骨

7–9.大通上孙家寨(卡约)M1067 女性头骨

图版ⅪX

1.大通上孙家寨卡约文化 M392 开颅头骨

2.同上 M392 刮削部位放大

图版XX

1–3.大通上孙家寨(汉代)M6(1)男性头骨

4–6.大通上孙家寨(汉代)M6(6)男性头骨

7–9.大通上孙家寨(汉代)M6(14)男性头骨

图版XⅪ

1–3.大通上孙家寨(汉代)M9(1)女性头骨

4–6.大通上孙家寨(汉代)M119(2)女性头骨

7–9.大通上孙家寨(汉代)M44 女性头骨

图版XⅫ

1–3.大通上孙家寨(汉代)M41 男性头骨

4.同上 M41 头骨左侧眶上手术穿孔(放大)

5.同上 M41 同侧眶腔顶板病理穿孔(放大)

图版XXⅢ

1–4.西安北周安伽墓头骨

图版XXⅣ

1–2.固原南塬 M29 男性(C 组)头骨

3–4.固原南塬 M29 女性(C 组)头骨

5–6.固原南塬 M48 男性(C 组)头骨

图版XXⅤ

1.固原九龙山–南塬 M33 男性(C 组)头骨

2.固原九龙山–南塬 M33 女性(C 组)头骨

3–4.固原九龙山–南塬 M25 女性(C 组)头骨

5.固原九龙山–南塬 M28 男性(C 组)头骨

后　记

本书于 1993 年出第一版，书名以丛书的形式定为《丝绸之路古代居民种族人类学研究》。就内容性质与格式是骨骼人类学研究报告集。第一版两次印刷共 3200 册，是个小批量的数字。文字是自然科学报告形式，学科是极为冷僻的，不会有多少人问津。能印到这个小小的数目也远出了我的意外 ，何况再出第二个增补版。

第一版内容除绪论和综述一篇外，其余由孔雀河古墓沟、托克逊阿拉沟、哈密焉布拉克、伊犁昭苏、洛浦山普拉、楼兰城郊、塔吉克香宝宝七个古墓地八篇人骨研究报告组成。附录中的《塞、乌孙、匈奴、突厥之种族人类学特征》是我在涉入新疆古人类学研究的前期，收集和阅读苏联人类学家对中亚、哈萨克斯坦等周邻地区古人骨研究报告整理而成，曾发表于《西域研究》1992 年第 2 期。书的序是请时任新疆文物考古所所长王炳华先生拟写的。我之最初介入新疆古人骨的研究也正是王炳华先生的邀请和支持，这本集子的出版也是他积极促成的。但限于当时条件所限，出版经费一时难筹，从交稿到印刷成册，曾延搁了好几年，我都想撤稿了。最后还是在新疆人民出版社的支助下得以付印。对此表示再次谢意。

新一版的书名删了几个字，改为《丝绸之路古代种族研究》。书中内容除保留第一版的内容外，增加了新疆的《察吾呼沟三、四号墓地人骨研究》，这篇原发表于新疆文物考古所编著的《新疆察吾呼—大型氏族墓地发掘报告》的第十章（东方出版社，1999 年）。由于当时出版经费不足，只好将报告的全部原始数据删去，甚为可惜。另外增加了黄河流域的甘肃玉门火烧沟和青海大通上孙家寨墓地人骨的研究概报,文字是节写的。两篇概报的全文发表在《中国西北地区古代居民种族研究》(复旦大学出版社,2005年)专集中。后者实际上可作为本书的后续篇,可作为丝绸之路东延黄河流域古代农耕居民的人类学资料,因为他们的种族特点与新疆境内的古代居民之间存在明显的反差。《西安北周安伽墓人骨鉴定》原发表在陕西省考古所编著的《西安北周安伽墓》(文物出版社,2003年)附录。《虞弘墓石椁雕刻人物的种族特征》也是附录发表于山西省文物考古所编著的《太原隋虞弘墓》(文物出版社,2005)报告。《宁夏固原九龙山—南塬墓高加索人种头骨》一文也同样作为宁夏文物考古所编著的《固原南塬汉唐墓地》(文物出版社,2009年)的附录发表过。这后三个时代较晚的人类学材料是作为在黄河流域汉代以晚的在考古和为类学上可以互证的西方种族进入定居的证据。

新一版的英文摘要《Physical Anthropolgical Studies on the Racial Affinities of the Inhabitants of Ancient Xinjiang》原是我1994年到美国参加国际学术讨论会时交附的英文讲稿,后经美国宾夕法尼亚大学的梅维恒(V.H.Mair)教授修饰后被选录在王炳华主篇的《新疆古尸》(新疆人民出版社,2001年)中,以此替代第一版的过于简短的摘要。头骨图版也是从第一版的四版增加到二十五版。

一版中的外文文献(大部分俄文,少部分英文)当时为了使中国读者的方便皆译成了中文。增补版仍保持原样。如要参考原外语文献请查作者先前发表的单篇论文。

有个别报告曾与别人共署名发表过,但这些报告都是本著作者独立完成的。

韩康信

2009年3月6日

图书在版编目(CIP)数据

丝绸之路古代种族研究/韩康信著.—乌鲁木齐:新疆人民出版社,2009.8

(丝绸之路研究丛书)

ISBN 978-7-228-12787-0

Ⅰ. 丝… Ⅱ.韩… Ⅲ.古人类学-人种-研究-西域 Ⅳ.Q982

中国版本图书馆 CIP 数据核字(2009)第147916号

出 版	新疆人民出版社
地 址	乌鲁木齐市解放南路348号
邮 编	830001
电 话	0991-3652362
发 行	新疆人民出版社
制 作	乌鲁木齐形加意图文设计有限公司
印 刷	新疆新华华龙印务有限公司
开 本	787×1092mm 16开
印 张	35印张
字 数	650千字
版 次	2009年9月第1版
印 次	2009年9月第1次印刷
印 数	1-3 000册
定 价	87.50元

天猫未来店+
E01D209AC831AC95
未付款前请勿撕掉商品标签
标签内含金属,入微波炉前请撕掉